Eurocode 4 – DIN EN 1994-1-1 Bemessung und Konstruktion von Verbundtragwerken aus Stahl und Beton

Jetzt diesen Titel zusätzlich als E-Book downloaden und 70 % sparen!

Als Käufer dieses Buchtitels haben Sie Anspruch auf ein besonderes Kombi-Angebot: Sie können den Titel zusätzlich zum Ihnen vorliegenden gedruckten Exemplar für nur 30 % des Normalpreises als E-Book beziehen.

Der BESONDERE VORTEIL: Im E-Book recherchieren Sie in Sekundenschnelle die gewünschten Themen und Textpassagen. Denn die E-Book-Variante ist mit einer komfortablen Volltextsuche ausgestattet!

Deshalb: Zögern Sie nicht. Laden Sie sich am besten gleich Ihre persönliche E-Book-Ausgabe dieses Titels herunter.

In 3 einfachen Schritten zum E-Book:

❶ Rufen Sie die Website **www.beuth.de/e-book** auf.

❷ Geben Sie hier Ihren persönlichen, nur einmal verwendbaren E-Book-Code ein:

2691611952CBCD2

❸ Klicken Sie das „Download-Feld" an und gehen dann weiter zum Warenkorb. Führen Sie den normalen Bestellprozess aus.

Hinweis: Der E-Book-Code wurde individuell für Sie als Erwerber dieses Buches erzeugt und darf nicht an Dritte weitergegeben werden. Mit Zurückziehung dieses Buches wird auch der damit verbundene E-Book-Code für den Download ungültig.

Eurocode 4
DIN EN 1994-1-1 Bemessung und Konstruktion von Verbundtragwerken aus Stahl und Beton

Prof. Dr.-Ing. Gerhard Hanswille
Prof. Dr.-Ing. Markus Schäfer
Dr.-Ing. Marco Bergmann

Eurocode 4
DIN EN 1994-1-1 Bemessung und Konstruktion von Verbundtragwerken aus Stahl und Beton

Teil 1-1: Allgemeine Bemessungs- und Anwendungsregeln für den Hochbau
Kommentar und Beispiele

1. Auflage 2020

Herausgeber:
DIN Deutsches Institut für Normung e. V.

Herausgeber: DIN Deutsches Institut für Normung e. V.

© 2020 Beuth Verlag GmbH
Berlin · Wien · Zürich
Saatwinkler Damm 42/43
13627 Berlin

© 2020 Wilhelm Ernst & Sohn
Verlag für Architektur und technische
Wissenschaften GmbH & Co. KG
Rotherstraße 21
10245 Berlin

Telefon: +49 30 2601-0
Telefax: +49 30 2601-1260
Internet: www.beuth.de
E-Mail: kundenservice@beuth.de

Telefon: +49 30 470 31-200
Telefax: +49 30 470 31-270
Internet: www.ernst-und-sohn.de
E-Mail: info@ernst-und-sohn.de

Das Werk einschließlich aller seiner Teile ist urheberrechtlich geschützt.
Jede Verwertung außerhalb der Grenzen des Urheberrechts ist ohne schriftliche Zustimmung des Verlages unzulässig und strafbar. Das gilt insbesondere für Vervielfältigungen, Übersetzungen, Mikroverfilmungen und die Einspeicherung in elektronische Systeme.

Die im Werk enthaltenen Inhalte wurden von den Verfassern und dem Verlag sorgfältig erarbeitet und geprüft. Eine Gewährleistung für die Richtigkeit des Inhalts wird gleichwohl nicht übernommen. Der Verlag haftet nur für Schäden, die auf Vorsatz oder grobe Fahrlässigkeit seitens des Verlages zurückzuführen sind. Im Übrigen ist die Haftung ausgeschlossen.

© für DIN-Normen   DIN Deutsches Institut für Normung e. V., Berlin

Titelbild: © Gerhard Hanswille
Satz: B & B Fachübersetzergesellschaft mbH, Berlin
Druck: Colonel, Kraków

Gedruckt auf säurefreiem, alterungsbeständigem Papier nach DIN EN ISO 9706

ISBN   978-3-410-26916-8 (Beuth Verlag)
ISBN (E-Book)   978-3-410-26917-5 (Beuth Verlag)
ISBN   978-3-433-03162-9 (Ernst & Sohn)
ISBN (ePDF)   978-3-433-60761-9 (Ernst & Sohn)

Inhalt

Autorenporträts		V
Danksagung		VI
1	**Allgemeines**	1
1.1	Einführung und Anwendungsbereich von DIN EN 1994-1-1	1
1.1.1	Einführung	1
1.1.2	Anwendungsbereich	1
1.1.3	Das Eurocodeprogramm	1
1.1.3.1	Historische Entwicklung der Normung im Stahlverbundbau	3
1.1.3.2	Zukünftige Entwicklung des Eurocode 4 – zweite Generation	6
1.1.4	Inhalt und Gliederung der Norm	9
1.2	Normative Verweise, Nationale Anwendungsdokumente und NDPs	12
1.2.1	Normative Verweise	12
1.2.2	Nationales Anwendungsdokument und NDPs	13
1.3	Annahmen	16
1.4	Unterscheidung nach Grundsätzen und Anwendungsregeln	17
1.5	Bezeichnungen, Begriffe und Definitionen	17
1.5.1	Bezeichnungen	17
1.5.2	Begriffe und Definitionen	18
1.6	Bautechnische Unterlagen	20
2	**Grundlagen der Tragwerksplanung – Sicherheitskonzept**	23
2.1	Allgemeines	23
2.2	Grundsätzliches zur Bemessung mit Grenzzuständen	23
2.3	Basisvariablen	23
2.4	Nachweise mit Teilsicherheitsbeiwerten	24
2.4.1	Bemessungswerte	24
2.4.1.1	Bemessungswert für Einwirkungen	24
2.4.1.2	Bemessungswert des Tragwiderstandes	25
2.4.2	Grenzzustände der Tragfähigkeit – Kombinationsregeln	26
2.4.3	Grenzzustände der Gebrauchstauglichkeit – Kombinationsregeln	28
3	**Werkstoffe**	31
3.1	Beton	31
3.2	Betonstahl	37
3.3	Baustahl	39
3.4	Verbindungs- und Verbundmittel	40
4	**Dauerhaftigkeit**	41
4.1	Allgemeines	41
4.2	Profilbleche für Verbunddecken in Tragwerken des Hochbaus	41
4.3	Dauerhaftigkeitskriterien für Stahlbauteile	41
4.4	Dauerhaftigkeitskriterien für schlaff bewehrte Betonbauteile	43
5	**Tragwerksberechnung**	51
5.1	Statisches System für die Berechnung	51
5.1.1	Statisches System und grundlegende Annahmen	51
5.1.2	Berechnungsmodelle für Anschlüsse	51
5.1.3	Boden-Bauwerk-Interaktion	51
5.2	Globale Tragwerksberechnung	52
5.2.1	Einflüsse aus Tragwerksverformungen	52

5.2.2	Schnittgrößenermittlung für Tragwerke des Hochbaus	52
5.3	Imperfektionen	53
5.4	Schnittgrößenermittlung	54
5.4.1	Verfahren der Schnittgrößenermittlung	54
5.4.1.1	Allgemeines	54
5.4.1.2	Mittragende Gurtbreite bei der Schnittgrößenermittlung	57
5.4.2	Linear-elastische Tragwerksberechnung	61
5.4.2.1	Allgemeines	61
5.4.2.2	Kriechen und Schwinden	61
5.4.2.3	Einflüsse aus der Rissbildung	70
5.4.2.4	Belastungsgeschichte	79
5.4.2.5	Einflüsse aus Temperatureinwirkungen	80
5.4.2.6	Einfluss aus Vorspannung	83
5.4.2.7	Beispiel zur elastischen Ermittlung der Schnittgrößen aus Kriechen und Schwinden unter Berücksichtigung der Rissbildung	87
5.4.3	Nichtlineare Tragwerksberechnung	99
5.4.4	Grenzzustand der Tragfähigkeit – elastische Tragwerksberechnung mit Momentenumlagerung	100
5.4.5	Berechnung nach der Fließgelenktheorie	102
5.5	Klassifizierung der Querschnitte	105
5.5.1	Allgemeines	105
5.5.2	Klassifizierung von Verbundquerschnitten ohne Kammerbeton	106
5.5.3	Klassifizierung von Verbundquerschnitten mit Kammerbeton	108
6	**Nachweise in den Grenzzuständen der Tragfähigkeit**	**113**
6.1	Verbundträger	113
6.1.1	Verbundträger für Tragwerke des Hochbaus	113
6.1.2	Mittragende Gurtbreite beim Nachweis der Querschnittstragfähigkeit	114
6.2	Querschnittstragfähigkeit von Verbundträgern	114
6.2.1	Momententragfähigkeit	114
6.2.1.1	Allgemeines	114
6.2.1.2	Vollplastische Momententragfähigkeit bei vollständiger Verdübelung	117
6.2.1.3	Vollplastische Momententragfähigkeit bei teilweiser Verdübelung	121
6.2.1.4	Dehnungsbeschränkte Momententragfähigkeit	124
6.2.1.5	Elastische Querschnittstragfähigkeit	126
6.2.1.6	Ergänzende Hinweise zur Ermittlung der Momententragfähigkeit	133
6.2.2	Querkrafttragfähigkeit	134
6.2.2.1	Anwendungsbereich	134
6.2.2.2	Vollplastische Querkrafttragfähigkeit	134
6.2.2.3	Querkrafttragfähigkeit bei Schubbeulen	134
6.2.2.4	Interaktion Biegung und Querkraft	135
6.3	Querschnittstragfähigkeit von kammerbetonierten Verbundträgern	137
6.3.1	Allgemeines	137
6.3.2	Momententragfähigkeit für Verbundquerschnitte mit Kammerbeton	138
6.3.3	Querkrafttragfähigkeit für Verbundquerschnitte mit Kammerbeton	139
6.3.4	Biegung und Querkraft bei Verbundquerschnitten mit Kammerbeton	140
6.4	Biegedrillknicken bei Verbundträgern	140
6.4.1	Allgemeines	140
6.4.2	Biegedrillknicknachweis für Durchlaufträger mit Querschnitten der Klassen 1, 2 und 3	141
6.4.3	Vereinfachter Nachweis für das Biegedrillknicken ohne weitere Berechnung	149

6.5	Stege mit Querbelastung	150
6.6	Verbundsicherung bei Verbundträgern	151
6.6.1	Allgemeines	151
6.6.1.1	Grundlagen	151
6.6.1.2	Mindestverdübelungsgrad und Anwendungsgrenzen bei teilweiser Verdübelung	153
6.6.1.3	Verteilung von Verbundmitteln bei Tragwerken des Hochbaus	155
6.6.2	Ermittlung der Längsschubkräfte	156
6.6.3	Beanspruchbarkeit von Verbundmitteln – stehende und liegende Kopfbolzendübel in Vollbetonplatten	161
6.6.4	Längsschubtragfähigkeit von Kopfbolzendübeln in Kombination mit Profilblechen	166
6.6.5	Konstruktionsregeln für die Ausbildung der Verbundsicherung	172
6.6.6	Längsschubtragfähigkeit des Betongurtes	173
6.7	Verbundstützen	179
6.7.1	Allgemeines, Bemessungsverfahren	179
6.7.2	Allgemeines Nachweisverfahren	181
6.7.3	Nachweis der Gesamtstabilität nach dem vereinfachten Nachweisverfahren	185
6.7.3.1	Allgemeines	185
6.7.3.2	Querschnittstragfähigkeit	186
6.7.3.3	Einfluss des Kriechens und Schwindens	195
6.7.3.4	Berechnung der Schnittgrößen und geometrische Ersatzimperfektionen	196
6.7.3.5	Tragfähigkeitsnachweis bei planmäßig zentrischem Druck	199
6.7.3.6	Tragfähigkeitsnachweis bei Druck und einachsiger Biegung	200
6.7.3.7	Tragfähigkeitsnachweis bei Druck und zweiachsiger Biegung	202
6.7.3.8	Stützen mit speziellen Querschnitten – Gültigkeitsbereich des vereinfachten Verfahrens	203
6.7.4	Lasteinleitung	210
6.7.4.1	Allgemeines	210
6.7.4.2	Nachweis der Krafteinleitung	210
6.7.4.3	Verbundsicherung außerhalb der Krafteinleitungsbereiche	221
6.7.5	Bauliche Durchbildung	222
6.7.5.1	Betondeckung von Stahlprofilen und Bewehrung	222
6.7.5.2	Längs- und Bügelbewehrung	223
6.8	Nachweis gegen Ermüdung	223
6.8.1	Allgemeines	223
6.8.2	Teilsicherheitsbeiwerte für den Nachweis der Ermüdung für Tragwerke des Hochbaus	223
6.8.3	Ermüdungsfestigkeit	224
6.8.4	Einwirkungen, Schnittgrößen und Spannungen	228
6.8.5	Nachweisverfahren	229
7	**Nachweise in den Grenzzuständen der Gebrauchstauglichkeit**	**233**
7.1	Allgemeines	233
7.2	Schnittgrößen und Spannungen	233
7.2.1	Allgemeines	233
7.2.2	Spannungsbegrenzungen	233
7.3	Begrenzung der Verformungen und Schwingungsverhalten	235
7.3.1	Durchbiegungen	235
7.3.2	Schwingungsverhalten	240
7.4	Begrenzung der Rissbreite und Nachweis der Dekompression	242
7.4.1	Allgemeines und Grundlagen	242
7.4.2	Ermittlung der Mindestbewehrung nach DIN EN 1994-1-1	245

7.4.3	Begrenzung der Rissbreite infolge direkter Einwirkungen	247
7.4.3.1	Begrenzung der Rissbreite ohne direkte Berechnung	247
7.4.3.2	Direkte Berechnung der Rissbreite	248
7.4.4	Träger mit Spanngliedvorspannung	249
7.5	Stabilitätsnachweise im Grenzzustand der Gebrauchstauglichkeit	251
8	**Verbundanschlüsse**	**253**
8.1	Allgemeines	253
8.2	Berechnung, Modellbildung und Klassifikation	256
8.3	Nachweisverfahren	259
8.4	Tragfähigkeit von Grundkomponenten	262
8.5	Zur Frage der Rotationskapazität und Ausblick	270
9	**Verbunddecken**	**273**
9.1	Grundlagen und Definitionen	273
9.2	Konstruktionsgrundsätze	275
9.3	Einwirkungen und deren Auswirkungen	276
9.4	Ermittlung der Schnittgrößen	277
9.5	Erforderliche Nachweise für das Profilblech im Bauzustand – Grenzzustand der Tragfähigkeit	279
9.6	Erforderliche Nachweise für das Profilblech im Bauzustand – Grenzzustand der Gebrauchstauglichkeit	280
9.7	Nachweise in den Grenzzuständen der Tragfähigkeit im Endzustand	280
9.7.1	Allgemeines	280
9.7.2	Querschnittstragfähigkeit – Biegung	281
9.7.3	Nachweis der Längsschubtragfähigkeit	285
9.7.3.1	Allgemeines	285
9.7.3.2	Nachweis nach dem m + k-Verfahren	286
9.7.3.3	Nachweis nach der Teilverbundtheorie	288
9.7.4	Nachweis der Längsschubtragfähigkeit mit Endverankerung	289
9.7.5	Querschnittstragfähigkeit – Querkraft	291
9.8	Nachweise in den Grenzzuständen der Gebrauchstauglichkeit	293
10	**Praxisorientierte Bemessungsbeispiele**	**295**
Beispiel 1: Einfeldträger in Verbundbauweise		295
Beispiel 2: Durchlaufträger in Verbundbauweise		307
Beispiel 3: Verbundstütze		334
Beispiel 4: Verbunddecke		344
11	**Literatur**	**355**

Autorenporträts

Prof. Dr.-Ing. Gerhard Hanswille ist Gesellschafter der HRA Ingenieurgesellschaft in Bochum und Prüfingenieur für Baustatik. Bis 2017 war er geschäftsführender Direktor des Instituts für Konstruktiven Ingenieurbau der Bergischen Universität in Wuppertal und Professor für Stahlbau und Verbundkonstruktionen. Er ist Mitglied der Akademie der Wissenschaften des Landes NRW und war von 1993 bis 2018 Vorsitzender des Arbeitsausschusses Verbundbau bei DIN und Mitglied der Project-Teams für DIN EN 1994-1-1 und DIN EN 1994-2.
Er bringt seine Erfahrungen in mehrere Beratungsgremien und Arbeitsausschüsse des DIN, des Deutschen Instituts für Bautechnik, des Eisenbahn-Bundesamtes und des Bundesverkehrsministeriums ein.

Hauptarbeitsgebiete: Forschungsarbeiten auf dem Gebiet des Verbundbaus mit den Schwerpunkten Verbundtechnologie, Lebensdaueranalyse und Tragwerksstabilität. Neben dem Hoch- und Industriebau war er in den letzten Jahren als Tragwerksplaner und Prüfingenieur an der Realisierung von größeren Stahl- und Verbundbrücken beteiligt.

Prof. Dr.-Ing. Markus Schäfer wurde 2017 zum „Full Professor of Structural Engineering and Composite Structures" an die Universität Luxemburg (Department of Engineering) berufen. Der Promotion an der Bergischen Universität Wuppertal im Bereich des Stahl- und Verbundbaus im Jahr 2007 folgten bis zur Berufung an die Universität internationale Ingenieurtätigkeiten als technischer Leiter der Spannverbund S. A., als „Directeur des Études" der CLE S. A. sowie Lehrtätigkeiten als Univ.-Dozent. Aktuell ist er auch stellvertretender Obmann des Spiegelausschusses zum Eurocode 4 bei DIN, Mitglied im CEN/TC 250/SC 4
sowie in weiteren nationalen und europäischen Arbeitsgruppen zum Verbundbau vertreten. Im Rahmen des EU-Mandates M/515 befasst er sich derzeit als Leiter des Project-Teams CEN/TC 250/ SC 4.T6 mit der Erstellung der zweiten Generation der EN 1994-1-1.

Hauptarbeitsgebiete: Forschungsarbeiten auf dem Gebiet des Verbundbaus mit den Schwerpunkten Verbund-/Slim-Floor-Träger, Verbundmittel, Verbundstützen und dem Einsatz hochfester Materialien. Darüber hinaus ist er stark in die Normenentwicklung eingebunden. In den letzten Jahren war er vielfach in die Tragwerksplanung und Ausführung von Projekten im Stahl- und Verbundbau involviert.

Dr.-Ing. Marco Bergmann ist Mitarbeiter der HRA Ingenieurgesellschaft in Bochum. 2011 promovierte er an der Bergischen Universität Wuppertal im Bereich Stahl- und Verbundbau zur Heißbemessung von Verbundstützen. Er ist seit 2015 Mitglied des Arbeitsausschusses Verbundbau im DIN und seit vielen Jahren Dozent im Studiengang Real Estate Management and Construction Project Management (REM + CPM) an der Bergischen Universität Wuppertal.

Hauptarbeitsgebiete: Forschungsarbeiten auf dem Gebiet des Verbundbaus mit den Schwerpunkten Verbundstützen und Verbundmittel. In den letzten Jahren war er an der Prüfung von größeren Stahl- und Verbundbrücken und der Tragwerksplanung von Verbundkonstruktionen im Hochbau beteiligt.

Danksagung

Die Autoren bedanken sich beim Beuth Verlag und Ernst & Sohn Verlag für die wertvolle Zusammenarbeit und Unterstützung bei der Herstellung des Kommentars. Ferner bedanken sich die Verfasser für die vielen Anregungen und Kommentare, die sie als Mitglieder der europäischen und nationalen Normungsgremien in den letzten Jahren erhalten haben und die teilweise in diesen Kommentar mit eingeflossen sind.

1 Allgemeines

1.1 Einführung und Anwendungsbereich von DIN EN 1994-1-1

1.1.1 Einführung

DIN EN 1994-1-1 [1] ist als Eurocode 4 (EC 4) für die Bemessung und Ausführung von Stahlverbundkonstruktionen seit einigen Jahren in Deutschland bauaufsichtlich eingeführt. Mit diesem Kommentar soll der Baupraxis ein vertieftes Verständnis für die Regelungen dieses Eurocodes ermöglicht werden. Die einzelnen Regelungen werden detailliert erläutert und deren Anwendung anhand von praxisorientierten Beispielen erleichtert. Die dynamische Entwicklung im Stahlverbundbau führt in der Baupraxis immer wieder zu konstruktiven Ausbildungen, die durch die Regelungen des Eurocodes nicht abgedeckt sind. Auf diese Anwendungsgrenzen wird ebenfalls eingegangen. Die in DIN EN 1994-1-1 enthaltenen Regelungen basieren teilweise auf wissenschaftlichen Untersuchungen, die bereits zwanzig und mehr Jahre zurückliegen. Im Rahmen dieses Kommentars wird daher auch auf neuere Untersuchungen und Bemessungsmodelle eingegangen, die im Rahmen einer Bemessung auf der Grundlage des Eurocodes als gleichwertig angesehen werden können.

1.1.2 Anwendungsbereich

Der vorliegende Kommentar behandelt primär die hochbauspezifischen Regelungen in DIN EN 1994-1-1 [1]. Die Erarbeitung des Eurocode 4, Teil 2 (EN 1994-2 [4]) erfolgte seinerzeit zeitlich versetzt. Spezielle Regelungen, die primär für Brücken gelten, jedoch im Hochbau ebenfalls angewandt werden können, finden sich daher im Eurocode 4, Teil 2. Der Kommentar behandelt daher auch einige Regelungen, die sich im Eurocode 4, Teil 2 befinden.

1.1.3 Das Eurocodeprogramm

Die Eurocodes (EC) repräsentieren europäische Normen (EN) für die Bemessung und Konstruktion von Bauwerken im Hoch- und Brückenbau. Die Entwicklung dieser europäischen Regelwerke erfolgte im Auftrag der Europäischen Union durch das „European Committee for Standardisation" CEN. Seit einigen Jahren sind die Eurocodes bereits in der Anwendung. Die Eurocodes wurden erarbeitet, um die Planung von tragwerksrelevanten Bauprodukten für Bauwerke europaweit zu harmonisieren und einheitliche Standards hinsichtlich mechanischer Festigkeit und Standsicherheit sowie für den Brandschutz und die Nutzungssicherheit zu ermöglichen. Für die Bemessung von Ingenieurbauwerken im Hochbau, Brückenbau und der Geotechnik liegen zehn spezifische Eurocodes (EN 1990 bis EN 1999, Bild 1) vor, die sich aktuell aus 58 Teilen zusammensetzen. Eurocode 4 enthält grundsätzliche Regeln für den Entwurf, die Berechnung und die Bemessung von Verbundtragwerken in Stahl und Beton und zusätzlich spezielle Regelungen für Tragwerke des Hochbaus (EN 1994-1-1), des Brückenbaus (EN 1994-2) sowie für den Brandfall (EN 1994-1-2). Die Veröffentlichung der ersten englischen Fassung (final draft) erfolgte im Jahre 2004. Die erste deutsche Übersetzung der jetzt vorliegenden Generation des Eurocode 4 lag in den Gremien des DIN im Jahre 2007 vor.

Im Juli 2012 wurden die Eurocodes als verbindliches Normenwerk in Deutschland eingeführt und stellen seitdem den Standard in der Bemessung und Konstruktion für Bauprojekte im öffentlichen und privaten Sektor dar. Mit der Einführung der Europäischen Normen wurden gleichzeitig mit gewissen Übergangsfristen die nationalen Normen in den verschiedenen Ländern zurückgezogen, so auch die nationale Norm DIN 18800-5 für die Bemessung von Verbundkonstruktionen aus Stahl und Beton. In Deutschland endete die Parallelregelung 2013.

Als DIN-EN-Fassungen wurden die Eurocodes in Deutschland in die Musterliste der Technischen Baubestimmungen als Regelwerk zur Grundlage der Tragwerksplanung aufgenommen. Heute ist in den meisten europäischen Staaten die Bemessung und Ausführung nach Eurocode verbindlich, wobei in den nationalen Anhängen (NA) zu den verschiedenen Abschnitten der diversen Teile der Eurocodes länderspezifische Regelungen festgelegt werden.

 Europäische Normen – Eurocodes

Eurocode 0: EN 1990 – Grundlagen der Tragwerksplanung

Eurocode 1: EN 1991 – Einwirkungen auf Tragwerke

Eurocode 2: EN 1992 – Bemessung von Stahlbeton-/Spannbetontragwerken

Eurocode 3: EN 1993 – Bemessung von Stahlbauten

Eurocode 4: EN 1994 – Bemessung von Verbundtragwerken aus Stahl & Beton

Eurocode 5: EN 1995 – Bemessung von Holzbauten

Eurocode 6: EN 1996 – Bemessung von Mauerwerksbauten

Eurocode 7: EN 1997 – Bemessung in der Geotechnik

Eurocode 8: EN 1998 – Auslegung von Bauwerken gegen Erdbeben

Eurocode 9: EN 1999 – Bemessung von Aluminiumtragwerken

Bild 1: Übersicht Eurocodes, EN 1990 bis EN 1999

Mit der Einführung der Eurocodes stellten diese das technisch fortschrittlichste und umfangreichste Normenwerk im Bauwesen und dem Grundbau dar. Dabei basieren die Eurocodes auf weit über 30 Jahren Normenentwicklung und Forschung. Die Vorentwürfe prEN der heutigen Eurocodes wurden vor der Einführung über fast zwei Jahrzehnte diskutiert.

Heute haben die Eurocodes einen maßgeblichen Einfluss auf die Bemessungskultur im Bauwesen und werden europaweit von weit mehr als 500.000 Anwendern appliziert [83]. Ferner werden die Grundlagen der Eurocodes im Rahmen der ingenieurwissenschaftlichen Studien an den Hochschulen und Universitäten gelehrt. Während zunächst die Anwendung der europäisch harmonisierten Normen für Europa erfolgte, d. h. für den europäischen Wirtschaftsraum (EWR), umfassend die 27 EU-Mitgliedstaaten und die EFTA-Staaten (Schweiz, Island, Liechtenstein und Norwegen), hat sich der Eurocode als eine der modernsten Normen auch auf viele andere Länder ausgedehnt bzw. einige Länder haben ihre Bemessungsnormen dem Eurocode angeglichen [84]. Damit gewinnen die europäischen Normen weltweit zunehmend an Bedeutung.

Mit dem Eurocode 4 in der Fassung der DIN EN 1994-1-1:2010-12 [1] und DIN EN 1994-1-2:2010-12 [3] liegt in Zusammenhang mit dem Eurocode 2 in der Fassung der DIN EN 1992-1-1 [14] und dem Eurocode 3 mit der DIN EN 1993-1, Teil 1 [20], Teil 3 [23], Teil 5 [25], Teil 8 [26] und Teil 9 [27] in Verbindung mit den Deutschen Nationalen Anwendungsdokumenten ein Regelwerk für Verbundkonstruktionen aus Stahl und Beton vor, in dem alle wesentlichen Aspekte für Verbundkonstruktionen des Hoch- und Industriebaus behandelt werden. Für Brückentragwerke wurden die nationalen DIN-Fachberichte [38]–[41] durch die bauaufsichtlich eingeführten Eurocodes im Brückenbau ersetzt.

Bei der Erarbeitung der EN-Fassungen der europäischen Regelwerke für Verbundkonstruktionen aus Stahl und Beton (Eurocode 4) sowie der zugehörigen Nationalen Anhänge wurde bereits in der Fassung von 2006 [31], [32] im Vergleich zu den bauaufsichtlich bekannt gemachten europäpäischen Vornormen [33], [34] eine Vielzahl von Änderungen vorgenommen, die die Anwendung in der Praxis vereinfachen werden. Gleichzeitig wurde der gesamte Normentext deutlich gekürzt und sprachlich verbessert.

1.1.3.1 Historische Entwicklung der Normung im Stahlverbundbau

Die Stahlverbundbauweise spielt ab Ende der 1940er-Jahre eine Rolle im Bauwesen. Zunächst wurde das Regelwerk DIN 4239 „Verbundträger im Hochbau" (1956) erarbeitet (siehe Bild 2). Im Brückenbau wurde die Stahlverbundbauweise mit Beginn der 1950er-Jahre bei zahlreichen Vorhaben angewandt. Maßgebend war hierfür zunächst DIN 1078 „Verbundstraßenbrücken". Für den Dienstbereich der Deutschen Bahn (DB) galten bzw. gelten Sondervorschriften.

Vor allem in den 1970er- und 1980er-Jahre wurde massiv im Bereich des Verbundbaus geforscht. Aus den Forschungserkenntnissen resultierte auch die im Jahr 1974 erstmals veröffentlichte und 1981 überarbeitete Herausgabe der „Richtlinien für die Bemessung und Ausführung von Stahlverbundträgern" (Verbundträgerrichtlinie). Die Auflage einer neuen Richtlinie war seinerzeit wegen der Neubearbeitung der DIN 1045 und der Spannbetonrichtlinien notwendig geworden.

Mit der neuen Verbundträgerrichtlinie wurde der (plasto-statische) Tragsicherheitsnachweis unter Grenzlasten eingeführt. Die Regelwerke DIN 4239 und DIN 1078 kannten nur den elasto-statischen Nachweis mit zulässigen Spannungen; auf dieser Basis wurden seinerzeit auch die Verbundmittel dimensioniert. Mit der Einführung der „Richtlinien für die Bemessung und Ausführung von Stahlverbundträgern" wurden im Hochbau auch Tragfähigkeitsnachweise auf der Grundlage der Plastizitätstheorie zugelassen. Bei Brückenkonstruktionen war zur Sicherstellung der Gebrauchstauglichkeit zusätzlich ein elasto-statischer Nachweis einschließlich Berücksichtigung von Schwinden und Kriechen erforderlich.

In den späteren Regelwerken für die Stahlverbundbauweise (in DIN 18800-5) wurde diese Konzeption übernommen und ist auch Grundlage des Eurocode 4 („Verbundkonstruktionen aus Stahl und Beton"). Der Eurocode behandelt neben den Materialeigenschaften, der Dauerhaftigkeit und der Schnittgrößenermittlung ausgiebig elastische und plastische Nachweise im Grenzzustand der Tragfähigkeit sowie die Bemessung im Grenzzustand der Ermüdung und im Grenzzustand der Gebrauchstauglichkeit. Ferner werden viele konstruktive Regelungen für die Ausführung festgelegt.

Die Grundidee der Entwicklung europaweit einheitlicher Normen im Bauwesen resultiert aus den Bestrebungen, Europa wirtschaftlich und gesellschaftlich näher zusammenzuführen. Die wesentlichen Vorteile eines europäisch harmonisierten Regelwerkes sind [357]:

- eine Harmonisierung der Bemessungskonzepte und technischer Regelungen innerhalb Europas,
- die Etablierung eines einheitlichen Sicherheitsniveaus,
- die Verbesserung des grenzübergreifenden Austausches und internationaler Kooperationen im Rahmen von Bauprojekten,
- die Öffnung des europäischen Marktes für Ingenieurbüros und Baupartner,
- nicht zuletzt stellt ein einheitliches Normenwerk auch den Rahmen von Bau- und Ingenieurverträgen dar.

Der Hintergrund des Eurocode-Programms ist in DIN EN 1994-1-1 wie folgt beschrieben [1]:

Im Jahre 1975 beschloss die Kommission der Europäischen Gemeinschaften, für das Bauwesen ein Programm auf der Grundlage des Artikels 95 der Römischen Verträge durchzuführen. Das Ziel des Programms war die Beseitigung technischer Handelshemmnisse und die Harmonisierung technischer Normen. Im Rahmen dieses Programms leitete die Kommission die Bearbeitung von harmonisierten technischen Regelwerken für die Tragwerksplanung von Bauwerken ein, die im ersten Schritt als Alternative zu den in den Mitgliedsländern geltenden Regeln dienen und diese schließlich ersetzen sollten. 15 Jahre lang leitete die Kommission mithilfe eines Steuerkomitees mit Repräsentanten der Mitgliedsländer die Entwicklung des Eurocode-Programms, das zu der ersten Eurocode-Generation in den 80er-Jahren führte. Im Jahre 1989 entschied sich die Kommission und die Mitgliedsländer der Europäischen Union und der EFTA, die Entwicklung und Veröffentlichung der Eurocodes über eine Reihe von Mandaten an CEN zu übertragen, damit diese den Status von Europäischen Normen (EN) erhielten. Grundlage war eine Vereinbarung (Vereinbarung zwischen der Kommission der Europäischen Gemeinschaft und dem Europäischen Komitee für Normung (CEN) zur Bearbeitung der Eurocodes für die Tragwerksplanung von Hochbauten und Ingenieurbauwerken) zwischen der Kommission und CEN. Dieser Schritt verknüpft die Eurocodes de facto mit den Regelungen der Ratsrichtlinien und Kommissionsentscheidungen, die die Europäischen Normen behandeln (z. B. die Ratsrichtlinie 89/106/EWG zu Bauprodukten, die Bauproduktenrichtlinie, die Ratsrichtlinien 93/37/EWG, 92/50/EWG und 89/440/EWG zur Vergabe öffentlicher Aufträge und Dienstleistungen und die entsprechenden EFTA-Richtlinien, die zur Einrichtung des Binnenmarktes eingeleitet wurden).

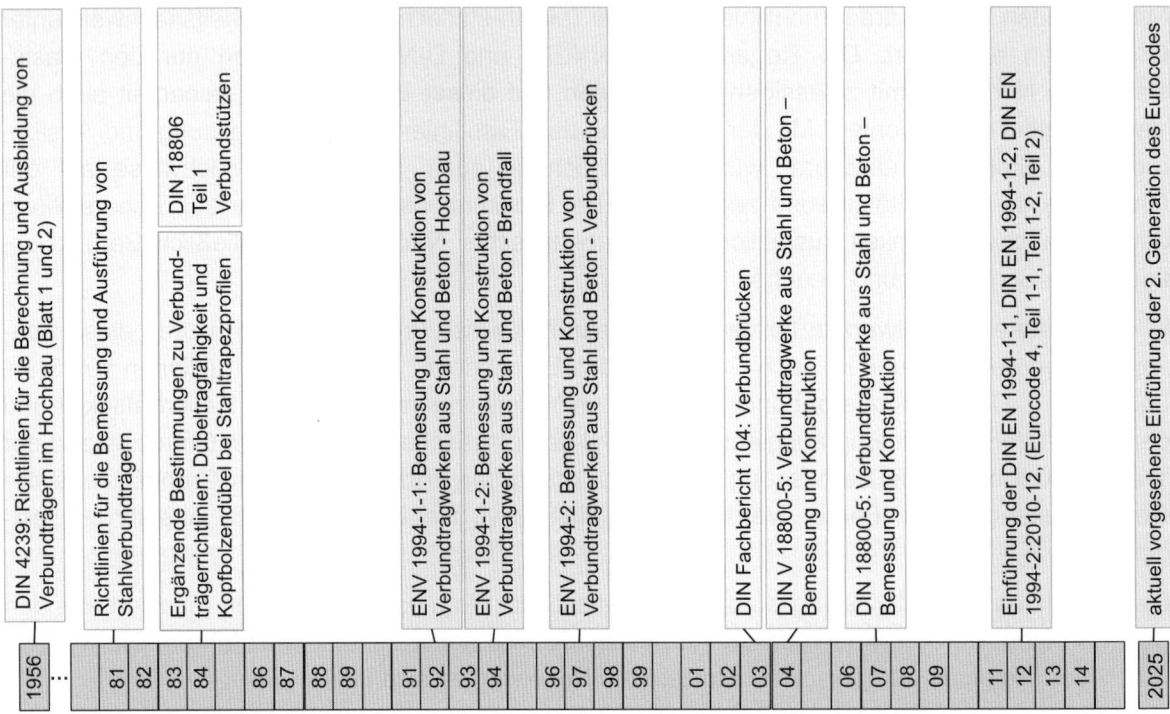

Bild 2: Zeitliche Entwicklung der Normen im Stahl-Verbundbau – wichtige Eckdaten

Die ersten Bestrebungen zu einer europäischen Harmonisierung der Bemessungsgrundlagen auf dem Gebiet der Verbundkonstruktionen begannen 1971 mit der Arbeit des „IABSE/CEB/ECCS/FIP Joint Committee for Composite Structures", das 1981 den „Model Code for Composite Structures" [85] herausgab. Im Auftrag der Kommission der Europäischen Gemeinschaften wurde 1984 von einer kleinen Gruppe namhafter Fachleute ein vollständiger Entwurf des Eurocode 4 [86] vorgelegt, der in den Jahren 1985–1987 innerhalb von 18 Monaten in zwölf Mitgliedsstaaten beraten und kommentiert wurde. In den 1980er-Jahren entstanden so die ersten Vorschläge für die Eurocodes im konstruktiven Ingenieurbau. 1989 übertrug die Kommission die Aufgabe zur Entwicklung europaweit harmonisierter Normen an das CEN, die Europäische Normungsorganisation. Es wurde festgelegt, dass die Eurocodes als die Grundlage europäisch einheitlicher Bezugsdokumente gelten sollten. Nachdem der Eurocode 2 [87] für Betonbauwerke und der Eurocode 3 [88] für Stahlbauwerke überarbeitet und gleichzeitig ein Konzept für den zukünftigen

Eurocode 1 für Lasten entwickelt worden war, konnte die Entwurfsgruppe mit der Überarbeitung des Eurocode 4 beginnen. Hierbei wurden sowohl die Änderungen der Eurocodes 2 und 3 als auch die Kommentare der Mitgliedsstaaten sowie internationale Fortschritte auf den Gebieten der Forschung, Praxis und Normung berücksichtigt.

Im Jahr 1992 erschien der Entwurf einer Europäischen Vornorm prENV für Eurocode 4, Teil 1-1 [89] im System des CEN. Er wurde im Jahre 1994 in Deutschland als DIN V ENV 1994 Teil 1-1 in Kombination mit dem Nationalen Anwendungsdokument (DASt-Richtlinie 104 [80]) bauaufsichtlich bekannt gemacht. Mit der Überarbeitung von prENV 1994-1-1 wurde im Jahre 1998 begonnen. Es wurde damals damit gerechnet, dass die EN-Fassung des Eurocode 4, Teil 1-1 im Jahre 2001 vorliegen würde. Außer dem hier behandelten Eurocode 4, Teil 1-1 für den Entwurf von Verbundkonstruktionen aus Stahl und Beton wurde im Jahre 1997 die deutsche Fassung des Eurocode 4, Teil 1-2 veröffentlicht. Sie behandelt die Tragwerksbemessung für den Brandfall. Die Bearbeitung des Eurocode 4, Teil 2 für Verbundbrücken began im Jahre 1995. Die englische Fassung wurde im Jahre 1998 veröffentlicht.

Die Einführung der Eurocodes hat dann aber mehr Zeit in Anspruch genommen. Da die europäischen Normen zunächst noch nicht eingeführt worden sind und die EN-Fassung für die Bemessung von Tragwerken in Beton zurückgezogen wurde, erfolgte im Jahr 2002 die Einführung der neuen nationalen Norm DIN 1045-1 für die Bemessung von Stahlbetontragwerken. Die bis dahin gültige DIN 1045 wurde endgültig zurückgezogen.

Dadurch bestand Handlungsbedarf für die Einführung eines neuen Regelwerkes im Stahlverbundbau, da die Verbundträgerrichtlinien nicht mehr kompatibel zur DIN 1045-1 waren. In den zuständigen Normungsgremien und Fachausschüssen wurde damals der Beschluss gefasst, den im Jahre 1999 veröffentlichten Gelbdruck von E DIN 18800-5 [35] nochmals grundlegend zu überarbeiten und an die endgültige Fassung des Eurocode 4 [31] anzupassen. Mit der Veröffentlichung der Fassung DIN V 18800-5:11-2004 [36] wurde somit für den Verbundbau eine vorzeitige Anpassung der nationalen Regelwerke an die zukünftigen europäischen Regelwerke vollzogen. Ebenso wie die europäischen Regelwerke bauten die ab 2002 eingeführten neuen nationalen Normen auf dem probabilistischen Teilsicherheitskonzept auf. Wegen der im Vergleich zum Gelbdruck vorgenommenen umfangreichen Änderungen wurde die Novemberfassung von DIN V 18800-5 zunächst als Vornorm veröffentlicht. Die Überführung in einen Weißdruck erfolgte im Rahmen eines „Kurzverfahrens" noch im Jahr 2005. Mit der Einführung von DIN V 18800-5 wurden die auf dem globalen Sicherheitskonzept basierenden alten nationalen Regelwerke für Verbundkonstruktionen nach einer Übergangsphase von einem Jahr zurückgezogen. Drei Jahre später wurde die nationale Norm für den Stahlverbundbau als DIN 18800-5 [37] in die Musterliste der technischen Baubestimmungen aufgenommen. Die Regelungen für Brücken wurden in die DIN-Fachberichte überführt, [38] bis [41]. Im Jahre 2009 wurden die bis dahin vorliegenden Fassungen der DIN-Fachberichte nochmals überarbeitet und mit den 2004 bzw. 2005 veröffentlichten europäischen Regelwerken für Brückenbau abgeglichen, [42] bis [44]. DIN-Fachbericht 104 [41] war für die Bemessung und Konstruktion von Verbundbrückenbauwerken heranzuziehen.

DIN 18800-5 war inhaltlich nahezu identisch mit dem Entwurf des Eurocode 4. Dieser ist 2004 und zuletzt 2010 in deutscher Fassung als überarbeitete Version neu erschienen. Seit dem 1. Juli 2012 sind die Eurocodes in Deutschland bauaufsichtlich eingeführt [1] und verbindlich anzuwenden. Parallel zu der bauaufsichtlichen Einführung der EN-Fassungen als DIN-EN-Fassung erfolgte die Einführung der Nationalen Anhänge zu den Europäischen Normen. Für die Bemessung von Verbundtragwerken aus Stahl und Beton ist ergänzend zu DIN-EN 1994-1-1 [1] das Nationale Anwendungsdokument DIN EN 1994-1-1/NA:2010-12 [2] zu berücksichtigen. Dieses Dokument wurde im NABau-Spiegelausschuss NA 005-08-99 AA „Verbundbau (Sp CEN/TC 250/SC 4)" erstellt. Ein derartiges nationales Dokument ist erforderlich, da die Europäische Norm EN 1994-1-1 die Möglichkeit einräumt, eine Reihe von sicherheitsrelevanten

Parametern national festzulegen. Diese national festzulegenden Parameter werden als NDP (Nationally Determined Parameters, NDP) bezeichnet. Sie umfassen die Teilsicherheitsbeiwerte, Angaben einzelner Werte für im Eurocode enthaltene Nachweisverfahren sowie die Auswahl von Klassen aus gegebenen Klassifizierungssystemen. Die entsprechenden Textstellen sind in der Europäischen Norm durch Hinweise auf die Möglichkeit nationaler Festlegungen gekennzeichnet. Darüber hinaus enthält der nationale Anhang ergänzende nicht widersprechende Angaben, die als NCI (Non-Contradictory Complementary Information) bezeichnet werden. Entsprechend enthält DIN EN 1994-1-1/NA nationale Festlegungen für den Entwurf, die Berechnung und die Bemessung von Verbundtragwerken und Verbundbauteilen, die bei der Anwendung von DIN EN 1994-1-1:2010-12 in Deutschland zu berücksichtigen sind.

1.1.3.2 Zukünftige Entwicklung des Eurocode 4 – zweite Generation

Verantwortlich für die Eurocodes ist das Technische Komitee „CEN/TC 250 – Structural Eurocodes", das dem Europäischen Komitee für Normung CEN (fr.: Comité Européen de Normalisation) zugehört. Dieses Komitee teilt sich in verschiedene Untergruppen (Sub-Tasks, SC) für die jeweiligen Eurocodes. Entsprechend ist das CEN/TC 250/SC 4 für Eurocode 4: „Bemessung und Konstruktion von Verbundtragwerken aus Stahl und Beton" zuständig.

Im Mai 2010 hat die Europäische Kommission (EC), Generaldirektion Unternehmen und Industrie (DG-ENTR) das Programm zum Mandat „M/466 EN CEN" veröffentlicht. Das übergeordnete Ziel dieses Mandats ist die Initiierung der Weiterentwicklung der Eurocodes, basierend auf einem Validierungsprozess und einem Programm mit zehn vorrangigen Maßnahmen. Dabei wird angestrebt, die Anwendung der Eurocodes auf den nationalen Ebenen zu vereinfachen, neue Marktentwicklungen aufzunehmen und eine Anpassung an den Stand der Technik vorzunehmen. Zum damaligen Zeitpunkt stand die Einführung der Eurocodes für die Bemessung von Tragwerken im Europäischen Wirtschaftsraum (EWR) unmittelbar bevor. Das Mandat unterstreicht, dass eine nachhaltige Entwicklung des Eurocode-Programms erforderlich ist, um das Vertrauen der Nutzer in die Bemessungsnormen langfristig zu erhalten und die allgemeinen Ziele bezüglich Sicherheit sowie der Harmonisierung des Binnenmarktes dauerhaft zu sichern. Dabei soll der Entwicklungsprozess der Eurocodes technische und gesellschaftliche Anforderungen berücksichtigen [357]:

- Sicherstellung/Förderung innovativer Entwicklungen (in Bezug auf Materialien und Produkte, Bautechniken und Forschung); Gewährleistung, dass die Eurocodes aktuelle und nachhaltige Marktentwicklungen aufnehmen
- Berücksichtigung neuer gesellschaftlicher Anforderungen und Bedürfnisse
- Erleichterung der Harmonisierung nationaler technischer Initiativen zu neuen Themen, die für den Bausektor und die Bauindustrie von Interesse sind

Basierend auf den Erfahrungen des Marktes und der Bewertung im Hinblick auf Anwendbarkeit und Relevanz ist vorgesehen, dass zusätzliche Eurocodes oder wesentliche Ergänzungen zu den bestehenden Bemessungsnormen auf europäischer Ebene zu erstellen sind. Neue Eurocodes bzw. neue Teile der Eurocodes sollen dabei mindestens die folgenden Punkte abdecken [90]:

- Bewertung, Wiederverwendung und Sanierung bestehender Bauwerke,
- Bemessung von Tragwerken aus Glas,
- Bemessung von Tragwerken, die faserverstärkte Baustoffe enthalten,
- Bemessung von Membranstrukturen,
- Erweiterung der Regelungen hinsichtlich Robustheit der Bauwerke.

Die Weiterentwicklung der bestehenden europäischen Normen konzentriert sich vor allem auf [83]:

- Vereinfachung und Harmonisierung bestehender Regeln,
- Erarbeitung neuer Regeln gemäß zukünftiger Anforderungen,

- Reduzierung der nationalen Festlegungen (NDPs),
- Implementierung neuer Forschungsergebnisse,
- Integration von ISO-Normen in die Eurocodes (hier explizit genannt: Einwirkungen aus Wellen und Strömungen auf Küstenbauwerke oder atmosphärische Vereisung).

Das CEN antwortete auf das Mandat der EU im Juni 2011 und stimmte der Umsetzung zu. Im Dezember 2012 hat die Europäische Kommission (EC), Generaldirektion Unternehmen und Industrie (DG-ENTR) ein weiteres Mandat „M/515 EN CEN: Auftrag zur Änderung bestehender Eurocodes und zur Erweiterung des Gegenstands tragwerksrelevanter Eurocodes" an das CEN vergeben. Dabei wird das CEN basierend auf der Antwort zum Mandat M/466 beauftragt, die Normung zu überarbeiten und die zweite Generation der Eurocodes zu entwickeln. Konkret soll dabei in Anlehnung an das o. g. Mandat M/466 Folgendes vom CEN geleistet werden [90]:

- die Erarbeitung neuer Normen oder neuer Teile bestehender Normen,
- die Einbeziehung neuer Leistungsanforderungen und Planungsverfahren,
- die Erarbeitung eines benutzerfreundlicheren Ansatzes in mehrere, bestehende Normen,
- die Erstellung eines technischen Berichts über die Anpassung der bestehenden Eurocodes und des neuen Eurocodes für Bauglas.

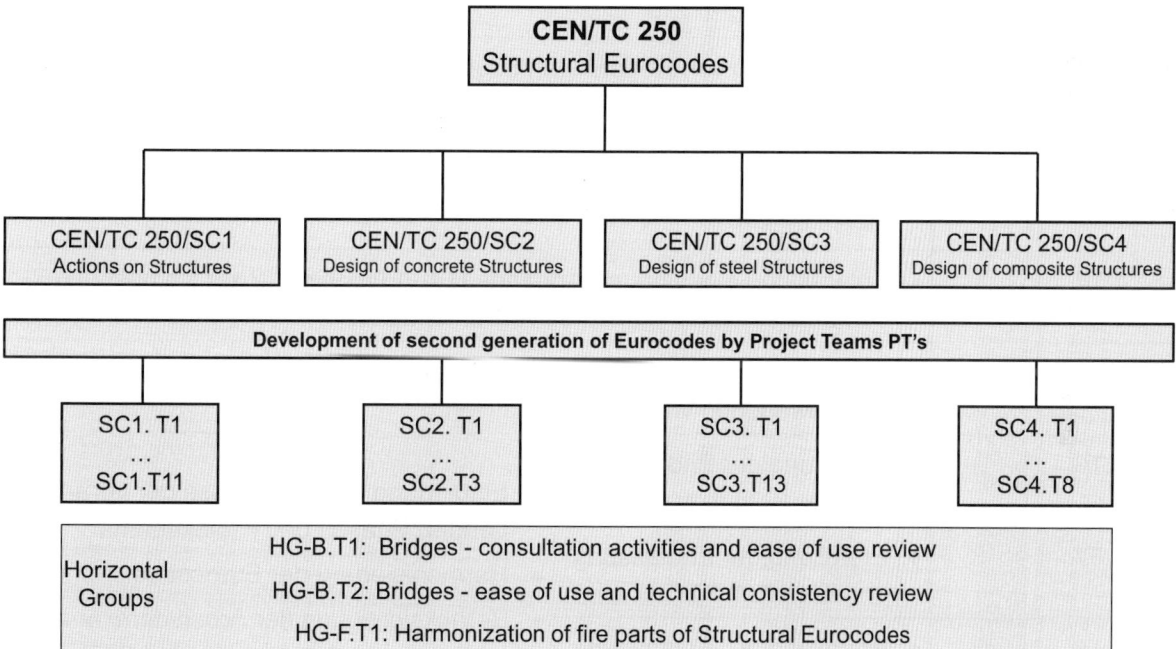

Bild 3: Struktur zur Überarbeitung der Eurocodes (hier für EC 1 bis EC 4 dargestellt)

Am 7. April 2015 startete das CEN mit dem Prozess zur Entwicklung der nächsten Generation der Eurocodes. Dies war der Beginn eines Arbeitsprogramms, das durch das technische Komitee CEN/TC250 infolge des Mandats M/515 [6] ausgearbeitet worden ist. Das Programm gliedert sich in vier sich überlappende Phasen mit 79 diskreten Aufgaben. Phase 1 des Werkes umfasst 29 Aufgaben, von denen vier den Eurocode 4 betreffen.

Die Aufgaben werden von Projektteams (SCi.Ti), bestehend aus einem Teamleiter und bis zu fünf weiteren Mitgliedern, durchgeführt. Die Mitglieder der Projektteams wurden durch ein Ausschreibungsverfahren ausgewählt und sind unter Vertrag bei der niederländischen Stiftung für Standardisierung (NEN), die das Programm im Auftrag von CEN verwaltet. Zusätzlich bestehen horizontale Arbeitsgruppen (HG-i.Ti) für Brücken und die Brandbemessung, die eine Vereinheitlichung der Bemessungsmodelle anstreben. Für die Erstellung neuer Teile der europäischen Normen für

Bauglas, faserverstärkte Baustoffe, Membranstrukturen und der Robustheit werden Arbeitsgruppen (WGi.Ti) eingerichtet. Bild 3 gibt eine Übersicht der bestehenden Struktur zur Überarbeitung der Eurocodes.

Bezogen auf Eurocode 4 werden die Hauptaufgaben (Tasks) durch die Projektteams entsprechend Tabelle 1 bearbeitet.

Tabelle 1: CEN/TC250/SC4 – Projektteams zur Entwicklung der zweiten Generation von Eurocode 4

Projekt-team	Phase	Aufgaben	
SC4.T1	1	• Überarbeitung von EN 1994-1-1, EN 1994-1-2 und EN 1994-2 • Berücksichtigung der Anforderungen aus der Industrie (Responds to Systematic Review) • Anpassung an den Stand der Technik • Vereinfachung, Klarstellung, Harmonisierung	
SC4.T2	1	• Erarbeitung eines Anhangs zur Bemessung von Stegöffnungen von Verbundträgern	
SC4.T3	1	• Ausarbeitung von Regelungen bzgl. des Mindestverdübelungsgrades von Verbundträgern bei äquidistanter Dübelanordnung • Ausarbeitung von Regelungen zur Bestimmung der Tragfähigkeit von Kopfbolzendübeln in Kombination mit modernen (schlanken) Trapezblechprofilen	
SC4.T4	1	• Entwicklung eines neuen Anhangs H zu EN 1994-1-2 zur Bemessung von ausbetonierten Hohlprofilverbundstützen	
SC4.T5	2	• Entwicklung von Bemessungsregeln für Slim-Floor-Träger einschließlich der Anwendung von Betonfertigteilen	
SC4.T6	3	• Erstellung der Endfassung von EN 1994-1-1	• Einbindung der Ergebnisse der vorangehenden Phasen und Projektteams • Harmonisierung der Eurocodes • Berücksichtigung der Arbeit der Horizontal Groups H-G Bridges und H-G Fire
SC4.T7	3	• Erstellung der Endfassung von EN 1994-1-2	
SC4.T8	3	• Erstellung der Endfassung von EN 1994-2	

Bild 4 gibt einen Überblick der Zeitschiene bei der Einführung der Eurocodes in den letzten Jahren und für die aktuelle Überarbeitung der Eurocodes mit dem Ziel, im Zeitfenster bis 2025 die zweite Generation der europäischen Normen zu publizieren.

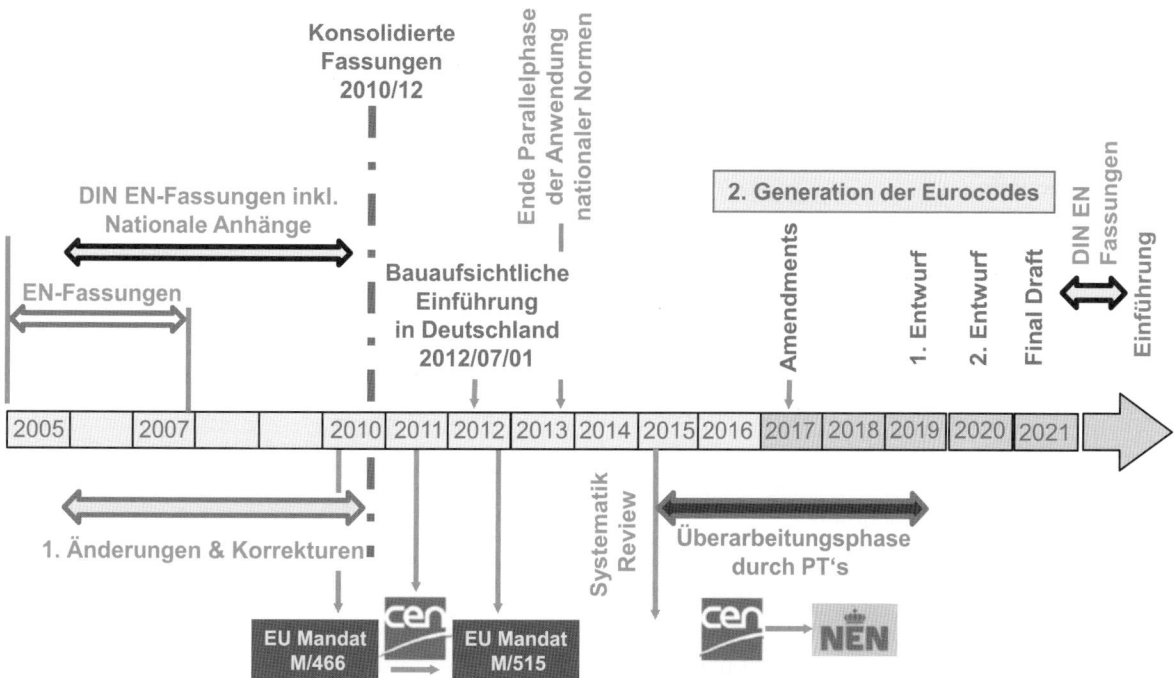

Bild 4: Zeitschiene, Einführung und Überarbeitung der Eurocodes

1.1.4 Inhalt und Gliederung der Norm

DIN EN 1994-1-1 [1] enthält zunächst ein nationales Vorwort, das den nationalen Status der Norm erläutert und hervorhebt. Es wird auch darauf hingewiesen, dass die Anwendung dieser Norm in Deutschland in Verbindung mit dem Nationalen Anhang gilt. Ferner werden die maßgebenden Änderungen gegenüber den vorhergehenden Versionen der DIN EN 1994-1-1 [1], im speziellen DIN V EN 1994-1-1:1994-02 [33] und DIN EN 1994-1-1:2006-07 [31] mit der Berichtigung 1:2009-12 und DIN 18800-5:2007-03 angegeben. Textstellen mit Änderungen und Druckfehlerberichtigungen werden in der Norm mit „AC" (AC: Corrigendum) gekennzeichnet.

Im Vorwort verweist DIN EN 1994-1-1 auf die Zuständigkeit des CEN/TC 250 und unterstreicht, dass das Dokument dem Status einer nationalen Norm entspricht. Es folgt die Beschreibung hinsichtlich des Hintergrunds für das Eurocode-Programm, s. a. Abschnitt 1.1.3.1. Es folgen Ausführungen zu Status und Gültigkeitsbereich der Eurocodes, zu den nationalen Fassungen der Eurocodes mit der Definition der NDPs und Hinweise zur Verbindung zwischen den Eurocodes und den harmonisierten technischen Spezifikationen für Bauprodukte (EN und ETA). Abschließend werden besondere Hinweise speziell zu EN 1994-1-1 und dem nationalen Anhang zur EN 1994-1-1 gegeben. Dabei werden alle Abschnitte genannt, die national festgelegte Parameter (National Determined Parameters – NDPs) enthalten, s. a. Abschnitt 1.2.2.

Der Inhalt von DIN EN 1994-1-1 gliedert sich entsprechend Bild 5. Im ersten Kapitel werden der Anwendungsbereich und die allgemeinen und weiteren normativen Verweisungen (Bezugsnormen) aufgeführt, gefolgt von der Definition der Begriffe (Bezeichnungen) und Formelzeichen. Im zweiten Kapitel folgen die Grundlagen der Tragwerksplanung mit dem Verweis auf die Anforderungen gemäß DIN EN 1990 [6]. Dabei wird insbesondere darauf hingewiesen, dass für Verbundtragwerke die maßgebenden Beanspruchungszustände infolge der Belastungsgeschichte zu berücksichtigen sind. Darüber hinaus wird auf die Basisvariablen in Bezug auf die Einwirkungen, Werkstoff- und Produkteigenschaften sowie die Klassifizierung der Einwirkungen eingegangen, letzteres auch bezogen auf Beanspruchungen aus Schwinden und Temperatur. Ebenfalls in diesem Kapitel enthalten ist die Erläuterung der Nachweisverfahren mit Teilsicherheitsbeiwerten.

DIN EN 1994-1-1: Eurocode 4-1-1 (2012)
1 Allgemeines
2 Grundlagen der Tragwerksplanung
3 Werkstoffe
4 Dauerhaftigkeit
5 Tragwerksberechnung
6 Grenzzustände der Tragfähigkeit
7 Grenzzustände der Gebrauchstauglichkeit
8 Verbundanschlüsse in Tragwerken des Hochbaus
9 Verbunddecken mit Profilblechen für Tragwerke des Hochbaus
Anhang A: Steifigkeit der Grundkomponenten von Verbundanschlüssen
Anhang B: Experimentelle Untersuchungen
Anhang C Berücksichtigung des Schwindens

Bild 5: Inhalt EN 1994-1-1 (Eurocode 4)

Das dritte Kapitel regelt die Werkstoffe Beton, Betonstahl, Baustahl, Verbindungs- und Verbundmittel sowie die Profilbleche für Verbunddecken in Tragwerken des Hochbaus. Da die Eigenschaften von Beton, Betonstahl sowie Baustahl bereits in den Eurocodes 2 und 3 (DIN EN 1992-1-1 und DIN EN 1993-1-1) enthalten sind, wird auf diese Bezugsnormen verwiesen. DIN EN 1994-1-1 enthält keine eigenen Regelungen für diese Baustoffe, jedoch Einschränkungen und besondere Hinweise für die Berechnung und Verwendung.

Kapitel 4 behandelt die Dauerhaftigkeit und verweist dabei im Wesentlichen auf die Dauerhaftigkeitsanforderungen an Beton und Betonstahl in DIN EN 1992-1-1 und für Baustahl gemäß DIN EN 1993-1-1 sowie DIN EN 1990. Für die Profilbleche wird auf EN 10326 verwiesen, ferner wird eine Mindestdicke für die Zinkbeschichtung von Profilblechen für Verbunddecken definiert.

Kapitel 5 setzt sich mit den Grundlagen der Tragwerksplanung auseinander. Diese umfassen die Idealisierung des Tragsystems, die globale Tragwerksberechnung, Imperfektionen, Verfahren für die Ermittlung der Schnittgrößen, hier insbesondere die Definition der mittragenden Breiten, die Erfassung des Einflusses der Rissbildung sowie die Berücksichtigung der Einflüsse aus Kriechen und Schwinden. Ferner werden im Kapitel 5 die Einflüsse aus der Belastungsgeschichte und spezielle Regelungen für Einwirkungen aus Temperatur behandelt. Ebenfalls werden die Randbedingungen zur Klassifizierung der Querschnitte angegeben, da sowohl die Verfahren der Schnittgrößenermittlung als auch die Bemessung von der Einstufung in die Querschnittsklassen abhängig sind.

Die Bemessung im Grenzzustand der Tragfähigkeit für Verbundträger und Verbundstützen wird in Kapitel 6 behandelt. Dabei werden vorangehend die in DIN EN 1994-1-1 geregelten Querschnittsformen sowie die erforderlichen Nachweise festgelegt. Der Abschnitt umfasst die Bemessung für Biegung, Querkraft, Interaktionsnachweise, Nachweise der Längsschubtragfähigkeit, Stabilitätsnachweise, Nachweise der Lasteinleitung, bauliche Durchbildung und die Ermüdungsnachweise.

Das anschließende Kapitel 7 behandelt die Nachweise im Grenzzustand der Gebrauchstauglichkeit bezüglich der Begrenzung von Spannungen, der Verformungsbegrenzung sowie der Beschränkung der Rissbreite.

1 Allgemeines

Verbundanschlüsse in Tragwerken des Hochbaus werden in Kapitel 8 behandelt. Dabei verweist DIN EN 1994-1-1 [1] vor allem auf die Regelungen von DIN EN 1993-1-8 [26]. Eurocode 3 Teil 1-8 regelt die Bemessung von Anschlüssen im Stahlbau. Die über die Regelungen der Stahlbaunormung hinausgehenden Anschlusskomponenten, explizit die zugbeanspruchte Längsbewehrung sowie die Stahlbetonkomponenten, werden in Kapitel 8 eingehender aufgeführt. In den zuvor genannten Kapiteln 6 und 7 werden ausschließlich Verbundträger und Verbundstützen behandelt. Die erforderlichen Nachweise für Verbunddecken werden für die Grenzzustände der Tragfähigkeit und Gebrauchstauglichkeit in Kapitel 9 geregelt.

DIN EN 1994-1-1 enthält im Weiteren drei informative Anhänge:

- Anhang A: Steifigkeit der Grundkomponenten von Verbundanschlüssen
- Anhang B: Experimentelle Untersuchungen
- Anhang C: Berücksichtigung des Schwindens des Betons bei Tragwerken des Hochbaus

Anhang A behandelt die Bestimmung der Steifigkeit der Grundkomponenten von Verbundanschlüssen für zugbeanspruchte Längsbewehrung, druckbeanspruchte Kontaktstücke und einbetonierte Stege von Stützenquerschnitten. Ebenfalls kann nach diesem Anhang der Einfluss der Nachgiebigkeit in der Verbundfuge berücksichtigt werden. Der Anhang stellt eine Ergänzung zu DIN EN 1993-1-8 dar. Anhang A besitzt gemäß DIN EN 1994-1-1/NA in Deutschland einen normativen Status.

Im Gegensatz zu der früheren nationalen Norm DIN 18800-5 ist in DIN EN 1994-1-1 auch die Bemessung auf der Grundlage von Versuchen in Anhang B geregelt. In den ehemaligen nationalen Normen war dies bewusst ausgelassen, da national die Angaben zur Ermittlung der Längsschubtragfähigkeit von Verbunddecken sowie die Tragfähigkeiten für spezielle Verbundmittel in bauaufsichtlichen Zulassungen geregelt waren. DIN EN 1994-1-1 regelt experimentelle Untersuchungen zu Verbundmitteln und Verbunddecken in Anhang B. Dieser Anhang ist jedoch gemäß dem nationalen Anwendungsdokument DIN EN 1994-1-1/NA [2] nur informativ zu verstehen, s. a. Abschnitt 1.2.2. Diese Regelungen für experimentelle Untersuchungen wurden in DIN EN 1994-1-1 [1] aufgenommen, da bis dato keine Richtlinie für Europäische Zulassungen (ETA) existiert. Mit der Einführung derartiger Richtlinien verliert Anhang B seine Gültigkeit. Da in Deutschland nur die Anwendung von Bauprodukten mit einer entsprechenden nationalen bauaufsichtlichen Zulassung bzw. europäisch technischen Zulassungen (ETA) appliziert wird, bildet Anhang B die Grundlage für die Festlegung von Bemessungswerten für Verbundmittel und Verbunddecken im Rahmen der Erarbeitung besonderer technischer Regeln (europäische oder nationale bauaufsichtliche Zulassungen auf der Grundlage von DIN EN 1994-1-1).

Anhang C gibt Endschwindmaße für die Berücksichtigung des Schwindens des Betons bei Tragwerken des Hochbaus an. Dabei werden vier verschiedene Werte angegeben, einmal für trockene Umgebungsbedingungen für Normal- und Leichtbeton und für andere Umweltbedingungen sowie für betongefüllte Hohlprofile jeweils für Normal- und Leichtbeton. Dieser stark vereinfachte Ansatz zur Bestimmung der Schwindwerte soll eine Erleichterung bei der Bestimmung der Endschwindmaße darstellen. Allerdings ist festzustellen, dass die Endschwindmaße nach Anhang C teilweise erheblich von den nach DIN EN 1992-1-1 [14] ermittelten Werten abweichen, s. a. Abschnitt 3.1. Dies liegt u. a. daran, dass das Verhältnis der Betonquerschnittsfläche zu der den Umgebungsbedingungen direkt ausgesetzten Betonoberfläche nicht berücksichtigt wird. Für das Schwinden sind jedoch die Massigkeit eines Bauteils ebenso wie die Abschottung der Betonoberfläche durch ein Verbundblech von Bedeutung. Ferner werden in Anhang C weder die Betonfestigkeitsklasse noch die Zementgüte variiert werden. In Deutschland ist Anhang C mit seinem stark vereinfachten Ansatz zur Ermittlung der Endschwindmaße nicht anzuwenden, hier gelten die Verfahren nach DIN EN 1992-1-1, Abschnitt 3.1.4 und Anhang B.

Im Hochbau sind in den letzten Jahren bei teilweise vorgefertigten Verbundträgern und Flachdecken mit integrierten Stahlprofilen Kopfbolzendübel in horizontaler Lage eingesetzt worden, bei denen in Dickenrichtung des Gurtes Spaltzugkräfte entstehen. Bei kleinen Randabständen der Dübel ergibt sich im Vergleich zu Dübeln in vertikaler Position, bei denen die Spaltzugkräfte in Gurtquerrichtung (Scheibenbeanspruchungen) wirken, eine abgeminderte Dübeltragfähigkeit. Für diesen Sonderfall der Dübeltragfähigkeit werden die Bemessungswerte der Tragfähigkeit im normativen Anhang C der DIN EN 1994-2 [4] angegeben. DIN EN 1994-1-1 für die Bemessung von Verbundtragwerken des Hochbaus enthält dazu keine eigenen Regelungen.

1.2 Normative Verweise, Nationale Anwendungsdokumente und NDPs

1.2.1 Normative Verweise

Als Bezugsnormen verweist DIN EN 1994-1-1 hinsichtlich der Grundlagen der Tragwerksplanung auf DIN EN 1990 [6], für die Einwirkungen auf DIN EN 1991 mit den verschiedenen Teilen, für den Beton auf die EN 1992-1-1, für den Stahl auf EN 1993, Teile 1-1, 1-3, 1-5, 1-8 und 1-9 sowie auf die DIN EN 10025, Teile 1 bis 6. Darüber hinaus auf die EN 10149, Teile 2 und 3, und auf Europäisch Technische Bewertung ETAs für die verschiedenen Produkte. Hinsichtlich der brandschutztechnischen Bemessung ist darüber hinaus DIN EN 1994-1-2 anzuwenden. Zusätzlich sind jeweils die nationalen Anwendungsdokumente zu berücksichtigen.

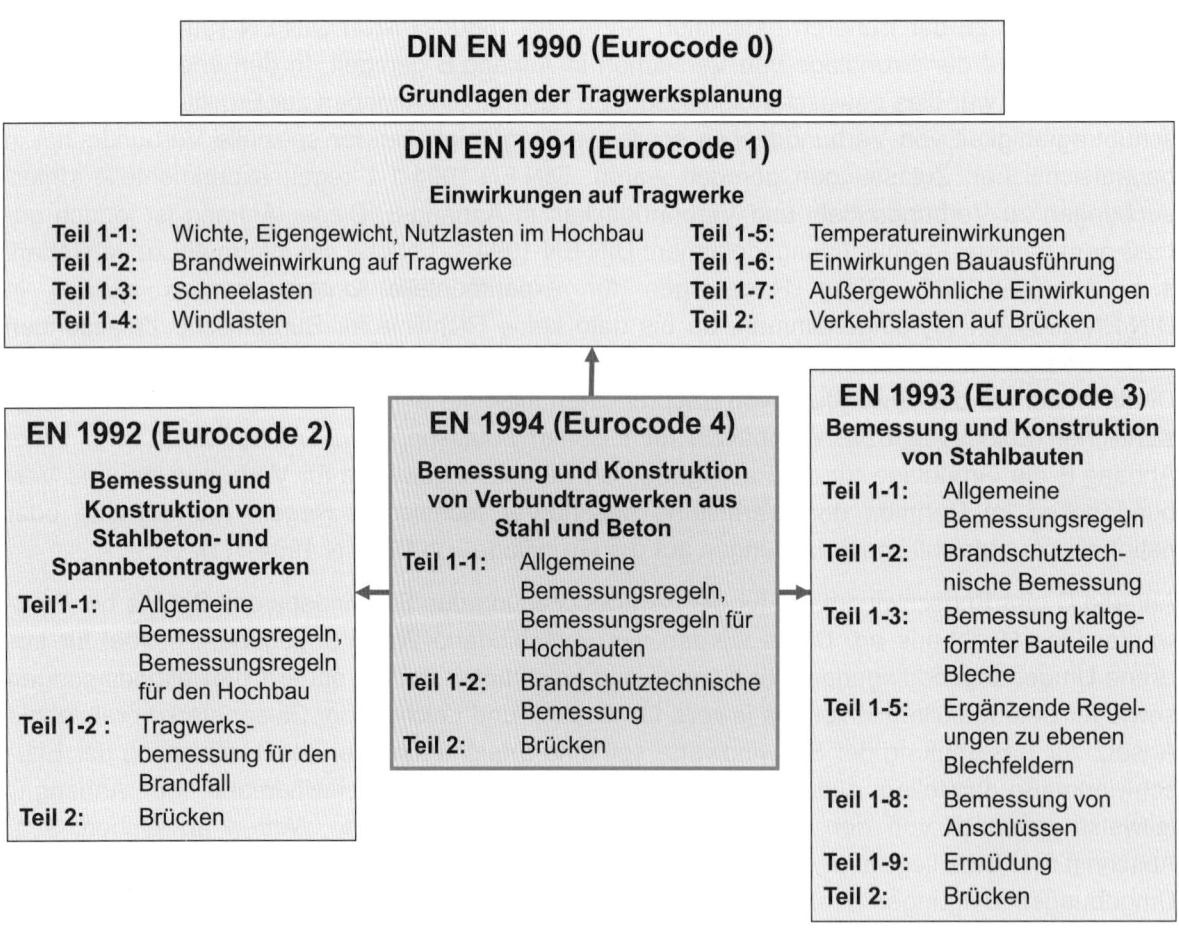

Bild 6: In Deutschland eingeführte europäische Regelwerke für Verbundkonstruktionen aus Stahl und Beton und die wichtigsten Bezugsnormen

Neben den Bemessungsnormen gelten für Stahlbauteile die DIN EN 1090-2 [66] bezüglich der Herstellung und Montage von Stahlbauten sowie für die Materialeigenschaften die Regelwerke der Normenreihe DIN EN 10025, [67] bis [70]. Für die Stahlsortenauswahl im Hinblick auf die Bruchzähigkeit und das Verhalten in Dickenrichtung ist DIN EN 1993-1-10 [29] zu beachten.

1.2.2 Nationales Anwendungsdokument und NDPs

Für alle europäischen Normen für die Bemessung und Ausführung im Bauwesen ist der gleiche Aufbau festgelegt worden. Dieser wird charakterisiert durch die nationale EN-Fassung (z. B. DIN-EN) einschließlich den normativen oder informativen Anhängen. Parallel dazu sind die Nationalen Anhänge gültig, siehe Bild 7. Die in Deutschland bauaufsichtlich eingeführten DIN EN-Fassungen der Eurocodes gelten immer im Zusammenhang mit den entsprechenden Nationalen Anhängen (NA). Die Nationalen Anhänge enthalten im Wesentlichen:

- Vorschriften zur Verwendung der informativen Anhänge; z. B. Anwendungsbereich des nationalen Anhangs,
- national festzulegende Parameter (NDP: Nationally Determined Parameter), umfassen alternative Nachweisverfahren und Angaben einzelner Werte, z. B. Teilsicherheitsbeiwerte,
- ergänzende, nicht widersprechende Angaben (NCI: *Non-contradictory Complementary Information*),
- landesspezifische Daten, z. B. für Eurocode 1 ergänzende Informationen bzgl. Schnee- oder Windzonenkarten.

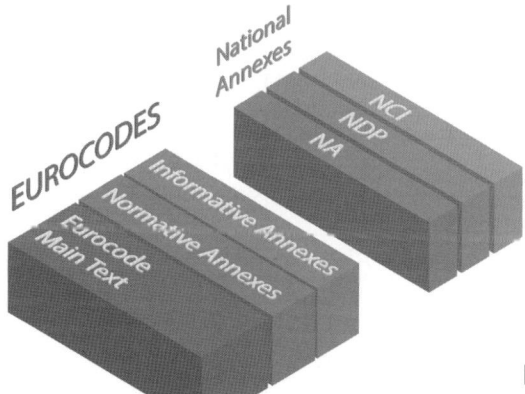

Bild 7: Struktur und Aufbau der Eurocodes in Verbindung mit dem Nationalen Anhang

DIN EN 1994-1-1/NA [2] grenzt zunächst den Anwendungsbereich ab (NA 1) und definiert nationale Festlegungen zur Anwendung von DIN EN 1994-1-1:2010-12 [1]. Es folgen die NCIs und NDPs. Insgesamt enthält der Nationale Anhang fünf „non-contradictory complementary informations", dies sind zum Beispiel die Verweise auf die DIN-Fassungen der verschiedenen Bemessungsnormen anstelle der Verweise auf die EN-Fassungen (NCI zu 2.1). Im Weiteren wird der Vergrößerungsfaktor α für die Vorverdrehungen nach DIN EN 1993-1-1 [11], Abschnitt 5.3.2 definiert, bei dessen Anwendung der Einfluss der Belastungsgeschichte auf die aus den Imperfektionen resultierenden Beanspruchungen vernachlässigt werden darf (NCI zu 5.4.2.4(1)). Das NCI zu Abschnitt 6.7.2(1)P der DIN EN 1994-1-1 erläutert die Vorgehensweise beim dem allgemeinen Bemessungsverfahren für Verbundstützen und gibt ergänzende Informationen, sodass der Normentext und die Anwendung verständlicher werden. Diesbezüglich wird auf Abschnitt 6.7.1 und Bild 167 verwiesen. Ferner erläutert das NCI zu Abschnitt 6.7.3.3(4) die Ermittlung der Kriechzahl für betongefüllte Hohlprofilverbundstützen, s. a. Bild 187. Bezüglich des Abschnitts 6.8.3.6 der DIN EN 1994-1-1 stellt das zugehörige NCI klar, dass Verbundstützen mit ausbetonierten, geschweißten Kastenquerschnitten in die Knickspannungslinie b einzustufen sind.

In verschiedenen Abschnitten der Eurocodes werden Beiwerte und Berechnungsparameter empfohlen, die teilweise in den Nationalen Anhängen (NA) abweichend definiert werden. Diese national festgelegten Parameter werden als *National Determined Parameter* NDP bezeichnet und sind für die Bemessung national bindend. Grundsätzlich widersprechen die Festlegungen solcher nationalen Parameter der Grundidee einer europaweit harmonisierten Bemessungsnorm. Jedoch besteht im Rahmen dieser nationalen Dokumente die Möglichkeit, länderspezifischen Anforderungen gerecht zu werden und so Anpassungen vorzunehmen. Die Anzahl der NDPs in den drei Teilen der EN 1994 ist relativ übersichtlich. DIN EN 1994-1-1 [1] enthält insgesamt 20 Verweise auf NDPs, davon betreffen allein elf die Festlegung der Teilsicherheitsbeiwerte. Tabelle 2 gibt einen Überblick über die national festgelegten Parameter in DIN EN 1994-1-1/NA [2].

Tabelle 2: National festgelegte Parameter NDPs in EN 1994-1-1

Nummer	Abschnitt	Betreff	EN 1994-1-1 (empfohlener Wert)	DIN EN 1994-1-1/NA (national verbindlich)
1	2.4.1.1 (1)	Teilsicherheitsbeiwert für Spannstahl γ_P *DIN EN 1994-1-1/NA: Für ungünstige Auswirkungen gilt $\gamma_P = 1,1$ und für günstige Auswirkungen $\gamma_P = 1,0$.*	1,00	1,1/1,0
2	2.4.1.2 (5)	Teilsicherheitsbeiwert für γ_V für Verbundmittel, *DIN EN 1994-1-1 übersetzt „γ_V für Kopfbolzendübel"*	1,25	s. a. 6.6.3.1(1)
3	2.4.1.2 (6)	Teilsicherheitsbeiwert für die Längsschubkrafttragfähigkeit von Verbunddecken γ_{VS}	1,25	1,25[1)]
4	2.4.1.2 (7)	Teilsicherheitsbeiwert für die Ermüdungsfestigkeit von schubbeanspruchten Kopfbolzendübeln $\gamma_{Mf,s}$ *DIN EN 1994-1-1/NA: Für den Teilsicherheitsbeiwert γ_{Mf} gilt DIN EN 1993-1-9 unter Berücksichtigung von DIN EN 1993-1-9/NA. Für Kopfbolzendübel ist der Wert $\gamma_{Mf,s} = 1,25$ zu verwenden.*	1,00	1,25
5	3.1 (4)	Endschwindmaße *EN 1994-1-1: Die empfohlenen Werte nach Anhang C* *DIN EN 1994-1-1/NA: Werte nach DIN EN 1992-1-1*	Annex C for buildings	Werte nach DIN EN 1992-1-1
6	3.5 (2)	Profilbleche für Verbunddecken, Mindestdicke des Bleches	0,7	0,7
7	6.4.3 (1)	Biegedrillknicken, vereinfachter Nachweis ohne direkte Berechnung	–	[2)]
8	6.6.3.1 (1)	Teilsicherheitsbeiwert für γ_V für Kopfbolzendübel im Fall des Betonversagens	1,25	1,5
9	6.6.3.1 (3)	Anordnung der Dübel so, dass Spaltzugkräfte in Gurtdickenrichtung auftreten	–	[3)]
10	6.6.4.1 (3)	Profilbleche mit Rippen parallel zur Trägerachse, Regelungen zur Verbindung der Profilbleche mit dem Träger	–	[4)]
11	6.8.2 (1)	Teilsicherheitsbeiwert für die Ermüdungsfestigkeit $\gamma_{Mf,s}$ für Kopfbolzendübel	1,0	1,25[5)]

1 Allgemeines

Nummer	Abschnitt	Betreff	EN 1994-1-1 (empfohlener Wert)	DIN EN 1994-1-1/NA (national verbindlich)
12	6.8.2	Teilsicherheitsbeiwerte für den Nachweis der Ermüdung Teilsicherheitsbeiwerte γ_{Ff} für die verschiedenen Arten von Ermüdungsbelastungen	–	6)
13	9.1.1 (2)P	Verbunddecken, Begrenzung der Anwendung auf gedrungene Rippengeometrie Eine gedrungene Rippengeometrie wird durch einen oberen Grenzwert für das Verhältnis b_r/b_s definiert.	0,6	0,6
14	9.6 (2)	Verbunddecken, Durchbiegungen infolge des Blecheigengewichts und des Frischbetons dürfen den Grenzwert $\delta_{s,max}$ nicht überschreiten	L/180	L/180
15	9.7.3 (4)	Teilsicherheitsbeiwert für die Längsschubkrafttragfähigkeit von Verbunddecken γ_{VS}	1,25	1,25[7]
16 17	9.7.3 (8)	Teilsicherheitsbeiwert für die Längsschubkrafttragfähigkeit von Verbunddecken γ_{VS} *Anmerkung 1: Es gilt die Regelung zu 2.4.1.2(6) dieses Nationalen Anhanges.* *Anmerkung 2: Die Längsschubtragfähigkeit $\tau_{u,Rd}$ ist besonderen technischen Regeln (europäische oder nationale bauaufsichtliche Zulassungen auf der Grundlage von DIN EN 1994-1-1) zu entnehmen.*	1,25	1,25[8]
18	9.7.3 (9)	Reibungskoeffizienten für Verbundbleche μ	0,5	9)
19	Annex A	(informativer Anhang): Steifigkeit der Grundkomponenten von Verbundanschlüssen bei Tragwerken des Hochbaus	–	Anhang A hat einen normativen Status
20	Anhang B	(informativer Anhang): Experimentelle Untersuchungen	–	10)
21	Annex B.2.5 (1)	(informativer Anhang): Experimentelle Untersuchungen, Versuchsauswertung Push-out-Tests, Teilsicherheitsbeiwert für die Verdübelung γ_V	1,25	11)
22	Annex B.3.6 (5)	(informativer Anhang): Experimentelle Untersuchungen, Versuchsauswertung für Verbunddecken, Teilsicherheitsbeiwert γ_{VS}	1,25	12)
23	Annex C	(informativer Anhang): Berücksichtigung des Schwindens des Betons bei Tragwerken des Hochbaus	–	Anhang C ist nicht anzuwenden

Nummer	Abschnitt	Betreff	EN 1994-1-1 (empfohlener Wert)	DIN EN 1994-1-1/NA (national verbindlich)

1) DIN EN 1994-1-1/NA: Es gilt der empfohlene Wert, wenn nicht in anderen besonderen technischen Regeln (z. B. europäische oder nationale Zulassungen auf der Grundlage von DIN EN 1994-1-1) abweichende Angaben enthalten sind.

2) DIN EN 1994-1-1/NA gibt eine detailliertere Tabelle mit Differenzierung zwischen IPE, HEA und HEB Profilen an.

3) DIN EN 1994-1-1/NA verweist auf 1994-2:2010-12, 6.6.4 und DIN EN 1994-2:2010-12, Anhang C.

4) DIN EN 1994-1-1/NA: Es dürfen nur Befestigungsmittel verwendet werden, wenn ihre Verwendung in besonderen technischen Regeln unter Bezugnahme auf diese Norm geregelt ist.

5) DIN EN 1994-1-1/NA: Es gilt die Regelung zu 2.4.1.2(7) dieses Nationalen Anhanges.

6) DIN EN 1994-1-1/NA: Es gilt DIN EN 1993-1-9 unter Berücksichtigung von DIN EN 1993-1-9/NA und DIN EN 1992-1-1 unter Berücksichtigung von DIN EN 1992-1-1/NA.

7) DIN EN 1994-1-1/NA zu Anmerkung 1: Es gilt die Regelung zu 2.4.1.2(6) dieses Nationalen Anhanges.
DIN EN 1994-1-1/NA zu Anmerkung 2 und 3: Die Werte m und k sind besonderen technischen Regelungen (europäischen oder nationalen bauaufsichtlichen Zulassungen auf der Grundlage von DIN EN 1994-1-1) zu entnehmen.

8) DIN EN 1994-1-1/NA zu Anmerkung 1: Es gilt die Regelung zu 2.4.1.2(6) dieses Nationalen Anhanges.
DIN EN 1994-1-1/NA zu Anmerkung 2: DIN EN 1994-1-1/NA zu Anmerkung 2: Die Längsschubtragfähigkeit $\tau_{u,Rd}$ ist besonderen technischen Regeln (europäische oder nationale bauaufsichtliche Zulassungen auf der Grundlage von DIN EN 1994-1-1) zu entnehmen.

9) DIN EN 1994-1-1/NA: Die Längsschubtragfähigkeit $\tau_{u,Rd}$ ist besonderen technischen Regeln (europäische oder nationale bauaufsichtliche Zulassungen auf der Grundlage von DIN EN 1994-1-1) zu entnehmen.

10) DIN EN 1994-1-1/NA: Der Anhang B hat einen informativen Status. Er bildet die Grundlage für die Festlegung von Bemessungswerten für Verbundmittel und Verbunddecken im Rahmen der Erarbeitung besonderer technischer Regeln (europäische oder nationale bauaufsichtliche Zulassungen auf der Grundlage von DIN EN 1994-1-1).

11) DIN EN 1994-1-1/NA: Der Teilsicherheitsbeiwert ist nach DIN EN 1990:2010-12, Anhang D zu ermitteln.

12) DIN EN 1994-1-1/NA: Der Teilsicherheitsbeiwert ist nach DIN EN 1990:2010-12, Anhang D zu ermitteln.

1.3 Annahmen

Der Entwurf von Verbundkonstruktionen auf der Grundlage des Eurocode 4 sowie die Ausführung entsprechend DIN EN 1992-1 und DIN EN 1090 setzt voraus, dass ausreichend qualifiziertes Personal sowohl bei der Tragwerksplanung als auch bei der Fertigung und bei der Fertigungsüberwachung eingesetzt wird. Ferner muss vorausgesetzt werden, dass das Tragwerk entsprechend der im Entwurf festgelegten Nutzungsbedingungen auch genutzt wird und eine ausreichende und sachgerechte Instandhaltung während der Lebensdauer gegeben ist. Bei der Nutzung ist dabei insbesondere von Bedeutung, dass die nach DIN EN 1991 angesetzten Einwirkungen die tatsächliche Nutzung abdecken und in Sonderfällen, in denen die Einwirkungen vom Bauherrn festgelegt werden, keine nennenswerten Abweichungen auftreten. Verbundkonstruktionen zeichnen sich oft durch ihre hohe Schlankheit aus. Bei derartigen Randbedingungen kann die Schwingungsanfälligkeit im Hinblick auf die Gebrauchstauglichkeit und die Materialermüdung von Bedeutung sein. Insbesondere wenn die Lasten projektspezifisch vom Bauherrn festgelegt werden, ist auf eine genaue Spezifikation im Hinblick auf eine ausreichend genaue Beschreibung des dynamischen Aspektes zu achten. Eine wesentliche Vorrausetzung ist ferner, dass die verwendeten Baustoffe den Vorgaben der jeweiligen Eurocodes entsprechen. Weitere wesentliche Voraussetzungen können den entsprechenden Abschnitten 1.3 in DIN EN 1992-1-1 und DIN EN 1993-1-1 sowie DIN EN 1990 entnommen werden.

1.4 Unterscheidung nach Grundsätzen und Anwendungsregeln

Die Eurocodes unterscheiden bei den Regelungen zwischen Prinzipien und Anwendungsregeln. Im Normentext wird diese Unterscheidung durch Kennzeichnung der Prinzipien durch Absatzklammern und dem zusätzlichen Buchstaben P. Prinzipien enthalten allgemeine Festlegungen und Grundsätze sowie Festlegungen von Begriffen. Von den allgemeinen Festlegungen und Bemessungsgrundsätzen darf bei der Anwendung nicht abgewichen werden, da ansonsten das gesamte Sicherheitskonzept des jeweiligen Eurocodes nicht mehr gilt. Die Prinzipien enthalten insbesondere Anforderungen an die Tragwerksidealisierung und die zu verwendenden Rechenmodelle. In Einzelfällen werden bezüglich der Rechenmodelle auch Alternativen genannt. Ein typisches Beispiel von Prinzipien bei der Tragwerksidealisierung ist die Festlegung, dass bei der Schnittgrößenermittlung von Verbundträgern die Einflüsse aus der Rissbildung im Beton, die Einflüsse aus dem Kriechen sowie bei einer nichtlinearen Berechnung auch die Einflüsse aus der Nachgiebigkeit der Verdübelung zu berücksichtigen sind.

Die Anwendungsregeln sind in der Fachwelt allgemein anerkannte Regelungen, die die Grundsätze und Anforderungen der Prinzipien erfüllen und ein entsprechendes Sicherheitsniveau sicherstellen. Die Anwendungsregeln werden im Normentext durch Absatzklammern gekennzeichnet. Abweichende Anwendungsregeln sind zulässig, wenn nachgewiesen werden kann, dass sie mit den maßgebenden Prinzipien übereinstimmen und im Hinblick auf die Bemessungsergebnisse bezüglich der Tragsicherheit, Gebrauchstauglichkeit und Dauerhaftigkeit, die bei Anwendung der Eurocodes erwartet werden, mindestens gleichwertig sind. Eine Abweichung ist z. B. dann zulässig, wenn auf eine auf der Grundlage der Eurocodes erteilte bauaufsichtliche Zulassung zurückgegriffen werden kann oder wenn ein wissenschaftlich begründetes genaueres Berechnungsmodell z. B. im Rahmen einer Zustimmung im Einzelfall verwendet wird.

1.5 Bezeichnungen, Begriffe und Definitionen

1.5.1 Bezeichnungen

DIN EN 1994-1-1:2010-12 [1] verwendet als Bezugsnormen für den Stahlbau die Teile 1-1, 1-3, 1-5, 1-8 und Teil 1-9 [20], [23], [25], [26], [27] und für den Massivbau DIN EN 1992-1-1 [14]. Hinsichtlich des Sicherheitskonzeptes wird auf DIN EN 1990 [6] verwiesen. Durch die europäische Harmonisierung der Bemessungsnormen kann weitestgehend normenübergreifend auf gleiche Bezeichnungen, Formelzeichen und Indizes rekurriert werden. Ferner erhalten physikalische Kenngrößen, Festigkeiten und Querschnittskenngrößen einen zusätzlichen Index, wenn sie sich auf die einzelnen Baustoffe beziehen.

Bei der Erarbeitung der Norm ergab sich die Schwierigkeit, dass teilweise in Eurocode 2 und Eurocode 3 gleiche Indizes für unterschiedliche Bezüge verwendet werden. So charakterisiert beispielsweise in Eurocode 2 die Bezeichnung f_y den Wert der Streckgrenze für Betonstahl, während in Eurocode 3 parallel mit der gleichen Bezeichnung der Wert der Streckgrenze des Baustahls beschrieben wird. Da in Eurocode 4 beide Baustoffe gleichzeitig verwendet werden, ist eine Klarstellung bzw. neue Definition der Bezeichnungen erforderlich, auch wenn dies zu einer Abweichung gegenüber den Bezugsnormen führt. Es wird in DIN EN 1994-1-1 der Index „a" für Baustahl, „c" für Beton, „s" für Betonstahl und „p" für Spannstahl sowie „yp" für Profilbleche verwendet. Diese Indizes werden auch für die Bezeichnung der Teilschnittgrößen der einzelnen Querschnittsteile verwendet. Ferner werden neue Bezeichnungen für die Elemente und Spezifikationen des Verbundbaus eingeführt und weitere Indizes bezüglich der Verbundtragfähigkeit definiert. Die Bezeichnungen und Formelzeichen werden in DIN EN 1994-1-1, Abschnitt 1.5 und 1.6 vorab definiert. Dabei werden teilweise Bezeichnungen mehrfach verwendet; so steht beispielsweise h_c sowohl für die Bezeichnung der Betongurtdicke einer Vollbetonplatte bzw. der Gesamtstärke des Betongurtes einschließlich der Profilblechhöhe und des Aufbetons (s. a. Abschnitt 6) als auch für die Aufbetonhöhe oberhalb des Profilbleches (s. a. Abschnitt 9).

1.5.2 Begriffe und Definitionen

Auf die wichtigsten im Eurocode 4 enthaltenen Definitionen wird nachfolgend eingegangen.

1. **Verbundbauteil (composite member):** *Tragendes Bauteil, dessen Elemente aus Beton und warmgewalztem oder kaltverformtem Baustahl bestehen, und bei dem Verbundmittel den Schlupf und die Trennung der Einzelelemente Stahl und Beton begrenzen.* Zur Abgrenzung gegenüber dem Massivbau müsste hier noch ergänzt werden, dass die Stahlbauteile eine nicht zu vernachlässigende Eigenbiegesteifigkeit aufweisen müssen. Vor diesem Hintergrund fallen z. B. unter einen Betonquerschnitt gedübelte Flachbleche wegen der fehlenden Eigenbiegesteifigkeit nicht in den direkten Anwendungsbereich des Eurocode 4.

2. **Verdübelung (shear connection):** *Verbindung zur Übertragung der Längsschubkräfte zwischen Beton und Stahl eines Verbundbauteils mit ausreichender Tragfähigkeit und Steifigkeit, die es erlaubt, die beiden Komponenten als ein tragendes Bauteil zu bemessen.* Mit den im Eurocode 4 geregelten Verbundmitteln ist die o. g. Voraussetzung immer erfüllt. Bei Verwendung von neuen Verbundmitteln ist stets gesondert zu prüfen, ob die Anforderungen des Eurocodes erfüllt werden. Dies gilt insbesondere auch bezüglich der Verformungskapazität der Dübel bei Anwendung von Nachweisverfahren mit plastischer Umlagerung der Längsschubkräfte und gegebenenfalls auch bezüglich der Ermüdungsfestigkeit bei Tragwerken unter nicht vorwiegend ruhender Beanspruchung.

3. **Verbundtragwirkung (composite action):** *Tragverhalten, wenn die Verbundwirkung nach dem Erhärten des Betons wirksam wird.* Bezüglich der Verbundtragwirkung ist insbesondere im Rahmen der Tragwerksplanung die Frage der Herstellung des Verbundes in einem Alter früher als 28 Tage von Bedeutung. In diesen Fällen sind in den entsprechenden Bauzuständen zusätzliche Untersuchungen erforderlich. Dies gilt insbesondere bei Tragwerken unter nicht vorwiegend ruhender Beanspruchung, weil eine frühe Vorschädigung zu einer Reduzierung der Ermüdungsfestigkeit führen kann.

4. **Verbundträger (composite beam):** *Überwiegend auf Biegung beanspruchtes Verbundbauteil.* Bezüglich der Eigenbiegesteifigkeit des Stahlquerschnitts wird auf Punkt 1 verwiesen. Bei Trägern ist die Beanspruchung der Verdübelung stark von der Querschnittsform abhängig. Dies gilt insbesondere für die plastische Umlagerung von Längsschubkräften und dem damit einhergehenden Schlupf in der Verbundfuge. Für teilweise verdübelte Träger werden im Eurocode Vorgaben für den Querschnitt gemacht. Bei abweichenden Stahlquerschnitten wie z. B. T-Querschnitten sind in der Regel zusätzliche Untersuchungen erforderlich.

5. **Verbundstütze (composite column):** *Überwiegend auf Druck und Biegung beanspruchtes Verbundbauteil.* Verbundstützen sind im Abschnitt 6.7 des Eurocode 4 geregelt. Da die Nachweisverfahren durch Versuche abgesichert sind, ist der Anwendungsbereich genau zu beachten. Insbesondere ist eine wesentliche Voraussetzung, dass die Stahlbauteile für die jeweilige Biegeachse schubfest miteinander verbunden sind. Wenn z. B. zwei voneinander unabhängige angeordnete Stahlprofile zur Anwendung kommen sollen, sind besondere Überlegungen bezüglich der Längsschubkräfte erforderlich.

6. **Verbunddecke (composite slab):** *Deckenkonstruktion, bei der ein profiliertes Blech zunächst als Schalung dient und im Endzustand mit dem erhärtenden Beton zusammenwirkt und als Zugbewehrung der fertig gestellten Decke dient.* Die Definition bezieht sich selbstverständlich auch auf Deckensysteme, bei denen profilierte Stahlbleche in Kombination mit Betonstahl verwendet werden. In der Praxis kommen auch Decken zur Ausführung, bei denen die Profilbleche nicht bis über die Auflager geführt werden oder bei denen andere Lasteinleitungskonstruktionen in Form von Auflagerschuhen oder Aufhängungen ausgeführt werden. Diese Lasteinleitungselemente sind nicht im Eurocode 4 geregelt und müssen auf

der Grundlage von bauaufsichtlichen Zulassungen oder anderer technischer Spezifikationen beurteilt werden.

7. **Tragwerke in Verbundbauweise:** *Tragwerk, bei dem alle Bauteile als Verbundbauteile ausgebildet sind oder bei dem Verbundbauteile in Kombination mit Stahlbauteilen verwendet werden.* Die Definition des Eurocode 4 geht von der klassischen Definition für übliche Tragwerke des Hochbaus aus, bei denen z. B. im Geschossbau Verbundträger in Kombination mit Stahlstützen ausgeführt werden, wie dies bei klassischen Parkhäusern der Fall ist. In der Praxis werden selbstverständlich auch Verbundbauteile in Kombination mit Massivbauteilen ausgeführt. In jedem Fall ist hier bei statisch unbestimmten Systemen darauf zu achten, dass bei Mischbauweisen infolge des zeitabhängigen Verhaltens des Betons Zwangsbeanspruchungen auftreten und nicht alle im Eurocode 4 angegebenen Nachweisverfahren angewandt werden können. Dies gilt insbesondere dann, wenn im Grenzzustand der Tragfähigkeit Anforderungen an die Rotationsfähigkeit der Querschnitte gestellt werden.

8. **Verbundanschluss:** *Verbindungen zwischen Verbundbauteilen oder zwischen Verbund- und Stahlbeton- oder Stahlbauteilen, bei denen die Bewehrung bei der Ermittlung der Tragfähigkeit und Steifigkeit des Anschlusses berücksichtigt wird.* Die Definition der Verbindungen basiert auf der Klassifikation in DIN EN 1993-1-8 [26]. Bei der Verbindung von Verbundbauteilen mit Betonbauteilen sind zusätzlich die Regelungen nach DIN EN 1992-4 [19] zu beachten.

9. **Tragwerk mit Eigengewichtsverbund:** *Tragwerk oder Verbundbauteil, bei dem die Einwirkungen aus dem Betoneigengewicht durch eine Unterstützung des Stahltragwerks oder durch andere unabhängige Bauteile bis zu einem Zeitpunkt aufgenommen werden, bei dem der Beton planmäßige Beanspruchungen übertragen kann.*

10. **Tragwerk ohne Eigengewichtsverbund:** *Tragwerk oder Verbundbauteil, bei dem die Einwirkungen aus Betongewicht vom nicht unterstützten Stahltragwerk übernommen werden.*

11. **Biegesteifigkeit ohne Berücksichtigung der Rissbildung (uncracked flexural stiffness):** *Biegesteifigkeit $E_a J_1$ des Verbundquerschnitts, bei der das Flächenmoment zweiten Grades J_1 des mittragenden Querschnitts unter der Annahme berechnet wird, dass der Betonquerschnitt nicht gerissen ist.* Die ideale Biegesteifigkeit des ungerissenen Verbundquerschnitts wird durch das Verhältnis der Elastizitätsmoduli bestimmt. Insbesondere der Elastizitätsmodul des Betons ist infolge der Nacherhärtung zeitabhängig und zusätzlich stark von der Art der verwendeten Zuschläge abhängig. Bei hohen Anforderungen an die Verformungsberechnung ist dies gegebenenfalls zu berücksichtigen.

12. **Biegesteifigkeit mit Berücksichtigung der Rissbildung (cracked flexural stiffness):** *Biegesteifigkeit $E_a J_2$ des Verbundquerschnitts, bei der das Flächenmoment zweiten Grades J_2 des mittragenden Querschnitts mit dem Gesamtstahlquerschnitt (Baustahl und Betonstahl) ohne Berücksichtigung von zugbeanspruchten Betonquerschnittsteilen berechnet wird.* Die sogenannte Biegesteifigkeit im reinen Zustand II ohne Berücksichtigung der Mitwirkung des Betons zwischen den Rissen stellt einen Grenzfall dar, der in der Realität so nicht auftritt, da die Mitwirkung des Betons zwischen den Rissen stets zu einer Vergrößerung der Biegesteifigkeit führt. Die Biegesteifigkeit J_2 wird daher bei der Tragwerksidealisierung im Eurocode 4 als Hilfsgröße zur näherungsweisen Bestimmung der Steifigkeitsverteilung benutzt. Bei Nachweis der Querschnittstragfähigkeit darf sie dann verwendet werden, wenn die Mitwirkung des Betons zwischen den Rissen nicht zu einer Vergrößerung der Beanspruchungen im Querschnitt führt. Dies ist in der Regel bei Stahlquerschnitten der Fall.

13. **Vorspannung (prestress):** *Verfahren, mit dem im Betonquerschnitt eines Verbundquerschnitts durch Spannglieder oder planmäßig eingeprägte Deformationen planmäßig Druckspannungen erzeugt werden.* Im Hoch- und Industriebau erfolgt ein planmäßiges Vorspannen mithilfe von Spanngliedern mit und ohne Verbund relativ selten. Das Vorspannen mittels eingeprägter Deformationen, wie z. B. mittels planmäßiger Stützensenkungen, wird in Einzelfällen durchgeführt, um das Verhalten unter Gebrauchslasten bezüglich der Rissbildung zu verbessern oder abhebenden Kräften beim Lagesicherheitsnachweis entgegenzuwirken. Dabei ist immer zu beachten, dass Beanspruchungen aus planmäßig eingeprägten Deformationen durch Kriechen stark abgebaut werden.

14. **Voller Verbund (full shear connection):** liegt vor, wenn eine Erhöhung der Anzahl der Verbundmittel nicht mehr zu einer Steigerung der Momententragfähigkeit führen kann. Der Verdübelungsgrad η liegt dann bei 1,0.

15. **Teilweiser Verbund (partial shear connection):** liegt vor, wenn die Momententragfähigkeit durch die Anzahl der Verbundmittel bestimmt wird. Der Verdübelungsgrad η ist in diesen Fällen kleiner 1,0.

16. **Starrer Verbund (full interaction):** Bei starrer Verdübelung ist der Einfluss des Schlupfes so klein, dass seine Auswirkungen auf die Teilschnittgrößen, Spannungen und Verformungen vernachlässigbar sind. Im Querschnitt stellt sich eine Dehnungsverteilung mit einer Dehnungsnulllinie ein (Ebenbleiben des Gesamtquerschnitts). Die Verformungen und Spannungen können nach der Theorie des starren Verbundes berechnet werden.

17. **Nachgiebiger Verbund (flexible shear connection):** Bei nachgiebigem Verbund stellt sich im Querschnitt eine Dehnungsverteilung mit zwei Nulllinien ein. Die Annahme vom Ebenbleiben des Querschnitts gilt nur noch für die Teilquerschnitte. Der nachgiebige Verbund führt zu einer Umlagerung der Teilschnittgrößen auf den Stahlquerschnitt und zu einer Reduzierung der Längsschubkräfte.

1.6 Bautechnische Unterlagen

Bei Verbundbauteilen können die ausreichende Tragsicherheit und die Gebrauchstauglichkeit entscheidend durch die Montage und die Betonierreihenfolge beeinflusst werden. Wenn z. B. bei der Bauausführung von den Vorgaben der Tragwerksplanung abgewichen wird und bei Trägern ohne Eigengewichtsverbund auf der Baustelle unplanmäßig Trägerunterstützungen vorgesehen werden, kann es im Endzustand zu erheblichen Abweichungen bei den Verformungen kommen.

Ein weiteres Beispiel zeigt Bild 8a. Der dargestellte Durchlaufträger kann z. B. nach den dargestellten Varianten A und B hergestellt werden, bei denen die Durchlaufwirkung durch Anordnung eines Kontaktstückes am Trägeruntergurt zu einem beliebigen Zeitpunkt hergestellt werden kann. Im Fall A wird das Kontaktstück erst nach dem Betonieren angeordnet. Die Betonierlasten wirken somit auf einfeldrige Stahlträger. Nach Erhärten des Betons und Anordnung des Kontaktstückes wirkt der Träger im Endzustand für die Ausbau- und Verkehrslasten sowie für die Zwangsschnittgrößen aus Schwinden als Durchlaufträger in Verbundbauweise. Im Fall B wird der Träger zusätzlich mit Hilfsstützen unterstützt und das Kontaktstück wird bereits vor dem Betonieren eingebaut. Sämtliche Lasten wirken somit auf den durchlaufenden Verbundträger. Wie Bild 8b verdeutlicht, wirken sich die unterschiedlichen Herstellungsverfahren insbesondere auf die Trägerverformungen und die Schnittgrößen an der Innenstütze (Rissbreitenbeschränkung und Bemessung des Anschlusses) aus.

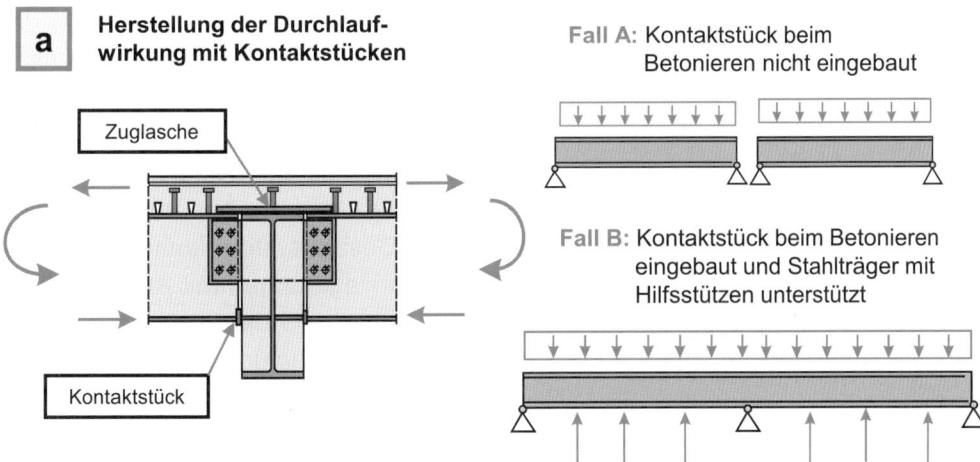

Bild 8: Einfluss der Belastungsgeschichte und Einfluss von Systemwechseln auf die Schnittgrößen und Verformungen

Die Beispiele verdeutlichen, dass bei Verbundtragwerken stets eine Montageanweisung erforderlich ist, in der insbesondere Angaben

- zur Reihenfolge und zum Zeitablauf des Betoniervorgangs,
- zum Zeitpunkt für das Montieren bzw. Entfernen von Hilfsunterstützungen,
- zum Zeitpunkt und Einbau von Kontaktstücken bei Trägern, bei denen die Durchlaufwirkung an Trägerstößen mittels Kontaktstücken erst nach dem Betonieren der Betonplatte hergestellt wird,
- zu erforderlichen Überhöhungen bei Trägern und Decken,
- zu dem Zeitpunkt und der Größe von planmäßig eingeprägten Deformationen (z. B. Absenken von Durchlaufträgern an Mittelstützen) sowie zu den erforderlichen Kontrollmaßnahmen,
- zur Lage beim Betonieren sowie zur Betonierrichtung bei Verbundstützen,
- zu erforderlichen Stabilisierungsmaßnahmen im Bauzustand zur Vermeidung von Stabilitätsproblemen

enthalten sein müssen. Bei großen Trägerüberhöhungen müssen auch die Unternehmer für die Ausbaugewerke über sich noch einstellende Verformungen aus Kriechen und Schwinden informiert werden, um eventuelle Schäden an Ausbauteilen und Fassaden zu verhindern. Auch für den Rohbauer ist die Information über die Verformungen während des Betoniervorgangs sowie eventuelle Unterstützungsmaßnahmen von großer Wichtigkeit. Aufgrund der Trägerverformungen während des Betoniervorgangs (Rückgang der Trägerüberhöhung) kann es bei großen Trägerüberhöhungen durchaus zu Zwangsbeanspruchungen auf das Gesamtsystem kommen. Ferner können unplanmäßige Unterstützungen zu ungewollten Systemumlagerungen mit Auswirkungen auf die bleibende Trägerüberhöhung und Rissbildung führen. Daher sind die Auswirkungen der Betonierreihenfolge und Unterstützungsmaßnahmen vorab zu untersuchen und klar festzulegen.

Bei hohen Anforderungen an die Verformungen ist insbesondere zu beachten, dass der Elastizitätsmodul des Betons von der Art der verwendeten Zuschläge abhängt. Es sollten dann bereits im Planungsstadium Vorgaben für die Betonrezeptur gemacht und gegebenenfalls auch entsprechende Eignungsprüfungen durchgeführt werden. Siehe hierzu auch Abschnitt 3.1.

2 Grundlagen der Tragwerksplanung – Sicherheitskonzept

2.1 Allgemeines

Zur Sicherstellung eines ausreichenden Zuverlässigkeitsniveaus bezüglich der Tragfähigkeit und Dauerhaftigkeit sowie zur Sicherstellung einer ausreichenden Gebrauchstauglichkeit wird zwischen Nachweisen in den Grenzzuständen der Tragsicherheit und der Gebrauchstauglichkeit unterschieden, siehe Bild 9. Das Sicherheitskonzept von DIN EN 1994-1-1 [1] basiert auf DIN EN 1990 [6].

In einigen Punkten mussten jedoch verbundspezifische Ergänzungen vorgenommen werden, um die speziellen Randbedingungen bei Verbundtragwerken berücksichtigen zu können und die Kompatibilität mit DIN EN 1992-1-1 [14] sicherzustellen. Hierzu zählen insbesondere die Behandlung von primären und sekundären Beanspruchungen aus dem Kriechen und Schwinden des Betons sowie die Behandlung von Beanspruchungen aus planmäßig eingeprägten Deformationen.

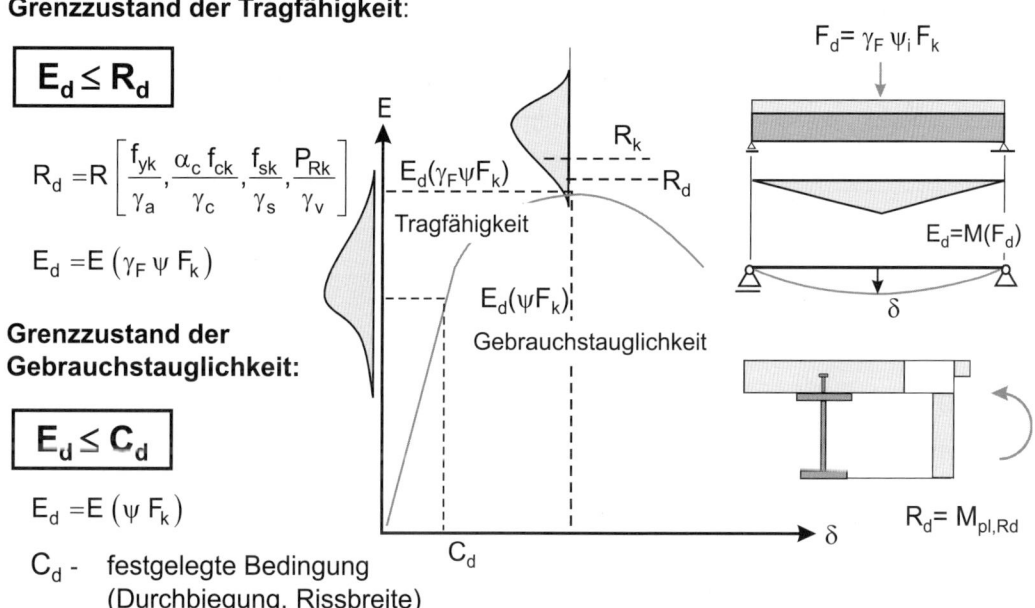

Grenzzustand der Tragfähigkeit:

$$E_d \leq R_d$$

$$R_d = R\left[\frac{f_{yk}}{\gamma_a}, \frac{\alpha_c f_{ck}}{\gamma_c}, \frac{f_{sk}}{\gamma_s}, \frac{P_{Rk}}{\gamma_v}\right]$$

$$E_d = E(\gamma_F \psi F_k)$$

Grenzzustand der Gebrauchstauglichkeit:

$$E_d \leq C_d$$

$$E_d = E(\psi F_k)$$

C_d - festgelegte Bedingung (Durchbiegung, Rissbreite)

Bild 9: Sicherheitskonzept der DIN EN 1994-1-1 in Anlehnung an DIN EN 1990

2.2 Grundsätzliches zur Bemessung mit Grenzzuständen

Im Vergleich zu Stahl- und Betonkonstruktionen können bei Verbundkonstruktionen die Einflüsse aus der Belastungsgeschichte des Tragwerks einen nennenswerten Einfluss auf die Tragsicherheit haben. Dies gilt insbesondere für Tragwerke mit Querschnitten der Klassen 3 und 4. In den Grenzzuständen der Tragfähigkeit und der Gebrauchstauglichkeit sind daher die Einflüsse aus der Belastungsgeschichte zu berücksichtigen. Dies gilt für ständige und vorübergehende Bemessungssituationen.

2.3 Basisvariablen

Bei den Basisvariablen ist zwischen den Basisvariablen für die Einwirkungen und die Werkstoff- und Produktionseigenschaften zu unterscheiden. Hierzu wird auf DIN EN 1990 verwiesen.

Einwirkungen aus dem zeitabhängigen Verhalten des Betons sind in der Regel nach DIN EN 1992-1-1 zu bestimmen. Aus dem Kriechen und Schwinden des Betons resultieren bei Verbundbauteilen Eigenspannungen im Querschnitt sowie Krümmungen und Längsdehnungen in

Bauteilen. Die bei statisch bestimmten Systemen auftretenden Eigenspannungszustände werden als primäre Beanspruchungen bezeichnet. In statisch unbestimmten Systemen treten aufgrund der Verträglichkeitsbedingungen zusätzliche Zwängungen auf, die als sekundäre Beanspruchungen (Zwangsbeanspruchungen) bezeichnet werden. Die zugehörigen Einwirkungen, im Allgemeinen Auflagerkräfte, werden als indirekte Einwirkungen behandelt (Bild 10).

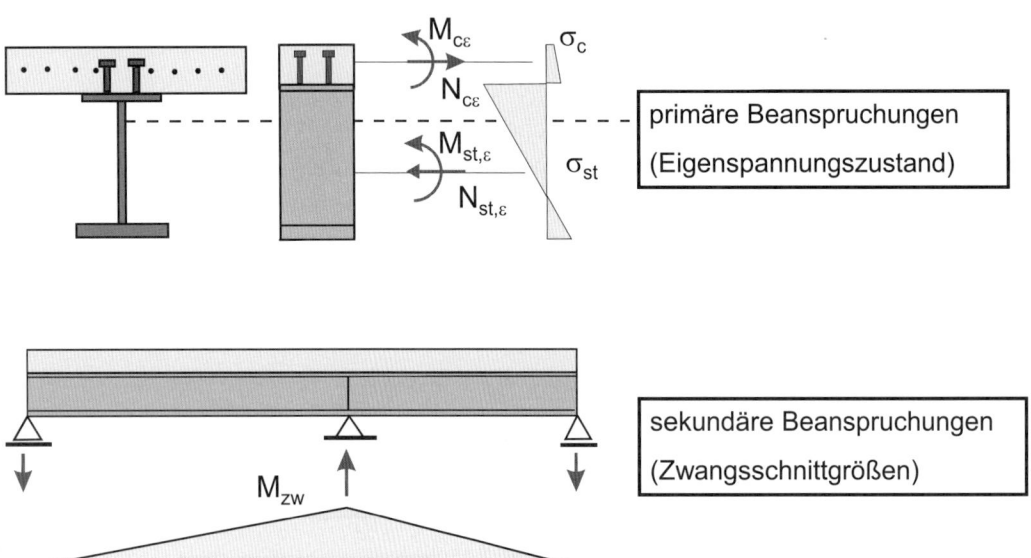

Bild 10: Primäre und sekundäre Beanspruchungen

2.4 Nachweise mit Teilsicherheitsbeiwerten

2.4.1 Bemessungswerte

2.4.1.1 Bemessungswert für Einwirkungen

Die Bemessungswerte der Einwirkungen sind nach DIN EN 1991 zu ermitteln.

Bei Verbundtragwerken kann der Beanspruchungszustand mittels planmäßig eingeprägter Deformationen vorteilhaft beeinflusst werden. Da planmäßig eingeprägte Deformationen in DIN EN 1990 nicht behandelt werden, mussten in DIN EN 1994-1-1 zusätzliche Regelungen aufgenommen werden. Die Unsicherheiten bezüglich der Beanspruchungen resultieren bei planmäßig eingeprägten Deformationen in erster Linie aus den Streuungen der Steifigkeit (Elastizitätsmodul des Betons und Rissbildung) sowie den zeitabhängigen Einflüssen aus dem Kriechen. Für Tragwerke, die nach elastischen Berechnungsverfahren bemessen werden, wurden auf der Grundlage probabilistischer Untersuchungen [71] die in Tabelle 3 angegebenen Teilsicherheitsbeiwerte ermittelt. Für die primären und sekundären Beanspruchungen aus dem Schwinden darf der Teilsicherheitsbeiwert $\gamma_F = 1,0$ zugrunde gelegt werden.

Tabelle 3: Teilsicherheitsbeiwerte für sekundäre Beanspruchungen aus Schwinden und planmäßig eingeprägten Deformationen nach DIN EN 1994-1-1 und DIN EN 1994-1-1/NA

Einwirkung	Auswirkung	
	ungünstig	günstig
Sekundäre Beanspruchungen aus Schwinden	1,0	1,0
planmäßig eingeprägte Deformationen	1,1	1,0

2.4.1.2 Bemessungswert des Tragwiderstandes

Der Bemessungswert des Tragwiderstandes R_d wird bei Anwendung elastischer und plastischer Berechnungsverfahren mit den Bemessungswerten der Werkstofffestigkeiten $f_{i,d}$ ermittelt. Sie ergeben sich aus den charakteristischen Werten der Festigkeiten $f_{i,k}$ und den jeweiligen Teilsicherheitsbeiwerten γ_M nach Bild 11.

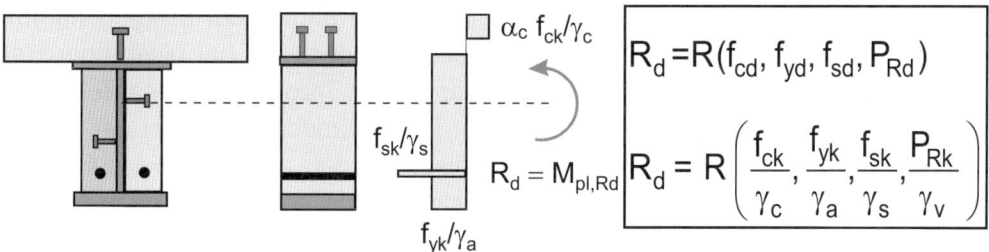

$$R_d = R(f_{cd}, f_{yd}, f_{sd}, P_{Rd})$$

$$R_d = M_{pl,Rd} \quad R_d = R\left(\frac{f_{ck}}{\gamma_c}, \frac{f_{yk}}{\gamma_a}, \frac{f_{sk}}{\gamma_s}, \frac{P_{Rk}}{\gamma_v}\right)$$

Kombination	Baustahl, Profilbleche $\gamma_a = \gamma_{Mi}$	Betonstahl γ_s	Beton γ_c	Verbundmittel γ_v
Ständige und vorübergehende Bemessungssituationen	$\gamma_{M0} = 1{,}0$ $\gamma_{M1} = 1{,}1$ $\gamma_{M2} = 1{,}25$	1,15	1,5	1,25
außergewöhnliche Kombinationen	$\gamma_{M0} = 1{,}0$ $\gamma_{M1} = 1{,}0$ $\gamma_{M2} = 1{,}15$	1,0	1,3	1,0
Nachweis gegen Ermüdung	DIN EN 1993-1-9 DIN EN 1993-1-9/NA	1,15	1,5	1,25

Bild 11: Bemessungswert des Tragwiderstandes und Teilsicherheitsbeiwerte γ_M nach DIN EN 1994-1-1 sowie Bezugsnormen

Für den Nachweis nach DIN EN 1994-1-1 [1] sind die charakteristischen Werte der Festigkeit für Beton (f_{ck}) sowie Beton- und Spannstahl (f_{sk} bzw. f_{pk}) in DIN EN 1992-1-1 [14] und DIN EN 1992-1-1/NA [17] geregelt. Der Bemessungswert der Streckgrenze für Baustahl wird in Übereinstimmung mit DIN EN 1993-1-1 [20] und DIN EN 1993-1-1/NA [21] festgelegt. Dabei entspricht der Teilsicherheitsbeiwert γ_a zur Ermittlung des Bemessungswertes der Streckgrenze in DIN EN 1994-1-1 dem Teilsicherheitsbeiwert γ_{Mi} nach DIN EN 1993-1-1/NA [21]. In Abhängigkeit vom Versagenszustand sind die folgenden Teilsicherheitsbeiwerte zu berücksichtigen:

γ_{M0} Teilsicherheitsbeiwert für die Beanspruchbarkeit von Querschnitten (bei Anwendung von Querschnittsnachweisen ohne Stabilitätsgefahr),

γ_{M1} Teilsicherheitsbeiwert für die Beanspruchbarkeit von Bauteilen bei Stabilitätsversagen (bei Anwendung von Bauteilnachweisen),

γ_{M2} Teilsicherheitsbeiwert für die Beanspruchbarkeit von Querschnitten bei Bruchversagen infolge Zugbeanspruchung.

Wenn die Querschnittstragfähigkeit elastisch oder plastisch ermittelt wird und keine Stabilitätsgefahr besteht, darf in Anlehnung an DIN EN 1993-1-1/NA [21] der Teilsicherheitsbeiwert $\gamma_a = \gamma_{M0} = 1{,}0$ zugrunde gelegt werden. Der Teilsicherheitsbeiwert γ_{Mf} für die Nachweise der Ermüdung ist DIN EN 1993-1-9 unter Berücksichtigung von DIN EN 1993-1-9/NA [28] zu entnehmen. Verbundmittel sind in Abschnitt 6.6 der DIN EN 1994-1-1 geregelt. Für Kopfbolzendübel wird in DIN EN 1994-1-1/NA [2] in Abschnitt 6.6.3.1 für das Betonversagen ein mit $\gamma_v = 1{,}5$ von DIN EN 1994-1-1 mit $\gamma_v = 1{,}25$ abweichender Teilsicherheitsbeiwert angegeben. Auf die Notwendigkeit dieser Änderung wird in Abschnitt 6.6.3 noch genauer eingegangen. Hinsichtlich der Ermüdung ist für Kopfbolzendübel der Wert $\gamma_{Mf,s} = 1{,}25$ zu verwenden.

Beim Ansatz des Bemessungswertes der Betondruckfestigkeit f_{cd} finden sich in EC 2 und EC 4 Unterschiede bezüglich des in EC 2 enthaltenen Dauerstandsbeiwertes α_{cc}. Im Eurocode 4 (Fassung 2010) wird bei der Bestimmung des Bemessungswertes der Betondruckfestigkeit kein Beiwert α_{cc} entsprechend EC 2 berücksichtigt. Die Herleitung der Modelle zur Ermittlung der rechnerischen Tragfähigkeiten von Verbundquerschnitten nach Eurocode 4 erfolgte auf der Grundlage von statistischen Auswertungen in Anlehnung an EN 1990 [64]. Die Anpassung der Berechnungsmodelle an die Versuchsergebnisse erfolgte dabei im Rahmen der Erarbeitung des Eurocode 4 durch Einführung eines weiteren Anpassungsfaktors, der z. B. bei plastischer Bemessung durch einen Faktor 0,85 bei der Ermittlung der plastischen Tragfähigkeit des Betongurtes berücksichtigt wird. Dieser Faktor berücksichtigt neben Dauerstandseffekten bei der Betondruckfestigkeit auch die Anpassung an Versuchsergebnisse. In der aktuellen Fassung des Eurocodes werden durch die Reduktion des Spannungsblocks um den Wert 0,85 für den Anwender nicht ersichtlich zwei unterschiedliche Einflussparameter miteinander vermischt. Der Ansatz unterschiedlicher Bemessungswerte der Betondruckfestigkeit in Eurocode 2 und Eurocode 4 führt bei der praktischen Anwendung auch zu einer unklaren Situation in der Bemessung. So basieren z. B. die Nachweise des Fachwerkmodells für die Längsschubtragfähigkeit des Betongurtes auf den Gleichungen nach DIN EN 1992-1-1 unter Berücksichtigung des Beiwertes α_{cc}, während die Druckkraft im Betongurt aus dem Bemessungswert der Betondruckfestigkeit nach DIN EN 1994-1-1 ohne Ansatz von α_{cc} ermittelt wird. Dies bedeutet, dass in der Nachweisführung für den Betongurt unterschiedliche Definitionen für den Bemessungswert der Betondruckfestigkeit verwendet werden. Bei der derzeitigen Überarbeitung des EC 4 wird angestrebt, den Bemessungswert der Betondruckfestigkeit in Eurocode 2 und Eurocode 4 wieder identisch zu regeln und andere für Verbundquerschnitte erforderliche Abminderungsfaktoren, die z. B. bei plastischer Bemessung den Einfluss der Dehnungsbeschränkung bei tiefliegender plastischer Nulllinie von Trägern erfassen, durch weitere Abminderungsfaktoren zu berücksichtigen. Auf diese Weise wird zukünftig für den Anwender besser ersichtlich, welche Parameter bei der Ermittlung der Tragfähigkeit von Bedeutung sind.

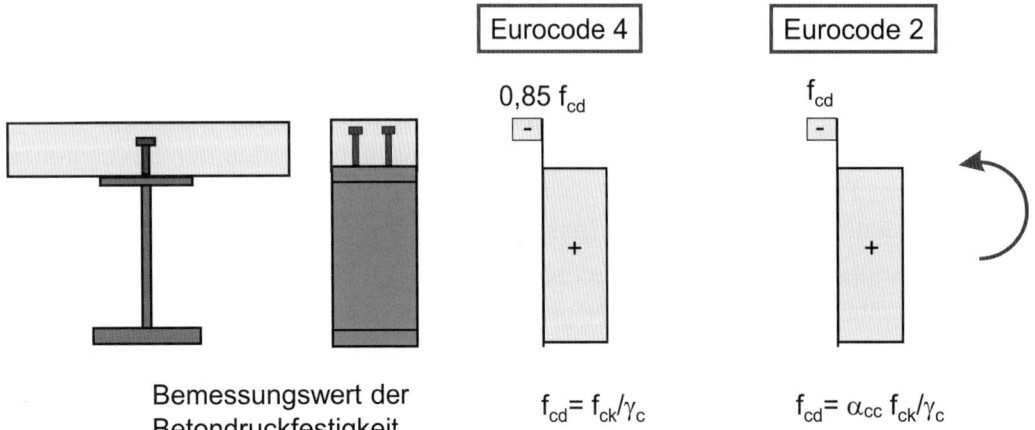

Bild 12: Zur Festlegung des Bemessungswertes der Betondruckfestigkeit nach Eurocode 4 und Eurocode 2

2.4.2 Grenzzustände der Tragfähigkeit – Kombinationsregeln

In den Grenzzuständen der Tragfähigkeit ist die Bedingung $E_d \leq R_d$ (nach EN 1990: E = effects of actions, R = resistance) nachzuweisen, wobei E_d die mit den Bemessungswerten der Einwirkungen F_d (nach EN 1990: F = direct actions, forces applied to the structure, indirect actions as imposed deformations, temperature etc.) ermittelten Beanspruchungen (z. B. Schnittgrößen) und die mit den Bemessungswerten der Widerstandsgrößen ermittelten Beanspruchbarkeiten R_d sind (siehe Bild 9). Die Bemessungswerte der Einwirkungen ergeben sich in den Grenzzuständen der

Tragfähigkeit aus dem mit dem Teilsicherheitsbeiwert γ_F und gegebenenfalls mit einem Kombinationsbeiwert ψ_i vervielfachten charakteristischen Wert der Einwirkung F_k. Die charakteristischen Werte F_k sind dabei den entsprechenden Teilen der DIN EN 1991 zu entnehmen, s. a. Bild 6. DIN EN 1990 [6] unterscheidet im Grenzzustand der Tragfähigkeit prinzipiell sechs verschiedene Grenzzustände:

EQU: Verlust der Lagesicherheit des Tragwerks oder eines seiner Teile

STR: Versagen oder übermäßige Verformungen des Tragwerks oder seiner Teile

GEO: Versagen oder übermäßige Verformungen des Baugrundes

FAT: Ermüdungsversagen des Tragwerks oder seiner Teile

UPL: Verlust der Lagesicherheit des Tragwerks oder des Baugrundes aufgrund von Hebungen durch Wasserdruck (Auftriebskraft) oder sonstigen vertikalen Einwirkungen

HYD: hydraulisches Heben und Senken, interne Erosion und das Rohrleitungssystem im Baugrund aufgrund von hydraulischen Gradienten

In DIN EN 1990/NA [7], Tabelle NA.A1.2(A), Tabelle NA.A1.2(B), Tabelle NA.A1.2(C), sowie DIN EN 1990 [6], Tabelle A1.3 und Tabelle A1.4, sind die für die jeweilige Bemessungssituation (zuvor genannte Grenzzustände) maßgebenden Bemessungswerte der Einwirkungen definiert, die sich i. d. R. aus der Multiplikation des entsprechenden Teilsicherheitsbeiwertes mit dem charakteristischen Wert der Einwirkung ergeben.

Sicherheitskonzept für ständige und vorübergehende Bemessungssituationen mit Ausnahme der Ermüdung

DIN EN 1990, Abschnitt 6.4.3.2:

$$E_d = E_d \left(\sum \gamma_{Gj} G_{kj} + \gamma_P P_k + \gamma_{Q1} Q_{k1} + \sum \gamma_{Qi} \psi_{0,i} Q_{ki} \right)$$

Sicherheitskonzept für außergewöhnliche Bemessungssituationen

DIN EN 1990, Abschnitt 6.4.3.3:

$$E_d = E_d \left(\sum G_{kj} + P_k + A_d + \psi_{1,1} Q_{k1} + \sum \psi_{2,i} Q_{ki} \right)$$

G_k - charakteristischer Wert der ständigen Einwirkung
P_k - charakteristischer Wert der Vorspannung
         (Spanngliedvorspannung oder planmäßig eingeprägte Deformationen)
Q_{k1} - charakteristischer Wert der vorherrschenden veränderlichen Einwirkung
Q_{ki} - charakteristischer Wert einer nicht vorherrschenden veränderlichen Einwirkung
A_d - Bemessungswert der außergewöhnlichen Einwirkung
ψ_{0i} - Kombinationsbeiwert
$\gamma_{Gj}, \gamma_P, \gamma_{Qi}$ - Teilsicherheitsbeiwerte

Bild 13: Kombinationen im Grenzzustand der Tragfähigkeit und Teilsicherheitsbeiwerte γ_F für Einwirkungen im Grenzzustand der Tragfähigkeit

Bei der Kombination mehrerer Einwirkungen wird in Übereinstimmung mit DIN EN 1990 zwischen ständigen und vorübergehenden Bemessungssituationen (Grundkombination) und außergewöhnlichen Bemessungssituationen unterschieden. Die Teilsicherheitsbeiwerte sind für Nachweise im Grenzzustand der Tragfähigkeit gegen Versagen des Tragwerks durch Bruch oder übermäßige Verformung in Bild 13 angegeben. Die Kombinationsbeiwerte im Hochbau ergeben sich nach DIN EN 1990/NA [7], Tabelle NA.A.1.1.

2.4.3 Grenzzustände der Gebrauchstauglichkeit – Kombinationsregeln

Die Grenzzustände der Gebrauchstauglichkeit sind diejenigen Zustände, bei deren Überschreitung die festgelegten Bedingungen C_d für die Funktion und die äußere Erscheinung (z. B. Rissbreite oder Verformung) nicht mehr erfüllt sind, d. h., die Bedingung $E_d \leq C_d$ muss nachgewiesen werden. Hierbei ist E_d der jeweilige Bemessungswert der Lastauswirkungen. Bei den Bemessungswerten E_d der Lastauswirkungen werden die in Bild 14 angegebenen Einwirkungskombinationen unterschieden. DIN EN 1990 definiert die Grenzzustände der Gebrauchstauglichkeit als Grenzzustände, die

- die Funktion des Tragwerks oder eines seiner Teile unter normalen Gebrauchsbedingungen oder
- das Wohlbefinden der Nutzer oder
- das Erscheinungsbild des Bauwerks betreffen.

Im Detail werden die im Grenzzustand der Gebrauchstauglichkeit festzulegenden Bedingungen C_d in Bild 14 angegeben.

Seltene Kombination: $\quad E_d = E\left\{ \sum G_{k,j} + P_k + Q_{k,1} + \sum \psi_{0,i}\, Q_{k,i} \right\}$

Häufige Kombination: $\quad E_d = E\left\{ \sum G_{k,j} + P_k + \psi_{1,1} Q_{k,1} + \sum \psi_{2,i}\, Q_{k,i} \right\}$

Quasi-ständige Kombination: $\quad E_d = E\left\{ \sum G_{k,j} + P_k + \sum \psi_{2,i}\, Q_{k,i} \right\}$

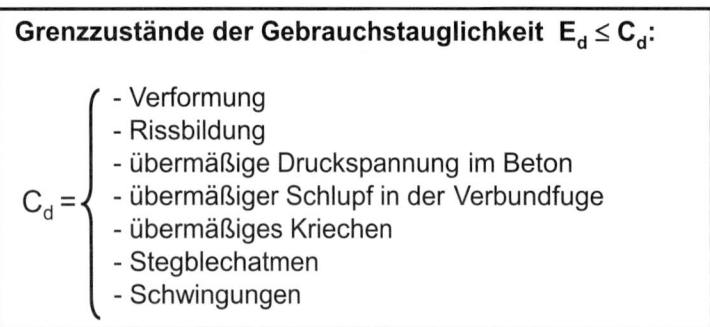

Bild 14: Einwirkungskombinationen im Grenzzustand der Gebrauchstauglichkeit

DIN EN 1990 [6] klassifiziert Tragwerke entsprechend ihrer Nutzungsdauer in die Klassen 1 bis 5. Dabei repräsentiert die „geplante Nutzungsdauer" die angenommene Zeitdauer, innerhalb der ein Tragwerk unter Berücksichtigung vorgesehener Instandhaltungsmaßnahmen für seinen vorgesehenen Zweck genutzt werden soll, ohne dass jedoch eine wesentliche Instandsetzung erforderlich ist. Die Klassifizierung erfolgt nach der Plangröße der Nutzungsdauer von 10 Jahren für Klasse 1, bis 100 Jahre für Klasse 5 entsprechend Tabelle 4. Die Nutzungsdauer ist auch für die Definition der Einwirkungen und Bemessungssituationen nach DIN EN 1990 von Bedeutung, da, sofern der charakteristische Wert der Einwirkungen auf statistischer Grundlage festgelegt werden kann, er mit einer vorgegebenen Wahrscheinlichkeit gewählt wird, sodass er während des „Bezugszeitraumes" nicht überschritten wird, wobei die geplante Nutzungsdauer des Tragwerks und die Dauer der Bemessungssituation berücksichtigt werden.

Tabelle 4: Klassifizierung der Nutzungsdauer nach DIN EN 1990

Klasse der Nutzungs-Dauer	Planungsgröße der Nutzungsdauer (in Jahren)	Beispiele
1	10	Tragwerke mit befristeter Standzeit[1)]
2	10–25	Austauschbare Tragwerksteile, z. B. Kranbahnträger, Lager
3	15–30	Landwirtschaftlich genutzte und ähnliche Tragwerke
4	50	Gebäude und andere gewöhnliche Tragwerke
5	100	Monumentale Gebäude, Brücken und andere Ingenieurbauwerke

[1)] Tragwerke oder Teile eines Tragwerks, die mit der Absicht der Wiederverwendung demontiert werden können, sollten nicht als Tragwerke mit befristeter Standzeit betrachtet werden.

Die Anforderungen in den Grenzzuständen der Gebrauchstauglichkeit werden in DIN EN 1992-1-1 [14] durch sogenannte Anforderungsklassen (Structural Classes) geregelt. Entsprechend dem Konzept der DIN EN 1992-1-1 werden die Anforderungsklassen S1 bis S6 definiert, die national gewählt werden dürfen. Die empfohlene Anforderungsklasse (Nutzungsdauer von 50 Jahren) ist für die indikativen Betondruckfestigkeitsklassen aus DIN EN 1992-1-1, Anhang E die Klasse S4. Die Nutzungsdauer von 50 Jahren gilt als Richtwert für den Hochbau. Im Nationalen Anhang DIN EN 1992-1-1/NA wird für Deutschland entsprechend nationaler Erfahrungen die Anforderungsklasse S3 eine Nutzungsdauer von 50 Jahren zugeordnet. Dies begründet sich vor allem im Hinblick auf die Dauerhaftigkeit durch die Betonzusammensetzung nach DIN EN 206-1 und DIN 1045-2 und der Sicherstellung der Festigkeit und Dichtheit des Betons im oberflächennahen Bereich durch die Nachbehandlung nach DIN 1045-3 bzw. DIN EN 13670.

Die Nachweise in den Grenzzuständen der Gebrauchstauglichkeit umfassen in DIN EN 1994-1-1 die Beschränkung der Rissbreite im Beton, die Beschränkung von Spannungen und Verformungen sowie das Schwingungsverhalten. Bei der Beschränkung der Verformungen ist dabei zusätzlich bei niedrigen Verdübelungsgraden der Einfluss der Nachgiebigkeit der Verbundmittel zu berücksichtigen und der Schlupf in der Verbundfuge zu beschränken. Zusätzlich ist bei Trägern mit Querschnitten der Klasse 4 und beulgefährdeten Stegen ein Nachweis gegen Stegblechatmen erforderlich, wenn das Tragwerk nicht vorwiegend ruhend beansprucht wird. Dieser Nachweis wurde in der ehemaligen DIN 18800-5 nicht gefordert, da bei schlanken Stegen die überkritischen Tragreserven nicht in dem Maße ausgenutzt wurden. Dies kann sich jedoch bei einer Bemessung nach DIN EN 1993-1-5 [25] mit effektiven Querschnitten ändern, sodass der Nachweis im Eurocode dann maßgebend werden kann.

Konrad Bergmeister, Frank Fingerloos,
Johann-Dietrich Wörner (Hrsg.)

Beton-Kalender 2020

Schwerpunkte: Wasserbau, Konstruktion und Bemessung

- **Topaktuell: Hintergrundinformationen und Erläuterungen zu DIN EN 1992 Teil 4, Ausgabe April 2019 zur Bemessung der Verankerung von Befestigungen in Beton**

Der Beton-Kalender 2020 bietet eine solide Arbeitsgrundlage und ein topaktuelles und verlässliches Nachschlagewerk für die fehlerfreie Planung von Betonkonstruktionen. Besonders aktuell sind die Erläuterungen zur Bemessung der Verankerung von Befestigungen nach Eurocode 2 Teil 4.

2019 · 1244 Seiten · 600 Abbildungen · 200 Tabellen

Hardcover
ISBN 978-3-433-03268-8   € 174*
Fortsetzungspreis   € 154*

BESTELLEN
+49 (0)30 470 31-236
marketing@ernst-und-sohn.de
www.ernst-und-sohn.de/bk20

* Der €-Preis gilt ausschließlich für Deutschland. Inkl. MwSt.

3 Werkstoffe

3.1 Beton

Die Betonfestigkeitsklassen werden nach DIN EN 1992-1-1 [14] mithilfe der charakteristischen Werte der Zylinder- und Würfeldruckfestigkeit bezeichnet. In der Bezeichnung der Festigkeitsklassen nach DIN EN 1992-1-1 repräsentiert der erste Zahlenwert die Zylinderdruckfestigkeit $f_{ck,cyl}$ und der zweite Wert die Würfelfestigkeit $f_{ck,cube}$, jeweils in N/mm². Für die Bemessung wird der charakteristische Wert der Zylinderdruckfestigkeit zugrunde gelegt. Der Anwendungsbereich der DIN EN 1994-1-1 [1] gilt für Normal- und Leichtbetone nach DIN EN 1992-1-1. Betonfestigkeitsklassen kleiner als C 20/25 bzw. LC 20/22 sind für Verbundbauteile jedoch nicht zulässig. Die hochfesten Betone mit Festigkeitsklassen größer als C 60/75 sind derzeit in DIN EN 1994-1-1 nicht geregelt, da bei Anwendung dieser Betone bei vollplastischer Ermittlung der Querschnittstragfähigkeit und bei Ausnutzung plastischer Systemreserven weitere Einschränkungen erforderlich sind [92], [93]. Bei Verbundträgern bestehen jedoch bei elastischer Schnittgrößenermittlung und dehnungsbeschränkter bzw. elastischer Ermittlung der Querschnittstragfähigkeit und elastischer Ermittlung der Längsschubkräfte keine Bedenken gegen den Einsatz von hochfesten Betonen, wenn die entsprechenden Regelungen in DIN EN 1994-1-1 beachtet werden. Dies gilt auch für den Nachweis der Gesamtstabilität von Verbundstützen, wenn die Ermittlung der Tragfähigkeit mit dem genauen Nachweisverfahren erfolgt. DIN EN 1994-1-1 bietet jedoch keine Regelungen für die Nachweise in den Lasteinleitungsbereichen von Verbundstützen bei Anwendung hochfester Betone. Bei Anwendung des vereinfachten Nachweisverfahrens nach DIN EN 1994-1-1, Abschnitt 6.7.3 sind hochfeste Betone grundsätzlich nicht zulässig. Im Rahmen der vereinfachten Bemessungsverfahren für Verbundstützen ist die Betongüte auf den Bereich C20/25 bis C50/60 begrenzt.

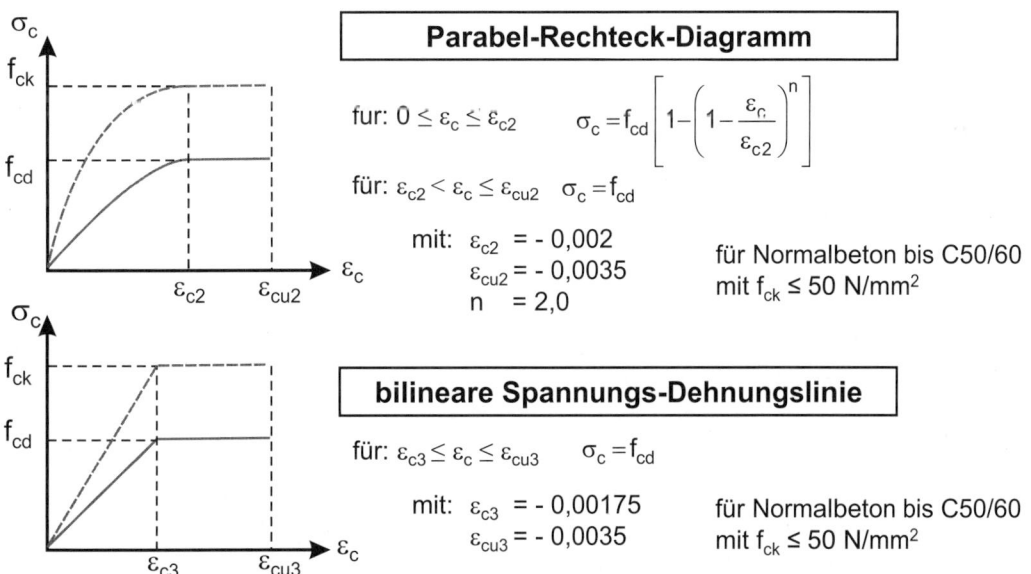

Bild 15: Spannungsdehnungslinien für Beton nach DIN EN 1992-1-1

Als Spannungsdehnungsbeziehung für die Ermittlung der Beanspruchbarkeit darf für Beton das Parabel-Rechteck-Diagramm und vereinfacht eine bilineare Spannungsdehnungsbeziehung zugrunde gelegt werden (Bild 15). Als weitere Möglichkeit wird in DIN EN 1992-1-1 der Ansatz eines reduzierten Spannungsblocks ermöglicht, der für die Bemessung im Verbundbau jedoch unbedeutend ist.

Bei der Ermittlung des Bemessungswertes der Betondruckfestigkeit ist nach DIN EN 1992-1-1 zudem der Abminderungsfaktor α_{cc} zu berücksichtigen. Er berücksichtigt den Einfluss der Art der Belastung (kurzzeitig/andauernd) sowie andere ungünstige Auswirkungen aus der Art des Lasteintrags im Versuch. Unter dem Einfluss der Art der Belastung ist im Wesentlichen der Unterschied der Dauerstandfestigkeit (Langzeitfestigkeit) des Betons zu der im Versuch gemessenen Kurzzeitfestigkeit zu verstehen. Dies wird vor allem auf Grundlage der Untersuchungen [94], [95], [96] deutlich. Die Steifigkeitsabnahme wie auch die erreichbare Festigkeit sind in hohem Maß von der Belastungsgeschwindigkeit und Belastungsdauer abhängig. Mit langsamerer Laststeigerung oder längerer Belastungsdauer sinken Steifigkeit und Festigkeit deutlich ab. EN 1992-1-1 empfiehlt in Abschnitt 3.1.6(1) für die Bemessung mit Normalbeton einen Beiwert α_{cc} (Bild 12) zwischen 0.8 und 1.0. Parallel wird auf die Nationalen Anhänge verwiesen (NDP). Im nationalen Anhang DIN EN 1992-1-1/NA [16] wird ein Wert von 0,85 festgelegt. Auf europäischer Ebene wird dies jedoch nicht einheitlich behandelt, da α_{cc} als NDP definiert ist und in verschiedenen Ländern national mit 1.0 festgelegt wird. In der Erarbeitungsphase des Eurocode 4 konnte keine Harmonisierung bezüglich der Einführung des Reduktionsfaktors α_{cc} und einer einheitlichen Festlegung des Bemessungswertes der Betondruckfestigkeit in Eurocode 2 und Eurocode 4 erreicht werden. Dies ist historisch auch vor dem Hintergrund zu sehen, dass die Definition der Betondruckfestigkeit von der ENV-Fassung des EC 2 zur EN-Fassung geändert wurde und die Definition in der ENV-Fassung dem Bemessungswert im heutigen EC 4 entsprach. Der Einfluss der Lastdauer sowie andere ungünstige Auswirkungen werden in DIN EN 1994-1-1 bei der plastischen Bemessung durch einen zusätzlichen Anpassungsbeiwert von 0,85 auf den Bemessungswert der Betondruckfestigkeit $f_{cd} = f_{ck}/\gamma_c$ erfasst, der im Folgenden als α_c bezeichnet wird. Siehe hierzu auch Bild 12 in Abschnitt 2.4.

Wie zuvor beschrieben, wird für die zweite Generation des Eurocodes eine Harmonisierung der Definition für die Betondruckfestigkeit zwischen Eurocode 2 und 4 angestrebt. Aktuell wird für den überarbeiteten Eurocode 2 eine Definition des Bemessungswertes der Betondruckfestigkeit diskutiert, bei dem die verschiedenen Effekte auseinandergehalten werden sollen. So wird voraussichtlich zukünftig der Beiwert α_{cc} eine Abminderung zur Berücksichtigung der Differenz aus der gemessenen Versuchsfestigkeit zur Bauteilfestigkeit darstellen und parallel ein neuer Abminderungsfaktor k_{tc} aus der Langzeitbelastung berücksichtigt. Im Rahmen einer weiteren baustoffübergreifenden Harmonisierung wird angestrebt, diese Festlegungen auch in den Eurocode 4 zu übernehmen.

Der Elastizitätsmodul E_{cm} ist als Sekantenmodul zwischen den Spannungen $\sigma_c = 0$ und $\sigma_c = 0,4 \cdot f_c$ definiert (Bild 15). Dabei hängt der Elastizitätsmodul des Betons sehr stark von den Elastizitätsmodulen seiner Bestandteile ab. DIN EN 1992-1-1, Tabelle 3.1 enthält die Richtwerte für den Elastizitätsmodul E_{cm} für Betonsorten mit quarzithaltigen Gesteinskörnungen. Bei Kalkstein- und Sandsteingesteinskörnungen sollten die Werte um 10 % bzw. 30 % reduziert werden. Bei Basaltgesteinskörnungen sollte der Wert um 20 % erhöht werden. Die Querdehnzahl für die elastische Dehnung darf mit $\nu = 0,2$, wenn Rissbildung zu erwarten ist näherungsweise zu null angenommen werden. Für Normalbeton darf der Temperaturausdehnungskoeffizient mit $\alpha_T = 10 \cdot 10^{-6}$ K^{-1} angenommen werden. Die Wärmedehnzahl von Leichtbeton hängt im Wesentlichen von der Art der verwendeten Gesteinskörnung ab und variiert über einen Bereich von $\alpha_T = 4 \cdot 10^{-6}$ K^{-1} bis $\alpha_T = 14 \cdot 10^{-6}$ K^{-1}. Für Bemessungszwecke, bei denen die Wärmedehnung nicht maßgebend wird, darf vereinfacht mit einer Wärmedehnzahl $\alpha_T = 8 \cdot 10^{-6}$ K^{-1} für Leichtbeton gerechnet werden. Bei elastischer Berechnung von Verbundtragwerken dürfen bei Verwendung von normalfesten Betonen mit quarzithaltigen Zuschlägen die aus den unterschiedlichen Temperaturausdehnungskoeffizienten von Beton und Baustahl resultierenden primären und sekundären Zwangsbeanspruchungen vernachlässigt werden, d. h., für Beton und Baustahl darf ein einheitlicher Temperaturausdehnungskoeffizient angenommen werden. Bei Leichtbetonen ist diese

Vereinfachung in der Regel nicht zulässig. Die Festigkeits- und Formänderungsbeiwerte für Leichtbeton können in Abhängigkeit von der Rohdichte aus den entsprechenden Werten für Normalbeton umgerechnet werden. DIN EN 1992-1-1, Abschnitt 11 [14] behandelt die Materialeigenschaften und zusätzlichen Regelungen für Bauteile und Tragwerke aus Leichtbeton.

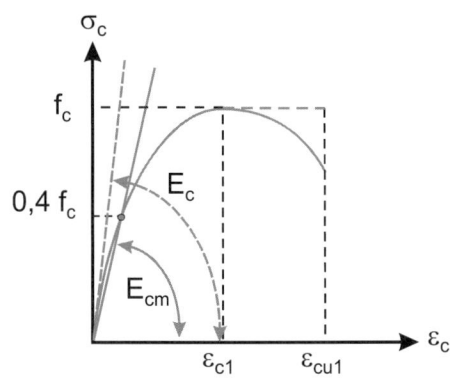

Sekantenmodul des Betons für t=28 Tage:

$$E_{cm} = 22(f_{cm}/10)^{0,3} \ [N/mm^2]$$

Tangentenmodul im Alter von 28 Tagen:

$$E_c = 1,05 \ E_{cm}$$

mit: $f_{cm} = f_{ck} + 8 \ [N/mm^2]$

f_{cm} mittlere Zylinderdruckfestigkeit im Alter on 28 Tagen

f_{ck} charakteristischer Wert der Zylinderdruckfestigkeit im Alter von 28 Tagen

Bild 16: Elastizitätsmodul E_{cm} des Betons nach DIN EN 1992-1-1 für quarzithaltige Zuschläge

Die aus dem Kriechen und Schwinden resultierenden Verformungen sind nach DIN EN 1992-1-1 zu ermitteln. Bei der Ermittlung der Kriechzahl ist zu beachten, dass die Kriechzahlen auf den Tangentenmodul E_c (in der Literatur teilweise auch als E_{co} bezeichnet) im Alter von 28 Tagen bezogen sind, s. a. Bild 17. Die Endkriechzahlen für Normalbeton können direkt aus den Diagrammen der DIN EN 1992-1-1 in Abhängigkeit von der Zementfestigkeitsklasse, der Betonfestigkeitsklasse, der relativen Luftfeuchtigkeit, dem Alter bei Belastungsbeginn und der wirksamen Körperdicke ermittelt werden, s. a. Bild 19 für Innenbauteile (RH 50 %) und Bild 20 für Außenbauteile (RH 80 %). Beispiele zur Ermittlung der wirksamen Körperdicke für typische Trägerquerschnitte, zeigt Bild 18. Wenn die Kriechzahl für einen beliebigen Zwischenzeitraum benötigt wird, kann die Berechnung bei Verwendung von Normalbeton mit den in Bild 21 angegebenen Beziehungen erfolgen, diese Angaben sind DIN EN 1992-1-1, Anhang B zu entnehmen. Die nach Anhang B ermittelten Kriechzahlen beschreiben das lineare Kriechen bis zu einem Spannungsniveau bei Belastungsbeginn mit kriecherzeugenden Druckspannungen $\sigma_c \leq 0,4 \ f_{ck}(t_0)$ und für Umgebungsbedingungen mit einer Luftfeuchte von 40 % bis 100 % im Temperaturbereich von –40 °C bis +40 °C. Vereinfacht wurde in der Norm das lineare Kriechen bis zu einer Spannung $\sigma_c \leq 0,45 \ f_{ck}(t_0)$ ausgedehnt, bei höheren kriecherzeugenden Spannungen ist das nichtlineare Kriechen nach DIN EN 1992-1-1, Gl. 3.7 zu berücksichtigen.

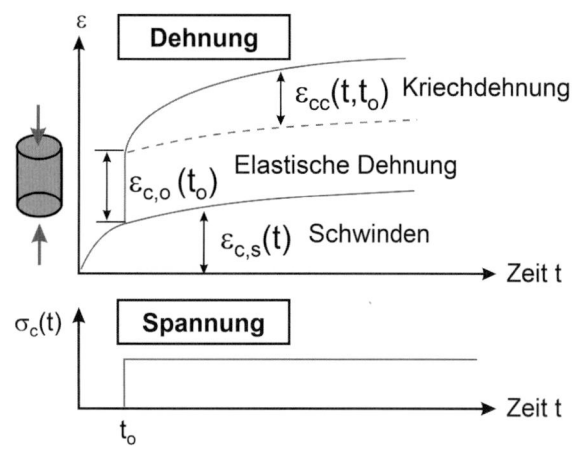

Gesamtverformung

$\varepsilon_c(t) = \varepsilon_{cs}(t) + \varepsilon_{co}(t_o) + \varepsilon_{cc}(t,t_o)$

ε_{cs} Schwinddehnung
ε_{co} elastische Anfangsdehnung
ε_{cc} Kriechdehnung

$\varepsilon_{cc}(t,t_0) = \varepsilon_{co}(t_o)\, \phi(t,t_o)$

Kriechen

$\varepsilon_c(t,t_o) = \varepsilon_{co}(t_o) + \varepsilon_{co}(t_o)\, \phi(t,t_o)$

$\varphi(t,t_o)$ Kriechzahl
σ_c zeitlich konstante kriecherzeugende Betondruckspannung
E_{co} Elastizitätsmodul des Betons (Tangentenmodul) im Alter von 28 Tagen
$E_{cm}(t_o)$ Sekantenmodul zum Zeitpunkt $t = t_o$
$\beta_{E0} = E_{cm}/E_{c0}$

$\varepsilon_c(t,t_o) = \dfrac{\sigma_c(t_o)}{E_{cm}(t_o)} + \dfrac{\sigma_c(t_o)\, \phi(t,t_o)}{E_{co,28}}$

$\varepsilon_c(t,t_o) = \dfrac{\sigma_c(t_o)}{E_{cm}(t_o)} + \beta_{E0}\, \dfrac{\sigma_c(t_o)\, \phi(t,t_o)}{E_{cm}(t_o)}$

Bild 17: Dehnungen infolge Kriechen und Schwinden

$h_o = 2A/U$

A - Fläche des Betonquerschnitts
U - Abwicklung der der Austrocknung ausgesetzten Begrenzungsfläche des gesamten Betonquerschnitts

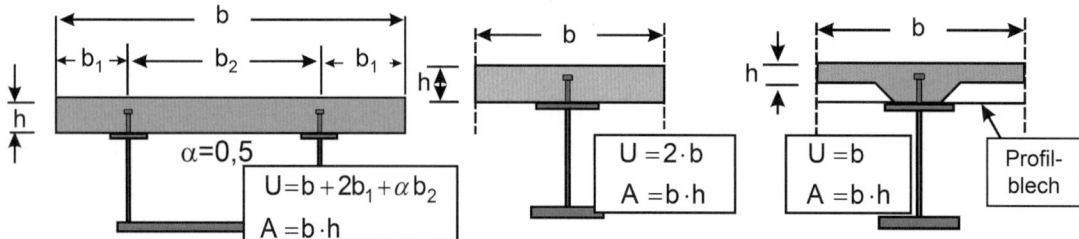

Bild 18: Wirksame Körperdicke h_o

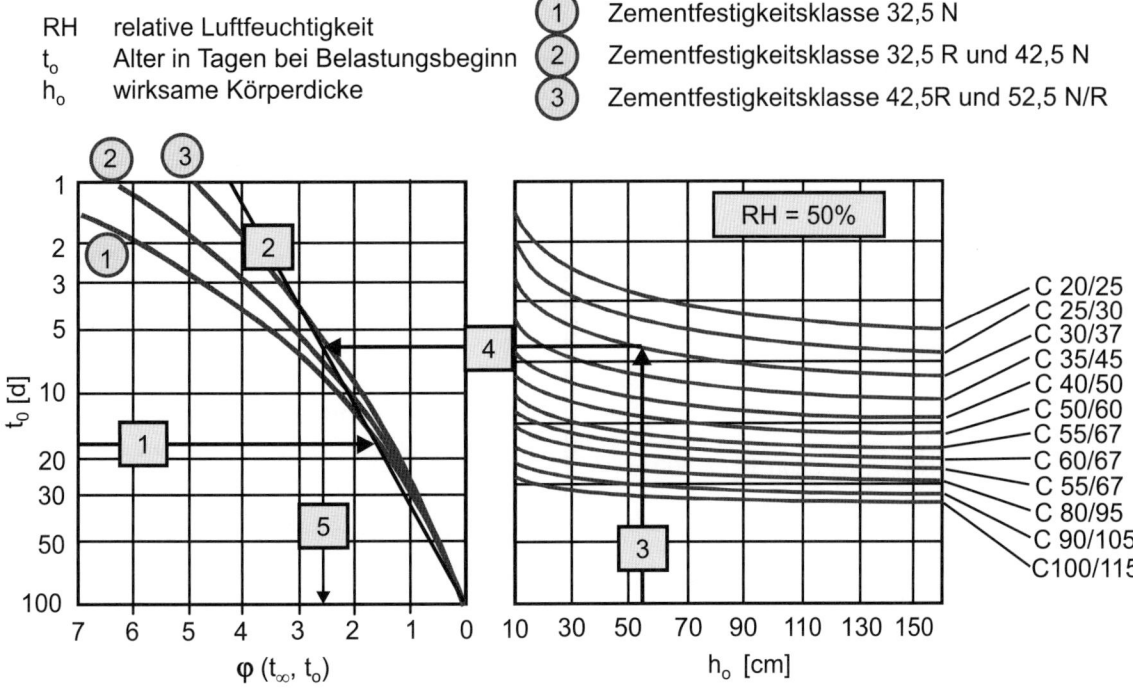

Bild 19: Diagramm zur Ermittlung der Endkriechzahl $\varphi(\infty, t_o)$ nach DIN EN 1992-2-1; Bild 3.1a) für eine relative Luftfeuchte RH = 50 %

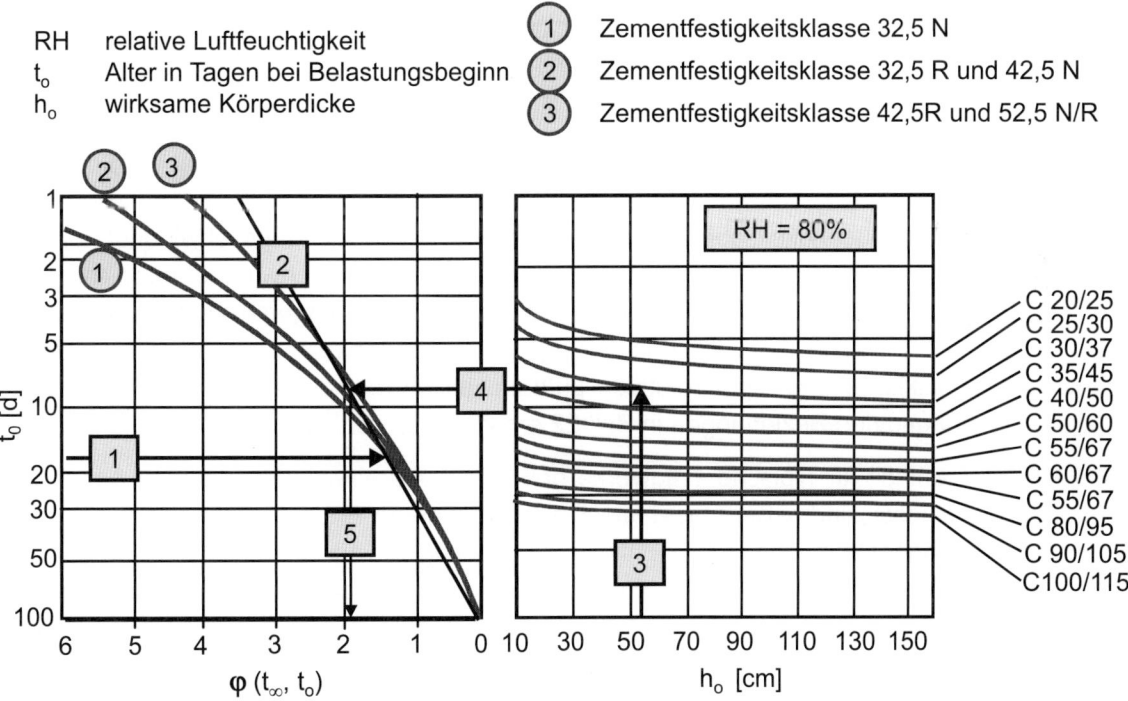

Bild 20: Diagramm zur Ermittlung der Endkriechzahl $\varphi(\infty, t_o)$ nach DIN EN 1992-2-1; Bild 3.1b) für eine relative Luftfeuchte RH = 80 %

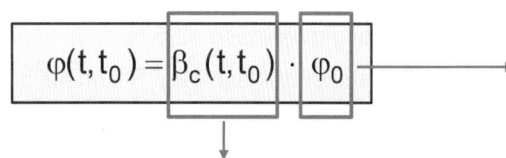

Bild 21: Beziehungen zur Ermittlung der Kriechzahl $\varphi(t, t_0)$ nach EN 1992-1-1, Anhang B1

Die Schwinddehnung ε_{cs} setzt sich aus den Anteilen des autogenen Schwindens ε_{ca} (Schrumpfdehnung) und der Trocknungsschwinddehnung ε_{cd} zusammen. Dabei können die von der Betongüte und relativer Luftfeuchtigkeit abhängigen Grundwerte der Trocknungsschwinddehnung für die Zementklasse N tabellarisch bestimmt werden (Tabelle 5). Die Schwinddehnung, auch für beliebige Zeitpunkte, ergibt sich für Normalbeton mit den in Bild 22 angegebenen Beziehungen. Für den Zeitpunkt $t = \infty$ kann die Schwinddehnung $\varepsilon_{cs\infty}$ in Abhängigkeit von Zementfestigkeits- und Betonfestigkeitsklasse sowie der relativen Luftfeuchtigkeit und der wirksamen Körperdicke ebenfalls entsprechend den Beziehungen in Bild 22 ermittelt werden.

DIN EN 1994-1-1 enthält für typische Tragwerke des Hochbaus einen vereinfachten Ansatz zur Bestimmung der Endschwindmaße. Dabei werden fest definierte Endschwindmaße für Normal- und Leichtbeton angegeben, ohne den Einfluss der Massigkeit des Bauteils, der Beton- und Zementgüte oder den Einfluss von Trapezblechprofilen zu berücksichtigen. Im Vergleich zu dem zuvor erläuterten Verfahren nach DIN EN 1992-1-1 ergeben sich teilweise erhebliche Abweichungen bei der Ermittlung der Trägerverformung infolge des Schwindens. Der Nationale Anhang zu DIN EN 1994-1-1 legt daher fest, dass Anhang C in Deutschland nicht angewandt werden darf und die Schwindbeiwerte nach DIN EN 1992-1-1 zu bestimmen sind.

$$\varepsilon_{cs}(t) = \varepsilon_{ca}(t) + \varepsilon_{cd}(t)$$

Autogenes Schwinden (Schrumpfen):

$$\varepsilon_{ca}(t) = \beta_{as}(t) \cdot \varepsilon_{ca}(\infty)$$

mit:

$$\varepsilon_{ca}(\infty) = 2,5(f_{ck} - 10) \cdot 10^{-6}$$

$$\beta_{as}(t) = 1 - \exp(-0,2\sqrt{t})$$

t in Tagen

Zeitabhängige Entwicklung der Trocknungsschwinddehnung:

$$\varepsilon_{cd}(t) = \beta_{ds}(t, t_s) \cdot k_h \cdot \varepsilon_{cd,0}$$

Endwert der Trocknungsschwinddehnung:

$$\varepsilon_{cd,\infty} = k_h \cdot \varepsilon_{cd,0}$$

$$\beta_{ds}(t, t_s) = \frac{(t - t_s)}{(t - t_s) + 0,04 \cdot \sqrt[3]{h_0}}$$

Grundgleichung der Trocknungsschwinddehnung:

$$\varepsilon_{cd,0} = 0,85 \left[(220 + 110 \cdot \alpha_{ds1}) \cdot \exp\left(-\alpha_{ds2} \frac{f_{cm}}{f_{cm0}}\right) \right] \cdot 10^{-6} \cdot \beta_{RH}$$

$$\beta_{RH} = 1,55 \left[1 - \left(\frac{RH}{RH_0}\right)^3 \right] \quad \text{mit } RH_0 = 100\%$$

$$f_{cm0} = 10 \text{N/mm}^2$$

Beiwerte α_{ds1} **und** α_{ds2}:

Festigkeitsklasse des Zements	CEM 42,5R CEM 52,5N CEM 52,5R	CEM 32,5R CEM 42,5N	CEM 32,5N
Zementtyp	R	N	S
α_{ds1}	6	4	3
α_{ds2}	0,11	0,12	0,13

h_0	k_h
100	1,0
200	0,85
300	0,75
≥ 500	0,70

t_s Alter des Betons in Tagen zu Beginn des Trocknungsschwindens (oder des Quellens). Normalerweise Alter am Ende der Nachbehandlung.

Bild 22: Beziehungen zur Ermittlung der Schwinddehnung $\varepsilon_{cs}(t)$ nach DIN EN 1992-1-1, 3.1.4 und Anhang B2

Tabelle 5: Grundwerte für die unbehinderte Trocknungsschwinddehnung $\varepsilon_{cd,0}$ für Beton mit Zement CEM Klasse N nach DIN EN 1992-1-1, Tabelle 3.2

$f_{ck}/f_{ck,cube}$ (N/mm²)	Relative Luftfeuchte (in %)					
	20	40	60	80	90	100
20/25	0,62	0,58	0,49	0,30	0,17	0,00
40/50	0,48	0,46	0,38	0,24	0,13	0,00
60/75	0,38	0,36	0,30	0,19	0,10	0,00
80/95	0,30	0,28	0,24	0,15	0,08	0,00
90/105	0,27	0,25	0,21	0,13	0,07	0,00

Die Endkriechzahlen und Schwinddehnungen dürfen als zu erwartende Mittelwerte angesehen werden. Die mittleren Variationskoeffizienten für die Vorhersage der Endkriechzahl und der Schwinddehnung liegen bei etwa 30 %. Für gegenüber Kriechen und Schwinden empfindliche Tragwerke sollte die mögliche Streuung dieser Werte gegebenenfalls berücksichtigt werden.

3.2 Betonstahl

Für gerippte Betonstähle in ihren Erzeugnisformen als Stabstahl und Matte gelten die Regelungen nach DIN EN 1992-1-1 [14]. Es dürfen gemäß DIN EN 1992-1-1/NA Betonstahlpodukte nach der Normenreihe DIN 488 [30] (DIN EN 1992-1-1 verweist auf EN 10080) oder mit einer allgemeinen bauaufsichtlichen Zulassung verwendet werden. Dabei gelten die Anwendungsregeln der

DIN EN 1992-1-1 für Betonstähle mit einer Streckgrenze von $f_{sk} = 500$ N/mm². DIN 488 regelt zwei Betonstahlsorten, die mit neuen Bezeichnungen versehen wurden. Diese umfassen den als normalduktil eingestuften B500A (früher BSt 500 (A)) und den als hochduktil eingestuften B500B (früher BSt 500 (B)). Neben den Betonstählen der Klasse A und B gibt es zusätzlich Betonstähle der Klasse C mit sehr hohen Duktilitätseigenschaften. Für die Verwendung der Klasse C ist in Deutschland eine Allgemeine Bauaufsichtliche Zulassung notwendig. Es werden Stabdurchmesser von 6 mm bis 40 mm normativ erfasst. Die mechanischen Eigenschaften für Spannstähle sind Europäisch Technischen Zulassungen zu entnehmen. Eine ausreichend hohe Widerstandsfähigkeit gegen Spannungsrisskorrosion darf angenommen werden, wenn der Spannstahl entweder den in EN 10138 festgelegten Kriterien oder denen einer entsprechenden Europäischen Technischen Zulassung entspricht.

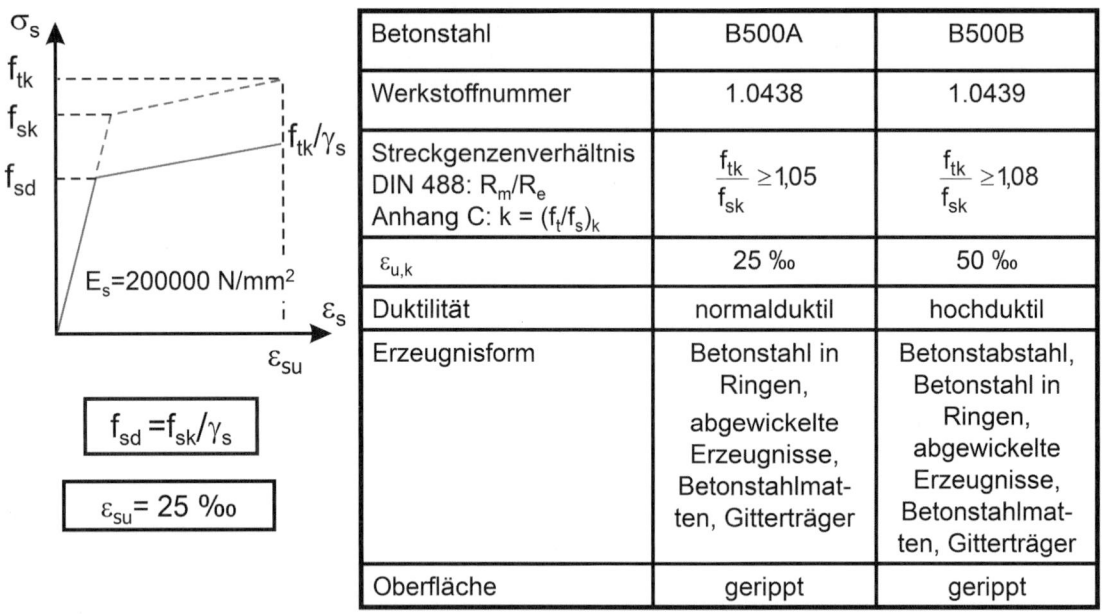

Bild 23: Spannungsdehnungslinien für Betonstahl, Duktilitätsanforderungen bei unterschiedlichen Erzeugnisformen nach DIN EN 1992-1-1 und DIN 488-1, Tabelle 2

Als charakteristischer Wert der Streckgrenze von Betonstahl ist bei Erzeugnissen ohne ausgeprägte Streckgrenze der charakteristische Wert bei der 0,2 %-Dehngrenze zu verwenden. Für die Querschnittsbemessung darf die rechnerische Spannungsdehnungsbeziehung nach Bild 23 bis zur Ausnutzung der Zugfestigkeit verwendet werden. Vereinfachend darf für Betonstahl (wie für Baustahl) auch ein horizontaler oberer Ast angenommen werden. Die Dehnung ε_s ist bei einer dehnungsbeschränkten Ermittlung der Querschnittstragfähigkeit auf den charakteristischen Wert der Stahldehnung unter Höchstlast ε_{uk} zu begrenzen (Bild 23). Wenn eine vollplastische Bemessung ohne Dehnungsbeschränkung durchgeführt wird, sind bei Verbundbauteilen zusätzliche Anforderungen an den Bewehrungsgrad und die Duktilität des Betonstahls zu stellen. In diesen Fällen dürfen nur hochduktile Betonstähle (B500B) verwendet werden. Ferner ist eine Mindestbewehrung (Duktilitätsbewehrung) zur Sicherstellung einer ausreichenden plastischen Verformbarkeit von gezogenen Stahlbetongurten anzuordnen (siehe hierzu Abschnitt 5.5). Bei elastischer Ermittlung der Querschnittstragfähigkeit darf vereinfachend für den Elastizitätsmodul E_s von Betonstahl näherungsweise der Wert E_a für Baustahl zugrunde gelegt werden.

3.3 Baustahl

Für die charakteristischen Werte der Festigkeit des Baustahls gelten die Regelungen nach DIN EN 1993-1-1 [20], d. h., Teil 1 der DIN EN 1993-1-1 gilt für die Baustähle S 235 und S 355 und S 460. Gemäß DIN EN 1993-1-1/NA dürfen die Werte f_y und f_u den entsprechenden Produktnormen DIN EN 10025-2 bis DIN EN 10025-6, DIN EN 10210-1 und DIN EN 10219-1 als auch der DIN EN 1993-1-1:2010-12, Tabelle 3.1 entnommen werden (s. a. Tabelle 6). Die DIN EN 1993-1-10 [28] repräsentiert Regelungen, die für eine ausreichende Stahlsortenauswahl zur Vermeidung von Spröd- und Terrassenbruch anzuwenden sind.

Für die Bemessung darf für Baustahl eine ideal-elastisch, ideal-plastische Spannungsdehnungslinie zugrunde gelegt werden. Detaillierte Informationen zu den Materialgesetzen und verschiedene Spannungs-Dehnungslinien können DIN EN 1993-1-5, Anhang C entnommen werden.

Die Verwendung hochfester Stähle für Verbundbauteile ist auf die Stahlgüte S 460 begrenzt. Besonders bei Anwendung dieses Stahls sind jedoch bei vollplastischer Ermittlung der Querschnittstragfähigkeit zusätzliche Bedingungen zu beachten. Dies wird im Abschnitt 6.2.1.2 noch ausführlicher dargelegt. Eine Bemessung nach der Fließgelenktheorie ist bei Trägern mit Baustählen S 460 nur zulässig, wenn eine ausreichende Rotationskapazität der Querschnitte nachgewiesen wird.

Tabelle 6: Charakteristische Werte der Streckgrenze und der Zugfestigkeit für Baustähle, Auszug aus DIN EN 1993-1-1, Tab. 3.1

Stahlsorte		Erzeugnisdicke t [mm]	Streckgrenze f_{yk} [N/mm²]	Zugfestigkeit f_{uk} [N/mm²]
unlegierte Baustähle nach DIN EN 10025-2	S235	t ≤ 40 mm	235	360
		40 < t ≤ 80 mm	215	
	S275	t ≤ 40 mm	275	430
		40 < t ≤ 80 mm	255	410
	S355	t ≤ 40 mm	355	470
		40 < t ≤ 80 mm	335	
	S450	t ≤ 40 mm	440	550
		40 < t ≤ 80 mm	410	
normalgeglühte/normalisierend gewalzte, schweißgeeignete Feinkornbaustähle nach DIN EN 10025-3	S275 N und NL	t ≤ 40 mm	275	390
		40 < t ≤ 80 mm	255	370
	S355 N und NL	t ≤ 40 mm	360	490
		40 < t ≤ 80 mm	335	470
	S420 N und NL	t ≤ 40 mm	420	520
		40 < t ≤ 80 mm	390	
	S460 N und NL	t ≤ 40 mm	460	540
		40 < t ≤ 80 mm	430	

Stahlsorte		Erzeugnisdicke t [mm]	Streckgrenze f_{yk} [N/mm^2]	Zugfestigkeit f_{uk} [N/mm^2]
thermomechanisch gewalzte, schweißgeeignete Feinkornbaustähle nach DIN EN 10025-4	S275 M und ML	t ≤ 40 mm	275	370
		40 < t ≤ 80 mm	255	360
	S355 M und ML	t ≤ 40 mm	355	470
		40 < t ≤ 80 mm	335	450
	S420 M und ML	t ≤ 40 mm	420	520
		40 < t ≤ 80 mm	390	500
	S460 M und ML	t ≤ 40 mm	460	540
		40 < t ≤ 80 mm	430	530

Die mechanischen und geometrischen Kennwerte sowie die Verbundeigenschaften von Profilblechen für Verbunddecken sind in DIN EN 1994-1-1 nicht geregelt. Sie sind Allgemeinen Bauaufsichtlichen Zulassungen (ABZ) bzw. Europäischen Technischen Bewertungen (ETAs) zu entnehmen.

3.4 Verbindungs- und Verbundmittel

In den alten nationalen Regelwerken [102], [103] und in der ENV-Fassung des Eurocode 4 [33] war eine Vielzahl von Verbundmitteln geregelt, die heute aus wirtschaftlichen Gründen nicht mehr verwendet werden. In DIN EN 1994-1-1 [1] wurden ausschließlich Regelungen für Kopfbolzendübel aufgenommen, die die Anforderungen nach DIN EN ISO 13918 [168] erfüllen. Dies bedeutet jedoch nicht, dass keine anderen Verbundmittel bei einer Bemessung nach DIN EN 1994-1-1 verwendet werden dürfen. In den letzten Jahren wurden wiederholt neue, innovative Verbundmittel ausgeführt. Hierzu zählt insbesondere die Dübelleiste [104], [105], der Hilti-Schenkeldübel [106] und für Verbundstützen die Hilti-Nagelverdübelung [107], [108], [109]. Diese Verbundmittel können in Zusammenhang mit DIN EN 1994-1-1 verwendet werden, wenn eine entsprechende bauaufsichtliche Zulassung bzw. Europäisch Technische Bewertung (ETA) vorliegt, in der die Bemessungswerte der Tragfähigkeit, die Verformungskapazität und weitere konstruktive Anforderungen geregelt sind. Im Rahmen der Erarbeitung der zweiten Generation von Eurocode 4 wird aktuell auch diskutiert, ob die sogenannte Puzzleleiste als Verbundmittel für Brücken in einem neuen Anhang D zur Norm oder in einer zukünftigen Technischen Spezifikation (CEN/TS Technical Specification) geregelt werden soll.

4 Dauerhaftigkeit

4.1 Allgemeines

Die Anforderungen an die Dauerhaftigkeit sind in DIN EN 1994-1-1 [1] für die Stahl- und Betonbauteile durch Verweis auf DIN EN 1990 [6], DIN EN 1992 [14] und DIN EN 1993 [20] geregelt. Die Tragfähigkeit eines Bauteils kann nur dann sichergestellt werden, wenn parallel die Dauerhaftigkeit gewährleistet wird, denn die Dauerhaftigkeit stellt die Erfüllung der geforderten Materialeigenschaften, vor allem der Materialfestigkeiten, über die Lebensdauer des Bauwerks sicher. Dabei ist die Dauerhaftigkeit sehr stark von den Umwelteinflüssen, d. h. den Umgebungsbedingungen, denen das Bauteil ausgesetzt ist, abhängig. DIN EN 1990, Abschnitt 2.4 nennt für ein angemessen dauerhaftes Tragwerk die Berücksichtigung von zehn Grundanforderungen. Diese beinhalten u. a. die Nutzung des Tragwerks, die zu erwartenden Umgebungsbedingungen, Entwurf, Wahl und Gestaltung des Tragsystems mit den entsprechenden Anschlüssen, die Materialeigenschaften, Qualität in der Ausführung und Überwachung, besondere Schutzmaßnahmen sowie die geplanten Instandhaltungsmaßnahmen während der Nutzungsphase.

4.2 Profilbleche für Verbunddecken in Tragwerken des Hochbaus

Für Profilbleche von Verbunddecken fordert DIN EN 1994-1-1 in Abschnitt 4.2 einen Schutz gegen besondere Umwelteinflüsse. Dabei wird eine Verzinkung entsprechend der Regelungen der EN 10236 gefordert. Eine beidseitige Zinkbeschichtung von insgesamt 275 g/m^2 wird für Innenbauteile mit nicht aggressiven Umweltbedingungen als ausreichend erachtet. Einige Hersteller bieten auch Bleche mit farbigen Beschichtungen an. Hierbei ist zu beachten, dass diese Beschichtungen in der Regel zu einer geringeren Verbundfestigkeit führen.

4.3 Dauerhaftigkeitskriterien für Stahlbauteile

Beim Baustahl sind bei Bauteilen, die „normalen" atmosphärischen Umgebungsbedingungen ausgesetzt sind, vor allem die Luftfeuchte, die Kondensatbildung sowie Verunreinigungen der Atmosphäre Indikatoren für die Dauerhaftigkeit, die vor allem durch die Korrosion eingeschränkt werden kann. In speziellen Fällen können ggf. Einflüsse aus Chemikalien, mechanischer Beanspruchung, Temperatureinflüssen oder kombinierten Beanspruchungen hinzukommen. Für übliche Hochbauten werden Korrosionsschutzmaßnahmen i. d. R. durch eine Verzinkung oder Beschichtung der Baustahlelemente vorgenommen. Maßgebende Parameter für die Dauerhaftigkeit der Schutzdauer sind dabei die konstruktive Durchbildung und Gestaltung, die Auswahl des Korrosionsschutzsystems, die Oberflächenvorbereitung, die Ausführungsqualität des Korrosionsschutzsystems, die Randbedingungen während des Aufbringens des Schutzsystems sowie die späteren Beanspruchungen und Umgebungsbedingungen.

Für die Stahlbauteile von Verbundtragwerken sind im Hinblick auf die Dauerhaftigkeit insbesondere der Korrosionsschutz, die korrosionsgerechte konstruktive Ausbildung und weitere Anforderungen an die konstruktive Ausbildung nach DIN EN 1993-1-1 zu beachten. DIN EN 1993-1-1 fordert zur Sicherstellung der Dauerhaftigkeit von Hochbauten einen Schutz gegen schädliche Umwelteinwirkungen und, wo notwendig, eine Bemessung der Tragwerke für entsprechende Ermüdungseinwirkungen. Hinsichtlich des geeigneten Schutzes der Oberfläche wird auf DIN EN ISO 12944, Teile 1 bis 8 [74] verwiesen, verbunden mit der konstruktiven Gestaltung, der Berücksichtigung der Auswirkungen des Verschleißes sowie Inspektions- und Wartungsmaßnahmen. DIN EN ISO 12944 legt in Teil 2 sechs verschiedene Korrosivitätsklassen in Abhängigkeit der atmosphärischen Umgebungsbedingungen fest (Tabelle 8), Teil 3 umfasst die Grundregeln der Gestaltung, Teil 4 die Arten der Oberflächen und Oberflächenvorbereitung, Teil 5 die Beschichtungssysteme, Teil 6 die Laborprüfungen, Teil 7 die Ausführung und Überwachung und

Teil 8 die Erarbeitung von Spezifikationen für den Erstschutz und Instandsetzung. Mit der Korrosivitätsklasse und ergänzenden Information über die erforderliche Schutzdauer (Tabelle 7) kann der Aufbau des Beschichtungssystems nach DIN EN ISO 12944, Teil 5 gewählt werden.

Tabelle 7: Definition der Schutzdauer nach DIN EN 12944-5

Zeitspanne	Schutzdauer in Jahren
Kurz (L = low)	2 bis 5 Jahre
Mittel (M = medium)	5 bis 15 Jahre
Lang (H = high)	über 15 Jahre

Tabelle 8: Festlegung der atmosphärischen Umgebungsbedingungen nach DIN EN ISO 12944-2

Korrosivitäts-kategorie	Definition	Beispiele
C1	Unbedeutend	Nur innen: Geheizte Gebäude mit neutralen Atmosphären
C2	Gering	Ländliche Bereiche, ungeheizte Gebäude, in denen Kondensation auftreten kann, z. B. Lager, Sporthallen
C3	Mäßig	Stadt- und Industrieatmosphäre mit mäßiger Luftverunreinigung, Küstenbereiche mit geringer Salzbelastung, Produktionsräume mit hoher Luftfeuchte und etwas Luftverunreinigung (z. B. Lebensmittelherstellung, Wäschereien, Brauereien)
C4	Stark	Industrielle Bereiche, Küstenbereiche mit mäßiger Salzbelastung, Chemieanlagen, Schwimmbäder
C5-I	Sehr stark (Industrie)	Industrielle Bereiche mit hoher Luftfeuchte und aggressiver Atmosphäre
C5M	Sehr stark (Meer)	Küsten- und Offshore-Bereich mit hoher Salzbelastung, Gebäude mit nahezu ständiger Kondensation und mit starker Luftverunreinigung

Das wichtigste Regelwerk für Feurverzinkungen ist DIN EN ISO 1461 [75], sie legt alle Anforderungen und Prüfungen fest, die an das Stückverzinken von Stahlteilen gestellt werden. Diese Norm regelt die Anforderungen und die Prüfung des Zinküberzuges, die Festlegung der Mindestzinkschichtdicken und die fachgerechte Ausbesserung von Fehlstellen. Parallel dazu gilt DIN EN ISO 14713 – Teil 1 und 2, s. a. [76] und [77], ein normatives und informatives Regelwerk zum Korrosionsschutz von Eisen- und Stahlkonstruktionen einschließlich ihrer Verbindungsmittel durch Zinküberzüge. In Teil 1 wird verfahrensübergreifend eine Übersicht der Verzinkungsverfahren zum Korrosionsschutz gegeben, allgemeine Gestaltungsgrundsätze zur Vermeidung von Korrosion festgelegt und Hinweise zu Korrosionsvorgängen und zu Korrosionsbelastungen in verschiedenen Medien (z. B. Luft, Boden, Wasser) gegeben. Tabellarisch werden Korrosionsschutzdauern von Zinküberzügen in Abhängigkeit von der Überzugsdicke und der Korrosivitätskategorie dargestellt und weitere Hinweise zur Kontaktkorrosion von Zinküberzügen bei Kontakt zu anderen Baumetallen bereitgestellt. Teil 2 enthält wesentliche Informationen zur Gestaltung für das Feuerverzinken, gibt Gestaltungshinweise für Lagerung und Transport, beschreibt den Einfluss des Zustands des Verzinkungsguts auf die Qualität der Feuerverzinkung und den Einfluss des Feuerverzinkens auf das Verzinkungsgut. Darüber hinaus ist in Deutschland die DASt-Richtlinie 022 „Feuerverzinken von tragenden Stahlkonstruktionen" [81] bauaufsichtlich eingeführt, die Regeln für die Planung, Konstruktion, Fertigung und das Feuerverzinken von tragenden Stahlbaukonstruktionen enthält.

4.4 Dauerhaftigkeitskriterien für schlaff bewehrte Betonbauteile

Im Hinblick auf den Beton zielen die Anforderungen an die Dauerhaftigkeit vor allem auf den Schutz der Bewehrung vor Korrosion und Gewährleistung der geforderten Betoneigenschaften über die Lebensdauer des Tragwerks, sodass dieses den Beanspruchungen standhält. Es wird zwischen der Zerstörung des Betongefüges, dem Betonangriff sowie der Betonkorrosion und der Beeinträchtigung der Schutzfunktion des Betons gegenüber der Bewehrung, die zur Bewehrungskorrosion führen, unterschieden. Alle wesentlichen Zerstörungsprozesse des Betons mit Ausnahme der mechanischen Zerstörung durch Verschleißbeanspruchungen gehen mit Transportvorgängen im Beton einher. Dabei spielt Wasser eine entscheidende Rolle, da es zum einen die schädlichen Medien in gelöster Form transportiert und zum anderen auch den Reaktionspartner für die Schädigungsprozesse darstellt. Der Eintrag der schädigenden Medien erfolgt über die Oberfläche. Daher ist die Dichtigkeit (Porosität) des Betons bzw. Zementsteins von entscheidender Bedeutung für die Dauerhaftigkeit. Andere Faktoren sind Rissbildung, Ausführungsqualität, Nachbehandlung, Zementgehalt und -güte sowie nicht zuletzt der Wasser-Zement-Wert. Letzterer repräsentiert den Anteil der Kapillarporen im Festbeton. Betonangriff und Betonkorrosion gehen mit einer Zerstörung des Betongefüges einher. Betonangriff wird z. B. durch Frost mit und ohne Tausalz oder chemischen Angriff der Umgebung verursacht. Unter der Bewehrungskorrosion versteht DIN EN 1992-1-1 die Alkali-Kieselsäurereaktion. Darüber hinaus kann der Beton auch durch physikalische und mechanische Beanspruchungen zerstört werden. Die Bewehrungskorrosion wird durch den Verlust der passivierenden Schutzwirkung des Betons charakterisiert. Als Folge kann der Korrosionsprozess bei Anwesenheit von Sauerstoff und Feuchtigkeit (Elektrolyt) zu Schäden führen. Im Wesentlichen wird zwischen durch Chloride ausgelöste Bewehrungskorrosion und Karbonatisierung unterschieden.

In DIN EN 1992-1-1 [14] wird die Dauerhaftigkeit im Wesentlichen durch Abschnitt 4 „Dauerhaftigkeit und Betondeckung" abgedeckt. Es sind aber ebenfalls DIN EN 1992-1-1, Abschnitt 7.2 „Begrenzung der Spannungen" und Abschnitt 7.3 „Begrenzung der Rissbreiten" zu berücksichtigen. Darüber hinaus verweist DIN EN 1992-1-1/NA-A1 [17] auf die parallele Erfüllung der Anforderungen in Bezug auf die konstruktiven Regelungen in den Abschnitten 8 und 9 sowie die Anforderungen an die Zusammensetzung und die Eigenschaften des Betons nach DIN EN 206-1:2001-07 und DIN 1045-2:2008-08. Ferner wird auf die Erfüllung der Anforderungen an die Bauausführung nach DIN 1045-3 bzw. DIN EN 13670 sowie geplante Inspektions- und Instandhaltungsmaßnahmen hingewiesen.

Die Sicherstellung der Dauerhaftigkeit der Betonquerschnittsteile wird durch vier Maßnahmen erreicht. In Abhängigkeit von der Bauteilexposition werden die Betonfestigkeitsklasse, Grenzwerte für die Zusammensetzung des Betons (W/Z-Wert und Zementgehalt), die Mindestbetondeckung sowie die Dauer und Art der Nachbehandlung festgelegt. Durch die Festlegung der Expositionsklasse erfolgt die Klassifizierung des Bauteils entsprechend der chemischen und physikalischen Umgebungsbedingungen, denen der Beton und die Bewehrung ausgesetzt sind und die nicht direkt in den Nachweisen der Grenzzustände der Tragfähigkeit berücksichtigt werden. Dabei wird zwischen Einflüssen hinsichtlich der Bewehrungskorrosion, des Betonangriffs und der Betonkorrosion unterschieden. Es folgt nach DIN EN 1992-1-1 [14] eine Einstufung in verschiedene Expositionsklassen, die die chemischen und physikalischen Einwirkungen auf den Beton repräsentieren (Tabelle 9 bis Tabelle 11). Der nationale Anhang DIN EN 1992-1-1/NA [16] und die Korrektur DIN EN 1992-1-1/NA-A1 [17] modifizieren diese Expositionsklassen in Übereinstimmung mit EN 206-1 und DIN 1045-2. Die Expositionsklassen XC, XD und XS beschreiben das Angriffsrisiko in Bezug auf die Bewehrungskorrosion. Die Klassifizierung hinsichtlich des Betonangriffs erfolgt mithilfe der Expositionsklassen XF, XA und XM. Die hieraus resultierenden Anforderungen an die Mindestfestigkeitsklasse sind ebenfalls in den Tabelle 9 und Tabelle 10 angegeben. Bezüglich der Betonkorrosion aufgrund Alkali-Kieselsäurereaktion (Tabelle 11) wird auf DIN EN 1992-1-1 verwiesen. Die aus der Klassifizierung hinsichtlich der Bewehrungskorrosion und des Betonangriffs resultierende höchste Mindestfestigkeitsklasse ist für die Ausführung und Tragwerksplanung maßgebend, sofern die Bemessung keine höheren Festigkeiten fordert. Ferner resultieren aus der Klassifizierung weitere Anforderungen hinsichtlich des Wasser-Zement-Wertes, des Zementgehaltes und der Nachbehandlung des Betons. Siehe hierzu DIN 1045 Teil 2 [50] und DIN EN 206 [73].

Tabelle 9: Bewehrungskorrosion – Einstufung in Expositionsklassen nach DIN EN 1992-1-1/NA und DIN EN 1992-1-1/NA-A1

Klasse	Beschreibung der Umgebung	Beispiele	min C[1)
Kein Korrosions- oder Angriffsrisiko			
XO	Für Beton ohne Bewehrung, für Beton mit Bewehrung: sehr trocken	Beton in Gebäuden mit sehr geringer Luftfeuchte; Fundamente ohne Bewehrung ohne Frost; Innenbauteile ohne Bewehrung	C12/15
Korrosion, ausgelöst durch Karbonatisierung			
XC1	Trocken oder ständig nass	Beton in Gebäuden mit üblicher Luftfeuchte; Beton, der ständig in Wasser getaucht ist	C16/20
XC2	Nass, selten trocken	Teile von Wasserbehältern; Gründungsbauteile	C16/20
XC3	Mäßige Feuchte	Bauteile, zu denen die Außenluft häufig oder ständig Zugang hat, z. B. offene Hallen, Innenräume mit hoher Luftfeuchtigkeit z. B. in gewerblichen Küchen, Bädern, Wäschereien, in Feuchträumen von Hallenbädern und in Viehställen; Dachflächen mit flächiger Abdichtung; Verkehrsflächen mit flächiger unterlaufsicherer Abdichtung	C20/25
XC4	Wechselnd nass und trocken	Außenbauteile mit direkter Beregnung	C25/30
Bewehrungskorrosion, ausgelöst durch Chloride, ausgenommen Meerwasser			
XD1	Mäßige Feuchte	Bauteile im Sprühnebelbereich von Verkehrsflächen; Einzelgaragen befahrene Verkehrsflächen mit vollflächigem Oberflächenschutz	C30/37[2)
XD2	Nass, selten trocken	Solebäder; Bauteile, die chloridhaltigen Industrieabwässern ausgesetzt sind	C35/45[2)
XD3	Wechselnd nass und trocken	Teile von Brücken mit häufiger Spritzwasserbeanspruchung; Fahrbahndecken; befahrene Verkehrsflächen mit rissvermeidenden Bauweisen ohne Oberflächenschutz oder ohne Abdichtung; befahrene Verkehrsflächen mit dauerhaftem lokalen Schutz von Rissen	C35/45[2)

Klasse	Beschreibung der Umgebung	Beispiele	min C[1]
Bewehrungskorrosion, ausgelöst durch Chloride aus Meerwasser			
XS1	Salzhaltige Luft, kein unmittelbarer Kontakt mit Meerwasser	Außenbauteile in Küstennähe	C30/37[2]
XS2	Unter Wasser	Bauteile in Hafenanlagen, die ständig unter Wasser liegen	C35/45[2]
XS3	Tidebereiche, Spritzwasser und Sprühnebelbereiche	Kaimauern in Hafenanlagen	C35/45[2]
[1] Indikative Mindestfestigkeitsklassen nach Anhang E, Tabelle E.1DE			
[2] Bei Verwendung von Luftporenbeton (LP), eine Betonfestigkeitsklasse niedriger; LP z. B. aufgrund gleichzeitiger Anforderungen aus Expositionsklasse XF			

Tabelle 10: Betonangriff – Einstufung in Expositionsklassen nach DIN EN 1992-1-1/NA und DIN EN 1992-1-1/NA-A1

Klasse	Beschreibung der Umgebung	Beispiele	min C[1]
Betonangriff durch Frost mit und ohne Taumittel			
XF1	Mäßige Wassersättigung ohne Taumittel	Außenbauteile	C25/30
XF2	Mäßige Wassersättigung mit Taumittel oder Meerwasser	Bauteile im Sprühnebel- oder Spritzwasserbereich von taumittelbehandelten Verkehrsflächen, soweit nicht XF4; Betonbauteile im Sprühnebelbereich von Meerwasser	C25/30 LP C35/45
XF3	Hohe Wassersättigung ohne Taumittel	offene Wasserbehälter; Bauteile in der Wasserwechselzone Süßwasser	C25/30 LP C35/45
XF4	Hohe Wassersättigung mit Taumittel oder Meerwasser	Verkehrsflächen, die mit Taumitteln behandelt werden; überwiegend horizontale Bauteile im Spritzwasserbereich von taumittelbehandelten Verkehrsflächen; Räumerlaufbahnen von Kläranlagen; Meerwasserbauteile in der Wasserwechselzone	C30/37 LP
Chemischer Angriff			
XA1	Chemisch schwach angreifende Umgebung	Behälter von Kläranlagen; Güllebehälter	C25/30
XA2	Chemisch mäßig angreifende Umgebung und Meeresbauwerke	Betonbauteile, die mit Meerwasser in Berührung kommen; Bauteile in betonangreifenden Böden	C35/45[2]
XA3	Chemisch stark angreifende Umgebung	Industrieabwasseranlagen mit chemisch angreifenden Abwässern; Futtertische der Landwirtschaft; Kühltürme mit Rauchgasableitung	C35/45[2]
[1] Indikative Mindestfestigkeitsklassen nach Anhang E, Tabelle E.1DE			
[2] Bei Verwendung von Luftporenbeton (LP), eine Betonfestigkeitsklasse niedriger; LP z. B. aufgrund gleichzeitiger Anforderungen aus Expositionsklasse XF			

Tabelle 11: Betonkorrosion – Einstufung in Expositionsklassen nach DIN EN 1992-1-1/NA

Klasse	Beschreibung der Umgebung	Beispiele
Betonangriff durch Frost mit und ohne Taumittel		
WO	Beton, der nach normaler Nachbehandlung nicht längere Zeit feucht und nach dem Austrocknen während der Nutzung trocken bleibt.	Innenbauteile des Hochbaus; Bauteile, auf die Außenluft, nicht jedoch z. B. Niederschläge, Oberflächenwasser, Bodenfeuchte einwirken können und/oder die nicht ständig einer relativen Luftfeuchte von mehr als 80 % ausgesetzt werden
WF	Beton, der während der Nutzung häufig oder längere Zeit feucht ist.	Ungeschützte Außenbauteile, die z. B. Niederschlägen, Oberflächenwasser oder Bodenfeuchte ausgesetzt sind; Innenbauteile des Hochbaus für Feuchträume, wie z. B. Hallenbäder, Wäschereien und andere gewerbliche Feuchträume, in denen die relative Luftfeuchte überwiegend höher als 80 % ist; Bauteile mit häufiger Taupunktunterschreitung, wie z. B. Schornsteine, Wärmeübertragerstationen, Filterkammern und Viehställe; Massige Bauteile gemäß DAfStb-Richtlinie „Massige Bauteile aus Beton", deren kleinste Abmessung 0,80 m überschreitet (unabhängig vom Feuchtezutritt)
WA	Beton, der zusätzlich zu der Beanspruchung nach Klasse WF häufiger oder langzeitiger Alkalizufuhr von außen ausgesetzt ist.	Bauteile mit Meerwassereinwirkung; Bauteile unter Tausalzeinwirkung ohne zusätzliche hohe dynamische Beanspruchung (z. B. Spritzwasserbereiche, Fahr- und Stellflächen in Parkhäusern); Bauteile von Industriebauten und landwirtschaftlichen Bauwerken (z. B. Güllebehälter) mit Alkalisalzeinwirkung

In Tabelle 12 sind die Mindestbetondeckungen $c_{min,dur}$ dargestellt. Für Deutschland wird wie zuvor erläutert im NA die Anforderungsklasse S3 nach DIN EN 1990 für allgemeine Tragwerke des Hochbaus festgelegt. Die Anforderungsklasse kann entsprechend Tabelle 13 in Abhängigkeit von der Nutzungsdauer (bis 100 Jahre), der Druckfestigkeitsklasse, Art des Bauteils und der Qualitätskontrolle modifiziert werden. Gemäß DIN EN 1992-1-1/NA darf die Mindestbetondeckung $c_{min,dur}$ entsprechend Tabelle 13 modifiziert werden. Um das bisherige deutsche Sicherheitsniveau zu erreichen, werden die nationalen Korrekturwerte $\Delta c_{dur,\gamma}$ genutzt, siehe Tabelle 14. Diese Modifikation ist für die Expositionsklasse XD erforderlich und berücksichtigt die von der Anforderungsklasse S3 abweichenden Anforderungen für chloridbeanspruchte Bauteilflächen. Zu beachten ist ferner, dass in anderen europäischen Ländern ebenfalls nationale Sonderwege beschritten wurden.

Tabelle 12: Betonangriff – Einstufung in Expositionsklassen nach DIN EN 1992-1-1

$c_{min,dur}$ [mm]	Anforderungen an die Dauerhaftigkeit von Betonstahl nach EN 10080						
Anforderungsklasse	Expositionsklasse nach Tabelle 4.1 DINEN 1992-1-1						
	X0	XC1	XC2/XC3	XC4	XD1/XS1	XD2/XS2	XD3/XS3
S1	10	10	10	15	20	25	30
S2	10	10	15	20	25	30	35
S3	10	10	20	25	30	35	40
S4	10	15	25	30	35	40	45
S5	15	20	30	35	40	45	50
S6	20	25	35	40	45	50	55

Tabelle 13: Modifikation der Anforderungsklasse nach DIN EN 1992-1-1 und nach DIN EN 1992-1-1/NA

Empfohlene Modifikation der Anforderungsklasse – Expositionsklassen nach Tabelle 4.1							
	Anforderungsklasse						
Kriterium	Expositionsklasse						
	X0	XC1	XC2/XC3	XC4	XD1	XD2/XS1	XD3/XS2/XS3
Nutzungsdauer von 100 Jahren	erhöhe Klasse um 2	erhöhe Klasse um 2	erhöhe Klasse um 2	erhöhe Klasse um 2	erhöhe Klasse um 2	erhöhe Klasse um 2	erhöhe Klasse um 2
Druckfestigkeitsklasse	≥ C30/37 vermindere Klasse um 1	≥ C30/37 vermindere Klasse um 1	≥ C35/45 vermindere Klasse um 1	≥ C40/50 vermindere Klasse um 1	≥ C40/50 vermindere Klasse um 1	≥ C40/50 vermindere Klasse um 1	≥ C45/55 vermindere Klasse um 1
Plattenförmiges Bauteil (Lage der Bewehrung wird durch die Bauarbeiten nicht beeinträchtigt)	vermindere Klasse um 1	vermindere Klasse um 1	vermindere Klasse um 1	vermindere Klasse um 1	vermindere Klasse um 1	vermindere Klasse um 1	vermindere Klasse um 1
Besondere Qualitätskontrolle nachgewiesen	vermindere Klasse um 1	vermindere Klasse um 1	vermindere Klasse um 1	vermindere Klasse um 1	vermindere Klasse um 1	vermindere Klasse um 1	vermindere Klasse um 1

Tabelle 14: Modifikation der Mindestbetondeckung $c_{min,dur}$ nach DIN EN 1992-1-1/NA

Kriterium	Expositionsklasse nach Tabelle 4.1 DIN EN 1992-1-1						
	X0 XC1	XC2	XC3	XC4	XD1 XS1	XD1 XS1	XD1 XS1
Druckfestigkeitsklasse	0	≥ C25/30	> C30/37	≥ C35/45	≥ C40/50[b]	≥ C45/55[b]	≥ C45/55[b]
		−5 mm					

[a] Es wird davon ausgegangen, dass die Druckfestigkeitsklasse und der Wasserzementwert einander zugeordnet werden dürfen.

[b] Die geforderten Druckfestigkeitsklassen dürfen um eine Klasse reduziert werden, wenn unter Zugabe eines Luftporenbildners Poren mit einem Mindestluftgehalt nach DIN 1045-2 für XF-Klassen erzeugt werden.

Tabelle 15: Mindestbetondeckung $c_{min,dur}$ unter Berücksichtigung des additiven Sicherheitselementes $\Delta c_{dur,\gamma}$ nach DIN EN 1992-1-1/NA

$c_{min,dur}$ [mm]	Anforderungen an die Dauerhaftigkeit von Betonstahl nach EN 10080						
Anforderungsklasse	Expositionsklasse nach Tabelle 4.1						
	X0	XC1	XC2/XC3	XC4	XD1/XS1	XD2/XS2	XD3/XS3
S3	(10)	10	20	25	30	35	40
$\Delta c_{dur,\gamma}$	0				+10	+5	0

$c_{min,dur}$ [mm]	Anforderungen an die Dauerhaftigkeit von Spannstahl nach EN 10080						
Anforderungsklasse	Expositionsklasse nach Tabelle 4.1						
	X0	XC1	XC2/XC3	XC4	XD1/XS1	XD2/XS2	XD3/XS3
S3	(10)	20	30	35	40	45	50
$\Delta c_{dur,\gamma}$	0				+10	+5	0

Das Nennmaß der Betondeckung c_{nom} ergibt sich entsprechend DIN EN 1992-1-1, Abschnitt 4.4.1.2 und Bild 24 aus der Mindestbetondeckung c_{min} und einem Vorhaltemaß Δc_{dev} zur Berücksichtigung von unplanmäßigen Abweichungen. Die Mindestbetondeckung muss eingehalten werden, um die Verbundkräfte sicher zu übertragen, die Dauerhaftigkeit (Korrosionsschutz) zu gewährleisten und ggf. den Anforderungen des Feuerwiderstandes gerecht zu werden (s. a. DIN EN 1992-1-2, mit besonderen Regelungen). Zur Sicherstellung der Verbundbedingungen muss ein minimaler Abstand zwischen Bewehrungsoberfläche und Betonoberfläche $c_{min,b}$ von mindestens dem Stabdurchmesser des Bewehrungsstabes bzw. dem Vergleichsdurchmesser ϕ_n bei Stabbündeln eingehalten werden. Für Spannglieder und Hüllrohre gelten besondere Randbedingungen. Die aus der Dauerhaftigkeit resultierenden Anforderungen an die Betondeckung ergeben sich gemäß Bild 24 aus verschiedenen additiven Werten. Dabei resultiert $c_{min,dur}$ wie zuvor beschrieben aus den Umgebungsbedingungen (Expositionsklasse) und dem additiven Sicherheitselement $\Delta c_{dur,\gamma}$ nach Tabelle 15. Ferner darf der Mindestwert der Betondeckung reduziert werden, wenn nichtrostender Stahl verwendet wird ($\Delta c_{dur,st}$) und wenn zusätzliche Schutzmaßnahmen getroffen werden ($\Delta c_{dur,add}$). Im Stahlverbundbau sind diese additiven Schutzmaßnahmen besonders für den Parkhausbau relevant. Bei besonderen Schutzmaßnahmen z. B. in Form geeigneter rissüberbrückender Beschichtungen darf der Mindestwert der Betondeckung um bis zu $\Delta c_{dur,add}$ = 10 mm reduziert werden (s. a. DAfStb-Heft 600 [91] und DBV-Merkblatt „Parkhäuser und Tiefgaragen"). Der Wert der Mindestbetondeckung darf ein Maß von 10 mm nicht unterschreiten. Der empfohlene Wert für das Vorhaltemaß in EN 1992-1-1 liegt zwischen 5 bis 10 mm. Im Nationalen Anwendungsdokument werden für das Vorhaltemaß Δc_{dev} demgegenüber erhöhte Werte festgelegt (Bild 24). Eine Reduktion um 5 mm darf vorgenommen werden, wenn entsprechende Qualitätskontrollen bei Planung, Entwurf, Herstellung und Bauausführung vorgenommen werden. Weitere Regelungen, u. a. für Betonfertigteile, können DIN EN 1992-1-1 und dem Nationalen Anhang entnommen werden.

Die speziellen Anforderungen an die Verbundmittel sind in DIN EN 1994-1-1 im Abschnitt 6.6.5 geregelt. Hierzu zählen insbesondere Anforderungen bezüglich der minimalen Randabstände, die Betondeckung und die Anordnung der Bewehrung in der Dübelumrissfläche. Auf diese Punkte wird in Abschnitt 6 detailliert eingegangen. Bei Korrosionsschutzanforderungen ist auf eine entsprechende Ausbildung der Kontaktfuge zwischen Beton und Baustahl zu achten. Der Randbereich ist über eine Breite von 50 mm wegen der erhöhten Spaltkorrosionsgefahr mit einem geeigneten Beschichtungssystem zu versehen. Ferner sollten die zwischen den Randbereichen der Gurte liegenden Obergurtflächen sowie die Dübel grundsätzlich eine erste Fertigungsbeschichtung erhalten, um auf der Baustelle eine Verschmutzung der Konstruktion durch Rostfahnen zu vermeiden. Vor Aufbringen des gesamten Korrosionschutzsystems sind die Dübel abzukleben, um größere Schichtdicken im Bereich des Dübelfußes zu vermeiden, da ansonsten das Verformungsverhalten des Dübels und insbesondere die Ermüdungsfestigkeit beeinflusst werden. Sofern eine Betondeckung gefordert wird, muss die Betondeckung dem Wert c_{nom} nach DIN EN 1992-1-1 + NA abzüglich 5 mm, mindestens aber 20 mm betragen. Hierzu ist anzumerken, dass das Tragmodell zur Bestimmung des Bemessungswertes der Kopfbolzendübeltragfähigkeit auf Push-out-Versuchen mit einer Betonüberdeckung des Dübels basiert. Von einer Ausführung ohne Betonüberdeckung sollte, auch wenn dies ggf. aus dem Korrosionsschutz nicht gefordert wird, abgesehen werden.

4 Dauerhaftigkeit

Mindestbetondeckung der Bewehrung

$$c_{nom} = c_{min} + \Delta c_{dev}$$

$$c_{min} = \max \begin{Bmatrix} c_{min,b} \\ c_{min,dur} + \Delta c_{dur,\gamma} - \Delta c_{dur,st} - \Delta c_{dur,add} \\ 10 \text{ mm} \end{Bmatrix}$$

c_{nom} — Minimaler Abstand zwischen Bewehrungsoberfläche und Betonoberfläche

c_{min} — Mindestbetondeckung

Δc_{dev} — Vorhaltemaß

$c_{min,b}$ — die Mindestbetondeckung aus der Verbundanforderung

$c_{min,dur}$ — die Mindestbetondeckung aus der Dauerhaftigkeitsanforderung

$\Delta c_{dur,\gamma}$ — additives Sicherheitselements

$\Delta c_{dur,st}$ — die Verringerung der Mindestbetondeckung bei Verwendung nichtrostenden Stahls

$\Delta c_{dur,add}$ — die Verringerung der Mindestbetondeckung aufgrund zusätzlicher Schutzmaßnahmen,

Toleranz im Nachweis für Abweichung

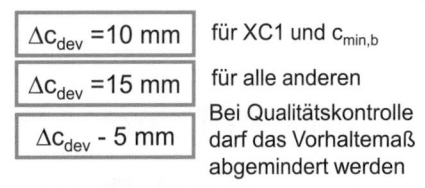

$\Delta c_{dev} = 10$ mm — für XC1 und $c_{min,b}$

$\Delta c_{dev} = 15$ mm — für alle anderen

$\Delta c_{dev} - 5$ mm — Bei Qualitätskontrolle darf das Vorhaltemaß abgemindert werden

Betondeckung wegen Verbundanforderungen

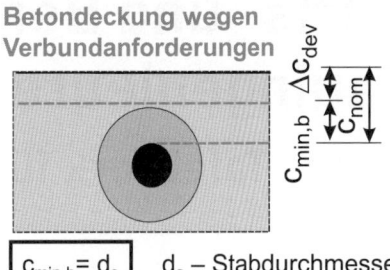

$c_{min,b} = d_s$ d_s – Stabdurchmesser

Betondeckung zu Umgebungsbedingungen

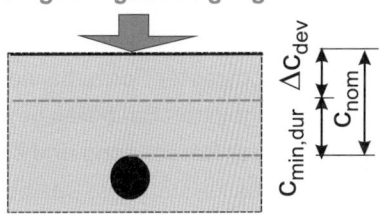

Bild 24: Bestimmung der Betondeckung für Bewehrungsstahl nach DIN EN 1992-1-1 und DIN EN 1992-1-1/NA

Bauwerk

Neu in achter Auflage:

Entwurfs- und Berechnungstafeln für Bauingenieure

Kompaktes Tafelwerk für Studium und Praxis

Übersichtlich in einzelne Kapitel gegliedert, stellt der „**Holschemacher**" in kompakter Form die wesentlichen Grundlagen für die wichtigsten Baubereiche bereit. Zahlreiche Hilfsmittel zur Berechnung und Zahlenbeispiele erleichtern das Verständnis. Das bewährte Nachschlagewerk für die Berechnung und den Entwurf von Baukonstruktionen wurde vollständig überarbeitet und an den neusten Stand der Technik (Stand September 2019) angepasst.

Folgende Beiträge wurden aktualisiert und durch zusätzliche Beispiele ergänzt: Stahlbeton- und Spannbetonbau nach Eurocode 2 und DAfSt-Veröffentlichungen // Mauerwerksbau nach Eurocode 6 // Bauphysik (Wärme/Feuchte/Schall) Geotechnik nach Eurocode 7 // BIM nach DIN EN ISO 19650 // EnEV mit zusammenfassenden Erläuterungen zum geplanten Gebäudeenergiegesetz (GEG)

Entwurfs- und Berechnungstafeln für Bauingenieure
Herausgeber: Prof. Dr.-Ing. Klaus Holschemacher
8., aktualisierte Auflage 2019.
1.484 Seiten. A5. Gebunden.
49,00 EUR | ISBN 978-3-410-28726-1

Bestellen Sie unter:
E-MAIL **kundenservice@beuth.de**
TELEFON **+49 30 2601-1331**
TELEFAX **+49 30 2601-1260**

Weitere Informationen unter:
www.beuth.de/go/ebb-bauingenieur

Beuth Verlag GmbH | Am DIN-Platz | Burggrafenstraße 6 | 10787 Berlin

5 Tragwerksberechnung

5.1 Statisches System für die Berechnung

5.1.1 Statisches System und grundlegende Annahmen

DIN EN 1990 gibt grundlegende Informationen zur Tragwerksidealisierung und zur Wahl des statischen Systems. Das gewählte statische System muss das Bauteilverhalten ausreichend genau repräsentieren und auf etablierten Annahmen basieren. Die Regelungen in Abschnitt 5 gelten für Tragwerke, bei denen die überwiegende Anzahl der Einzelbauteile und Verbindungen aus Stahlverbund- oder Stahlbauteilen gebildet werden. Wenn Systeme, die aus Verbund- und Betonbauteilen bestehen, ausgeführt werden, sind bei der Systemwahl insbesondere die Anforderungen an die Rotationskapazität zu beachten. Berechnungen nach der Fließgelenktheorie ohne direkte Kontrolle der Rotationskapazität sind dann in der Regel nicht zulässig.

5.1.2 Berechnungsmodelle für Anschlüsse

Typische Anschlüsse von Verbundträgern besitzen in der Regel nicht die volle Tragfähigkeit des Verbundquerschnitts und sind oft zu biegeweich, um das sich nach der Elastizitätstheorie ergebende Moment aufbauen zu können. Regelungen zur Berücksichtigung der Anschlussnachgiebigkeit bei der Ermittlung der Schnittgrößen sind in DIN EN 1994-1-1, Abschnitt 8 [1] sowie in DIN EN 1993-1-8 [26] und in der Fachliteratur zu finden. Einen Überblick über die aktuellen Nachweisverfahren geben die Fachveröffentlichungen [288], [289], [290], [291], [292]. Auf die Berücksichtigung der Einflüsse aus der Nachgiebigkeit der Verbindungen auf die Schnittgrößenverteilung wird im Abschnitt 8 genauer eingegangen.

Grundsätzlich wird zwischen gelenkigen, starren und verformbaren Anschlüssen unterschieden. Sofern die Einflüsse aus dem Last-Verformungsverhalten der Anschlüsse keinen maßgebenden Einfluss auf die Schnittgrößen haben, dürfen diese bei der Schnittgrößenermittlung vernachlässigt werden. In der Praxis werden in Deutschland überwiegend gelenkige Verbindungen für den Anschluss der Träger an die Stützen gewählt, wobei die Tragwerke i. d. R. durch einen oder mehrere aussteifende Kerne stabilisiert werden. Durchlaufträger mit biegesteifen oder verformbaren Anschlüssen werden ebenfalls im Geschossbau ausgeführt. Ausgesteifte Rahmenkonstruktionen, bei denen die Gesamtstabilität durch Verbände und Kerne gegeben ist, werden häufiger im europäischen Ausland realisiert. Seitlich verschiebliche Rahmentragwerke sind in der Vergangenheit relativ selten ausgeführt worden, [323] bis [325].

Aufgrund der erforderlichen Rissbreitenbegrenzung wird bei Durchlaufträgern meist eine Kontinuität der Bewehrung im Betongurt erforderlich. Dadurch werden die Anschlüsse oftmals als teiltragfähige Anschlüsse ausgeführt, sodass auch Momente im gewissen Maß übertragen werden können. Abschnitt 8 gibt weitere Informationen zur Berücksichtigung der Anschlusssteifigkeit. Grundsätzlich sollten die Anschlüsse vor der Ermittlung der Schnittgrößen konzeptionell geplant werden. Selbst bei gelenkigen Anschlüssen spielt beispielsweise die Exzentrizität des Anschlusses eine große Rolle, da diese z. B. zu zusätzlichen Momentenbeanspruchungen in den Stützen führen kann.

5.1.3 Boden-Bauwerk-Interaktion

DIN EN 1994-1-1, 5.1.3 gibt einen Hinweis zur Berücksichtigung des Verformungseinflusses der Gründung auf das Tragwerk. Dies führt zum einen zu Setzungen bzw. Setzungsunterschieden, bei statisch unbestimmten Systemen können diese aber auch zu einer Umlagerung der Schnittgrößen und zu zusätzlichen Zwangsschnittgrößen führen. Es wird auf die Regelungen zur Berücksichtigung der Boden-Bauwerk-Interaktion in EN 1997 verwiesen.

5.2 Globale Tragwerksberechnung

5.2.1 Einflüsse aus Tragwerksverformungen

In Übereinstimmung mit DIN EN 1993-1-1, 5.2.1 sind bei Verbundtragwerken die Tragwerksverformungen zu berücksichtigen, wenn sie zu einer Vergrößerung der Beanspruchungen führen. Die Schnittgrößenermittlung darf vereinfacht nach Theorie I. Ordnung erfolgen, wenn der Verzweigungslastfaktor α_{cr} nach DIN EN 1993-1-1, 5.2.1(3) bei elastischer Berechnung den Wert 10 und bei plastischer Bemessung den Wert 15 nicht unterschreitet. Bei Tragwerken mit Riegeln und Stützen in Verbundbauweise ist dabei zu beachten, dass bei der Ermittlung des Verzweigungslastfaktors für die Stützen die in DIN EN 1994-1-1, 6.7.3.3(3) angegebene wirksame Biegesteifigkeit $(EI)_{eff}$ zugrunde zu legen ist. Diese erfasst sowohl die Einflüsse aus der Rissbildung im Beton als auch das Langzeitverhalten des Betons (Kriechen und Schwinden). Siehe hierzu auch Abschnitt 6.7.3.5. Bei Rahmentragwerken ist auch bei den Steifigkeitsansätzen für die Riegel der Einfluss aus der Rissbildung im Beton sowie das Langzeitverhalten des Betons zu berücksichtigen. Die Einflüsse aus der Rissbildung können mit den in Abschnitt 5.4.2.3 angegebenen Näherungsverfahren berücksichtigt werden. Zur Erfassung des Langzeitverhaltens des Betons (Kriechen) werden zweckmäßig auf der sicheren Seite liegende Steifigkeitsannahmen getroffen. Wenn nicht konservativ die Steifigkeitsansätze für ständige Einwirkungen zugrunde gelegt werden, kann auch eine im Verhältnis von ständigen und veränderlichen Einwirkungen gewichtete Steifigkeit nach Abschnitt 5.4.2.2 verwendet werden.

Wenn die Tragwerksberechnung nach Theorie II. Ordnung erfolgen muss, gilt für den Ansatz von geometrischen Ersatzimperfektionen bei der globalen Anfangsschiefstellung DIN EN 1993-1-1, 5.3.2(3a). Der maximale Stich der eingeprägten Vorkrümmung ist in DIN EN 1994-1-1, Tabelle 6.5 geregelt. Auf die Herleitung dieser Werte wird im Abschnitt 6.7.3.6 näher eingegangen. Abweichend von DIN EN 1993-1-1 sind bei Rahmentragwerken in Verbundbauweise eingeprägte Vorkrümmungen und globale Anfangsschiefstellungen stets zusammen zu betrachten, wenn die Stützen als Verbundstützen ausgebildet werden. Bei Rahmentragwerken mit Riegeln in Verbundbauweise in Kombination mit Stahlstützen gelten die Regelungen nach DIN EN 1993-1-1, 5.3.2(6).

5.2.2 Schnittgrößenermittlung für Tragwerke des Hochbaus

Eine exakte Berechnung der Schnittgrößen von durchlaufenden Verbundträgern, Verbundstützen und Rahmentragwerken ist in der Praxis mit einem relativ großen Aufwand verbunden, da im Grenzzustand der Tragfähigkeit die Einflüsse aus der Schubverformung der Betongurte (mittragende Gurtbreite), das Langzeitverhaltens des Betons (Kriechen und Schwinden), die Einflüsse aus der Rissbildung im Betongurt sowie der Mitwirkung des Betons zwischen den Rissen und die Einflüsse aus der Ausbildung von Fließzonen und örtliches Stabilitätsverhalten im Stahlträger berücksichtigt werden müssen. Hinzu kommen Einflüsse aus der Nachgiebigkeit der Verbundmittel und der Herstellungs- und Belastungsgeschichte [110] bis [115]. In DIN EN 1994-1-1 werden daher zur Berechnung der Schnittgrößenverteilungen von Durchlaufträgern und Rahmentragwerken Näherungsverfahren auf der Grundlage der Elastizitätstheorie und der Fließgelenktheorie I. Ordnung angegeben, die eine auf der sicheren Seite liegende Abschätzung des Beanspruchungszustandes erlauben.

Im Grenzzustand der Tragfähigkeit können die Schnittgrößen nach der Elastizitätstheorie, mit nichtlinearen Berechnungsverfahren oder vereinfacht nach der Fließgelenktheorie ermittelt werden. Bei einer Berechnung auf der Grundlage der Elastizitätstheorie wird im Eurocode 4 das nichtlineare Verhalten der Werkstoffe durch eine Umlagerung der Biegemomente erfasst. Der Grad der Umlagerung ist dabei von der Querschnittsklasse abhängig. Eine direkte Ermittlung der Momentenumlagerung ist mit nichtlinearen Berechnungsverfahren möglich, die jedoch in der Praxis wegen des sehr hohen Berechnungsaufwandes nur in Sonderfällen eingesetzt werden.

Bei Trägern des Hoch- und Industriebaus ist in bestimmten Fällen eine Berechnung nach der Fließgelenktheorie zulässig (siehe hierzu Abschnitt 5.4.5).

In den Grenzzuständen der Gebrauchstauglichkeit und für die Nachweise der Ermüdung in den Grenzzuständen der Tragfähigkeit sind die Schnittgrößen grundsätzlich auf der Grundlage der Elastizitätstheorie zu berechnen. Dabei sind stets die Einflüsse aus dem Langzeitverhalten des Betons, aus der Rissbildung des Betons und in Sonderfällen aus der Nachgiebigkeit der Verdübelung zu berücksichtigen.

5.3 Imperfektionen

Imperfektionen in Form von Stabschiefstellungen oder Vorkrümmungen führen bei druckbeanspruchten Stäben zu einer Vergrößerung der Schnittgrößen. Sie müssen daher bei der Schnittgrößenermittlung berücksichtigt werden. Weitere Ursachen für Imperfektionen können Schlupf in Verbindungen sowie Einflüsse aus Montagetoleranzen sein, die ebenfalls zu Schiefstellungen und Exzentrizitäten führen können.

Bei druckbeanspruchten Bauteilen mit Eigenspannungen in den Stahlquerschnitten aus dem Schweißen oder Walzen ergeben sich bei einer geometrisch-physikalisch nichtlinearen Berechnung ein früheres Plastizieren in den Stahlbauteilen und daraus resultierend größere Verformungen. Dieser Einfluss wird auch als strukturelle Imperfektion bezeichnet. In den Regelwerken werden daher sog. geometrische Ersatzimperfektionen angegeben, die bei einer Berechnung der Schnittgrößen nach Elastizitätstheorie Theorie II. Ordnung bzw. nach Fließgelenktheorie II. Ordnung die Einflüsse aus den geometrischen und den strukturellen Imperfektionen abdecken. Bei Verbundtragwerken und insbesondere bei Verbundstützen entstehen ferner Eigenspannungszustände aus dem Schwinden und dem Kriechen des Betons. Diese Einflüsse zählen ebenfalls zu den strukturellen Imperfektionen. Sie sind bei den geometrischen Ersatzimperfektionen für die Vorkrümmung von Verbundstützen berücksichtigt.

Imperfektionen sind bei der Bemessung in ungünstigster Richtung (Schiefstellung) und Form (i. d. R. affin zur ersten Knickfigur – Eigenform) zu berücksichtigen. In Eurocode 4 werden analog zum Eurocode 3 geometrische Ersatzimperfektionen angegeben, die die geometrischen und strukturellen Imperfektionsanteile erfassen. Dabei wird für die globalen Imperfektionen (Schiefstellungen) auf EN 1993-1-1 verwiesen. Die lokalen Imperfektionen (Vorkrümmungen) – definiert durch den maximalen Stich der Vorkrümmung – sind verbundspezifisch und werden für Verbundstützen im Abschnitt 6.7 angegeben.

Bei seitlich unverschieblichen Rahmentragwerken sind bei der Schnittgrößenermittlung von Verbundstützen nur die Auswirkungen aus den Vorkrümmungen nach Abschnitt 6.7 von DIN EN 1994-1-1 zu berücksichtigen. Hierauf wird im Abschnitt 6.7 des Kommentars genauer eingegangen.

Bei seitlich verschieblichen Rahmentragwerken sind prinzipiell die Schiefstellungen des Gesamttragwerks (globale Imperfektionen) und die lokalen Imperfektionen (Vorkrümmungen der Stäbe) zu berücksichtigen. Da die Bemessung der Stützen in der Regel am herausgeschnittenen Einzelstab geführt wird, werden bei der praktischen Berechnung von seitlich verschieblichen Rahmentragwerken zunächst nur die Schiefstellungen (globalen Imperfektionen) berücksichtigt und die Stabendschnittgrößen nach Theorie II. Ordnung berechnet. Im zweiten Schritt erfolgt die Bemessung des Einzelstabes mit den Randschnittgrößen unter Berücksichtigung der globalen Imperfektionen und den Auswirkungen aus den lokalen Imperfektionen. Diese Vorgehensweise ist zulässig, wenn die Einzelstäbe keine sehr großen Einzelschlankheiten aufweisen und somit die Auswirkungen aus den Vorkrümmungen zu keiner nennenswerten Veränderung der globalen Stabendschnittgrößen führen. Das zugehörige Abgrenzkriterium ist in EN 1994-1-1, 5.3.2.1 Gleichung 5.2 angegeben.

Bei der Herstellung von Rahmentragwerken kann es erforderlich werden, den Einfluss der Belastungsgeschichte zu berücksichtigen. In Bild 25 ist ein Rahmentragwerk dargestellt, bei dem die Beanspruchungen aus den Betonierlasten zunächst auf den Rahmen mit Riegeln in Stahlbauweise (System A), d. h. mit kleineren Riegelsteifigkeiten einwirken. In diesem Zustand ergeben sich aus den globalen Anfangsschiefstellungen bereits Horizontalverformungen, die beim Nachweis des Rahmens im Bauzustand berücksichtigt werden müssen. Nach Erhärten des Betons besitzt der Rahmenriegel die Steifigkeiten des Verbundquerschnitts. Die auf dieses System B anzusetzenden Einwirkungen aus Ausbaulasten und Verkehr ΔN finden bereits ein aus dem Zustand A vorverformtes System vor. Somit sind die Schnittgrößen am System B unter Berücksichtigung der am System A angesetzten globalen Anfangsschiefstellung und der am System A aus den zugehörigen Einwirkungen entstandenen Horizontalverschiebung (vergrößerte Anfangsschiefstellung für das System B) zu ermitteln. Zur Vereinfachung darf gemäß dem Nationalen Anhang zu DIN EN 1994-1-1 die in Bild 25 mit dem Faktor α vergrößerte Anfangsschiefstellung nach DIN EN 1993-1-1, 5.3.2(3a) zugrunde gelegt werden. Dabei ist $N_{B,Ed}$ die Summe aller im Bauzustand in dem jeweils betrachteten Stockwerk übertragenen Bemessungswerte der Vertikallasten und N_{Ed} die Summe aller im Endzustand in dem betrachteten Stockwerk übertragenen Bemessungswerte der Vertikallasten.

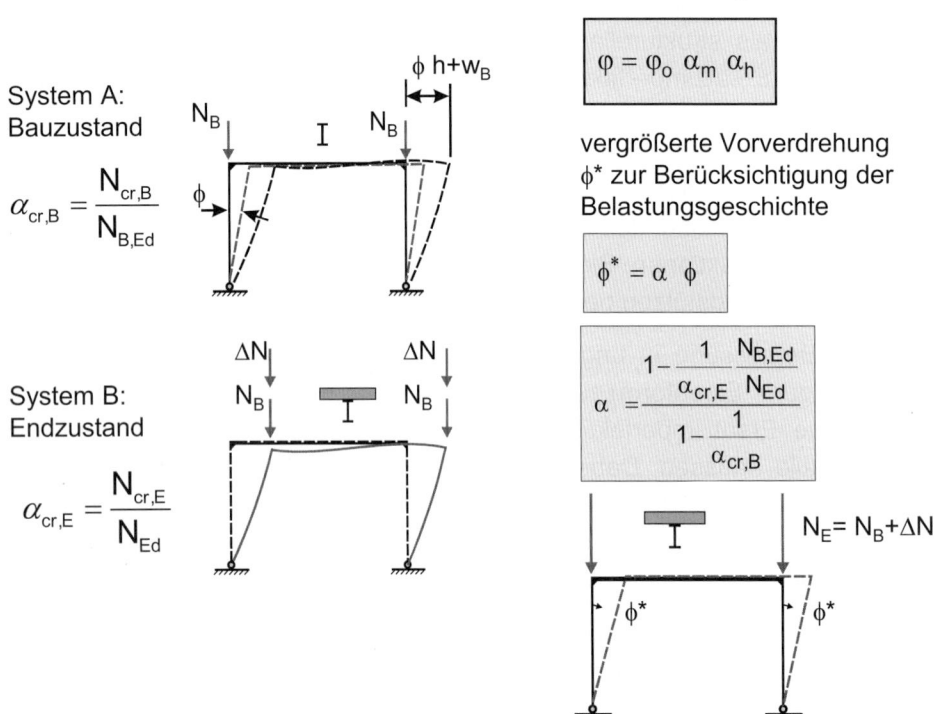

Bild 25: Einfluss der Belastungsgeschichte auf die Verformungen

5.4 Schnittgrößenermittlung

5.4.1 Verfahren der Schnittgrößenermittlung

5.4.1.1 Allgemeines

Eurocode 4 sieht verschiedene Verfahren zur Ermittlung der Schnittgrößen vor. Grundsätzlich hängt die Wahl der Methode zur Ermittlung der aus den Einwirkungen resultierenden Schnittgrößen von der Rotationskapazität der Querschnitte ab. Bild 26 gibt einen Überblick über die verschiedenen Verfahren zur Bestimmung der Schnittgrößen. Eine elastische Ermittlung der Schnittgrößen ist grundsätzlich immer erlaubt, auch wenn auf der Querschnittsseite die plastischen Querschnittsreserven voll ausgenutzt werden oder die Querschnittstragfähigkeit mit einer dehnungsbegrenzten Berechnung erfolgt. Die Einflüsse aus der Rissbildung des Betons (Abschnitt 5.4.2.3) sowie aus der Schubweichheit der Betongurte (Abschnitt 5.4.1.2) sind dabei zu berücksichtigen. Im Grenzzustand der Tragfähigkeit werden i. d. R. auch Effekte aus dem nichtlinearen Verhalten des Baustahlquerschnitts (Plastizieren) erfasst. Dies darf bei Systemen mit ausreichender Rotationskapazität der Querschnitte im Rahmen der Schnittgrößenverteilung mithilfe der Fließgelenktheorie erfolgen, siehe hierzu Abschnitt 5.4.5. Im Allgemeinen ist die Anwendung nichtlinearer Berechnungsverfahren zulässig, dabei sind die Spannungsdehnungsbeziehungen für Beton und Betonstahl nach EN 1992-1-1 sowie für den Baustahl nach EN 1993-1-1 und EN 1993-1-5, Anhang C zu berücksichtigen. Derartige Berechnungsverfahren basieren i. d. R. auf numerischen Methoden (Abschnitt 5.4.3) oder es wird die Momenten-Krümmungsbeziehung (s. a. Bild 49) zur iterativen Bestimmung der über die Systemlänge veränderlichen Steifigkeit herangezogen. Ferner darf im Grenzzustand der Tragfähigkeit eine linear-elastische Berechnung mit begrenzter Momentenumlagerung erfolgen. Die Momentenumlagerung nach Abschnitt 5.4.4 ist unter anderem von der Querschnittsklasse, der Güte des Baustahls und der gewählten Methode zur Erfassung der Rissbildung im Stützbereich durchlaufender Systeme abhängig. Je nach Querschnittsklasse werden dabei die Einflüsse aus dem Plastizieren des Baustahls und der Rissbildung im Beton oder alleine aus der Rissbildung des Betons erfasst. In Abschnitt 5.4.2.3 werden die Möglichkeiten zur Erfassung der Rissbildung im Beton ausführlich erklärt. Für den Nachweis der Ermüdung sind die Schnittgrößen im Allgemeinen auf Basis der Elastizitätstheorie zu bestimmen. Für den Grenzzustand der Gebrauchstauglichkeit sind die Schnittgrößen ebenfalls nach der Elastizitätstheorie zu bestimmen, s. a. Abschnitt 5.4.2. Bei einer ausreichenden Verdübelung von Verbundträgern entsprechend den Regelungen nach DIN EN 1994-1-1, 6.6 dürfen die aus dem Verformungsverhalten der Verbundmittel resultierenden Einflüsse, wie z. B. der Schlupf in der Verbundfuge, im Rahmen einer linear-elastischen Berechnung vernachlässigt werden. Davon abweichende Ausnahmen werden in Abschnitt 5.4.2.1 aufgeführt. Dagegen sind die Einflüsse aus Verformungen sowie der Nachgiebigkeit der Verbundmittel bei einer nichtlinearen Schnittgrößenermittlung stets zu berücksichtigen. Ebenfalls sollten die aus den Verformungen geschraubter Verbindungen abzuleitenden Einflüsse im Rahmen der Schnittgrößenermittlung berücksichtigt werden.

Grenzzustand der Tragfähigkeit
(außer Ermüdung)

Elastische Schnittgrößenermittlung	Nichtlineare Berechnungsverfahren	Fließgelenktheorie
Im Grenzzustand der Tragfähigkeit werden Umlagerungen infolge Rissbildung im Betongurt und infolge von Plastizieren des Baustahl- und Betonstahlquerschnittes näherungsweise berücksichtigt. Die möglichen Momentenumlagerungen sind von der Querschnittsklasse abhängig.	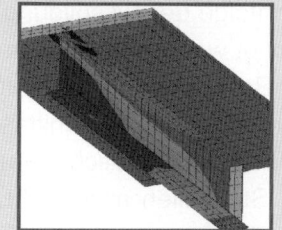	Vollständige Umlagerung der Momente unter Zugrundelegung eines ideal-elastisch ideal-plastischen Verhaltens der Fließgelenke.

Grenzzustände der Gebrauchstauglichkeit und Nachweis der Ermüdung im Grenzzustand der Tragfähigkeit

Elastische Berechnungsverfahren unter Berücksichtigung der Belastungsgeschichte, des Langzeitverhaltens des Betons und der Rissbildung.

Bild 26: Verfahren der Schnittgrößenermittlung

Das Trag- und Verformungsverhalten von Verbundtragwerken wird entscheidend durch die Rotationskapazität der Querschnitte, örtliche und globale Instabilitäten, die Belastungsgeschichte, die Rissbildung im Beton, die Einflüsse aus dem Kriechen und Schwinden des Betons sowie durch das Verformungsverhalten der Verbundmittel beeinflusst. Im Hinblick auf die Ausnutzung plastischer Querschnitts- und Systemreserven und die dazu erforderliche Rotationskapazität der Querschnitte werden in DIN EN 1994-1-1 analog zu DIN EN 1993-1-1 die in Bild 27 und Bild 28 angegebenen vier Querschnittsklassen unterschieden.

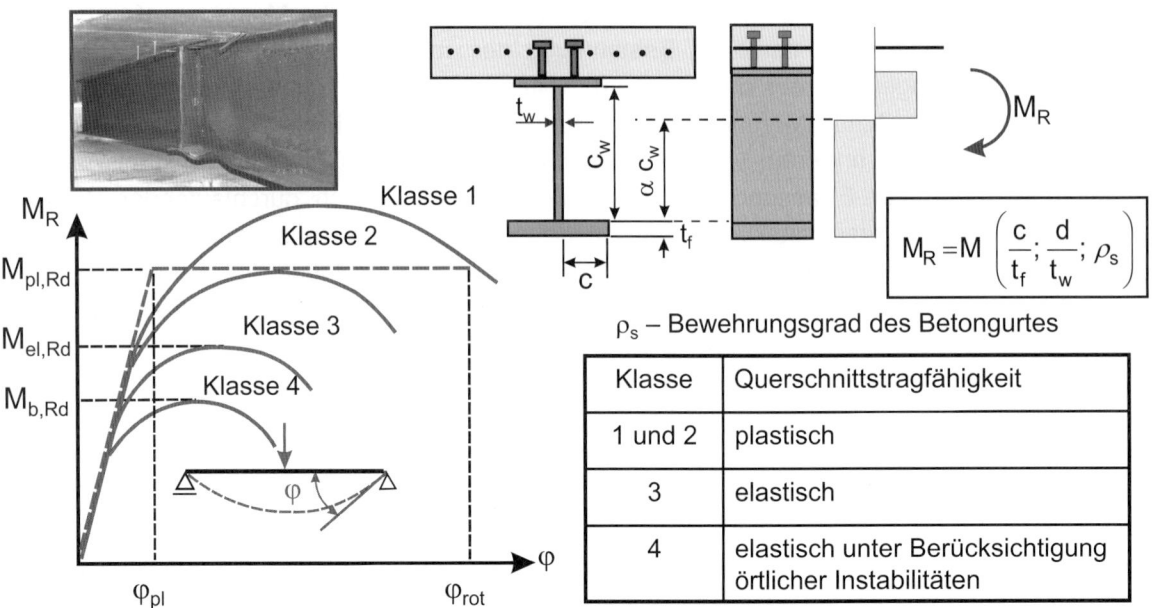

Bild 27: Rotationskapazität und Querschnittsklassifizierung

Mithilfe der Querschnittsklassen wird die Methode der Schnittgrößenermittlung und die Querschnittstragfähigkeit festgelegt. Querschnitte der Klasse 1 (*plastische Querschnitte*) können die vollplastische Querschnittstragfähigkeit und gleichzeitig plastische Gelenke mit einer so großen Rotationskapazität entwickeln, dass eine vollständige Schnittgrößenumlagerung am System ermöglicht wird (Fließgelenktheorie). *Kompakte Querschnitte* der Klasse 2 können die volle plastische Tragfähigkeit des Querschnittes entwickeln. Durch lokales Beulen und/oder Zerstören des Betons ist die Rotation in Fließgelenken jedoch eingeschränkt. Bei der Schnittgrößenermittlung darf die Momentenumlagerung infolge der Rissbildung sowie Teilplastizierung vor Entstehen des ersten Fließgelenkes berücksichtigt werden. Die Querschnitte der Klasse 3 werden als *halbkompakte Querschnitte* bezeichnet. Bei diesen Querschnitten ist im Druckflansch des Stahlträgers nur eine (elastische) Ausnutzung des Querschnittes bis zur Streckgrenze möglich. Eine Momentenumlagerung im System wird im Wesentlichen nur durch Rissbildung im Betongurt und durch Fließen in zugbeanspruchten Stahlteilen ermöglicht. *Schlanke Querschnitte* der Klasse 4 sind bei elastischer Druckbeanspruchung wegen des lokalen Beulens im Baustahlquerschnitt nicht bis zur Streckgrenze ausnutzbar. Momentenumlagerungen im System werden nur durch die Rissbildung im Betongurt hervorgerufen.

Der Zusammenhang zwischen Querschnittsklassifizierung, Querschnittstragfähigkeit und Schnittgrößenermittlung ist in Bild 28 dargestellt. Bei Trägern mit Querschnitten der Klassen 1 und 2 werden Zwangsbeanspruchungen durch örtliches Plastizieren der Baustahlquerschnitte und der Bewehrung sowie durch Rissbildung im Beton abgebaut, wenn bei Durchlaufträgern keine Biegedrillknickgefahr besteht. Dies gilt sowohl für Zwangsbeanspruchungen aus Temperatur und Baugrundbewegung als auch für die bei Verbundträgern typischen Zwangsbeanspruchungen aus dem Kriechen und Schwinden des Betons.

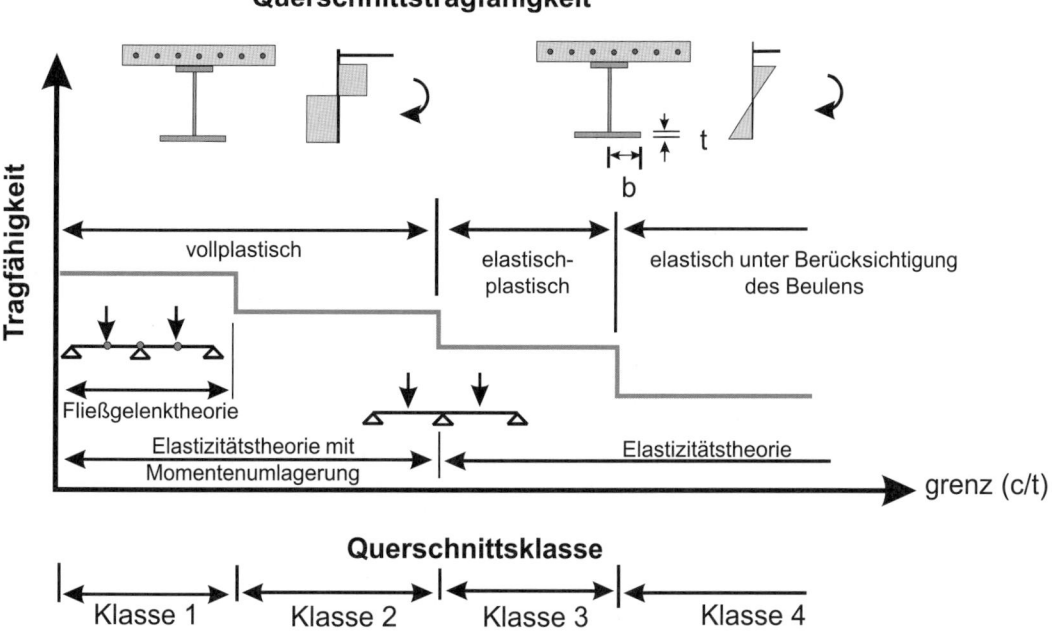

Bild 28: Rotationskapazität – Querschnitts- und Systemtragfähigkeit

Tabelle 16: Zuordnung der Querschnittsklassen zu den Nachweisverfahren

Querschnitts-klasse	Nachweis-verfahren	Berücksichtigung von Kriechen und Schwinden und der Belastungsgeschichte	Beanspruchung E_d	Beanspruch-barkeit R_d
1	Plastisch-Plastisch	nein	Fließgelenktheorie	vollplastisch
2	Elastisch-Plastisch	nein	elastisch mit Momentenumlagerung	vollplastisch
3	Elastisch-Elastisch	ja	elastisch	elastisch oder plastisch
4	Elastisch-Elastisch	ja	elastisch	elastisch DIN EN 1993-1-1 DIN EN 1993-1-5

Bei Trägern mit Querschnitten der Klassen 3 und 4 ist die Querschnittstragfähigkeit durch das erste Erreichen der Streckgrenze im Baustahlquerschnitt oder in der Bewehrung bzw. durch örtliches Stabilitätsversagen gekennzeichnet. Beim Nachweis des Grenzzustandes der Tragfähigkeit müssen Zwangsbeanspruchungen daher stets berücksichtigt werden. Tabelle 16 zeigt den Zusammenhang zwischen den Nachweisverfahren nach DIN EN 1994-1-1 und der Querschnittsklassifizierung sowie die Annahmen bei der Tragwerksberechnung im Grenzzustand der Tragfähigkeit. Beim Nachweis Elastisch-Elastisch für Querschnitte der Klasse 3 kann im Zugbereich des Querschnitts auch eine Plastizierung zugelassen werden, wenn dies nicht in anderen Querschnittsteilen zum Beulen führen kann.

5.4.1.2 Mittragende Gurtbreite bei der Schnittgrößenermittlung

Bei biegebeanspruchten Trägern mit breiten scheibenförmigen Gurten ist die Voraussetzung vom Ebenbleiben des Gesamtquerschnittes wegen der Schubverzerrungen der Gurte nicht mehr erfüllt. Dieser Einfluss wird in der Berechnung i. Allg. durch Einführung einer mittragenden Gurtbreite b_{eff} erfasst. Die üblichen Verfahren zur Bestimmung der mittragenden Gurtbreite basieren auf der Elastizitätstheorie. Sie gelten bei Verbundträgern somit streng genommen nur für Gebrauchslastzustände ohne Rissbildung im Betongurt. Im Grenzzustand der Tragfähigkeit mit Plastizierungen im Stahlträger stellen sich gegenüber einer Berechnung nach der Elastizitätstheorie größere mittragende Gurtbreiten ein. In Bereichen negativer Biegemomente mit gerissenen Betongurten wird die mittragende Gurtbreite zudem stark durch den Grad der Rissbildung und das Fließen des Betonstahls beeinflusst. Eine Berücksichtigung dieser Parameter, s. a. [117] bis [120], würde zwangsläufig zu relativ aufwendigen Berechnungsmodellen für die Ermittlung von b_{eff} führen.

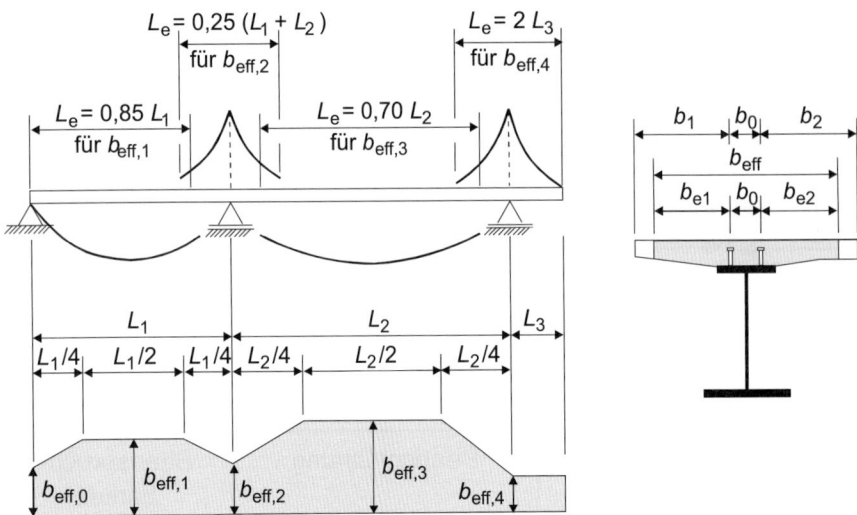

Feldbereiche und Innenstützen:
$b_{eff} = b_0 + b_{e,1} + b_{e,2}$
$b_{e,i} = L_e/8$
L_e – äquivalente Stützweite

Endauflager:
$b_{eff} = b_0 + \beta_1 b_{e,1} + \beta_2 b_{e,2}$
$\beta_i = (0{,}55 + 0{,}025\, L_e/b_i) \leq 1{,}0$

Bild 29: Mittragende Gurtbreite für Betongurte

In DIN EN 1994-1-1 werden daher vereinfachte Modelle zur Ermittlung der mittragenden Gurtbreite verwendet. Die mittragende Gurtbreite des Betongurtes und der Verlauf in Trägerlängsrichtung ergeben sich nach Bild 29 in Abhängigkeit von der geometrischen Gurtbreite und der äquivalenten Stützweite L_e, die etwa dem Abstand der Momentennullpunkte entspricht. Für übliche Durchlaufträger dürfen die Werte L_e nach Bild 29 verwendet werden. Sofern bei Tragwerken des Hochbaus die Verteilung der Momente von der Nachgiebigkeit der Anschlüsse beeinflusst wird, sollten diese Effekte bei der Bestimmung der äquivalenten Stützweite L_e erfasst werden.

Bei der Ermittlung der Schnittgrößen von Durchlaufträgern darf für End- und Mittelfelder eine feldweise konstante mittragende Gurtbreite angesetzt werden, die dem Wert in Feldmitte und für Kragarme dem Wert $b_{eff,4}$ am Auflager entspricht.

Bei Kombination von Beanspruchungen aus Haupttragwerkswirkungen und lokalen Plattenbeanspruchungen aus senkrecht zur Gurtebene wirkenden Lasten muss die Verteilung der Gurtnormalkräfte über die Gurtbreite bestimmt werden. Der Verlauf der Spannungen in Gurtquerrichtung kann ausreichend genau mit den in Bild 30 angegebenen Beziehungen in Abhängigkeit von der mittragenden und geometrischen Breite des Teilgurtes bestimmt werden. Siehe hierzu auch DIN EN 1993-1-5, 3.2.2. Die Vereinfachungen nach Bild 29 gelten für übliche Verbundträger und Rahmenriegel, die durch ständige Einwirkungen und Verkehrslasten beansprucht werden. Bei Trägern, bei denen sehr große Einzellasten auftreten (z. B. Abfangträger) oder in Montagezuständen mit großen Einzellasten können die mittragenden Gurtbreiten im Bereich der Einzellasten deutlich kleiner als nach Bild 29 sein. In diesen Fällen sollten die mittragenden Gurtbreiten besser nach DIN EN 1993-1-5, 3.2.1 an einem Ersatzträger mit einer Stützweite, die den Momentennullpunkten entspricht, ermittelt werden (Bild 31). Diese Vorgehensweise ist auch angezeigt, wenn die Momentenverteilung signifikant von der Momentenverteilung eines Durchlaufträgers mit Gleichstreckenlasten abweicht. Die mittragende Breite unter großen Einzellasten sollte auch im Feld besser mit dem Wert für die „Stütze" berechnet werden. Bei breiten Gurten von Stahlträgern, wie z. B. bei Kastenträgern, ist die mittragende Gurtbreite des Stahlgurtes grundsätzlich immer nach DIN EN 1993-1-5, Abschnitt 3.2 zu berechnen.

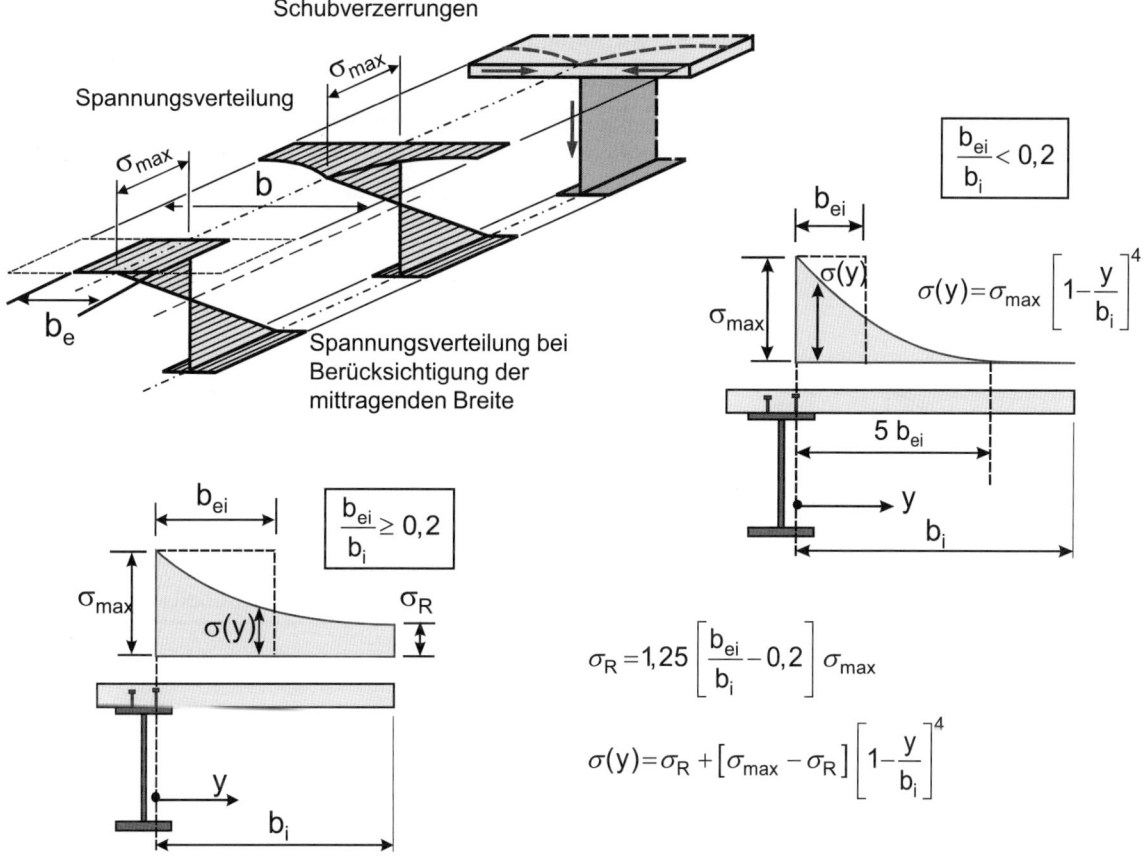

Bild 30: Ermittlung der Spannungsverteilung in Gurtquerrichtung nach DIN EN 1993-1-5

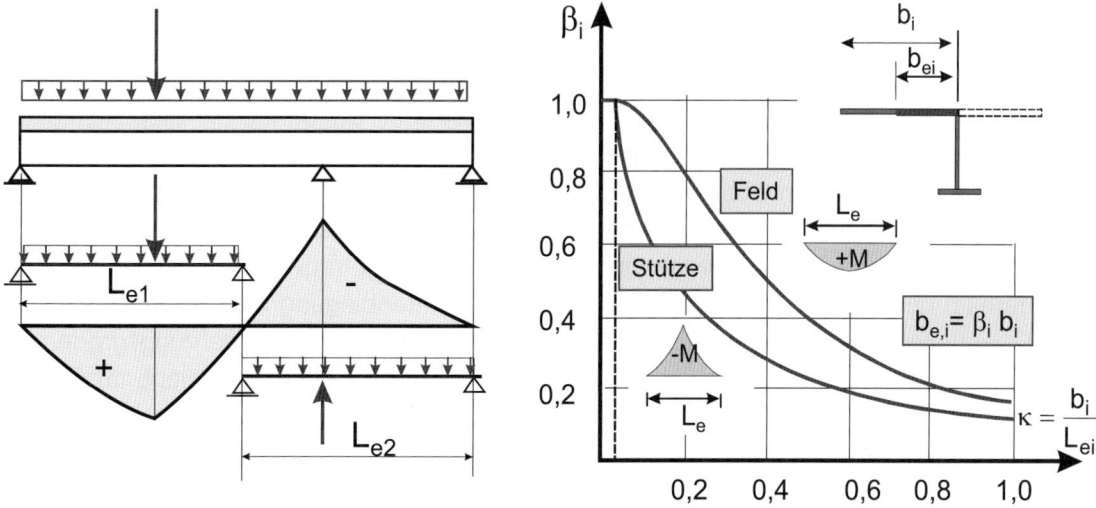

Bild 31: Mittragende Gurtbreite nach DIN EN 1993-1-5 bei Trägern mit großen Einzellasten

Näherungsweise dürfen die mittragenden Gurtbreiten nach Bild 29 auch für Beanspruchungen aus eingeprägten Deformationen, Schwinden oder Temperatureinwirkungen berücksichtigt werden. Bei diesen Beanspruchungen ergeben sich in der Regel Schnittgrößenverteilungen, die von der Momentenlinie nach Bild 29 deutlich abweichen. Bei einer zugeschärften Betrachtung können die mittragenden Gurtbreiten dann durch getrennte Betrachtung der primären und sekundären Beanspruchungen ermittelt werden. So ist z. B. beim Schwinden der primäre Anteil in der Regel auf den geometrischen Querschnitt und der sekundäre Anteil auf den mittragenden Querschnitt zu beziehen, der sich dann aus der zugehörigen Momentenlinie der Zwangsschnittgrößen ergibt.

Die Regelungen zur mittragenden Gurtbreite sind ferner bei Trägern mit einer Spanngliedvorspannung nur bedingt anwendbar. Bild 32 verdeutlicht, dass bei konstanter Vorspannung über die Gurtbreite die Spannungen über dem Stahlträger abfallen, weil ein großer Teil der Vorspannkräfte in den Stahlträger abwandert. Hier ist in der Regel eine genauere Berechnung als Scheibenfaltwerk angezeigt. Der in Bild 32 dargestellte Effekt des Spannungsabfalls über dem Stahlträgersteg kann durch Konzentration der Spannglieder im Bereich des Stahlträgers abgemindert werden.

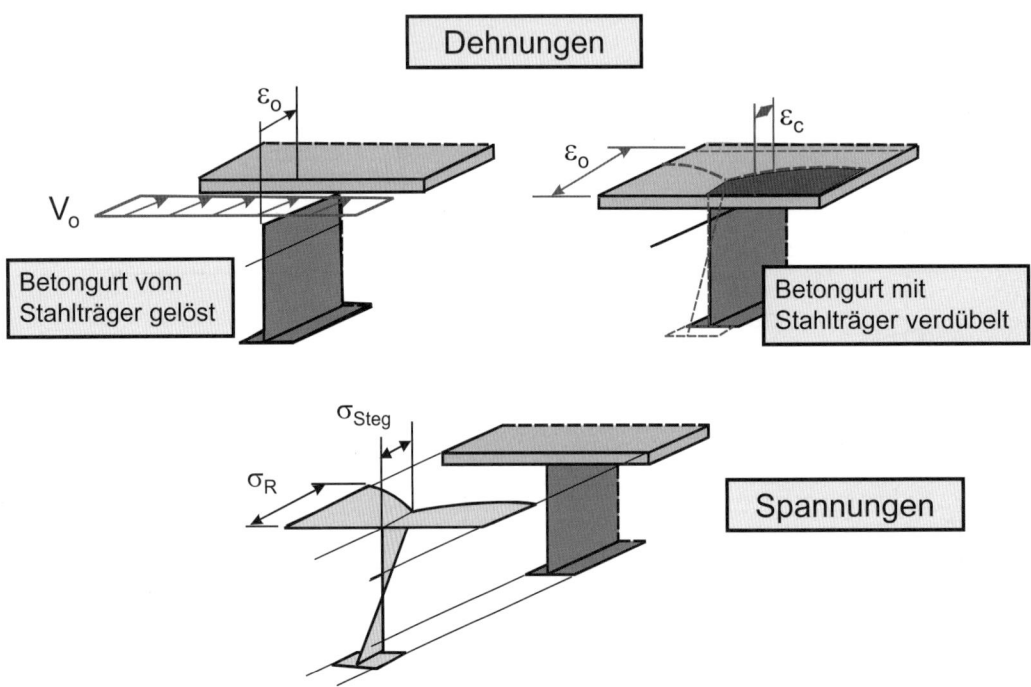

Bild 32: Spannungsverteilung im Betongurt bei Spanngliedvorspannung

Die Regelungen im Eurocode 4 gelten für typische Verbundträger, bei denen die Biegesteifigkeit der Betonplatte im Vergleich zur Biegesteifigkeit des Gesamtquerschnitts klein ist. Bei niedrigen Trägern mit dicken Betonplatten oder bei Flachdecken in Verbundbauweise können daher die Regelungen des Eurocode 4 nicht mehr angewandt werden. Bei solchen Querschnitten ergibt sich ein Traganteil aus der Scheibenwirkung und aus der Biegetragwirkung der Betonplatte (Bild 33). Oberhalb des Rissmomentes nimmt der aus der Plattenbiegung resultierende Momentenanteil mit zunehmender Momentenauslastung ab, sodass bei geringen Bewehrungsgraden im Bruchzustand annähernd die Momententragfähigkeit des Scheibenzustandes vorliegt. Im Grenzzustand der Tragfähigkeit basiert für diese Fälle die Bemessung daher auf der mitwirkenden Plattenbreite des Scheibenzustandes, im Grenzzustand der Gebrauchstauglichkeit ist der Biegeanteil jedoch nicht zu vernachlässigen. Diesbezüglich wird auf [341], [344] verwiesen. Bild 33 verdeutlicht, dass aus der Scheibenwirkung und Plattenbiegung unterschiedliche mittragende Breiten resultieren.

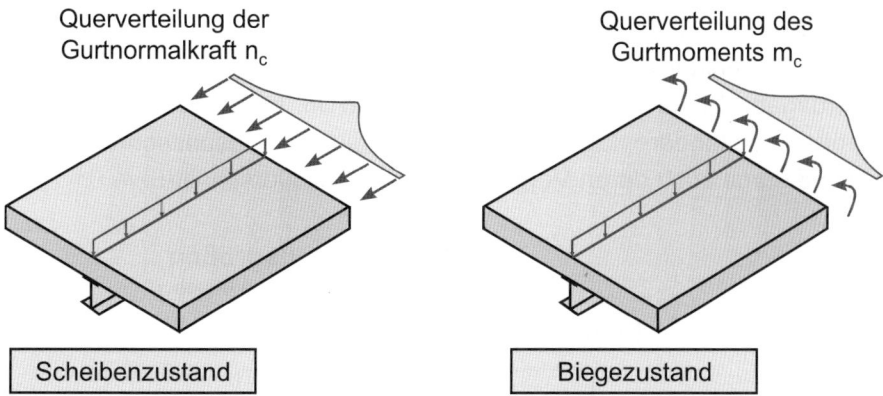

Bild 33: Scheiben- und Biegetragwirkung des Betongurts [341], [344]

5.4.2 Linear-elastische Tragwerksberechnung

5.4.2.1 Allgemeines

Eine elastische Berechnung der Schnittgrößen ist grundsätzlich für alle Querschnittsklassen zulässig. Bei der Berechnung sind im Allgemeinen die Einflüsse aus der Rissbildung im Beton, aus dem Kriechen und Schwinden des Betons, aus der Belastungsgeschichte sowie aus eventuellen Vorspannmaßnahmen durch planmäßig eingeprägte Deformationen bzw. durch Spannglieder zu berücksichtigen.

Der Einfluss aus der Nachgiebigkeit der Verbundmittel darf im Allgemeinen bei der Schnittgrößenermittlung vernachlässigt werden. Eine Ausnahme bilden Träger mit sehr niedrigen Verdübelungsgraden oder Träger mit großer Nachgiebigkeit der Verbundmittel (z. B. Verbundträger in Kombination mit Verbunddecken mit großen Profilblechhöhen), bei denen im Grenzzustand der Gebrauchstauglichkeit die Nachgiebigkeit der Verbundmittel bei der Ermittlung der Verformungen berücksichtigt werden muss (siehe hierzu Abschnitt 7.3). Eine Berücksichtigung der Nachgiebigkeit der Verbundmittel ist auch bei bestimmten Typen von Flachdecken erforderlich.

5.4.2.2 Kriechen und Schwinden

Für kurzzeitig wirkende Beanspruchungen aus Verkehr, Wind und Temperatur sowie für die Beanspruchungen aus ständigen Einwirkungen bei Belastungsbeginn wird für die Berechnung der Spannungen ein ideeller Gesamtquerschnitt zugrunde gelegt. Dabei darf vom Ebenbleiben des Gesamtquerschnittes sowie der Gültigkeit des Hookeschen Gesetzes für Beton und Baustahl ausgegangen werden. Die ideellen Querschnittskenngrößen werden in der Regel bei Verbundkonstruktionen auf den Elastizitätsmodul des Baustahls bezogen und können dann mit einem fiktiven Stahlquerschnitt berechnet werden, bei dem die Querschnittsfläche A_c des Betongurtes und das Trägheitsmoment J_c des Betongurtes mit der Reduktionszahl $n_o = E_a/E_{cm}$ reduziert werden.

Neben elastischen Verformungen treten beim Werkstoff Beton unter länger andauernden Beanspruchungen Kriechverformungen sowie belastungsunabhängige Schwindverkürzungen auf. Durch dieses Verhalten werden Verformungen, Schnittgrößen und Spannungen im Verbundquerschnitt zeitabhängig. Die auf einen Verbundquerschnitt wirkende Gesamtschnittgröße lässt sich auf der Grundlage der Bernoulli-Hypothese vom Ebenbleiben der Querschnitte auf die Teilquerschnitte Beton und Stahl verteilen. Diese auf der Grundlage linear-elastischer Zusammenhänge ermittelten Beanspruchungen der Teilquerschnitte werden als Teilschnittgrößen bezeichnet, die zum Zeitpunkt $t = t_o$ bei Belastungsbeginn mit dem Index „o" gekennzeichnet werden (Bild 34). In statisch bestimmten Verbundkonstruktionen ergeben sich bei Beibehaltung der Verträglichkeit innerhalb des Querschnittes Umlagerungen der Beanspruchungen, die in Bild 34 als Umlagerungsgrößen bezeichnet werden. Die Umlagerungsgrößen bilden einen primären Eigenspannungszustand, der keine Gesamtschnittgröße am Querschnitt hervorruft. Sie führen zu zeitabhängigen Verformungsänderungen. Diese Verformungen bewirken in statisch unbestimmten Systemen Zwangsschnittgrößen (sekundäre Eigenspannungen), die die Gesamtschnittgrößen der Querschnitte verändern und damit auch deren Verteilung auf die Teilquerschnitte.

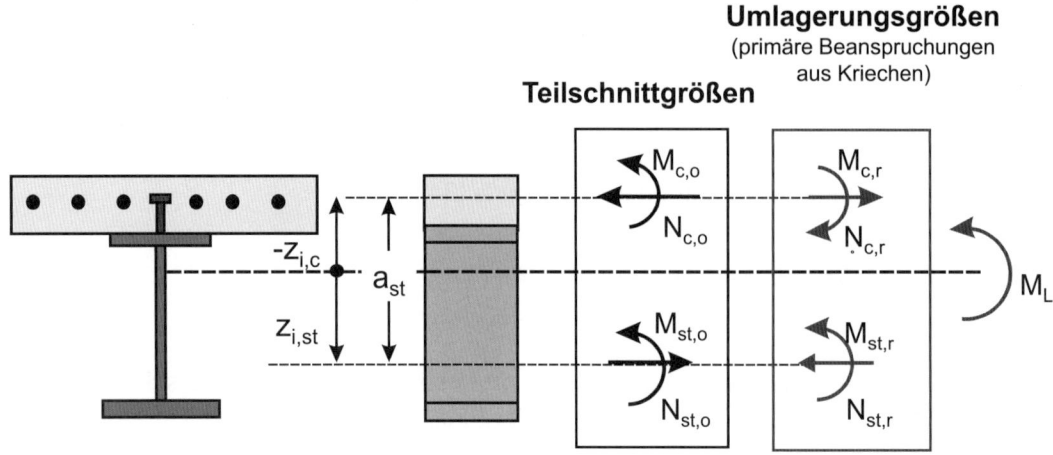

Gleichgewichtsbedingungen: $M_L = M_{st,o} + M_{c,o} + N_{st,o} \, a_{st}$ $\quad M_{st,r} - M_{c,r} - N_{cr} \, a_{st} = 0$

Bild 34: Einfluss des Kriechens auf die Teilschnittgrößen

Zur praktischen Berechnung der Beanspruchungen aus dem Kriechen und Schwinden werden heute zwei Berechnungsmethoden verwendet. Bei der ersten Berechnungsmethode, dem sogenannten Teilschnittgrößenverfahren [71], [121] bis [126], werden die aus dem Kriechen resultierenden Umlagerungsgrößen im Beton und Stahlquerschnitt direkt berechnet. Die Beanspruchungen der Teilquerschnitte zu einem Zeitpunkt t ergeben sich dann aus den Teilschnittgrößen bei Belastungsbeginn t_o und den aus dem Kriechen resultierenden Umlagerungsgrößen. Eine strenge Berechnung der Umlagerungsgrößen mit den in Abschnitt 3.1 beschriebenen Kriechkurven ist nur mit einer schrittweisen Berechnung möglich, bei der der betrachtete Zeitraum in Zeitintervalle unterteilt wird und für jedes Zeitintervall die Kriechverformungen und die daraus resultierenden Umlagerungsgrößen bestimmt werden [71].

Für die praktische Berechnung ist das sog. Gesamtquerschnittsverfahren [71], [122] bis [128] von größerer Bedeutung. Bei diesem Verfahren wird der Einfluss des Kriechens analog zur Berechnung bei kurzzeitigen Beanspruchungen durch lastfallabhängige Reduktionszahlen n_L für die Betonfläche und für das Betonträgheitsmoment erfasst. Die Reduktionszahlen sind dabei in Abhängigkeit von der Kriechzahl φ_t und dem von der Beanspruchungsart abhängigen Kriechbeiwert ψ_L zu bestimmen. Spannungen und Teilschnittgrößen können dann direkt an einem ideellen Gesamtquerschnitt berechnet werden. Die Berechnung des Kriechbeiwertes erfordert bei genauer Berechnung einen sehr hohen Berechnungsaufwand, da zur Bestimmung von ψ_L der von der Beanspruchungsart, von den Querschnittseigenschaften und von der Kriechzahl abhängige Relaxationsbeiwert bekannt sein [71], [122] und zusätzlich der in Bild 17 angegebene Beiwert β_{Eo} zur Erfassung des Unterschiedes zwischen Sekanten- und Tangentenmodul des Betons berücksichtigt werden muss. Im Eurocode 4 wird ein vereinfachtes Verfahren [71], [128] angegeben, bei dem näherungsweise konstante Zahlenwerte für die Kriechbeiwerte verwendet werden. Die Anwendung dieses Verfahrens wird nachfolgend erläutert.

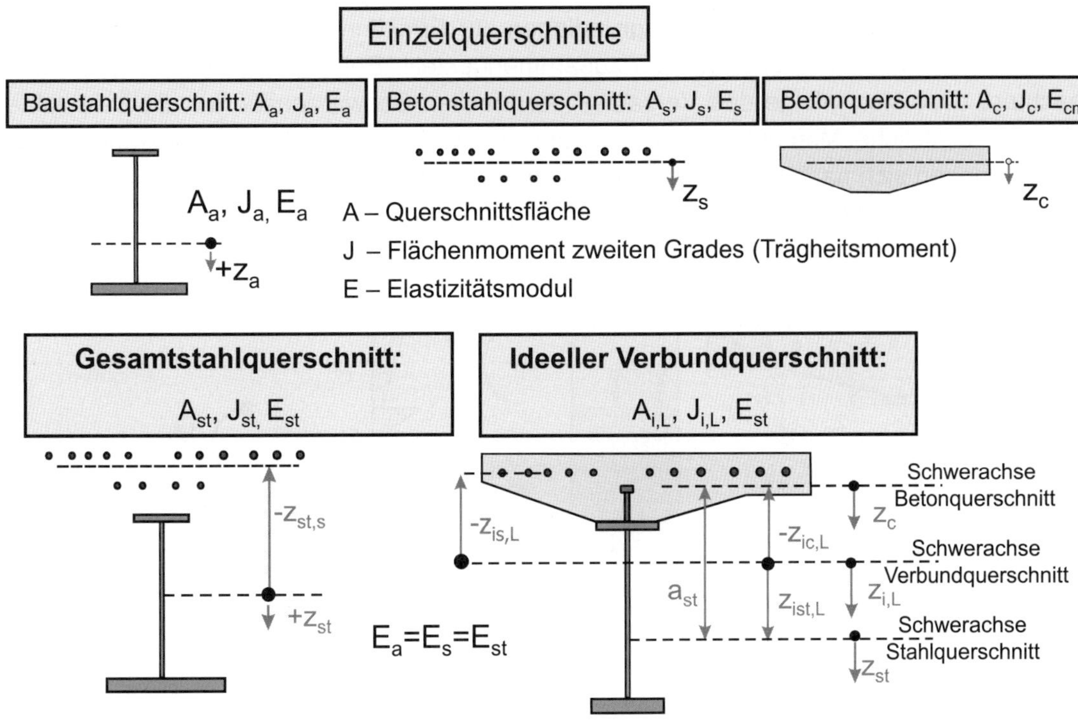

Einzelquerschnitte

Baustahlquerschnitt: A_a, J_a, E_a **Betonstahlquerschnitt:** A_s, J_s, E_s **Betonquerschnitt:** A_c, J_c, E_{cm}

A_a, J_a, E_a

A – Querschnittsfläche
J – Flächenmoment zweiten Grades (Trägheitsmoment)
E – Elastizitätsmodul

Gesamtstahlquerschnitt: A_{st}, J_{st}, E_{st}

Ideeller Verbundquerschnitt: $A_{i,L}, J_{i,L}, E_{st}$

$E_a = E_s = E_{st}$

Reduktionszahl:

$$n_L = n_0 \, [1 + \psi_L \, \phi(t, t_0)]$$

$$n_0 = \frac{E_{st}}{E_{cm}}$$

Kriechbeiwerte ψ_L:

Kurzzeitlasten und t=0	$\Psi = 0$
ständige Einwirkungen	$\Psi_P = 1{,}10$
Schwinden	$\Psi_S = 0{,}55$
eingeprägte Deformationen	$\Psi_D = 1{,}50$
zeitlich veränderliche Einwirkungen	$\Psi_{PT} = 0{,}55$

Ideelle Querschnittskenngrößen:

Ideelle Querschnittskenngrößen des Betongurtes:

$$A_{c,L} = A_c / n_L \qquad J_{c,L} = J_c / n_L$$

Abstand zwischen den Schwerachsen des Verbundquerschnitts und des Betongurtes:

$$z_{ic,L} = -A_{st} \, a_{st} / A_{i,L}$$

Ideelle Querschnittsfläche des Verbundquerschnitts:

$$A_{i,L} = A_{St} + A_{c,L}$$

Ideelles Trägheitsmoment des Verbundquerschnitts:

$$J_{i,L} = J_{st} + J_{c,L} + A_{st} \, A_{c,L} \, a_{st}^2 / A_{i,L}$$

Bild 35: Querschnittskenngrößen und Reduktionszahlen für das vereinfachte Gesamtquerschnittsverfahren nach DIN EN 1994-1-1

Zur Unterscheidung der Art der Beanspruchung werden nachfolgend die Gesamtschnittgrößen, die Reduktionszahlen und die jeweiligen Querschnittskenngrößen durch einen zusätzlichen Index L gekennzeichnet (Bild 35). Bei der Berechnung muss zwischen zeitlich konstanten Beanspruchungen (L = P [permanent action]), Beanspruchungen aus dem Schwinden des Betons (L = S [shrinkage]), Beanspruchungen aus sich zeitlich affin zum Kriechen aufbauenden Schnittgrößen (L = PT [permanent action developing with time]) und Beanspruchungen infolge eingeprägter Deformationen (L = D [imposed deformation]) unterschieden werden.

In den Bildern 35–37 sind die Berechnungsgrundlagen zur Ermittlung der Querschnittskenngrößen, der Teilschnittgrößen und Spannungen zusammengestellt. Bei Normalkraftbeanspruchung ist zu beachten, dass sich infolge des Versatzes der ideellen Schwerachsen für die Zeitpunkte $t = 0$ und $t = t_i$ zusätzliche Momentenbeanspruchungen ergeben. Die Längsschubkräfte in der Verbundfuge ergeben sich nach Bild 38, wobei das statische Moment des Betongurtes sowie das ideelle Trägheitsmoment ebenfalls unter Berücksichtigung der von der Beanspruchungsart abhängigen Reduktionszahl zu berechnen sind.

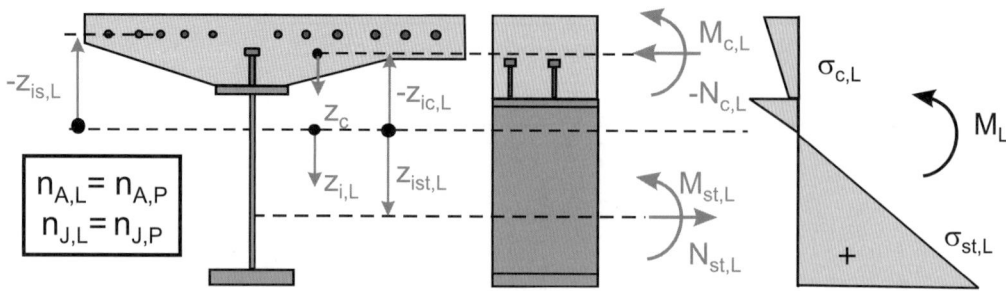

	Betonquerschnitt	**Stahlquerschnitt**
Teilschnittgrößen	$M_{c,L} = M_L \dfrac{J_{c,L}}{J_{i,L}}$ $N_{c,L} = M_L \dfrac{A_{c,L}}{J_{i,L}} z_{ic,L}$	$M_{st,L} = M_L \dfrac{J_{st}}{J_{i,L}}$ $N_{st,L} = M_L \dfrac{A_{st}}{J_{i,L}} z_{ist,L}$
Spannungen	$\sigma_{c,L} = \dfrac{M_L}{n_{A,L} J_{i,L}} \left(z_{ic,L} + z_c \dfrac{n_{A,L}}{n_{J,L}} \right)$	$\sigma_{st,L} = \dfrac{M_L}{J_{i,L}} z_{i,L}$

Bild 36: Ermittlung der Teilschnittgrößen und Spannungen bei Momentenbeanspruchung

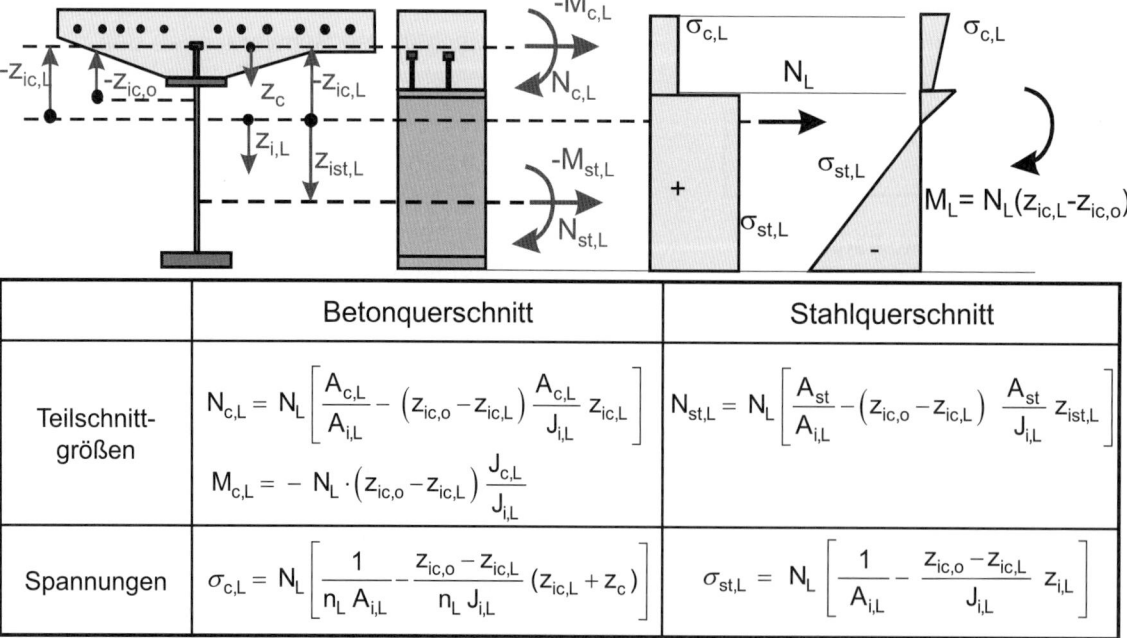

	Betonquerschnitt	**Stahlquerschnitt**
Teilschnittgrößen	$N_{c,L} = N_L \left[\dfrac{A_{c,L}}{A_{i,L}} - \left(z_{ic,o} - z_{ic,L} \right) \dfrac{A_{c,L}}{J_{i,L}} z_{ic,L} \right]$ $M_{c,L} = - N_L \cdot \left(z_{ic,o} - z_{ic,L} \right) \dfrac{J_{c,L}}{J_{i,L}}$	$N_{st,L} = N_L \left[\dfrac{A_{st}}{A_{i,L}} - \left(z_{ic,o} - z_{ic,L} \right) \dfrac{A_{st}}{J_{i,L}} z_{ist,L} \right]$
Spannungen	$\sigma_{c,L} = N_L \left[\dfrac{1}{n_L A_{i,L}} - \dfrac{z_{ic,o} - z_{ic,L}}{n_L J_{i,L}} \left(z_{ic,L} + z_c \right) \right]$	$\sigma_{st,L} = N_L \left[\dfrac{1}{A_{i,L}} - \dfrac{z_{ic,o} - z_{ic,L}}{J_{i,L}} z_{i,L} \right]$

Bild 37: Ermittlung der Teilschnittgrößen und Spannungen bei Normalkraftbeanspruchung

An Betonierabschnittsgrenzen ergeben sich bei Momentenbeanspruchung die resultierenden Längsschubkräfte V_{LE} aus den Teilschnittgrößen des Baustahlquerschnittes. In diesem Fall darf von einer dreieckförmigen Verteilung der Längsschubkraft nach Bild 38 ausgegangen werden. Die rechnerische Einleitungslänge L_v wird in DIN EN 1994-2, 6.6.2.3 mit $L_v = b_{eff}$ angenommen. Diese Regelung basiert auf genaueren Berechnungen unter Berücksichtigung der Nachgiebigkeit der Verbundmittel und unterstellt ein ideal elastisch-plastisches Verformungsverhalten der Verbundmittel. Die Regelung basiert auf der Dübelsteifigkeit von Kopfbolzendübeln und berücksichtigt eine teilweise Umlagerung von Schubkraftspitzen im Bereich der Krafteinleitung. Diese Voraussetzung ist nur bei duktilen Verbundmitteln im Grenzzustand der Tragfähigkeit erfüllt. Bei Verbundmitteln ohne ausreichende Duktilität sowie bei der Ermittlung der Beanspruchungen der Verbundmittel im Grenzzustand der Gebrauchstauglichkeit und der Ermüdung muss von kleineren Einleitungslängen ausgegangen werden. Nach DIN-EN 1994-2/NA [5] ergibt sich für Verbundbrücken die Einleitungslänge im Grenzzustand der Gebrauchstauglichkeit zu $L_v = b_{ei}$, wobei b_{ei} die größere der beiden Teilgurtbreiten b_{e1} bzw. b_{e2} nach Bild 29 ist. Diese Regelung basiert auf genaueren Untersuchungen in [129]. Mit dem dort angegebenen Verfahren kann die Verteilung der Längsschubkräfte in Abhängigkeit von der Steifigkeit der Verbundmittel genauer berechnet werden. Die kleinere Einleitungslänge sollte auch im Hochbau bei Tragwerken, für die ein Ermüdungsnachweis der Verdübelung erforderlich ist, verwendet werden.

Bei Einleitung von konzentrierten Kräften in Trägerlängsrichtung ergibt sich die resultierende Längsschubkraft ebenfalls aus der Differenz der Teilschnittgrößen des Betongurtes vor und hinter dem Lasteinleitungspunkt (siehe Bild 39). Die Lastverteilungslänge kann vereinfacht nach Bild 39 angenommen werden. Dabei ist bei Lasteinleitung in den Stahlträger $e = e_v$ der vertikale Abstand der Kraft F_{Ed} von der Verbundfuge. Wird die Normalkraft in den Betongurt eingeleitet, ist $e = e_h$ der Abstand zwischen dem Angriffspunkt der Kraft und der Stegachse. Bei Konstruktionen unter nicht vorwiegend ruhender Beanspruchung sollte auch hier die kleinere Einleitungslänge zugrunde gelegt werden.

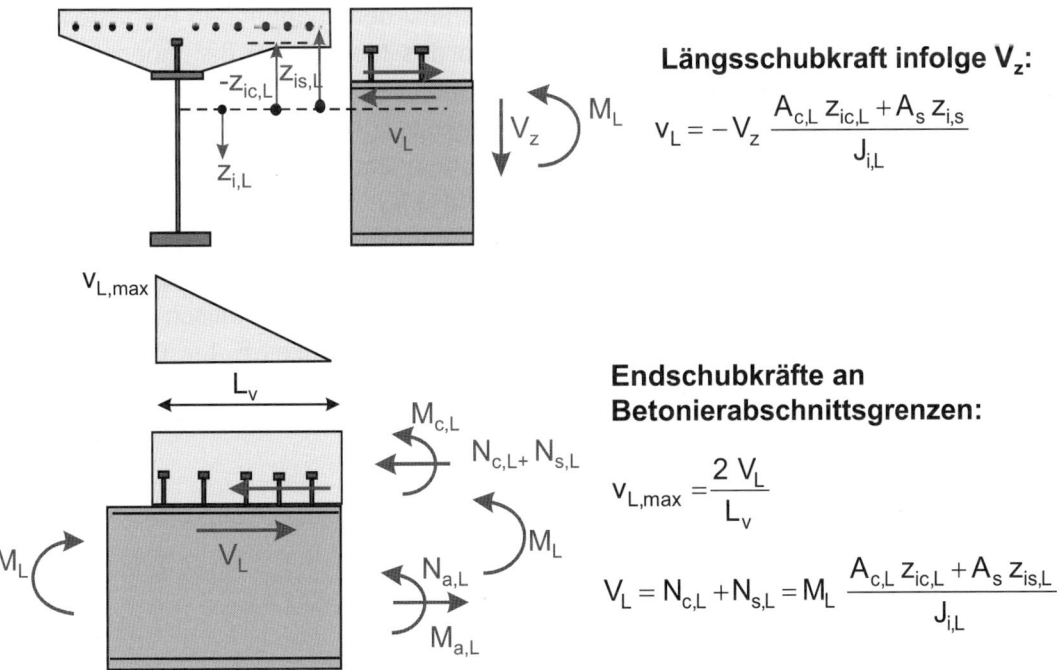

Längsschubkraft infolge V_z:

$$v_L = -V_z \frac{A_{c,L} z_{ic,L} + A_s z_{i,s}}{J_{i,L}}$$

Endschubkräfte an Betonierabschnittsgrenzen:

$$v_{L,max} = \frac{2 V_L}{L_v}$$

$$V_L = N_{c,L} + N_{s,L} = M_L \frac{A_{c,L} z_{ic,L} + A_s z_{is,L}}{J_{i,L}}$$

Bild 38: Ermittlung der Längsschubkräfte in der Verbundfuge

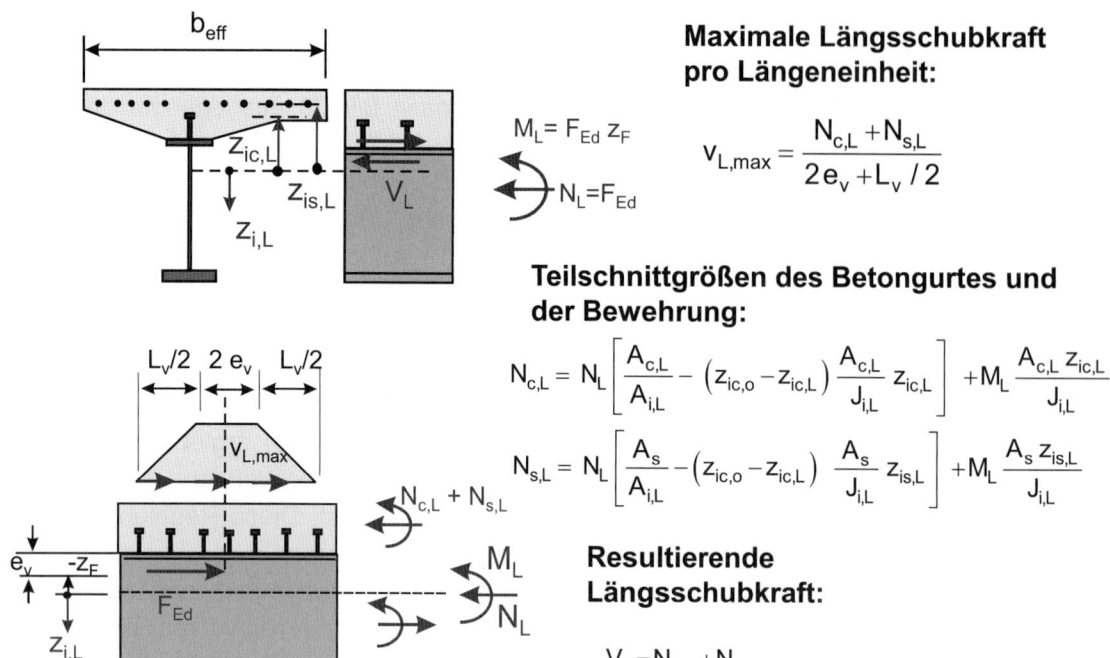

Bild 39: Ermittlung der Längsschubkräfte bei konzentrierter Einleitung von Längskräften im Stahlträger

In statisch unbestimmten Systemen resultieren aus dem Kriechen sekundäre Beanspruchungen (Zwangsschnittgrößen), die sich zeitlich affin zum Kriechen aufbauen. Bei Anwendung des Gesamtquerschnittsverfahrens können diese Zwangsschnittgrößen vorteilhaft mit dem Kraftgrößenverfahren oder bei Verwendung von Stabwerksprogrammen mithilfe eines äquivalenten Temperaturlastfalles einfach berechnet werden. Die Zusammenhänge können an dem in Bild 40 dargestellten System besonders gut veranschaulicht werden. Die Momentenverteilung M_P ($t = t_o$) zum Zeitpunkt t_o aus der ständigen Einwirkung F ergibt sich mit den zugehörigen Biegesteifigkeiten $E_a J_{i,o}$ unter Verwendung der Reduktionszahl n_o. Wird das Moment an der Innenstütze als statisch unbestimmte Größe eingeführt, so sind die Verformungen an der Mittelstütze mit zunehmendem Belastungsalter nicht mehr verträglich, da die Biegesteifigkeit des Verbundquerschnittes von $E_a J_{i,o}$ auf den Wert $E_a J_{i,P}$ abfällt. Die Verträglichkeitsbedingung an der Mittelstütze erfordert somit eine sich zeitlich aufbauende Zwangsschnittgröße M_{PT}. Da die Momentenverteilung M_P ($t = t_o$) zeitlich konstant ist, sind die zugehörigen Verformungen δ_{io}^P zum Zeitpunkt t_i unter Verwendung der mit der Reduktionszahl $n_L = n_P$ berechneten Biegesteifigkeit $E_a J_{i,P}$ zu bestimmen. Für das statisch unbestimmte, zeitlich veränderliche Zwangsmoment (statisch Unbestimmte X_i^{PT}) sind die zugehörigen Verformungsgrößen δ_{ik}^{PT} mit der Biegesteifigkeit $E_a J_{i,PT}$ unter Verwendung der Reduktionszahlen $n_L = n_{PT}$ zu ermitteln.

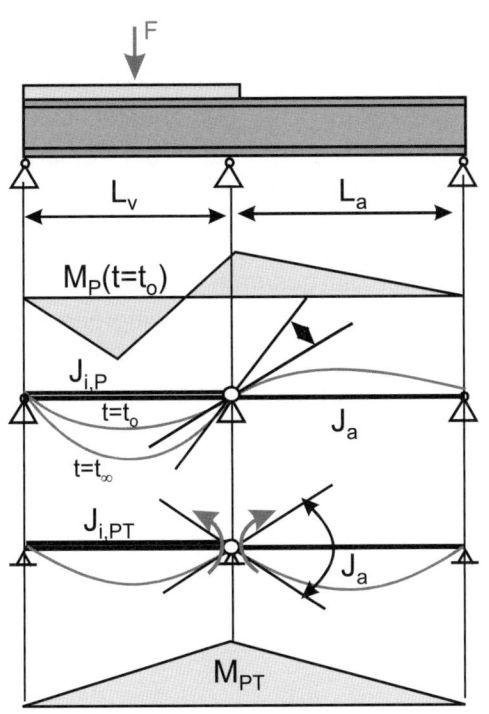

Verformungen aus Kriechen am statisch bestimmten Hauptsystem:

$$\delta_{ik}^{PT} = \int_{L_v} \frac{\overline{M}_{PT} \, M_1}{E_{st} \, J_{i,PT}} dx + \int_{L_a} \frac{\overline{M}_{PT} \, M_1}{E_{st} \, J_a} dx$$

Verformungen infolge des statisch unbestimmten und sich zeitlich aufbauenden Momentes M_{PT}:

$$\delta_{i0}^{P} = \int_{L_v} \frac{M_P \, M_1}{E_{st} \, J_{i,P}} dx - \int_{L_v} \frac{M_P \, M_1}{E_{st} \, J_{i,o}} dx$$

Zeitabhängiges statisch unbestimmtes Zwangsmoment:

$$\delta_{i0}^{P} + X_{ik}^{PT} \overline{M}_{PT} = 0 \qquad X_{ik}^{PT} = M_{PT} = -\frac{\delta_{i0}^{P}}{\delta_{ik}^{PT}}$$

Bild 40: Ermittlung der Zwangsschnittgrößen (sekundäre Beanspruchungen) aus Kriechen infolge ständiger Beanspruchungen

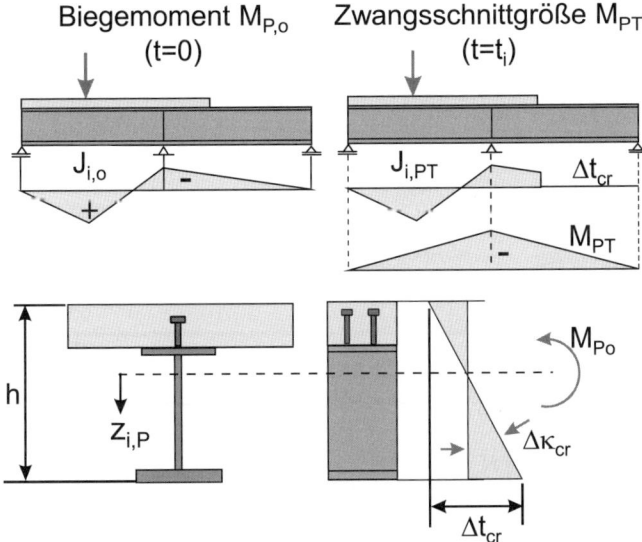

Krümmung infolge eines Temperaturunterschiedes:

$$\Delta \kappa_{cr} = \frac{\Delta t_{cr}}{h} \alpha_T$$

Krümmungsänderung aus Kriechen:

$$\Delta \kappa_{cr} = \frac{M_{P,o}}{E_a J_{i,P}} - \frac{M_{P,o}}{E_a J_{i,o}}$$

Äquivalenter Temperaturunterschied

$$\Delta t_{cr} = \frac{h}{\alpha_T} \frac{M_{P,o}}{E_a J_{i,P}} \left(1 - \frac{J_{i,P}}{J_{i,o}}\right)$$

Bild 41: Ermittlung der Zwangsschnittgrößen aus Kriechen mithilfe eines äquivalenten Temperaturlastfalls

Wenn die Schnittgrößen mit konventionellen Stabwerksprogrammen berechnet werden, können die zeitlich veränderlichen Zwangsschnittgrößen einfach mithilfe eines äquivalenten Temperaturlastfalls ermittelt werden. Dabei wird die Krümmungsänderung $\Delta\kappa_{cr}$ infolge des Kriechens durch einen äquivalenten Temperaturunterschied Δt_{cr} erfasst (Bild 41). Werden bei der Systemberechnung die Biegesteifigkeiten $E_a J_{i,PT}$ für zeitlich veränderliche Einwirkungen zugrunde gelegt, so sind die aus dem äquivalenten Temperaturlastfall resultierenden Zwangsschnittgrößen mit den zeitlich veränderlichen Zwangsschnittgrößen M_{PT} aus dem Kriechen identisch. Sich zeitlich entwickelnde Normalkraftzwängungen (z. B. in Rahmentragwerken) können analog durch eine äquivalente Temperaturschwankung und einen zusätzlichen Temperaturunterschied, der die Momentenbeanspruchung aus dem Schwerachsenversatz erfasst, berechnet werden. Die resultierenden Teilschnittgrößen und Spannungen zum betrachteten Zeitpunkt t sind dann für die ständigen Momentenanteile M_P (t = t_o) mit den mit $n_L = n_P$ ermittelten Querschnittskenngrößen und die zeitlich veränderlichen Momentenanteile M_{PT} mit den mit $n_L = n_{PT}$ berechneten Querschnittskenngrößen zu bestimmen. Wenn gleichzeitig Normalkräfte auftreten (z. B. bei Vorspannung mit Spanngliedern), ist zusätzlich der aus der Änderung der Schwerachse resultierende Momentenanteil infolge der Normalkraft zu berücksichtigen.

Bei Verbundträgern mit konstanter Bauhöhe und Betongurt über die gesamte Länge ist die in Bild 40 und Bild 41 angegebene exakte Berechnung der zeitabhängigen Zwangsschnittgrößen im Allgemeinen nicht erforderlich. Mit guter Näherung können die Schnittgrößen zum Zeitpunkt t = ∞ direkt bestimmt werden, indem in Trägerbereichen mit ungerissenen Querschnitten die Biegesteifigkeit $E_a J_{i,p}$ und in den Stützbereichen die Biegesteifigkeit $E_a J_{st}$ angesetzt wird.

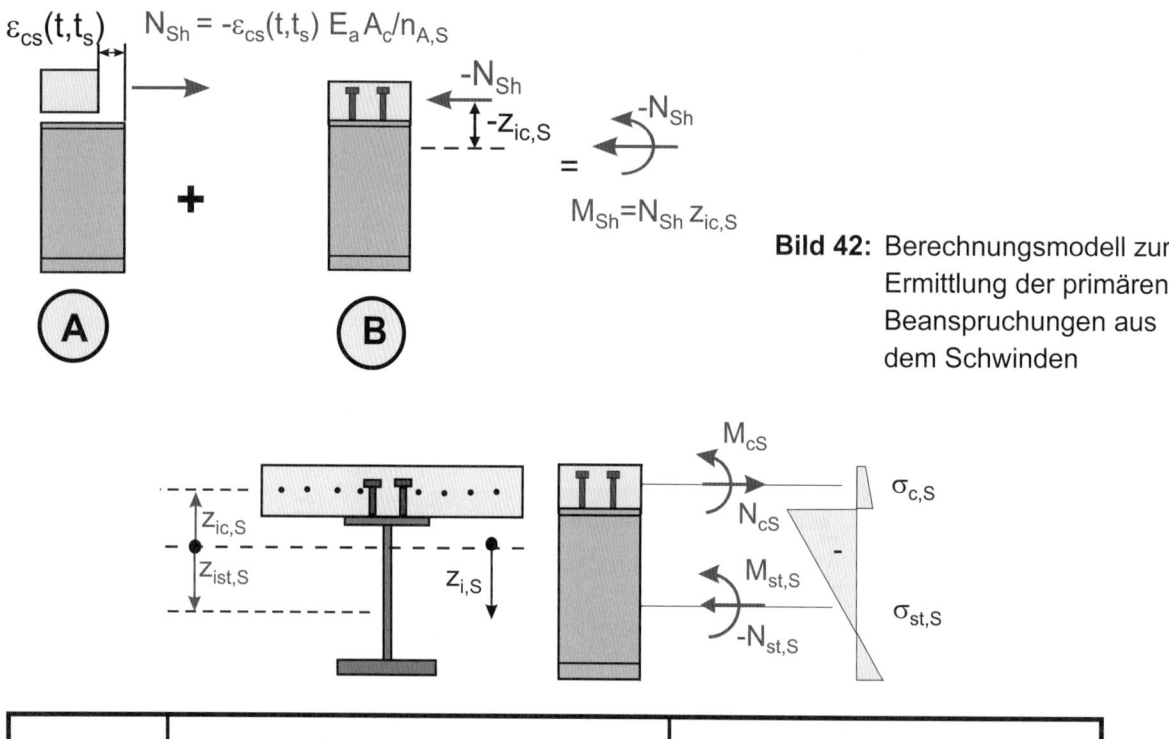

Bild 42: Berechnungsmodell zur Ermittlung der primären Beanspruchungen aus dem Schwinden

	Betonquerschnitt	Stahlquerschnitt
Teilschnitt-größen	$N_{c,S} = N_{Sh}\left(1 - \dfrac{A_{c,S}}{A_{i,S}} - \dfrac{A_{c,S}}{J_{i,S}} z_{ic,S}^2\right)$ $M_{c,S} = -N_{Sh} \cdot z_{ic,S} \dfrac{J_{c,S}}{J_{i,S}}$	$N_{st,S} = -N_{Sh}\left(\dfrac{A_{st}}{A_{i,S}} + \dfrac{A_{st}}{J_{i,S}} z_{ist,S} \cdot z_{ic,S}\right)$ $M_{st,S} = -N_{Sh} \, z_{ic,S} \dfrac{J_{st}}{J_{i,S}}$
Spannungen	$\sigma_{c,S} = \dfrac{N_{Sh}}{A_c} - \dfrac{N_{Sh}}{n_S \, A_{i,S}} + \dfrac{N_{Sh} \, z_{ic,S}}{n_S \, J_{i,S}}(z_{ic,S} + z_c)$	$\sigma_{st,S} = -\dfrac{N_{Sh}}{A_{i,S}} + \dfrac{N_{Sh} \, z_{ic,S}}{J_{i,S}} z_{i,S}$

Bild 43: Teilschnittgrößen und Spannungen aus den primären Beanspruchungen infolge Schwinden

Aus dem Schwinden resultieren in statisch bestimmten Systemen primäre Beanspruchungen. Sie können mithilfe des in Bild 42 dargestellten Berechnungsmodells ermittelt werden. Dabei wird die Betonplatte im ersten Schritt in Gedanken vom Stahlträger gelöst und die aus der freien Schwinddehnung resultierende Unverträglichkeit durch Einführung der Schwindnormalkraft N_{Sh} (Sh – shrinkage) rückgängig gemacht (Berechnungsschritt A). Im zweiten Schritt (B) wird dann die Schwindnormalkraft entgegengesetzt wieder auf den Verbundquerschnitt aufgebracht. Hieraus resultiert im Verbundquerschnitt eine Normalkraftbeanspruchung $N = -N_{Sh}$ und eine Momentenbeanspruchung $M_{Sh} = N_{Sh} \cdot z_{ic,S}$. Die resultierenden primären Beanspruchungen ergeben sich aus der Überlagerung der Schritte A und B. Die Beziehungen zur Berechnung der Teilschnittgrößen und Spannungen aus dem Schwinden sind in Bild 43 zusammengestellt. Sie sind mit der Reduktionszahl $n_L = n_S$ zu berechnen. An den Trägerenden resultieren aus den primären Beanspruchungen konzentrierte Längsschubkräfte $V_{L,S}$, die aus der Teilschnittgröße des Baustahlquerschnittes bzw. des Beton- und Betonstahlquerschnitts ermittelt werden können (Bild 44). Für die Verteilung der resultierenden Endschubkraft in Trägerlängsrichtung darf eine dreieckförmige Verteilung angenommen werden. Die Länge L_v ergibt sich in Übereinstimmung mit den Erläuterungen zu Bild 43.

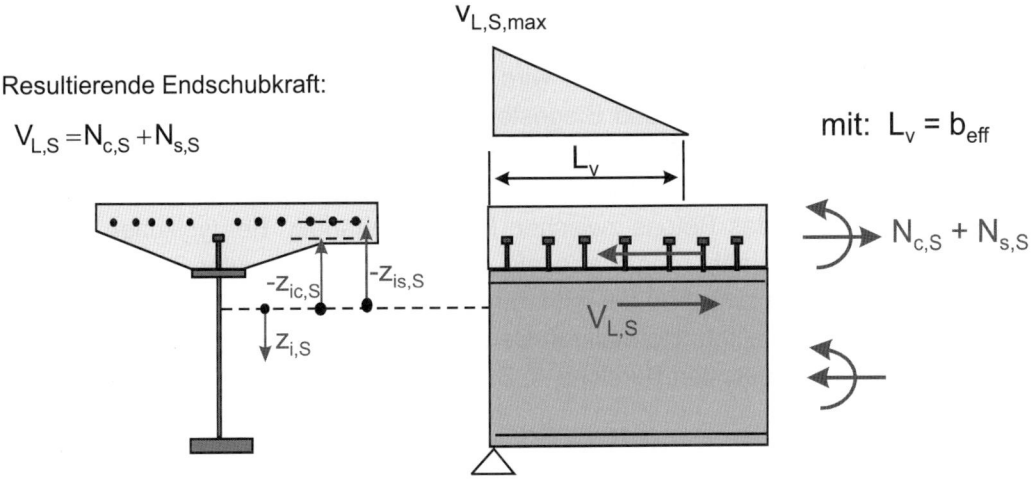

Bild 44: Endschubkräfte aus dem Schwinden

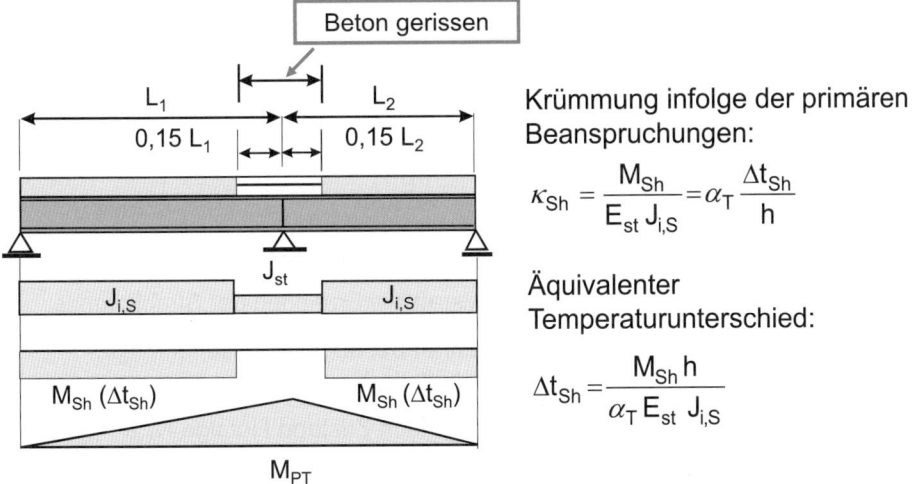

Bild 45: Ermittlung der Zwangsschnittgrößen aus dem Schwinden mithilfe eines äquivalenten Temperaturlastfalls

In statisch unbestimmten Tragwerken resultieren aus den primären Beanspruchungen Zwangsschnittgrößen (sekundäre Beanspruchungen), die mithilfe des Kraftgrößenverfahrens oder eines äquivalenten Temperaturlastfalles (Bild 45) unter Ansatz der Biegesteifigkeit $E_a J_{i,S}$ bestimmt werden können. Der äquivalente Temperaturunterschied wird dabei, wie bereits zuvor erläutert, aus der Krümmung infolge des Schwindmomentes M_{Sh} ermittelt. Bei Rahmentragwerken ist zusätzlich eine äquivalente Temperaturschwankung zur Erfassung der Normalkraftverformungen aus der Schwindnormalkraft zu berücksichtigen. In Trägerbereichen mit gerissenen Betongurten werden die primären Beanspruchungen aus dem Schwinden durch die Rissbildung stark abgebaut. Bei der Ermittlung der Zwangsschnittgrößen dürfen die Auswirkungen aus den primären Beanspruchungen in gerissenen Trägerbereichen bei der Ermittlung der Zwangsschnittgrößen vernachlässigt werden (Bild 45).

5.4.2.3 Einflüsse aus der Rissbildung

Wenn die Zugfestigkeit des Betons überschritten wird, führt die Rissbildung bei Trägern und Stützen zu einer Reduzierung der Dehn- und Biegesteifigkeit des Stahlbetonquerschnittes und bewirkt eine Umlagerung der Teilschnittgrößen vom Betonquerschnitt auf den Baustahlquerschnitt. Die Verteilung der Teilschnittgrößen und die daraus resultierenden Spannungen sind dabei vom Grad der Mitwirkung des Betons zwischen Rissen abhängig. Bei typischen Trägerquerschnitten kann der Betongurt näherungsweise als zentrisch beanspruchter Zugstab idealisiert werden. Der Zusammenhang zwischen der mittleren Dehnung $\varepsilon_{s,m}$ und der Normalkraft kann dann mit der in Bild 46 dargestellten Normalkraft-Dehnungsbeziehung beschrieben werden. Dabei werden die im Bild 46 dargestellten Bereiche A, B und C unterschieden [101], [131], [132], [133].

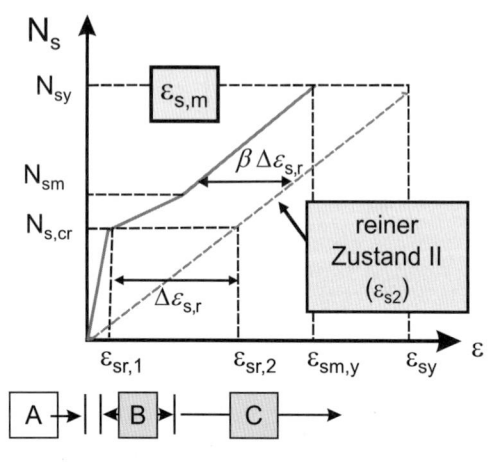

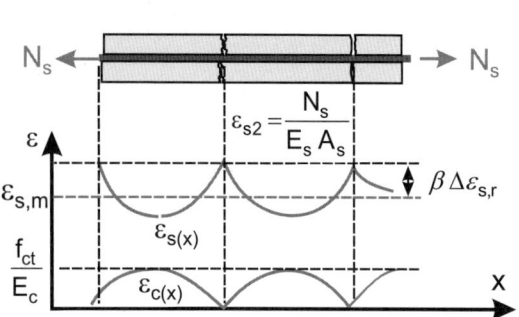

Bereich A: Zustand I $\quad \varepsilon_{s,m} = \varepsilon_{s,I} \leq \varepsilon_{sr,1}$

Bereich B: Erstrissbildung

$$\varepsilon_{s,m} = \varepsilon_{s,2} - \frac{\beta(N_s - N_{s,cr}) + (N_{s,m} - N_s)}{(N_{s,m} - N_{s,cr})}(\varepsilon_{sr,2} - \varepsilon_{sr,1})$$

Bereich C: abgeschlossene Rissbildung

$$\varepsilon_{s,m} = \frac{N_s}{E_a A_s} - \frac{\beta f_{ct,eff}}{E_a \rho_s} \quad \beta = 0{,}4 \quad \rho_s = A_s / A_c$$

Rissnormalkraft:

$$N_{s,cr} = A_c f_{ct,eff}(1 + n_0 \rho_s) \quad n_0 = E_s / E_{cm}$$

$$\varepsilon_{sr,1} = \frac{f_{ct,eff}}{E_{cm}} \quad \varepsilon_{s2} = \frac{N_s}{E_s A_s}$$

$N_{s,cr}$ - Normalkraft bei Erstrissbildung

$N_{s,y}$ - Normalkraft bei Erreichen der Streckgrenze

$N_{s,m}$ - Normalkraft bei abgeschlossener Erstrissbildung $N_{s,m} = 1{,}3 N_{s,cr}$

$\varepsilon_{sr,1}$ - Dehnung nach Zustand I infolge $N_{s,cr}$

$\varepsilon_{sr,2}$ - Dehnung nach Zustand II infolge $N_{s,cr}$

Bild 46: Einfluss der Mitwirkung des Betons zwischen den Rissen auf die mittlere Dehnung eines Stahlbetonzuggliedes

Im Bereich A ist der Querschnitt ungerissen. Die mittlere Dehnung ε_{sm} ergibt sich aus der Dehnung des Betonstahls ε_{s1} im ungerissenen Zustand. Nach Erreichen der Betonzugfestigkeit (Bereich B) befindet sich der Stab im Zustand der Erstrissbildung. In diesem Zustand ist der Rissabstand noch so groß, dass über die Verbundwirkung zwischen Betonstahl und Beton zwischen den Rissen noch so große Kräfte in den Betonquerschnitt eingeleitet werden können, dass zwischen zwei Rissen erneut die Betonzugfestigkeit erreicht wird und sich weitere Risse bilden können. Bei Erreichen der abgeschlossenen Erstrissbildung hat sich schließlich ein Rissabstand eingestellt, bei dem auch bei weiterer Steigerung der Normalkraft die über Verbundwirkung in den Betonquerschnitt eingeleiteten Kräfte nicht mehr zu Betonzugspannungen führen, die die Zugfestigkeit des Betons erreichen (Bereich C). Es liegt dann der Zustand der abgeschlossenen Rissbildung vor.

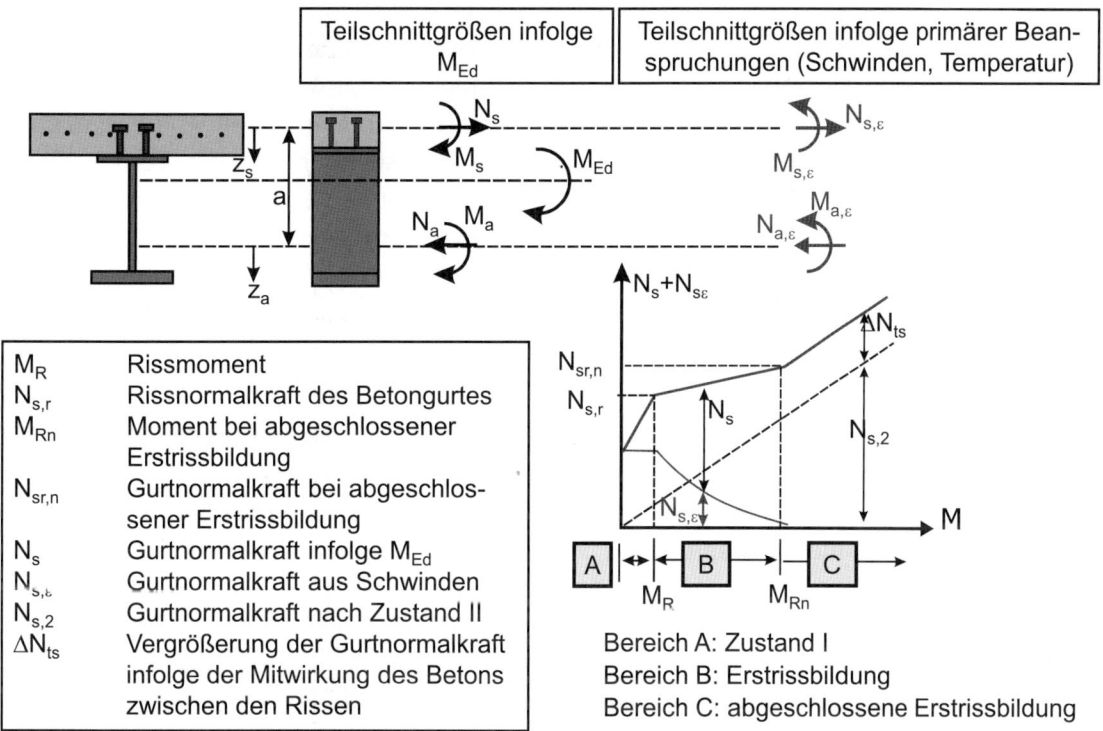

Bild 47: Einfluss der Rissbildung auf die Teilschnittgrößen, Bezeichnungen

Mit den in Bild 46 angegebenen Beziehungen für die mittlere Dehnung kann das Verhalten eines Verbundquerschnittes realistisch beschrieben werden. Die grundlegenden Zusammenhänge zwischen dem Biegemoment M_{Ed} und der Gurtnormalkraft N_s sind in Bild 47 dargestellt. Siehe auch [134] bis [138]. Bei der Berechnung der Teilschnittgrößen und Spannungen ist dabei wiederum zwischen den Bereichen A bis C zu unterscheiden. Der Bereich A beschreibt das Verhalten des ungerissenen Querschnitts, der Bereich B den Zustand der Erstrissbildung und der Bereich C den Zustand der abgeschlossenen Rissbildung. Im Vergleich zu den Verformungen und Teilschnittgrößen des reinen Zustand-II-Querschnittes führt die Mitwirkung des Betons zwischen den Rissen zu einer Reduzierung der Krümmung des Gesamtquerschnittes, d. h. zu einer Erhöhung der Biegesteifigkeit. Dies wird dadurch hervorgerufen, dass im Vergleich zum reinen Zustand II die Normalkraft des Stahlbetongurtes N_s durch die Mitwirkung des Betons zwischen den Rissen um den Wert ΔN_{ts} vergrößert und das Biegemoment des Stahlquerschnittes verringert wird.

Bei Durchlaufträgern findet die Rissbildung nur im Bereich der Innenstützen (negativer Momentenbereich) statt. Die mit der Rissbildung verbundene Abnahme der Biegesteifigkeit bewirkt somit für Beanspruchungen aus äußeren Einwirkungen eine Umlagerung der Biegemomente in die Feldbereiche. Die bei statisch unbestimmten Systemen aus den primären Beanspruchungen infolge des Schwindens resultierenden sekundären Beanspruchungen werden durch Rissbildung ebenfalls abgebaut, da in den gerissenen Trägerbereichen ein erheblicher Abbau der primären Beanspruchungen stattfindet.

Wie Bild 47 verdeutlicht, setzen sich die Beanspruchungen N_s und M_s des Stahlbetongurtes bis zum Erreichen des Rissmomentes aus den primären Beanspruchungen infolge des Schwindens (Teilschnittgrößen $N_{c,\varepsilon} = N_{S,\varepsilon}$ und $M_{c,\varepsilon} = M_{S,\varepsilon}$ nach Bild 47) und den Teilschnittgrößen aus dem äußeren Moment M_{Ed} zusammen.

Das Rissmoment M_R bei Erstrissbildung kann mit den in Bild 48 angegebenen Beziehungen berechnet werden und ergibt sich aus der Bedingung, dass infolge der primären Beanspruchungen aus dem Schwinden (Spannung $\sigma_{c,\varepsilon}$) und dem Rissmoment M_R in der Randfaser des Betongurtes die effektive Betonzugfestigkeit $f_{ct,eff}$ erreicht wird. Die Gurtnormalkraft $N_{s,r}$ bei Erreichen des Rissmomentes ergibt sich aus den am ungerissenen Querschnitt ermittelten Teilschnittgrößen infolge des Rissmomentes und den primären Beanspruchungen aus dem Schwinden. Der aus dem Rissmoment resultierende Anteil wird dabei vereinfachend mit der Reduktionszahl n_0 für Kurzzeitbeanspruchungen ermittelt. Die Rissnormalkraft kann durch die in Bild 48 angegebene Gleichung $N_{cr} = A_{ct} \cdot k \cdot k_s \cdot k_c \cdot f_{ct,eff}$ approximiert werden. Dabei ist A_{ct} die Querschnittsfläche der Betonzugzone unmittelbar vor Entstehen der Erstrissbildung und $f_{ct,eff}$ die effektive Betonzugfestigkeit.

Bei der Ermittlung von A_{ct} sind Zugeigenspannungen aus dem Schwinden und gegebenenfalls aus dem Abfließen der Hydratationswärme zu berücksichtigen. Näherungsweise darf die mittragende Gurtfläche zugrunde gelegt werden. Der Beiwert k_c beschreibt die Spannungsverteilung im Betongurt bei reiner Momentenbeanspruchung, wobei die Vergrößerung durch den zusätzlichen additiven Term von 0,3 den Einfluss der primären Beanspruchungen aus dem Schwinden berücksichtigt. Nach DIN EN 1994-1-1 darf die Rissnormalkraft zusätzlich mit einem Faktor $k = 0,8$ abgemindert werden. Der Faktor k erfasst dabei den zugfestigkeitsmindernden Einfluss von nichtlinear verteilten Eigenspannungen aus dem Schwinden und anderen ungünstigen Einflüssen wie z. B. dem Abfließen der Hydratationswärme. Eine weitere Abminderung zur Berücksichtigung der Einflüsse aus der Nachgiebigkeit der Verdübelung erfolgt mit dem Faktor $k_s = 0,9$ [138].

Rissmoment M_{cr}:

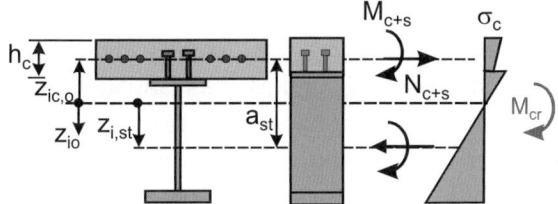

primäre Beanspruchungen aus Schwinden:

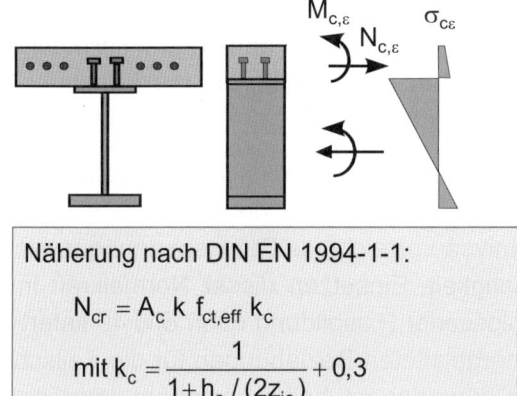

Näherung nach DIN EN 1994-1-1:

$N_{cr} = A_c\, k\, f_{ct,eff}\, k_c$

mit $k_c = \dfrac{1}{1 + h_c/(2z_{io})} + 0{,}3$

Rissmoment M_{cr}: $A_{co} = A_{ct}$

$\sigma_c + \sigma_{c,\varepsilon} = k\, f_{ct,eff}$

$M_{cr} = \left[k\, f_{ct,eff} - \sigma_{c,\varepsilon} \right] \dfrac{n_0\, J_{i,o}}{z_{ic,o} + h_c/2}$

$M_{cr} = \left[k\, f_{ct,eff} - \sigma_{c,\varepsilon} \right] \dfrac{n_0\, J_{i,o}}{z_{ic,o}(1 + h_c/(2\, z_{ic,o}))}$

Normalkraft im Betongurt bei Erstrissbildung:

$N_{cr} = M_{cr}\, \dfrac{A_{co}\, z_{i,co} + A_s\, z_{is}}{J_{io}} + N_{c+s,\varepsilon}$

$N_{cr} = \dfrac{A_c\, (k\, f_{ct,eff} - \sigma_{c,\varepsilon})(1 + \rho_s\, n_0)}{1 + h_c/(2\, z_{ic,o})} + N_{c+s,\varepsilon}$

$N_{cr} = A_c\, k\, f_{ct,eff}\, (1 + \rho_s\, n_0)\, (k_{c,M} + k_{c,\varepsilon})$

$k_{c,M} = \dfrac{1}{1 + h_c/(2\, z_{ic,o})}$

$k_{c,\varepsilon} = \dfrac{N_{c+s,\varepsilon} - \dfrac{A_c\, \sigma_{c,\varepsilon}(1 + \rho_s\, n_0)}{1 + h_c/(2\, z_{ic,o})}}{A_c\, k\, f_{ct,eff}\, (1 + \rho_s\, n_0)} \approx 0{,}3$

Bild 48: Ermittlung des Rissmomentes und der Rissnormalkraft des Betongurtes

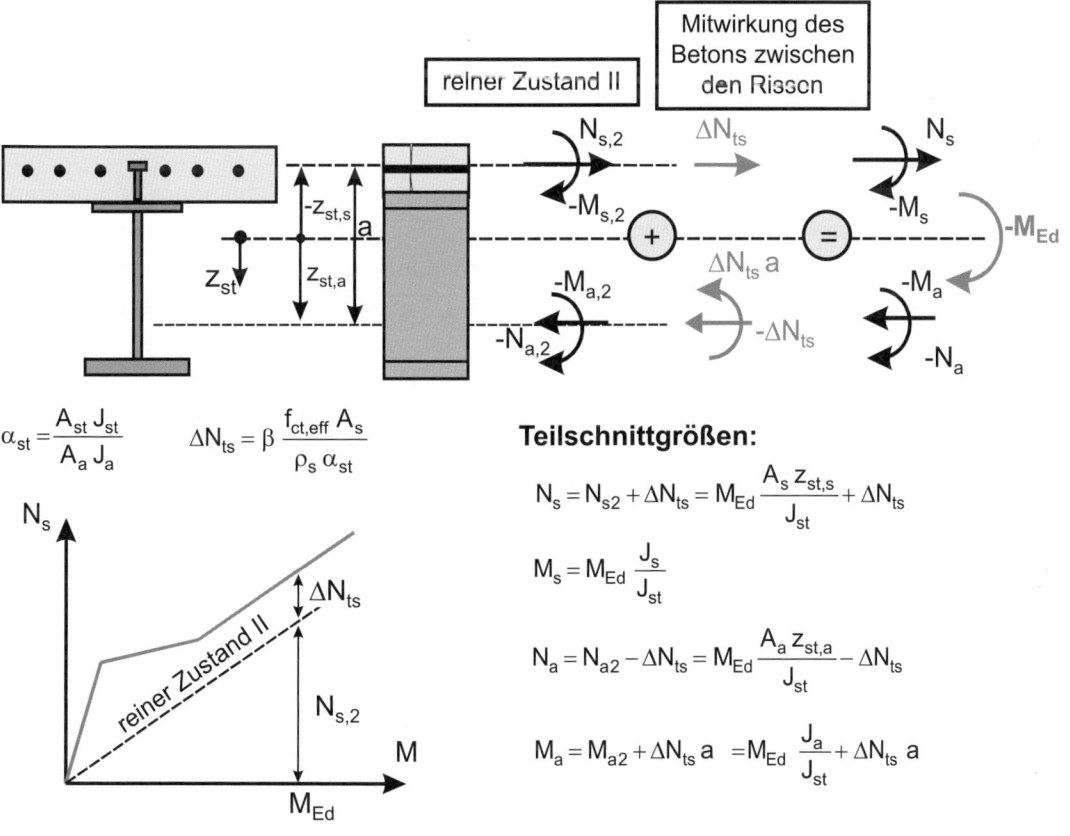

$\alpha_{st} = \dfrac{A_{st}\, J_{st}}{A_a\, J_a}$ $\Delta N_{ts} = \beta\, \dfrac{f_{ct,eff}\, A_s}{\rho_s\, \alpha_{st}}$

Teilschnittgrößen:

$N_s = N_{s2} + \Delta N_{ts} = M_{Ed}\, \dfrac{A_s\, z_{st,s}}{J_{st}} + \Delta N_{ts}$

$M_s = M_{Ed}\, \dfrac{J_s}{J_{st}}$

$N_a = N_{a2} - \Delta N_{ts} = M_{Ed}\, \dfrac{A_a\, z_{st,a}}{J_{st}} - \Delta N_{ts}$

$M_a = M_{a2} + \Delta N_{ts}\, a = M_{Ed}\, \dfrac{J_a}{J_{st}} + \Delta N_{ts}\, a$

Bild 49: Teilschnittgrößen bei abgeschlossener Rissbildung

Im Bereich der abgeschlossenen Rissbildung muss bei der Berechnung der Teilschnittgrößen der Einfluss aus der Mitwirkung des Betons zwischen den Rissen berücksichtigt werden (Bild 49). Die Normalkraft N_s im Betonstahl ergibt sich aus der am reinen Zustand-II-Querschnitt ermittelten Teilschnittgröße $N_{s,2}$ und einem additiven Glied $\Delta N_{t,s}$, das den Einfluss aus der Mitwirkung des Betons zwischen den Rissen berücksichtigt. Die Teilschnittgrößen N_a und M_a des Baustahlquerschnitts können dann aus den Gleichgewichtsbeziehungen berechnet werden. Beim Baustahlquerschnitt bewirkt die Mitwirkung des Betons zwischen den Rissen eine Vergrößerung der Normalkraft N_a und eine Reduzierung der Teilschnittgröße M_a. Mithilfe der Teilschnittgrößen können schließlich die Spannungen im Beton- und Baustahl berechnet werden. Die Berücksichtigung der Mitwirkung des Betons zwischen den Rissen führt insbesondere bei den Spannungen im Stahlobergurt zu einer erheblichen Reduzierung. Bei der Ermittlung von ΔN_{ts} kann der Mitwirkungsfaktor β bei vorwiegend ruhender Beanspruchung mit $\beta = 0{,}4$ angenommen werden. Unter nicht vorwiegend ruhender Beanspruchung kann in Versuchen eine Abnahme der Mitwirkung des Betons zwischen den Rissen beobachtet werden. In diesen Fällen sollte bei der Ermittlung der Spannungen im Baustahlquerschnitt $\beta = 0{,}2$ zugrunde gelegt werden.

Zur Bestimmung des Biegemomentes M_{Rn} bei abgeschlossener Erstrissbildung (siehe Bild 47) kann angenommen werden, dass die Normalkraft des Betongurtes auf den 1,3-fachen Wert der Rissnormalkraft angewachsen ist. Unter diesem Lastniveau erreicht die Betonspannung zwischen den Rissen etwa die 95 %-Fraktile der Betonzugfestigkeit. Einsetzen dieser Normalkraft in die Bestimmungsgleichung für die Gurtkraft bei abgeschlossener Rissbildung nach Bild 49 liefert das gesuchte Moment M_{Rn} nach Bild 47. Mit den zuvor hergeleiteten Beziehungen für die Teilschnittgrößen kann nun die effektive Biegesteifigkeit des Verbundquerschnitts berechnet werden. Aus der Bedingung, dass die Krümmungen des Baustahl- und Gesamtstahlquerschnittes gleich sein müssen, folgt die in Bild 50 angegebene Beziehung für die effektive Biegesteifigkeit $E_{st}J_{2,ts}$. Im Bereich der Erstrissbildung kommt es zu einem starken Abfall der Biegesteifigkeit. Mit Erreichen des Momentes M_{Rn} bei abgeschlossener Erstrissbildung nähert sich die Biegesteifigkeit einem Grenzwert an, der oberhalb der Biegesteifigkeit des reinen Zustand-II-Querschnitts liegt. Mit guter Näherung kann die Biegesteifigkeit bei abgeschlossener Rissbildung durch den Wert bei abgeschlossener Erstrissbildung approximiert werden. In die Bestimmungsgleichung für $E_{st}J_{2,ts}$ sind dann die Größen $M = M_{Rn}$, $N_s = N_{sr,n}$ und $N_{s\varepsilon} = 0$ einzusetzen.

Die in Bild 50 dargestellten Zusammenhänge verdeutlichen, dass die nichtlineare Momenten-Krümmungsbeziehung zu einer von der Momentenbeanspruchung des Querschnitts abhängigen effektiven Biegesteifigkeit führt. Bei der Schnittgrößenermittlung ist daher im allgemeinen Fall eine nichtlineare Berechnung entsprechend DIN EN 1994-1-1, 5.4.3 erforderlich. Da diese Vorgehensweise für die praktische Anwendung zu aufwendig ist, werden in DIN EN 1994-1-1 zwei Näherungsverfahren angegeben, bei denen der Einfluss der Rissbildung vereinfacht durch Ansatz der Biegesteifigkeit nach Zustand II in Trägerbereichen mit Rissbildung (L_{cr}) angenommen wird. Eine genauere Berücksichtigung der Rissbildung ist insbesondere für Tragwerke von Bedeutung, bei denen im Grenzzustand der Tragfähigkeit die Einflüsse aus Theorie II. Ordnung berücksichtigt werden müssen (Stützen oder seitlich verschiebliche Rahmentragwerke) oder bei denen im Grenzzustand der Gebrauchstauglichkeit hohe Anforderungen an die Überhöhung und an die Genauigkeit der Verformungsberechnung gestellt werden.

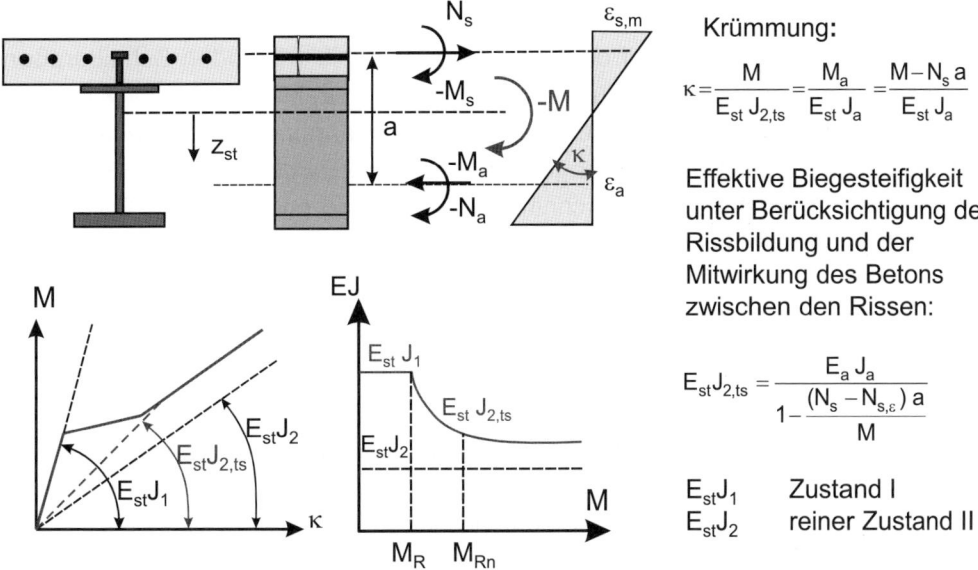

Bild 50: Ermittlung der effektiven Biegesteifigkeit unter Berücksichtigung der Mitwirkung des Betons zwischen den Rissen

- **„Vereinfachte" Berücksichtigung der Rissbildung für eine linear-elastische Bestimmung der Schnittgrößen für Verbundträger**

Nach DIN EN 1994-1-1 ist im Rahmen einer linear-elastischen Berechnung zur Berücksichtigung der Rissbildung im Betongurt ein allgemeines Berechnungsverfahren (s. a. DIN EN 1994-1-1, 5.4.2.3(2)) und ein Näherungsverfahren (s. a. DIN EN 1994-1-1, 5.4.2.3(3)) gemäß Bild 51 zulässig. Hinsichtlich der Anwendung des Näherungsverfahrens im Grenzzustand der Tragfähigkeit und der zulässigen Momentenumlagerung nach den Methoden I und II wird auf Abschnitt 5.4.4 verwiesen.

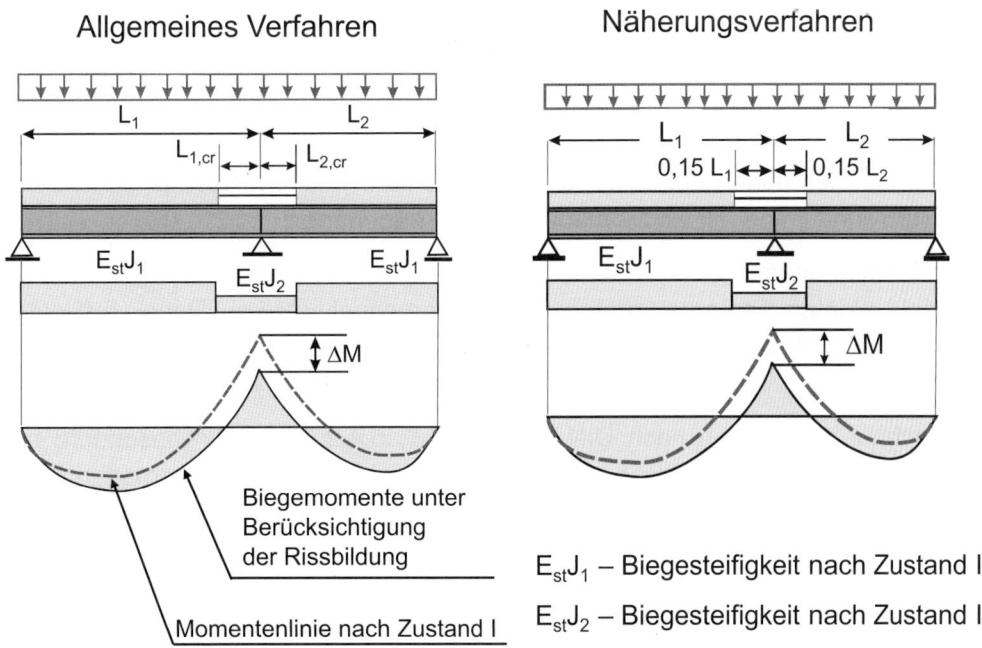

Bild 51: Elastische Schnittgrößenermittlung – Berücksichtigung der Rissbildung nach dem allgemeinen Verfahren und nach dem Näherungsverfahren

Bei Anwendung des allgemeinen Verfahrens (Bild 52) ist eine zweifache Schnittgrößenermittlung erforderlich. Im ersten Schritt werden die auf den Verbundquerschnitt wirkenden Schnittgrößen mit den Biegesteifigkeiten der ungerissenen Querschnitte für die charakteristische Einwirkungskombination ermittelt. In Trägerbereichen, in denen die Betonrandspannung den zweifachen Wert der mittleren Betonzugfestigkeit überschreitet (Länge L_{cr} nach Bild 52), wird im zweiten Schritt die Biegesteifigkeit EJ_2 des reinen Zustand-II-Querschnitts angesetzt und mit dieser Steifigkeitsverteilung eine neue Schnittgrößenermittlung durchgeführt.

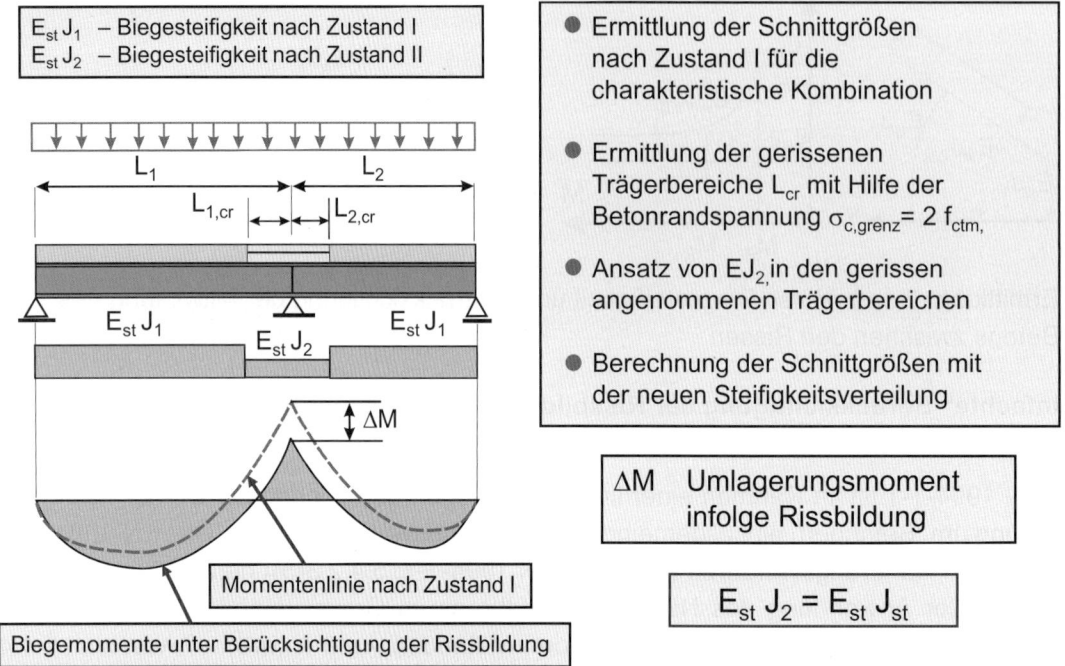

Bild 52: Zusammenfassung der Vorgehensweise bei der Schnittgrößenermittlung nach dem allgemeinen Verfahren

Die Festlegung der Grenzspannung σ_{cr} zur Ermittlung der gerissenen Trägerbereiche basiert auf umfangreichen Vergleichsberechnungen, bei denen die Schnittgrößenverteilung von Durchlaufträgern unter Berücksichtigung der Mitwirkung des Betons zwischen den Rissen erfolgte. Durch Ansatz der Biegesteifigkeit des reinen Zustand-II-Querschnitts im Bereich der Länge L_{cr} wird die wirkliche Steifigkeitsverteilung im negativen Momentenbereich angenähert.

Die Berechnung der Momentenumlagerung aus der Rissbildung kann dabei auch mithilfe des in Bild 53 erläuterten äquivalenten Temperaturunterschiedes berechnet werden. Dabei darf dann anstelle der Biegesteifigkeit $EJ_{2,ts}$ die Biegesteifigkeit des reinen Zustand-II-Querschnitts angesetzt werden.

Das allgemeine Berechnungsverfahren nach DIN EN 1994-1-1, 5.4.2.3(2) ist insbesondere bei Tragwerken anzuwenden, bei denen die Rissbildung zu größeren Momentenumlagerungen führt. Dies ist der Fall bei Trägern mit Spanngliedvorspannung sowie bei Trägern mit planmäßig eingeprägten Deformationen, bei Mischsystemen aus Verbundquerschnitten und reinen Stahlbeton- bzw. Stahlquerschnitten sowie bei Durchlaufträgern mit stark unterschiedlichen Stützweiten. In diesen Fällen sind die Schnittgrößen nach dem allgemeinen Verfahren nach DIN EN 1994-1-1, 5.4.2.3(2) zu berechnen. Auch Systeme mit großen Einzellasten, bei denen die Momentenlinie stark von den üblichen Momentenverteilungen von Durchlaufträgern mit Streckenlasten abweichen, sind die Näherungsverfahren nach DIN EN 1994-1-1, 5.4.4 nicht geeignet. In diesen Fällen sollte das allgemeine Verfahren Anwendung finden.

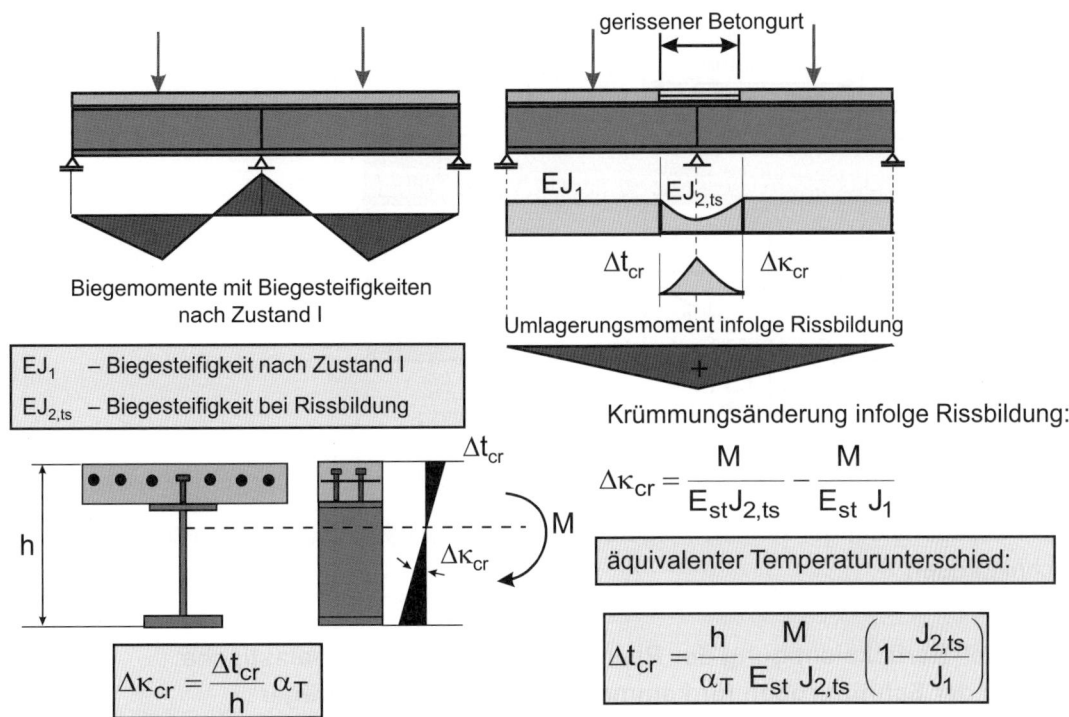

Bild 53: Ermittlung der Momentenumlagerung infolge Rissbildung mithilfe eines äquivalenten Temperaturlastfalles

Bei Durchlaufträgern und Rahmenriegeln in seitlich unverschieblichen Rahmentragwerken darf der Einfluss aus der Rissbildung alternativ auch mit dem in Bild 51 angegebenen Näherungsverfahren gemäß DIN EN 1994-1-1, 5.4.2.3(2) erfasst werden. Dabei wird der Einfluss der Rissbildung im Betongurt auf die Momentenverteilung näherungsweise durch Berücksichtigung der Biegesteifigkeit EJ_2 des reinen Zustand-II-Querschnitts im Bereich der Innenstützen über eine Länge von 15 % der Stützweiten der angrenzenden Felder erfasst. Diese Vorgehensweise ist nur bei Trägern zulässig, bei denen das Verhältnis benachbarter Stützweiten die Bedingung $(L_{min}/L_{max}) \geq 0{,}6$ erfüllt.

In der Praxis werden die bei der Schnittgrößenermittlung als gerissen angenommenen Trägerbereiche oft gleichzeitig als Kriterium dafür benutzt, ob die Längsschubkräfte in der Verbundfuge oder die Spannungen aus Biegung und Normalkraft mit dem ungerissenen oder gerissenen Querschnitt berechnet werden müssen. Es sei hier darauf hingewiesen, dass diese Annahme nicht grundsätzlich zutreffend ist, da es sich bei den als gerissen angenommenen Längen L_{cr} nach Bild 51 um effektive Längen handelt, mit denen die Steifigkeitsverteilung unter Ansatz von EJ_2 so angepasst wird, dass sich näherungsweise die gleiche Schnittgrößenverteilung wie bei einer nichtlinearen Berechnung unter Ansatz und Verteilung der Biegesteifigkeit $EJ_{2,ts}$ unter Berücksichtigung der Mitwirkung des Betons zwischen den Rissen entsprechend Bild 54 ergibt.

Für den Nachweis der Querschnittstragfähigkeit sowie für den Nachweis der Längsschubkräfte ist stets zu berücksichtigen, dass die Rissbildung durch Eigenspannungen früher oder infolge von Überfestigkeiten bei der Betonzugfestigkeit auch später einsetzen kann. Auf diesen Umstand wird später detaillierter eingegangen, wenn bei bestimmten Nachweisen unabhängig von der Annahme der Steifigkeit bei der Schnittgrößenermittlung entweder der ungerissene oder der voll gerissene Querschnitt zugrunde gelegt werden muss.

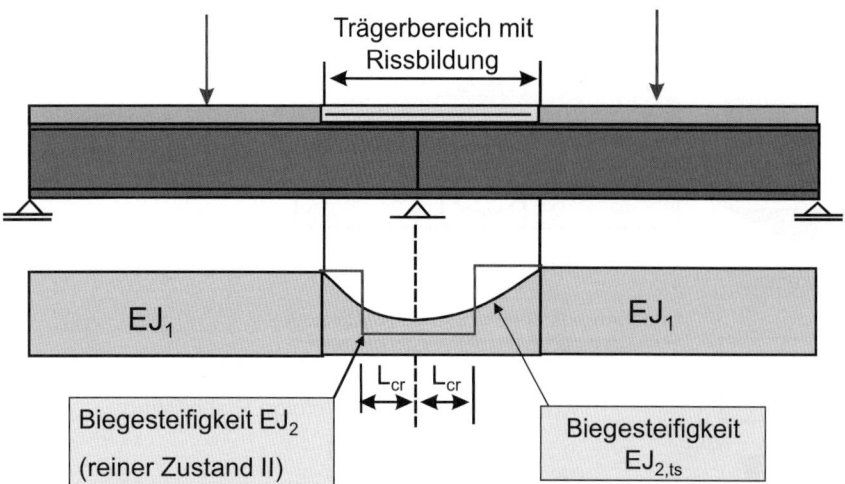

Bild 54: Zur Festlegung der gerissenen Trägerbereiche bei der vereinfachten Ermittlung der Schnittgrößen

- **„Vereinfachte" Berücksichtigung der Rissbildung für eine linear-elastische Bestimmung der Schnittgrößen für kammerbetonierte Verbundträger**

Für kammerbetonierte Verbundträger sollten die Schnittgrößen und Verformungen stets unter Berücksichtigung der Rissbildung ermittelt werden. Wie Trägerversuche gezeigt haben, wird die effektive Biegesteifigkeit $(EJ)_{eff}$ in den Feldbereichen (gerissener Kammerbeton) realistisch ermittelt, wenn der Mittelwert aus den Biegesteifigkeiten E_aJ_1 und E_aJ_2 angenommen wird. Bei der Ermittlung der Biegesteifigkeit des gerissenen Querschnitts darf die Druckzonenhöhe im Kammerbeton näherungsweise aus der Lage der plastischen Nulllinie berechnet werden. Bild 55 zeigt die Vorgehensweise für einen Zweifeldträger mit den unterschiedlichen Ansätzen für die gerissenen Querschnittsteile zur Bestimmung von J_2 im Bau- und Endzustand.

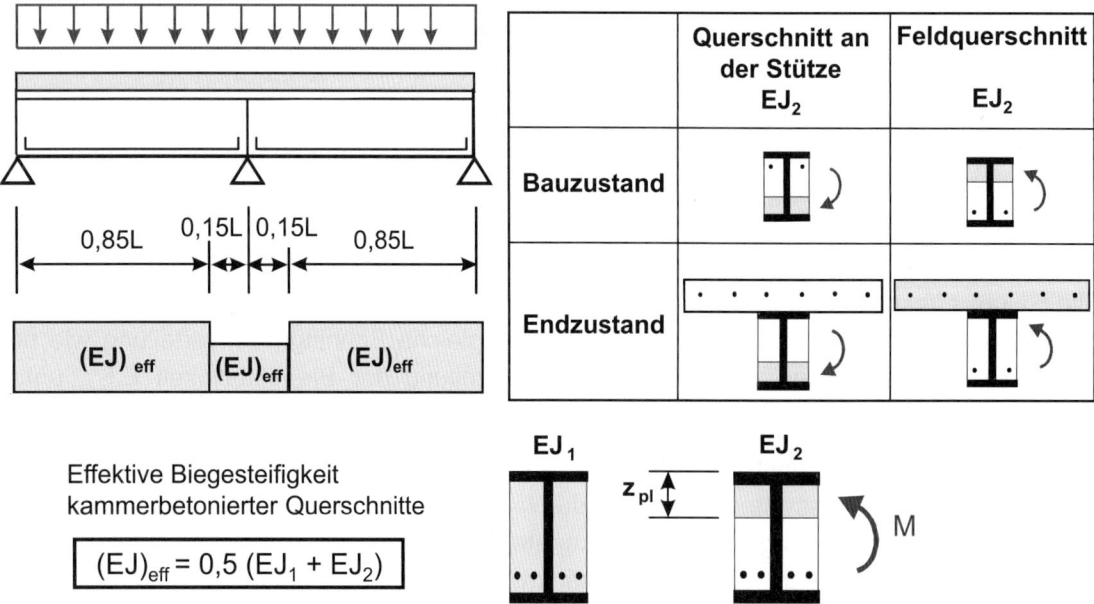

Bild 55: Berücksichtigung der Rissbildung bei Trägern mit Kammerbeton

5.4.2.4 Belastungsgeschichte

Für das Verformungs- und Tragverhalten sind in Abhängigkeit von der Querschnittsklasse die Einflüsse aus der Belastungsgeschichte von Bedeutung. Wesentliche Einflüsse aus der Belastungsgeschichte resultieren aus Systemwechseln während der Montage. Hierunter sind z. B. Systemwechsel infolge des Anordnens und Entfernens von Hilfsstützen oder der in Bild 8 dargestellte Systemwechsel infolge der Herstellung der Durchlaufwirkung nach dem Betonieren oder auch die abschnittsweise Herstellung des Betongurtes zu verstehen.

In Bild 56 und Bild 57 ist ein einfeldriger Verbundträger dargestellt, der mit drei unterschiedlichen Bauabläufen hergestellt wird. Beim Träger A wird der Stahlträger während des Betonierens nicht unterstützt. Das Eigengewicht der Betonplatte und des Stahlträgers wird somit vom Stahlträger aufgenommen. Ständige Beanspruchungen aus Ausbaulasten sowie die Verkehrslasten wirken nach dem Erhärten des Betons auf den Verbundquerschnitt. Es liegt ein *Verbundträger ohne Eigengewichtsverbund* vor. Der Träger B wird während des Betonierens durch Hilfsstützen unterstützt. Der Stahlträger bleibt somit beim Betonieren praktisch spannungslos. Nach Freisetzen der Hilfsstützen wirken alle Eigengewichtslasten und ständigen Lasten sowie die Verkehrslasten auf den Verbundträger. Wir sprechen dann von einem *Träger mit Eigengewichtsverbund*. Der Träger C wird wie im Fall B hergestellt. Vor dem Betonieren werden jedoch die Hilfsstützen angedrückt. Der Stahlträger wird „vorgespannt" und erhält im Bauzustand ein negatives Biegemoment M_A.

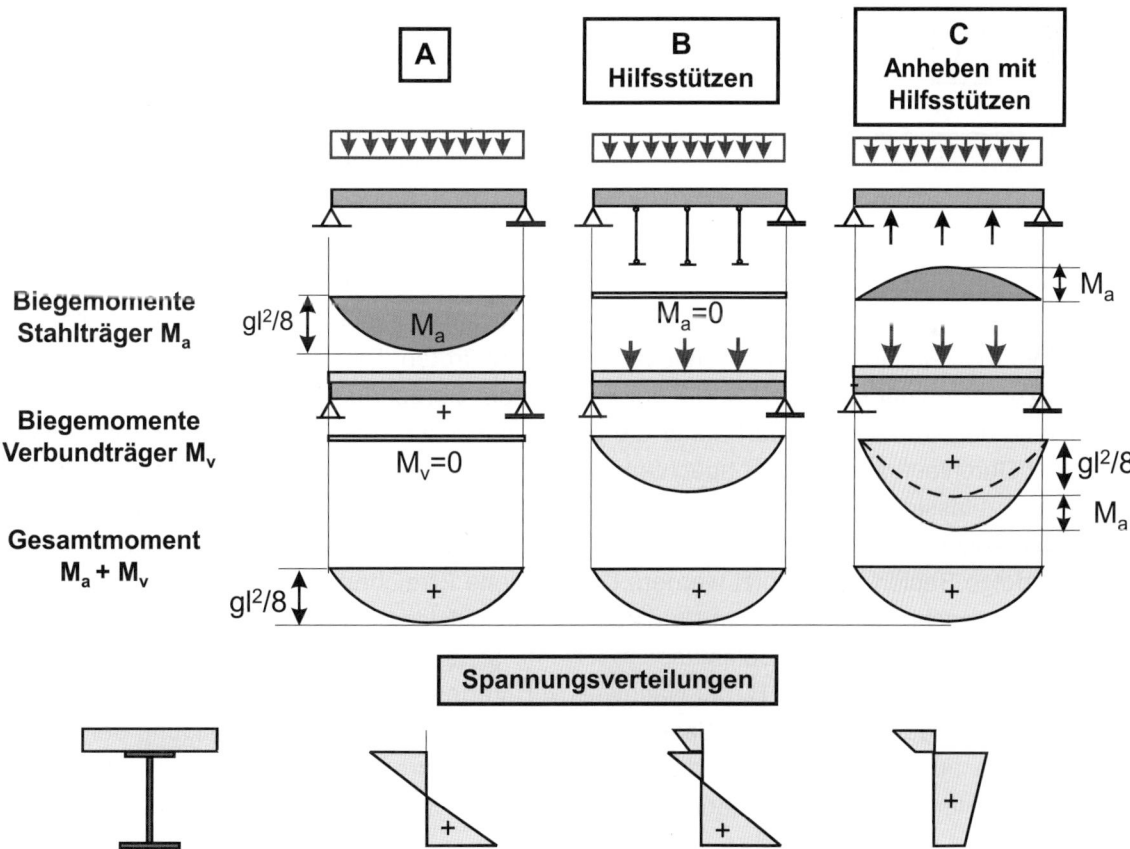

Bild 56: Einfluss der Belastungsgeschichte auf die Spannungsverteilung

Wie Bild 57 verdeutlicht, beeinflusst das Herstellungsverfahren die Verformungen unter Gebrauchslast sowie den Beginn des Fließens im Untergurt des Stahlträgers (Biegemoment M_{el}). Auf die Grenztragfähigkeit des Trägers hat das Herstellungsverfahren keinen Einfluss. Alle Träger erreichen die vollplastische Momententragfähigkeit $M_{pl,Rd}$ des Verbundquerschnitts. Beim Träger A wird im Untergurt des Stahlträgers sehr früh die Fließgrenze erreicht, da infolge der auf den Stahlträger wirkenden Eigengewichtslasten bereits relativ hohe Untergurtspannungen entstanden sind. Nach Überschreiten der Fließgrenze plastizieren die Spannungen infolge des Eigengewichtsmomentes im Stahlträger heraus und lagern sich auf den Verbundquerschnitt um. Im Träger B wird die Streckgrenze im Untergurt des Stahlträgers erst unter einem höheren Lastniveau erreicht, da alle Lasten auf den Verbundquerschnitt wirken. Im Grenzzustand der Tragfähigkeit stellt sich auch hier eine vollplastische Spannungsverteilung im Querschnitt ein. Der Träger C besitzt einen Eigenspannungszustand aus dem Anheben der Hilfsstützen, der im Untergurt des Stahlträgers „entlastende" Druckspannungen erzeugt. Die Streckgrenze wird daher erst bei einem deutlich höheren Lastniveau überschritten. Mit Erreichen der plastischen Grenzlast ist jedoch der Eigenspannungszustand aus dem Anheben der Hilfsstützen herausplastiziert und es stellt sich wie bei Träger A und B eine vollplastische Spannungsverteilung ein.

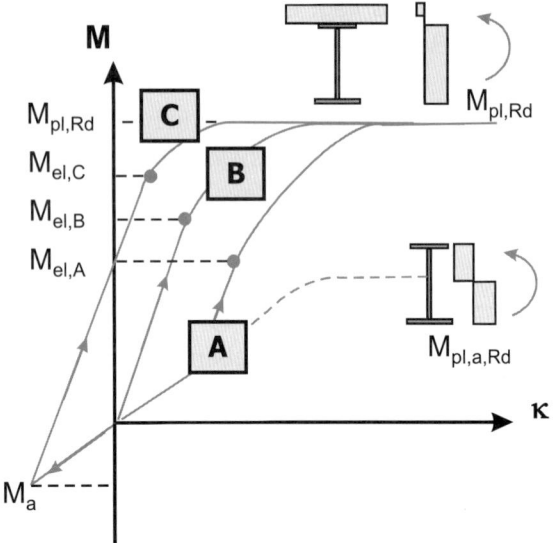

Bild 57: Momenten-Krümmungsbeziehung in Abhängigkeit von der Belastungsgeschichte

Das in Bild 57 dargestellte Tragverhalten stellt sich nur ein, wenn vor Erreichen des vollplastischen Momentes keine Instabilitäten (örtliches Beulen) auftreten. Dies ist bei den zuvor beschriebenen Querschnitten der Klassen 1 und 2 der Fall. Bei der Berechnung der Schnittgrößen für den Grenzzustand der Tragfähigkeit darf daher die Belastungsgeschichte des Trägers vernachlässigt werden. Bei Durchlaufträgern ist zu beachten, dass die Vernachlässigung der Zwangsbeanspruchungen nur zulässig ist, wenn in negativen Momentenbereichen keine Biegedrillknickgefahr besteht. Querschnitte der Klassen 3 und 4 dürfen nur bis zur Streckgrenze bzw. bis zur Tragspannung infolge Beulen ausgenutzt werden. Da das erste Erreichen der Streckgrenze stark von der Belastungsgeschichte abhängt, ist für diese Querschnittsklassen beim Nachweis des Grenzzustandes der Tragfähigkeit die Belastungsgeschichte stets zu berücksichtigen. Grenzzustände der Gebrauchstauglichkeit, wie z. B. der Nachweis von Verformungen oder die Beschränkung der Rissbreite im Betongurt, sind für alle Klassen ebenfalls immer unter Berücksichtigung der Belastungsgeschichte zu untersuchen, da das Herstellungsverfahren die Verformungen sowie die Schnittgrößen unter Gebrauchslast nennenswert beeinflusst.

5.4.2.5 Einflüsse aus Temperatureinwirkungen

Einwirkungen aus klimatischen Temperatureinwirkungen sind in DIN EN 1991-1-5 geregelt. Bei Verbundkonstruktionen mit Betonquerschnittsteilen aus Normalbeton mit quarzitischen Zuschlägen darf für Beton und Baustahl näherungsweise der gleiche lineare Temperaturausdehnungskoeffizient angenommen werden, s. a. Abschnitt 3.1.

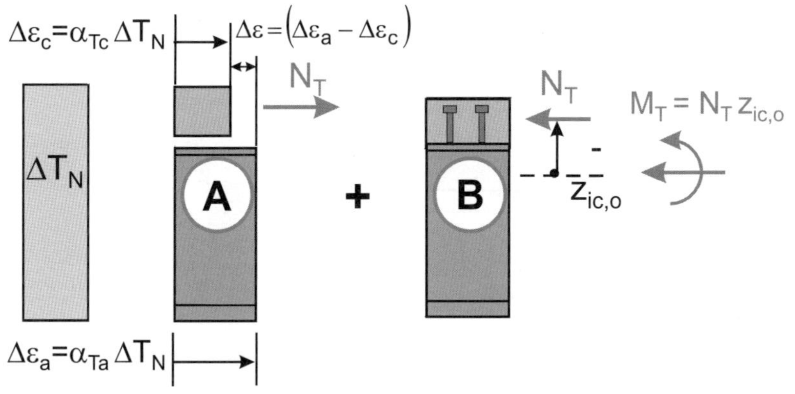

$$N_T = \Delta\varepsilon \, E_{cm} \, A_c = \Delta T_N \, \alpha_T \left[1 - \frac{\alpha_{T,c}}{\alpha_{T,a}}\right] E_{cm} \, A_c$$

A: N_T = Zugbeanspruchung im Betongurt

B: N_T = Druckbeanspruchung auf den Gesamtquerschnitt

Bild 58: Beanspruchungen aus Temperatur infolge unterschiedlicher linearer Wärmeausdehnungskoeffizienten von Stahl und Beton

Diese Vereinfachung ist für Leichtbeton nicht mehr zulässig, da hier deutlich kleine Werte zu berücksichtigen sind. Dies kann auch bei Normalbetonen mit Zuschlägen aus Kalkstein der Fall sein. In diesen Fällen resultieren aus einer Temperaturschwankung zusätzliche Zugbeanspruchungen im Betongurt, die die Trägerbereiche, in denen Rissbildung auftritt vergrößern (Bild 58). Die Einflüsse sind nur in den Grenzzuständen der Gebrauchstauglichkeit und bei Trägern mit Querschnitten der Klassen 3 und 4 in den Grenzzuständen der Tragfähigkeit von Bedeutung.

Weitere Temperaturbeanspruchungen können bei Verbundkonstruktionen aus dem Abfließen der Hydratationswärme resultieren. Dieser Einfluss ist insbesondere bei Tragwerken mit starker Behinderung von Temperaturverformungen von Bedeutung. In der Regel sollten bei solchen Konstruktionen Betone mit Zementen eingesetzt werden, die eine niedrige Hydratationswärmeentwicklung aufweisen. Da diese Vorgehensweise oft mit den Anforderungen an Montage- und Betoniertermine kollidiert, wird man in Einzelfällen auf genauere Untersuchungen angewiesen sein.

Bild 59 verdeutlicht, dass nach dem Einbringen und Verdichten des Betons in Phase I dann in Phase II eine zunehmende Hydratationswärmeentwicklung festzustellen ist. Die Temperaturdehnungen werden in dieser Phase in plastische Betondehnungen umgesetzt. Mit zunehmender Erhärtung und damit verbundener Zunahme des Elastizitätsmoduls des Betons entstehen in Phase III zunächst Druckspannungen, die durch Relaxation des jungen Betons wieder abgebaut werden. In Phase IV gibt der Beton nun Wärme an die Umgebung ab, was mit einem Abbau der Druckspannungen verbunden ist. Die weitere Abkühlung in der Phase V führt nun zum Aufbau von Zugeigenspannungen, die im frühen Betonalter wegen der noch nicht voll entwickelten Betonzugfestigkeit zur Rissbildung führen können.

In vielen Regelwerken ist zur Berücksichtigung dieses Einflusses verankert, dass ein Temperaturunterschied zwischen Betongurt und Stahlträger rechnerisch berücksichtigt werden muss, wenn Zemente mit höherer Hydratationswärmeentwicklung verwendet werden. Eine genauere Berechnung ist auf der Grundlage der Dissertation von Pamp [130] möglich. Die Vorgehensweise ist in Bild 59 und Bild 60 zusammengestellt. Eine vereinfachte Betrachtung hierzu wird in DIN EN 1994-2, 7.4.1 angegeben.

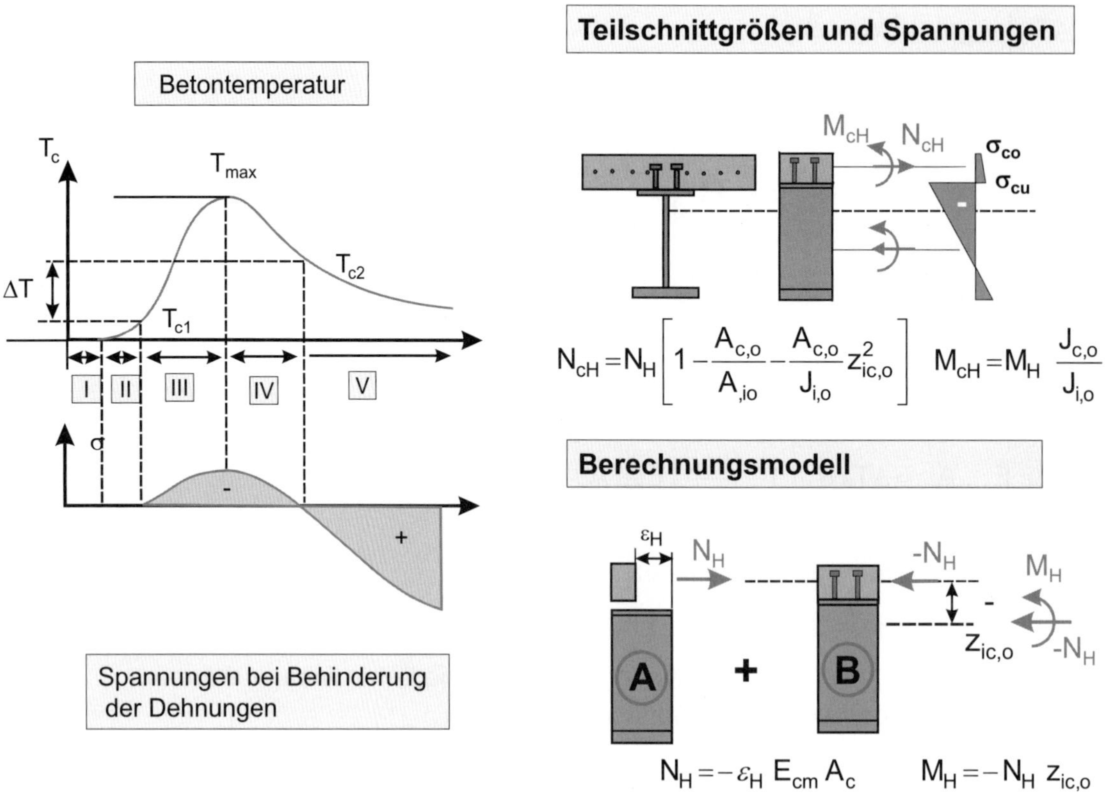

Betontemperatur

Teilschnittgrößen und Spannungen

$$N_{cH} = N_H \left[1 - \frac{A_{c,o}}{A_{,io}} - \frac{A_{c,o}}{J_{i,o}} z_{ic,o}^2 \right] \quad M_{cH} = M_H \frac{J_{c,o}}{J_{i,o}}$$

Berechnungsmodell

$$N_H = -\varepsilon_H E_{cm} A_c \quad M_H = -N_H z_{ic,o}$$

Spannungen bei Behinderung der Dehnungen

Bild 59: Beanspruchungen aus dem Abfließen der Hydratationswärme

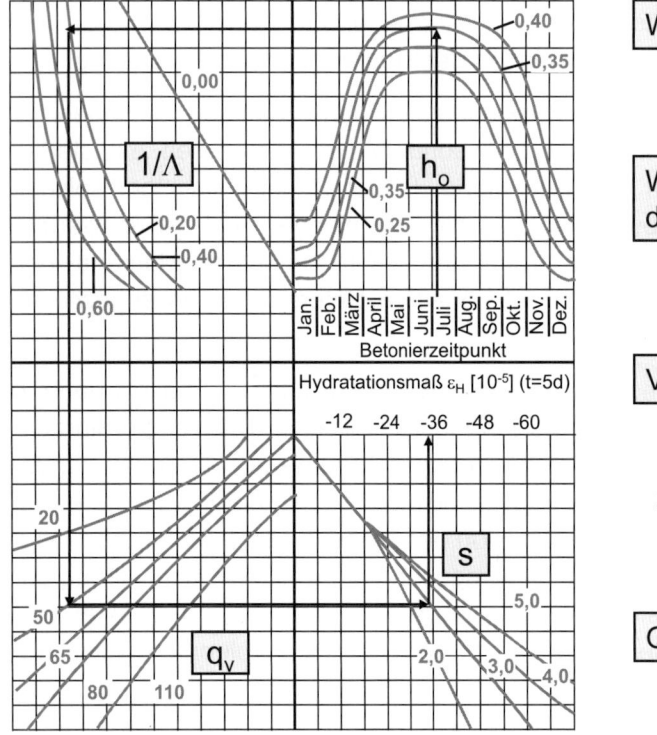

Wirksame Plattendicke

$$h_o = \frac{2 A_c}{U_c} [m]$$

Wärmedurchlasswiderstand der Abdeckung

$$\frac{1}{\Lambda} = \sum \frac{d_i}{\lambda_i} \left[m^2 \cdot \frac{K}{W} \right]$$

Volumetrische Wärmeentwicklung

$$q_v = z \cdot H_1 \left[(kJ/m^3) \cdot 10^3 \right]$$

z - Zementgehalt (kg/m³)
H_1 - Hydratationswärme nach 24 h (kJ/kg)

Querschnittseigenschaften

$$s = \frac{J_{io} \, n_o}{A_c \, z_{ic,o}} [m] \quad n_o = \frac{E_a}{E_{cm}}$$

Bild 60: Bestimmung des Hydratationsmaßes [130]

5.4.2.6 Einfluss aus Vorspannung

• **Vorspannung mittels planmäßig eingeprägter Deformationen**

Bei der Berechnung der zeitabhängigen Einflüsse aus dem Kriechen bei planmäßig eingeprägten Deformationen können zwei verschiedene Berechnungsmethoden verwendet werden. Die Methode I geht von der in Bild 61 angegebenen Reduktionszahl $n_L = n_D$ für eingeprägte Deformationen aus. Diese Methode kann nur verwendet werden, wenn in Trägerlängsrichtung konstante bzw. näherungsweise konstante Querschnitte vorhanden sind (Durchlaufträger mit konstanter Bauhöhe). Das Moment $M_{D,t}$ zum betrachteten Zeitpunkt t ergibt sich durch Reduzierung des Momentes $M_{D,o}$ bei Erstbelastung mit dem Verhältniswert der Biegesteifigkeit $E_a J_{i,D}$ zum Zeitpunkt t und $E_a J_{i,o}$ zum Zeitpunkt t_o. Die Teilschnittgrößen und Spannungen können dann mit den Querschnittskenngrößen unter Zugrundelegung der Reduktionszahlen $n_L = n_D$ bestimmt werden (Bild 61, Bild 62).

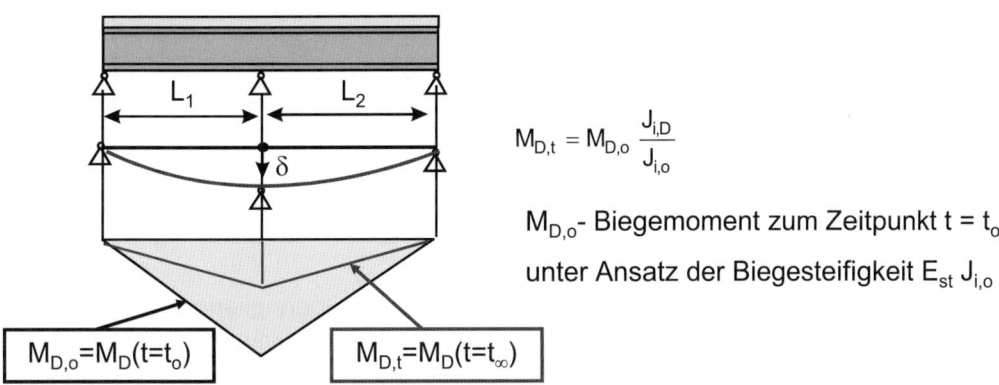

$$M_{D,t} = M_{D,o} \frac{J_{i,D}}{J_{i,o}}$$

$M_{D,o}$ - Biegemoment zum Zeitpunkt $t = t_o$ unter Ansatz der Biegesteifigkeit $E_{st} J_{i,o}$

Bild 61: Ermittlung der Schnittgrößen bei planmäßig eingeprägten Deformationen für Träger mit konstanter Biegesteifigkeit (Methode I)

Bei dem Berechnungsverfahren II werden die zum Zeitpunkt t_o eingeprägten Beanspruchungen als zeitlich konstant betrachtet (Reduktionszahl $n_L = n_P$) und die zeitabhängigen Zwängungen werden wie bei ständigen Einwirkungen ermittelt. Zunächst werden die Schnittgrößen zum Zeitpunkt $t = 0$ mit der Biegesteifigkeit $EJ_{i,o}$ bestimmt. Diese Momentenverteilung wird als ständig wirkend angenommen. Die Zwangsschnittgrößen werden dann analog zur Vorgehensweise bei ständigen Einwirkungen berechnet (siehe Bild 40). Dieses Verfahren gilt allgemein und kann bei beliebigen Steifigkeitsverteilungen in Trägerlängsrichtung und bei Mischsystemen angewandt werden. Bei der Berechnung der Schnittgrößen mit Stabwerksprogrammen kann ebenfalls die für die ständigen Einwirkungen beschriebene Methode mithilfe eines äquivalenten Temperaturlastfalls (siehe Bild 41) angewandt werden.

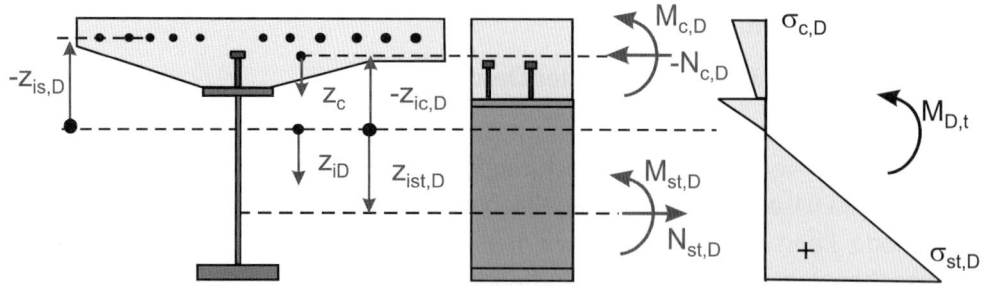

	Betonquerschnitt	Stahlquerschnitt
Teilschnittgrößen	$M_{c,D} = M_{D,t} \dfrac{J_{c,D}}{J_{i,D}}$ $N_{c,D} = M_{D,t} \dfrac{A_{c,D}}{J_{i,D}} z_{ic,D}$	$M_{st,D} = M_{D,t} \dfrac{J_{st}}{J_{i,D}}$ $N_{st,D} = M_{D,t} \dfrac{A_{st}}{J_{i,D}} z_{i,D}$
Spannungen	$\sigma_{c,D} = \dfrac{M_{D,t}}{n_D J_{i,D}} (z_{ic,D} + z_c)$	$\sigma_{st,D} = \dfrac{M_{D,t}}{J_{i,D}} z_{i,D}$

Bild 62: Ermittlung der Teilschnittgrößen und Spannungen (Methode I)

- **Vorspannung mittels Spanngliedvorspannung**

In seltenen Fällen werden Verbundträger mit im Verbund liegenden Spanngliedern vorgespannt, um in zugbeanspruchten Betonquerschnitten Dekompression sicherzustellen. Beim Aufbringen wirkt die Vorspannkraft P_{mo} zunächst auf den Querschnitt ohne Spannglieder (Bild 63). Die Querschnittswerte ohne Berücksichtigung der Spannglieder werden nach Bild 64 nachfolgend mit $\overline{A}_{io}$, $\overline{J}_{io}$, $\overline{z}_{ic,o}$ und $\overline{z}_{iP,o}$ bezeichnet. Aus der eingeleiteten Vorspannkraft resultieren für den Querschnitt ohne Ansatz der Spannglieder die in Bild 64 dargestellten Teilschnittgrößen im Gesamtstahlquerschnitt und im Betongurt. Schnittgrößen, die nach dem Verpressen der Spannglieder auf den Querschnitt wirken, erzeugen in den Einzelquerschnitten Teilschnittgrößen, die unter Berücksichtigung der Spannglieder zu ermitteln sind. Zur Vereinfachung kann die Vorspannkraft so umgerechnet werden, dass alle Teilschnittgrößen unter Ansatz des Verbundquerschnitts mit im Verbund liegenden Spanngliedern berechnet werden können. Die zugehörige Vorspannkraft (Spannbettkraft) wird nachfolgend mit P^*_{mo} bezeichnet. Die Spannbettkraft wird aus der Bedingung ermittelt, dass die Teilschnittgröße N_c des Betongurtes in beiden Fällen gleich sein muss. Bei der Ermittlung der Beanspruchungen im Bereich der Spanngliedvorspannung muss zusätzlich der Spannkraftverlust aus Reibung zwischen Spannglied und Hüllrohr infolge planmäßiger und ungewollter Umlenkung entsprechend Bild 65 berücksichtigt werden.

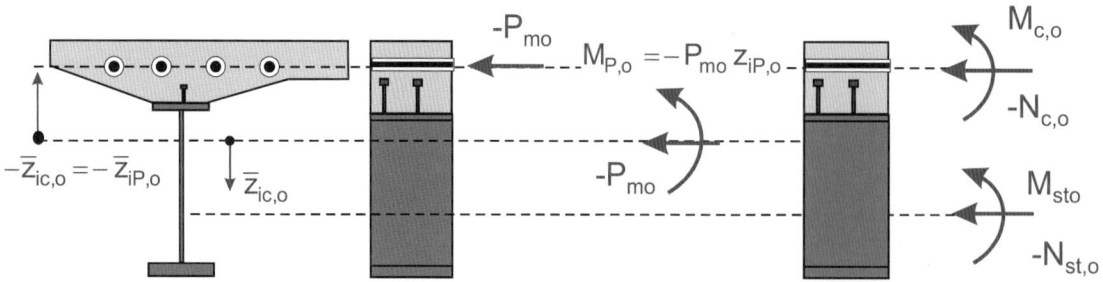

Bild 63: Teilschnittgrößen bei Vorspannung mit Spanngliedern

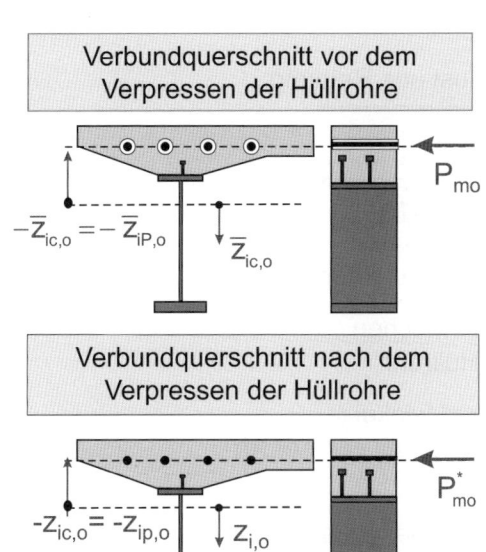

Teilschnittgrößen:

$$N_{co} = -P_{mo}\left[\frac{A_{co}}{\bar{A}_{io}} + \frac{A_{co}\,\bar{z}_{ic,o}\,\bar{z}_{Po}}{\bar{J}_{io}}\right]$$

$$N_{co} = \frac{-P_{mo}\,A_{co}}{\bar{A}_{io}\,\bar{J}_{io}}\left[\bar{J}_{io} + \bar{A}_{io}\,\bar{z}_{iP,o}^2\right]$$

Mit der Spannbettkraft P_{mo}^* ergibt sich

$$N_{co} = \frac{-P_{m,o}^*\,A_{co}}{A_{io}\,J_{io}}\left[J_{io} + A_{io}\,z_{iP,o}^2\right]$$

Die Flächenmomente zweiten Grades der Querschnitte mit und ohne Spannglieder sind bei Bezug auf die Spanngliedachse gleich. Somit folgt:

$$\boxed{P_{mo}^* = P_{mo}\,\frac{A_{io}\,J_{io}}{\bar{A}_{io}\,\bar{J}_{io}}}$$

Wenn vor Verpressen der Spannglieder weitere Schnittgrößen $N_{L,o}$ und $M_{L,o}$ auf den Verbundquerschnitt wirken, ergibt sich die Spannbettkraft zu:

$$\boxed{P_{mo}^* = P_{mo}\,\frac{A_{io}\,J_{io}}{\bar{A}_{io}\,\bar{J}_{io}} - \frac{M_{Lo}}{z_{iP,o}}\left[\frac{J_{io}}{\bar{J}_{io}} - 1\right] - N_{L,o}\left[\frac{A_{io}}{\bar{A}_{io}} - 1\right]}$$

Bild 64: Ermittlung der Spannbettkraft P_{mo}^*

In statisch unbestimmten Systemen können dann die aus der Vorspannung resultierenden Zwangsschnittgrößen entsprechend Bild 66 z. B. mithilfe des Kraftgrößenverfahrens bestimmt werden. Bei Anwendung von Stabwerksprogrammen wird man das statisch bestimmte Vorspannmoment zweckmäßig in einen äquivalenten Temperaturlastfall umrechnen, um die Zwangsschnittgrößen zu ermitteln. Die maßgebenden Teilschnittgrößen und Spannungen ergeben sich dann zum Zeitpunkt t = 0 entsprechend Bild 67 aus der Überlagerung der statisch bestimmten und statisch unbestimmten Schnittgrößen. Diese Teilschnittgrößen unterliegen wiederum dem Kriechen des Betons. Die Zwangsschnittgrößen aus dem Kriechen können analog zur Vorgehensweise bei den ständigen Einwirkungen ermittelt werden. Bei der Berechnung ist zu beachten, dass sich die Lage der elastischen Querschnittsachse ändert und daraus neue Teilschnittgrößen und Zwangsschnittgrößen entstehen. Siehe hierzu auch Bild 40. Aus der Einleitung der Vorspannkräfte resultieren konzentrierte Längsschubkräfte in der Verbundfuge. Die Berechnung und die Verteilung dieser Längsschubkräfte kann in Übereinstimmung mit Bild 38 erfolgen.

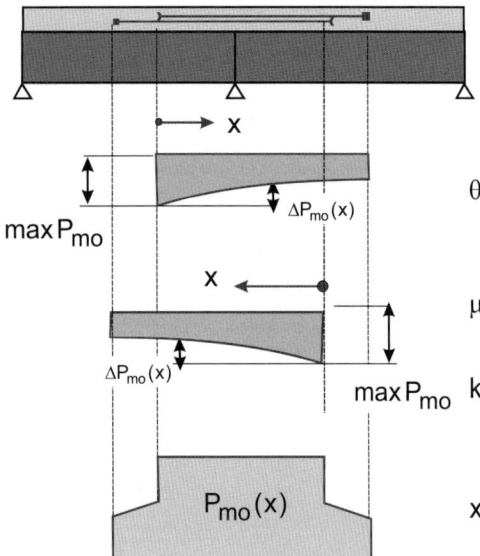

Vorspannkraftverlust aus Reibung

$$\Delta P_{mo} = \max P_{mo}\left(1-e^{-\mu(\theta+kx)}\right)$$

- θ Summe der planmäßigen horizontalen und vertikalen Umlenkwinkel über die Länge x
- μ Reibungsbeiwert zwischen Spannglied und Hüllrohr
- k Ungewollter Umlenkwinkel je Längeneinheit (abhängig von der Art des Spannglieds)
- x Länge entlang des Spannglieds von der Stelle an, an der die Vorspannkraft gleich max P_{m0} ist

Bild 65: Spannkraftverlust aus Reibung

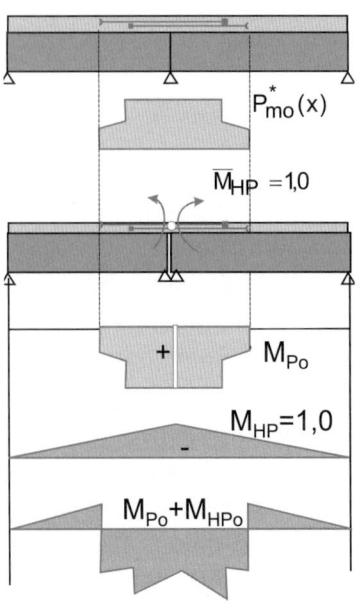

Die Zwangsschnittgrößen aus der Vorspannung (sekundäre Beanspruchungen) können mit dem Kraftgrößenverfahren ermittelt werden:

$$\delta_{i0} = \int_L \frac{M_{Po}\, M_1}{E_{st}\, J_{i,o}}\, dx \qquad \delta_{ik} = \int_L \frac{\overline{M}_{HP}\, M_1}{E_{st}\, J_{i,o}}\, dx$$

Sekundäre Beanspruchungen:

$$\delta_{io} + \overline{M}_{HP}\, \delta_{ik} = 0$$

$$X_{ik} = M_{HP} = -\frac{\delta_{io}}{\delta_{ik}}$$

Schnittgrößen zum Zeitpunkt t=0:

$$M_{pr,o} = M_{Po} + M_{HP} = -P^*_{mo}(x)\, z_{iP,o} + M_{HP}$$

$$N_{Pr,o} = -P^*_{mo}(x)$$

Bild 66: Ermittlung der Schnittgrößen aus Spanngliedvorspannung

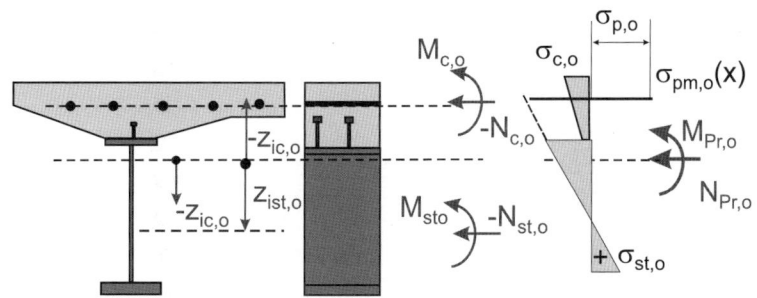

	Betonquerschnitt	Baustahlquerschnitt
Teilschnittgrößen	$M_{c,o} = M_{Pr,o} \dfrac{J_{c,o}}{J_{i,o}}$ $N_{c,o} = M_{pr,o} \dfrac{A_{c,o}}{J_{i,o}} z_{ic,o} + N_{Pr,o} \dfrac{A_{co}}{A_{io}}$	$M_{st,o} = M_{Pr,o} \dfrac{J_{st}}{J_{i,o}}$ $N_{st,o} = M_{Pr,o} \dfrac{A_{st}}{J_{i,o}} z_{ist,o} + N_{Pr,o} \dfrac{A_{st}}{A_{io}}$
Spannungen	$\sigma_{c,o} = \dfrac{M_{Pr,o}}{n_o J_{i,o}} (z_{ic,o} + z_c) + \dfrac{N_{pr,o}}{A_{io} n_o}$	$\sigma_{st,o} = \dfrac{M_{Pr,o}}{J_{i,o}} z_{i,o} + \dfrac{N_{Pr,o}}{A_{io}}$

Spannungen im Spannstahl $\sigma_{p,o} = \dfrac{P_{mo}(x)}{A_p} + \dfrac{M_{Pr,o}}{J_{i,o}} z_{iP,o} + \dfrac{N_{Pr,o}}{A_{io}}$

Bild 67: Ermittlung der Teilschnittgrößen und Spannungen aus Spanngliedvorspannung

5.4.2.7 Beispiel zur elastischen Ermittlung der Schnittgrößen aus Kriechen und Schwinden unter Berücksichtigung der Rissbildung

In diesem Abschnitt wird am Beispiel eines Zweifeldträgers gezeigt, wie bei einem Durchlaufträger unter Berücksichtigung der Rissbildung eine linear-elastische Schnittgrößenermittlung nach dem in Eurocode 4 angegebenen vereinfachten Gesamtquerschnittsverfahren durchgeführt wird. Die Ermittlung der zeitabhängigen Querschnittswerte und der Zwangsschnittgrößen wird ausführlich aufgezeigt und die Spannungen an der Mittelstütze bestimmt. Das Beispiel umfasst die folgenden Berechnungsschritte zur Bestimmung:

- der mittragenden Breite,
- der Endkriechzahl nach DIN EN 1992-1-1,
- der Schwinddehnung nach DIN EN 1992-1-1,
- der Kriechbeiwerte nach DIN EN 1994-1-1,
- der ideelle zeitabhängigen Querschnittswerte nach dem Gesamtquerschnittsverfahren basierend auf den Kriechbeiwerten nach DIN EN 1994-1-1,
- der Schnittgrößen unter Berücksichtigung der Rissbildung im Betongurt: Schnittgrößen zum Zeitpunkt $t = t_0$; Schnittgrößen zum Zeitpunkt $t = \infty$ aus Kriechen für permanente Einwirkungen,
- der primären und sekundären Beanspruchungen aus dem Schwinden,
- der resultierenden Spannungen am gerissenen Querschnitt der Mittelstütze unter Vernachlässigung und Berücksichtigung der Mitwirkung des Betons zwischen den Rissen

- **System, Querschnitt, Geometrie**

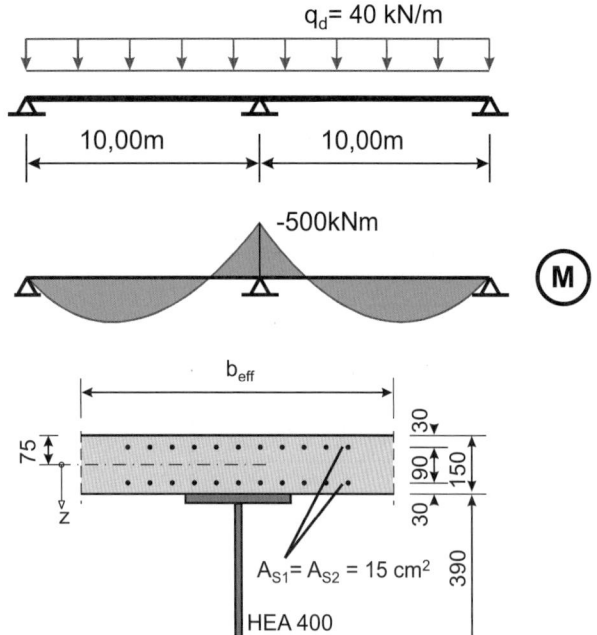

Bild 68: Statisches System und Querschnitt des Deckenträgers

- **Mitwirkende Gurtbreite:**

Feld: $L_E = 0{,}85 \cdot L = 0{,}85 \cdot 10{,}0 = 8{,}5$ m
$b_{e1} = b_{e2} = 8{,}5/8 = 1{,}063$ m
$b_{eff} = 2 \cdot 1{,}063 = 2{,}125$ m

Stütze: $L_E = 0{,}25 \cdot (L_1+L_2) = 0{,}25 \cdot (10{,}0+10{,}0) = 5{,}0$ m
$b_{e1} = b_{e2} = 5{,}0/8 = 0{,}625$ m
$b_{eff} = 2 \cdot 0{,}625 = 1{,}25$ m (im zweiten Berechnungsschritt erforderlich)

- **Werkstoffe**

Baustahl S355 $E_a = 210.000$ N/mm²

Betonstahl $E_S \approx 210.000$ N/mm²
E-Modul des Betonstahls wird dem des Baustahls gleichgesetzt

Beton C35/45
$E_{cm} = 34.000$ N/mm²
CEM 32,5 N

- **Querschnittswerte der Teilquerschnitte**

HEA 400:
$A_a = 159$ cm²
$z_a = 0{,}39/2 + 0{,}15/2 = 0{,}27$ m
$J_a = 4{,}507$ cm²m²

Bewehrung:
$A_{s1} = A_{s2} = 15$ cm²
$z_{s1} = -0{,}15/2 + 0{,}03 = -0{,}045$ m
$z_{s2} = 0{,}12 - 0{,}15/2 = 0{,}045$ m

Betonquerschnitt:

A_c = 212,5·15 = 3187,5 cm²

J_c = 212,5·15·0,15²/12 = 5,977 cm²m²

n_0 = E_a/E_{cm} = 21000/3400 = 6,18

- **Endkriechzahl und Schwinddehnung**

  – Kriechzahlen nach EN 1994-1-1, Bild 3.1

  t_0 = 28d

  t_s = 1d

  h_0 = 2 A_C/U $\Rightarrow \varphi(t, t_0) = 1{,}75$

  = 2·3187,5/(2·212,5) = 15cm $\Rightarrow \varphi(t, t_S) = 3{,}6$

  RH = 80 %

  Zement: CEM 32,5 N

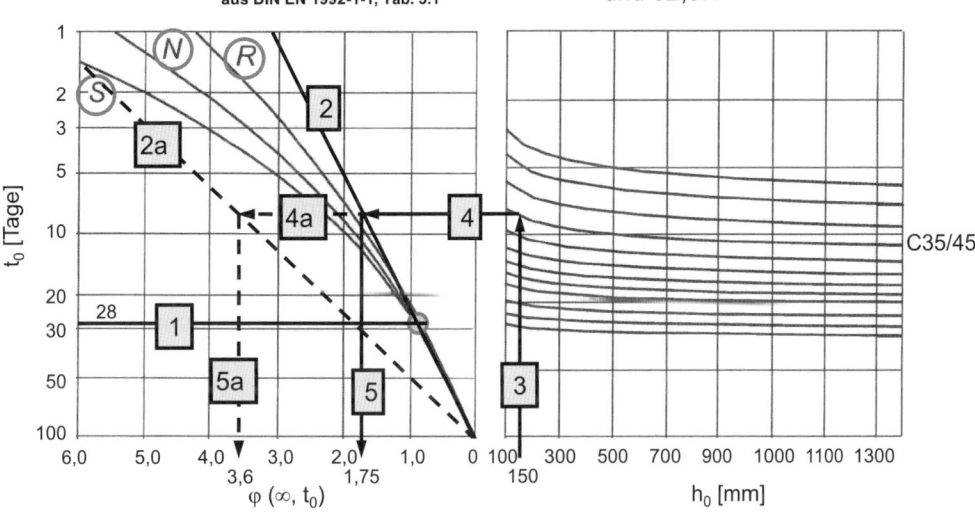

RH relative Luftfeuchtigkeit
t_o Alter in Tagen bei Belastungsbeginn
h_o wirksame Körperdicke

(S) Zementfestigkeitsklasse 32,5N
(N) Zementfestigkeitsklasse 32,5R und 42,5N
(R) Zementfestigkeitsklasse 42,5R, 52,5N und 52,5R

Bild 69: Kriechzahl nach DIN EN 1992-1-1, Abs. 3.1.4(6) für RH = 80 %

– Trocknungsschwinddehnung, DIN EN 1992-1-1, 3.1.4(6)

$$\varepsilon_{cd\infty} = k_h \cdot \varepsilon_{cd,0}$$
$$= 0{,}925 \cdot 0{,}20 \cdot 10^{-3} = 0{,}185 \cdot 10^{-3}$$

mit: $\varepsilon_{cd,0} = 0{,}85 \left[(220 + 110 \cdot \alpha_{ds1}) \cdot \exp\left(-\alpha_{ds2} \frac{f_{cm}}{f_{cm0}}\right) \right] \cdot 10^{-6} \cdot \beta_{RH}$

für CEM (Klasse S), C35/45, RH = 80 %
gemäß DIN EN 1992-1-1, Anhang B, Gl. (B.11)

mit: $\beta_{RH} = 1{,}55 \left[1 - \left(\frac{RH}{RH_0}\right)^3 \right] = 1{,}55 \left[1 - \left(\frac{80}{100}\right)^3 \right] = 0{,}756$

$$\varepsilon_{cd,0} = 0,85\left[(220+110\cdot 3)\cdot \exp\left(-0,13\frac{43}{10}\right)\right]\cdot 10^{-6}\cdot 0,756$$

$$\varepsilon_{cd,0} = 0,20\cdot 10^{-3}$$

k_h = 0,925   DIN EN 1992-1-1, Tabelle 3.3
interpoliert für h_0 = 150mm

– Autogene Schwinddehnung, DIN EN 1992-1-1, 3.1.4(6)

$$\varepsilon_{ca\infty} = 2,5\left(f_{ck}-10\right)\cdot 10^{-6}$$
$$= 2,5\left(35-10\right)\cdot 10^{-6} = 0,063\cdot 10^{-3}$$

– Gesamtschwinddehnung, DIN EN 1992-1-1, Gl. (3.8):

$$\varepsilon_{cs}(t) = \varepsilon_{ca}(t)+\varepsilon_{cd}(t)$$
$$\varepsilon_{cs}(\infty) = 0,185\cdot 10^{-3}+0,063\cdot 10^{-3}$$
$$= 0,25\cdot 10^{-3}$$

Anmerkung:

Nach DIN EN 1994-1-1, 3.1(4) darf der Einfluss aus der autogenen Schwinddehnung $\varepsilon_{ca\infty}$ bei der Ermittlung der Spannungen und Verformungen vernachlässigt werden. Darauf wird im Rahmen dieses Beispiels allerdings verzichtet.

• **Bestimmung der Querschnittswerte**

– Gesamtstahlquerschnitt

Im Stützbereich treten bei Überschreitung der Betonzugfestigkeit aufgrund der äußeren Beanspruchungen Risse auf, die die Steifigkeit herabsetzen (Zustand II). Der Betonquerschnitt wird daher in einem festgelegten Bereich (0,15 · L_1 + 0,15 · L_2) rechnerisch nicht angesetzt, sodass das Flächenträgheitsmoment des Verbundquerschnitts dem Flächenträgheitsmoment J_{st} des Gesamtstahlquerschnitts entspricht.

$$A_{st} = A_a + A_s = 159+30 = 189\text{ cm}^2$$

$$z_{st} = \frac{\sum A_i\cdot z_i}{A_{st}} = \frac{159\cdot 0,27+15\cdot(-0,045)+15\cdot 0,045}{189} = 0,227\text{m} = a_{st}$$

$$J_{st} = J_a + A_a\cdot(z_a-z_{st})^2 + \sum A_{s,i}\cdot z_i^2$$
$$= 4,507+159\cdot(0,27-0,227)^2+15\cdot(0,227+0,045)^2+15(0,227-0,045)^2$$
$$= 6,408\text{ cm}^2\text{m}^2$$

– ideelle Querschnittskenngrößen des Verbundquerschnitts zum Zeitpunkt t = 0

$$A_{c,0} = \frac{A_c}{n_0} = \frac{3187,5}{6,18} = 515,8\text{ cm}^2$$

$$J_{c,0} = \frac{J_c}{n_0} = \frac{5,977}{6,18} = 0,967\text{ cm}^2\text{m}^2$$

$$A_{i,0} = A_{st}+A_{c,0} = 189 + 518,8 = 707,8\text{ cm}^2$$

$$J_{i,0} = J_{st} + J_{c,0} + \frac{A_{st} \cdot A_{c,0}}{A_{i,0}} \cdot a_{st}^2$$

$$= 6{,}408 + 0{,}967 + \frac{189 \cdot 515{,}8}{707{,}8} \cdot 0{,}227^2$$

$$= 14{,}50 \, cm^2 m^2$$

$$z_{ic,0} = -\frac{A_{st} \cdot a_{st}}{A_{i,0}} = -\frac{189 \cdot 0{,}227}{704{,}8} = -0{,}061 \, m$$

n_0 Reduktionszahl bei kurzzeitigen Beanspruchungen und bei ständigen Einwirkungen zum Zeitpunkt t = 0

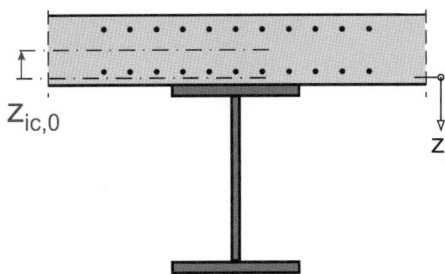

Bild 70: Ideelle Querschnittskenngrößen

– Ermittlung der Reduktionszahlen n_L nach DIN EN 1994-1-1, 5.4.2.2(2)

$$n_L = n_0 [1 + \psi_L \cdot \phi_L]$$
$$n_P = 6{,}18 \, [1 + 1{,}1 \cdot 1{,}75] = 18{,}08$$
$$n_S = 6{,}18 \, [1 + 0{,}55 \cdot 3{,}6] = 18{,}42$$
$$n_{PT} = 6{,}18 \, [1 + 0{,}55 \cdot 1{,}75] = 12{,}12$$

Tabelle 17: Zusammenstellung der Kriechbeiwerte und Reduktionszahlen

	Verfahren nach DIN EN 1994-1-1	
	ψ_L	n_L
ständig (L = P)	1,10	18,08
Schwinden + zeitabhängige sekundäre Einwirkungen aus dem Kriechen (L = S,PT)	0,55	18,42
zeitabhängige Einwirkungen affin zum Kriechen (L = PT)	0,55	12,12

– ideelle Querschnittswerte des Verbundquerschnitts

$$A_{c,i} = \frac{A_c}{n_i}$$

$$J_{c,i} = \frac{J_c}{n_i}$$

$$A_{i,i} = A_{st} + A_{c,i}$$

$$J_{i,i} = J_{st} + J_{c,i} + \frac{A_{st} \cdot A_{c,i}}{A_{i,i}} \cdot a_{st}^2$$

$$z_{ic,i} = -\frac{A_{st} \cdot a_{st}}{A_{i,i}}$$

– zeitlich konstante Beanspruchung (nach Näherungslösung)

$$A_{c,P} = \frac{3187,5}{18,08} = 176,30 \text{ cm}^2$$

$$J_{c,P} = \frac{5,977}{18,08} = 0,331 \text{ cm}^2\text{m}^2$$

$$A_{i,P} = 189 + 176,30 = 365,30 \text{ cm}^2$$

$$J_{i,P} = 6,408 + 0,331 + \frac{189 \cdot 176,30}{365,30} \cdot 0,227^2 = 11,44 \text{ cm}^2\text{m}^2$$

$$z_{ic,P} = -\frac{189 \cdot 0,227}{365,30} = -0,117 \text{ m}$$

– Schwinden und zeitlich veränderliche Beanspruchung (t, t_s)

$$A_{c,S} = \frac{3187,5}{18,42} = 173,05 \text{ cm}^2$$

$$J_{c,S} = \frac{5,977}{18,42} = 0,324 \text{ cm}^2\text{m}^2$$

$$A_{i,S} = 189 + 173,05 = 362,05 \text{ cm}^2$$

$$J_{i,S} = 6,408 + 0,324 + \frac{189 \cdot 173,05}{362,05} \cdot 0,227^2 = 11,39 \text{ cm}^2\text{m}^2$$

$$z_{ic,S} = -\frac{189 \cdot 0,227}{362,05} = -0,119 \text{ m}$$

– zeitlich veränderliche Beanspruchung affin zum Kriechen (t, t_0)

$$A_{c,PT} = \frac{A_c}{n_{PT}} = \frac{3187,5}{12,12} = 262,99 \text{ cm}^2$$

$$J_{c,PT} = \frac{J_c}{n_{PT}} = \frac{5,977}{12,12} = 0,493 \text{ cm}^2\text{m}^2$$

$$A_{i,PT} = A_{st} + A_{c,PT} = 189 + 262,99 = 451,99 \text{ cm}^2$$

$$J_{i,PT} = J_{st} + J_{c,PT} + \frac{A_{st} \cdot A_{c,PT}}{A_{i,PT}} \cdot a_{st}^2$$

$$= 6,408 + 0,493 + \frac{189 \cdot 262,99}{451,99} \cdot 0,227^2 = 12,57 \text{ cm}^2\text{m}^2$$

$$z_{ic,PT} = -\frac{A_{st} \cdot a_{st}}{A_{i,PT}} = -\frac{189 \cdot 0{,}227}{451{,}99} = -0{,}095 \, m$$

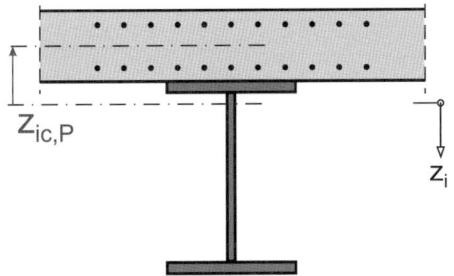

Bild 71: Ideelle Querschnittswerte des Verbundquerschnittes

Tabelle 18: Zusammenfassung der Querschnittswerte

	A_c [cm²]	J_c [cm²m²]	A_i [cm²]	J_i [cm²m²]	z_{ic} [cm]
nicht permanente Einwirkungen, Zeitpunkt t = 0	515,80	0,967	707,8	14,50	-0,061
zeitlich konstante Beanspruchungen	176,30	0,331	365,30	11,44	-0,117
Schwinden und zeitlich veränderlich Beanspruchungen (t, t_s)	173,05	0,324	362,05	11,39	-0,119
zeitlich veränderlich Beanspruchungen affin zum Kriechen (t, t_0)	262,99	0,493	451,99	12,57	-0,095

- **Ermittlung der zeitabhängigen Schnittgrößen**

Für den Zweifeldträger werden im Folgenden die Schnittgrößen und Spannungen unter **Berücksichtigung der Rissbildung im Bereich der Mittelstütze** ermittelt. Die gesamte Streckenlast wird als ständig wirkende Einwirkung angesetzt.

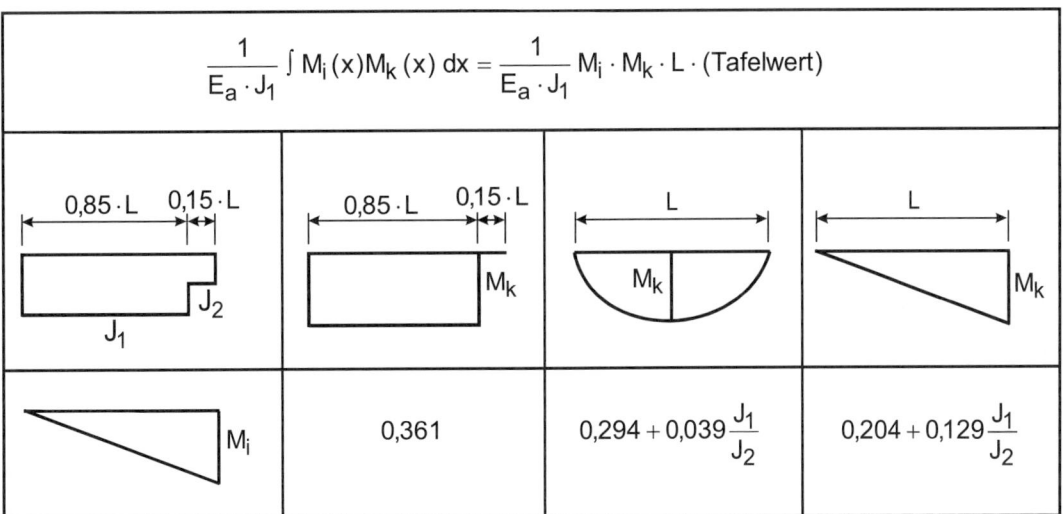

Die Überlagerungstabelle gilt für Stababschnitte, die in ihrem Verlauf zwei unterschiedliche Trägheitsmomente aufweisen, die sich zu $J_1 = 0{,}85 \cdot L$ und $J_2 = 0{,}15 \cdot L$ über die Länge verteilen.

Bild 72: Überlagerungen bei Stababschnitten mit zwei verschiedenen Trägheitsmomenten

– Ermittlung der Schnittgrößen zum Zeitpunkt t = 0

Das statisch unbestimmte Stützmoment wird nach dem Kraftgrößenverfahren berechnet. Es ergibt sich aus $X_{1,0} = -(E_a \cdot J_{i,P} \cdot \delta_{10})/(E_a \cdot J_{i,P} \cdot \delta_{11})$.

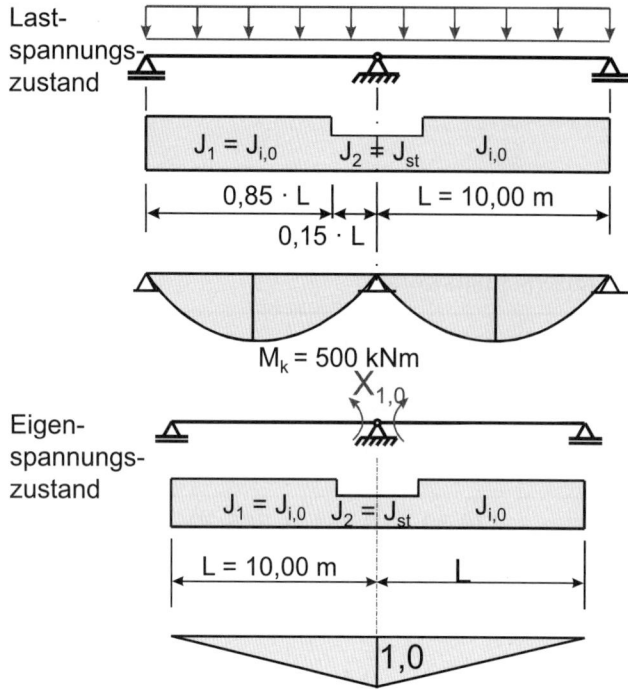

Bild 73: Ermittlung der Schnittgrößen Zeitpunkt t = 0

Trägheitsmomente:
$J_{i,0} = 14,50\ cm^2 m^2$
$J_{st} = 6,408\ cm^2 m^2$
$\dfrac{J_1}{J_2} = 2,26$

$E_a \cdot J_{i,0} \cdot \delta_{10} = 2 \cdot 1,0 \cdot 500 \cdot (0,294 + 0,039 \cdot 2,26) \cdot 10,0 = 3821,4\ kNm^2$

$E_a \cdot J_{i,0} \cdot \delta_{11} = 2 \cdot 1,0 \cdot 1,0 \cdot (0,204 + 0,129 \cdot 2,26) \cdot 10,0 = 9,91\ kNm^2$

$X_{1,0} = -\dfrac{\delta_{10}}{\delta_{11}} = \dfrac{-3821,4}{9,91} = -385,6\ kNm$

– Ermittlung der Schnittgrößen für den Zeitpunkt t = ∞

Für den Zeitpunkt t = ∞ ergibt sich aus dem Kriechen eine zeitabhängige Zwangsschnittgröße $X_{1,Pt}$. Es wird ein zum Kriechen zeitlich affiner Verlauf für die Zwangsschnittgröße vorausgesetzt ($t_0 = 28d$). Aus der Integration der aus der Einwirkung resultierenden Schnittgrößen wird die Verdrehung $E_a \cdot J_{i,P} \cdot \delta_{10}$ bestimmt. Nachfolgend wird der Schnittgrößenverlauf dazu in je eine Dreieckfläche (-385,6 kNm) und eine Parabel (500 kNm, resultiert aus: $g_d L^2/8$) aufgeteilt. Im zweiten Schritt erfolgt die Berechnung der Verdrehung infolge der Einheits-Kraftgröße $E_a \cdot J_{i,P} \cdot \delta_{10}$. Dazu werden die Querschnittswerte $J_{i,P}$ für einen zum Kriechen zeitlich affinen Verlauf herangezogen. Abschließend wird das statisch unbestimmte Stützmoment bestimmt: $X_{1,PT} = -(E_a \cdot J_{i,P} \cdot \delta_{10})/(E_a \cdot J_{i,PT} \cdot \delta_{11})$.

Lastspannungszustand

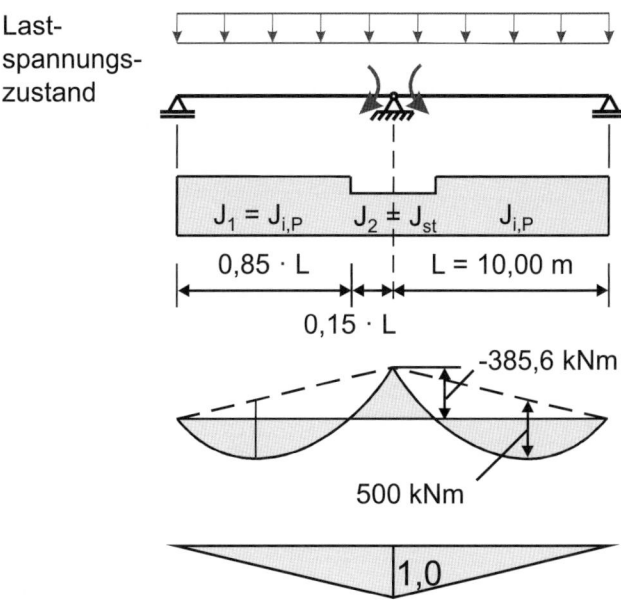

Bild 74: Schnittgrößen aus ständigen Einwirkungen zum Zeitpunkt $t = \infty$

Trägheitsmomente:
$$J_{i,P} = 11{,}44 \text{ cm}^2\text{m}^2$$
$$J_{i,PT} = 12{,}57 \text{ cm}^2\text{m}^2$$
$$J_{st} = 6{,}408 \text{ cm}^2\text{m}^2$$

$$\frac{J_{i,P}}{J_{st}} = 1{,}79$$
$$\frac{J_{i,PT}}{J_{st}} = 1{,}96$$

$$E_a \cdot J_{i,P} \cdot \delta_{10} = 2 \cdot 1{,}0 \cdot 500 \cdot (0{,}294 + 0{,}039 \cdot 1{,}79) \cdot 10$$
$$+ 2 \cdot 1{,}0 \cdot (-385{,}6) \cdot (0{,}204 + 0{,}129 \cdot 1{,}79) \cdot 10{,}0$$
$$= 284{,}1 \text{ kNm}^2$$

Eigenspannungszustand

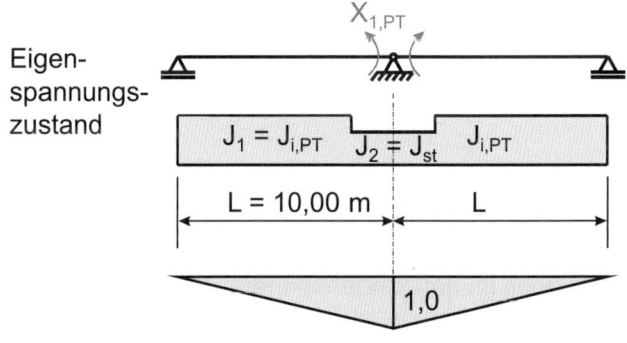

Bild 75: Schnittgrößenermittlung aus ständigen Einwirkungen unter Berücksichtigung der Rissbildung

$$E_a \cdot J_{i,PT} \cdot \delta_{11} = 2 \cdot 1{,}0 \cdot 1{,}0 \cdot (0{,}204 + 0{,}129 \cdot 1{,}96) \cdot 10 = 9{,}14 \text{ m}$$

$$X_{1,PT} = -\frac{\delta_{i,P}}{\delta_{i,PT}} = -\frac{284{,}1}{9{,}14} \cdot \frac{12{,}57}{11{,}44} = -34{,}15 \text{ kNm}$$

— Stützmoment zum Zeitpunkt $t = \infty$

$$X_{1,\infty} = X_{10} + X_{1,PT} = (-385{,}6) + (-34{,}15) = -419{,}75 \text{ kNm}$$

- **Schnittgrößen aus Schwinden des Betons**

In den Trägerbereichen, in denen ein gerissener Betongurt vorliegt, dürfen die primären Beanspruchungen (M_{Sh}) bei der Ermittlung der Zwangsschnittgrößen vernachlässigt werden.

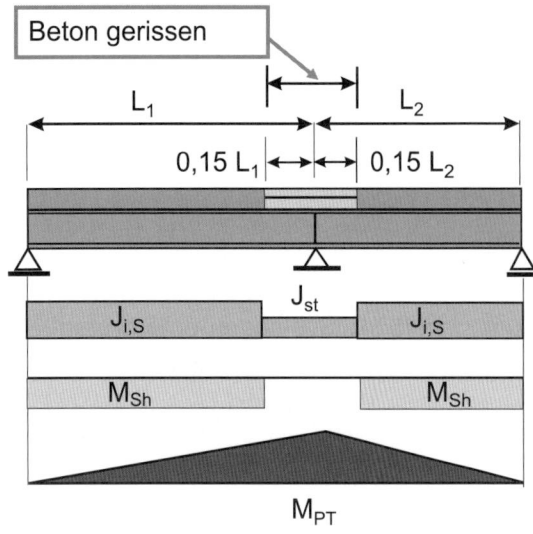

Bild 76: Schnittgrößen aus Schwinden unter Berücksichtigung der Rissbildung

– primäre Beanspruchung aus Schwinden

Schwindnormalkraft:

$$N_{Sh} = -\varepsilon_{cs(t,ts)} \cdot E_a \cdot A_c / n_S$$
$$= 25 \cdot 10^{-5} \cdot 21000 \cdot 3187,5 / 18,42$$
$$= 908,5 \, kN$$

– primäres Schwindmoment M_{sh}

$$M_{Sh} = -N_{cs(t,ts)} \cdot z_{ic,S}$$
$$= -(908,5) \cdot (-0,119)$$
$$= 108,1 \, kNm$$

– sekundäre Schnittgrößen (Zwangsschnittgröße) infolge Schwinden

Das statisch unbestimmte System wird durch die Einführung eines Gelenkes in ein statisch bestimmtes System transformiert, an dem in den ungerissenen Bereichen das primäre Schwindmoment M_{Sh} wirkt. Parallel wird die Einheits-Kraftgröße durch das gegenläufige Moment $X_{i,PT}$ aufgebracht. Für den Zeitpunkt $t = \infty$ ergibt sich eine zeitabhängige Zwangsschnittgröße $X_{1,Pt}$. Aus der Integration des primären Schwindmomentes resultiert die Verdrehung $E_a \cdot J_{i,S} \cdot \delta_{10}$. Im zweiten Schritt erfolgt die Berechnung der Verdrehung infolge der Einheits-Kraftgröße $E_a \cdot J_{i,PT} \cdot \delta_{11}$. Dazu werden die Querschnittswerte $J_{i,PT}$ für (t, t_s) herangezogen. Abschließend wird das statisch unbestimmte Stützmoment bestimmt:

$X_{1,PT} = -(E_a \cdot J_{i,S} \cdot \delta_{10})/(E_a \cdot J_{i,PT} \cdot \delta_{11})$.

Lastspannungszustand

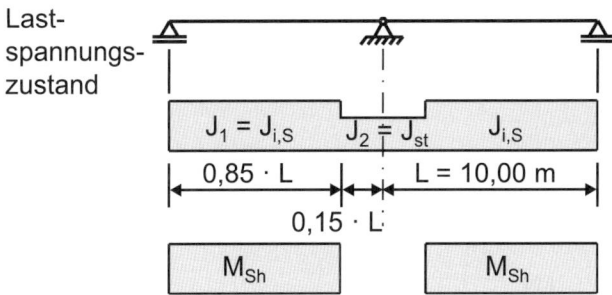

Eigenspannungszustand

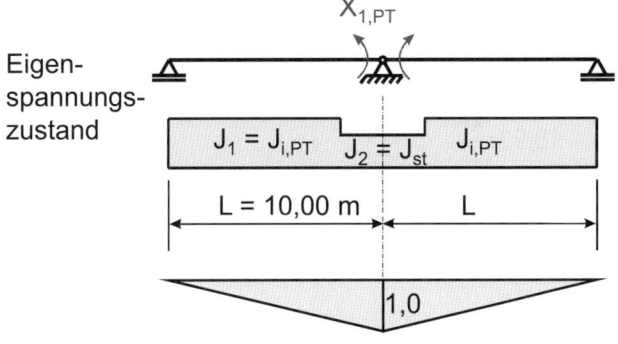

Bild 77: Schnittgrößenermittlung aus Schwinden unter Berücksichtigung der Rissbildung

Trägheitsmomente: $J_{i,S} = J_{i,PT} = 11{,}39 \text{ cm}^2\text{m}^2$ $\quad \dfrac{J_{i,S}}{J_{st}} = 1{,}78$
$J_{st} = 6{,}408 \text{ cm}^2\text{m}^2$

Schwindmoment $M_{Sh} = 108{,}61$ kNm

$E_a \cdot J_{i,S} \cdot \delta_{10} = 2 \cdot 1{,}0 \cdot 108{,}1 \cdot 0{,}361 \cdot 10{,}0 = 780{,}5 \text{ kNm}^2$

$E_a \cdot J_{i,PT} \cdot \delta_{11} = 2 \cdot 1{,}0^2 \cdot (0{,}204 + 0{,}129 \cdot 1{,}78) \cdot 10{,}0 = 8{,}67 \text{ m}$

– Stützmoment zum Zeitpunkt $t = \infty$

$X_{1,PT} = -\dfrac{780{,}5}{8{,}67} = -90{,}0 \text{ kNm}$

Stützmoment an der Mittelstütze:

Infolge g_d und der sekundären Auswirkung aus dem Schwinden ergibt sich das Stützmoment zum Zeitpunkt $t = \infty$ zu:

M= (-419,75) + (-90,0) = -509,8 kNm

- **Ermittlung der Spannungen für den Querschnitt an der Mittelstütze**

Bei Nachweisen im Grenzzustand der Tragfähigkeit dürfen die Spannungen am reinen Zustand-II-Querschnitt (Gesamtstahlquerschnitt) berechnet werden. In den Grenzzuständen der Gebrauchstauglichkeit, z. B. Rissbreitenbegrenzung, ist der Einfluss der Mitwirkung des Betons zwischen den Rissen zu berücksichtigen. Über den gerissenen Beton werden die Beanspruchungen aus der Schwindnormalkraft nicht übertragen, daher werden die Spannungen am Mittelauflager aus den Momentenbeanspruchungen ermittelt. Bei der Bestimmung der Spannungen im ungerissenen Bereich (positive Momentenbeanspruchungen) sind diese Beanspruchungen jedoch zu berücksichtigen.

Im Folgenden werden die Spannungen exemplarisch nach beiden Methoden bestimmt:

- Spannungen am reinen Zustand-II-Querschnitt zum Zeitpunkt t = 0 für den Querschnitt über der Stütze

  – Betonstahlspannungen $\sigma_{s,II}$:

  $$\sigma_{s,o} = -\frac{509,8}{6,408} \cdot (-0,227 - \frac{0,15}{2} + 0,03) = 21,64 \frac{kN}{cm^2}$$

  $$\sigma_{s,u} = -\frac{509,8}{6,408} \cdot (-0,227 + 0,045) = 14,48 \frac{kN}{cm^2}$$

  – Spannungen im Baustahlquerschnitt:

  $$\sigma_{st,o} = -\frac{509,8}{6,408} \cdot (-0,227 + 0,075) = 12,09 \frac{kN}{cm^2}$$

  $$\sigma_{st,u} = -\frac{509,8}{6,408} \cdot (0,54 - 0,227 - \frac{0,15}{2}) = -18,93 \frac{kN}{cm^2}$$

- Ermittlung der Spannungen unter Berücksichtigung der Mitwirkung des Betons zwischen den Rissen

  Für die Betonstahlspannung folgt: $\sigma_s = \sigma_{s,II} + \Delta\sigma_s$

  – Querschnittswerte Baustahlquerschnitt:

  $$A_a = 159 \, cm^2$$

  $$J_a = 4,507 \, cm^2 m^2$$

  $$\alpha_{st} = \frac{A \cdot J}{A_a \cdot J_a} = \frac{189,0 \cdot 6,408}{159 \cdot 4,507} = 1,69 \text{ mit } A = A_{st}, J = J_{st}$$

  $$A_{ct} = b_{eff} \cdot h_c = 125 \cdot 15 = 1875 \, cm^2$$

  $$\rho_s = \frac{A_s}{A_{ct}} = \frac{30}{1875} = 0,016$$

  $$f_{ct,eff} = 3,2 \frac{N}{mm^2}$$

  $$\beta = 0,4$$

  $$\Delta\sigma_s = \beta \cdot \frac{f_{ct,eff}}{\alpha_{st} \cdot \rho_s} = 0,4 \cdot \frac{0,32}{1,69 \cdot 0,016} = 4,73 \frac{kN}{cm^2}$$

  – Betonstahlspannung:

  $$\sigma_{s,o} = 21,64 + 4,73 = 26,37 \frac{kN}{cm^2}$$

  $$\sigma_{s,u} = 14,48 + 4,73 = 19,21 \frac{kN}{cm^2}$$

Die Spannungen im Stahlträger können aus den Teilschnittgrößen des Baustahlquerschnittes berechnet werden. Für die Normalkraft N_a des Baustahlquerschnitts folgt:

$$N_s = -N_a$$

$$= M_{Ed} \cdot \frac{A_s \cdot z_{st,s}}{J_{st}} + \Delta N_{ts}$$

$$= (-509,8) \cdot \frac{30 \cdot (-0,227)}{6,408} + 0,4 \cdot \frac{0,32 \cdot 30,0}{0,016 \cdot 1,69} = 541,78 + 142,0 = 683,78 \, kN$$

$$\Delta N_{ts} = \beta \cdot \frac{f_{ct,eff} \cdot A_s}{\rho_s \cdot \alpha_{st}}$$

Biegemoment des Baustahlquerschnitts:

$$M_a = M_{a,2} + \Delta N_{ts} \cdot a = -509{,}8 + 142{,}0 \cdot (\frac{0{,}39}{2} + \frac{0{,}15}{2}) = -471{,}46\,\text{kNm}$$

Spannungen im Baustahlquerschnitt:

$$\sigma_{st,o} = -\frac{683{,}78}{159} + (-471{,}46) \cdot \frac{-\frac{0{,}39}{2}}{4{,}507} = 16{,}10\,\frac{\text{kN}}{\text{cm}^2}$$

$$\sigma_{st,u} = -\frac{683{,}78}{159} + (-471{,}46) \cdot \frac{\frac{0{,}39}{2}}{4{,}507} = -24{,}70\,\frac{\text{kN}}{\text{cm}^2}$$

5.4.3 Nichtlineare Tragwerksberechnung

In den letzten Jahren wurden vielfach Verbundstützen mit Querschnitten ausgeführt, die nicht mithilfe des vereinfachten Nachweisverfahrens in DIN EN 1994-1-1 bemessen werden können. Der Nachweis ausreichender Tragsicherheit muss dann mit dem in DIN EN 1994-1-1,6.7.2 angegebenen „Allgemeinen Nachweisverfahren" geführt werden. Dies erfordert die Anwendung nichtlinearer Berechnungsverfahren unter Berücksichtigung von geometrischen und physikalischen Nichtlinearitäten. Der Nachweis ausreichender Tragsicherheit kann dann nicht mehr mithilfe von Teilsicherheitsbeiwerten für die unterschiedlichen Werkstofffestigkeiten geführt werden. Grundlage des Nachweises bilden im Allgemeinen die Spannungs-Dehnungslinien, die das mittlere Verhalten des jeweiligen Baustoffs beschreiben. Beim Tragfähigkeitsnachweis werden dann anstelle von Teilsicherheitsbeiwerten und Bemessungswerten der Baustofffestigkeiten die rechnerischen Mittelwerte der Baustofffestigkeiten $f_{c,R}$, $f_{y,R}$ und $f_{s,R}$ in Kombination mit einem einheitlichen Sicherheitsbeiwert für den gesamten Querschnittswiderstand zugrunde gelegt. Für die nichtlineare Berechnung sind in der Regel die Spannungsdehnungsbeziehungen

- für Beton unter Druckbeanspruchung nach EN 1992-1-1, 3.1.5,
- für Betonstahl nach EN 1992-1-1, 3.2.7 und
- für Baustahl nach EN 1993-1-1, 5.4.3(4)

zu verwenden.

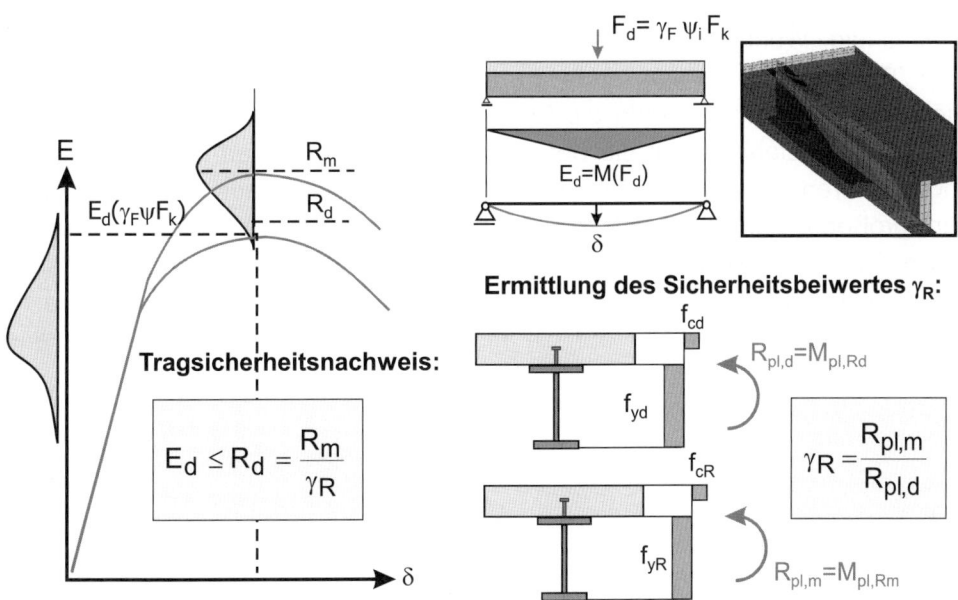

Bild 78: Ermittlung des Tragwiderstandes bei nichtlinearer Berechnung

Da DIN EN 1994-1-1 keine Angaben zum Sicherheitskonzept bei einer physikalisch nichtlinearen Berechnung macht, werden in DIN EN 1994-1-1/NA [2] ergänzende Angaben zum Tragsicherheitsnachweis für Verbundstützen nach dem „Allgemeinen Nachweisverfahren" gemacht. Genauere Erläuterungen hierzu finden sich in Abschnitt 6.7.2. Es sei an dieser Stelle darauf hingewiesen, dass das für Stützen im Nationalen Anhang angegebene Verfahren auch für physikalisch nichtlineare Berechnungen von Verbundträgern benutzt werden kann. Der Teilsicherheitsbeiwert für den Tragwerkswiderstand γ_R wird dabei für den jeweils maßgebenden kritischen Querschnitt aus dem Verhältnis der Querschnittstragfähigkeit $R_{pl,m}$ bei Ansatz der rechnerischen Mittelwerte und dem Bemessungswert der vollplastischen Querschnittstragfähigkeit nach $R_{pl,d}$ nach Bild 78 berechnet. Eine ausreichende Tragfähigkeit gilt als nachgewiesen, wenn der auf die Bemessungswerte der Einwirkungen bezogene, rechnerische Laststeigerungsfaktor größer als der Teilsicherheitsbeiwert γ_R ist. Im Rahmen der Erarbeitung der zweiten Generation des EC 4 wird aktuell diskutiert, dieses Verfahren nach DIN EN 1994-1-1/NA [2] weitestgehend in die Normung zu übernehmen. Dabei werden formale Anpassungen und eine Harmonisierung mit EN 1992-2, Anhang PP [18] vorgenommen. Bei einer nichtlinearen Berechnung von Trägern kommt der Idealisierung der Verbundfuge eine besondere Bedeutung zu. In der Regel werden die Dübel durch nichtlineare Federn idealisiert. Dabei ist zu beachten, dass die in der Literatur angegebenen Federsteifigkeiten aus Pusch-out-Versuchen ermittelt wurden, bei denen die Verschiebungswerte bereits die lokale Betonschädigung um den Dübel herum beinhalten. Die Idealisierung muss daher so erfolgen, dass die lokalen Betonverformungen nicht zweimal berücksichtigt werden und somit eine zu geringe Dübelsteifigkeit berücksichtigt wird. Umfangreiche Angaben zu den Dübelsteifigkeiten finden sich z. B. in [301].

5.4.4 Grenzzustand der Tragfähigkeit – elastische Tragwerksberechnung mit Momentenumlagerung

Die basierend auf der Elastizitätstheorie nach dem allgemeinen Berechnungsverfahren oder nach dem Näherungsverfahren nach Bild 51 ermittelten Biegemomente dürfen für Träger des Hoch- und Industriebaus im Grenzzustand der Tragfähigkeit mit Ausnahme des Nachweises der Ermüdung in Abhängigkeit von der Querschnittklasse unter Berücksichtigung der Gleichgewichtsbedingungen umgelagert werden, [110] bis [144]. Mit der Umlagerung werden die Einflüsse aus dem nichtlinearen Verhalten von Bau- und Betonstahl näherungsweise erfasst. Der Grad der Umlagerung ist dabei von der Rotationsfähigkeit der Querschnitte und Anschlüsse sowie von der Art der Belastung abhängig. Wenn die Schnittgrößen ohne Berücksichtigung der Rissbildung (Methode I nach Bild 79) berechnet werden, erfassen die in Tabelle 19 angegebenen Prozentsätze für die Abminderung der Stützmomente die Einflüsse aus Rissbildung und nichtlinearem Verhalten von Beton- und Baustahl. Erfolgt die Berechnung dagegen mit den in Bild 51 dargestellten Berechnungsverfahren, so werden die Momentenumlagerungen aus der Rissbildung bereits bei der Schnittgrößenermittlung erfasst, s. a. Methode II nach Bild 79. Die Umlagerungsprozentsätze erfassen daher nur Einflüsse aus dem Plastizieren des Beton- und Baustahls. Bei Trägern mit Querschnitten der Klassen 3 und 4 ist zu beachten, dass sich die in Tabelle 19 angegebenen Umlagerungsprozentsätze nur auf die Momentenanteile beziehen, die auf das Verbundtragwerk einwirken.

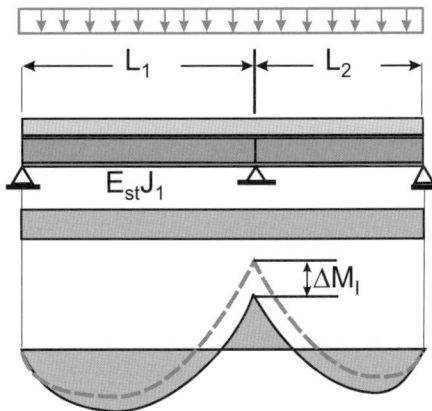
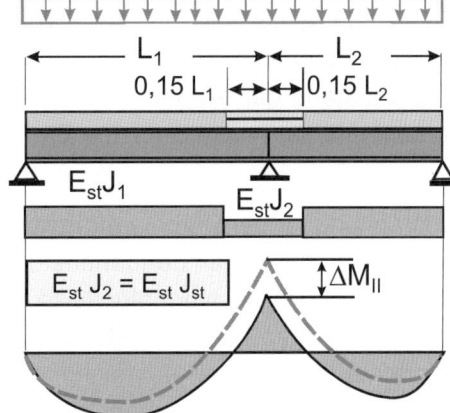

Ermittlung der Schnittgrößen mit den Biegesteifigkeiten nach Zustand I.

Biegesteifigkeit $E_a J_2$ im Bereich der Innenstützen über 15 % der Stützweite der angrenzenden Felder. Die Methode ist nur bei Stützweitenverhältnissen $L_{min}/L_{max} \geq 0{,}6$ zulässig.

Bild 79: Elastische Schnittgrößenermittlung (Berücksichtigung der Rissbildung nach den Methoden I und II)

Die maximalen Momentenumlagerungen dürfen ausgenutzt werden, wenn das Tragwerk nach Theorie I. Ordnung bemessen werden darf, bei Durchlaufträgern keine Biegedrillknickgefahr besteht, bei Trägern mit Kammerbeton eine ausreichende Rotationskapazität der Querschnitte nachgewiesen wird oder der Kammerbeton bei der Ermittlung der Querschnittstragfähigkeit vernachlässigt wird und die Träger feldweise eine konstante Bauhöhe aufweisen. Ferner ist zu beachten, dass die in Tabelle 19 angegebenen Umlagerungsprozentsätze nicht ausgenutzt werden können, wenn an Innenstützen verformbare Anschlüsse vorhanden sind, bei denen die Momentragfähigkeit des Anschlusses kleiner als die Momententragfähigkeit des Querschnitts ist. In diesen Fällen ist die Momentenumlagerung von der Rotationskapazität des Anschlusses abhängig. Auf diese Zusammenhänge wird im Abschnitt 8 genauer eingegangen.

Tabelle 19: Grenzwerte für die Umlagerung von negativen Biegemomenten an Innenstützen in %

Querschnittsklasse		1	2	3	4
Schnittgrößenermittlung ohne Berücksichtigung der Rissbildung	S235 S355	40	30	20	10
	S420 S460	30		10	10
Schnittgrößenermittlung unter Berücksichtigung der Rissbildung	S235 S355	25	15	10	0
	S420 S460	15		0	0

Die in Tabelle 19 angegebenen Umlagerungen für den Einfluss aus dem Plastizieren des Stahlträgers gelten für Träger, die überwiegend durch Gleichstreckenlasten beansprucht werden, da sich in diesem Fall die plastischen Zonen zunächst im Bereich der Innenstützen ausbilden und eine Umlagerung der Momente ins Feld bewirken. Im Fall von großen Einzellasten bilden sich die plastischen Zonen nahezu gleichzeitig in den Feld- und Stützbereichen, sodass eine nennenswerte Umlagerung der Momente in die Feldbereiche nicht stattfindet. Bei der Schnittgrößenermittlung sollten im Grenzzustand der Tragfähigkeit daher bei großen Einzellasten die in Tabelle 19 angegebenen Momentenumlagerungen für die Einflüsse aus dem Plastizieren nicht voll ausgenutzt werden.

Eine weitere Beschränkung ist bei Durchlaufträgern mit stark unterschiedlichen Stützweiten und Querschnitten der Klassen 3 und 4 an den Innenstützen sowie Querschnitten der Klasse 1 oder 2 in den Feldbereichen zu beachten. Normalerweise liefert die Laststellung A nach Bild 80 für das minimale Stützmoment das maßgebende Bemessungsmoment an der Innenstütze. Weist der Querschnitt an der Innenstütze keine ausreichende Rotationsfähigkeit auf, so kann es bei der Laststellung B für das maximale Feldmoment zu ungünstigeren Beanspruchungen an der Innenstütze kommen, wenn im Feld das plastische Moment voll ausgenutzt wird. Der Steifigkeitsabfall im Feld durch Plastizieren führt dann zu einem starken Anstieg des Stützmomentes und kann zu einem Versagen des Stützquerschnitts führen. In DIN EN 1994-2 darf daher bei den in Bild 80 dargestellten Verhältnissen das vollplastische Moment im Feld nur zu 90 % ausgenutzt werden. Dieser Einfluss ist in der Regel zu beachten, wenn das Verhältnis der Stützweiten der an die betrachtete Stütze angrenzenden Felder kleiner als 0,6 ist.

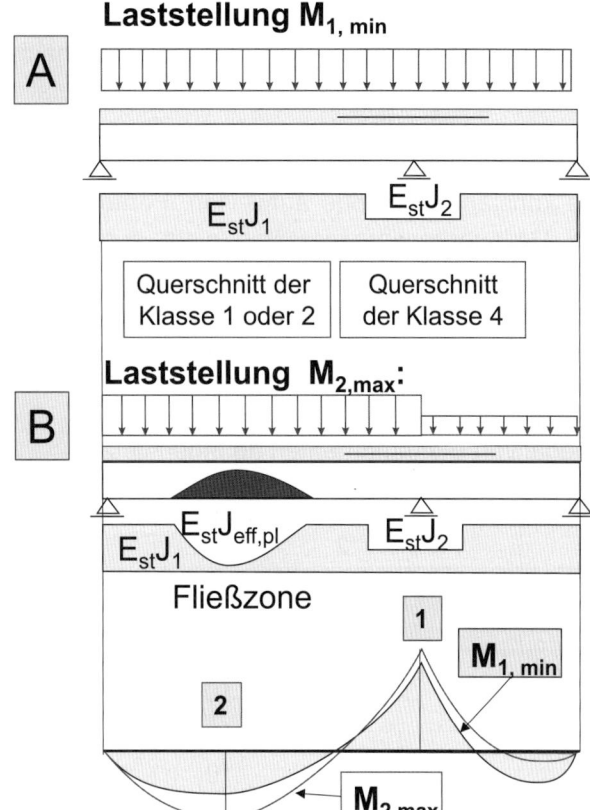

Bild 80: Momentenumlagerung durch Fließzonen im Feldbereich bei stark unterschiedlichen Stützweiten

5.4.5 Berechnung nach der Fließgelenktheorie

Da die vorhandene Rotationskapazität von Verbundquerschnitten im Vergleich zu reinen Stahlquerschnitten ungünstiger zu beurteilen ist, müssen bei einer Bemessung nach der Fließgelenktheorie über die Regelungen in DIN EN 1993-1-1 hinausgehende Anforderungen gestellt werden [145], [146]. Eine Bemessung nach der Fließgelenktheorie setzt voraus, dass in Fließgelenken mit Rotationsanforderungen die vorhandene Rotationskapazität R_{vorh} stets größer als die zur Ausbildung einer Fließgelenkkette erforderliche Rotationskapazität R_{erf} ist. Die erforderliche Rotationskapazität hängt bei Durchlaufträgern von der Art der Belastung (Gleichstreckenlast, Einzellast), dem Stützweitenverhältnis und dem Verhältnis der plastischen Momententragfähigkeiten der Querschnitte an den Innenstützen und im Feld ab. Da bei Verbundträgern die plastischen Momententragfähigkeiten bei negativer Momentenbeanspruchung im Allgemeinen erheblich kleiner als bei positiver Momentenbeanspruchung sind, ergeben sich an den Innenstützen von Durchlaufträgern nennenswert größere erforderliche Rotationen als bei reinen Stahltragwerken. Eine ausreichende Rotationskapazität der Querschnitte wird in den Regelwerken bei Verwendung der Baustähle S 235 und S 355 durch Anforderungen an die Querschnittsausbildung sichergestellt. Systeme mit hohen Rotationsanforderungen, z. B. Träger mit stark unterschiedlichen Stützweiten, werden durch Beschränkung der Stützweitenverhältnisse ausgeschlossen (Bild 90). Die zuvor genannten Bedingungen können als erfüllt angesehen werden, wenn im Bereich von Fließgelenken Querschnitte der Klasse 1 und in den restlichen Bereichen Querschnitte der Klasse 2 vorhanden sind. In den Bereichen von Fließgelenken müssen ferner in Bezug auf die Stegachse symmetrische Baustahlquerschnitte vorhanden sein. Der Druckgurt des Stahlträgers muss im Bereich von Fließgelenken seitlich gehalten sein und die Abmessungen des Stahlträgers und weiterer stabilisierender Bauteile so gewählt werden, dass ein Biegedrillknickversagen ausgeschlossen ist.

Bei Durchlaufträgern mit Gleichstreckenbelastung bilden sich die ersten Fließgelenke mit Rotationsanforderungen in der Regel an den Innenstützen, d. h., Untergurt und Steg des Baustahlquerschnitts werden gedrückt und der Betongurt liegt in der Zugzone des Querschnitts. Die Rotationsfähigkeit wird dann neben dem örtlichen Stabilitätsverhalten der gedrückten Bereiche des Stahlquerschnitts auch durch das Verhalten des Betonzuggurtes bestimmt. Im Betonzuggurt führt die Mitwirkung des Betons zwischen den Rissen im Betonstahl zu plastischen Dehnungskonzentrationen an den Rissen. Es dürfen daher nur hochduktile Betonstähle verwendet werden. Gleichzeitig ist zur Sicherstellung einer ausreichenden Duktilität ein Mindestbewehrungsgrad nach Abschnitt 5.5, Bild 83 vorzusehen, der eine ausreichende Rissverteilung und ein vorzeitiges Versagen der Bewehrung durch örtliche Dehnungskonzentrationen an Rissen verhindert. Querschnitte mit Kammerbeton in der Druckzone erfüllen nicht die Bedingungen der Klasse 1. Eine Bemessung nach der Fließgelenktheorie ist daher nur zulässig, wenn der Kammerbeton bei der Querschnittstragfähigkeit nicht in Rechnung gestellt wird.

Begrenzung der Stützweitenverhältnisse:

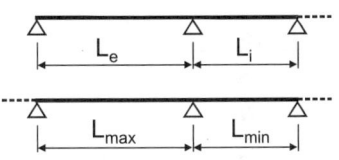

Endfelder: $L_e < 1{,}15\, L_i$
Mittelfelder: $L_{max}/L_{min} \leq 1{,}50$

Träger mit Einzellasten und Rotationsanforderungen im Feld:

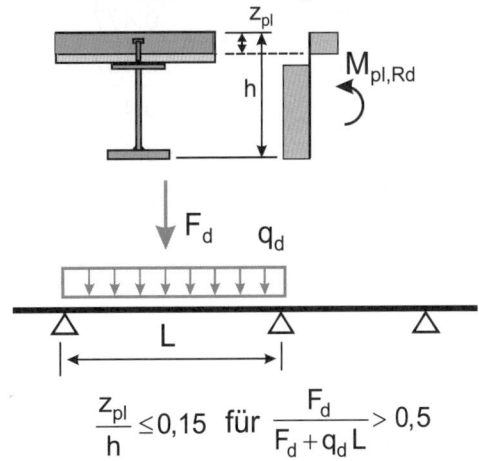

$\dfrac{z_{pl}}{h} \leq 0{,}15$ für $\dfrac{F_d}{F_d + q_d L} > 0{,}5$

Bild 81: Anwendungsgrenzen für die Berechnung nach der Fließgelenktheorie

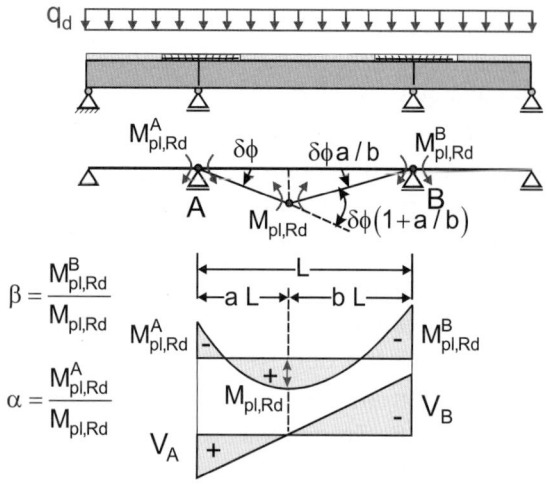

Ermittlung der plastischen Grenzlast
$(\delta A_i + \delta A_a) = 0$:

$$\delta A_i = -\delta\phi\, M_{pl,Rd}\left[1 + \frac{a}{b} + \alpha + \beta\frac{a}{b}\right]$$

$$\delta A_a = q_d \begin{bmatrix} a\cdot L\cdot\delta\phi\cdot 0{,}5\cdot a\cdot L \\ +b\cdot L\cdot\delta\phi\dfrac{a}{b}0{,}5\cdot b\cdot L \end{bmatrix}$$

Erforderliches plastisches Moment $M_{pl,Rd}$ im Feld:

$$\text{erf.}M_{pl,Rd} = q_d L^2 \frac{a}{2\left(1+\alpha+\dfrac{a}{b}+\beta\dfrac{a}{b}\right)} = \frac{q_d L^2}{\eta}$$

$\beta = \dfrac{M^B_{pl,Rd}}{M_{pl,Rd}}$

$\alpha = \dfrac{M^A_{pl,Rd}}{M_{pl,Rd}}$

Erforderliche plastische Momente an den Innenstützen:

$\text{erf.}M^A_{pl,Rd} = \alpha M_{pl,Rd}$ $V_A = q_d a$

$\text{erf.}M^B_{pl,Rd} = \beta M_{pl,Rd}$ $V_B = q_d b$

Lage des Fließgelenkes im Feld:

$\alpha = \beta \rightarrow a = 0{,}5$

$\alpha \neq \beta \rightarrow a = -k \pm \sqrt{k^2 + k} < 1{,}0$ $k = \dfrac{1+\alpha}{\beta - \alpha}$

Bild 82: Ermittlung der erforderlichen plastischen Momente im Feld und an den Innenstützen

Tabelle 20: Ermittlung der erforderlichen plastischen Momente für Mittel- und Endfelder von Durchlaufträgern mit Gleichstreckenbelastung

$\alpha = \dfrac{M^{Stütze}_{pl,Rd}}{M^{Feld}_{pl,Rd}}$	Feld: $\text{erf.}M^{Feld}_{pl,Rd} = \dfrac{q_d L^2}{\eta}$		Stütze: $\text{erf.}M^{Stütze}_{pl,Rd} = \alpha \dfrac{q_d L^2}{\eta}$	
α	η	a	η	x_0/L
0,0	8,000	0,500	8,0	0,000
0,1	8,395	0,488	8,8	0,023
0,2	8,782	0,477	9,6	0,044
0,3	9,161	0,467	10,4	0,061
0,4	9,533	0,458	11,2	0,077
0,5	9,899	0,450	12,0	0,092
0,6	10,26	0,442	12,8	0,105
0,7	10,62	0,434	13,6	0,117
0,8	10,97	0,427	14,4	0,127
0,9	11,31	0,421	15,2	0,137
1,0	11,66	0,414	16,0	0,146

Bei Trägern mit großen Einzellasten in den Feldern können die ersten Fließgelenke mit Rotationsanforderungen im Feld entstehen. In diesen Fällen wird die Rotationskapazität des Querschnitts durch Erreichen der Grenzdehnungen im gedrückten Betongurt beschränkt. Bei Trägern, bei denen mehr als die Hälfte der Bemessungslast auf einer Länge von $^1/_5$ der Stützweite konzentriert ist, darf dann der Abstand der plastischen Nulllinie von der Randfaser des Betongurtes nicht größer als 15 % der Gesamthöhe des Querschnitts sein (Bild 81). Die erforderlichen plastischen Momente im Feld und an den Innenstützen können mithilfe des Prinzips der virtuellen Verrückungen einfach ermittelt werden [147], (siehe hierzu Bild 57 und Tabelle 20). Wenn Fließgelenke im Bereich von Anschlüssen liegen, ist eine ausreichende Rotationskapazität der Anschlüsse nachzuweisen oder die Momententragfähigkeit des Anschlusses muss mindestens 20 % größer als die Tragfähigkeit des angrenzenden Profils sein. Auf diese Problematik wird in Abschnitt 8 noch genauer eingegangen.

5.5 Klassifizierung der Querschnitte

5.5.1 Allgemeines

Im Grenzzustand der Tragfähigkeit wird das Tragverhalten von statisch unbestimmten Systemen und die mögliche Momentenumlagerung durch die Rotationskapazität der Querschnitte und durch die aus den Einwirkungen und dem System resultierenden Rotationsanforderungen entscheidend beeinflusst. In den Eurocodes ist derzeit kein direkter Nachweis enthalten, durch den nachgewiesen werden kann, dass die für eine Momentenumlagerung erforderlichen Rotationen R_{erf} in kritischen Punkten kleiner als die vom Querschnitt ertragbaren Rotationen R_{vorh} sind. Der Nachweis wird indirekt durch Einstufung der Querschnitte in Querschnittsklassen und durch Einschränkungen bei den statischen Systemen (z. B. Stützweitenverhältnisse) geführt.

Gemäß der Klassifizierung in die Querschnittsklassen darf bei Querschnitten der Klasse 1 und 2 die plastische Momententragfähigkeit zur Ermittlung der Querschnittstragfähigkeit herangezogen werden. Andernfalls wird eine elastische Berechnung für Querschnitte der Klasse 3 oder eine elastische Berechnung unter Berücksichtigung des Beulens (Klasse 4) erforderlich, s. a. Bild 28 und Abschnitt 5.4. Bei der Ermittlung der vollplastischen Momententragfähigkeit wird angenommen, dass jede Querschnittsfaser „ohne Begrenzung" der Dehnung plastiziert. Entsprechend muss eine ausreichende Rotationskapazität vorhanden sein. Durch verschiedene Untersuchungen zur Rotationskapazität wurden für Verbundträger ergänzend zu den Regelungen in EC 3 spezielle Duktilitätskriterien bezüglich der Anforderungen an die Bewehrung bei negativer Momentenbeanspruchung sowie bezüglich des Betonversagens bei positiver Momentenbeanspruchung abgeleitet, [330], [331]–[334]. So weisen z. B. Verbundträger unter positiver Momentenbeanspruchung, bei denen vor dem Erreichen der Verfestigung des Baustahls ein Betonbruch durch Betondruckversagen eintritt oder Querschnitte im Stützbereich, bei denen es wegen unzureichender Rissbildung bei kleinen Bewehrungsgraden zu einem Versagen der Bewehrung kommt, keine ausreichende Rotationskapazität auf [330], [334], sodass hier die vollplastische Momententragfähigkeit nicht immer voll ausgenutzt werden kann. Bei der Anwendung nichtlinearer Berechnungsverfahren wie z. B der Fließgelenktheorie sind hier ebenfalls zusätzliche Überlegungen erforderlich, da wegen der eingeschränkten Rotationskapazität ein vorzeitiges Versagen stattfinden kann.

Die Einstufung eines Querschnittes in die vier Querschnittsklassen erfolgt über die c/t-Werte der Gurte und Stege, die Lage der plastischen Nulllinie und den Bewehrungsgrad des Betongurtes. Dabei ergibt sich die maßgebende Querschnittsklasse eines Verbundquerschnitts in der Regel aus der ungünstigsten Klasse der druckbeanspruchten Einzelquerschnittsteile. Die Querschnittsklasse des Verbundquerschnitts ist dabei vom Vorzeichen des Biegemomentes abhängig. Gegenüber den Regelungen in DIN EN 1993-1-1 [20] erlaubt DIN EN 1994-1-1, Druckflansche von

Stahlquerschnitten, die mit Betonquerschnittsteilen verbunden werden, in eine günstigere Klasse einzustufen, wenn der entsprechende günstige Einfluss nachgewiesen wird. Dies erfolgt i. A. durch eine ausreichende Verdübelung. Bei Querschnitten der Klasse 1 und 2 wird von einer vollplastischen Spannungsverteilung ausgegangen. Für Querschnitte der Klassen 3 und 4 ist i. A. eine elastische Querschnittsverteilung unter Berücksichtigung der Belastungsgeschichte und der Einflüsse aus dem Kriechen und Schwinden zu berücksichtigen. Für den Nachweis des Stahlprofils im Bauzustand gelten die Regelungen entsprechend DIN EN 1993-1-1 [20].

Neben der Begrenzung der c/t-Werte ist bei Querschnitten der Klassen 1 und 2 mit negativer Momentenbeanspruchung (Betongurt in der Zugzone) eine ausreichende Mindestbewehrung des Betongurtes erforderlich (Duktilitätsbewehrung). Bei Verbundträgern mit kleinen Bewehrungsgraden wurde in Versuchen beobachtet, dass die Bewehrung vor Erreichen des vollplastischen Momentes versagt. Dies ist darauf zurückzuführen, dass infolge der Mitwirkung des Betons zwischen den Rissen bei kleinen Bewehrungsgraden im Betongurt nur vereinzelte Risse entstehen, in denen sich die plastischen Deformationen konzentrieren (siehe hierzu Bild 83). Werden geschweißte Betonstahlmatten für die Zugbewehrung im Betongurt verwendet, ist eine Anrechnung als Duktilitätsbewehrung nur dann erlaubt, wenn hochduktiler Betonstahl verwendet wird.

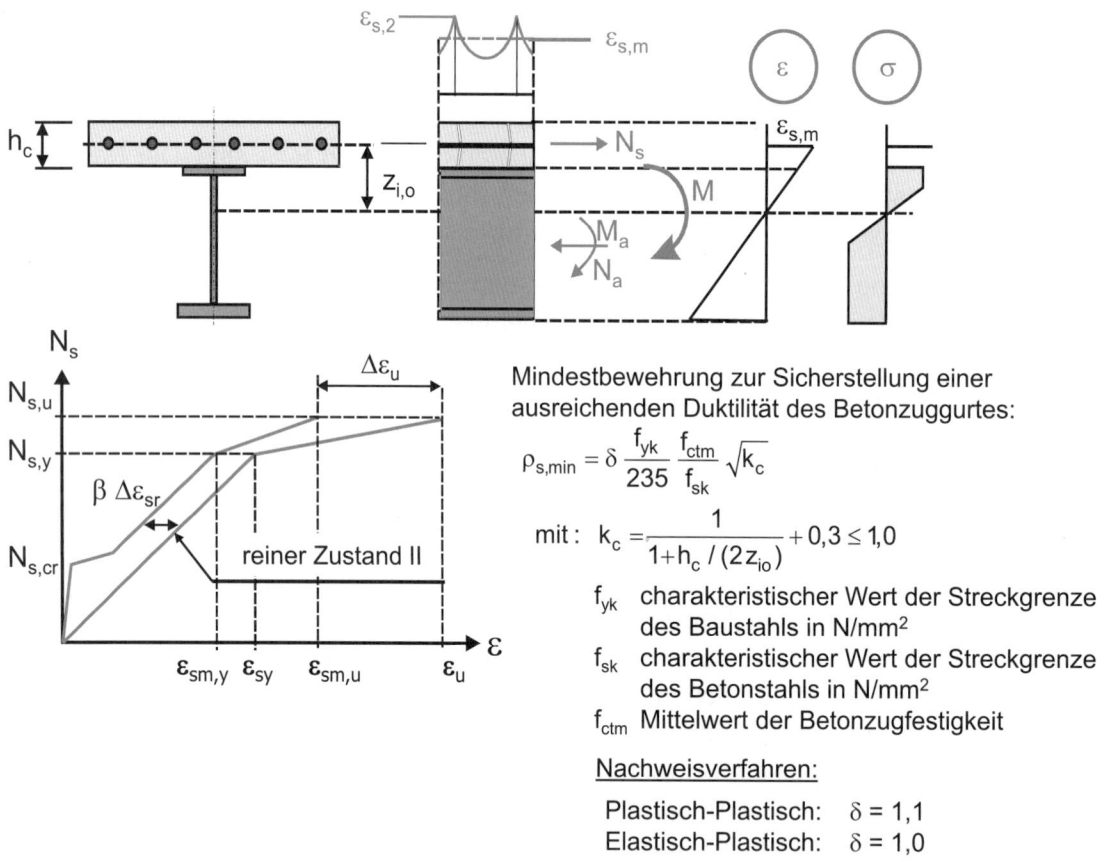

Bild 83: Duktilitätsbewehrung bei plastischer Bemessung im negativen Momentenbereich

5.5.2 Klassifizierung von Verbundquerschnitten ohne Kammerbeton

Die Beschränkung der c/t-Werte des Baustahlquerschnitts erfolgt dabei in Übereinstimmung mit DIN EN 1993-1-1 [20] in Abhängigkeit von gewähltem Nachweisverfahren und der Querschnittsklasse. EN 1993-1-1, Tabelle 5.2 repräsentiert die Grenzwerte c/t für beidseitig gestützte druckbeanspruchte Querschnittsteile, wie z. B. Stege oder Flansche von Hohlkastenquerschnitten wie auch für einseitig gestützte freie Flansche.

Für die Stege ist bei den Querschnittsklassen 1 und 2 die plastische Spannungsverteilung (Bild 84) und bei den Querschnitten der Klassen 3 die elastische Spannungsverteilung (Bild 85) unter Berücksichtigung der Belastungsgeschichte und des Kriechens und Schwinden zugrunde zu legen. Wenn bei Querschnitten der Klasse 3 die maximale Druckspannung im Stahlträger kleiner als der Bemessungswert der Streckgrenze ist, darf der Beiwert ε in Übereinstimmung mit DIN 1993-1-1 mit $\varepsilon = \sqrt{235 / (\gamma_a \sigma_{Ed})}$ berücksichtigt werden (siehe Bild 85).

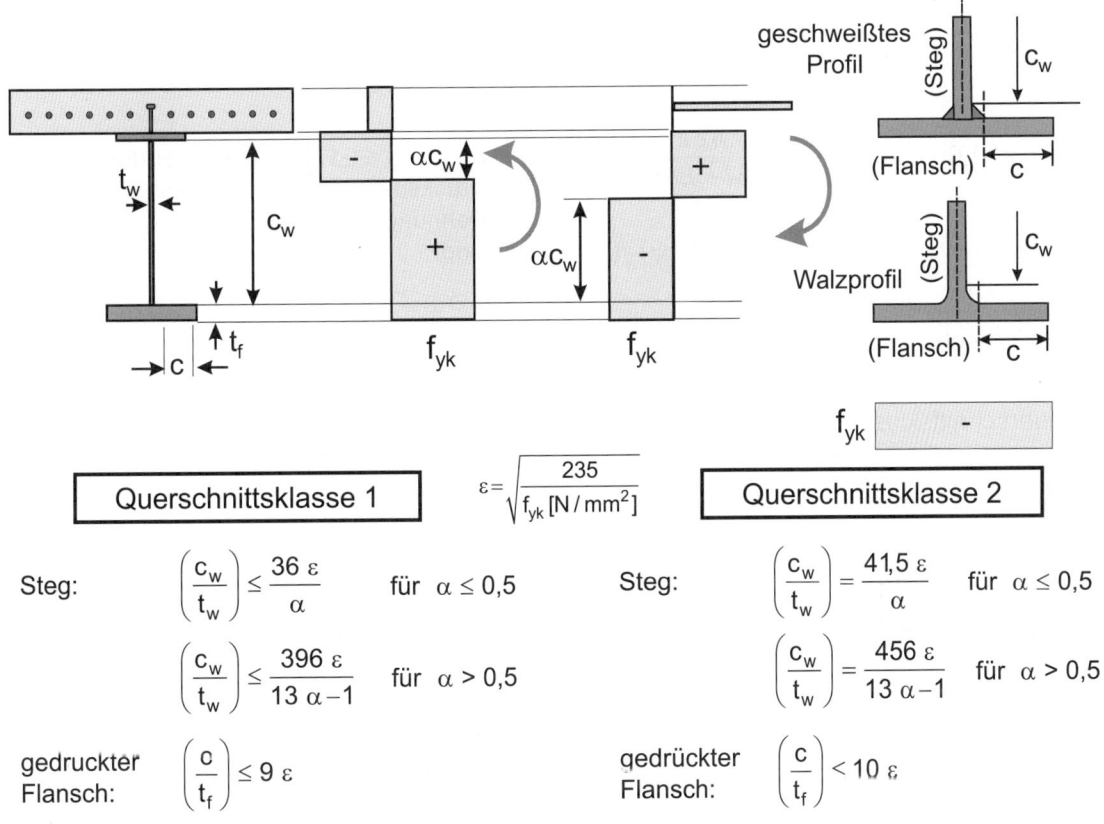

$$\varepsilon = \sqrt{\frac{235}{f_{yk}\,[N/mm^2]}}$$

Querschnittsklasse 1

Steg: $\left(\dfrac{c_w}{t_w}\right) \leq \dfrac{36\,\varepsilon}{\alpha}$ für $\alpha \leq 0{,}5$

$\left(\dfrac{c_w}{t_w}\right) \leq \dfrac{396\,\varepsilon}{13\,\alpha - 1}$ für $\alpha > 0{,}5$

gedruckter Flansch: $\left(\dfrac{c}{t_f}\right) \leq 9\,\varepsilon$

Querschnittsklasse 2

Steg: $\left(\dfrac{c_w}{t_w}\right) = \dfrac{41{,}5\,\varepsilon}{\alpha}$ für $\alpha \leq 0{,}5$

$\left(\dfrac{c_w}{t_w}\right) = \dfrac{456\,\varepsilon}{13\,\alpha - 1}$ für $\alpha > 0{,}5$

gedrückter Flansch: $\left(\dfrac{c}{t_f}\right) < 10\,\varepsilon$

Obergurt entspricht Klasse 1, wenn Dübelabstände nach DIN EN 1994-1-1, Abschnitt 6.6.5.5

Bild 84: Querschnittsklassifizierung für Querschnitte der Klassen 1 und 2 nach DIN EN 1993-1-1, Tabelle 5.2

Bei Querschnitt mit Stegen der Klasse 3 und Gurten der Klasse 1 oder 2 darf die Momententragfähigkeit bei negativer Momentenbeanspruchung vollplastisch ermittelt werden, wenn bei der Berechnung ein wirksamer Steg nach Bild 86 zugrunde gelegt wird. Als wirksamer Stegquerschnitt darf im Bereich des Untergurtes und der plastischen Nulllinie jeweils die Höhe h_{eff} nach EN 1993-1-1, Abschnitt 6.2.2.4 (Bild 86) angenommen werden. Zur Lasteinleitung von konzentrierten Einzellasten muss der Steg ausgesteift werden.

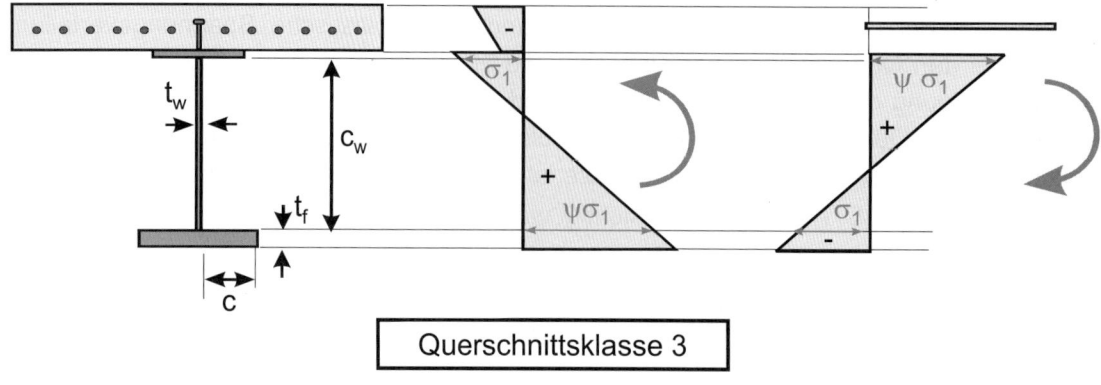

Steg: für $\psi > -1{,}0$: $\quad \left(\dfrac{c_w}{t_w}\right) \leq \dfrac{42\,\varepsilon}{0{,}67+0{,}33\,\psi}$

a) Es gilt $\psi \leq -1$, falls entweder die Druckspannungen $\sigma \leq f_{yk}$ oder die Dehnungen infolge Zug $\varepsilon_y > f_y / E$ sind.

für $\psi \leq -1{,}0^{a)}$: $\quad \left(\dfrac{c_w}{t_w}\right) \leq 0{,}62\,\varepsilon(1-\psi)\sqrt{(-\psi)}$

gedrückter Flansch: $\quad \left(\dfrac{c}{t_f}\right) \leq 14{,}0\,\varepsilon \qquad \varepsilon = \sqrt{\dfrac{235}{f_{yk}\,[N/mm^2]}}$

Bild 85: Querschnittsklassifizierung für Querschnitte der Klasse 3 nach DIN EN 1993-1-1, Tabelle 5.2

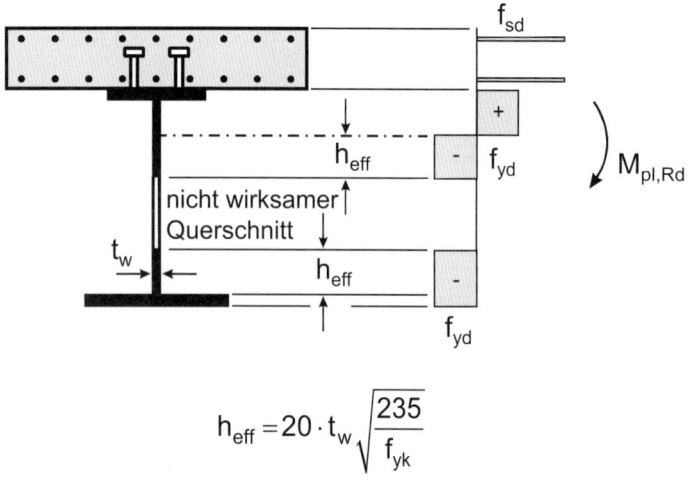

$$h_{eff} = 20 \cdot t_w \sqrt{\dfrac{235}{f_{yk}}}$$

Bild 86: Wirksamer Stegquerschnitt

5.5.3 Klassifizierung von Verbundquerschnitten mit Kammerbeton

Da das örtliche Beulen bei Querschnitten mit Kammerbeton deutlich günstiger zu beurteilen ist, sind für diese Querschnitte höhere Grenzwerte zulässig, die für die Einstufung der Gurte etwa 40 % über den Werten für Stahlträger ohne Kammerbeton liegen (siehe Bild 87). Bei Anwendung der Fließgelenktheorie liegen jedoch bisher noch keine ausreichenden experimentellen Erfahrungen hinsichtlich der Auswirkung des Kammerbetons auf die vorhandene Rotationskapazität vor. In Bild 87 [148] ist die Momenten-Verdrehungskurve für einen typischen Profilverbundquerschnitt dargestellt, die verdeutlicht, dass der Querschnitt keine ausreichende Rotationskapazität für eine Einstufung in die Klasse 1 aufweist.

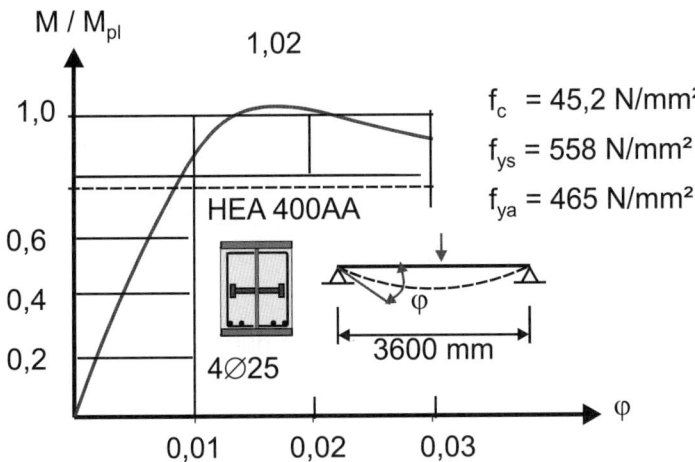

Bild 87: Momenten-Verdrehungskurve eines Profilverbundträgers [148]

Da der stabilisierende Einfluss des Kammerbetons bei größeren Rotationen in Fließgelenken und einem damit verbundenen Überschreiten der Grenzdehnungen im Beton teilweise verloren geht, ist nach DIN EN 1994-1-1 eine Einstufung in die Querschnittsklasse 1 nicht zulässig. Dies bedeutet bei einer Berechnung von kammerbetonierten Trägern nach der Fließgelenktheorie, dass der Kammerbeton nicht in Rechnung gestellt werden darf und die maximalen c/t-Werte der Gurte die Bedingungen für Querschnitte ohne Kammerbeton erfüllen müssen. Bei der Klassifizierung der Stege von Trägern mit Kammerbeton dürfen Stege der Klasse 3 in die Klasse 2 eingeordnet werden, wenn die Kammern des Trägers ausbetoniert sind und der Kammerbeton mit Bügeln und Dübeln entsprechend Bild 88 verankert wird.

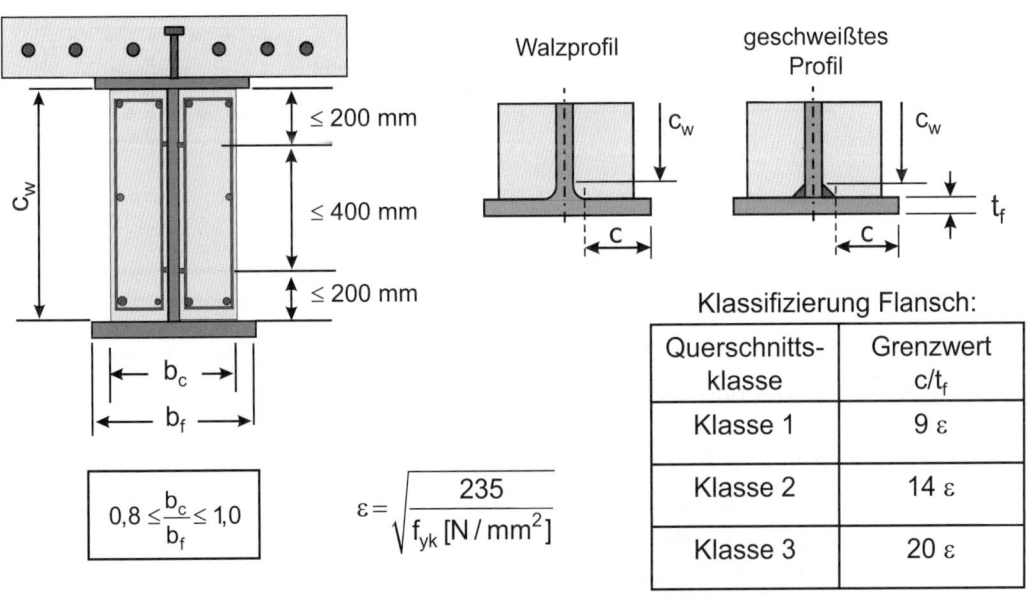

Bild 88: Klassifizierung von Querschnitten mit Kammerbeton

Die Einstufung in die Querschnittsklassen erfolgt wie zuvor erläutert über die c/t-Verhältnisse des Stahlprofils in Anlehnung an DIN EN 1993-1-1. Für übliche Verbundträger mit im Vergleich zur Profilhöhe dünnen Betongurten werden basierend auf den Querschnittsklassen die Verfahren zur Ermittlung der Schnittgrößen und zur Bemessung auf Querschnittsebene bestimmt. Bei teilweise oder vollständig einbetonierten Querschnitten oder Verbundträgern mit einem im Vergleich zur Querschnittshöhe massiven Betongurt reicht allerdings eine Klassifizierung allein auf Basis des Stahlprofils nicht aus. Mit steigendem Betonanteil nimmt der Beton mehr Einfluss auf die Rotationskapazität des Querschnitts, sodass dieser bei der Klassifizierung nicht mehr vernachlässigt werden sollte. Da bisher nur wenige Untersuchungen zur Rotationskapazität von Verbundträgern niedriger Bauhöhe mit massiven Betongurten, vollständig einbetonierten Profilen und Flachdecken mit integrierten Stahlprofilen (Slim-Floor-Bauweise) vorliegen, werden die plastischen Systemreserven in der Regel nicht ausgenutzt. Die Ermittlung der Schnittgrößen erfolgt somit auf Grundlage der Elastizitätstheorie. Derartige Querschnitte sollten nicht in die Klasse 1 eingestuft werden. Bei der vollplastischen Querschnittsbemessung ist zu beachten, dass für diese Querschnittsformen u. U. die Momententragfähigkeit durch das Erreichen der Grenzdehnungen im Betongurt beschränkt ist, s. a. Abschnitt 6.2.1.2 und [344].

Während klassische Verbundträger gemäß DIN EN 1994-1-1, Bild 6.1 oft durch ein doppelsymmetrisches Stahlprofil mit Betonobergurt charakterisiert werden, gewinnen heute schlankere, kompaktere und individuell gestaltete Trägersysteme an Bedeutung (Bild 89), deren Trag- und Verformungsverhalten teilweise deutlich von den o. g. typischen Verbundträgern abweichen kann. Daher können die Bemessungs- und Anwendungsregeln der DIN EN 1994-1-1 auch nicht umfänglich auf derartige Sonderquerschnitte übertragen werden.

Typische Querschnitte mit einem anderen Verhalten sind z. B. Flachdecken mit integrierten Stahlprofilen. Diese auch als Slim-Floor-Bauweise bezeichneten Systeme werden durch ganz oder teilweise in die Betondecke integrierte Stahlprofile gebildet. Dabei wird i. d. R. die Decke auf einem verbreiterten Unterflansch gelagert. Damit erhält das Stahlprofil eine asymmetrische Form. In einer Reihe von Publikationen werden typische Querschnitte der Verbundflachdecken sowie deren Trag- und Verformungsverhalten ausführlich beschrieben, s. a. [335] bis [345].

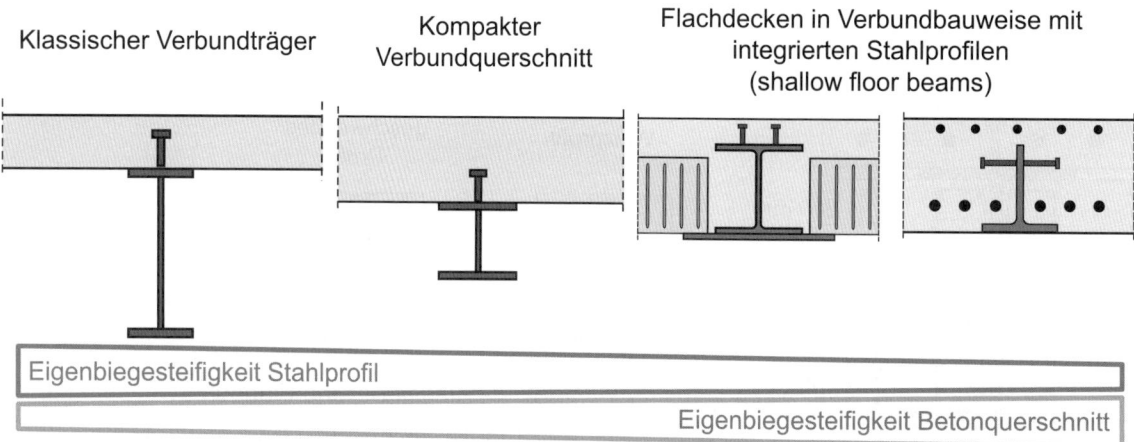

Bild 89: Klassische Verbundträger und Sonderformen von Verbundquerschnitten

Für teilweise oder vollständig in den Beton integrierte Verbundquerschnitte oder Verbundträger mit einem massiven Betongurt kann in Abhängigkeit von der Geometrie häufig die Grenzdehnung des Betons maßgebend werden. D. h., die für die Anwendung plastischer Bemessungsverfahren erforderliche Voraussetzung eines hohen Rotationsvermögens kann dadurch eingeschränkt sein, da es vor dem Erreichen der plastischen Momententragfähigkeit zu einem Betondruckversagen kommen kann. In diesen Fällen wird eine dehnungsbegrenzte oder numerische Bemessung erforderlich, auch wenn die Querschnitte der Querschnittsklasse 1 oder 2 entsprechen. Die alleinige Einstufung über die Grenzwerte c/t ist für derartige Querschnitte oftmals nicht ausreichend, s. a. [344], [345]. Auch im Hinblick auf die Berechnung der Schnittgrößen sind Einschränkungen hinzunehmen. Bisher liegen keine ausreichenden Erfahrungen für die Anwendung der Fließgelenktheorie vor, sodass selbst bei einer Einstufung in die Querschnittsklasse 1 die Ermittlung der Schnittgrößen auf der Elastizitätstheorie basieren sollte, sofern keine genaueren Nachweise hinsichtlich der Rotationskapazität geführt werden. Die in Abschnitt 5.4.4 aufgezeigte linear-elastische Berechnung der Schnittgrößen mit einer Momentenumlagerung nach Tabelle 19 wurde für klassische Verbundträger hergeleitet, bei denen im Feldbereich ein Betondruckgurt vorliegt, im Stützbereich hingegen der Betonobergurt als gerissen anzunehmen ist. Durch die Rissbildung entsteht ein Steifigkeitsverlust, wodurch die Annahme einer Momentenumlagerung vom Stützbereich in den Feldbereich unter der Berücksichtigung der Randbedingungen nach Abschnitt 5.4.2.3 gerechtfertigt ist. Bei vollständig in die Decke integrierten Profilen entsteht neben der Rissbildung im Stützbereich auch eine Reduktion der Steifigkeit aufgrund einer Rissbildung im Feld. Daher gelten die Umlagerungswerte nach Tabelle 19 für die verschiedenen Sonderformen von Verbundquerschnitten nicht uneingeschränkt.

Die Fachzeitschrift zum gesamten Massivbau

Neueste wissenschaftliche Erkenntnisse, Themen aus der Baupraxis und anwendungsorientierte Beiträge über neue Normen, Vorschriften und Richtlinien machen Beton- und Stahlbetonbau zu einem unverzichtbaren Begleiter und einer der bedeutendsten Zeitschriften für den Bauingenieur, seit mehr als 100 Jahren. Mit Berichten über ausgeführte Projekte und Innovationen im Baugeschehen erhält der Ingenieur weitere praktische Hilfestellungen für seine tägliche Arbeit.

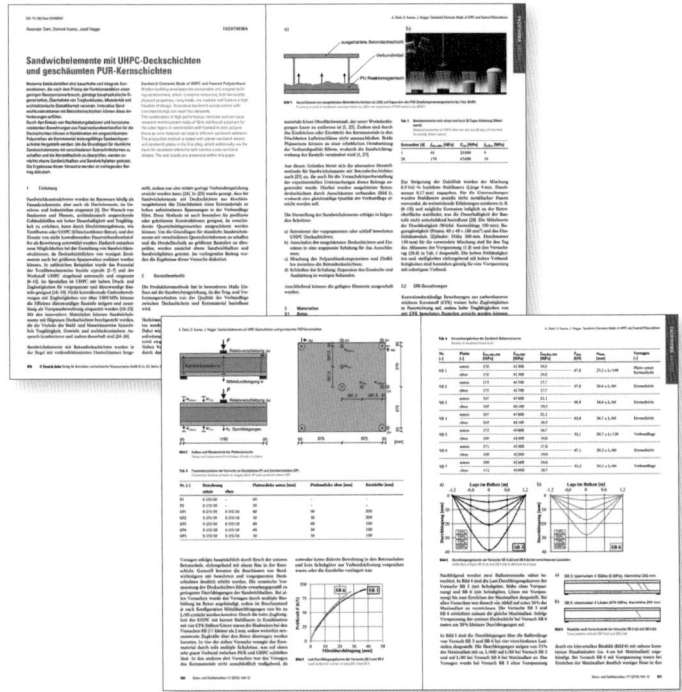

Hrsg.: Ernst & Sohn
Beton- und Stahlbetonbau
115. Jahrgang 2020
12 Hefte / Jahr
Impact Faktor 2017: 0,966 I
ISSN 0005-9900 print
ISSN 1437-1006 online
Auch als ejournal erhältlich.

Probeheft bestellen:
www.ernst-und-sohn.de/best

Ernst & Sohn
Verlag für Architektur und technische
Wissenschaften GmbH & Co. KG

Kundenservice: Wiley-VCH
Boschstraße 12
D-69469 Weinheim

Tel. +49 (0)800 1800-536
Fax +49 (0)6201 606-184
cs-germany@wiley.com

1097176_

6 Nachweise in den Grenzzuständen der Tragfähigkeit

6.1 Verbundträger

6.1.1 Verbundträger für Tragwerke des Hochbaus

Bei Verbundträgern sind in kritischen Schnitten im Grenzzustand der Tragfähigkeit die in Bild 90 zusammengestellten Nachweise zu führen.

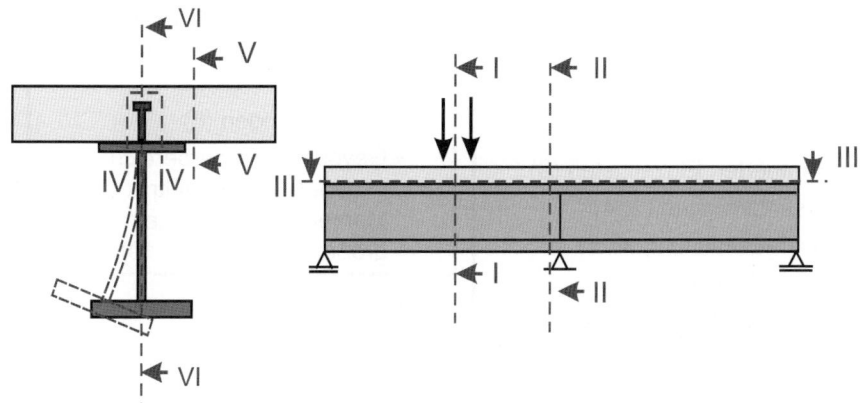

I-I   Querschnittstragfähigkeit für Biegung (M_{Rd}) und Querkraft (V_{Rd})
II-II   Querschnittstragfähigkeit M_{Rd} und V_{Rd}
III-III   Längsschubtragfähigkeit der Verdübelung
IV-IV   Längsschubtragfähigkeit der Dübelumrissfläche
V-V   Längsschubtragfähigkeit des Betongurtes
VI-VI   Biegedrillknicken

Bild 90: Erforderliche Nachweise im Grenzzustand der Tragfähigkeit

Als kritische Schnitte sind beim Nachweis der Querschnittstragfähigkeit die in Bild 91 dargestellten Stellen (extremale Biegemomente und Querkräfte, Querschnittssprünge, Angriffspunkte von Einzellasten und Einleitungspunkte von konzentrierten Kräften in Trägerlängsrichtung z. B. aus Spanngliedvorspannung, Querschnitte mit Stegdurchbrüchen und Öffnungen in den Gurten) zu untersuchen.

Beim Nachweis der Längsschubtragfähigkeit in den Schnitten III-III und IV-IV nach Bild 90 wird die maßgebende kritische Länge durch zwei benachbarte kritische Schnitte begrenzt. Bei diesem Nachweis sind dann zusätzlich die Enden von Kragarmen und bei Trägern mit Querschnitten der Klasse 3 und 4 sowie bei Trägern mit nichtduktilen Verbundmitteln die plastizierten Trägerbereiche als kritische Länge zu betrachten.

Bei Trägern mit veränderlicher Bauhöhe sind beim Nachweis der Längsschubtragfähigkeit ferner Trägerabschnitte, bei denen das Verhältnis der Flächenmomente zweiten Grades den Wert 1,5 überschreitet, als kritische Länge zu betrachten.

Im Fall nicht vorwiegend ruhender Beanspruchung ist zusätzlich für den Stahlträger, die Bewehrung und die Verdübelung eine ausreichende Ermüdungsfestigkeit nachzuweisen.

KOMMENTAR EUROCODE 4 – VERBUNDBAU

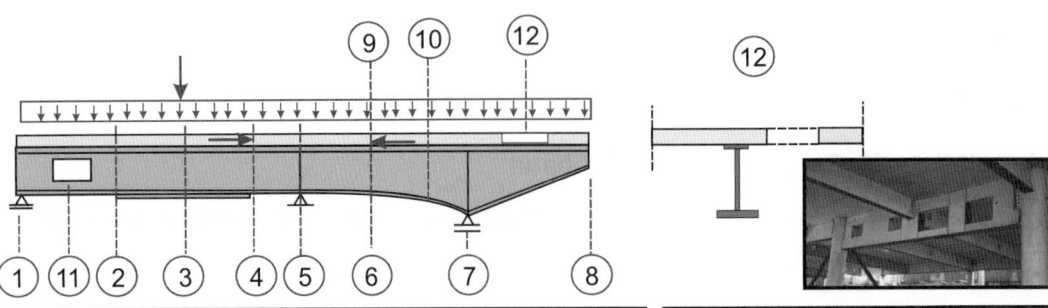

Kritische Schnitte:
- Querschnitte mit maximaler Momentenbeanspruchung (3, 5, 7)
- Auflagerpunkte (1, 5, 7)
- Querschnitte mit konzentrierten Einzellasten (3)
- Stellen mit Querschnittsänderungen (2, 4)
- Querschnitte mit Längskrafteinleitung (4, 6)
- Querschnitte mit Stegdurchbrüchen (11)
- Querschnitte mit Durchbrüchen im Betongurt (12)

Zusätzliche kritische Schnitte beim Nachweis der Längsschubtragfähigkeit:
- Kragarmenden (8)
- Gevoutete Trägerbereiche, in denen das Verhältnis der Momententragfähigkeit größer als 1,5 ist (9, 10).

Bild 91: Kritische Schnitte bei einem Durchlaufträger

6.1.2 Mittragende Gurtbreite beim Nachweis der Querschnittstragfähigkeit

Beim Nachweis der Querschnittstragfähigkeit in kritischen Querschnitten erfolgt die Ermittlung der mittragenden Breite von Betongurten und deren Verlauf in Trägerlängsrichtung gemäß den Ausführungen in Abschnitt 5.4.1.2, s. a. Bild 29. Im Hochbau kann dabei vereinfachend beim Nachweis der Längsschubtragfähigkeit auch von einer abschnittsweisen konstanten mittragenden Breite in den Bereichen ausgegangen werden, in denen EC 4 eine in Längsrichtung linear veränderliche mittragende Breite vorgibt.

6.2 Querschnittstragfähigkeit von Verbundträgern

6.2.1 Momententragfähigkeit

6.2.1.1 Allgemeines

In den maßgebenden kritischen Schnitten nach Abschnitt 6.1 ist der Nachweis zu führen, dass das einwirkende Biegemoment und die einwirkende Querkraft den jeweiligen Bemessungswert der Querschnittstragfähigkeit nicht überschreiten. Bei gleichzeitiger Wirkung von Biegemomenten und Querkräften ist die Interaktion zwischen Biegemoment und Querkraft beim Nachweis zu berücksichtigen.

Die Momententragfähigkeit M_{Rd} von Verbundquerschnitten ist bei vollständiger Verdübelung im Allgemeinen unter Zugrundelegung einer linearen Dehnungsverteilung unter Beachtung von Dehnungsbeschränkungen zu ermitteln. Im Stahlträger sind die Zugdehnungen unbegrenzt, im Druckbereich ist bei Querschnitten der Klassen 1 und 2 ebenfalls keine Dehnungsbegrenzung erforderlich, wenn keine Biegedrillknickgefahr besteht. Bei Querschnitten der Klasse 3 muss die Dehnung im Untergurt so begrenzt werden, dass ein seitliches Ausweichen des Untergurtes infolge Biegedrillknicken bzw. ein Schubbeulversagen ausgeschlossen wird. Für die Bewehrung, den Baustahl und den Beton sind die in Bild 92 dargestellten Spannungsdehnungsbeziehungen zugrunde zu legen.

6 Nachweise in den Grenzzuständen der Tragfähigkeit

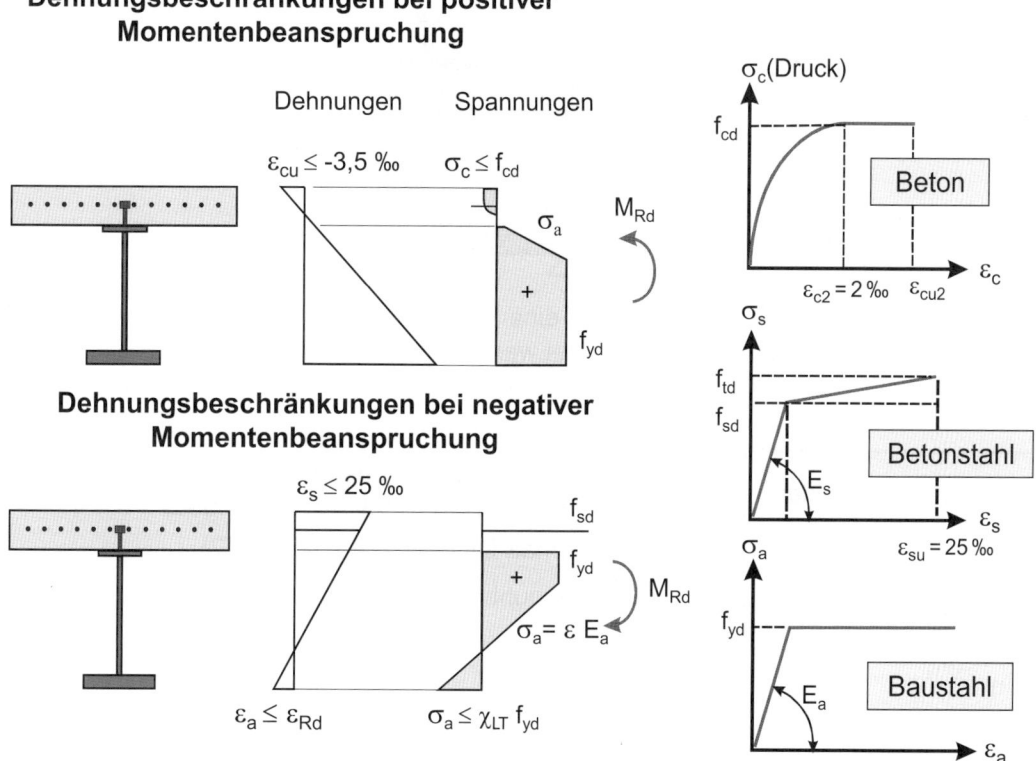

Bild 92: Dehnungsbeschränkte Momententragfähigkeit M_{Rd}

Die dehnungsbeschränkte Berechnung ist im Allgemeinen sehr aufwendig, weil der maßgebende Dehnungszustand iterativ berechnet werden muss, s. a. Abschnitt 6.2.1.4. Es gelten die Materialbeziehungen für Beton und Betonstahl nach DIN EN 1992-1-1 und für Baustahl nach DIN EN 1993-1-1 bzw. DIN EN 1993-1-5, Anhang C, s. a. Abschnitte 3.3 bis 3.1. Die relativ aufwendige Ermittlung der dehnungsbeschränkten Querschnittstragfähigkeit ist in DIN EN 1994-1-1 nur in wenigen Sonderfällen, wie z. B. Träger mit Spanngliedvorspannung, erforderlich. Für die praktische Berechnung werden Vereinfachungen gemacht, die das tatsächliche Tragverhalten ausreichend genau abschätzen. Für Querschnitte der Klassen 1 und 2 wird die Momententragfähigkeit vereinfacht vollplastisch und für Querschnitte der Klassen 3 und 4 elastisch ermittelt, wobei bei Querschnitten der Klasse 4 das Beulen zu berücksichtigen ist. Weitere Ausnahmen werden in Abschnitt 6.2.1.2 erläutert.

Mit der Querschnittsklassifizierung wird der Einfluss des lokalen Beulens auf die Querschnittstragfähigkeit und das Rotationsverhalten berücksichtigt. Wird der Querschnitt gleichzeitig durch Biegemomente und Querkräfte beansprucht, so kann bei der Interaktion zwischen Biegemoment und Querkraft auf eine Berücksichtigung des zusätzlichen Einflusses des Schubbeulens verzichtet werden, wenn die in Bild 93 angegebenen Bedingungen eingehalten nach DIN EN 1993-1-1, 5.1(2) eingehalten werden. Wenn diese Bedingungen nicht erfüllt sind, ist die Querkrafttragfähigkeit $V_{b,Rd}$ unter Berücksichtigung des Schubbeulens für Querschnitte ohne Kammerbeton nach DIN EN 1993-1-5, 5.2 zu führen. Siehe hierzu auch Abschnitt 6.2.2.3. Der Beitrag des Betongurtes an der Querkrafttragfähigkeit darf entsprechend den Regelungen in DIN EN 1994-1-1, 6.2.2.3(2) nicht berücksichtigt werden, es sei denn, es werden genauere Berechnungsverfahren zugrunde gelegt und die zusätzlich entstehenden vertikalen Kräfte in den Verbundmitteln nachgewiesen.

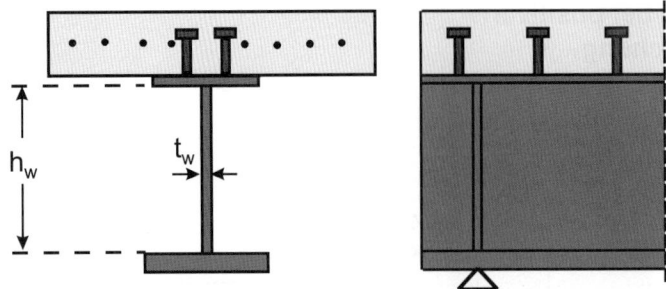

Beim Nachweis der Querkrafttragfähigkeit kann auf eine Berücksichtigung des zusätzlichen Einflusses des Schubbeulens verzichtet werden, wenn die Bedingung $\bar{\lambda}_w \leq 0,83/\eta$ erfüllt ist oder die folgenden maximal zulässigen h_w/t_w-Verhältnisse eingehalten werden:

- nicht ausgesteifte Blechfelder:

$$h_w / t_w \leq \frac{72}{\eta} \varepsilon$$

- ausgesteifte Blechfelder:

$$h_w / t_w \leq \frac{31}{\eta} \varepsilon \sqrt{k_\tau}$$

k_τ Schubbeulwert für ausgesteifte Beulfelder, DIN EN 1993-1-5, Anhang A3

η = 1,2 gemäß DIN EN 1993-1-5, 5.1(2)

τ_{cr} ideale Schubbeulspannung

$$\varepsilon = \sqrt{\frac{235}{f_{yk}\,[N/mm^2]}} \qquad \bar{\lambda}_w = \sqrt{\frac{f_{yk}}{\sqrt{3}\,\tau_{cr}}}$$

Bild 93: Nachweis der Querkrafttragfähigkeit unter Berücksichtigung des Schubbeulens

Bei der Ermittlung der vollplastischen Momententragfähigkeit wird angenommen, dass jede Querschnittsfaser ohne Begrenzung der Dehnungen plastiziert. Hinsichtlich der Momententragfähigkeit muss dabei zwischen Trägern mit vollständiger und teilweiser Verdübelung unterschieden werden. Eine vollständige Verdübelung liegt vor, wenn eine Vergrößerung der Anzahl der Verbundmittel zu keiner Erhöhung der Momententragfähigkeit führt. Andernfalls ist der Träger teilweise verdübelt. Eine teilweise Verdübelung ist nur in Trägerbereichen zulässig, in denen der Betongurt in der Druckzone liegt und die Querschnittstragfähigkeit vollplastisch ermittelt werden darf.

Der Einfluss der teilweisen Verdübelung bzw. des Verdübelungsgrades soll zunächst an dem in Bild 94 dargestellten Einfeldträger und dem zugehörigen Teilverbunddiagramm verdeutlicht werden. Verzichtet man auf eine Verdübelung zwischen Stahlträger und Betongurt, so wird die Tragfähigkeit durch die plastische Momententragfähigkeit des reinen Stahlprofils bestimmt (Punkt A). Eine optimale Tragfähigkeit des Verbundträgers ergibt sich, wenn sich die im Punkt C dargestellte vollplastische Spannungsverteilung unter dem vollplastischen Moment $M_{pl,Rd}$ einstellt. In diesem Fall wird das gesamte Stahlprofil durch Zugspannungen und der Betongurt nur durch Druckspannungen beansprucht. Die zugehörige resultierende Längsschubkraft in der Verbundfuge zwischen Stahlprofil und Betongurt im Bereich zwischen dem Auflager und dem Maximalmoment in Feldmitte ist gleich der vollplastischen Normalkraft des Stahlprofils. Man spricht in diesem Fall von einem Träger mit vollständiger Verdübelung und einem Verdübelungsgrad $\eta = n/n_f = 1,0$. Die zugehörige Anzahl der Verbundmittel n_f bei vollständiger Verdübelung ergibt sich zu $n_f = N_{p,la,Rd}/P_{Rd}$, wobei P_{Rd} die Längsschubkrafttragfähigkeit eines Verbundmittels ist. Eine Reduzierung des Verdübelungsgrades führt zu einer teilweisen Verdübelung (Bereich A–C in Bild 94). Bei teilweiser Verdübelung stellt sich in der Verbundfuge ein Schlupf ein und es entsteht eine Spannungsverteilung mit zwei plastischen Nulllinien. In diesem Fall wird die Momententragfähigkeit durch die Längsschubtragfähigkeit in der Verbundfuge begrenzt. Da in der Verbundfuge eine gegenseitige Verschiebung zwischen Stahlprofil und Beton (Schlupf) auftritt, müssen die Verbundmittel eine ausreichende Duktilität besitzen. Um infolge übermäßigen Schlupfes ein

Abscheren der Verbundmittel zu verhindern, wird in DIN EN 1994-1-1, 6.6.1 ein Mindestverdübelungsgrad gefordert. Dieser Mindestverdübelungsgrad hängt von der Art der Einwirkung (Gleichstreckenlasten, Einzellasten), von der Trägerstützweite und der Streckgrenze des Baustahls ab. Auf diese Weise wird sichergestellt, dass der Schlupf in der Verbundfuge den charakteristischen Wert des Verformungsvermögens δ_k der Verbundmittel nicht überschreitet.

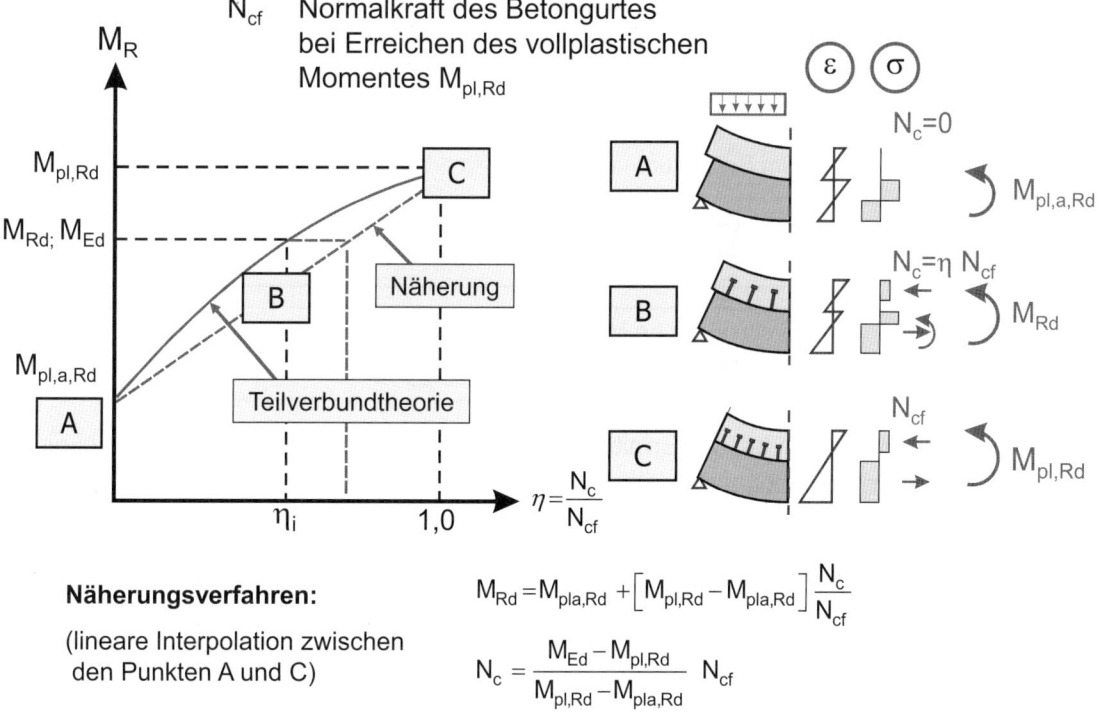

Näherungsverfahren:

(lineare Interpolation zwischen den Punkten A und C)

$$M_{Rd} = M_{pla,Rd} + \left[M_{pl,Rd} - M_{pla,Rd}\right] \frac{N_c}{N_{cf}}$$

$$N_c = \frac{M_{Ed} - M_{pl,Rd}}{M_{pl,Rd} - M_{pla,Rd}} N_{cf}$$

Bild 94: Teilverbunddiagramm

6.2.1.2 Vollplastische Momententragfähigkeit bei vollständiger Verdübelung

Bei vollständiger Verdübelung wird angenommen, dass im gesamten Baustahlquerschnitt Zug- und/oder Druckspannungen mit dem Bemessungswert der Streckgrenze f_{yd} wirken und in der Druckzone des mittragenden Betonquerschnitts zwischen der plastischen Nulllinie und der Randfaser des Betonquerschnitts (Gurt und/oder Kammerbeton) der Bemessungswert der Betondruckfestigkeit f_{cd} wirksam ist (siehe Bild 95). Betonstahl innerhalb der mittragenden Gurtbreite darf mit dem Bemessungswert der Streckgrenze angerechnet werden. In Bild 96 ist die Vorgehensweise bei der Ermittlung der vollplastischen Momententragfähigkeit für einen kammerbetonierten Querschnitt dargestellt. Zur Berechnung der plastischen Nulllinienlage werden zunächst die vollplastischen Normalkräfte der Einzelquerschnitte bestimmt. Dabei ist bei Querschnitten mit großen Blechdicken die Abhängigkeit zwischen Blechdicke und Streckgrenze zu beachten. Bei reiner Momentenbeanspruchung ergibt sich die Lage der plastischen Nulllinie aus der Bedingung, dass die Summe der inneren Normalkräfte null ist. Wenn die Summe der plastischen Normalkräfte des Bau- und Betonstahlquerschnitts kleiner als die vollplastische Normalkraft $N_{cd} = A_c \cdot \alpha_c f_{cd}$ des Betongurtes ist, liegt die plastische Nulllinie im Betongurt und kann aus der Bedingung $\Sigma (N_{ai} + N_{si}) = b_{eff} \cdot z_{pl} \cdot \alpha_c \cdot f_{cd}$ berechnet werden. Die vollplastische Momententragfähigkeit ergibt sich dann aus der Summe der inneren Normalkräfte der Einzelquerschnitte multipliziert mit dem jeweiligen auf die plastische Nulllinienlage bezogenen Hebelarm.

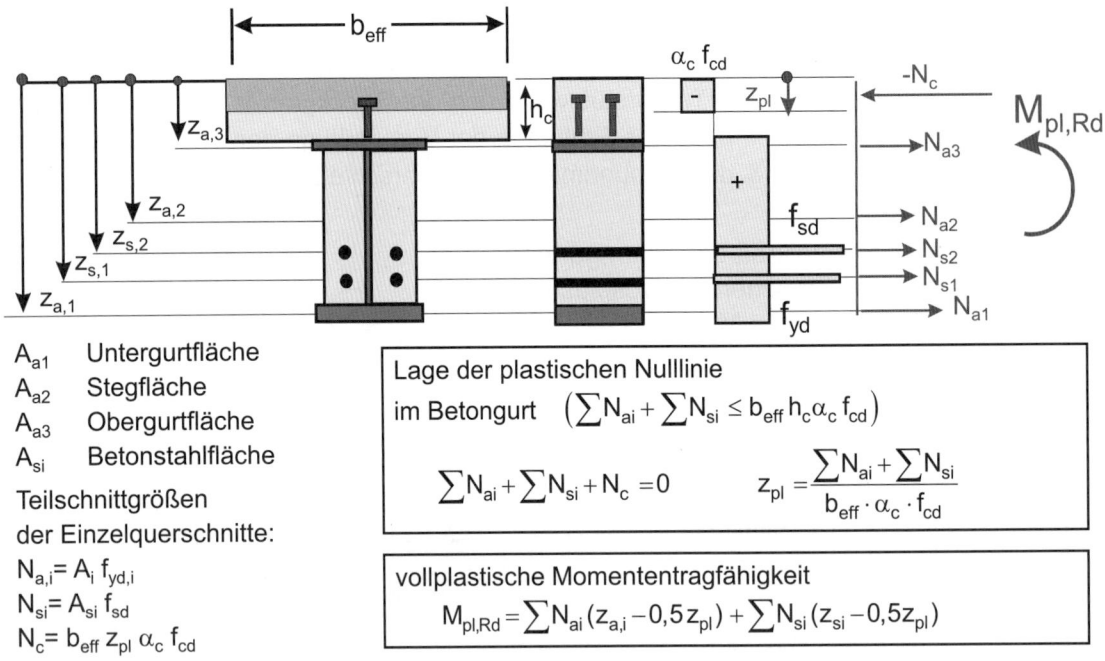

Bild 95: Berechnungsannahmen bei der Ermittlung der vollplastischen Momententragfähigkeit bei vollständiger Verdübelung

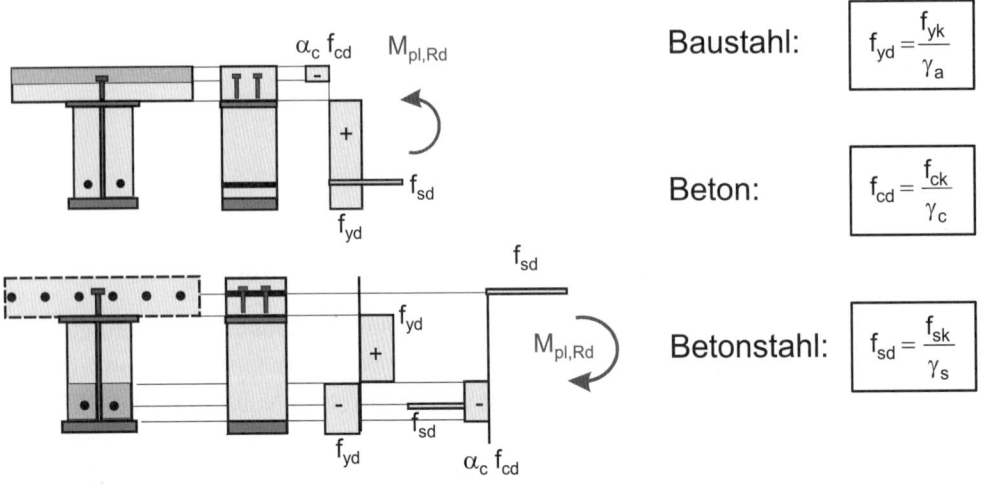

Bild 96: Ermittlung der vollplastischen Momententragfähigkeit für einen kammerbetonierten Träger bei positiver Momentenbeanspruchung und vollständiger Verdübelung

Bei negativer Momentenbeanspruchung führt die Mitwirkung des Betons zwischen den Rissen dazu, dass die plastischen Verformungen im Betonstahl nur in der unmittelbaren Umgebung der Risse auftreten. Um einen vorzeitigen Bruch der Bewehrung zu verhindern, muss daher ein ausreichender Mindestbewehrungsgrad vorhanden sein und die Betonstahlbewehrung eine ausreichende Duktilität besitzen (siehe Bild 83). Das vollplastische Moment bei negativer Momentenbeanspruchung wird analog zur Vorgehensweise bei positiver Momentenbeanspruchung ermittelt (Bild 97).

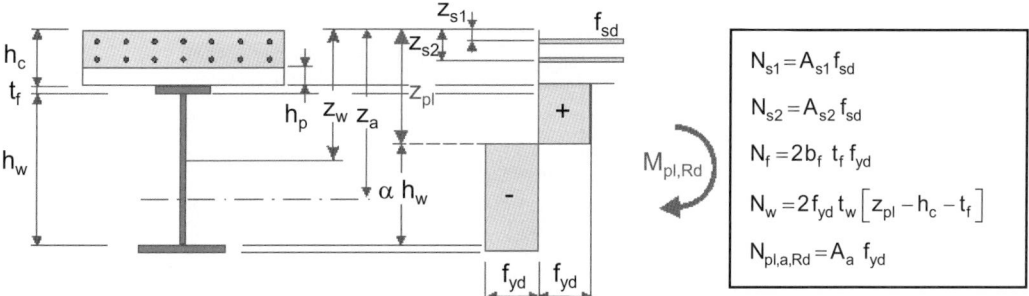

Lage der plastischen Nulllinie:

$$z_{pl} = h_c + t_f + \frac{N_{pl,a,Rd} - (N_{s1} + N_{s2}) - N_f}{2 f_{yd} \, \rho_w \, t_w}$$

Vollplastische Momententragfähigkeit:

$$M_{pl,Rd} = N_{pl,a,Rd} \, z_a - \sum N_{si} \, z_{si} - N_f \left[h_c + \frac{t_f}{2} \right] - N_w \left[\frac{z_{pl} + t_f + h_p}{2} \right]$$

Bild 97: Ermittlung der vollplastischen Momententragfähigkeit bei vollständiger Verdübelung für negative Momentenbeanspruchung

Bei positiver Momentenbeanspruchung und hochliegender plastischer Nulllinie liegt die tatsächliche Momententragfähigkeit über der vollplastischen Momententragfähigkeit, weil der Baustahlquerschnitt im Untergurt in den Verfestigungsbereich kommt und im Betondruckgurt die Dehnungen relativ klein sind (Bild 98). Wenn die plastische Nulllinie des Querschnitts zu weit in den Steg des Stahlträgers absinkt, wird die Momententragfähigkeit durch Erreichen der Grenzdehnungen im Betongurt begrenzt. Dies kann der Fall sein, wenn die mittragende Gurtbreite des Betongurtes sehr klein ist oder wenn hochfeste Baustähle verwendet werden. Aus diesem Grund wird bei Verwendung der Stahlgüten S420 und S460 die vollplastische Momententragfähigkeit für Werte $z_{pl}/h > 0{,}15$ mit dem Faktor β_{pl} nach Bild 99 abgemindert [149]. Bei Werten $z_{pl}/h > 0{,}40$ ist die Momententragfähigkeit dehnungsbegrenzt zu berechnen.

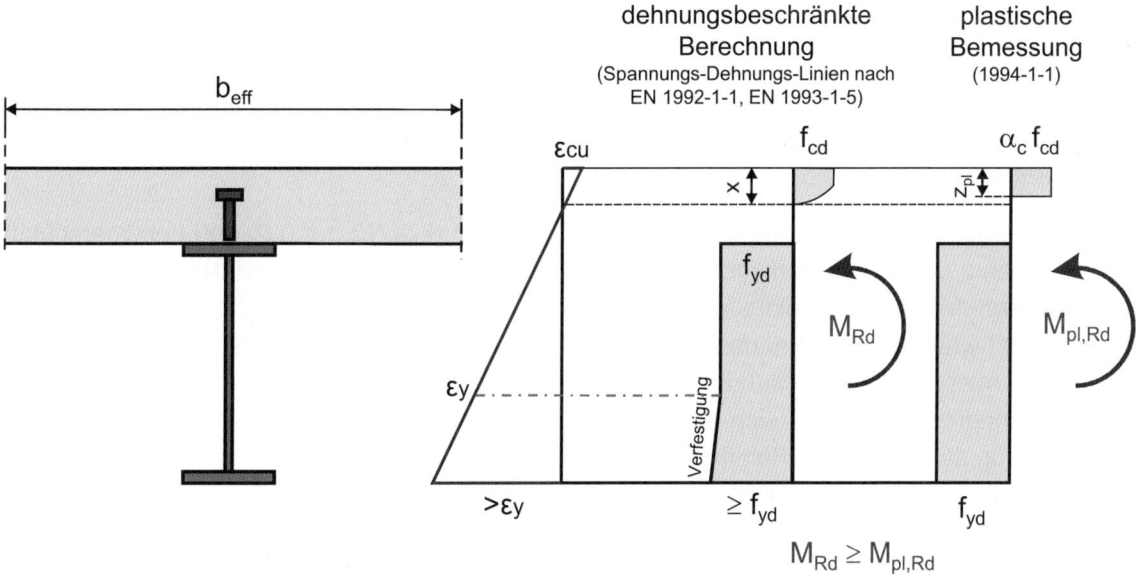

Bild 98: Dehnungsbegrenzte und plastische Bemessung für einen klassischen Verbundträger mit hoher Rotationskapazität

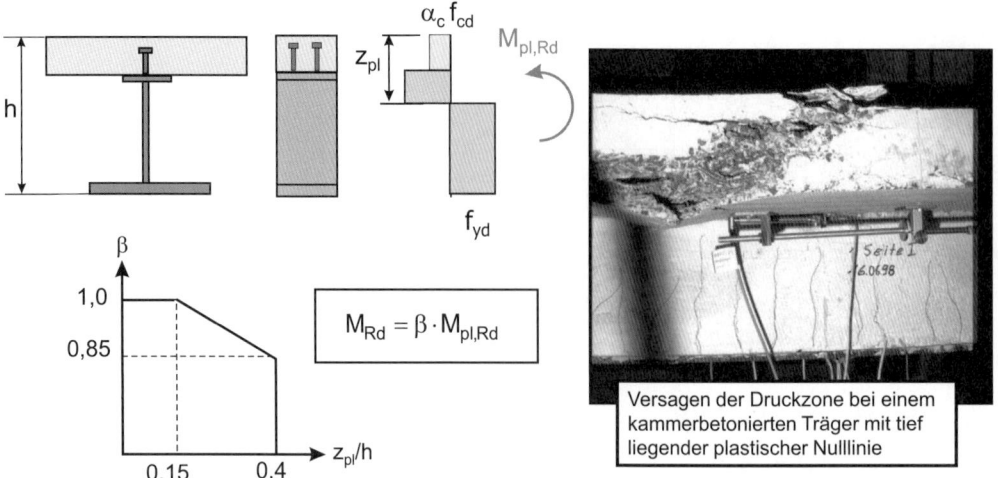

Bild 99: Plastische Momententragfähigkeit bei tiefliegender plastischer Nulllinie

Ein Betondruckversagen durch Überschreitung der Grenzdehnungen des Betons in der Betondruckzone vor dem Erreichen der plastischen Momententragfähigkeit $M_{pl,Rd}$ kann auch bei Stahlgüten geringerer Festigkeiten (S235 und S355) auftreten, dies wird durch Vergleichsrechnungen basierend auf den Materialgesetzen nach EC 2 und EC 3 in [99], [343], [150] bestätigt. Typische Beispiele für Querschnitte, bei denen ggf. die dehnungsbeschränkte Momententragfähigkeit maßgebend wird, sind Querschnitte mit geringen mittragenden Breiten (z. B. aufgrund größerer Deckendurchbrüche im Gurt), Profile mit zusätzlichen Untergurtverstärkungen, niedrige Verbundträger sowie ganz oder teilweise einbetonierte Stahlprofile (z. B. Slim-Floor-Bauweise). Vor allem die plastischen Normalkräfte massiver Untergurte führen bei der Biegebemessung dazu, dass zur Sicherstellung des inneren Kräftegleichgewichts ein großer Teil des Betonquerschnitts überdrückt ist. In diesen Fällen kann eine dehnungsbegrenzte Berechnung der Momententragfähigkeit erforderlich werden, da die plastische Bemessung ggf. zu einer Überschätzung der Tragfähigkeit führt. Nach DIN EN 1994-1-1 wird die Rotationskapazität allein durch die c/t-Verhältnisse des Stahlquerschnitts bestimmt, der Einfluss des Betongurtes, der bei Verbundträgern niedriger Bauhöhe und Slim-Floor-Trägern an Bedeutung zunimmt, wird dabei vernachlässigt. Das Beispiel in Bild 100 verdeutlicht, dass aufgrund der Dehnungsbegrenzung im Beton das Stahlprofil nicht plastizieren kann. Aktuell sieht DIN EN 1994-1-1 keine besonderen Regelungen für derartige Querschnitte vor. Im Rahmen der Erarbeitung der zweiten Generation des Eurocode 4 wird eine Reduktion der vollplastischen Momententragfähigkeit durch einen Reduktionsfaktor β auch für die Stahlgüten S235 bis S355 vorgeschlagen. Die entsprechenden Reduktionsfunktionen können [344] entnommen werden.

Bei Durchlaufträgern mit stark unterschiedlichen Stützweiten ($L_{min}/L_{max} < 0,6$) darf bei Querschnitten der Klassen 3 und 4 an Innenstützen (Querschnitte ohne Rotationskapazität) und Querschnitten der Klassen 1 oder 2 im Feldbereich die vollplastische Momententragfähigkeit im Feld nicht voll ausgenutzt werden [151]. Bei derartigen Trägern ergeben sich im Grenzzustand der Tragfähigkeit durch Ausbildung von Fließzonen in den Feldbereichen so große Momentenumlagerungen zu den Innenstützen, dass sich bei einer nichtlinearen Berechnung bei der maßgebenden Laststellung für das maximale Feldmoment ein größeres Stützmoment als bei elastischer Berechnung für die Laststellung min. $M_{stütz}$ ergibt. Siehe hierzu auch Bild 80. Zu dieser Problematik findet sich in DIN EN 1994-1-1 kein Hinweis, da diese Randbedingungen im Hochbau seltener vorkommen. Die in DIN EN 1994-2, 6.2.1.3(2) angegebene Regelung ist jedoch auch im Hochbau anzuwenden, wenn die entsprechenden Randbedingungen vorliegen. Danach darf bei Durchlaufträgern mit Querschnitten der Klasse 1 oder 2 in positiven Momentenbereichen bei einer elastischen Schnittgrößenermittlung das einwirkende Bemessungsmoment M_{Ed} den 0,9-fachen Wert der vollplastischen Momententragfähigkeit $M_{pl,Rd}$ nicht überschreiten, wenn an den benachbarten

Innenstützen Querschnitte der Klasse 3 oder 4 vorhanden sind und das Stützweitenverhältnis an den benachbarten Stützen (l_{min}/l_{max}) kleiner als 0,6 ist.

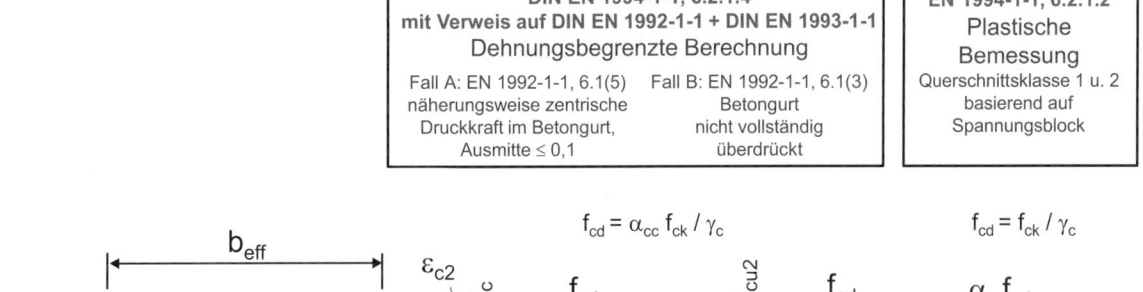

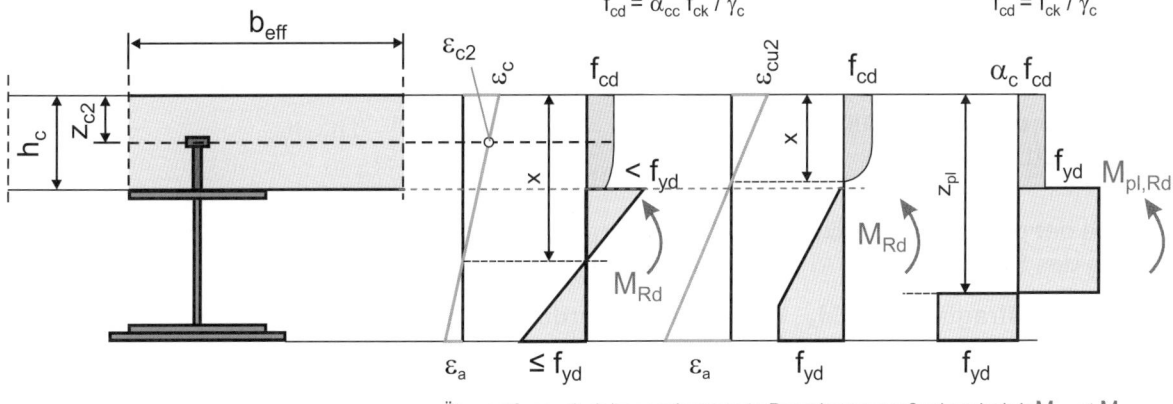

Überprüfung, ob dehnungsbegrenzte Berechnung maßgebend wird: $M_{Rd} < M_{pl,Rd}$

Bild 100: Maßgebende dehnungsbegrenzte Berechnung bei tief liegender plastischer Nulllinie

6.2.1.3 Vollplastische Momententragfähigkeit bei teilweiser Verdübelung

Wie bereits zuvor erläutert, liegt eine teilweise Verdübelung vor, wenn vor Erreichen des vollplastischen Momentes rechnerisch ein Versagen der Verbundfuge eintritt. Bei teilweiser Verdübelung stellt sich im Traglastzustand im Querschnitt eine Dehnungsverteilung mit zwei Nulllinien ein. Der daraus resultierende Schlupf in der Verbundfuge kann zu einem Überschreiten der Verformungskapazität der Verbundmittel führen. Bei Ausführung einer teilweisen Verdübelung sind daher bestimmte Anforderungen an den Mindestverdübelungsgrad zu stellen (siehe Abschnitt 6.6.1). Die im Traglastzustand und bei teilweiser Verdübelung mit der Umlagerung der Schubkräfte verbundenen Relativverschiebungen in der Verbundfuge (Schlupf) erfordern bei planmäßiger plastischer Umlagerung der Längsschubkräfte eine ausreichende Duktilität der Verbundmittel. Eine Berechnung der Querschnittstragfähigkeit nach der Teilverbundtheorie ist nur in positiven Momentenbereichen zulässig. Ferner müssen alle Querschnitte des Trägers die Bedingungen der Klasse 1 oder 2 erfüllen. Die Ermittlung der Momententragfähigkeit bei teilweiser Verdübelung erfolgt analog zur Vorgehensweise bei vollständiger Verdübelung. Dabei sind jedoch entsprechend der Dehnungsverteilung zwei plastische Nulllinien zu berücksichtigen. Die Lage der plastischen Nulllinie ($z_{pl,1}$) im Betongurt resultiert aus dem Verdübelungsgrad η bzw. aus der Anzahl der Dübel zwischen den betrachteten kritischen Schnitten. Die Lage der zweiten plastischen Nulllinie im Stahlquerschnitt ($z_{pl,2}$) ergibt sich aus der Bedingung, dass die Summe der inneren Normalkräfte null sein muss. Nach Ermittlung der plastischen Nulllinienlagen kann das Moment bei teilweiser Verdübelung aus den inneren Normalkräften und den auf die Wirkungslinie der Betondruckkraft bezogenen inneren Hebelarmen bestimmt werden.

a) plastische Nulllinie $z_{pl,2}$ im Steg des Stahlprofils

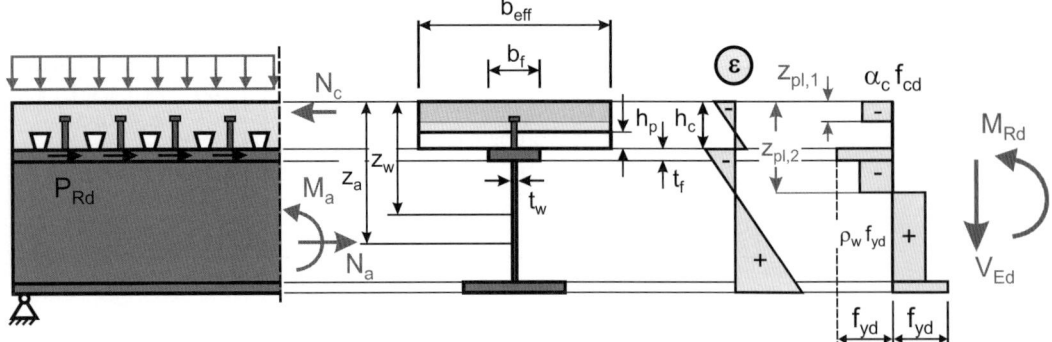

$$N_w = 2 f_{yd} \rho_w t_w \left[z_{pl,2} - h_c - t_f \right] \qquad N_{pl,w} = f_{yd} (1 - \rho_w) t_w h_w \qquad N_f = 2 b_f t_f f_{yd}$$

Lage der plastischen Nulllinie im Betongurt:
$$z_{pl,1} = \frac{\eta N_{cf}}{b_{eff} \alpha_c f_{cd}} = \frac{\sum P_{Rd}}{b_{eff} \alpha_c f_{cd}} \leq h_c - h_p$$

Lage der plastischen Nulllinie im Steg des Stahlträgers:
$$z_{pl,2} = h_c + t_f + \frac{N_{pl,a,Rd} - N_{pl,w} - \eta N_{cf} - N_f}{2 f_{yd} \rho_w t_w}$$

Momententragfähigkeit M_{Rd} bei teilweiser Verdübelung:

$$M_{Rd} = N_{pl,a,Rd} \left(z_a - \frac{z_{pl,1}}{2} \right) - N_{pl,w} \left(z_w - \frac{z_{pl,1}}{2} \right) - N_f \left(h_c + \frac{t_f - z_{pl,1}}{2} \right) - N_w \left(\frac{z_{pl,2} + h_c + t_f - z_{pl,1}}{2} \right)$$

b) plastische Nulllinie $z_{pl,2}$ im Obergurt des Stahlprofils

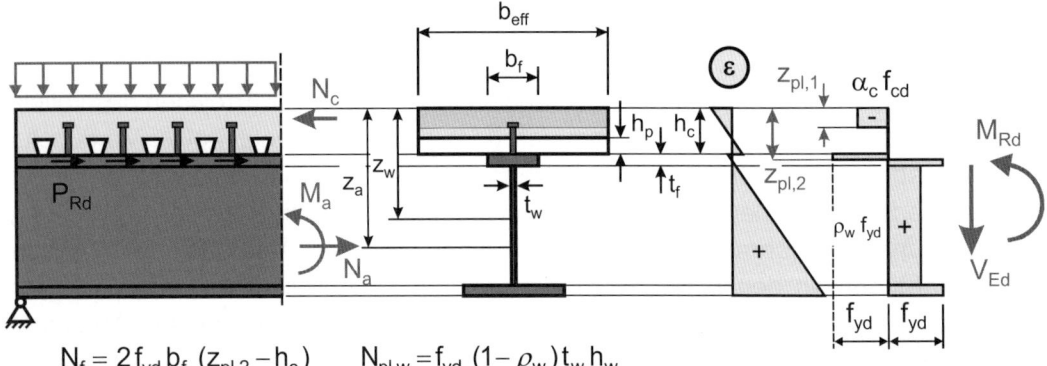

$$N_f = 2 f_{yd} b_f (z_{pl,2} - h_c) \qquad N_{pl,w} = f_{yd} (1 - \rho_w) t_w h_w$$

Lage der plastischen Nulllinie im Betongurt:
$$z_{pl,1} = \frac{\eta N_{cf}}{b_{eff} \alpha_c f_{cd}} = \frac{\sum P_{Rd}}{b_{eff} \alpha_c f_{cd}} \leq h_c - h_p$$

Lage der plastischen Nulllinie im Obergurt des Stahlträgers:
$$z_{pl,2} = h_c + \frac{N_{pl,a,Rd} - N_{pl,w} - \eta N_{cf}}{2 f_{yd} b_f}$$

Momententragfähigkeit M_{Rd} bei teilweiser Verdübelung:

$$M_{Rd} = N_{pl,a,Rd} \left(z_a - \frac{z_{pl,1}}{2} \right) - N_{pl,w} \left(z_w - \frac{z_{pl,1}}{2} \right) - N_f \left(\frac{h_c + z_{pl,2} - z_{pl,1}}{2} \right)$$

Bild 101: Ermittlung des vollplastischen Momentes bei teilweiser Verdübelung – positives Moment

In Bild 101 ist die Ermittlung des plastischen Momentes bei teilweiser Verdübelung für unterschiedliche Lagen der plastischen Nulllinie im Stahlquerschnitt angegeben. Der Einfluss von Querkräften auf die Momententragfähigkeit wird dabei wiederum durch Abminderung der Streckgrenze im Steg des Stahlträgers berücksichtigt. Die Abminderung ist nur erforderlich, wenn der Querkraft-Ausnutzungsgrad größer als 0,5 ist.

Bei doppeltsymmetrischen Baustahlquerschnitten kann das vollplastische Moment bei teilweiser Verdübelung vereinfacht mithilfe von N-M-Interaktionsbeziehungen für den Baustahlquerschnitt berechnet werden (Bild 102). Dabei wird die Lage der plastischen Nulllinie im Betongurt ($z_{pl,1}$) sowie die Normalkraft des Betongurtes wie zuvor erläutert berechnet. Da die Normalkraft im Stahlträger entgegengesetzt gleich groß ist, kann das noch aufnehmbare plastische Moment des Baustahlquerschnitts aus der Interaktionsbeziehung bestimmt werden. Das aufnehmbare Moment des Verbundquerschnitts resultiert aus dem Momentenanteil der beiden Normalkräfte und dem Moment des Stahlquerschnitts.

Positive Momententragfähigkeit

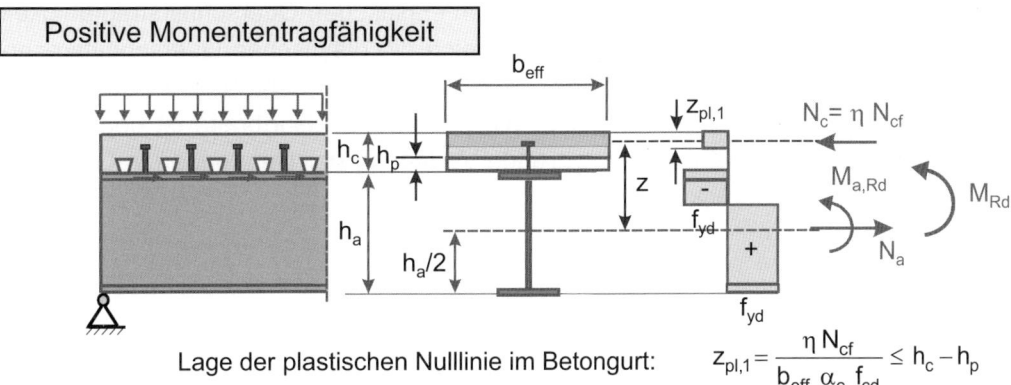

Lage der plastischen Nulllinie im Betongurt: $\quad z_{pl,1} = \dfrac{\eta N_{cf}}{b_{eff}\, \alpha_c\, f_{cd}} \leq h_c - h_p$

Negative Momententragfähigkeit

$h_w = \dfrac{N_{sd}}{t_w \cdot f_{yd}}$

$\alpha = \dfrac{h/2 - N_{sd}/(t_w \cdot f_{yd})}{h}$

=> für $N_{sd} \leq c_w \cdot t_w \cdot f_{yd}$

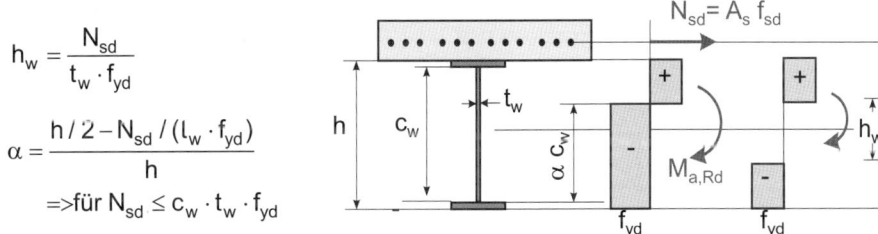

N-M Interaktion

Vollplastische Normalkraft-Momenten Interaktion für das Stahlprofil nach DIN EN 1993-1-1, 6.2.9.1(3).

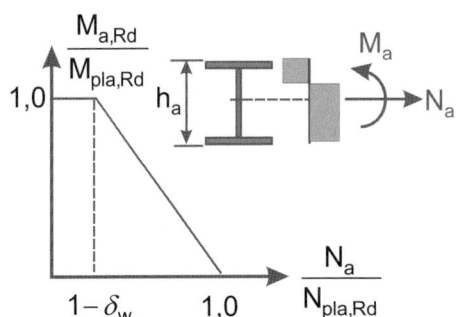

Momententragfähigkeit des Verbundquerschnitts bei teilweiser Verdübelung:

$M_{Rd} = \eta\, N_{cf}\, z + M_{a,Rd} \qquad z = \dfrac{h_a}{2} + h_c - \dfrac{z_{pl,1}}{2}$

Momententragfähigkeit $M_{a,Rd}$ des Baustahlquerschnitts bei gleichzeitiger Wirkung von $N_a = \eta N_{cf}$

$M_{a,Rd} = M_{pla,Rd}\, \dfrac{1}{\delta_w} \left[1 - \dfrac{N_a}{N_{pla,Rd}} \right] \leq M_{pla,Rd}$

$\delta_w = 1 - 0{,}5 \dfrac{A_v}{A} \qquad A_v$ - Stegfläche nach DIN EN 1993-1-1, 6.2.6(3)

Bild 102: Vereinfachte Ermittlung der Momententragfähigkeit für Verbundquerschnitte mit doppeltsymmetrischen Baustahlquerschnitten bei teilweiser Verdübelung

Für die praktische Berechnung wird vielfach das in Bild 94 dargestellte Teilverbunddiagramm verwendet, bei dem zur Ermittlung der Momententragfähigkeit bzw. zur Ermittlung der Normalkraft des Betongurtes auf der sicheren Seite liegend anstelle der genauen Teilverbundkurve die Momententragfähigkeit aus der linearen Interpolation zwischen den Punkten A und C ermittelt wird.

6.2.1.4 Dehnungsbeschränkte Momententragfähigkeit

Eine dehnungsbeschränkte Ermittlung der Querschnittstragfähigkeit in Übereinstimmung mit Bild 92 ist für die Querschnittsklassen 1 bis 3 zulässig. Bei Querschnitten mit Spanngliedvorspannung muss die Querschnittstragfähigkeit stets dehnungsbeschränkt ermittelt werden. Bei Querschnitten der Klasse 3 erlaubt die dehnungsbeschränkte Ermittlung der Querschnittstragfähigkeit im Vergleich zu der in Abschnitt 6.2.1.5 erläuterten elastischen Querschnittstragfähigkeit eine höhere Ausnutzung des Querschnitts, da im Zugbereich die plastischen Querschnittsreserven teilweise ausgenutzt werden können (Bild 98). Bei Trägern mit sehr breiten Gurten und gleichmäßiger Verteilung der Längsbewehrung über die mittragende Gurtbreite ist gegebenenfalls die aus der Schubweichheit der Gurte resultierende Verteilung der Dehnungen in Gurtquerrichtung entsprechend Bild 30 zu berücksichtigen.

Dehnungen vorgeben: $\varepsilon_c; \varepsilon_a$

Ermittlung der Spannungen: $\sigma_c = F(\varepsilon_c); \sigma_a = F(\varepsilon_a)$

Innere Normalkräfte berechnen: $N_{c,i} = \int \sigma_c dA; N_{a,i} = \int \sigma_a dA$

Gleichgewicht: $\sum N_i = 0 \xrightarrow{\text{erfüllt}} M_{Rd} = \sum N_i \cdot z_i$

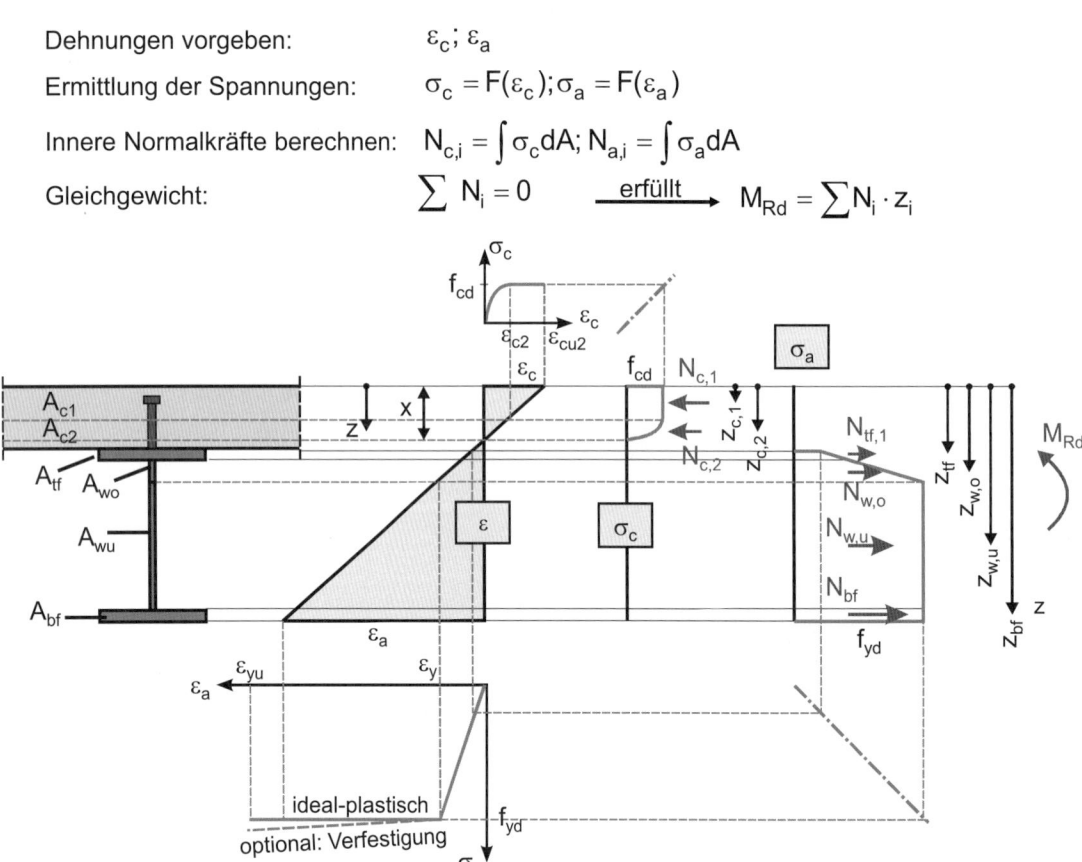

Bild 103: Dehnungs- und Spannungsverteilung zur Ermittlung der dehnungsbeschränkten Momententragfähigkeit bei positiver Momentenbeanspruchung

In Bild 103 ist die Vorgehensweise bei der Ermittlung der dehnungsbegrenzten Momententragfähigkeit für einen klassischen Verbundträger im positiven Momentenbereich dargestellt. Dabei wird auf idealisierte Spannungs-Dehnungslinien zurückgegriffen. Für den Beton wird i. d. R. das Parabel-Rechteck Diagramm nach DIN EN 1992-1-1, 3.1.7 (Bild 3.3) verwendet. Der Betonstahl (nach DIN EN 1992-1-1) und Baustahl (nach DIN EN 1993-1-5, Anhang C) kann entweder durch ein ideal elastisch-plastisches Werkstoffgesetz (s. a. Bild 92) oder aber ein bilineares unter Berücksichtigung der Verfestigung des Stahls dargestellt werden. Die Randdehnung des Betons kann dabei bis zur Grenzdehnung ε_{cu2} ausgenutzt werden. Gemäß DIN EN 1992-1-1:2010, Abschnitt 6.1(5) sollte jedoch bei einer Ausmittigkeit der resultierenden Betondruckkraft in Bezug auf die Achse des Betongurtes von kleiner 0,1 (z. B. Lage der Nulllinie im Steg des Stahlprofils) eine Limitierung der mittleren Betongurtstauchung auf ε_{c2} berücksichtigt werden. Siehe hierzu auch DAfStb-Heft 600 [91]. Im aktuellen Entwurf der zweiten Generation des Eurocode 2 (prEN 1992-1-1: D3, Draft 2018) ist diese Limitierung nicht mehr enthalten und es wir nur auf die Begrenzung der Randdehnung (ε_{cu2}) gefordert. In Bild 100 und Bild 104 sind die unterschiedlichen Vorgehensweisen dargestellt.

Zur Berechnung der Momententragfähigkeit wird bei positiver Momentenbeanspruchung im Allgemeinen davon ausgegangen, dass bei Erreichen des Grenzmomentes die Betondruckdehnung für die Momentragfähigkeit maßgebend ist. Es wird daher zunächst die Betondruckstauchung am oberen Querschnittsrand mit der Grenzdehnung ε_{cu2} vorgegeben. Anschließend erfolgt die iterative Variation der Stahldehnungen an der unteren Querschnittsfaser, bis aus der Summe der Normalkräfte der Einzelquerschnitte $\Sigma (N_{c,i} + N_{a,i} + N_{s,i}) = 0$ das innere Kräftegleichgewicht resultiert. Dazu muss mithilfe der Spannungsdehnungslinie (σ-ε-Diagramme nach Abschnitt 3) an jedem Teilquerschnitt die aus der Dehnung in Schwerpunktslage des Teilquerschnitts folgende mittlere Spannung bestimmt werden. Das Integral der Spannung über die Fläche ergibt die Normalkräfte der Teilquerschnitte.

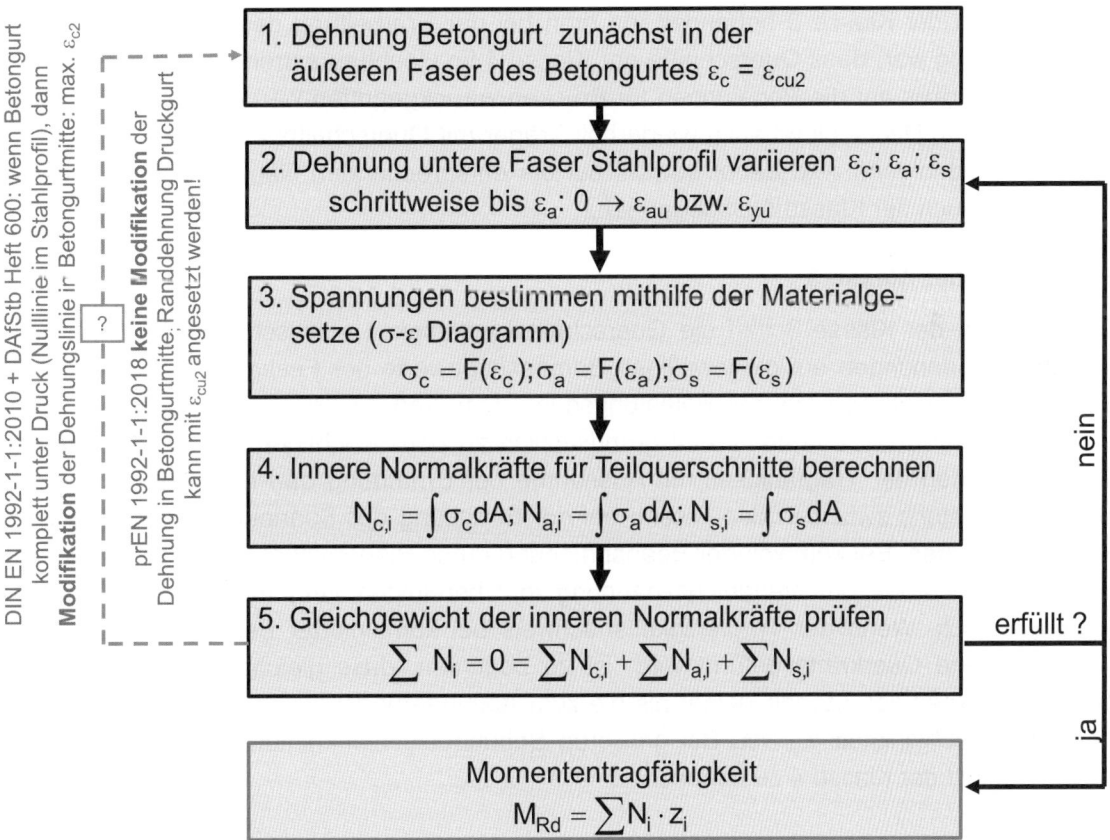

Bild 104: Vorgehen bei der dehnungsbeschränkten Berechnung – positive Momentenbeanspruchung, wenn Grenzdehnung im Betongurt maßgebend

Sofern sich kein Gleichgewicht der inneren Kräfte einstellt, wird die Dehnung weiter variiert. Ist die Gleichgewichtslage mit ihrer Dehnungsverteilung gefunden, resultiert aus der Summe der Normalkräfte des Teilquerschnitts N_i multipliziert mit dem zugehörigen Hebelarm z_i die Momententragfähigkeit des Verbundquerschnitts. Bild 104 fasst den Ablauf bei der dehnungsbeschränkten Berechnung zusammen. Kann bei der Vorgabe der Betondruckstauchung ε_{cu2} am oberen Querschnittsrand keine Gleichgewichtlage gefunden werden, so muss die Betondruckstauchung reduziert werden.

Bei einer Berechnung mittels EDV oder auf Basis eines Tabellenkalkulationsprogramms bietet es sich an, den Querschnitt in beliebige Streifen einzuteilen, damit kann sehr einfach für jeden Streifen die mittlere Dehnung, Spannung, Normalkraft und der Hebelarm bestimmt werden. Wenn die Interaktion zwischen Querkraft und Moment berücksichtigt werden muss, ist im Steg die mit dem Beiwert ρ_w abgeminderte Streckgrenze nach Bild 112 anzusetzen.

Liegen Verbundquerschnitte der Klassen 1 und 2 vor, bei denen der Betongurt in der Druckzone liegt, darf die Momententragfähigkeit M_{Rd} bei Teilplastizierung der Querschnitte vereinfacht in Abhängigkeit von der Normalkraft des Betongurtes N_c (s. Bild 137) durch lineare Interpolation zwischen dem elastischen Grenzmoment und dem vollplastischen Moment ermittelt werden. Dabei ist zu beachten, dass $M_{pl,Rd}$, sofern erforderlich, durch die reduzierte Momententragfähigkeit $\beta \cdot M_{pl,Rd}$ nach Bild 99 zu ersetzen ist. Weitere Erläuterungen zur Anwendung der vereinfachten linearen Beziehung finden sich in Abschnitt 6.6.2 im Zusammenhang mit der Ermittlung der Längsschubkräfte.

6.2.1.5 Elastische Querschnittstragfähigkeit

Im Abschnitt 6.2.1.5 des Eurocode 4 wird ausschließlich die elastische Querschnittstragfähigkeit von Querschnitten der Klasse 3 behandelt, da man bei der Erarbeitung des Teil 1-1 von Eurocode 4 der Meinung war, dass Querschnitte der Klasse 4 im Hochbau extrem selten vorkommen und dann in der Praxis auf die Regelungen für Brücken zurückgegriffen werden kann. Im schweren Hochbau sind in Deutschland auch wiederholt Träger mit Querschnitten der Klasse 4 ausgeführt worden. Nachfolgend wird daher sowohl auf die entsprechenden Regeln für Querschnitte der Klasse 3 als auch der Klasse 4 eingegangen.

- **Querschnitte der Klasse 3**

Bei Querschnitten der Klasse 3 darf die Querschnittstragfähigkeit elastisch berechnet werden. Dabei sind die Spannungen auf die jeweiligen Bemessungswerte der Festigkeiten zu beschränken (Bild 105). Die Einflüsse aus der Belastungsgeschichte und der Rissbildung sowie die Einflüsse aus Kriechen und Schwinden sind grundsätzlich zu berücksichtigen. Bei Nachweisen in den Grenzzuständen der Tragfähigkeit mit Ausnahme der Ermüdung darf der Einfluss aus der Mitwirkung des Betons zwischen den Rissen bei der Ermittlung der Spannungen im Betonstahl vernachlässigt werden. Bei kombinierter Beanspruchung durch Biegemomente und Querkräfte ist zusätzlich der Nachweis der Vergleichsspannung in Übereinstimmung mit DIN EN 1993-1-5, 6.2.1(5) erforderlich. Wenn der Tragfähigkeitsnachweis bei kombinierter Beanspruchung durch Biegemomente und Querkräfte geführt wird, ist zu beachten, dass gleichzeitig die bezogene Schubbeulschlankheit des Steges kleiner als die zum Abminderungsbeiwert $\chi_w = 1{,}0$ zugehörige bezogene Schubschlankheit $\overline{\lambda}_w$ ist. Bei größeren Schubbeulschlankheiten ist der Querschnitt wie ein Querschnitt der Klasse 4 zu behandeln.

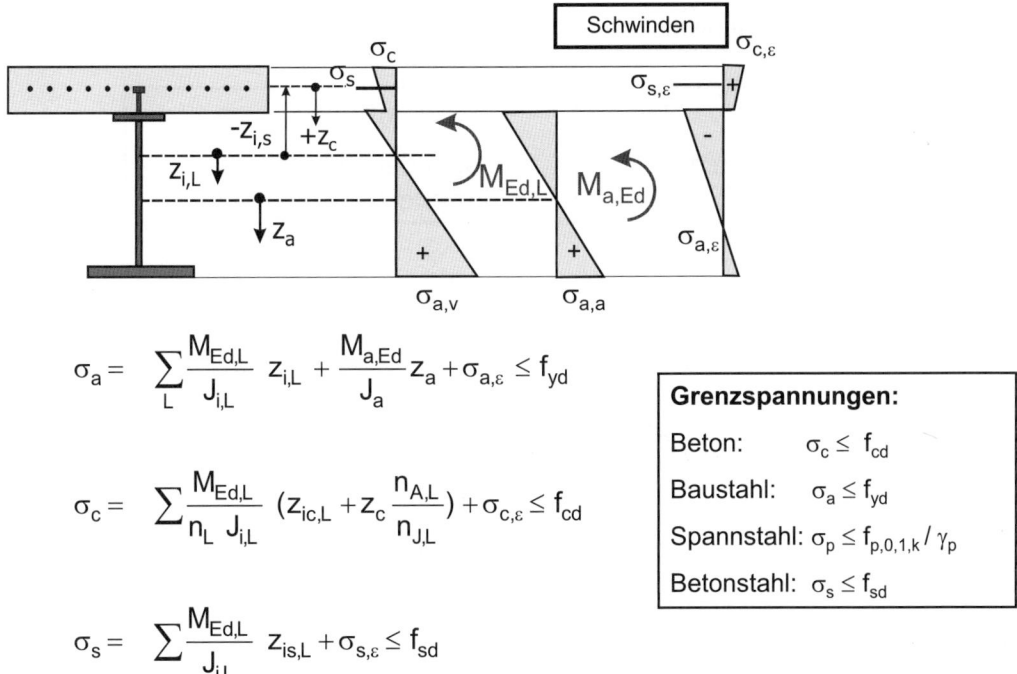

$$\sigma_a = \sum_L \frac{M_{Ed,L}}{J_{i,L}} z_{i,L} + \frac{M_{a,Ed}}{J_a} z_a + \sigma_{a,\varepsilon} \leq f_{yd}$$

$$\sigma_c = \sum \frac{M_{Ed,L}}{n_L \, J_{i,L}} (z_{ic,L} + z_c \frac{n_{A,L}}{n_{J,L}}) + \sigma_{c,\varepsilon} \leq f_{cd}$$

$$\sigma_s = \sum \frac{M_{Ed,L}}{J_{i,L}} z_{is,L} + \sigma_{s,\varepsilon} \leq f_{sd}$$

Grenzspannungen:

Beton: $\sigma_c \leq f_{cd}$

Baustahl: $\sigma_a \leq f_{yd}$

Spannstahl: $\sigma_p \leq f_{p,0,1,k} / \gamma_p$

Betonstahl: $\sigma_s \leq f_{sd}$

Bild 105: Elastische Querschnittstragfähigkeit bei Querschnitten der Klasse 3

Bei Durchlaufträgern ist ferner zu beachten, dass die Spannung im gedrückten Untergurt bei Biegedrillknickgefahr nur bis auf den Wert $\chi_{LT} f_{yd}$ ausgenutzt werden kann. Der Abminderungsbeiwert χ_{LT} für Biegedrillknicken kann dabei mit den in Abschnitt 6.4 angegebenen Verfahren ermittelt werden. Für Querschnitte der Klasse 3 ist für den Baustahl der Teilsicherheitsbeiwert $\gamma_a = \gamma_{M,0} = 1{,}0$ zu berücksichtigen, wenn keine Stabilitätsnachweise zu führen sind, d. h., wenn für den Untergurt das Biegedrillknicken nicht maßgebend wird. Ist ein Nachweis gegen Biegedrillknicken zu führen, sind im gedrückten Bereich die Spannungen auf den Bemessungswert $f_{yd} = f_{yk}/\gamma_{M,1}$ zu begrenzen.

- **Querschnitte der Klasse 4**

Bei Verbundquerschnitten der Klasse 4 sind wie bei Querschnitten der Klasse 3 die Spannungen unter Berücksichtigung der Rissbildung, der Belastungsgeschichte und der Einflüsse aus dem Kriechen und Schwinden zu berücksichtigen. Zur Erfassung der Auswirkungen des lokalen Beulens werden in DIN EN 1993-1-5 zwei verschiedene Nachweismethoden angegeben (Bild 106). Bei der Methode I wird das örtliche Beulen durch wirksame Querschnitte bzw. bei gleichzeitiger Berücksichtigung von Schubverzerrungen mit effektiven Querschnitten berücksichtigt. Die am wirksamen Querschnitt elastisch ermittelten Spannungen dürfen die Bemessungswerte der Festigkeiten nicht überschreiten. Die kombinierte Beanspruchung durch Biegemomente und Querkräfte wird mithilfe eines Interaktionsnachweises berücksichtigt.

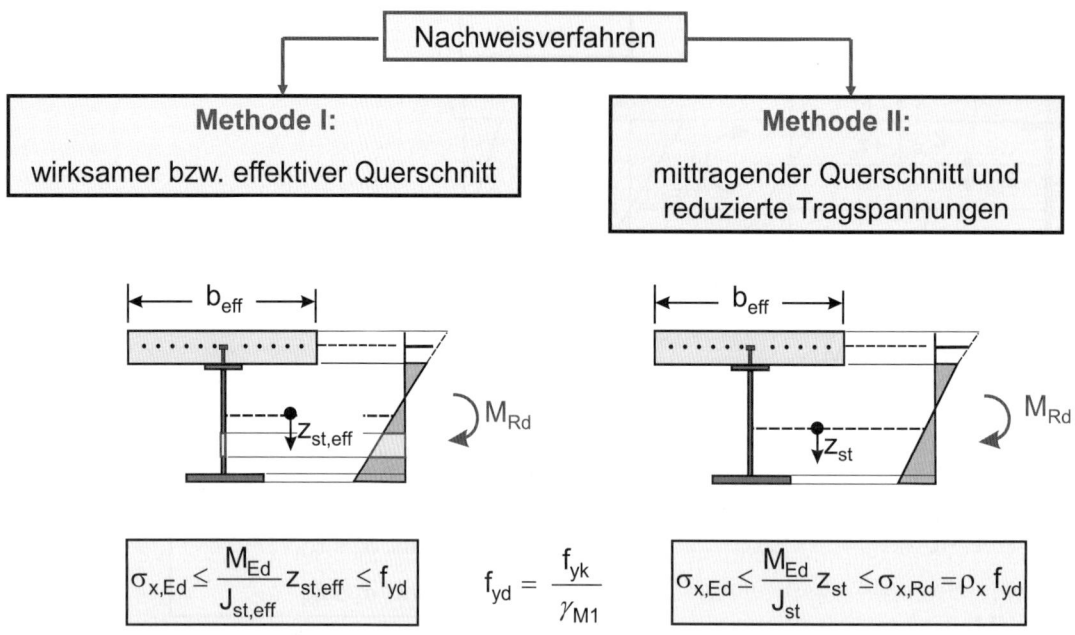

Bild 106: Methoden für den Tragfähigkeitsnachweis von Querschnitten der Klasse 4

Die Methode I wird im Hoch- und im Brückenbau überwiegend im europäischen Ausland für den Nachweis der Tragfähigkeit von schlanken Trägern verwendet. Bei der Ermittlung der Tragfähigkeit werden Tragfähigkeitsreserven infolge von Spannungsumlagerungen im Querschnitt planmäßig ausgenutzt. Bei planmäßiger Ausnutzung dieser Reserven ist dann im Grenzzustand der Gebrauchstauglichkeit ein Nachweis des Stegblechatmens erforderlich, mit dem das lokale Beulen und ein Ermüdungsversagen unter Gebrauchslasten vermieden wird. In Deutschland liegen bisher hinsichtlich der Anwendung dieser Nachweismethode bei Tragwerken unter nicht vorwiegend ruhender Beanspruchung (z. B. Brückentragwerke) nur begrenzte Erfahrungen vor. Das Verfahren führt bei Verbundträgern jedoch zu wirtschaftlichen Tragwerken, weil es die Möglichkeit der Ausführung von relativ schlanken Trägern ohne zusätzliche Längsaussteifung zulässt. Im Brückenbau ist die Anwendung der Methode I mit Ausnahme von Querschnitten ohne Längssteifen nicht zulässig. Im Anwendungsbereich von DIN EN 1994-1-1 ist diese Vorgehensweise ebenfalls für Querschnitte mit Längssteifen, für die ein Nachweis gegen Ermüdung erforderlich ist, angezeigt. Für stark ausgesteifte Querschnitte liefert die Methode I in der Regel keine nennenswerten Vorteile, sodass die Tragfähigkeitsnachweise einfacher nach der Methode II (Methode der reduzierten Spannungen) nach DIN EN 1993-1-5, Abschnitt 10 geführt werden können. Bei der Methode II wird das Beulen durch Begrenzung der Spannungen des „schwächsten" Beulfeldes auf die zugehörigen Beultragspannungen bei kombinierter Beanspruchung durch Längs- und Schubspannungen berücksichtigt. Die Spannungen werden unter Zugrundelegung des mittragenden Querschnittes berechnet (geometrischer Querschnitt unter Berücksichtigung der mittragenden Breite). Die Interaktion zwischen Biegemoment und Querkraft wird bei dieser Nachweismethode mithilfe eines modifizierten Vergleichsspannungsnachweises (Interaktionsnachweis) erfasst. Im Vergleich zur Methode I werden bei diesem Nachweisverfahren überkritische Tragreserven nicht so stark ausgenutzt. Die Methode II hat sich in Deutschland insbesondere im Brückenbau durchgesetzt.

Bezüglich weitergehender Hintergründe zu den zuvor genannten Verfahren wird auf [152] bis [155] verwiesen. Nachfolgend wird nur auf für Verbundquerschnitte typische Aspekte eingegangen. Grundlage für beide Nachweismethoden ist die elastisch ermittelte Spannungsverteilung. In der Regel wird der Nachweis gegen lokales Beulen im Bereich der Innenstützen von Durchlaufträgern maßgebend. In diesen Bereichen ist im Betongurt der Einfluss der Rissbildung zu berücksichtigen. Die Mitwirkung des Betons zwischen den Rissen führt grundsätzlich dazu, dass die

Höhe der Stegdruckzone im Vergleich zum reinen Zustand-II-Querschnitt größer ist. Bei zugeschärfter Berechnung müsste dieser Einfluss daher bei der Ermittlung der wirksamen Breite bei der Methode I bzw. bei der Ermittlung der Tragspannung bei der Methode II berücksichtigt werden. An den Innenstützen von Durchlaufträgern befinden sich die Betongurte in der Regel im Zustand der abgeschlossenen Rissbildung. Der Einfluss aus der Mitwirkung des Betons zwischen den Rissen auf die Spannungsverteilung im Steg ist dann relativ gering und die primären Beanspruchungen aus dem Schwinden sind praktisch abgebaut, sodass beim Tragfähigkeitsnachweis die Spannungsverteilungen näherungsweise mit dem reinen Zustand-II-Querschnitt ermittelt werden können. In den Bereichen der Momentennullpunkte stellt sich dies anders dar. Hier liegt im Betongurt in der Regel der Zustand der Erstrissbildung vor und es ergibt sich ein relativ großer Einfluss aus der Mitwirkung des Betons zwischen den Rissen auf die Spannungsverteilung im Steg. Im Grenzfall können sich die Betongurte aufgrund von Überfestigkeiten bei der Betonzugfestigkeit auch im ungerissenen Zustand befinden. Die primären Beanspruchungen aus dem Schwinden sind ebenfalls noch in voller Größe vorhanden. In diesen Bereichen muss daher der Einfluss aus der Mitwirkung des Betons zwischen den Rissen sowie der Einfluss der primären Beanspruchungen aus dem Schwinden bei der Berechnung der Spannungsverteilung des Steges berücksichtigt werden. In DIN EN 1994-1-1 wird auf diese Zusammenhänge nicht eingegangen, da Querschnitte der Klasse 4 im üblichen Hochbau sehr selten vorkommen. Im nationalen Anhang zu DIN EN 1994-2 wird in einem NCI zu 6.2.1.5(5) von DIN EN 1994-2 jedoch auf diesen Einfluss hingewiesen. Danach ist der Nachweis ausreichender Beulsicherheiten in Bereichen, in denen die Betonzugspannung kleiner als der zweifache Wert der mittleren Betonzugfestigkeit f_{ctm} ist, sowohl mit den Spannungsverteilungen des als ungerissen angenommen Betonquerschnitts (Zustand I) als auch mit dem Zustand-II-Querschnitt zu ermitteln.

a) Methode der wirksamen bzw. effektiven Querschnitte

Bild 107 zeigt exemplarisch für diese Methode die Vorgehensweise beim Nachweis eines nicht ausgesteiften Querschnitts für reine Momentenbeanspruchung. Dabei werden zunächst die wirksamen Breiten in Abhängigkeit von der Plattenschlankheit der einzelnen Elemente (Steg, Druckgurt) mit den Querschnittskenngrößen des geometrischen Querschnitts ermittelt und anschließend die Querschnittskenngrößen des effektiven Querschnittes berechnet. Bei Querschnitten, bei denen die effektiven Breiten in Gurten und Stegen zu berücksichtigen sind, muss zunächst mit der Spannungsverteilung des Bruttoquerschnittes die effektive Breite des Untergurtes bestimmt werden. Anschließend werden mit diesem Querschnitt die Spannungen neu ermittelt und die effektive Breite des Stegquerschnittes berechnet. Eine ausreichende Momententragfähigkeit gilt als nachgewiesen, wenn die am effektiven Querschnitt ermittelten Randspannungen die Bemessungswerte der Festigkeiten nicht überschreiten. Hinsichtlich des Nachweises von Trägern mit Längssteifen wird auf die Erläuterungen in [152] und [153] verwiesen.

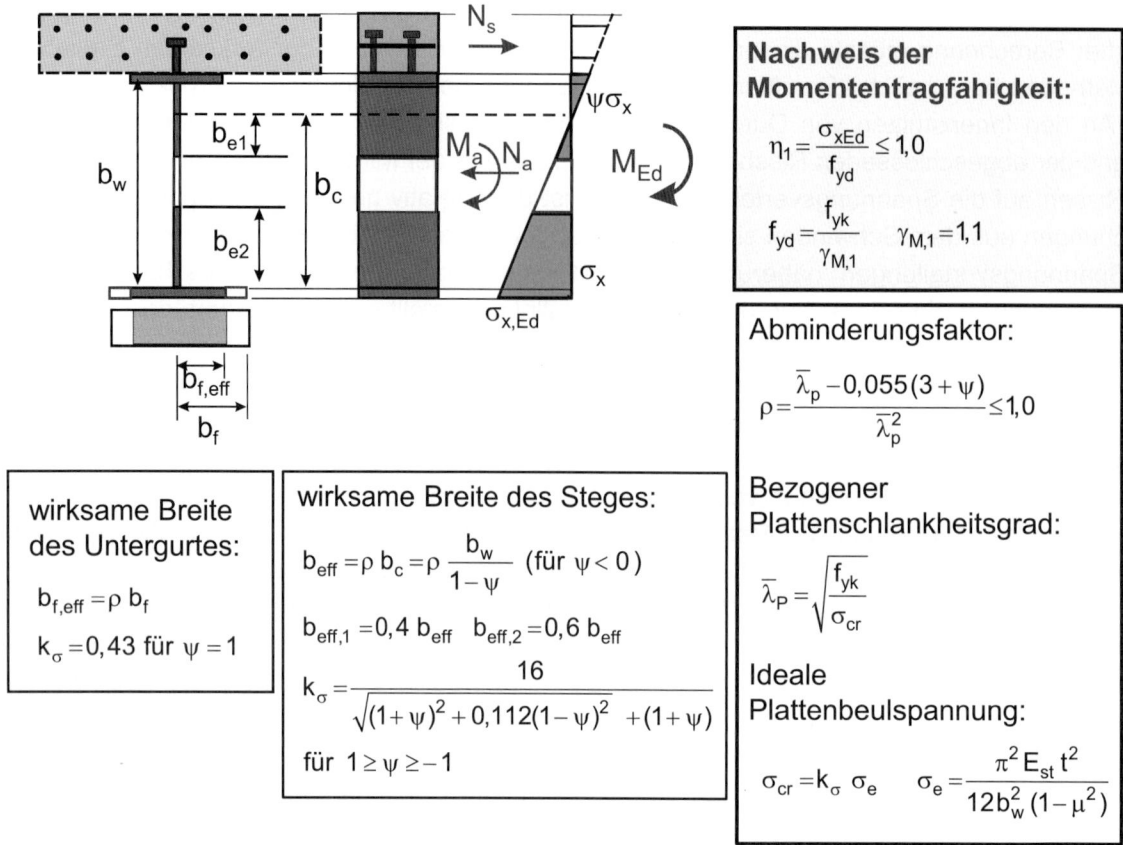

Bild 107: Ermittlung der Momententragfähigkeit für einen Querschnitt der Klasse 4 nach Methode I

Die gesamte Querkrafttragfähigkeit setzt sich nach DIN EN 1993-1-5 aus dem Steganteil $V_{bw,Rd}$ sowie einem Beitrag der Flansche $V_{bf,Rd}$ (Bild 108) zusammen. Der Anteil der Flansche resultiert dabei bei nicht vollständig ausgenutzter Momententragfähigkeit aus der Ausbildung einer Fließgelenkkette in den Flanschen infolge der Verankerung des Zugfeldes. Hier ist zunächst anzumerken, dass der Betongurt beim Traganteil $V_{bf,Rd}$ nicht in Rechnung gestellt werden darf, weil bei Ausbildung eines Fließgelenkmechanismus im Stahluntergurt und im Betongurt in der Verbundfuge abhebende Kräfte entstehen, die in den Verbundmitteln Zugkräfte hervorrufen. Diese Zugkräfte müssten dann bei der Bemessung der Verbundfuge gesondert berücksichtigt werden. Zu dieser Tragwirkung liegen bisher keine allgemein anerkannten mechanischen Modelle vor. Nach DIN EN 1994-1-1 darf auf der sicheren Seite liegend nur der Anteil der Stahlgurte berücksichtigt werden. Der Anteil der Flansche liefert jedoch bei gleichzeitig hoher Momentenausnutzung des Gesamtquerschnitts nur einen sehr kleinen Anteil zur Querkrafttragfähigkeit, sodass er bei der Bemessung ohne große wirtschaftliche Konsequenzen vernachlässigt werden kann. Bezüglich der Ermittlung von $V_{bf,Rd}$ wird auf DIN EN 1993-1-5, 5.4 verwiesen.

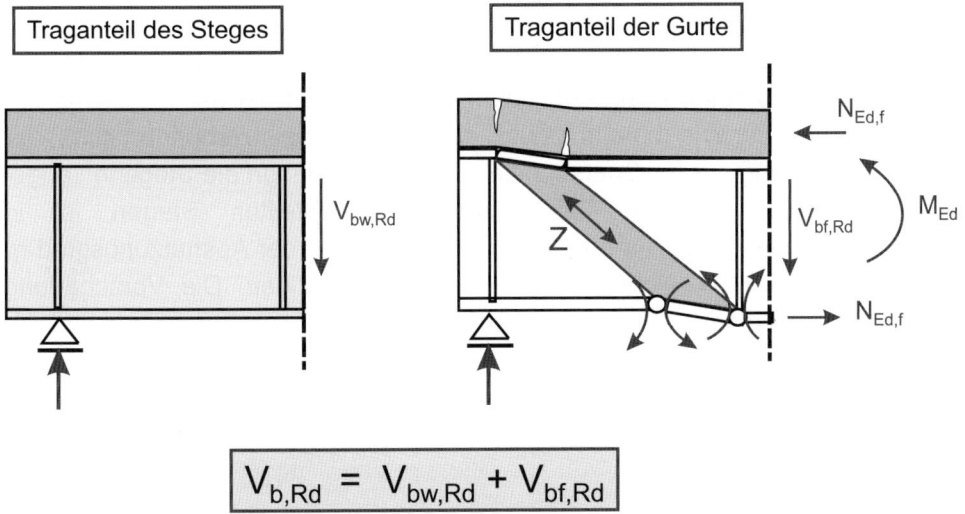

$$V_{b,Rd} = V_{bw,Rd} + V_{bf,Rd}$$

Bild 108: Ermittlung der Querkrafttragfähigkeit des Steges unter Berücksichtigung des Schubbeulens

Der Anteil der Querkrafttragfähigkeit $V_{bw,Rd}$ wird mithilfe der in Bild 109 dargestellten Abminderungskurven nach EN 1993-1-5, 5.2 ermittelt. Der Abminderungsfaktor ist dabei von der Schubbeulschlankheit $\bar{\lambda}_w$ des Steges abhängig. Im Bereich kleiner Schubbeulschlankheiten wird nach Eurocode 3-1-5 basierend auf der Auswertung von Versuchsergebnissen der Verfestigungsbereich des Baustahls ausgenutzt (Beiwert η). Bei Tragwerken des Hochbaus, bei denen ein Ermüdungsnachweis nicht erforderlich ist, darf diese überkritische Tragreserve ausgenutzt werden. Bei Verbundbrücken und bei Tragwerken unter ermüdungswirksamen Einwirkungen ist nach DIN EN 1993-1-5 grundsätzlich von η = 1,0 auszugehen.

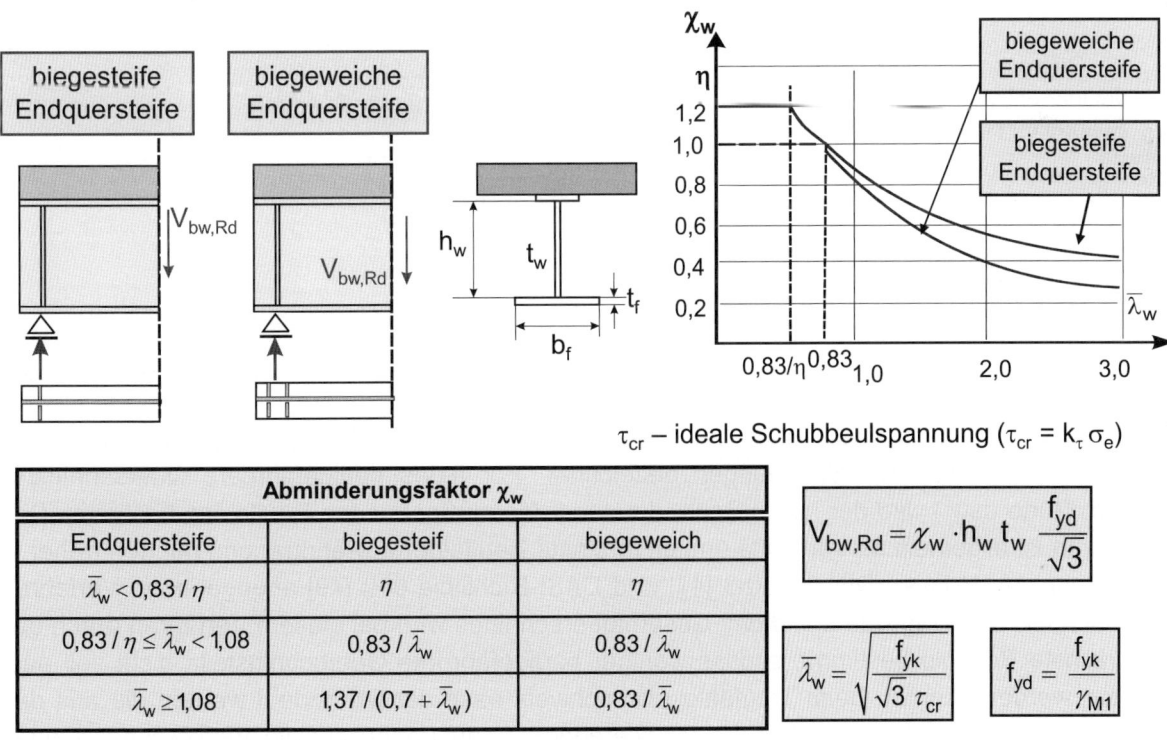

Bild 109: Ermittlung der Querkrafttragfähigkeit $V_{bw,Rd}$

Bei gleichzeitiger Wirkung von Biegemomenten und Querkräften muss die in Bild 110 dargestellte Interaktionsbedingung nach DIN EN 1993-1-5:2010-12 7.1, Gleichung (7.1) erfüllt sein. Danach ist bei Ausnutzungsgraden $\eta \leq 0{,}5$ keine Berücksichtigung der Querkraft bei der Ermittlung der Momententragfähigkeit erforderlich. Wie bereits zuvor erläutert, ist bei Verbundbrücken der Nachweis der Interaktionsbedingung nur für Querschnitte zulässig, bei denen die Stege in Längsrichtung nicht ausgesteift sind. Bei in Längsrichtung ausgesteiften Stegen ist in DIN EN 1993-1-5:2010-12, Gleichung (7.1) für den Ausnutzungsgrad $\bar{\eta}_1$ der Ausnutzungsgrad η_1 nach DIN EN 1993-1-5:2010-12, 4.6, Gleichung (4.14) zu berücksichtigen. Die Verschärfung sollte auch für brückenbauartige Träger des Hochbaus beachtet werden, wenn das Tragwerk für ermüdungswirksame Einwirkungen auszulegen ist.

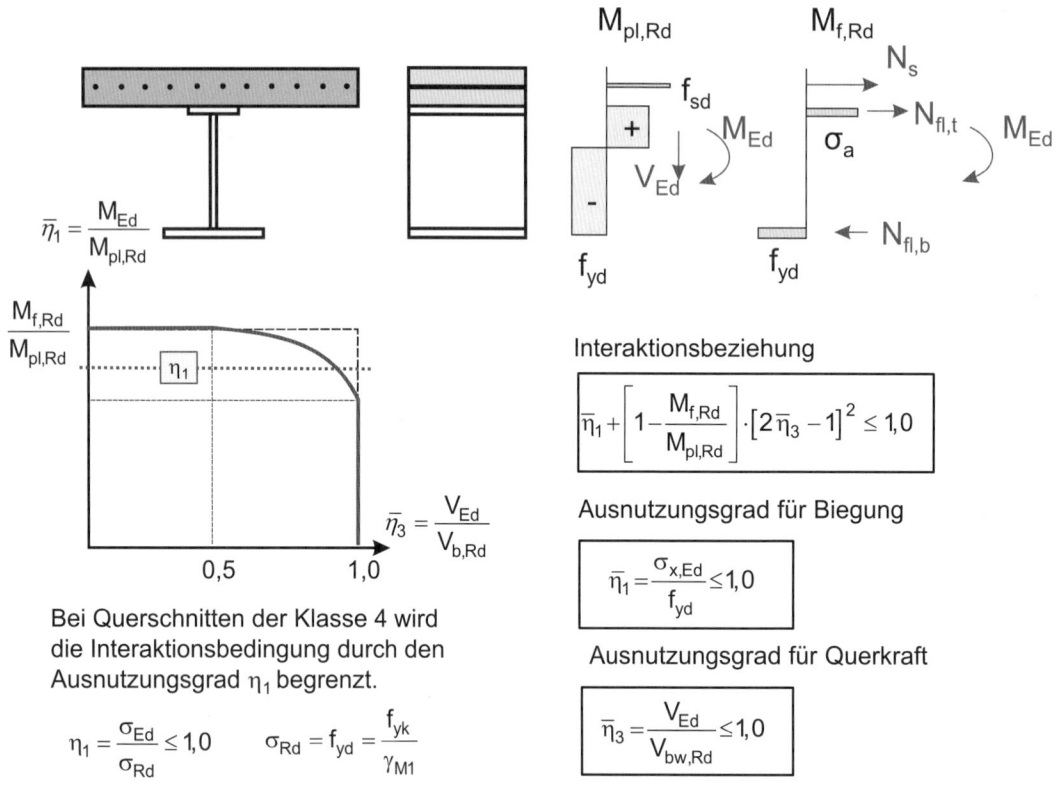

Bild 110: Interaktionsnachweis bei gleichzeitiger Momenten- und Querkraftbeanspruchung

b) Methode der reduzierten Spannungen – Methode II

Der Tragsicherheitsnachweis nach der Methode II wird in DIN EN 1993-1-5, Abschnitt 10 als Methode der reduzierten Spannungen bezeichnet. Für jedes beulgefährdete Querschnittsteil (Stege, Gurte usw.) wird der lokale Beulwiderstand des maßgebenden Beulfeldes bestimmt. Das Verfahren ist allgemein für versteifte und unversteifte Beulfelder anwendbar und mit den früher in den nationalen Normen DIN 18800-3 [47] und DASt-Richtlinie 012 [79] angegebenen Verfahren vergleichbar. Der Tragwiderstand des Gesamtquerschnittes wird bei diesem Verfahren durch das schwächste Beulfeld bestimmt, sodass weniger beulgefährdete Querschnittsteile nicht voll ausgenutzt werden können. Beim Tragfähigkeitsnachweis nach der Methode II werden die aus den Bemessungswerten der Einwirkungen resultierenden Spannungen auf die Beultragspannungen begrenzt. Die Spannungen $\sigma_{x,Ed}$ und τ_{Ed} werden dabei nach der Elastizitätstheorie unter Ansatz des mittragenden Querschnittes berechnet, d. h., es wird der geometrische Querschnitt unter Berücksichtigung der mittragenden Breiten zur Erfassung der Schubverzerrungen breiter Gurte zugrunde gelegt. Die Tragspannungen $\sigma_{x,Rd}$ und τ_{Rd} unter Berücksichtigung des Beulens ergeben sich in Abhängigkeit von der Plattenschlankheit durch Abminderung des Bemessungswertes der Streckgrenze mit den Abminderungsfaktoren ρ_x und χ_w.

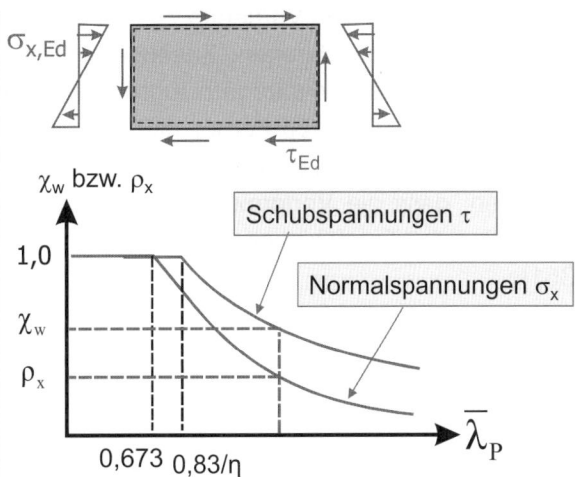

Ermittlung der bezogenen Plattenschlankheit für Plattenbeulen

Ermittlung des idealen Verzweigungslastfaktors α_{cr} bei gleichzeitiger Wirkung der Einzelkomponenten $\sigma_{x,Ed}$ und τ_{Ed}

$$\sigma_{v,crit} = \alpha_{cr}\, \sigma_{v,Ed}$$

Ermittlung des Laststeigungsfaktors α_{ult} aus der Bedingung, dass bei der betrachteten Spannungskombination die Streckgrenze erreicht wird.

$$\alpha_{ult,k}\, \sigma_{v,Ed} = \alpha_{ult,k}\, \sqrt{\sigma_{x,Ed}^2 + 3\tau_{Ed}^2} = f_{yk}$$

$$\frac{1}{\alpha_{ult,k}^2} = \left[\frac{\sigma_{x,Ed}}{f_{yk}}\right]^2 + 3\left[\frac{\tau_{Ed}}{f_{yk}}\right]^2$$

Bezogene Schlankheit des Beulfeldes (Systemschlankheit)

$$\overline{\lambda}_P = \sqrt{\frac{\alpha_{ult,k}}{\alpha_{cr}}}$$

Tragspannungen

$$\sigma_{x,Rd} = \rho_x \frac{f_{yk}}{\gamma_{M1}} \qquad \tau_{Rd} = \chi_w \frac{f_{yk}}{\sqrt{3}\, \gamma_{M1}}$$

Tragsicherheitsnachweis

$$\sqrt{\left(\frac{\sigma_{x,Ed}}{\sigma_{x,Rd}}\right)^2 + \left(\frac{\tau_{Ed}}{\tau_{Rd}}\right)^2} \leq 1{,}0$$

Bild 111: Tragfähigkeitsnachweis von Querschnitten der Klasse 4 nach Methode der reduzierten Spannungen

In Bild 111 ist die Vorgehensweise exemplarisch für ein unversteiftes Beulfeld dargestellt. Im ersten Schritt wird unter Berücksichtigung der gleichzeitigen Wirkung der Normal- und Schubspannungen der ideale Verzweigungslastfaktor α_{crit} und die ideale Beulvergleichsspannung $\sigma_{v,crit}$ für die maßgebende Stelle mit der größten Vergleichsspannung bestimmt [156]. Zur Ermittlung der bezogenen Schlankheit muss dann der maßgebende Laststeigerungsfaktor $\alpha_{ult,k}$ ermittelt werden. Er ergibt sich aus der Bedingung, dass sich am kritischen Punkt des Beulfeldes durch Vergrößerung der Vergleichsspannung mit dem Faktor $\alpha_{ult,k}$ der charakteristische Wert der Streckgrenze ergibt. Mit der bezogenen Schlankheit des Beulfeldes $\overline{\lambda}_P$ erfolgt dann die Ermittlung des Abminderungsfaktors ρ_x für Normalspannungen sowie χ_{vw} für die Schubspannungen (siehe Bild 111) und der zugehörigen Tragspannungen. Der Einfluss der Interaktion zwischen Normal- und Schubspannungen wird mit der in Bild 111 angegebenen Interpolationsformel berücksichtigt, die aus dem Nachweis der Vergleichsspannung resultiert, wenn anstelle der Streckgrenze die jeweiligen Tragspannungen verwendet werden. Weitere Erläuterungen zu ausgesteiften Beulfeldern, zum Einfluss des knickstabähnlichen Verhaltens sowie Berechnungsbeispiele finden sich in [152] bis [155].

6.2.1.6 Ergänzende Hinweise zur Ermittlung der Momententragfähigkeit

Sofern Betonfertigteile zum Einsatz kommen, die unmittelbar auf die Flansche aufgelagert werden, so können die Einflüsse aus der Flanschquerbiegung zu einer Reduktion der Momententragfähigkeit in Hauptrichtung des Trägers führen. Ein Beispiel für diese Anwendung sind z. B. Flachdeckenträger in Verbundbauweise, die in EN 1994-1-1 nicht explizit geregelt sind. Bei diesen

Systemen in Verbindung mit Betonfertigteilen muss berücksichtigt werden, dass die quer zum Verbundträger spannende Decke i. d. R. auf breiteren Untergurten aufgelagert ist. Daraus resultiert eine Beanspruchung aus Querbiegung, die die Momententragfähigkeit in Richtung der Hauptachse beeinflusst. Das Vorgehen zur Berücksichtigung der Querbiegung wird beispielsweise in [338] und [345] beschrieben. Zusätzliche Torsionsbeanspruchungen bei asymmetrischen Deckenspannweiten und Randträgern führen ggs. zu einer weiteren Reduktion der Momententragfähigkeit, s. a. [339], [342]. Ferner gibt es eine Reihe von Besonderheiten im Rahmen der Bemessung der Fertigteile zu beachten. Insbesondere für vorgespannte Betonfertigteile ist zu berücksichtigen, dass die Verformung des Auflagerträgers und der Längsschub zu einer deutlichen Reduktion der Tragfähigkeit der vorgefertigten Deckenelemente führen kann, s. [14] sowie [346]–[351].

6.2.2 Querkrafttragfähigkeit

6.2.2.1 Anwendungsbereich

Die Regelungen nach DIN EN 1994-1-1, Abschnitt 6.2.2 umfassen die plastische und elastische Ermittlung der Querkrafttragfähigkeit sowie die Berücksichtigung des Schubbeulens und die Interaktion von Biegung und Querkraft. Sie gelten für gewalzte und geschweißte vollwandige, versteifte und unversteifte Stege von Verbundquerschnitten ohne Kammerbeton.

6.2.2.2 Vollplastische Querkrafttragfähigkeit

Die Querkrafttragfähigkeit V_{Rd} wird bei Verbundquerschnitten ohne Kammerbeton in der Regel aus der vom Stahlquerschnitt aufnehmbaren Querkraft mit der Stegfläche A_v nach DIN EN 1993-1-1, 6.2.6 bestimmt. Sie darf vollplastisch ermittelt werden, wenn die in Bild 93 angegebenen Bedingungen für das Verhältnis h_w/t_w eingehalten sind oder die in DIN EN 1993-1-5, 5.3 zu dem Abminderungsfaktor $\chi_w = 1{,}0$ zugehörige bezogene Schlankheit $\bar{\lambda}_w$ nicht überschritten wird. Andernfalls ist der Einfluss des Schubbeulens durch Reduzierung der vollplastischen Querkrafttragfähigkeit mit dem Abminderungsfaktor χ_w nach DIN EN 1993-1-5, 5.3, Tabelle 5.1 zu berücksichtigen (siehe Bild 112).

6.2.2.3 Querkrafttragfähigkeit bei Schubbeulen

Die Bestimmung der Querkrafttragfähigkeit unter Berücksichtigung des Schubbeulens folgt für Verbundquerschnitte ohne Kammerbeton mit den Regelungen nach DIN EN 1993-1-5. Der Einfluss des Schubbeulens wird durch die Reduzierung der vollplastischen Querkrafttragfähigkeit durch einen Abminderungsfaktor χ_w in Abhängigkeit von der Schlankheit berücksichtigt (siehe Bild 111). Auch wenn der Betongurt einen Beitrag zur Querkrafttragfähigkeit leistet, wird dieser beim Nachweisverfahren nach DIN EN 1993-1-5, Abschnitt 5 nicht berücksichtigt. Eine Berücksichtigung dieses Anteils erfordert eine genauere Nachweisführung, bei dem die anteiligen Querkraftanteile auf Stahlquerschnitt und Betongurt unter Berücksichtigung der Verträglichkeitsbedingungen bestimmt werden müssen und zusätzlich ein Nachweis für die in den Verbundmitteln entstehenden vertikalen Kräfte sowie für die Schubbeanspruchung des Betongurtes erfolgen muss. Im Bereich von Verbindungen und Stößen muss dabei auch ein möglicher Schlupf gegebenenfalls berücksichtigt werden.

Das Vorgehen für die Nachweisführung der Momenten- und Querkrafttragfähigkeit für Querschnitte der Klasse 4 unter Berücksichtigung des Beulens erfolgt abweichend von DIN EN 1994-1-1 in dieser Kommentierung in Abschnitt 6.2.1.5.

6.2.2.4 Interaktion Biegung und Querkraft

Bei größeren Querkraftbeanspruchungen muss der Einfluss der Querkraft auf die Momententragfähigkeit berücksichtigt werden (Interaktion Biegung und Querkraft). Auf eine Abminderung der Momententragfähigkeit darf bei Querschnitten der Klassen 1 und 2 verzichtet werden, wenn der Bemessungswert V_{Ed} den 0,5-fachen Wert der Querkrafttragfähigkeit V_{Rd} nicht überschreitet. Wenn diese Bedingung nicht eingehalten werden kann, muss bei der Ermittlung der vollplastischen Momententragfähigkeit der Bemessungswert der Streckgrenze des Steges mit dem Faktor ρ_w abgemindert werden. Die daraus resultierende Interaktionsbeziehung ist in Bild 112 dargestellt. Bei voller Querkraftausnutzung ergibt sich die Momententragfähigkeit $M_{fl,Rd}$, die nur mit den Querschnittswiderständen der Gurte berechnet wird. In Bild 113a) sind die Beziehungen zur Ermittlung der vollplastischen Momententragfähigkeit bei gleichzeitiger Wirkung einer Querkraft V_{Ed} für die möglichen unterschiedlichen Lagen der plastischen Nulllinie für positive Momentenbeanspruchung zusammengestellt.

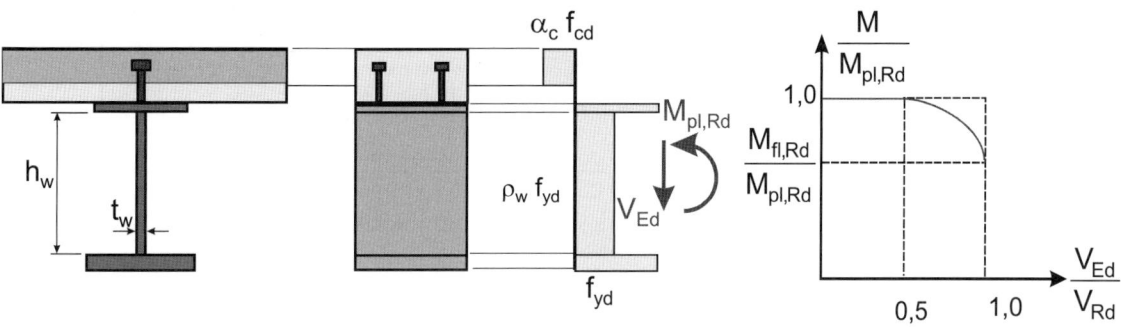

vollplastische Querkrafttragfähigkeit $V_{pl,a,Rd}$
für $\bar{\lambda}_w \leq 0{,}83 / \eta$:

$$V_{Rd} = V_{pl,a,Rd} = \frac{f_{yd} \, A_v}{\sqrt{3}}$$

Querkrafttragfähigkeit $V_{b,Rd}$ unter Berücksichtigung des Schubbeulens für $\bar{\lambda}_w > 0{,}83 / \eta$:

$$V_{Rd} = V_{bw,Rd} = \chi_w \, A_v \, \frac{f_{yk}}{\sqrt{3} \, \gamma_{M,1}}$$

Bezogene Schlankheit für Schubbeulen nach DIN EN 1993-1-5 (τ_{cr} - ideale Schubbeulspannung):

$$\bar{\lambda}_w = \sqrt{\frac{f_{yk}}{\sqrt{3} \, \tau_{cr}}}$$

Abminderungsfaktor für die Streckgrenze des Steges:

$$\boxed{\begin{array}{l} V_{Ed} \leq 0{,}5 \, V_{Rd} \Rightarrow \rho_w = 1{,}0 \\[4pt] V_{Ed} \geq 0{,}5 \, V_{Rd} \Rightarrow \rho_w = 1 - \left(\dfrac{2 V_{Ed}}{V_{Rd}} - 1\right)^2 \end{array}}$$

A_v - Stegfläche nach DIN EN 1993-1-1, 6.2.6(3)

Bild 112: Ermittlung der vollplastischen Momententragfähigkeit bei vollständiger Verdübelung und gleichzeitiger Wirkung einer Querkraft

a) vollplastische Momententragfähigkeit bei vollständiger Verdübelung und gleichzeitiger Wirkung einer Querkraft (positive Momentenbeanspruchung)

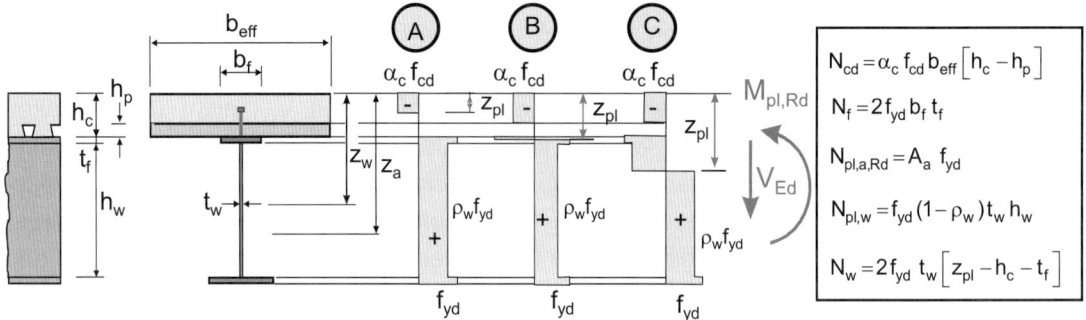

	Lage von z_{pl}	Vollplastisches Moment
A	$z_{pl} = \dfrac{N_{pl,a,Rd} - N_{pl,w}}{\alpha_c f_{cd} b_{eff}}$	$M_{pl,Rd} = N_{pl,a,Rd} \cdot (z_a - 0{,}5 z_{pl}) - N_{pl,w}(z_w - 0{,}5 z_{pl})$
B	$z_{pl} = h_c + \dfrac{N_{pl,a,Rd} - N_{pl,w} - N_{cd}}{2 f_{yd} b_f}$	$M_{pl,Rd} = N_{pl,a,Rd}\left[z_a - \dfrac{h_c - h_p}{2}\right] - N_{pl,w}\left[z_w - \dfrac{h_c - h_p}{2}\right] - N_f\left[\dfrac{z_{pl} - h_c}{t_f}\right]\left[\dfrac{z_{pl} + h_p}{2}\right]$
C	$z_{pl} = h_c + t_f$ $+ \dfrac{N_{pl,a,Rd} - N_{pl,w} - N_{cd} - N_f}{2 f_{yd} \rho_w t_w}$	$M_{pl,Rd} = N_{pl,a,Rd}\left[z_a - \dfrac{h_c - h_p}{2}\right] - N_{pl,w}\left[z_w - \dfrac{h_c - h_p}{2}\right] - N_f\left[\dfrac{t_f + h_c + h_p}{2}\right] - N_w\left[\dfrac{z_{pl} + t_f + h_p}{2}\right]$

b) Ermittlung des vollplastischen Momentes bei negativer Momentenbeanspruchung

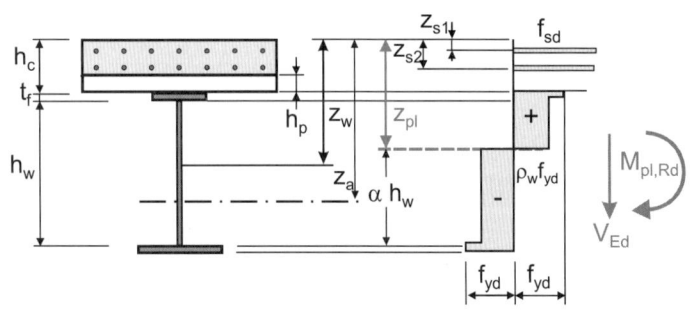

Lage der plastischen Nulllinie:

$$z_{pl} = h_c + t_f + \dfrac{N_{pl,a,Rd} - N_{pl,w} - (N_{s1} + N_{s2}) - N_f}{2 f_{yd} \rho_w t_w}$$

Vollplastische Momententragfähigkeit:

$$M_{pl,Rd} = N_{pl,a,Rd} z_a - N_{pl,w} z_w - \sum N_{si} z_{si} - N_f\left[h_c + \dfrac{t_f}{2}\right] - N_w\left[\dfrac{z_{pl} + t_f + h_p}{2}\right]$$

Bild 113: Vollplastische Momententragfähigkeit bei gleichzeitiger Wirkung einer Querkraft

Bei negativer Momentenbeanspruchung erfolgt die Ermittlung der Querkrafttragfähigkeit analog zur Vorgehensweise bei positiver Momentenbeanspruchung (Bild 113b), dies gilt ebenfalls für die Berücksichtigung der Interaktion Biegung und Querkraft. Bei Walzprofilen erfolgt die Berechnung zweckmäßig mithilfe einer linearen Interaktion für die Normalkraft-Momentenbeanspruchung des I-Profils (siehe DIN EN 1993-1-1, 6.2.9.1(5)) nach Bild 102. Bezüglich der Interaktion bei Querschnitten der Klasse 3 und 4 wird auf Abschnitt 6.2.1.5 dieses Kommentars verwiesen.

6.3 Querschnittstragfähigkeit von kammerbetonierten Verbundträgern

6.3.1 Allgemeines

Grundsätzlich kann durch die Ausführung eines Verbundträgers mit Kammerbeton die Biegesteifigkeit, Momententragfähigkeit und bei der Lage der plastischen Nulllinie im Kammerbeton die Momenten- und Querkrafttragfähigkeit sowie die Torsionssteifigkeit und damit auch der Widerstand gegen Biegedrillknicken deutlich gesteigert werden. Ferner ergibt sich eine aussteifende Wirkung in Hinblick auf das örtliche Beulen des Steges und der Flansche, sodass Stahlquerschnitte der Querschnittsklasse 3 ggf. in die Klasse 2 eingestuft werden dürfen, s. hierzu auch Abschnitt 5.5.3. Hauptgrund für die Ausführung des Kammerbetons ist meist jedoch der Brandschutz. Der Kammerbeton verhindert eine direkte Beflammung des Steges und Obergurtes. Eine in den Kammerbeton eingelegte Längsbewehrung kann den von der Unterseite direkt beflammten Untergurt substituieren. Ferner stellen sich günstig wirkende Temperaturfelder im Kammerbeton ein. Oftmals werden hohe Feuerwiderstandsdauern ohne weitere zusätzlich passive Brandschutzmaßnahmen erreicht. Ein wesentlicher Vorteil besteht auch darin, dass die im Kammerbeton angeordnete Längsbewehrung auch bei Normaltemperaturen in Ansatz gebracht werden kann. Anstelle eine kostenaufwendigen Herstellung einer Trägerabstufung mit Gurtlamellen oder Gurtblechen mit unterschiedlichen Dicken und damit verbundenen zusätzlichen Gurtquerstößen, kann die Abstufung einfach mit zugelegter Längsbewehrung erfolgen.

Die Definition der kammerbetonierten Verbundträger in DIN EN 1994-1-1, 6.1.1(1) umfasst Träger mit Beton in den Bereichen zwischen den Flanschen des Stahlprofils. Entsprechend ist der Steg des Stahlprofils komplett einbetoniert. Ferner ist der Kammerbeton mittels Verbundmittel an das Stahlprofil anzuschließen. Kammerbetonierte Verbundträger können mit und ohne oberen Betongurt ausgeführt werden. Dabei kann der Betongurt aus einer Ortbetondecke, Teilfertigteildecke oder aber Profilblechverbunddeckensystemen bestehen, s. a. Bild 114. In der Praxis wird oft eine Dreikantleiste während der Betonage oberhalb des Untergurtes angeordnet, sodass später die Möglichkeit zur direkten Befestigung der technischen Installation am Untergurt besteht und damit eine „bohrerlose" Installation möglich wird. Aus diesem Grund kann ggf. auch die Breite des Kammerbetons reduziert werden, was jedoch mit einem erheblichen Aufwand in der Herstellung einhergeht. Die Breite des Kammerbetons b_c darf jedoch nicht 80 % der Breite des Stahlprofils unterschreiten. Wird der Kammerbeton aus herstellungstechnischen Gründen, z. B. aufgrund des Verdichtens des Betons bei einer Herstellung des Kammerbetons mit einem Schalungssystem am montierten Träger, breiter als das Stahlprofil ausgeführt, darf rechnerisch nur der Beton bis zur Breite b des Stahlprofils angerechnet werden, s. a. Bild 114. Eurocode 4 hält keine Regelungen für die Berechnung vollständig einbetonierter Verbundträger vor. Das sind solche Träger, bei denen auch der Untergurt komplett einbetoniert wird und der Kammerbeton planmäßig breiter als das Stahlprofil ausgeführt wird. Für derartige Querschnitte liegt keine ausreichende Erfahrung für die Anwendung plastischer Bemessungsverfahren vor.

Die Bemessung kammerbetonierter Verbundträger ist in DIN EN 1994-1-1, 6.3 nur für Querschnitte der Klassen 1 und 2 geregelt. Um ein Schubbeulen des Steges zu vermeiden, ist die Schubschlankheit des einbetonierten Steges auf den Wert $d/t_w \leq 124\,\varepsilon$ zu begrenzen.

Die Längsbewehrung in den Kammern darf für die Berechnung im Kalt- und Brandfall angerechnet werden, sofern diese an das Stahlprofil angeschlossen wird. D. h., für die in der Bewehrung auftretende Zugkraft muss eine entsprechende Verdübelung vorhanden sein und die Nachweise für die zugehörigen Längsschubkräfte (Verbundmittel, Dübelumrissfläche) müssen erfüllt werden. Sofern die plastische Nulllinie im Kammerbeton liegt, kann dieser auch als Betondruckzone mit angerechnet werden. Dies gilt sowohl für die positive als auch negative Momententragfähigkeit.

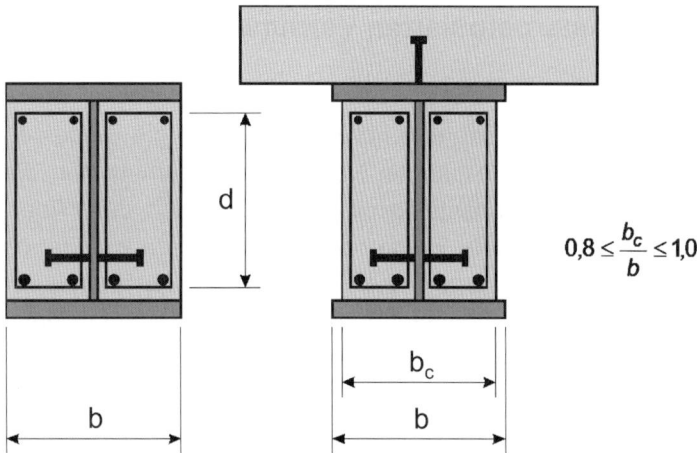

Bild 114: Typische Querschnitte für kammerbetonierte Verbundträger

Zugspannungen im Beton dürfen jedoch nicht berücksichtigt werden. Dementsprechend darf bei positiver Momentenbeanspruchung und einer Lage der plastischen Nulllinie im Betongurt nur die Bewehrung in den Kammern berücksichtigt werden. Bevor die Anrechnung des Kammerbetons im Grenzzustand der Tragfähigkeit erfolgt, sollte das Verfahren für die Heißbemessung bekannt sein. Erfolgt der Nachweis für den Brandfall nach DIN EN 1994-1-1, 4.2.2 auf Basis von Bemessungstabellen, dem sogenannten Nachweisverfahren der Stufe 1, ist gemäß DIN EN 1994-1-2, 4.2.2(3) der Ansatz der Längsbewehrung (Zulagebewehrung) für den Nachweis unter Normaltemperaturen ausgeschlossen. In diesem Fall erfolgt die Bemessung unter Vernachlässigung der Zulagebewehrung wie für einen nichtkammerbetonierten Verbundträger entsprechend Abschnitt 6.2.1. Bei der Anwendung aufwendigerer Bemessungsverfahren für den Nachweis des Brandfalls, z. B. der Stufe 2 (basierend auf reduzierten Materialfestigkeiten) oder den Ingenieurmethoden (Stufe 3: basierend auf einer thermischen und mechanischen Analyse), darf die Zulagebewehrung auch im Kaltfall berücksichtigt werden.

6.3.2 Momententragfähigkeit für Verbundquerschnitte mit Kammerbeton

Die Bestimmung der plastischen Momententragfähigkeit für kammerbetonierte Verbundquerschnitte folgt prinzipiell dem Modell für die Bemessung von Verbundträgern ohne Kammerbeton. In Bild 95 ist die Vorgehensweise bei der Ermittlung der vollplastischen Momententragfähigkeit für einen kammerbetonierten Querschnitt dargestellt. Zur Berechnung der plastischen Nulllinienlage werden zunächst die vollplastischen Normalkräfte der Einzelquerschnitte bestimmt, dabei wird wie zuvor erwähnt ggf. auch die plastische Normalkraft der Längsbewehrung $N_{si} = A_{si} \cdot f_{sd}$ zur Ermittlung des inneren Kräftegleichgewichts am Querschnitt berücksichtigt. Die Bestimmung der plastischen Momententragfähigkeit erfolgt dann entsprechend dem in Abschnitt 6.2.1 und speziell in Abschnitt 6.2.1.2 vorgestellten Verfahren.

Für die Verbundfuge zwischen kammerbetoniertem Stahlprofil und dem Betongurt darf eine teilweise Verdübelung angenommen werden, s. a. Abschnitt 6.2.1.3. Dagegen ist für den Anschluss des Kammerbetons bzw. der in den Kammerbeton eingelegten Längsbewehrung (Zulagebewehrung) an das Baustahlprofil immer eine vollständige Verdübelung vorzusehen, d. h., die Druck-/Zugkräfte in der Bewehrung bzw. Druckkräfte im Kammerbeton sind in voller Größe zu verdübeln. Sofern Bereiche des Kammerbetons in der Druckzone liegen, kann die anzuschließende Kraft um die Differenz zwischen Druckkraft des Kammerbetons und Zugkraft in der Längsbewehrung reduziert werden. Der Anschluss der Kammerbewehrung erfolgt i. d. R. mit Kopfbolzendübel. Alternativ ist auch ein Anschluss mit der Endplatte möglich, dabei ist die Schweißnaht für die bemessungsrelevante Zugkraft zu dimensionieren.

Bei der Ermittlung der Momententragfähigkeit von kammerbetonierten Querschnitten sind hinsichtlich der Anrechenbarkeit der Bewehrung im Kammerbeton noch einige Besonderheiten zu beachten. Oft wird die Kammerbetonbewehrung aus Stabstahl in Kombination mit einer Oberflächenbewehrung aus Betonstahlmatten ausgeführt. In diesen Fällen sollte die Mattenbewehrung bei der Ermittlung nicht angerechnet werden, da Versuche gezeigt haben, dass die Mattenbewehrung wegen der besseren Verbundeigenschaften bereits vor Erreichen des vollplastischen Momentes durchreißt.

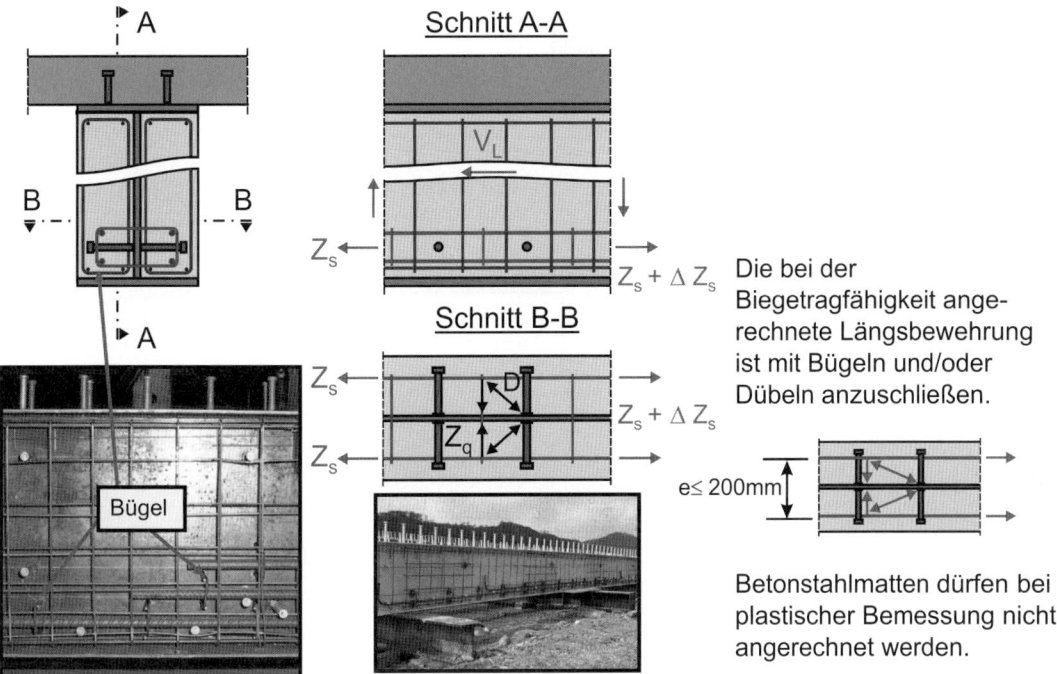

Bild 115: Anschluss der Zulagebewehrung im Kammerbeton

6.3.3 Querkrafttragfähigkeit für Verbundquerschnitte mit Kammerbeton

Bei Verbundträgern mit Kammerbeton darf der Kammerbeton bei der Ermittlung der Querkrafttragfähigkeit berücksichtigt werden, wenn nicht der gesamte Kammerbeton im Zugbereich liegt. Bemessungsgrundlage ist dann das in DIN EN 1992-1-1,6.2.3 angegebene Fachwerkmodell. Der innere Hebelarm z_i ergibt sich mit Bild 117 aus der Lage der Druckkraft $N_{c,s}$ in Abhängigkeit von der plastischen Nulllinienlage und der Lage der Kammerbetonbewehrung. Der in DIN EN 1992-1-1 angegebene vereinfachte Ansatz mit $z = 0{,}9 \cdot d$ kann bei kammerbetonierten Trägern nicht angewandt werden. Die anteiligen Querkräfte des Stahlprofils und des Betonteils dürfen dabei die Querkrafttragfähigkeit des Stahlprofils bzw. des Kammerbetons nicht überschreiten, wobei die Querkrafttragfähigkeit des Kammerbetons nach DIN EN 1992-1-1,6.2.3 zu ermitteln ist. In den Kammern sind dabei entweder an den Steg angeschweißte Bügel oder in jeder Kammer geschlossene Bügel anzuordnen, s. a. Bild 116. Die Aufteilung der Bemessungsquerkraft in die Anteile, die vom Stahlprofil und vom Kammerbeton aufgenommen werden, darf im Verhältnis ihrer Beiträge zur Momententragfähigkeit erfolgen (siehe Bild 117). Die Verbundmittel für den Anschluss der Kammerbetonbewehrung sind für die Differenz der Normalkräfte $N_{a,v}$ zwischen kritischen Schnitten zu bemessen.

Bild 116: Anschluss der Bügel im Kammerbeton

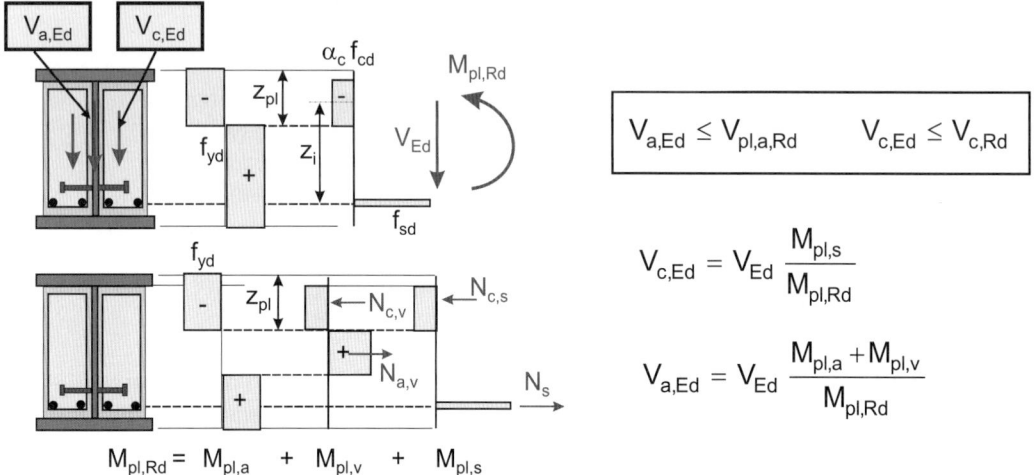

Bild 117: Querkrafttragfähigkeit von kammerbetonierten Querschnitten

6.3.4 Biegung und Querkraft bei Verbundquerschnitten mit Kammerbeton

Bei gleichzeitiger Beanspruchung des kammerbetonierten Querschnitts durch Biegung und Querkraft gelten die Interaktionsbeziehungen nach Abschnitt 6.2.2.4. Dementsprechend ist keine Berücksichtigung der Querkraft im Rahmen der Biegebemessung erforderlich, wenn der Bemessungswert der Querkraft $V_{a,Ed}$ den 0,5-fachen Wert der Querkrafttragfähigkeit des Stahlprofils $V_{pl,a,Rd}$ nicht überschreitet. Wenn diese Bedingung nicht eingehalten werden kann, muss bei der Ermittlung der vollplastischen Momententragfähigkeit der Bemessungswert der Streckgrenze des Steges mit dem Faktor ρ_w abgemindert werden, es gelten die Beziehungen wie zuvor erläutert, s. a. Bild 112. In der Interaktionsbeziehung ist dabei V_{Ed} durch $V_{a,Ed}$ und V_{Rd} durch $V_{pl,a,Rd}$ zu ersetzen.

6.4 Biegedrillknicken bei Verbundträgern

6.4.1 Allgemeines

Im positiven Momentenbereich besteht i. A. für den gedrückten Obergurt die Gefahr des Biegedrillknickens. Sofern der gedrückte Obergurt durch den aufliegenden Betongurt durchgehend gehalten ist, für den Betongurt selbst keine Gefahr bezüglich des seitlichen Ausweichens besteht und eine Verdübelung entsprechend den Forderungen nach DIN EN 1994-1-1, Abschnitt 6.6 erfolgt, kann auf einen Nachweis des Biegedrillknickens für den Obergurt verzichtet werden. Dabei kann der Betongurt aus einer massiven Betonplatte oder einer Verbunddecke mit Profilblechen bestehen.

In den negativen Momentenbereichen von Durchlaufträgern kann für die Momententragfähigkeit das Biegedrillknicken maßgebend sein. Der Biegedrillknicknachweis für durchlaufende Verbundträger mit über die Trägerlänge konstantem Baustahlquerschnitt und Querschnitten der Klassen 1, 2 und 3 darf mit einem vereinfachten Nachweisverfahren gemäß DIN EN 1994-1-1, 6.4.2 (s. a. Abschnitt 6.4.3) erfolgen.

6.4.2 Biegedrillknicknachweis für Durchlaufträger mit Querschnitten der Klassen 1, 2 und 3

Der Tragsicherheitsnachweis gegen Biegedrillknicken (Bild 118) wird in Übereinstimmung mit DIN EN 1993-1-1, 6.3.2 geführt. Der Bemessungswert der Biegedrillknickbeanspruchbarkeit wird dabei durch Abminderung der von der Querschnittsklasse abhängigen Momententragfähigkeit M_{Rd} mit dem Abminderungsfaktor χ_{LT} nach DIN EN 1993-1-1, 6.3.2.2 und 6.3.2.3 (Bild 119) ermittelt. Der Abminderungsfaktor ist dabei eine Funktion der bezogenen Schlankheit für Biegedrillknicken. Bei Querschnitten der Klassen 1 und 2 wird die Momententragfähigkeit durch Abminderung des vollplastischen Grenzmomentes $M_{pl,Rd}$ bestimmt.

Wenn Querschnitte der Klassen 3 oder 4 vorliegen, ist die Schlankheit mit den jeweiligen Grenzmomenten der Klassen 3 oder 4 zu bestimmen. Bei der Ermittlung der bezogenen Schlankheit für Biegedrillknicken ist zu beachten, dass die Momententragfähigkeiten M_{Rk} mit den charakteristischen Werten ($M_{pl,Rk}$ bzw. $M_{el,Rk}$) berechnet werden müssen.

Alternativ kann die bezogene Schlankheit auch mithilfe der kritischen Spannung des Untergurtes bestimmt werden. Die kritische Untergurtspannung kann dabei entweder mithilfe der nachfolgend hergeleiteten Beziehung für das ideale Biegedrillknickmoment oder durch Idealisierung des Druckgurtes als elastisch gebettetem Stab berechnet werden. Der Tragsicherheitsnachweis wird dann auf Spannungsebene geführt und die Druckspannungen σ_{Ed} im Gurt des Trägers sind auf die Grenztragspannung $\chi_{LT} \cdot f_{yd}$ mit $f_{yd} = f_{yk} / \gamma_{M1}$ zu begrenzen. Bei Anwendung der Werte χ_{LT} nach DIN EN 19943-1-1, 6.3.2.2 ist angezeigt, die im Nationalen Anhang zu DIN EN 1993-1-5 angegebene Modifikation des Abminderungsbeiwertes unter Berücksichtigung der Torsionssteifigkeit auszunutzen.

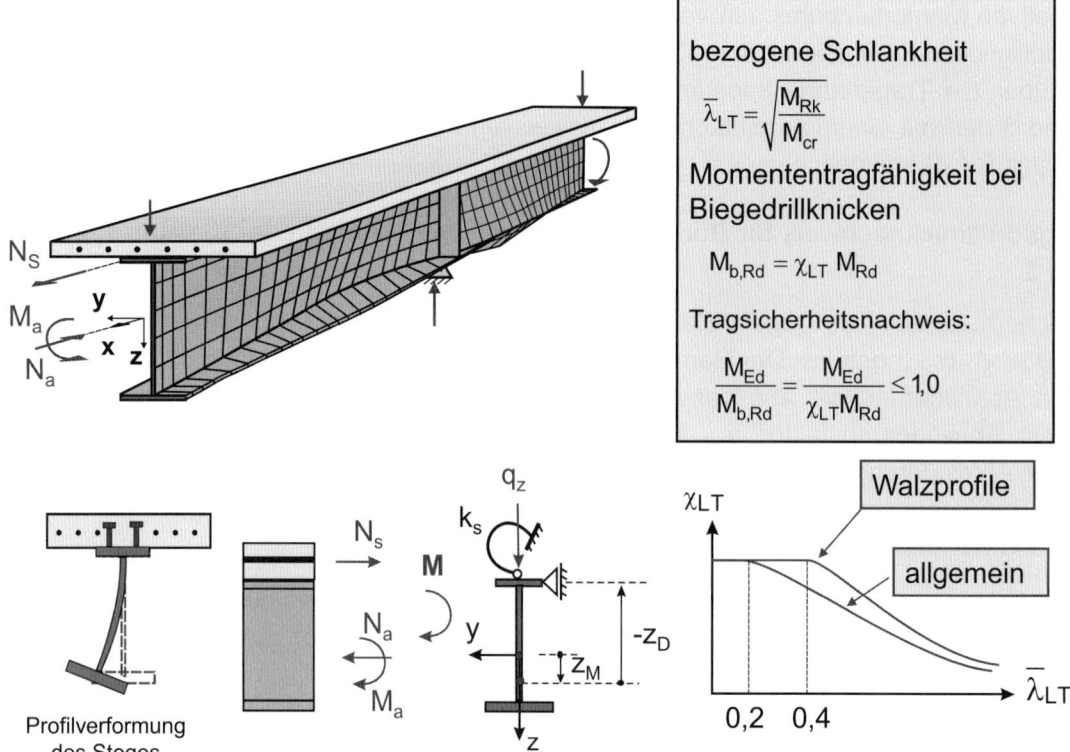

Bild 118: Systemannahmen und Nachweisformat gegen Biegedrillknicken nach DIN EN 1994-1-1

Abminderungsbeiwert nach DIN EN 1993-1-1, 6.3.2.2

$$\chi_{LT} = \frac{1}{\Phi_{LT} + \sqrt{\Phi_{LT}^2 - \beta\,\overline{\lambda}_{LT}^2}} \leq \begin{cases} \leq 1{,}0 \\ \leq 1/\overline{\lambda}_{LT}^2 \end{cases}$$

$$\Phi_{LT} = 0{,}5\,[1 + \alpha_{LT}(\overline{\lambda}_{LT} - \lambda_{LT,o}) + \beta\,\overline{\lambda}_{LT}^2]$$

Walzprofile und vergleichbare geschweißte Profile: modifizierter Abminderungsfaktor nach DIN EN 1993-1-5, 6.3.2.3

$$\chi_{LT,mod} = \frac{\chi_{LT}}{f}$$

$$f = 1 - 0{,}5(1-k_c)\left(1 - 2{,}0(\overline{\lambda}_{LT} - 0{,}8)^2\right)$$

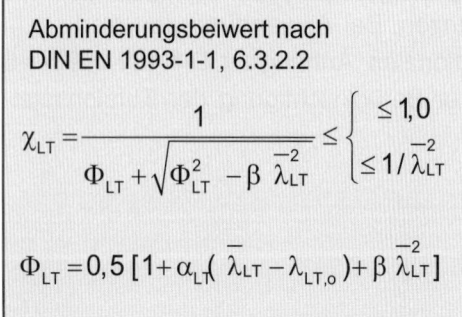

Querschnitt	h/b	KSL	α_{LT}
gewalzte I-Querschnitte	≤ 2	b	0,34
	>2	c	0,49
geschweißte I-Querschnitte	≤ 2	c	0,49
	>2	d	0,76

	Allgemeines Verfahren nach 6.3.2.2	Walzprofile und vergleichbare geschweißte Profile nach 6.3.2.3
$\overline{\lambda}_{LT,o}$	0,2	0,4
β	1,0	0,75

Momentenverlauf	Druckbeiwert k_c
	1,0
M ⟶ ψM	$\frac{1}{1{,}33 - 0{,}33\psi}$
	0,94
	0,90
	0,91
	0,86
	0,77
	0,82

Bild 119: Abminderungsfaktoren χ_{LT} nach DIN EN 1993-1-1, 6.3.2

Für die Ermittlung der bezogenen Schlankheit muss das ideale Biegedrillknickmoment berechnet werden. Dabei sind die in Bild 118 dargestellten Lagerungsbedingungen für das Stahlprofil anzunehmen [158], [159]. Der Stahlträger wird durch den Betongurt seitlich und drehelastisch gehalten, d. h., es liegt für den Stahlträger der Fall des Biegedrillknickens mit gebundener Drehachse und drehelastischer Bettung vor, wobei die Normalkräfte und Biegemomente des Baustahlquerschnittes die Teilschnittgrößen N_a und M_a des Verbundquerschnitts sind.

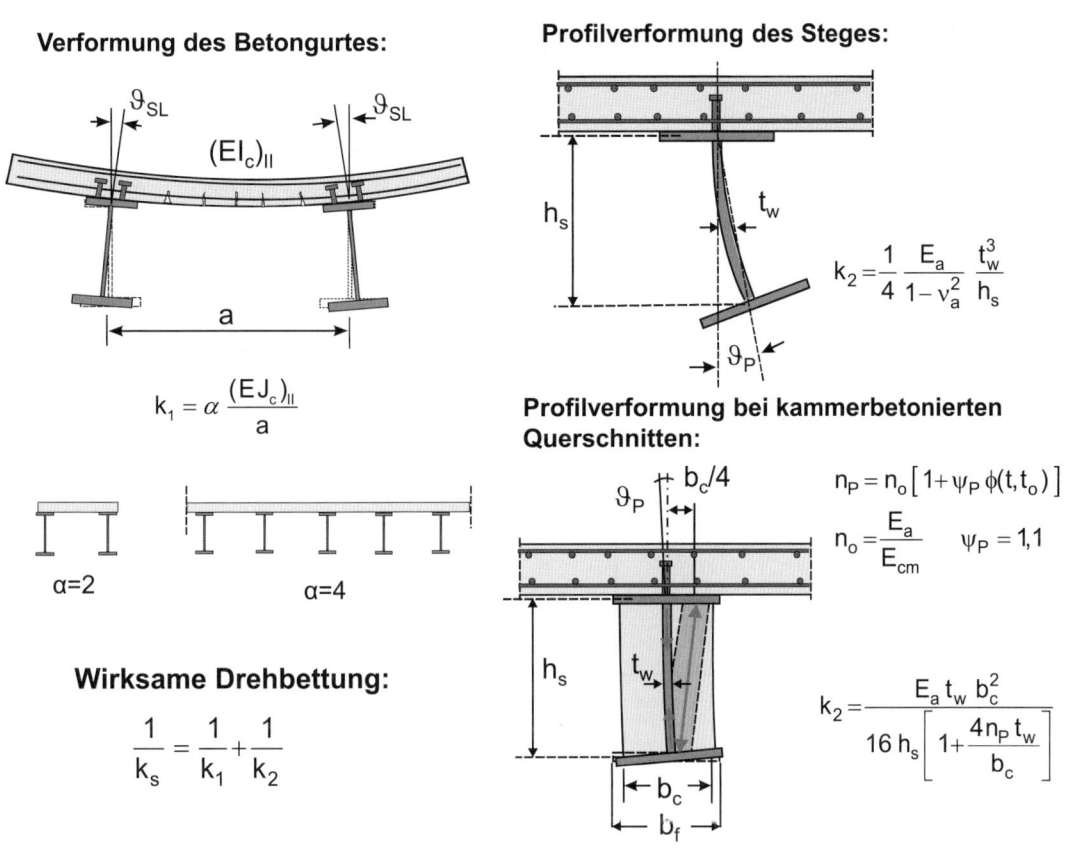

Bild 120: Ermittlung der Drehbettung

Die drehelastische Bettung kann nach Bild 120 aus den Verformungsanteilen der Betonplatte und der Profilverformung bestimmt werden, wobei der Drehbettungsanteil aus der Betonplatte mit den Biegesteifigkeiten der Betonplatte nach Zustand II zu berechnen ist. Bei kammerbetonierten Trägern kann der Einfluss der Profilverformung mit den in Bild 121 angegebenen Beziehungen [157] berechnet werden. Mit den zuvor beschriebenen Annahmen und den Teilschnittgrößen des Stahlträgers lässt sich das Biegedrillknickproblem durch die in Bild 121 angegebene Differentialgleichung beschreiben [159]. Die Differentialgleichung des Biegetorsionsproblems mit gebundener Drehachse und drehelastischer Bettung hat den gleichen Aufbau wie die Differentialgleichung des Druckstabes mit kontinuierlicher Wegfederbettung, wenn zusätzlich eine entlastende Zugkraft H berücksichtigt wird, welche entlastende Abtriebskräfte $H \cdot w''$ hervorruft. Für die Lösung der Differentialgleichung des Biegetorsionsproblems kann somit wie bei der Analogie zwischen „Wölbkrafttorsion" und „Zugstab nach Theorie II. Ordnung" die in Bild 121 zusammengestellte Analogiebetrachtung benutzt werden. Dabei entspricht die Biegesteifigkeit beim Druckstab der auf die Drehachse bezogenen Wölbsteifigkeit, die Normalkraft entspricht dem bezogenen Moment $k_z M_y$ und die elastische Wegfederbettung entspricht der St. Venantschen Torsionssteifigkeit. Bei Ausnutzung der Analogie kann das Biegetorsionsproblem nach Elastizitätstheorie II. Ordnung sowie die Lösung des zugehörigen Stabilitätsproblems mit standardmäßigen Stabwerksprogrammen nach Theorie II. Ordnung erfolgen.

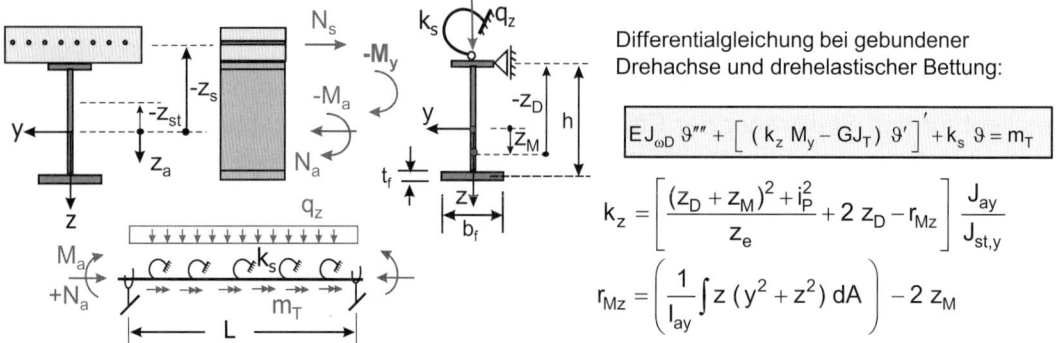

Differentialgleichung bei gebundener Drehachse und drehelastischer Bettung:

$$EJ_{\omega D}\,\vartheta'''' + \left[\,(k_z\,M_y - GJ_T)\,\vartheta'\,\right]' + k_s\,\vartheta = m_T$$

$$k_z = \left[\frac{(z_D + z_M)^2 + i_P^2}{z_e} + 2\,z_D - r_{Mz}\right]\frac{J_{ay}}{J_{st,y}}$$

$$r_{Mz} = \left(\frac{1}{I_{ay}}\int z\,(y^2 + z^2)\,dA\right) - 2\,z_M$$

$J_{st,y}$ Flächenmoment zweiten Grades des Gesamtstahlquerschnittes um die y-Achse

$J_{a,y}$ Flächenmoment zweiten Grades des Baustahlquerschnittes um die y-Achse

$J_{\omega M}$ Wölbflächenmoment zweiten Grades des Baustahlquerschnittes bezogen auf den Schubmittelpunkt M

J_T St. Venantsches Torsionsträgheitsmoment des Baustahlquerschnittes

Wölbflächenmoment zweiten Grades bezogen auf die Drehachse:

$$J_{\omega D} = J_{\omega M} + z_D^2\,J_{az} = J_{fl,z}\,h^2 \qquad J_{fl,z} = t_f\,b_f^3/12$$

Teilschnittgrößen des Baustahlquerschnittes:

$$M_a = M_y\,\frac{J_{ay}}{J_{st,y}} \qquad N_a = M_y\,\frac{z_{st}\,A_a}{J_{st,y}} \qquad z_e = \frac{M_a}{N_a} = -\frac{J_{ay}}{z_{st}\,A_a}$$

	Druckstab mit elastischer Bettung	Biegedrillknicken mit gebundener Drehachse
Differential-gleichungen	$w'''' + \left(\frac{\varepsilon_K}{L}\right)^2 w'' + \left(\frac{\eta_K}{L^2}\right)^2 w = \frac{q}{EJ_y}$	$\vartheta'''' + \left(\frac{\varepsilon_B}{L}\right)^2 \vartheta'' + \left(\frac{\eta_B}{L^2}\right)^2 \vartheta = \frac{m_T}{EJ_{\omega D}}$
System	EJ_y, k_w, N-H	$EI_{\omega D}$, k_s, GJ_T, $k_z\,M_y$
Stabkennzahl	$\varepsilon_K = L\sqrt{\dfrac{N - \lvert H \rvert}{E\,J_y}}$	$\varepsilon_B = L\sqrt{\dfrac{k_z\,M_y - GJ_T}{EJ_{\omega D}}}$
Bettungs-parameter	$\eta_K = \sqrt{\dfrac{k_w\,L^4}{EJ_y}}$	$\eta_B = \sqrt{\dfrac{k_s\,L^4}{E\,J_{\omega D}}}$

Bild 121: Analogie zwischen Druckstab auf elastischer Bettung und Biegedrillknicken mit gebundener Drehachse und drehelastischer Bettung

Auf der Grundlage der Analogie zum Druckstab wurden in [159] die in den nachfolgenden Diagrammen angegebenen Knicklängenbeiwerte β für verschiedene Momentenverläufe hergeleitet, mit denen das ideale Biegedrillknickmoment M_{cr} einfach ermittelt werden kann. Weitere Hintergrundinformationen können [161] und [162] entnommen werden.

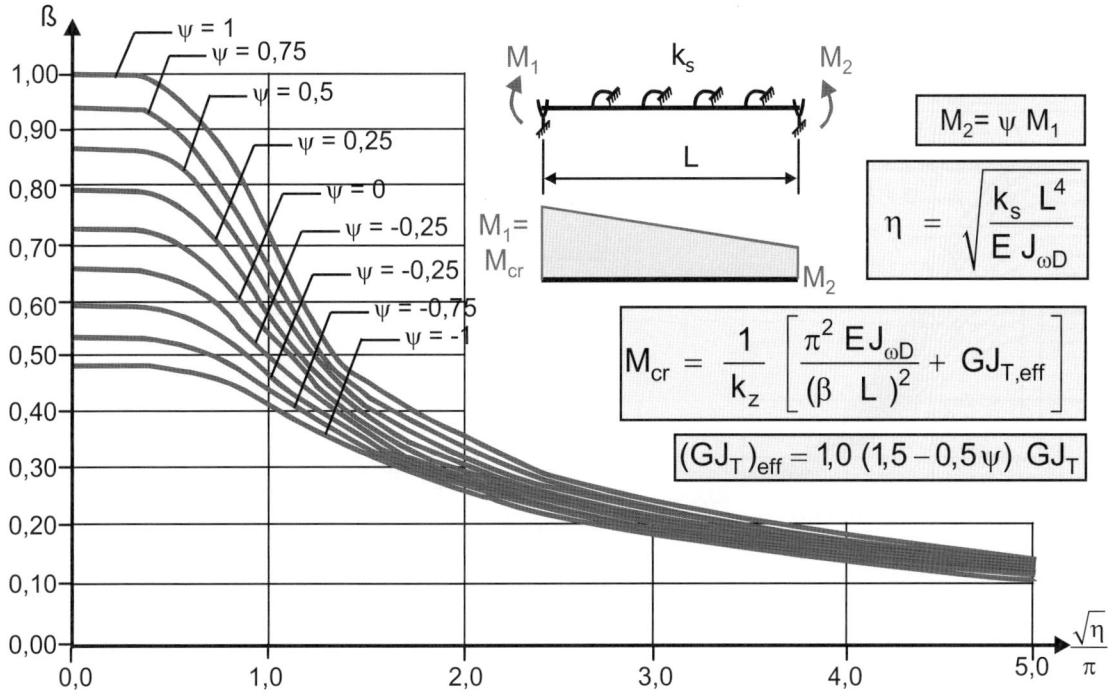

Bild 122: Ideales Biegedrillknickmoment bei linear veränderlichem Momentenverlauf

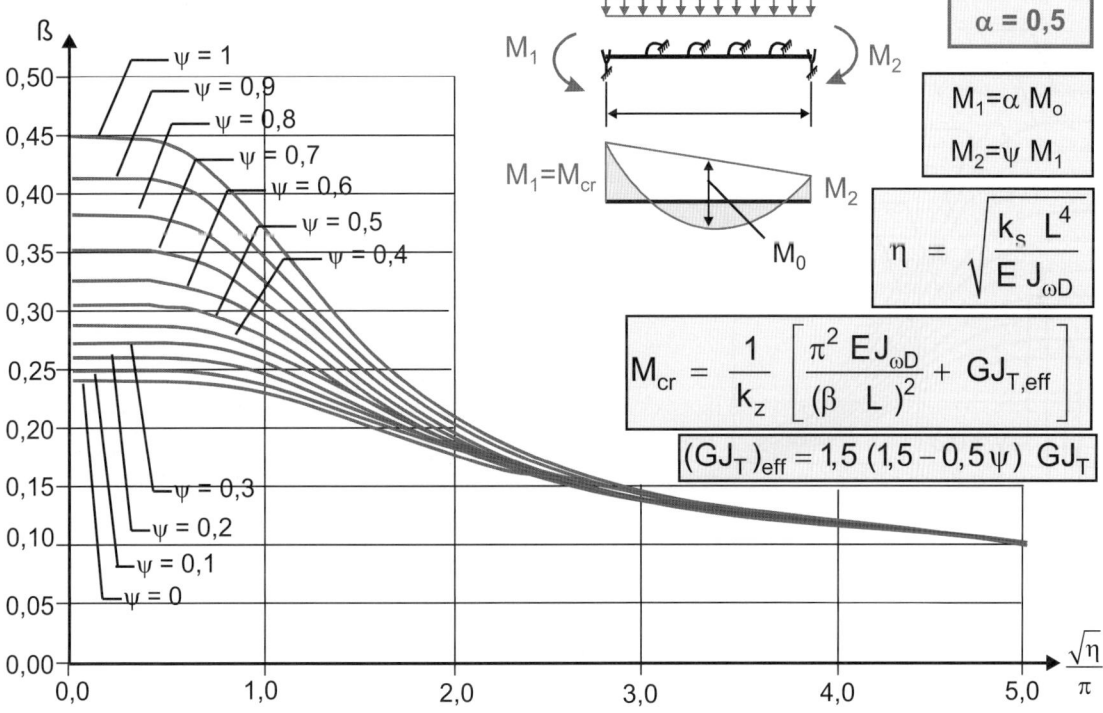

Bild 123: Ideales Biegedrillknickmoment für Träger mit Gleichstreckenbelastung ($\alpha = 0{,}5$)

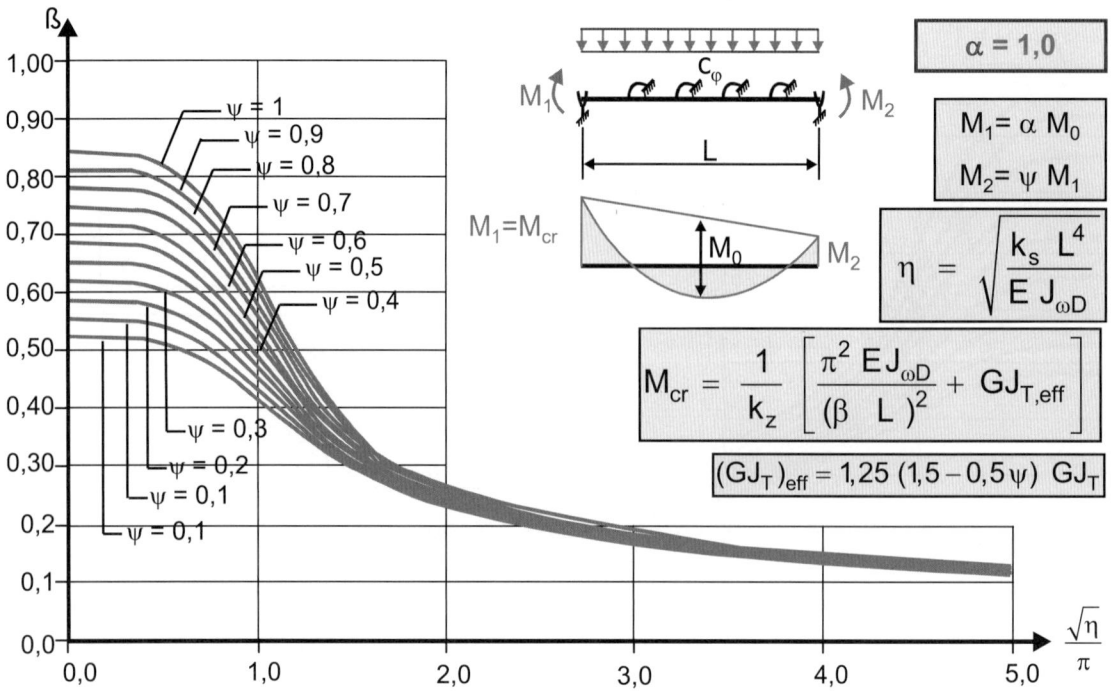

Bild 124: Ideales Biegedrillknickmoment für Träger mit Gleichstreckenbelastung ($\alpha = 1{,}0$)

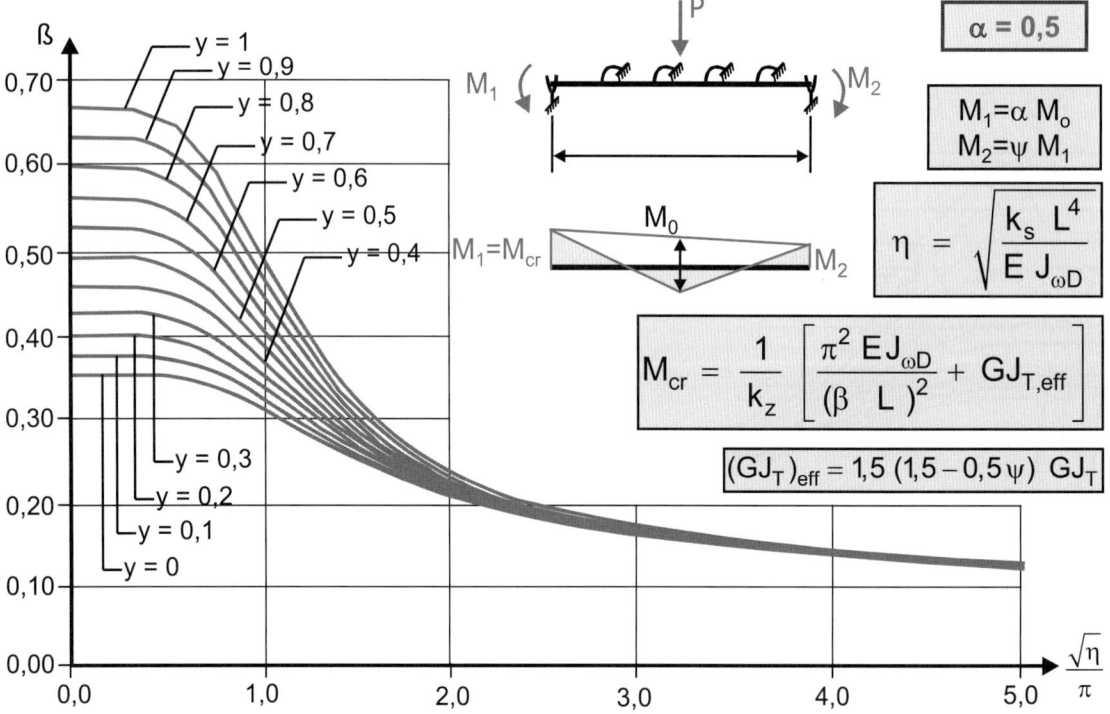

Bild 125: Ideales Biegedrillknickmoment für Träger mit Einzellasten ($\alpha = 0{,}5$)

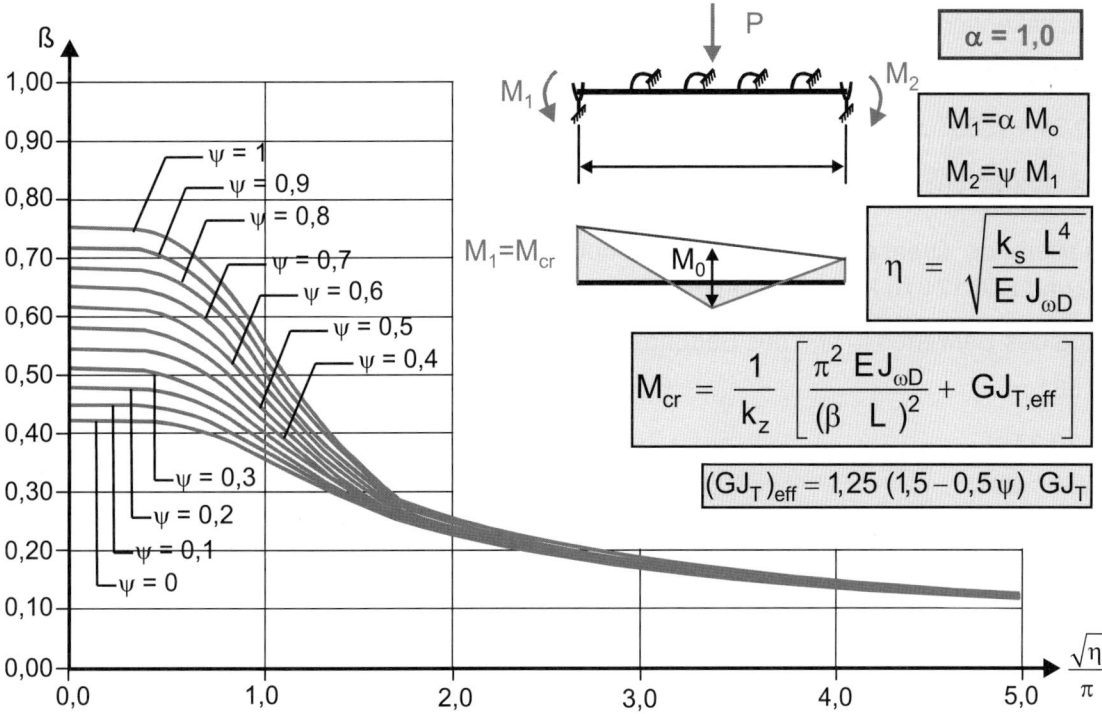

Bild 126: Ideales Biegedrillknickmoment für Träger mit Einzellasten ($\alpha = 1{,}0$)

Nachfolgend wird das in Bild 127 dargestellte Endfeld eines Durchlaufträgers untersucht. Der Querschnitt erfüllt nicht die Anforderungen für den vereinfachten Nachweis, da für die Materialgüte S355 für HEA Profile die Grenzhöhe bei 650 mm liegt.

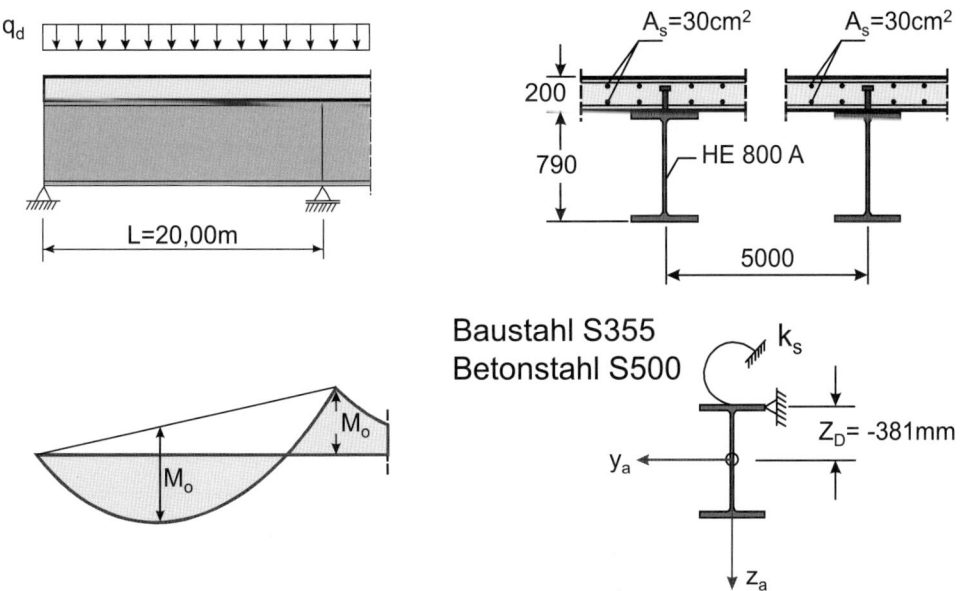

Bild 127: System und Querschnitt – Vereinfachte Ermittlung der Momententragfähigkeit bei doppeltsymmetrischen Stahlprofilen

Querschnittskenngrößen des Baustahlquerschnittes (HE 800 A):

$A_a = 286 \text{ cm}^2 \qquad J_{ay} = 30{,}34 \text{ cm}^2\text{m}^2 \qquad J_{az} = 1{,}26 \text{ cm}^2\text{m}^2$

$J_{a\omega} = 0{,}1829 \text{ cm}^2\text{m}^4 \qquad J_T = 0{,}0597 \text{ cm}^2\text{m}^2 \qquad i_p^2 = (30{,}34 + 1{,}26)/286 = 0{,}11 \text{ m}^2$

Querschnittskenngrößen des Gesamtstahlquerschnitts (Baustahl und Bewehrung):

A_{st} = 286 + 30 = 316 cm² $\qquad a_{st}$ = 0,79/2 + 0,1 = 0,495 m

$J_{st,y}$ = 30,34 + (286 · 30 · 0,495²)/316 = 37 cm²m²

$\overline{z}_{st}$ = 286 · 0,495/316 = 0,448 m $\qquad z_{st,a}$ = – (0,495 – 0,448) = –0,047 m

Die resultierende Drehbettung aus der Betonplatte und der Profilverformung ergibt sich mit Bild 120 und Bild 121 zu k_s = 239 kNm/m.

Ermittlung des Beiwertes k_z und des Bettungsbeiwertes η:

z_D = –0,381 m

$$z_e = \frac{30,34}{-0,047 \cdot 286} = -2,26 \text{ m}$$

$$k_z = \left[\frac{0,381^2 + 0,11^2}{-2,26} - 2 \cdot 0,381\right] \frac{30,34}{37} = -0,68 \text{ m}$$

$$\eta = \sqrt{\frac{239 \cdot 20^4}{21000 \cdot \left(0,1829 + 1,26 \cdot 0,381^2\right)}} = -70,53 \text{ m}$$

Der Beiwert β ergibt sich nach Bild 124 mit ψ = 0 zu β = 0,17. Für das ideale Biegedrillknickmoment ergibt sich mit Bild 124:

$$M_{cr} = \frac{1}{-0,68}\left[\frac{\pi^2 \cdot 21000 \cdot (0,1829 + 1,26 \cdot 0,381^2)}{(0,17 \cdot 20)^2} + 1,25 \cdot 1,5 \cdot 8100 \cdot 0,0597\right] = -10974 \text{ kNm}$$

Bemessungswert der Normalkraft des Betongurtes:

N_{sd} = 30 · 50/1,15 = 1304,4 kN

Bestimmung der Lage der plastischen Nulllinie

c_w = 67,4 cm t_w = 1,5 cm

$$\alpha = \frac{d/2 + (N_{sd}/(t_w \cdot f_{yd} \cdot 2))}{c_w} = \frac{67,4/2 + 1304,4/(1,5 \cdot 35,5/1,0 \cdot 2)}{67,4} = 0,682$$

$$\left[\frac{c_w}{t_w}\right] = \frac{67,4}{1,5} = 44,9 \leq \frac{41,5\varepsilon}{\alpha} = \frac{41,5 \cdot 0,814}{0,682} = 49,5$$

Der Querschnitt ist somit in die Klasse 2 einzustufen.

Charakteristische Tragfähigkeiten des Stahlquerschnitts:

$N_{pl,a,k}$ = 286 · 35,5 = 10153 kN

$M_{pl,a,k} = W_{pl,y} \cdot f_{yk}$ = 8699·35,5/100 = 3088,1 kNm

Der charakteristische Wert des plastischen Momentes wird näherungsweise nach Bild 102 berechnet.

$$\delta_w = 1 - 0,5 \cdot \frac{286 - 2 \cdot 2,8 \cdot 30}{286} = 0,8$$

$M_{a,Rk} = M_{pla,Rk}$, da $\dfrac{N_a}{N_{pla}} = \dfrac{1500}{10153} = 0,15 \leq 1 - \delta_w = 0,2$

$M_{pl,RK} = 3088,1 + 30 \cdot 50 \cdot 0,495 = 3830,6$ kNm

Bezogene Schlankheit:

$$\bar{\lambda}_{LT} = \sqrt{\frac{3830,6}{10974}} = 0,591$$

Der Querschnitt ist nach Bild 119 in die Knickspannungskurve c einzustufen.

$\phi_{LT} = 0,5(1 + 0,49(0,591-0,4) + 0,75 \cdot 0,591^2) = 0,678$

$$\chi_{LT} = \frac{1}{0,678 + \sqrt{0,678^2 - 0,75 \cdot 0,591^2}} = 0,891$$

$f = 1 - 0,5 (1 - 0,91)(1 - 2,0 (0,591 - 0,8)^2 = 0,959$

$\chi_{LT,mod} = 0,891/0,959 = 0,929$

Ermittlung der plastischen Momententragfähigkeit mit $\gamma_{M,1} = 1,1$

$N_{sd} = 1304,4$ KN

$N_{pl,a,Rd} = 286 \cdot 35,5/1,1 = 9230$ KN, $M_{pl,a,Rd} = 8699/100 \cdot 35,5/1,1 = 2807,8$ KNm

$M_{a,Rd} = M_{pla,Rd}$, da $\dfrac{N_{a,Rd}}{N_{pla,Rd}} = \dfrac{1304,4}{9230} = 0,14 \leq 1 - \delta_w = 0,2$

$$M_{pl,Rd} = 2807,8 + 1304,4 \cdot 0,495 = 3453,5 \text{ kNm}$$

Die Momententragfähigkeit bei Biegedrillknicken ergibt sich dann zu:

$M_{b,Rd} = 0,929 \cdot 3453,5 = 3208,3$ kNm

6.4.3 Vereinfachter Nachweis für das Biegedrillknicken ohne weitere Berechnung

Auf einen Nachweis des Biegedrillknickens für Durchlaufträger oder Rahmenriegel, die über die gesamte Länge als Verbundträger ausgebildet sind, darf bei Verwendung von IPE- und HE-Profilen nach DIN EN 1994-1-1 und DIN EN 1994-1-1/NA verzichtet werden, wenn die in Bild 128 angegebenen Grenzprofilhöhen nicht überschritten werden und die in Bild 128 angegebenen Bedingungen bezüglich der Stützweitenverhältnisse und der ständigen und veränderlichen Einwirkungen eingehalten sind. Die Grenzprofilhöhen nach Bild 128 wurden aus der Bedingung hergeleitet, dass bei üblichen Trägern die aus der Betonplatte resultierende drehelastische Bettung des Stahlträgers so groß ist, dass sich beim Biegedrillknicknachweis für das Grenzmoment ein Abminderungsbeiwert $\chi_{LT} = 1,0$ ergibt. Insofern fehlen in DIN EN 1994-1-1 und im Nationalen Anhang Angaben zu einer zugehörigen Mindeststeifigkeit der Betonplatte. Von einer ausreichenden Biegesteifigkeit der Betonplatte kann in der Regel ausgegangen werden, wenn die Deckenplatten die Plattenschlankheiten nach DIN EN 1992-1-1, 7.4.2(2) erfüllen.

Die Anwendung ist auf Träger mit Vollbetonplatten und mit senkrecht zur Trägerachse angeordneten Profilblechverbunddecken begrenzt. Darüber hinaus ist der Untergurt des Stahlprofils an den Auflagern seitlich zu halten und der Steg an den Auflagerpunkten auszusteifen.

Bei der Anwendung von DIN EN 1994-1-1, Tabelle 6.1 bzw. DIN EN 1994-1-1/NA, Tabelle NA1 ist zu beachten, dass die Herleitung mit den Biegedrillknicklinien für Walzprofile ermittelt wurden und somit streng genommen nur für gewalzte Profile oder für vergleichbare geschweißte Profile mit nicht stark abweichenden Schweißeigenspannungsverteilungen gelten.

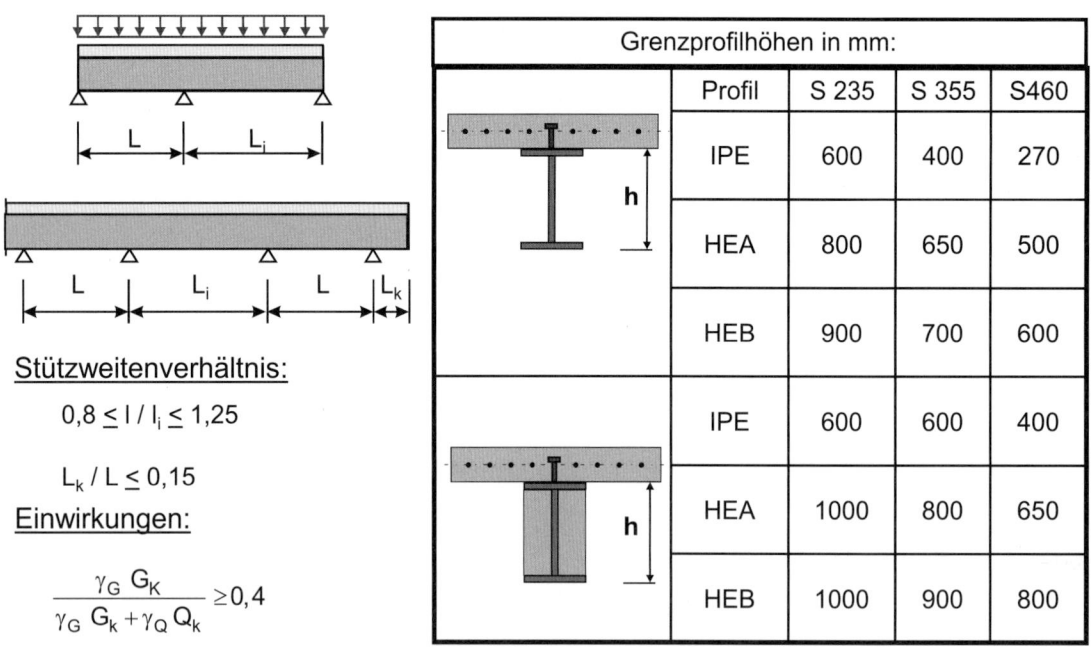

Bild 128: Grenzprofilhöhen von Walzprofilen ohne direkten Nachweis gegen Biegedrillknicken nach DIN EN 1994-1-1/NA

Liegen kammerbetonierte Verbundträger entsprechend Bild 88 mit einer ausreichenden Bewehrung und Verdübelung vor, darf aufgrund der stützenden Wirkung des Kammerbetons (s. a. Bild 120) die Grenzprofilhöhe h nach Bild 128 bei Verwendung der Stahlgüten S235, S275 und S355 um bis zu 200 mm und bei den Stahlgüten S420 und S460 um bis zu 150 mm erhöht werden.

6.5 Stege mit Querbelastung

Dieser Abschnitt in DIN EN 1994-1-1 weist auf die Problematik hin, dass bei schlanken Stegen der Klassen 3 und 4 ein Versagen infolge von Beulen bei großen Querdruckbeanspruchungen auftreten kann. Die Querschnittklassifizierung in den Eurocodes bezieht sich ausschließlich auf das Beulen infolge von Längsdruckspannungen. Bei größeren Querdruckbeanspruchungen ist immer eine Beuluntersuchung angezeigt. Dies kann im Hochbau z. B. der Fall sein, wenn Abfangträger in Verbundbauweise ausgeführt werden und die Lasten aus oberen Geschossen über die Stützen direkt in den Verbundträger eingeleitet werden. In solchen Fällen wird teilweise eine Aussparung im Betongurt angeordnet und die Lasten werden direkt in den Stahlträger eingeleitet. Das Beulen des Steges kann mit den Regelungen in Abschnitt 6 von DIN EN 1993-1-5 beurteilt werden. Für flanschinduziertes Beulen gilt Abschnitt 8 von DIN EN 1993-1-5. Querdruck- und Querzugbeanspruchungen führen zudem zu einer Abminderung der Momententragfähigkeit, da die über die Gurte eingeleiteten Querdruckbeanspruchungen dazu führen, dass der Gurt für die Biegetragfähigkeit nicht mehr voll ausgenutzt werden kann, da die Fließbedingung eingehalten werden muss.

Liegen Querschnitte der Klassen 1 und 2 vor, so sind bei der Bemessung die Regelungen nach DIN EN 1993-1-8 zu berücksichtigen, da der Querdruck zu einer Reduzierung der Momententragfähigkeit führen kann. Einen Sonderfall stellen Querschnitte mit einem wirksamen Steg der Klasse 2 entsprechend DIN EN 1994-1-1, 5.5.2(3) dar. Hier ist an Zwischenauflagern stets eine Steife anzuordnen.

6.6 Verbundsicherung bei Verbundträgern

6.6.1 Allgemeines

6.6.1.1 Grundlagen

Im Grenzzustand der Tragfähigkeit ist nachzuweisen, dass zwischen kritischen Schnitten nach Bild 90 und Bild 131 eine ausreichende Anzahl von Verbundmitteln zur Übertragung der Längsschubkräfte zwischen Betongurt und Stahlträger vorhanden ist. Die Längsschubkräfte sind dabei aus der Normalkraftänderung im Stahl- bzw. Betonquerschnitt zu ermitteln.

Der Verlauf der Längsschubkraft kann im Grenzzustand der Tragfähigkeit von dem nach der Elastizitätstheorie ermittelten Verlauf unter Zugrundelegung der Hypothese vom Ebenbleiben des Gesamtquerschnitts erheblich abweichen, da im Traglastzustand die Einflüsse aus der Plastizierung im Stahlträger und in der Bewehrung, die Rissbildung im Beton, die Nachgiebigkeit der Verbundmittel sowie der Verdübelungsgrad von Bedeutung sind. Die Nachweismethoden für die Längsschubtragfähigkeit hängen ferner von der Querschnittsklasse ab. Einen Überblick der Verfahren gibt Bild 129. Eine Berechnung der Längsschubkräfte nach der Elastizitätstheorie ist grundsätzlich für alle Querschnittsklassen zulässig, da hierbei keine plastischen Umlagerungen der Längsschubkräfte ausgenutzt werden. Eine Berechnung auf der Grundlage der Elastizitätstheorie ist ferner immer im Grenzzustand der Ermüdung erforderlich. Wird im Grenzzustand der Tragfähigkeit bei einer äquidistanten Verteilung der Verbundmittel eine plastische Umlagerung der Längsschubkräfte ausgenutzt (s. a. Bild 131), so ist dies nur zulässig, wenn duktile Verbundmittel verwendet werden und Querschnitte der Klasse 1 oder 2 vorhanden sind. Erfolgt keine vollständige Verdübelung, so ist bei teilweiser Verdübelung mit größeren Relativverschiebungen in der Verbundfuge zusätzlich der Nachweis erforderlich, dass die Verformungskapazität der Dübel ausreichend ist. Dieser Nachweis wird in DIN EN 1994-1-1 indirekt durch Einhaltung von Mindestverdübelungsgraden erbracht.

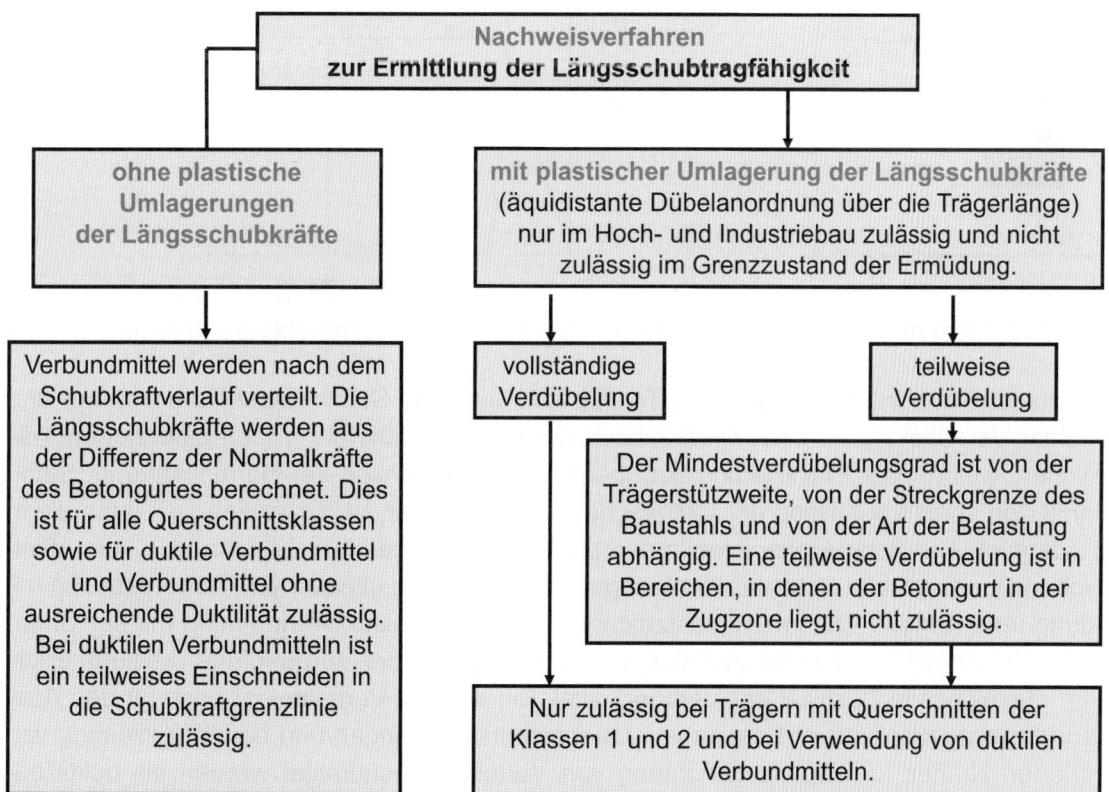

Bild 129: Zur Ermittlung der Längsschubkräfte in der Verbundfuge

Bei allen Verbundmitteln ist eine mehr oder weniger große Nachgiebigkeit in der Verbundfuge (Schlupf) zu beobachten. Es wird daher zwischen starrer und nachgiebiger Verdübelung unterschieden (Bild 130). Bei starrer Verdübelung ist der Einfluss des Schlupfes so klein, dass seine Auswirkungen auf die Teilschnittgrößen, Spannungen und Verformungen vernachlässigbar sind, d. h., im Querschnitt stellt sich eine Dehnungsverteilung mit einer Dehnungsnulllinie ein (Ebenbleiben des Gesamtquerschnitts) und die Verformungen und Spannungen können nach der Theorie des starren Verbundes berechnet werden. Der Schubkraftverlauf ist dann bei elastischem Materialverhalten affin zum Querkraftverlauf. Bei nachgiebigem Verbund stellt sich im Querschnitt eine Dehnungsverteilung mit zwei Nulllinien ein. Die Annahme vom Ebenbleiben des Querschnitts gilt hier nur für die Teilquerschnitte. Der nachgiebige Verbund führt zu einer Umlagerung der Teilschnittgrößen auf den Stahlquerschnitt und zu einer Reduzierung der Längsschubkräfte.

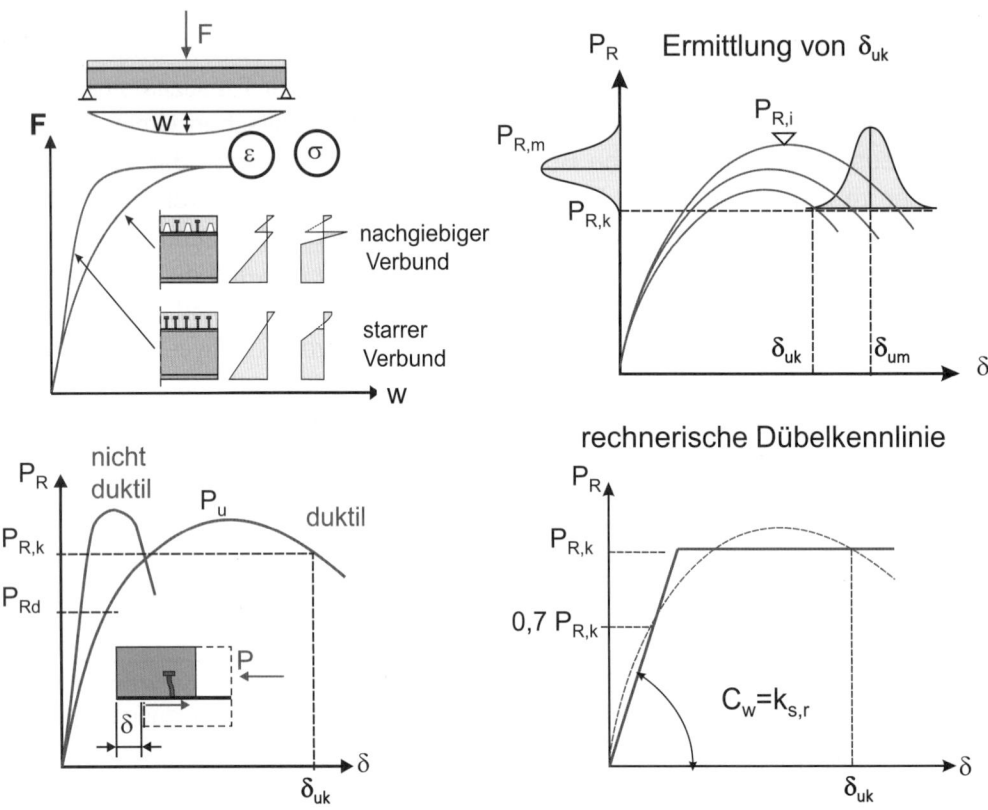

Bild 130: Dehnungsverteilung und Verformungen bei starrer und nachgiebiger Verdübelung

Im Grenzzustand der Tragfähigkeit führen Teilplastizierungen im Stahlquerschnitt bei starrer und nachgiebiger Verdübelung zu einem Anwachsen der Längsschubkräfte in den plastizierten Trägerbereichen, weil mit der Plastizierung ein überlineares Anwachsen der Normalkräfte im Stahlquerschnitt und somit ein Anstieg der Längsschubkraft verbunden ist. Es stellen sich dann die in Bild 131 dargestellten Schubkraftspitzen in den plastizierten Trägerbereichen ein, d. h., die Affinität zwischen Querkraft- und Schubkraftverlauf geht verloren. Dies gilt auch für Trägerbereiche mit Rissbildung im Betongurt. Die im Traglastzustand und bei teilweiser Verdübelung mit der Umlagerung der Schubkräfte verbundenen Relativverschiebungen in der Verbundfuge (Schlupf) erfordern eine ausreichende Duktilität der Verbundmittel. Ein duktiles Verhalten ist auch für den Ausgleich von Schubkraftspitzen im Bereich von Querschnittsänderungen und bei der Einleitung von konzentrierten Kräften in Trägerlängsrichtung von Vorteil. Verbundmittel werden als duktil bezeichnet, wenn ein Verformungsverhalten mit einem charakteristischen Schlupf von $\delta_k = 6$ mm vorhanden ist (Bild 130).

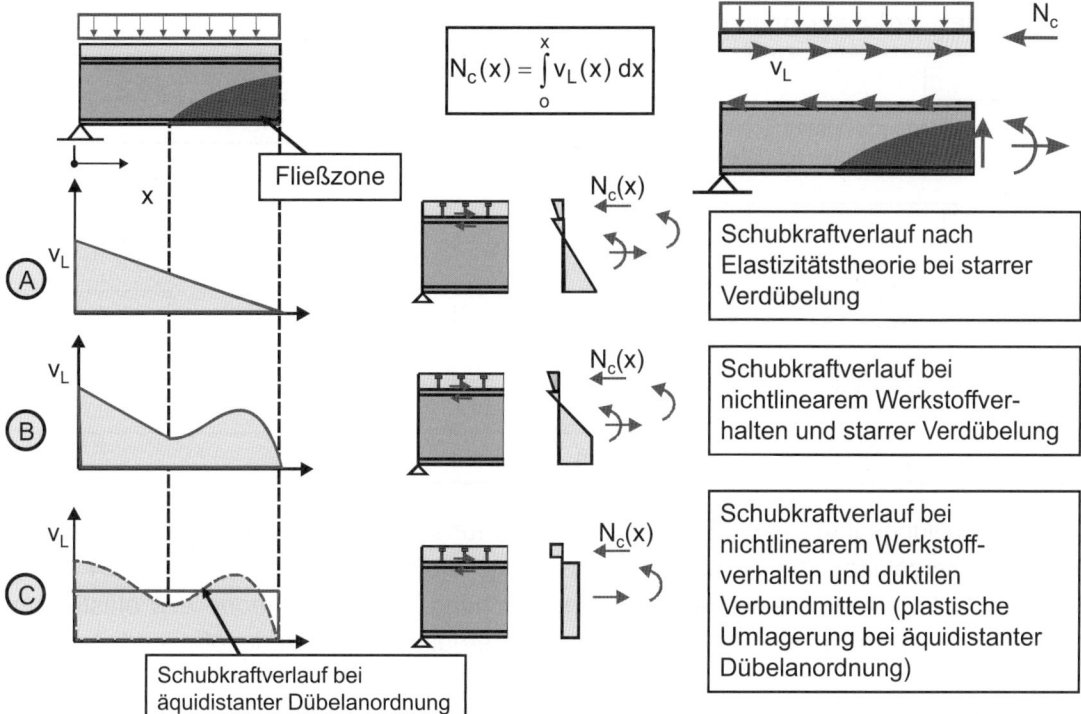

Bild 131: Längsschubkräfte in der Verbundfuge

Im Gegensatz zu den duktilen Verbundmitteln stellt sich bei Verbundmitteln ohne ausreichende Duktilität unmittelbar nach Erreichen der Traglast ein plötzlicher Lastabfall oder ein unangekündigter Bruch ein. Ein duktiles Verhalten ist bei Kopfbolzendübeln und Reibabscherverdübelungen gegeben. Blockdübel und Schlaufenanker weisen insbesondere dann, wenn der Bruch in der Schweißnaht auftritt, nur eine sehr geringe Duktilität auf.

Wie bereits erläutert, stellt sich insbesondere bei teilweiser Verdübelung in der Verbundfuge ein planmäßiger Schlupf ein. Die Größe des Schlupfes ist dabei neben der Nachgiebigkeit der Verbundmittel auch von der Querschnittsform des Stahlträgers, von der Art der Belastung, der wirksamen Trägerstützweite L_e und von der Baustahlgüte abhängig. Bei der Bemessung muss daher sichergestellt werden, dass der maximale Schlupf kleiner als der charakteristische Wert des Verformungsvermögens δ_{uk} der Dübel ist (Bild 130). Die in Bild 130 dargestellte Dübelsteifigkeit ist im Eurocode 4 im Anhang A, Abschnitt A3(3) geregelt.

6.6.1.2 Mindestverdübelungsgrad und Anwendungsgrenzen bei teilweiser Verdübelung

Wenn kein direkter Nachweis des Schlupfes erfolgt, müssen bei Trägern mit Gleichstreckenbelastung und äquidistanter Verteilung der Verbundmittel die in Tabelle 21 angegebenen Mindestverdübelungsgrade eingehalten werden [163], [164], [165]. Sie wurden aus der Bedingung ermittelt, dass bei Trägern mit Gleichstreckenbelastung der maximale Schlupf am Trägerende kleiner als δ_{uk} ist. Die in Tabelle 21 angegebene wirksame Trägerstützweite L_e ist dabei die Länge des positiven Momentenbereiches (Abstand der Momentennullpunkte) in [m]. Eine genauere Berechnung des Schlupfes bei Einzellasten kann z. B. nach [165] erfolgen. Wie aus Tabelle 21 ersichtlich, ist der Mindestverdübelungsgrad auch von der Geometrie des Baustahlquerschnittes abhängig. Bei einfachsymmetrischen Querschnitten ist darauf zu achten, dass die Bedingungen hinsichtlich des Verhältnisses von Obergurtfläche zu Untergurtfläche eingehalten werden. Die Mindestverdübelungsgrade nach Tabelle 21, Zeile 3 gelten für Träger mit doppeltsymmetrischen Stahlquerschnitten und senkrecht zur Trägerachse verlaufenden Profilblechen, Dübeldurchmessern von 19 mm und Dübelhöhen $h \geq 76$ mm sowie einem Dübel pro Sicke. Für das Profilblech müssen ferner die Bedingungen $h_p \leq 60$ mm und $b_o/h_p \geq 2$ eingehalten werden.

Tabelle 21: Mindestverdübelungsgrade bei teilweiser Verdübelung

1	doppeltsymmetrische Baustahlquerschnitte	L ≤ 25 m	$\eta_{min} \geq 1 - \dfrac{355}{f_{yk}}(0{,}75 - 0{,}03 \times L_e) \geq 0{,}4$
		L > 25 m	$\eta_{min} = 1$
2	$A_{fl,t}$ $A_{fl,b}$ einfachsymmetrische Baustahlquerschnitte mit $A_{fl,b} \leq 3\, A_{fl,t}$	L ≤ 20 m	$\eta_{min} \geq 1 - \dfrac{355}{f_{yk}}(0{,}30 - 0{,}015 \times L_e) \geq 0{,}4$
		L > 20 m	$\eta_{min} = 1$
3		L ≤ 25 m	$\eta_{min} \geq 1 - \dfrac{355}{f_{yk}}(1{,}00 - 0{,}04 \times L_e) \geq 0{,}4$
		L > 25 m	$\eta_{min} = 1$

Die Mindestverdübelungsgrade nach Tabelle 21 wurden für Einfeldträger und die Endfelder von Durchlaufträgern hergeleitet. Bei großen Einzellasten gelten die Werte nach Tabelle 21 daher nicht. In diesen Fällen ist stets eine genauere Untersuchung nach der Theorie des elastischen Verbundes unter Berücksichtigung des nichtlinearen Verhaltens der Werkstoffe und der Verbundmittel erforderlich.

Erfolgt eine genauere Berechnung des Endschlupfes in der Verbundfuge basierend auf nichtlinearen Berechnungsverfahren, so kann die Dübelkennlinie vereinfacht durch die in Bild 130 dargestellte ideal-elastisch-plastische Verformungsbeziehung idealisiert werden. Bei nichtlinearen Berechnungen und Diskretisierung der Dübel durch Einzelfedern ist dann darauf zu achten, dass die Federsteifigkeiten für die Dübel bereits Verformungen infolge lokaler Schädigung des Betons am Dübelfuß berücksichtigen. Bei der Diskretiesierung des Betongurtes muss dann darauf geachtet werden, dass der Verformungsanteil aus der lokalen Schädigung des Betons nicht doppelt berücksichtigt wird. DIN EN 1994-1-1 enthält in Anhang A Informationen zur Bestimmung der Steifigkeit der Dübel im Hinblick auf die Auswirkungen auf Verbundanschlüsse. Als Steifigkeit des Verbundmittels k_{sc} darf der Wert $0{,}7\, P_{Rk}/s$ angenommen werden, wobei P_{Rk} der charakteristische Wert der Tragfähigkeit des Verbundmittels und s der aus Versuchen nach Anhang B zu bestimmende Schlupf (δ nach Bild 130) bei Erreichen einer Last von $0{,}7\, P_{Rk}$ ist. Näherungsweise wird in Anhang A3(4) von DIN EN 1994-1-1 für Kopfbolzendübel mit einem Schaftdurchmesser von 19 mm für Vollbetonplatten und für Gurte mit Profilblechen eine einheitliche Steifigkeit (Federsteifigkeit c_w) von k_{sc} = 1000 kN/cm angegeben. Dieser Wert stellt einen unteren Grenzwert dar, der primär für Gurte von Trägern mit größeren Profilblechhöhen gilt. In der nationalen Norm DIN 18800-5, Element 924 [36] waren differenziertere Angaben zu den Dübelsteifigkeiten gegeben. Für Kopfbolzendübel in Vollbetonplatten mit Schaftdurchmessern von 19 mm, 22 mm und 25 mm galt k_{sc} = 3000 kN/cm und für Kopfbolzendübel in Kombination mit gedrungenen Profilblechen, Profilblechhöhen $h_p \leq$ 60 mm und Schaftdurchmessern der Dübel von 19 mm oder 22 mm galt k_{sc} = 2 000 kN/cm. Weitere auf Versuchen basierende Angaben enthält Bild 229.

In der Praxis werden heute teilweise Verbundträger mit Stahlquerschnitten ausgeführt, die keinen Stahlobergurt besitzen (siehe z. B. Bild 144). Bei diesen Querschnitten ist bei teilweiser Verdübelung stets eine genauere Untersuchung der Verschiebungen in der Verbundfuge erforderlich. Wenn keine genaueren Angaben zur Last-Verformungs-Beziehung der Verbundmittel vorliegen, kann näherungsweise für Kopfbolzendübel die zuvor genannte ideal-elastisch-plastische Verformungsbeziehung verwendet werden.

6.6.1.3 Verteilung von Verbundmitteln bei Tragwerken des Hochbaus

Die Verbundmittel sind nach DIN EN 1994-1-1, 6.1.1 und 6.6 zwischen kritischen Schnitten nach dem Schubkraftverlauf zu verteilen. Bei der Ermittlung der Längsschubkraft sind dabei im Allgemeinen die Einflüsse aus dem Plastizieren im Stahlträger und der Rissbildung im Beton zu berücksichtigen (siehe Bild 131). Näherungsweise darf die erforderliche Anzahl der Verbundmittel nach dem elastisch ermittelten Längsschubkraftverlauf verteilt werden. Diese Vereinfachung gilt bei plastischer Ermittlung der Querschnittstragfähigkeit nur für Träger mit duktilen Verbundmitteln, bei denen zusätzlich auch noch ein Einschneiden in die Schubkraftdeckungslinie zulässig ist, da es bei plastischer Ausnutzung des Querschnitts im Bereich der Fließzonen zu großen lokalen Schubkraftspitzen kommt (siehe hierzu auch Abschnitt 6.6.2).

Bei Trägern mit Querschnitten der Klassen 1 und 2 und bei Verwendung von duktilen Verbundmitteln dürfen die Längsschubkräfte unter Ausnutzung von planmäßigen plastischen Umlagerungen ermittelt werden, d. h., die Verbundmittel dürfen in Trägerlängsrichtung äquidistant angeordnet werden [163], [164], [165]. Bei äquidistanter Anordnung der Verbundmittel ist dann insbesondere auf die Einhaltung der erforderlichen Mindestverdübelungsgrade bei teilweise verdübelten Trägern und auf eine ausreichende plastische Momententragfähigkeit des Baustahlquerschnitts zu achten. Bei Trägern mit äquidistanter Verdübelung ist der Verdübelungsgrad über die Trägerlänge veränderlich. Da bei teilweiser Verdübelung die Momententragfähigkeit durch die Tragfähigkeit der Verbundfuge bestimmt wird, muss der Nachweis der Längsschubkrafttragfähigkeit im Allgemeinen durch ausreichende Momentendeckung über die Trägerlänge nachgewiesen werden. In Bild 132 ist die allgemeine Vorgehensweise für einen Einfeldträger dargestellt. Am Auflager ist die Momententragfähigkeit gleich der plastischen Momententragfähigkeit des Baustahlquerschnittes. Im Abstand x vom Auflager ergibt sich die Momententragfähigkeit nach der Teilverbundtheorie in Abhängigkeit vom Verdübelungsgrad und der Momententragfähigkeit $M_{a,Rd}$. Dabei ist $M_{a,Rd}$ die vollplastische Momententragfähigkeit des Baustahlquerschnittes bei gleichzeitiger Wirkung der Normalkraft N_c (siehe Bild 102). Der Grad der Momentendeckung ist somit von der plastischen Momententragfähigkeit des Baustahlquerschnittes abhängig.

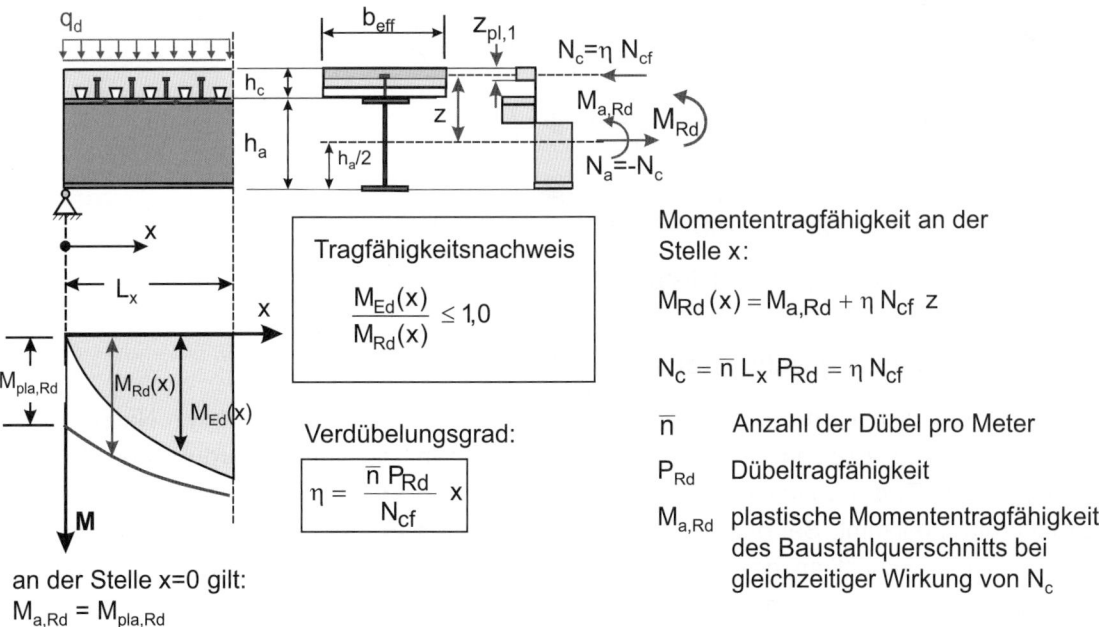

Bild 132: Momentendeckung bei teilweiser Verdübelung

In Bild 133 sind die Auswirkungen einer äquidistanten Verteilung auf das Tragverhalten eines Einfeldträgers dargestellt. Im kritischen Schnitt in Feldmitte ist eine ausreichende Anzahl von Verbundmitteln zur Einleitung der Gurtkraft N_{cf} bei vollständiger Verdübelung vorhanden. Betrachtet man nun den Viertelspunkt des Trägers, so sind an dieser Stelle bei äquidistanter Dübeleinteilung 50 % der Normalkraft N_{cf} eingeleitet. Das Moment M_{Ed} beträgt dagegen 75 % des Momentes in Feldmitte. Der Träger ist somit im Bereich $x/L < 0{,}5$ nur teilweise verdübelt. Das aufnehmbare Biegemoment M_{Rd} lässt sich für jede Stelle x nach der Teilverbundtheorie bestimmen. Bei ausreichender Momentendeckung muss M_{Rd} im gesamten Trägerbereich oberhalb des Momentenverlaufs M_{Ed} aus der Gleichstreckenbelastung liegen. Diese Bedingung ist nur erfüllt, wenn die plastische Momententragfähigkeit des Stahlträgers $M_{pla,Rd}$ ausreichend groß ist (Kurve 1 in Bild 133). Für kleine Werte $M_{pla,Rd}/M_{pl,Rd}$ (Kurve 2) ist eine Momentendeckung im gesamten Trägerbereich nicht mehr gegeben. In den Regelwerken ist eine äquidistante Verdübelung zwischen kritischen Schnitten daher nur bei Trägern erlaubt, bei denen die plastische Momententragfähigkeit des Baustahlquerschnittes nicht kleiner als die 0,4fache plastische Tragfähigkeit des Verbundquerschnittes ist. Kann diese Bedingung nicht erfüllt werden, so ist in der Regel ein Nachweis ausreichender Momentendeckung in Übereinstimmung mit Bild 133 erforderlich. Dies ist auch der Fall, wenn der Baustahlquerschnitt über die Trägerlänge veränderlich ist oder wenn größere konzentrierte Einzellasten vorhanden sind.

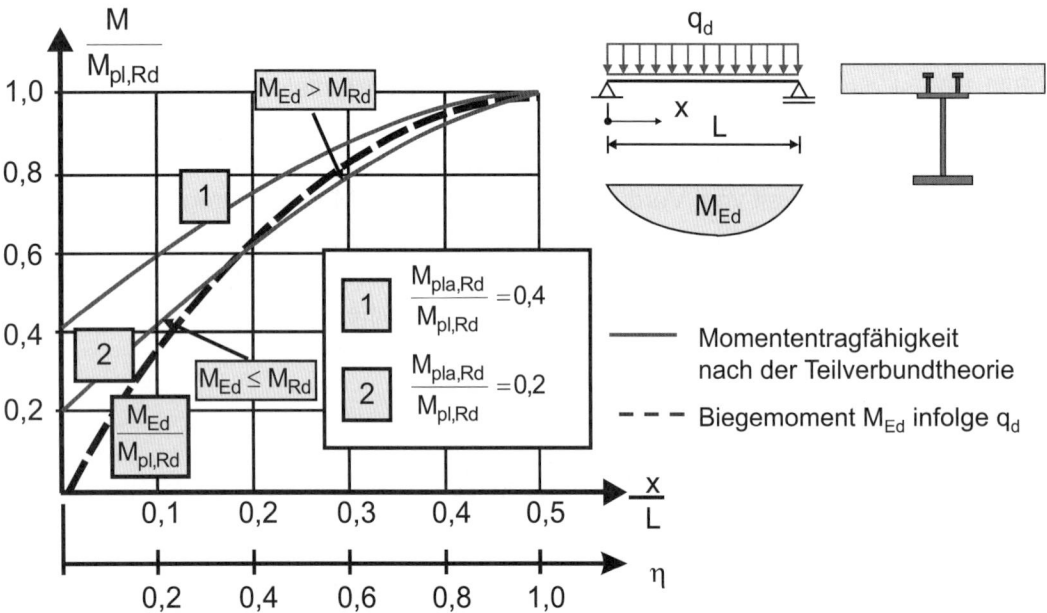

Bild 133: Momentendeckung bei äquidistanter Dübelverteilung

6.6.2 Ermittlung der Längsschubkräfte

Für Träger mit Querschnitten der Klassen 1 oder 2 ist die Vorgehensweise beim Nachweis der Längsschubkrafttragfähigkeit in Bild 134 für einen Träger mit teilweiser Verdübelung im Feldbereich dargestellt. Zwischen kritischen Schnitten werden die Längsschubkräfte aus der Differenz der Normalkräfte bestimmt. Bei dem in Bild 134 dargestellten Endfeld eines Durchlaufträgers ist dabei der kritische Schnitt an der Stelle des maximalen Momentes im Feld und der kritische Schnitt an der ersten Innenstütze zu untersuchen.

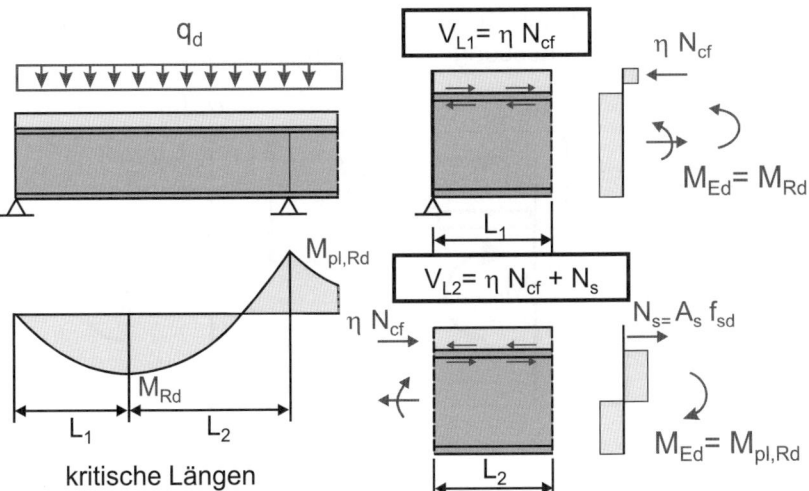

Bild 134: Ermittlung der Längsschubkräfte bei Trägern mit Querschnitten der Klassen 1 und 2 und duktilen Verbundmitteln

Die erforderliche Anzahl der Verbundmittel zwischen kritischen Schnitten ergibt sich dann aus der resultierenden Längsschubkraft $V_{L,i}$ dividiert durch den Bemessungswert der Dübeltragfähigkeit. Wenn das einwirkende Moment M_{Ed} an der Innenstütze kleiner als die Momententragfähigkeit $M_{pl,Rd}$ ist, darf N_s mit dem Faktor $M_{Ed}/M_{pl,Rd}$ abgemindert werden. Die Dübel dürfen zwischen kritischen Schnitten äquidistant angeordnet werden, wenn die Bedingungen nach DIN EN 1994-1-1, 6.6.1.3(3) eingehalten werden. Ist dies nicht der Fall, ist eine Verteilung der Dübel nach dem elastisch ermittelten Längsschubkraftverlauf erforderlich. Dabei darf die Längsschubkraft die Längsschubkrafttragfähigkeit örtlich um nicht mehr als 15 % überschreiten.

Sofern bei Querschnitten der Klasse 1 und 2 mit tief liegender plastischer Nulllinie die Grenzdehnung des Betons maßgebend für die Momenttragfähigkeit ist, ist die reduzierte Momententragfähigkeit $M_{Rd} = \beta_{pl} \cdot M_{pl,Rd}$ (Bild 99) oder die mittels einer genaueren dehnungsbegrenzten Berechnung ermittelte Momententragfähigkeit nach Abschnitt 6.2.1.2 maßgebend für den Tragfähigkeitsnachweis. In DIN EN 1994-1-1 finden sich jedoch keine Hinweise, wie in diesen Fällen die Längsschubkräfte zu ermitteln sind. Hierzu müssen die in Bild 135 dargestellten Fälle A und B unterschieden werden. Im Fall A liegt in der unteren Randfaser des Betongurts eine Betonstauchung $-2{,}0\ ‰ \leq \varepsilon_c \leq -3{,}5\ ‰$ vor. Die plastische Nulllinie liegt dann im Stahlträger. In diesem Fall ergibt sich die Normalkraft des Betongurtes im betrachteten Schnitt aus der vollplastischen Normalkraft des Betongurtes, d. h., die Normalkraft des Betongurtes darf nicht mit dem Reduktionsbeiwert β_{pl} abgemindert werden. Im Teilverbunddiagramm nach Bild 94 wird die plastische Momententragfähigkeit $M_{pl,Rd}$ durch $\beta_{pl} \cdot M_{pl,Rd}$ ersetzt, die vollplastische Normalkraft des Betongurtes $N_{cf} = A_{c,eff} \cdot f_{cd}$ für den Punkt C nach Bild 94 ($\eta = 1$) wird aber nicht mit β_{pl} reduziert. Die Anwendung des Teilverbunddiagrammes ist für den Fall, dass der Träger bezüglich der Momententragfähigkeit nicht voll ausgenutzt ist und der Betongurt oberhalb des Stahlprofils liegt, weiterhin zulässig.

Der Fall B liegt vor, wenn in der unteren Randfaser des Betongurtes die Betonrandstauchung $\varepsilon_{cu} \leq |-2{,}0\ ‰|$ beträgt. Die im betrachteten Schnitt vorhandene Normalkraft im Betongurt ist dann kleiner als die vollplastische Normalkraft des Betongurtes. Die Längsschubkraft zwischen den betrachteten kritischen Querschnitten darf dann unter Berücksichtigung der kleineren Normalkraft berechnet werden. Zur Berechnung der Gurtkraft ist in diesem Fall jedoch eine dehnungsbegrenzte Berechnung gemäß Abschnitt 6.2.1.4 erforderlich.

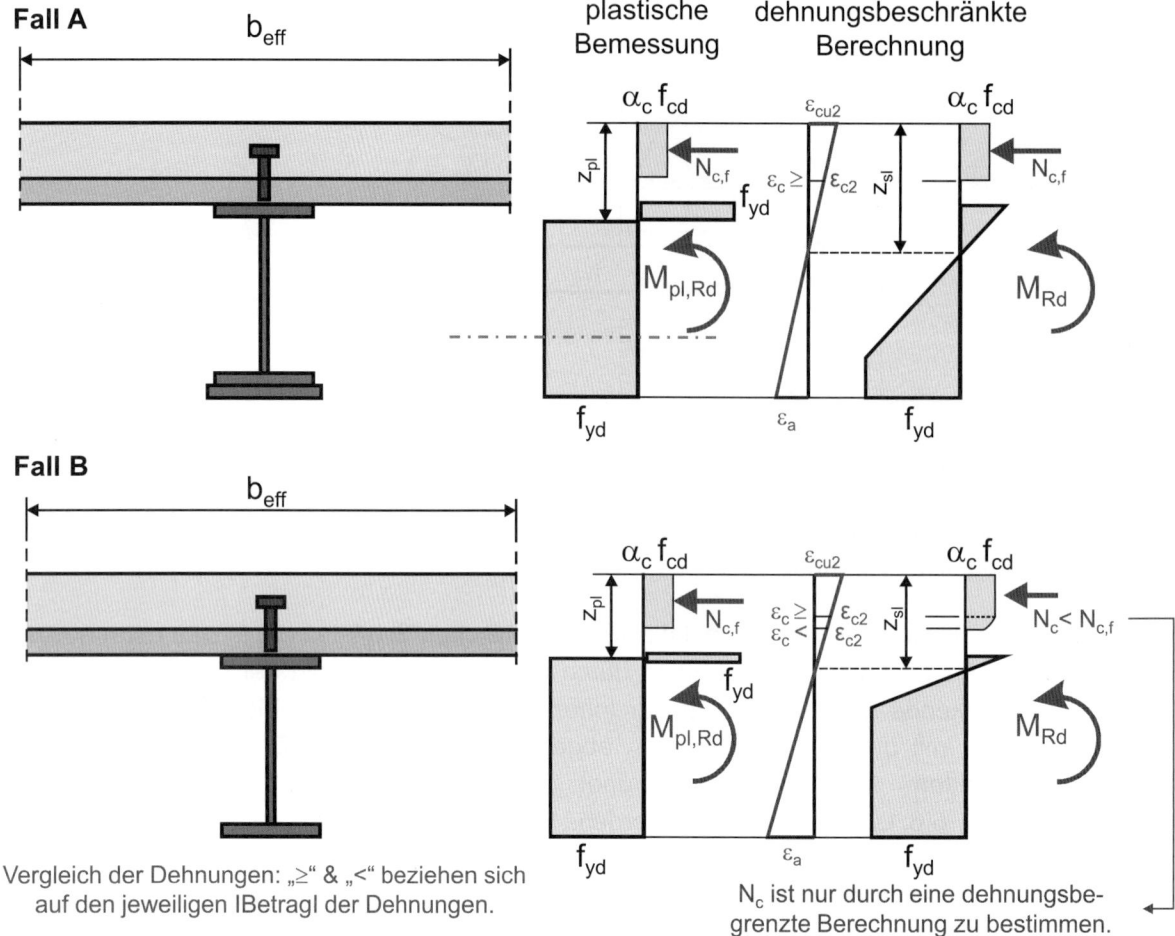

Bild 135: Ermittlung der Längsschubkräfte bei reduzierter plastischer bzw. dehnungsbegrenzter Momententragfähigkeit

Bei Trägern mit Querschnitten der Klassen 3 oder 4 und bei Verwendung von Verbundmitteln mit nicht ausreichender Duktilität ist eine Verteilung der Verbundmittel unter Ausnutzung von plastischen Umlagerungen der Längsschubkräfte grundsätzlich unzulässig. Die Längsschubkräfte sind daher stets aus der Differenz der Normalkräfte zwischen kritischen Schnitten unter der Annahme des Ebenbleibens des Verbundquerschnittes zu ermitteln. Bei Trägern mit Querschnitten der Klassen 3 und 4 wird die Querschnittstragfähigkeit elastisch ermittelt. Die Längsschubkräfte können dann mit den in Abschnitt 5.4.2.2 (Bild 38) beschriebenen Grundlagen ebenfalls nach der Elastizitätstheorie ermittelt werden und es ergibt sich ein zum Querkraftverlauf affiner Verlauf der Längsschubkräfte.

Wenn bei Trägern mit Querschnitten der Klassen 1 und 2 mit nicht duktilen Verbundmitteln die Querschnittstragfähigkeit plastisch ermittelt wird, geht der lineare Zusammenhang zwischen Querkraft und Längsschubkraft verloren. Bei der Ermittlung der Längsschubkräfte muss dann zwischen Trägerbereichen mit elastischem und nicht elastischem Verhalten unterschieden werden. Bild 136 zeigt den Verlauf der Längsschubkräfte exemplarisch für einen Einfeldträger. In den Trägerbereichen mit plastischem Verhalten müssen dann die Längsschubkräfte aus der Differenz der Normalkräfte ermittelt werden. Zur Bestimmung der Normalkraft ist im Allgemeinen eine iterative Berechnung erforderlich, bei der der zum Biegemoment zugehörige Dehnungszustand bestimmt werden muss.

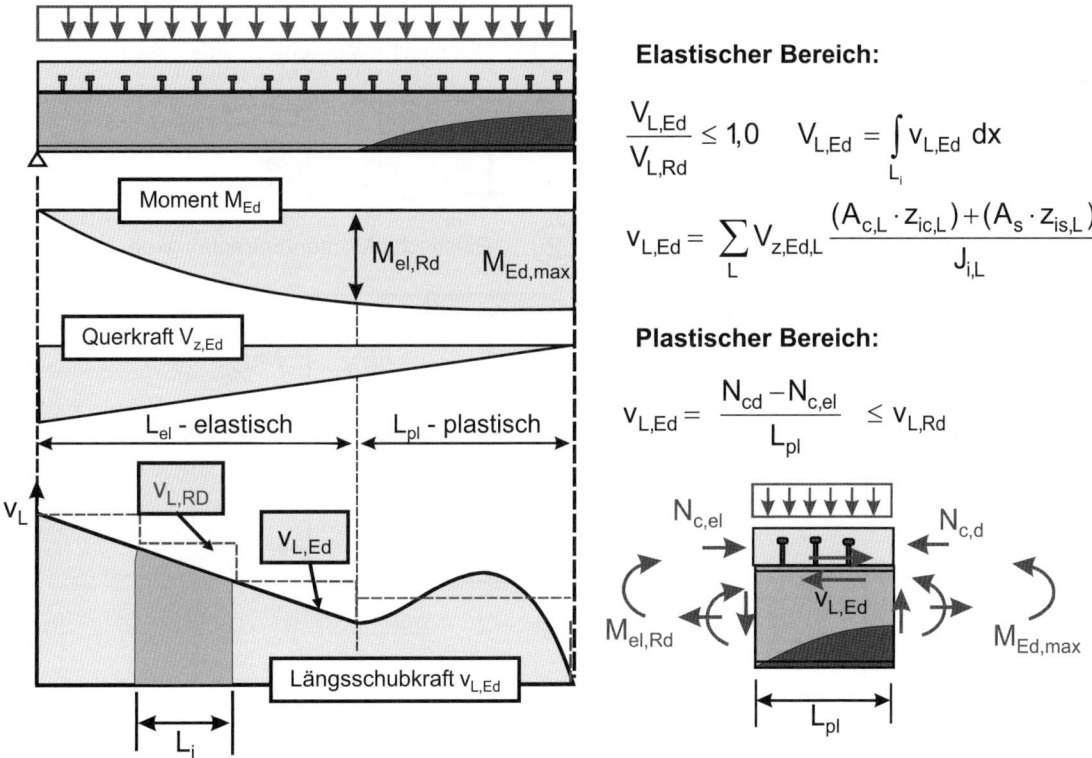

Bild 136: Längsschubkräfte unter Berücksichtigung des nichtlinearen Verhaltens

In DIN EN 1994-1-1, 6.2.1.4 wird ein Näherungsverfahren angegeben, mit dem die Gurtnormalkraft für einen teilplastizierten Querschnitt bei positiver Momentenbeanspruchung ohne iterative Berechnung ermittelt werden kann. Bild 136 zeigt den Zusammenhang zwischen dem Biegemoment und den Teilschnittgrößen N_a und N_c. Im elastischen Bereich A setzt sich die Beanspruchung des Stahlträgers aus den Teilschnittgrößen N_a und M_a auf der Grundlage der Elastizitätstheorie zusammen. Nach Überschreiten der Streckgrenze im Untergurt des Stahlträgers nimmt der Momentenanteil M_a ab, während die Normalkräfte N_a und N_c bis zum Erreichen der vollplastischen Teilschnittgrößen unter dem plastischen Moment überproportional ansteigen (Bereich B in Bild 137). Mit guter Näherung kann die Normalkraft des Betongurtes bei positiver Momentenbeanspruchung auch durch lineare Interpolation zwischen den Punkten 1 und 3 nach Bild 137 berechnet werden. Zur Bestimmung des Punktes 1 muss das elastische Grenzmoment $M_{el,Rd}$ des Querschnitts berechnet werden.

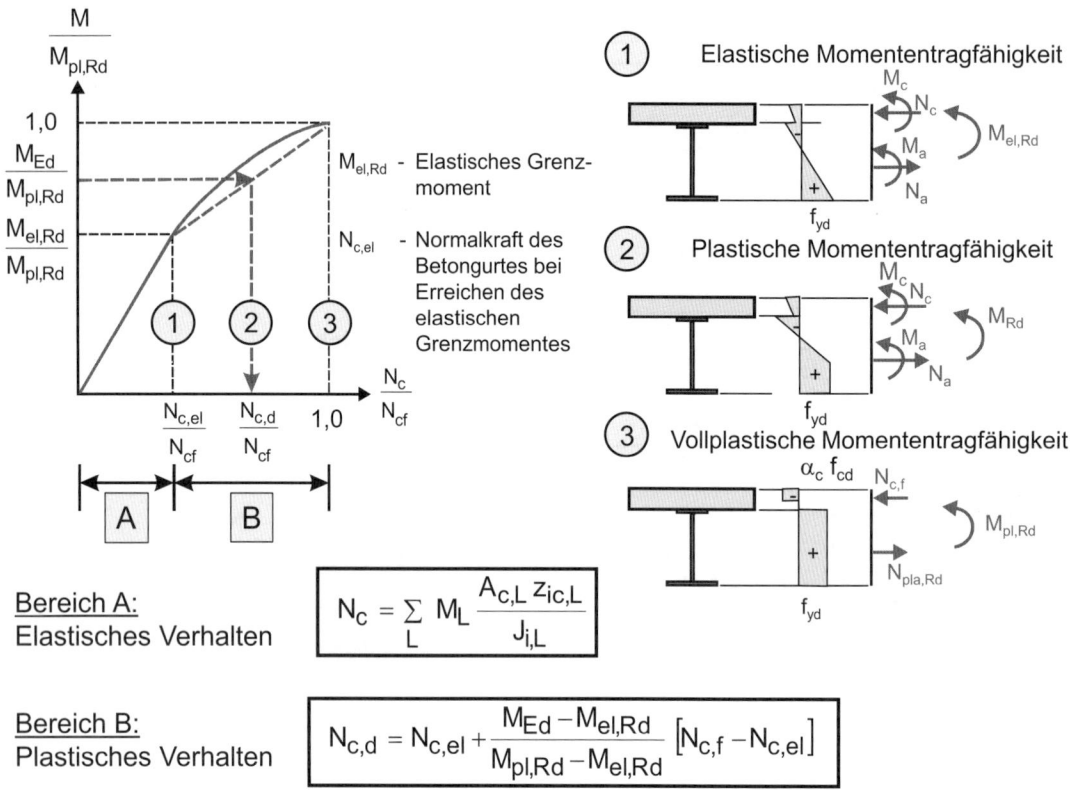

Bereich A:
Elastisches Verhalten

$$N_C = \sum_L M_L \frac{A_{c,L}\, z_{ic,L}}{J_{i,L}}$$

Bereich B:
Plastisches Verhalten

$$N_{c,d} = N_{c,el} + \frac{M_{Ed} - M_{el,Rd}}{M_{pl,Rd} - M_{el,Rd}} \left[N_{c,f} - N_{c,el}\right]$$

Bild 137: Näherungsweise Ermittlung der Normalkraft des Betongurtes bei plastischem Verhalten und positiver Momentenbeanspruchung

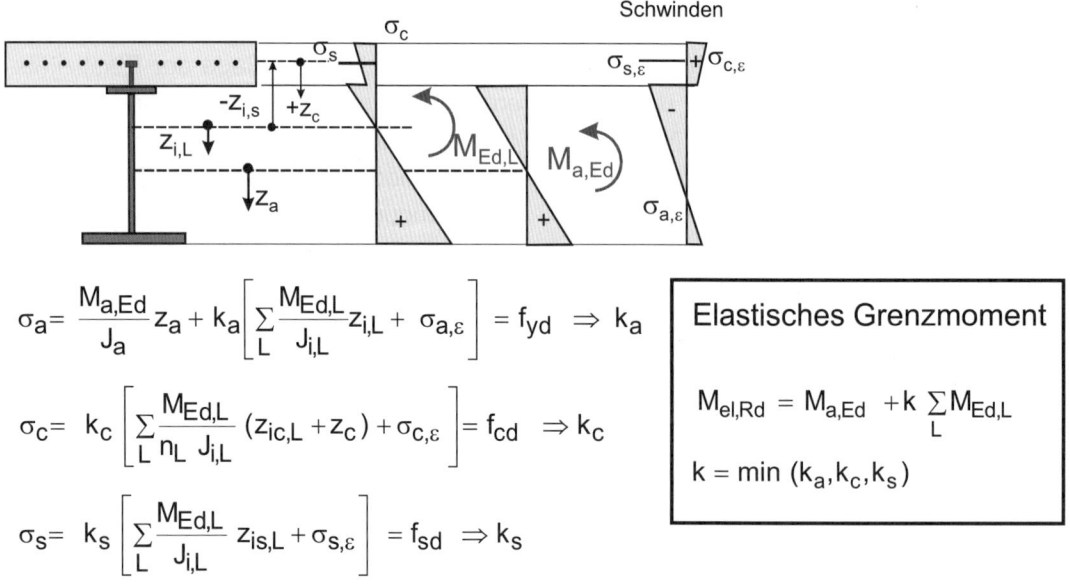

$$\sigma_a = \frac{M_{a,Ed}}{J_a} z_a + k_a \left[\sum_L \frac{M_{Ed,L}}{J_{i,L}} z_{i,L} + \sigma_{a,\varepsilon}\right] = f_{yd} \Rightarrow k_a$$

$$\sigma_c = k_c \left[\sum_L \frac{M_{Ed,L}}{n_L\, J_{i,L}} (z_{ic,L} + z_c) + \sigma_{c,\varepsilon}\right] = f_{cd} \Rightarrow k_c$$

$$\sigma_s = k_s \left[\sum_L \frac{M_{Ed,L}}{J_{i,L}} z_{is,L} + \sigma_{s,\varepsilon}\right] = f_{sd} \Rightarrow k_s$$

Elastisches Grenzmoment

$$M_{el,Rd} = M_{a,Ed} + k \sum_L M_{Ed,L}$$

$$k = \min(k_a, k_c, k_s)$$

Normalkraft des Betongurtes bei Erreichen des elastischen Grenzmomentes:

$$N_{c,el} = k \sum_L \left[\frac{M_{Ed,L}}{J_{i,L}} (A_{c,L} \cdot z_{ic,L}) + \frac{M_{Ed,L}}{J_{i,L}} (A_s \cdot z_{is,L}) + N_{c,\varepsilon} + N_{s,\varepsilon}\right]$$

Bild 138: Ermittlung des elastischen Grenzmomentes und der zugehörigen Normalkraft im Betongurt

Die Vorgehensweise zur Ermittlung von $M_{el,Rd}$ ist in Bild 138 dargestellt. Bei der Bestimmung von $M_{el,Rd}$ wird vom Spannungszustand ausgegangen, der sich im Stahlträger vor Herstellung des Verbundes befindet. Die auf den Verbundquerschnitt einwirkenden Schnittgrößen und die daraus resultierenden Spannungen in den Randfasern des Querschnittes werden gedanklich mit einem Faktor k multipliziert. Der Faktor k wird dann aus der Bedingung ermittelt, dass in den Randfasern des Querschnitts gerade die Grenzspannungen erreicht werden. Die Normalkraft des Betongurtes bei Erreichen des elastischen Grenzmomentes kann dann nach der Elastizitätstheorie berechnet werden. Der Punkt 3 nach Bild 137 wird durch die Normalkraft des Betongurtes bei Erreichen des vollplastischen Momentes beschrieben. Mithilfe des elastischen Grenzmomentes kann nun der Trägerbereich mit nichtlinearem Verhalten, die Normalkraftdifferenz des Betongurtes in diesem Bereich und die resultierende Längsschubkraft in diesem Bereich bestimmt werden. Die Verbundmittel dürfen im Trägerbereich mit nichtlinearem Verhalten äquidistant verteilt werden.

6.6.3 Beanspruchbarkeit von Verbundmitteln – stehende und liegende Kopfbolzendübel in Vollbetonplatten

Im Hoch- und Industriebau sowie im Brückenbau werden heute überwiegend Kopfbolzendübel verwendet. In DIN EN 1994-1-1, 6.6.3 sind daher nur Regelungen für Kopfbolzendübel enthalten. Andere Verbundmittel (z. B. Dübelleisten [166], [167], Schenkeldübel [106]) dürfen verwendet werden, wenn eine entsprechende bauaufsichtliche Zulassung für die Bemessung auf der Grundlage von DIN EN 1994-1-1 vorliegt.

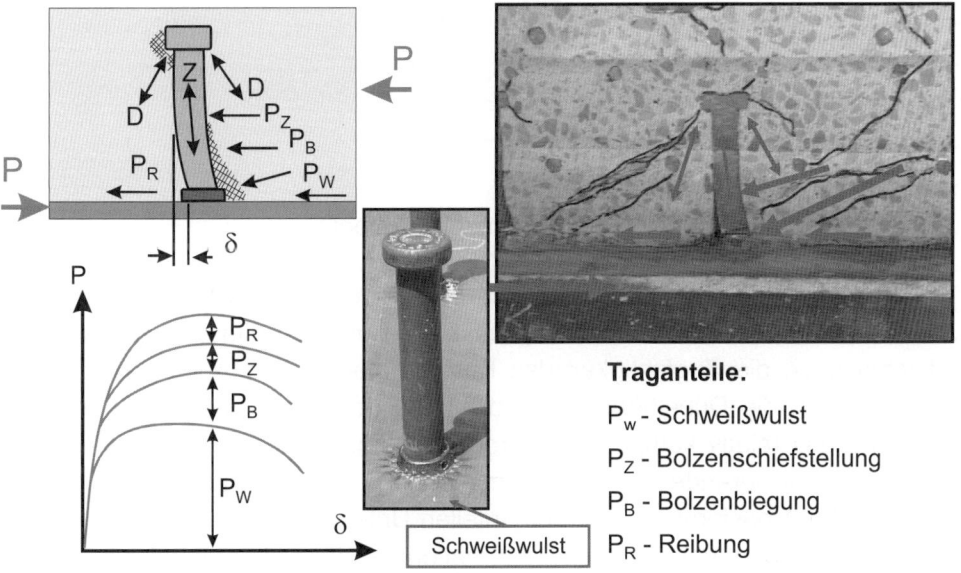

Bild 139: Tragverhalten von Kopfbolzendübeln

Bei der Ermittlung der Tragfähigkeit von Kopfbolzendübeln muss das unterschiedliche Tragverhalten von Dübeln in Vollbetonplatten und Dübeln, die in Kombination mit Verbunddecken (unterbrochene Verbundfuge) verwendet werden, beachtet werden. Nach DIN EN 1994-1-1 dürfen nur Kopfbolzendübel verwendet werden, die hinsichtlich der Festigkeitseigenschaften und der Schweißverfahren [170] die Anforderungen nach DIN EN ISO 13918 [168] und DIN EN ISO 14555 [169] erfüllen. Die Norm regelt Kopfbolzendübel mit Schaftdurchmessern von 16, 19, 22 und 25 mm.

Bei Kopfbolzen in Vollbetonplatten nach Bild 140 wird zu Beginn die Schubkraft P im Wesentlichen über den Dübelfuß direkt in den Betongurt eingeleitet. Die unter einem flachen Neigungswinkel verlaufenden Druckstreben stützen sich dabei hauptsächlich auf den Schweißwulst des Dübels ab (Traganteil P_W nach Bild 140). Die hohen Betonpressungen am Dübelfuß führen bei weiterer Laststeigerung zu örtlichen Schädigungen des Betons in diesem Bereich und somit zu Umlagerungen der Schubkraft in den Dübelschaft, der zunehmend auf Biegung beansprucht wird (Traganteile P_B). Dies ist mit plastischen Biegeverformungen verbunden. Die Behinderung der vertikalen Dübelkopfverschiebung bewirkt eine Zugkraft im Dübelschaft und eine entsprechende Betondruckkraft zwischen Unterkante Dübelkopf und Trägerflansch. Die Horizontalkomponente der Dübelzugkraft führt zum Traganteil P_Z. Die Betondruckkraft aktiviert zusätzlich in der Fuge zwischen dem Beton und der Gurtoberfläche Reibungskräfte (Traganteil P_R). Durch einen Schub-Zugbruch im Dübelschaft tritt schließlich das Versagen des Dübels oberhalb des Schweißwulstes ein. Das Tragverhalten ist bei Schaftdurchmessern von 16 bis 25 mm und bei Verwendung von Normalbetonen durch eine große Steifigkeit bei niedrigen Beanspruchungen und eine hohe Duktilität im Bereich der Traglast gekennzeichnet (Bild 140).

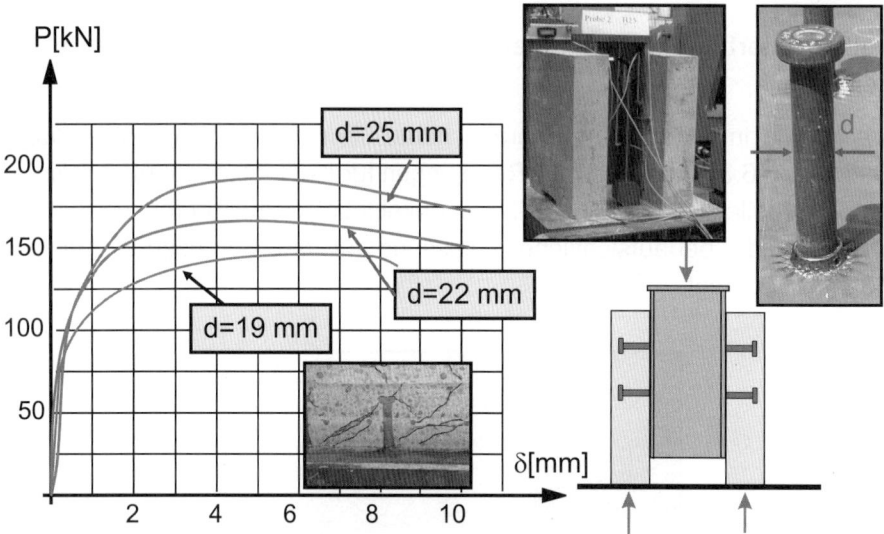

Bild 140: Typisches Last-Verformungsverhalten von Kopfbolzendübeln

Als maßgebende Einflussparameter hinsichtlich des Trag- und Verformungsverhaltens von Kopfbolzendübeln in Vollbetonplatten sind die Betonfestigkeitsklasse und der Elastizitätsmodul des Betons, der Dübeldurchmesser, die Zugfestigkeit des Bolzenmaterials, die Abmessungen des Schweißwulstes am Bolzenfuß, die Dübelhöhe sowie die Lage der Dübel beim Betonieren zu nennen. Zur Beschreibung des relativ komplizierten Tragverhaltens existieren bisher keine auf theoretischen Überlegungen basierende belastbare mechanische Berechnungsmodelle. Die Regelungen in DIN EN 1994-1-1 basieren auf experimentellen Untersuchungen. Im Rahmen der Erarbeitung der Eurocodes wurden nationale und internationale Versuchsergebnisse auf der Grundlage der in EN 1990 [64] angegebenen Verfahren neu ausgewertet. Die Tragfähigkeit wird durch zwei Gleichungen beschrieben, die das Betonversagen bei niedrigen Betonfestigkeitsklassen und das Versagen des Bolzenschaftes bei höheren Betonfestigkeitsklassen erfassen (Bild 143).

Die Tragfähigkeit bei Betonversagen wird im Wesentlichen durch den Schaftdurchmesser d des Dübels sowie durch die Zylinderdruckfestigkeit f_c und den Elastizitätsmodul E_{cm} des Betons bestimmt. Bei höheren Betongüten geht der Einfluss von f_c und E_{cm} zurück und die Tragfähigkeit ($P_{t,s}$) wird stärker durch die Querschnittsfläche des Bolzenschaftes und die Zugfestigkeit f_u des Bolzenmaterials bestimmt. Für die Festlegung der Bemessungswerte im Eurocode 4 und im Nationalen Anhang wurden die in [293] zusammengestellten Push-out-Versuche mit Dübeldurchmessern von 16 bis 25 mm und Zugfestigkeiten von 460 bis 600 N/mm² ausgewertet [171], [172], [173], [174], [175], [176], [177], [178], [179], [180].

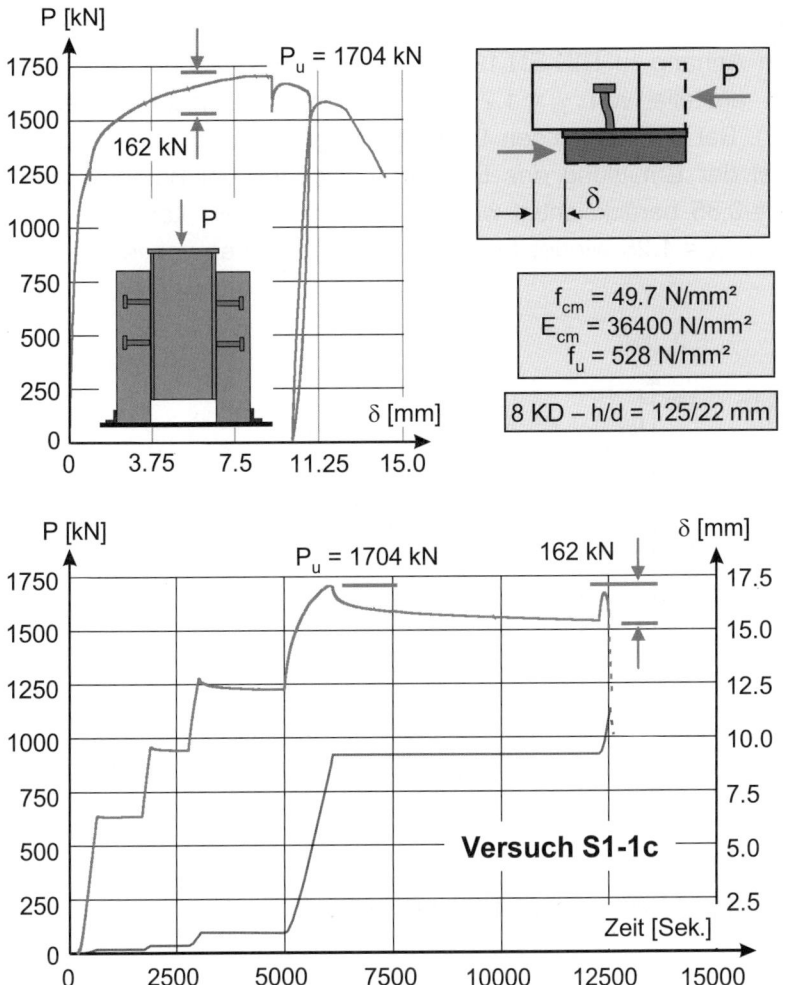

Bild 141: Kurzzeitrelaxation bei wegeregelten Push-out-Versuchen, [293]

Bild 141 zeigt die im Rahmen eines weggeregelten statischen Push-out-Versuches gewonnene typische Last-Verformungskurve [173], bei dem der Prüfzylinder mehrmals angehalten wurde. Mit größer werdender Prüflast und der damit verbundenen größer werdenden Bauteilschädigung in Verbindung mit zunehmender lokaler Materialbeanspruchung im Bereich der Kopfbolzendübelfüße fällt bei konstant gehaltenem Weg der Bauteilwiderstand mehr und mehr ab. Die Zeit, die bis zu dem jeweiligen Zeitpunkt vergeht, ab dem kein nennenswerter Lastabfall mehr beobachtet wird, hängt ebenfalls vom Schädigungsgrad ab. Im vorliegenden Fall wurde mit Erreichen der Traglast P_u von 1704 kN in einem Zeitraum von ca. 100 min eine Abnahme des Bauteilwiderstandes von 162 kN, d. h. von ca. 9,5 % beobachtet.

Bild 142 zeigt eine Gegenüberstellung der theoretischen und experimentellen Tragfähigkeiten nach [293], [299]. Ferner sind die charakteristischen Tragfähigkeiten P_K sowie die Bemessungswerte P_d angegeben, die auf der Grundlage des in EN 1990 beschriebenen Auswertverfahrens ermittelt wurden. Aus den Ergebnissen nach Bild 142 wurden für Kopfbolzendübel, die im Bolzenschweißverfahren mit Hubzündung aufgeschweißt werden, die in Bild 143 angegebenen Bemessungswerte $P_{Rd} = P_k/\gamma_M$ abgeleitet.

Der Faktor k_c wird in DIN EN 1994-1-1, 6.6.3.1 mit 0,29 angegeben. Die Untersuchungen in [293], [299] haben gezeigt, dass bei weggeregelten Push-Out-Versuchen bei konstant gehaltenem Weg kurz vor Erreichen der Traglast innerhalb weniger Minuten der in Bild 141 exemplarisch dargestellte Traglastabfall beobachtet werden kann. Dieser als Kurzzeitrelaxation bezeichnete Lastabfall liegt bei den Versuchen in der Größenordnung von 15 %. Anstelle des Faktor 0,29 müsste in DIN EN 1994-1-1, Gleichung 6.19 daher eigentlich ein Faktor von 0,25 angegeben werden.

Da der Wert 0,29 in DIN EN 1994-1-1 nicht als national festzulegender Parameter (NDP) angegeben wird, wurde im Nationalen Anhang zu DIN EN 1994-1-1 für Betonversagen nach Gleichung 6.19 in DIN EN 1994-1-1 anstelle von $\gamma_v = 1{,}25$ ein größerer Teilsicherheitsbeiwert $\gamma_{vc} = 1{,}50$ gewählt (siehe Bild 142). Bei der derzeitigen Überarbeitung des Eurocodes wird der Einfluss der Kurzzeitrelaxation bei der Ermittlung des Bemessungswertes bei Betonversagen zusätzlich durch den Beiwert $\alpha_{cc} = 0{,}85$ berücksichtigt werden. In diesem Falle kann dann der einheitlichiche Teilsicherheitsbeiwert $\gamma_v = 1{,}25$ wieder für beide Versagensarten verwendet werden.

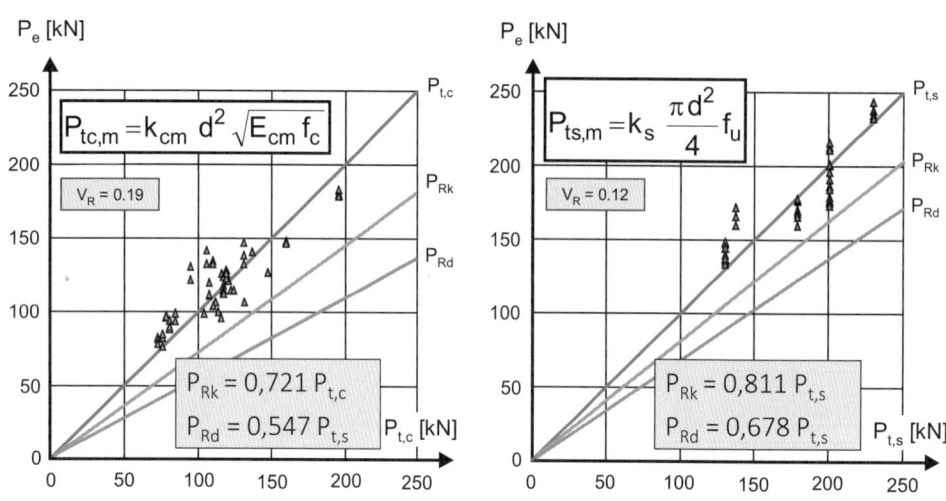

P_e – Versuchslast

P_t – Mechanisches Modell (Mittelwert) mit $k_s = 1{,}0$ und $k_{cm} = 0{,}374$

P_{Rk} – charakteristischer Wert (5 %-Fraktile)

P_{Rd} – Bemessungswert der Dübeltragfähigeit

Bild 142: Statische Auswertung der Versuchsergebnisse für Kopfbolzendübel, [293], [299]

Betonversagen

Stahlversagen im Schaft

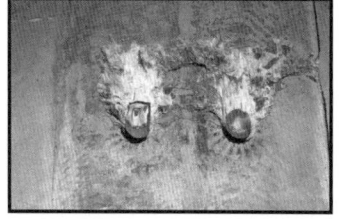

Betonversagen:

$$P_{Rd,1} = 0{,}29 \; \alpha \, d^2 \, \sqrt{f_{ck} \, E_{cm}} \, \frac{1}{\gamma_{vc}}$$

Stahlversagen im Schaft:

$$P_{Rd,2} = 0{,}8 \cdot f_u \left(\frac{\pi d^2}{4} \right) \frac{1}{\gamma_v}$$

d Schaftdurchmesser ≤ 25 mm
f_u Zugfestigkeit des Bolzens
f_{ck} Zylinderdruckfestigkeit
E_{cm} Sekantenmodul des Betons
α $= 0{,}2 \, [(h_{sc}/d)+1]$ für $3 \leq h_{sc}/d \leq 4$
α $= 1{,}0$ für $h_{sc}/d > 4$
h_{sc} Nennwert der Gesamthöhe des Dübels
γ_{vc} $= 1{,}50$ DIN EN 1994-1-1/NA
   EN 1994-1-1: $\gamma_{vc} = \gamma_v$
γ_v $= 1{,}25$

Bild 143: Bemessungswerte der Tragfähigkeit für Kopfbolzendübel in Vollbetonplatten

6 Nachweise in den Grenzzuständen der Tragfähigkeit

Die Dübeltragfähigkeiten nach Bild 143 gelten für Kopfbolzendübel, die in vertikaler Position angeordnet werden. In der Praxis werden Kopfbolzendübel vielfach auch horizontal eingesetzt. Bei Dübeln in Horizontalposition ist zu beachten, dass bei dieser Anordnung Spaltzugkräfte in Plattendickenrichtung entstehen. Bild 144 zeigt ein typisches Beispiel aus dem Hochbau. Der Träger wird im Bauzustand als Profilverbundträger ohne Stahlobergurt verwendet. Bei Herstellung der Betonplatte dient der Kammerbeton als Auflage für den Gurt. Die im Endzustand über die horizontal angeordneten Dübel in den Gurt eingeleiteten Längsschubkräfte erzeugen Spaltzugkräfte in Dickenrichtung des Gurtes. Im Bereich der Dübel ist dann eine entsprechende Bewehrung zur Aufnahme dieser Kräfte anzuordnen.

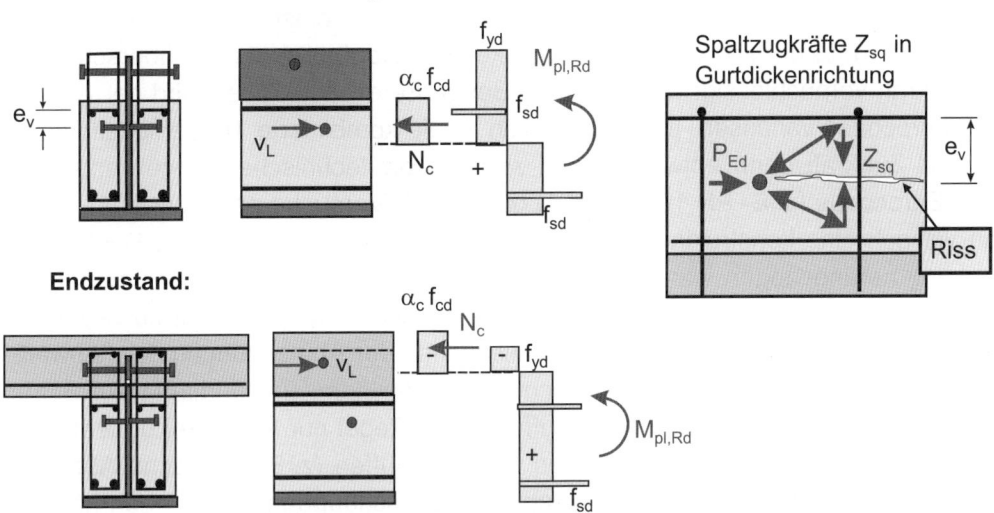

Bild 144: Beispiel für Spaltzugkräfte bei horizontaler Dübelanordnung

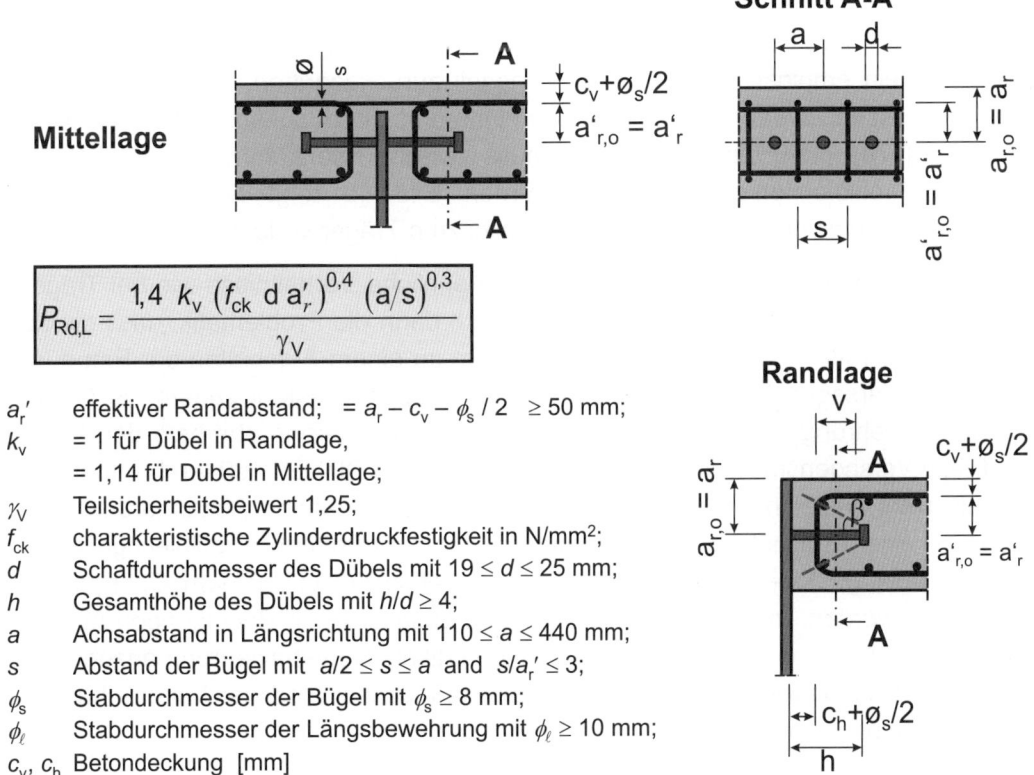

$$P_{Rd,L} = \frac{1{,}4 \; k_v \; (f_{ck} \; d \; a_r')^{0{,}4} \; (a/s)^{0{,}3}}{\gamma_V}$$

- a_r' effektiver Randabstand; $= a_r - c_v - \phi_s/2 \geq 50$ mm;
- k_v = 1 für Dübel in Randlage,
  = 1,14 für Dübel in Mittellage;
- γ_V Teilsicherheitsbeiwert 1,25;
- f_{ck} charakteristische Zylinderdruckfestigkeit in N/mm²;
- d Schaftdurchmesser des Dübels mit $19 \leq d \leq 25$ mm;
- h Gesamthöhe des Dübels mit $h/d \geq 4$;
- a Achsabstand in Längsrichtung mit $110 \leq a \leq 440$ mm;
- s Abstand der Bügel mit $a/2 \leq s \leq a$ and $s/a_r' \leq 3$;
- ϕ_s Stabdurchmesser der Bügel mit $\phi_s \geq 8$ mm;
- ϕ_ℓ Stabdurchmesser der Längsbewehrung mit $\phi_\ell \geq 10$ mm;
- c_v, c_h Betondeckung [mm]

Bild 145: Tragfähigkeit von randnah angeordneten Kopfbolzendübeln, die Spaltzugkräfte in Gurtdickenrichtung erzeugen

Die Untersuchungen in [181], [182], [183] zeigen, dass die in Bild 143 angegebenen Dübeltragfähigkeiten für Dübel in Normalposition bei horizontaler Anordnung der Dübel nur dann verwendet werden können, wenn der in Bild 144 angegebene Randabstand e_v größer als der 6-fache Dübeldurchmesser ist, die Dübel ausreichend lang sind und eine entsprechende Spaltzugbewehrung angeordnet wird. Siehe hierzu DIN EN 1994-2, 6.6.4. Bei kleineren Randabständen muss die Ermittlung der Dübeltragfähigkeit nach DIN EN 1994-2, Anhang C erfolgen. Erläuterungen zu den dort angegebenen Bemessungsregeln können [181], [182], [183] entnommen werden. Bei der Bemessung ist bei Kombination von Längsschubkräften mit gleichzeitig wirkenden vertikalen Dübelkräften die Interaktion nach DIN EN 1994-2, C1(4) zu berücksichtigen.

Wenn Kobfolzendübel zusätzlich planmäßig durch Zugkräfte beansprucht werden, so ist der Einfluss der Zugkräfte grundsätzlich nachzuweisen. Im Eurocode selbst ist lediglich geregelt, dass bei Zugkräften, die 10 % der Längsschubtragfähigkeit des Kopfbolzens nicht überschreiten, der Einfluss der Zugkraft vernachlässigt werden kann. Bei größeren Zugkräften wird der Anwendungsbereich des Eurocodes verlassen. In diesen Fällen ist die kombinierte Tragfähigkeit infolge von Längsschub und Zugkraft dann entweder nach anderen bautechnischen Regelwerken auf der Grundlage der Eurocodes (z. B. EN 1992, Teil 4) oder durch Versuche nachzuweisen. In der Praxis wird dann vielfach eine konstruktive Lösung bevorzugt, bei der z. B. andere Bauteile für die Zugkraftabtragung herangezogen werden. Ein typisches Beispiel sind Anschweißmuffen mit Betonstahl in Kombination mit Kopfbolzendübeln. Bei dieser Ausführungsform ist zu beachten, dass die Abmessungen der Anschweißmuffen oft ein Vielfaches der Abmessungen der Schweißwulste der Kopfbolzendübel betragen und die Anschweißmuffen dann unplanmäßig auf Schub beansprucht werden. Da die Zulassungen für die Muffen in der Regel nur für reine Zugbeanspruchung gelten, sind weitere konstruktive Maßnahmen bei den Muffen (z. B. elastische Abpolsterung) erforderlich oder die Muffen sind für die unplanmäßigen Schubbeanspruchungen nachzuweisen.

6.6.4 Längsschubtragfähigkeit von Kopfbolzendübeln in Kombination mit Profilblechen

In DIN EN 1994-1-1, 6.6.4 wird bei Verwendung von Kopfbolzendübeln in Kombination mit Profilblechen ebenfalls auf ein empirisches Berechnungsmodell zurückgegriffen, bei dem die Tragfähigkeit aus den Bemessungswerten für die Vollbetonplatte und einem zusätzlichen Reduktionsfaktor bestimmt wird [178], [184] bis [189]. Dabei muss zwischen senkrecht und parallel zum Träger verlaufenden Profilblechen unterschieden werden. Bild 146 zeigt die entsprechenden Regelungen bei Verwendung von Profilblechen, die parallel zum Träger verlaufen.

Bei parallel zum Träger verlaufenden Profilblechen liegen ähnliche Verhältnisse wie bei Trägern mit Vouten vor. Bei schmalen und hohen Rippen ergibt sich dann die Problematik, dass die aus der Einleitung der Dübelkräfte resultierenden Spaltzugkräfte zu einem Aufspalten der Rippe und zu einem frühzeitigen Versagen führen können. Bei hohen Rippen besteht zudem die Gefahr, dass bei fehlender Bewehrung in den Rippen ein Abscheren des Betons oberhalb der Rippen eintreten kann. Diese Versagensmechanismen werden durch die in DIN EN 1994-1-1 enthaltenen Bemessungsregeln nicht ausreichend erfasst. Der in Bild 146 angegebene Abminderungsfaktor gilt nur für Bleche mit einer Profilhöhe von nicht mehr als 60 mm. Bei offener Profilblechgeometrie und bei auf dem Träger gestoßenen Blechen, die nicht kraftschlüssig mit dem Obergurt des Stahlprofils verbunden werden, muss die Rippengeometrie zusätzlich die Bedingungen für Vouten nach Bild 152 erfüllen und es ist darüber hinaus eine vertikale Bügelbewehrung anzuordnen, die für eine Zugkraft zu bemessen ist, die sich aus dem 0,3-fachen Wert der Längsschubtragfähigkeit des Dübels ergibt.

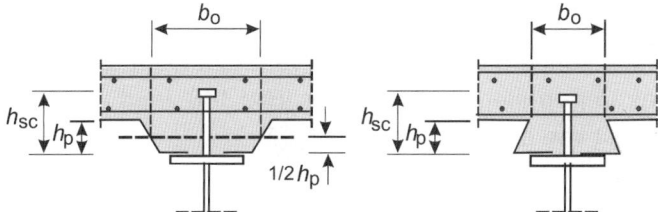

Dübeltragfähigkeit:

$P_{Rd} = P_{Rd,o} \, k_l$

$k_l = 0{,}6 \dfrac{b_o}{h_p} \left[\dfrac{h_{sc}}{h_p} - 1 \right] \leq 1{,}0$

Zusätzliche Bewehrung bei gestoßenen Profilblechen und bei Profilblechhöhen $h_p > 60$ mm

h_{sc} Dübelhöhe, die nicht größer als mit $h_p + 75$ mm berücksichtigt werden darf

h_p Höhe des Profilbleches

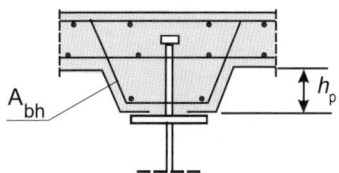

Bild 146: Dübeltragfähigkeit bei parallel zum Träger verlaufenden Profilblechen

Bei Anordnung der Profilbleche senkrecht zur Trägerachse bricht der Beton mit steigender Beanspruchung vor dem Dübelschaft heraus. Die gesamte Schubkraft P muss anschließend allein durch Biegung im Bolzenschaft übertragen werden (Traganteil P_B in Bild 147). Bei ausreichender Einbindetiefe des Dübels in die Betonplatte bilden sich beim Erreichen des ersten Traglastmaximums im Dübelschaft zwei Fließbereiche aus. In dem entstehenden Fließgelenkmechanismus wird die übertragbare Querkraft im Wesentlichen durch den Abstand a der beiden Fließgelenke bestimmt [189].

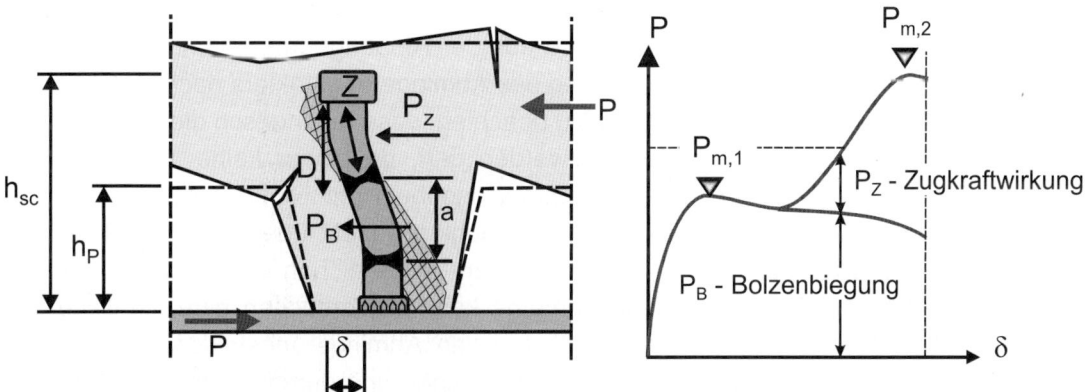

Bild 147: Kopfbolzendübel mit Profilblechen – Tragmodell, [189]

Bei steigender Verformung δ entstehen aufgrund der vertikalen Lagerungsbedingungen am Dübelkopf – wie bei der Vollbetonplatte – Dübelzugkräfte und entsprechende Betondruckkräfte, die sich in dem noch intakten Rippenbereich auf dem Stahlobergurt abstützen. Die Horizontalkomponente der Dübelzugkraft bewirkt den Traganteil P_Z, der auch gewisse Reibungskräfte in der Verbundfuge enthält, die zwischen der beschädigten Betonrippe und dem Stahlgurt entstehen. Ein zweites Maximum wird schließlich entweder durch das Herausbrechen eines großen Teils der Betonrippe (Versagen der Druckstrebe) oder durch das Abreißen des Dübels über dem Schweißwulst erreicht (Versagen der Zugstrebe). Bei der Festlegung der Rechenwerte der Dübeltragfähigkeit in den Regelwerken wird das zweite Maximum nicht ausgenutzt, weil es insbesondere bei schlanken Rippen erst bei sehr großen Verformungen erreicht wird. Ein frühzeitiges Herausbrechen eines großen Teils der Betonrippe tritt bei unzureichender Einbindetiefe des

Kopfbolzendübels in die Betonplatte auf. Da sich das obere Fließgelenk dabei überhaupt nicht ausbilden kann, tritt kein zweites Maximum auf, sondern die Traglastkurve bricht nach Erreichen von P_{m1} abrupt ab, d. h., es liegt ein sprödes Verformungsverhalten vor. Bild 148 zeigt das typische Last-Verformungsverhalten in Abhängigkeit von der Rippenschlankheit.

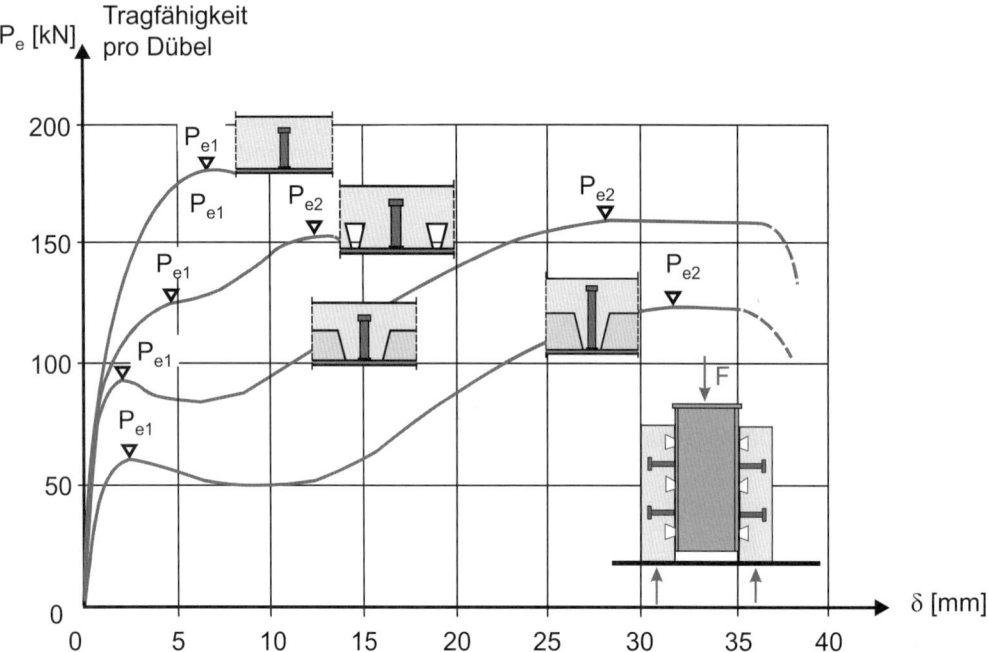

Bild 148: Verformungsverhalten in Abhängigkeit von der Rippenschlankheit, [189]

Das komplizierte Tragverhalten wird in DIN EN 1994-1-1 wiederum durch einen auf die Tragfähigkeit von Dübeln in Vollbetonplatten bezogenen Abminderungsfaktor k_t nach Bild 149 erfasst. Der Abminderungsfaktor erfasst dabei die Einflüsse aus der Rippengeometrie und aus der Einbindetiefe der Dübel im Aufbeton. Bei der Ermittlung des Abminderungsfaktors nach Bild 149 und der Längsschubtragfähigkeit der Verbundfuge ist zu beachten, dass rechnerisch die Anzahl n_r der Verbundmittel maximal mit $n_r = 2$ berücksichtigt werden darf, da bisher keine ausreichenden experimentellen Ergebnisse mit mehr als zwei Kopfbolzendübeln pro Rippe vorliegen. Bei Anwendung der Durchschweißtechnik wird ein Teil der Schubkraft direkt über das Profilblech und zusätzliche Betondruckstreben abgetragen, die sich in den Eckbereichen der Bleche abstützen. Insbesondere bei hinterschnittener Profilblechgeometrie kann in Versuchen eine deutliche Zunahme der Tragfähigkeit beobachtet werden [186]. Bei den Abminderungsfaktoren wird daher zwischen Dübeln in Kombination mit vorgelochten Profilblechen und durchgeschweißten Dübeln unterschieden. Der Grundwert $P_{Rd,0}$ der Dübeltragfähigkeit der Vollbetonplatte nach Bild 143 darf bei Stahlversagen maximal mit einer Streckgrenze des Bolzenmaterials von 450 N/mm² in Rechnung gestellt werden.

6 Nachweise in den Grenzzuständen der Tragfähigkeit

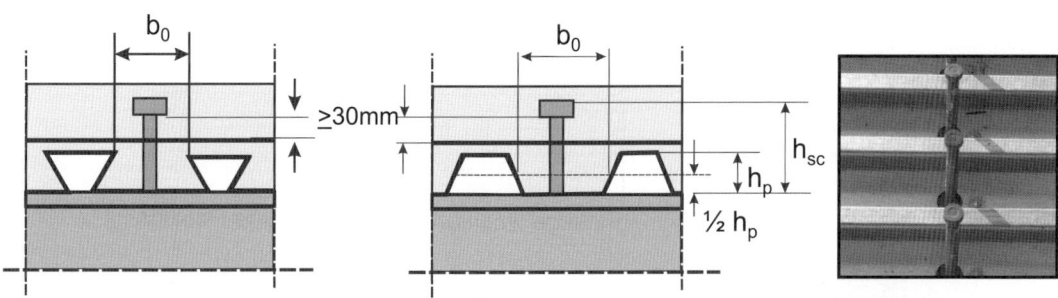

Abminderungsfaktor $k_{t,max}$			
Anzahl der Dübel pro Rippe	Dicke t des Profilbleches [mm]	durchgeschweißte Dübel mit d= 19mm	vorgelochte Bleche und Dübeldurchmesser d=19 und d=22mm
n_r=1	≤1,0 mm	0,85	0,75
	>1,0 mm	1,0	0,75
n_r=2	≤1,0 mm	0,70	0,60
	>1,0 mm	0,80	0,60

Dübeltragfähigkeit:

$P_{Rd} = P_{Rd,o} \cdot k_t$

$$k_t = \frac{0{,}7}{\sqrt{n_r}} \frac{b_o}{h_p} \left[\frac{h_{sc}}{h_p} - 1\right] \leq k_{t,max}$$

Rippenhöhe: $h_p \leq 85$ mm

Einbindetiefe des Dübels im Aufbeton: $h-h_p \geq 2d$

Rippenbreite: $b_o \geq h_p$

Bild 149: Tragfähigkeit von Kopfbolzendübeln bei senkrecht zur Trägerachse verlaufenden Profilblechen nach DIN EN 1994-1-1

Die Bemessungsregeln nach Bild 149 werden im Rahmen der derzeitigen Überarbeitung von DIN EN 1994-1-1 kontrovers diskutiert. Die in Bild 149 dargestellten Regelungen wurden seinerzeit aus Versuchen mit relativ gedrungenen Profilblechgeometrien – wie z. B. bei Holoribprofilen – und zentrischer Anordnung der Kopfbolzen in der Rippe sowie mit ausreichender Einbindetiefe und Bewehrung unter dem Kopf hergeleitet. Ferner ist beim Vergleich der Bemessungsregeln mit neueren Versuchsergebnissen zu berücksichtigen, dass sich nach dem deutschen NAD zu DIN EN 1994-1-1 bei Betonversagen wegen des größeren zu berücksichtigenden Teilsicherheitsbeiwertes ein kleinerer Grundwert $P_{Rd,o}$ ergibt. Neuere Untersuchungen zeigen, dass bezüglich der Rippenbreite b_o weitere Einschränkungen erforderlich werden, um die in DIN EN 1994-1-1 angegebenen Regeln für die Reduktion der Dübeltragfähigkeit bei schlanken offenen Trapezblechprofilen anwenden zu können. Sie sollte nicht kleiner als 110 mm sein. Zudem wird für Trapezblechprofile mit schlanken Rippen eine größere Einbindetiefe des Kopfbolzendübels in den Beton oberhalb des Profilbleches diskutiert. Die derzeitige Empfehlung liegt bei 2,7 d. Werden zwei Dübel in einer Rippe angeordnet, so sollte ferner die Einbindetiefe den 1,4-fachen Mindestwert von 2 d für einen Dübel nicht unterschreiten. Um ein Ausbrechen des Dübels aus dem Aufbeton zu verhindern, muss nach DIN EN 1994-1-1, 6.6.5.1 ferner der lichte Abstand zwischen der unteren Bewehrungslage im Aufbeton und der Unterseite des Dübelkopfes größer als 30 mm sein, siehe hierzu auch Bild 149. Für diese Randbedingungen liefert die Beziehung in Bild 149 auf der sicheren Seite liegende Bemessungsergebnisse.

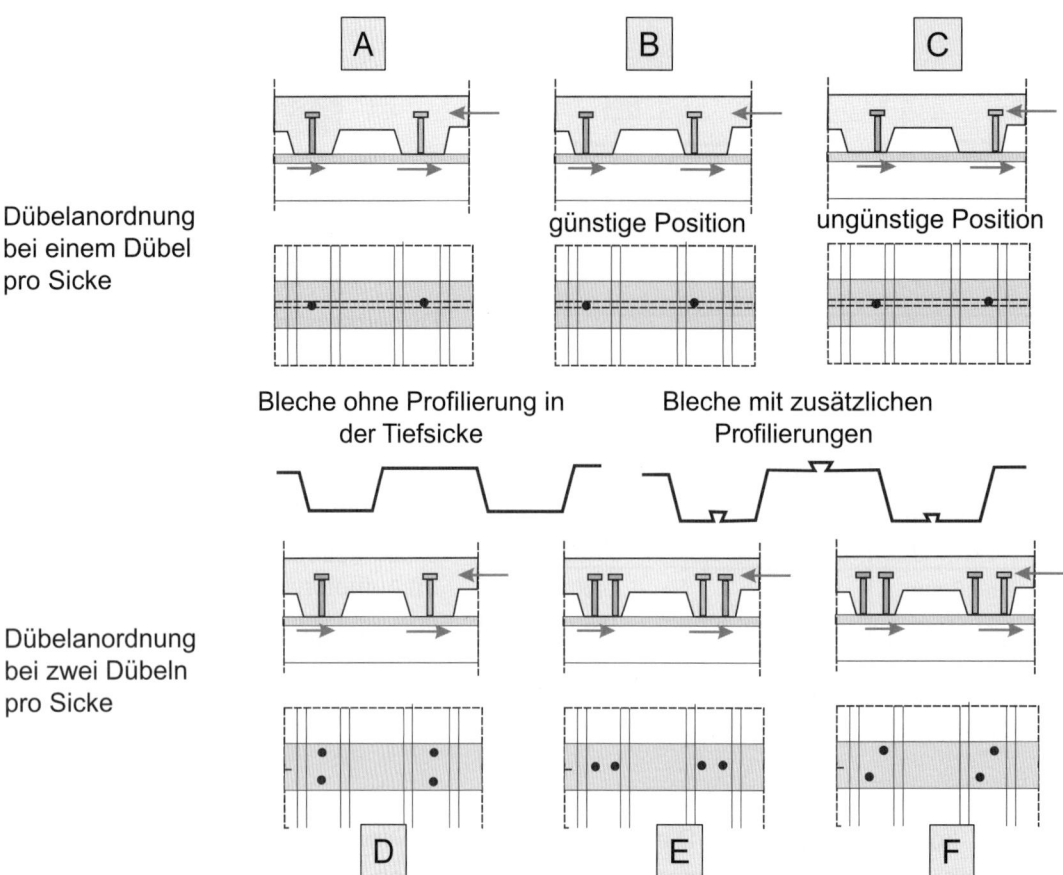

Bild 150: Anordnung von Dübeln bei Profilblechen

Zwischenzeitlich werden insbesondere im Ausland überwiegend andere und auch deutlich schlankere Profilblechgeometrien mit größeren Profilblechhöhen verwendet. Bei den Profilen befindet sich in der Tiefsicke zur Verbesserung der Verbundeigenschaften für die Deckentragwirkung oft eine weitere Profilierung. Dies führt dann dazu, dass die Dübel nicht mehr zentrisch in der Rippe angeordnet werden können. Typische Dübelanordnungen sind in (Bild 150) dargestellt. Hinsichtlich der Tragfähigkeit sind insbesondere die ungünstigen Dübelpositionen (Fälle B, C, E und F) nach Bild 150 kritisch zu bewerten. Versuche mit derartigen Profilblechgeometrien und Dübelpositionen zeigen, dass die Bemessungsregeln nach DIN EN 1994-1-1 nicht immer auf der sicheren Seite liegen [190], [191]. In der Literatur der letzten Jahre findet sich eine Vielzahl von neuen Bemessungsvorschlägen ([186], [190], [191], [192], [193], [194], [195]), die sich alle durch eine mehr oder minder gute Übereinstimmung bezüglich der Vorhersage der mittleren Tragfähigkeit aber auch durch relativ große Streuungen auszeichnen. In der derzeitigen Diskussion werden im Rahmen der Überarbeitung des Eurocode 4 die Modelle nach [190] und [191] intensiver diskutiert. Die Problematik der Modellbildung besteht darin, dass mit einer Bemessungsformel die in Bild 151 dargestellten Versagenszustände alle gleichzeitig erfasst werden müssen. Bei allen in Bild 151 dargestellten Versagensformen ist zu beobachten, dass in Versuchen ein relativ starker Traglastabfall infolge Kurzzeitrelaxation vorhanden ist. Er liegt je nach Versagenstyp zwischen 10 % und 20 %.

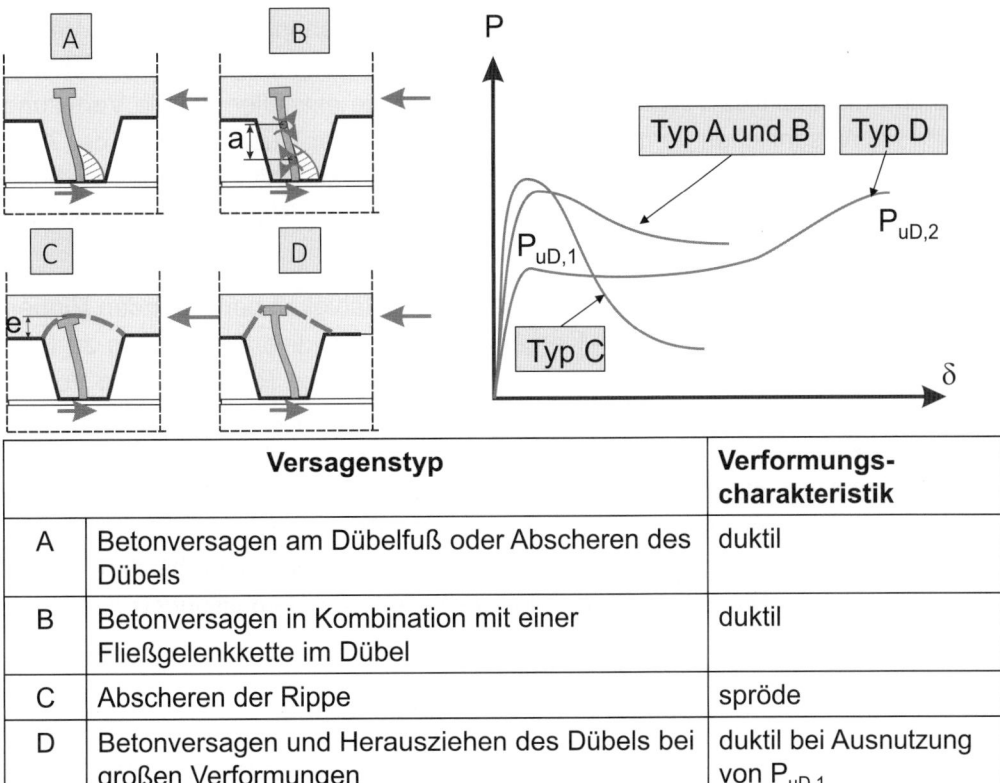

	Versagenstyp	Verformungs-charakteristik
A	Betonversagen am Dübelfuß oder Abscheren des Dübels	duktil
B	Betonversagen in Kombination mit einer Fließgelenkkette im Dübel	duktil
C	Abscheren der Rippe	spröde
D	Betonversagen und Herausziehen des Dübels bei großen Verformungen	duktil bei Ausnutzung von $P_{uD,1}$

Bild 151: Versagensmechanismen und Einfluss der Anordnung der Dübel in der Sicke

Der Versagenstyp A mit Betonversagen vor dem Dübelfuß oder Abscheren des Dübels oberhalb des Schweißwulstes ergibt sich nur bei gedrungenen Profilblechen mit kleiner Profilblechhöhe und großer Breite b_o. Er stellt praktisch den Übergang zum Versagen eines Dübels in einer Betonplatte dar. Das Versagen kann als duktil eingestuft werden.

Bei größeren Rippenhöhen wird das Versagen (Mechanismus B nach Bild 151) durch einen Fließgelenkmechanismus im Bolzenschaft mit Fließgelenken im Abstand a in Kombination mit einer Betonschädigung am Bolzenfuß beschrieben. Wenn eine ausreichende Einbindetiefe in den Aufbeton vorhanden ist und eine untere Bewehrungslage angeordnet wird, kann das Verhalten ebenfalls als duktil eingestuft werden.

Beim Fall C kommt es infolge Überschreitens der Betonzugfestigkeit zu einem Abscheren der gesamten Rippe. In Versuchen ist dann ein größerer Betonausbruch zu erkennen. Dieser Versagensmechanismus ist in der Regel bei zu kleiner Einbindetiefe e des Dübels in den Aufbeton und bei fehlender Bewehrung ausreichend tief unter dem Dübelkopf zu beobachten. Die Bruchform kann nicht mehr als duktil bezeichnet werden. Bei der Bemessung des Trägers ist dann zu beachten, dass eine Teilverdübelung wegen Überschreiten des zulässigen Endschlupfes nicht mehr zulässig ist.

Der Fall C tritt in der Regel nur bei sehr schlanken Rippen mit geringer Einbindetiefe des Dübels in den Aufbeton und bei fehlender Bewehrung unterhalb des Dübelkopfes auf. Da der Dübel bei größeren Relativverschiebungen in der Verbundfuge zunehmend auch auf Zug beansprucht wird, kommt es zu einem Ausbruchkegel in der Rippe, oft verbunden mit einem Zug-Schubbruch im Dübel. Wenn nur die Tragfähigkeit P_{ud1} ausgenutzt wird, ist eine große Duktilität vorhanden. Bei Ausnutzung des Traglastniveaus ist das Verhalten als spröde einzustufen.

Aus den verschiedenartigen Versagensmechanismen lässt sich die Schwierigkeit in der Bemessung und bei der Ermittlung der Längsschubkräfte erkennen. Eine äquidistante Anordnung der Verbundmittel erfordert duktile Verbundmittel mit einem ausgeprägten Umlagerungsniveau

(Bild 130). Die in Bild 151 dargestellten Dübelkennlinien weisen in Abhängigkeit von der Versagensform nicht immer diese Duktilität auf. Im Grenzzustand der Tragfähigkeit kann sich bereichsweise duktiles und nichtduktiles Verhalten in der Verbundfuge einstellen, da die Verteilung der Längsschubkräfte im Wesentlichen vom Verformungsverhalten der Dübel und von der Ausbildung von Fließzonen im Stahlträger abhängt (s. a. Bild 131). Das Phänomen des spröden Versagens kann durch zusätzliche Zugbeanspruchungen, die z. B. aus Stegöffnungen oder aus dem Deckenfeld resultieren können, verstärkt werden.

Ein weiterer, bisher nicht in der Norm geregelter Punkt ist die Tragfähigkeit bei endenden Rippen auf Randträgern. Hier fehlen in DIN EN 1994-1-1 ergänzende konstruktive Regelungen zu Mindestabständen und zur Ausführung der Bewehrung vergleichbar mit den Regelungen in Vollbetonplatten in DIN EN 1994-1-1, 6.6.5.3. Die Beratungen in TC 250 SC4 sind derzeit noch nicht abgeschlossen. Für die praktische Bemessung ist derzeit zu beachten, dass eine Bemessung nach Bild 149 nur dann zulässig ist, wenn alle im EC 4 angegebenen Randbedingungen eingehalten sind und die Dübel entweder mittig oder in der günstigen Position B nach Bild 150 angeordnet werden. Wenn diese Bedingungen nicht erfüllt sind, kann die Bemessung bis zum Vorliegen von endgültigen Regelungen im Eurocode 4 ersatzweise mit den Bemessungsvorschlägen nach [190] und [191] diskutiert werden.

6.6.5 Konstruktionsregeln für die Ausbildung der Verbundsicherung

Bei der konstruktiven Ausbildung der Verbundfuge sind die in Bild 152 angegebenen Regelungen bezüglich der Dübelabstände und der Randabstände bei Trägern mit Vouten bzw. bei Randträgern zu beachten. Insbesondere bei Verwendung von Fertigteilen (Bild 153) ist darauf zu achten, dass der Beton im Bereich der Dübel ausreichend verdichtet werden kann. Bild 154 zeigt die Last-Verformungskurven von Push-out-Versuchen mit Fertigteilplatten und sehr kleinen Abständen zum äußeren Rand der Dübel (Bild 154). Es ist deutlich zu erkennen, dass die Duktilität der Verbundmittel bei kleinen Abständen signifikant abnimmt. Dies ist insbesondere bei Trägern zu beachten, bei denen bei äquidistanter Anordnung der Verbundmittel planmäßige plastische Umlagerungen in der Verbundfuge ausgenutzt werden. Eine vergleichbare Problematik entsteht auch, wenn nicht über dem Träger durchlaufende Profilbleche mit Formstücken zum Verschließen der Rippenöffnungen oder bei Blechverformungsankern mit einem zu geringen Abstand zu den Dübeln verlegt werden.

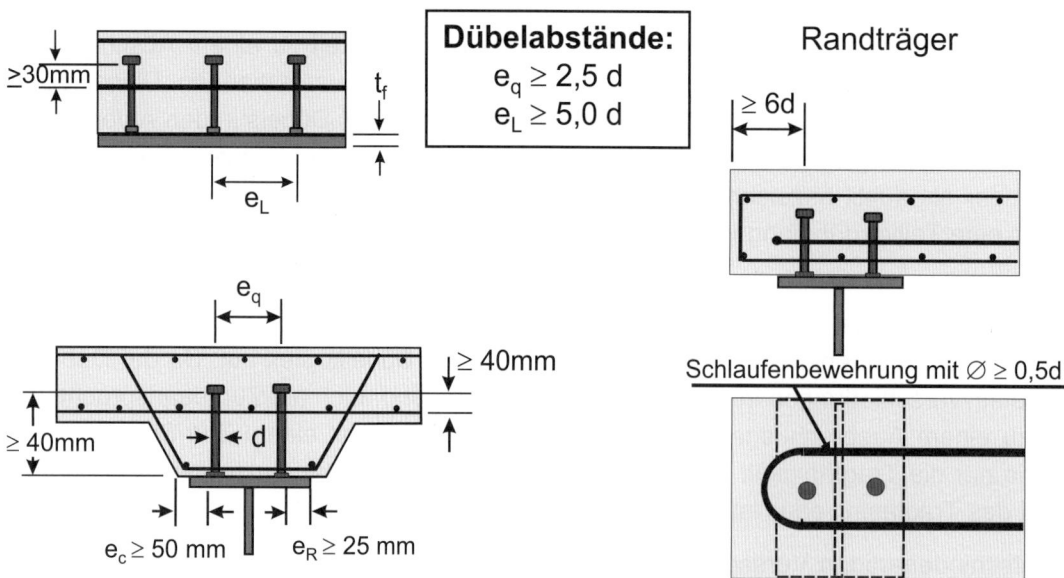

Bild 152: Konstruktive Ausbildung der Verbundfuge bei Vollbetonplatten

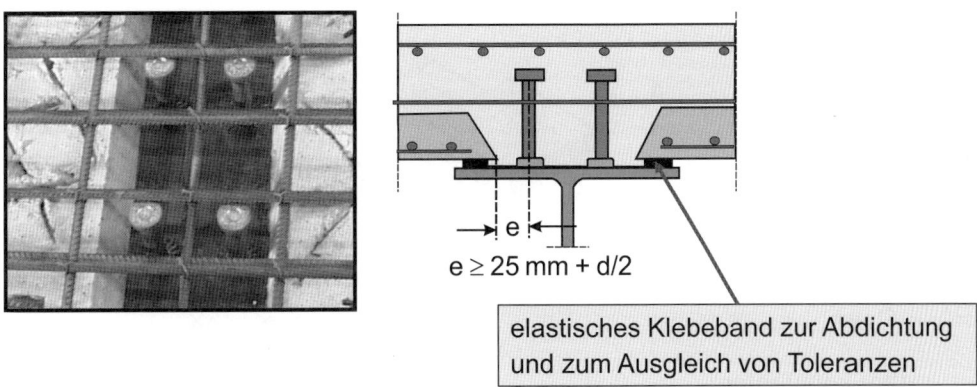

Bild 153: Verwendung von Fertigteilen

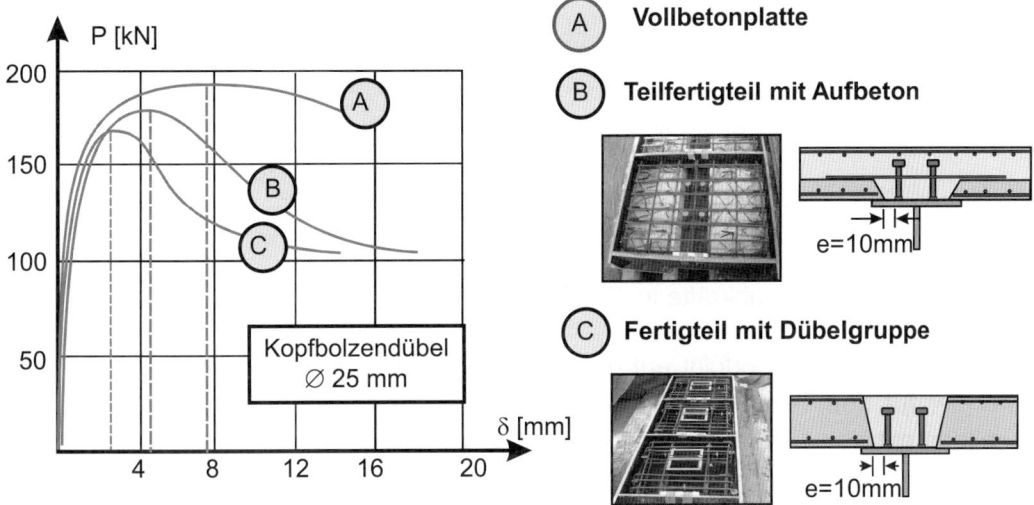

Bild 154: Einfluss des Randabstands bei Fertigteilen auf die Tragfähigkeit und das Verformungsverhalten, [353]

6.6.6 Längsschubtragfähigkeit des Betongurtes

Die über die Verbundmittel eingeleiteten Längsschubkräfte $V_{L,Ed}$ müssen seitlich in den Betongurt ausgeleitet werden. Der Nachweis der Längsschubkrafttragfähigkeit ist dabei für die kritischen Schnitte im Plattenanschnitt sowie in der Dübelumrissfläche zu führen. Die Längsschubkräfte im Plattenanschnitt sind dabei aus der Differenz der Gurtnormalkräfte der Teilgurte des Betongurtes nach Bild 155 zu bestimmen.

Druckgurt:

$V_{L,Ed} = \Delta N_C$

Längsschubkraft im Plattenanschnitt pro Längeneinheit:

$$v_{L,Ed,1} = \frac{\Delta N_{c1}}{\Delta x a} = \frac{V_{L,Ed}}{\Delta x} \frac{A_{c1,eff}}{A_{c,eff}}$$

$$v_{L,Ed,1} = \frac{V_{L,Ed}}{\Delta x} \frac{b_{e1}}{b_{eff}} \quad \text{(bei konstanter Gurtdicke)}$$

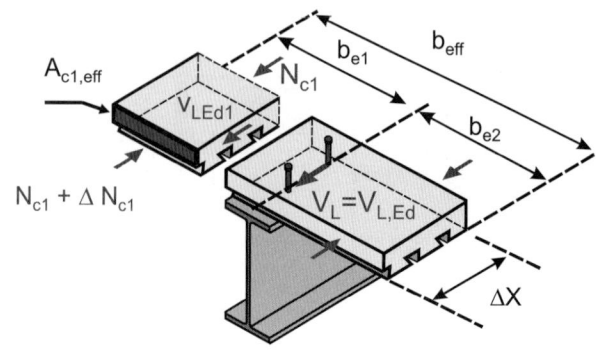

Zuggurt:

$V_{L,Ed} = \Delta N_S$

Längsschubkraft im Plattenanschnitt pro Längeneinheit:

$$v_{L,Ed,1} = \frac{\Delta N_{s1}}{\Delta x} = \frac{V_{L,Ed}}{\Delta x} \frac{A_{s1}}{A_{s1} + A_{s2}}$$

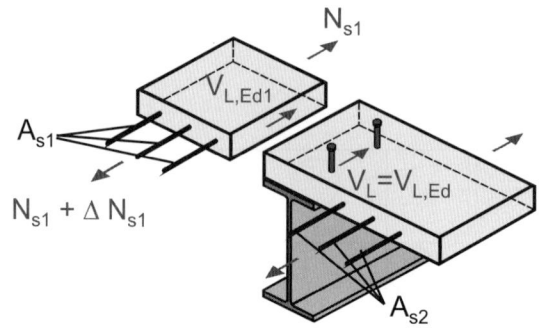

Bild 155: Ermittlung der Längsschubkräfte im Plattenanschnitt

Der Nachweis im Plattenanschnitt erfolgt auf der Grundlage der in Bild 156 dargestellten Fachwerkmodelle mit der für den Teilgurt zugehörigen Längsschubkraft $v_{L,Ed,i}$. Die schiefen Hauptdruckkräfte D_c bilden mit den Längsschubkräften V_L und den Zugkräften Z_s in der Querbewehrung ein Gleichgewichtssystem. Im Grenzzustand der Tragfähigkeit ist nachzuweisen, dass die Tragfähigkeit der Betondruckstreben und der quer laufenden Schubbewehrung nicht überschritten wird. Bezeichnet man mit $v_{Rd,max}$ den Bemessungswert der Schubtragfähigkeit bei Druckstrebenbruch und mit $v_{Rd,sy}$ den Bemessungswert der Schubtragfähigkeit der Querbewehrung, so ergeben sich nach DIN EN 1992-1-1, 6.2.4 die in Bild 156 zusammengestellten Beziehungen zur Ermittlung der Längsschubtragfähigkeit des Betongurtes, bezogen auf die Länge Δx. Bei der Ermittlung der Längsschubkrafttragfähigkeit für Druckstrebenbruch wird dabei der Bemessungswert der Betondruckfestigkeit zusätzlich mit dem Abminderungsfaktor v_c reduziert. Der Beiwert α_{cw} zur Berücksichtigung des Druckspannungszustandes im Gurt ist nur bei vorgespannten Konstruktionen zu berücksichtigen und kann daher in der Regel mit 1,0 angenommen werden. Für die Druckstrebenneigung können vereinfacht für Druck- und Zuggurte die in Bild 156 angegebenen konstanten Werte angenommen werden. Bei genauerer Berechnung darf auch eine variable Druckstrebenneigung in Übereinstimmung mit den Regelungen DIN EN 1992-1-1, 6.2.4(4) angesetzt werden. An dieser Stelle soll nochmals auf die unterschiedliche Festlegung des Bemessungswertes der Betondruckfestigkeit in EC 4 und EC 2 hingewiesen werden. Wie aus Bild 156 ersichtlich, ist beim Nachweis der Druckstreben der Bemessungswert der Druckfestigkeit unter Berücksichtigung des Beiwertes α_{cc} nach DIN EN 1992-1-1, 3.1.6 zu berücksichtigen. Dies gilt auch für die nachfolgend noch beschriebenen Nachweise in der Dübelumrissfläche.

Nachweis:

$v_{L,Ed} \leq v_{Rd,max}$

$v_{L,Ed} \leq v_{Rd,sy}$

Tragfähigkeit der Druckstrebe (D_c):

$$v_{Rd,max} = A_{cv} \frac{\nu_c \, \alpha_{cw} \, 0{,}85 f_{ck} / \gamma_c}{\cot\theta + \tan\theta}$$

mit:
- A_{cv} = $h_f \cdot \Delta x$
- ν_c = 0,75 nach DIN EN 1992-1-1/NA, 6.2.4; Abminderungsbeiwert für die Druckstrebenfestigkeit
- α_{cw} = 1,0 bei Systemen ohne Vorspannung nach DIN EN 1992-1-1/NA, 6.2.3(3)

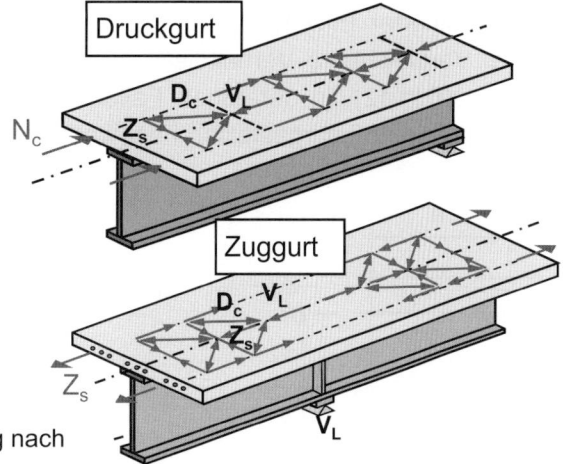

Tragfähigkeit der Querbewehrung (Z_s):

$$v_{Rd,sy} = \frac{A_{sf}}{s} \Delta x \, f_{sd} \, \cot\theta$$

Druckstrebenneigung:

Druckgurt: $\cot\theta = 1{,}2$

Zuggurt: $\cot\theta = 1{,}0$

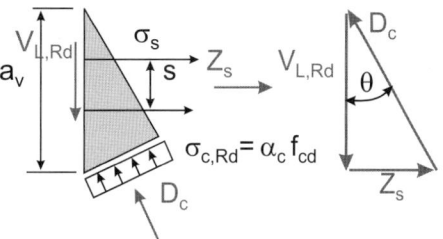

Bild 156: Fachwerkmodell für den Nachweis der Längsschubkrafttragfähigkeit des Trägers

Bei Trägern mit senkrecht zur Trägerachse verlaufenden Profilblechen, die über den Träger durchlaufen, darf das Profilblech als Schubbewehrung angerechnet werden. Dies ist nur zulässig, wenn Bleche mit hinterschnittener Profilblechgeometrie oder Bleche mit mechanischem Verbund verwendet werden. Dabei ist zu beachten, dass die Schubbewehrung im Allgemeinen je zur Hälfte an der Ober- und Unterseite des Gurtes angeordnet werden muss, sodass eine Anrechnung des Profilbleches nur bei der an der Unterseite des Gurtes erforderlichen Schubbewehrung berücksichtigt werden darf. Bei Gurten mit Profilblechen ist ferner zu beachten, dass nur die Betongurtdicke oberhalb des Profilbleches beim Nachweis der Druckstrebenfestigkeit angerechnet werden darf und dass bei Verwendung von vorgelochten Blechen der Nettoquerschnitt des Bleches für den Nachweis maßgebend ist.

Die Gurte von Verbundträgern werden im Regelfall gleichzeitig durch Längsschubkräfte und Querbiegemomente beansprucht. Bei kombinierter Beanspruchung ist nach DIN EN 1992-1-1, 6.2.4(5) der größere erforderliche Stahlquerschnitt je Seite anzuordnen, der sich entweder aus dem Nachweis der Längsschubkrafttragfähigkeit oder aus dem Nachweis der Querbiegung zuzüglich der halben Bewehrung aus dem Längsschub ergibt. Eine genauere Berücksichtigung der Interaktion von Längsschub und Querbiegung kann z. B. nach [138] erfolgen.

Bei Zuggurten ist darauf zu achten, dass die Längsbewehrung über den rechnerischen Nachweispunkt für die Momentenbeanspruchung mit dem Versatzmaß und der Verankerungslänge nach Bild 157 hinausgeführt wird. Siehe hierzu auch DIN EN 1992-1-1, 6.2.4(7) (siehe auch Bild 156). Bei Trägern mit breiten Gurten wird die Querbewehrung oft abgestuft. Die an der Abstufungsstelle y_s vorhandene Längsschubkraft ist dann wiederum aus der Differenz der Gurtkräfte im jeweils betrachteten Schnitt zu bestimmen. Die an dieser Stelle erforderliche Querbewehrung muss ebenfalls über den rechnerischen Nachweispunkt noch um die Verankerungslänge hinausgeführt werden. Bei Verwendung von Teilfertigteilen sind für die Fuge zwischen Teilfertigteil und Ortbeton zusätzlich die Regelungen nach DIN EN 1992-1-1, 6.2.5 und dem zugehörigen NCI im Nationalen Anhang zu DIN EN 1992-1-1 zu beachten. Wie bereits im Abschnitt 5.4.2.2 erläutert

(Bild 38), entstehen an den freien Enden von Betongurten, an Betonierabschnittsgrenzen und an Stellen mit konzentrierter Einleitung von Kräften in Trägerlängsrichtung (Bild 39) konzentrierte Endschubkräfte. Vergleichbare Verhältnisse ergeben sich an Trägerenden infolge des Schwindens des Betons (Bild 42). In derartigen Fällen muss der Nachweis der Längsschubkrafttragfähigkeit mit den in Bild 158 dargestellten Fachwerkmodellen geführt werden.

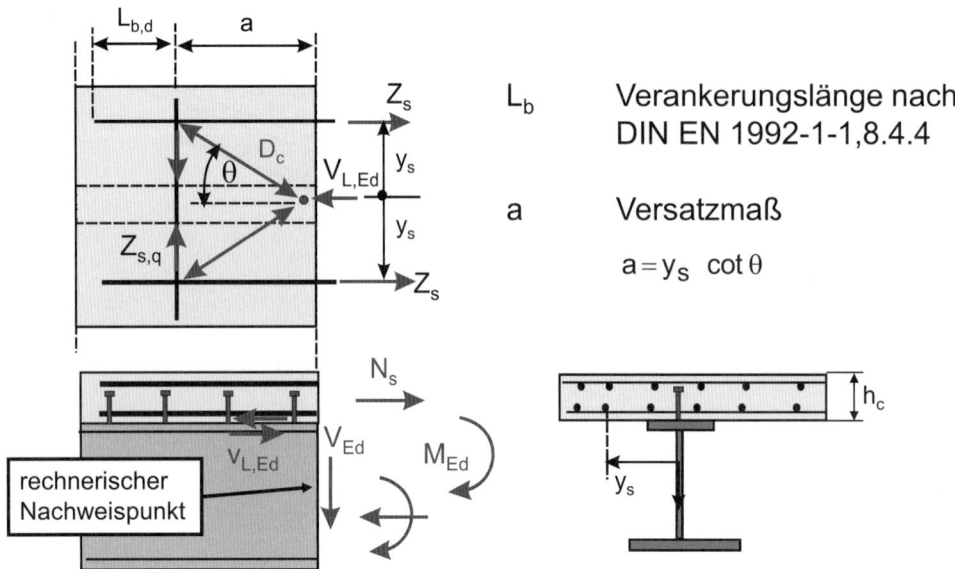

Bild 157: Abstufung der Längsbewehrung bei Zuggurten

Insbesondere bei Zuggurten ist auf eine konzentrierte Anordnung der Querbewehrung am Ende des Betongurtes zu achten. Die in den Normen enthaltenen Regelungen zur Verteilung der konzentrierten Längsschubkräfte über die mittragende Breite orientieren sich am Grenzzustand der Tragfähigkeit. Im Grenzzustand der Gebrauchstauglichkeit können an Abschnittsgrenzen deutlich größere Schubkraftspitzen entstehen. Infolge der schiefen Hauptzugspannungen können dann bereits im Gebrauchszustand Diagonalrisse im Krafteinleitungsbereich resultieren. Bei der Ausbildung der Bewehrung im Krafteinleitungsbereich sollte daher bei Einleitung von großen Kräften eine Rückhängebewehrung bei Zuggurten grundsätzlich angeordnet werden.

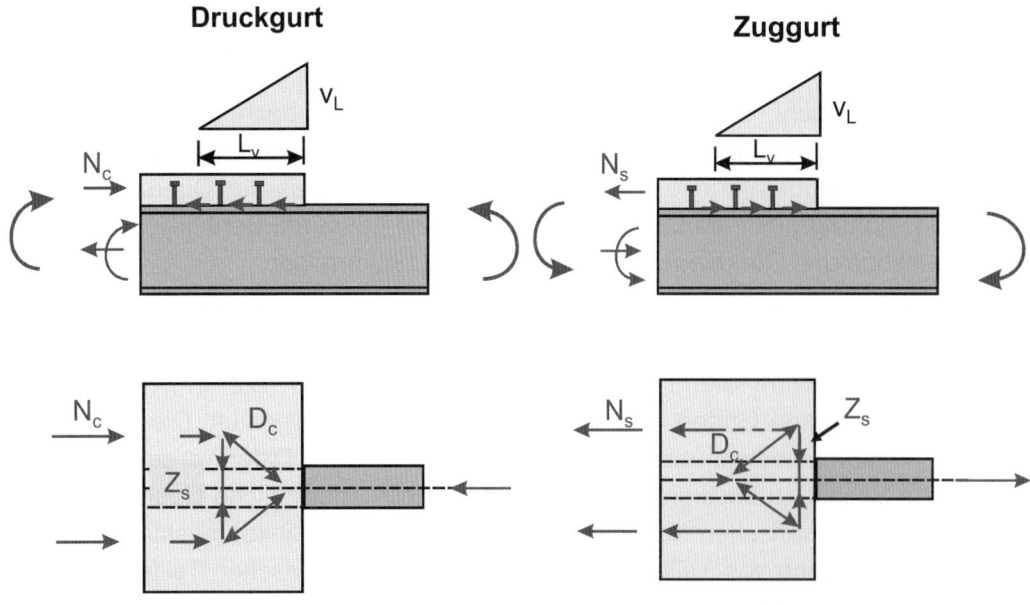

Bild 158: Einleitung der Längsschubkräfte an freien Plattenenden

6 Nachweise in den Grenzzuständen der Tragfähigkeit

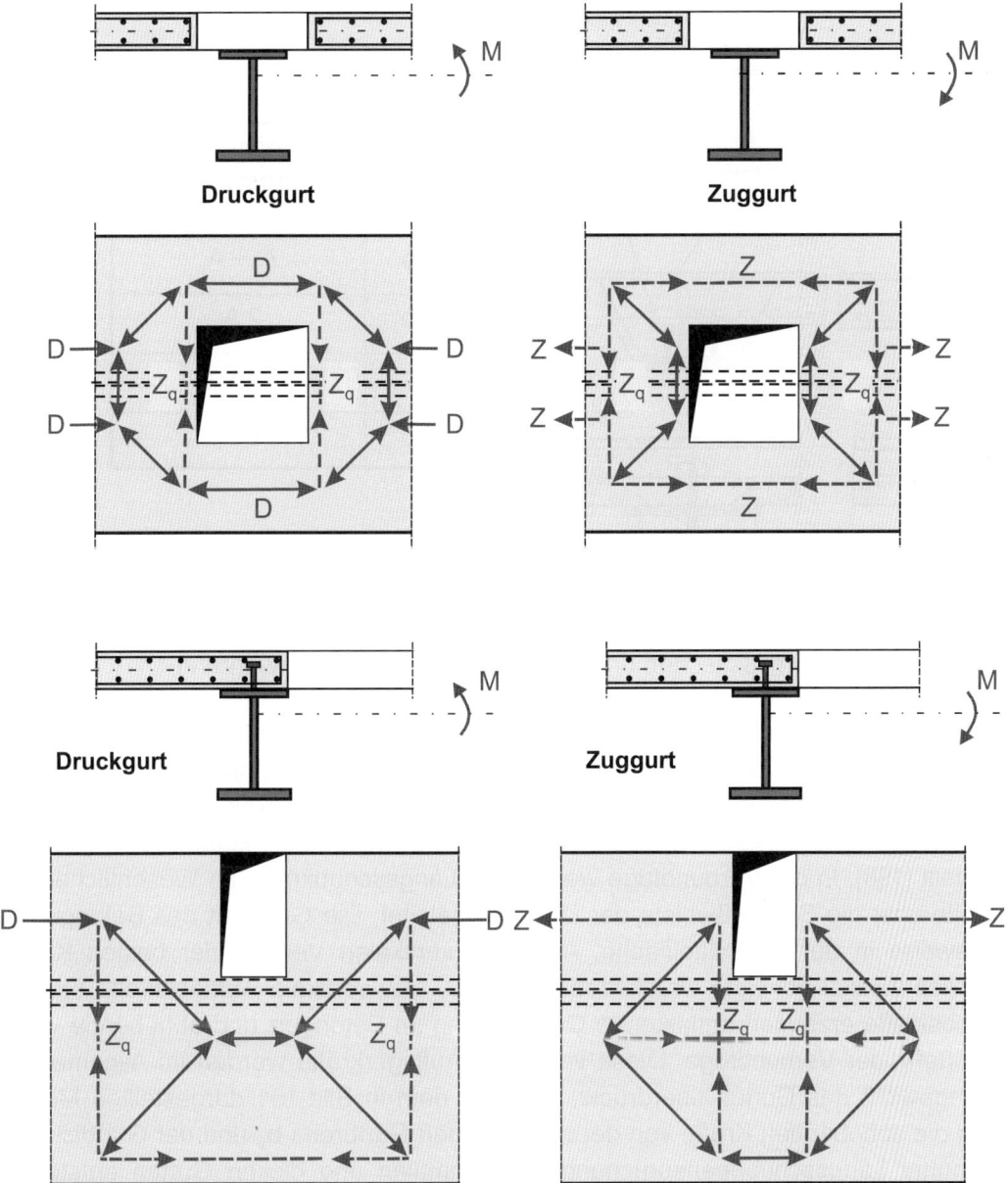

Bild 159: Fachwerkmodelle zur Ermittlung der Querbewehrung bei Deckendurchbrüchen

Größere Deckendurchbrüche beeinflussen die Tragfähigkeit von Verbundträgern erheblich, wenn sie im Bereich der mittragenden Gurtbreite des Trägers liegen. Der Nachweis der Längsschubtragfähigkeit kann dann mit den in Bild 159 dargestellten Fachwerkmodellen erfolgen. Die Umlenkung der Gurtkräfte führt zu erheblichen Längsschubbeanspruchungen, die in vielen Fällen maßgebend für die Festlegung der Gurtdicke sind (Versagen der schrägen Druckstreben im Beton).

Für die örtliche Ausleitung der Dübelkräfte in den Betongurt sind neben den Nachweisen im Plattenanschnitt die in Bild 160 dargestellten kritischen Schnitte in der Dübelumrissfläche nachzuweisen. Die Bemessungswerte der Längsschubtragfähigkeit werden nach Bild 156 ermittelt, wobei jedoch in den Gleichungen die maßgebende Betonfläche A_{cv} und die in der Dübelumrissfläche anrechenbare Querbewehrung nach Bild 160 zu berücksichtigen sind. Bei Trägern mit Profilblechen, die senkrecht zur Trägerachse verlaufen, darf auf einen Nachweis in der Dübelumrissfläche verzichtet werden, wenn der Bemessungswert der Dübeltragfähigkeit nach Bild 149 ermittelt wird und die Bleche über dem Träger nicht gestoßen werden.

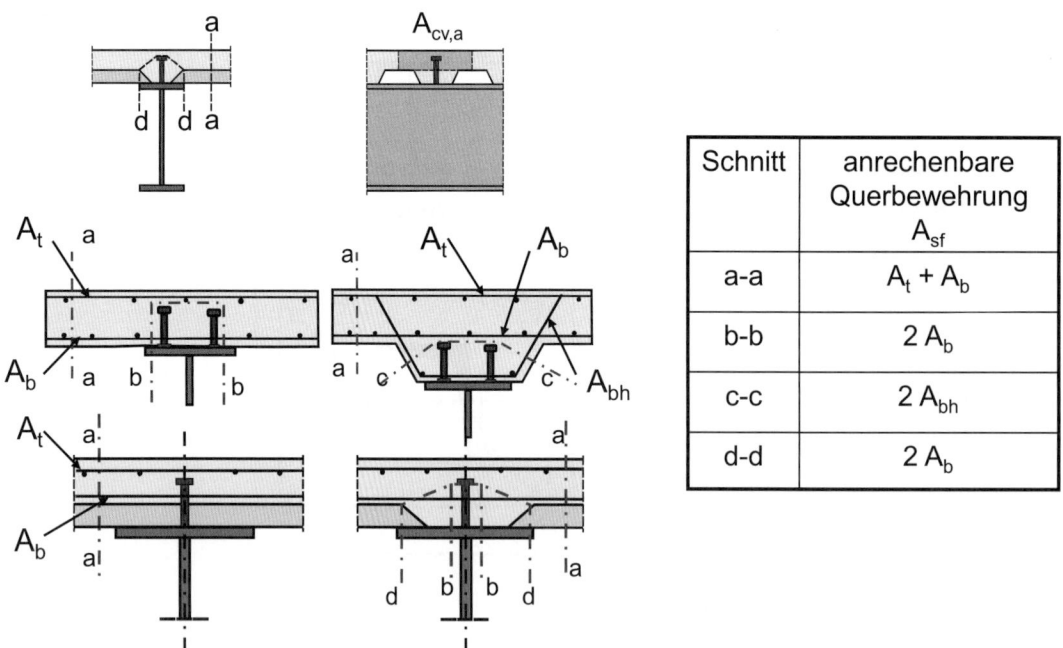

Bild 160: Beispiele für Dübelumrissflächen und die anrechenbare Querbewehrung

Dem in DIN EN 1994-1-1 angegebenen Nachweis in der Dübelumrissfläche liegt kein eindeutiges mechanisches Modell zugrunde, da von der Vorstellung ausgegangen wird, dass bei der örtlichen Einleitung der Längsschubkräfte ein Längsschubversagen des Betonblockes unterhalb der Dübelumrissfläche eintritt. Die tatsächlichen Verhältnisse sind wesentlich komplizierter und in Bild 161 dargestellt [198]. In der Verbundfuge werden die Längsschubkräfte im Wesentlichen an der Gurtunterseite über die Schweißwulste der Dübel eingeleitet. Die Gurtkraft des Betongurtes wirkt näherungsweise in der Gurtmittelfläche. Aus dem vertikalen Versatz der beiden Kräfte resultieren räumlich vertikal geneigte Druckstrebenkräfte D_c und vertikale Abtriebskräfte F_v. Die vertikalen Abtriebskräfte erzeugen entlastende Querbiegung im Betongurt und abhebende vertikale Auflagerkräfte in der Verbundfuge. Diese vertikalen Auflagerkräfte werden im Allgemeinen durch das Eigengewicht des Gurtes überdrückt. Wie aus dem in Bild 161 dargestellten Modell hervorgeht, sind die abhebenden Kräfte von der mittragenden Gurtbreite b_e und der Gurtdicke h_c abhängig. Bei hoher Längsschubbeanspruchung von schmalen und dicken Gurten entstehen relativ große abhebende Kräfte, die in den Dübeln Zugkräfte hervorrufen und durch das Gurteigengewicht nicht mehr überdrückt werden. Wenn dann gleichzeitig kurze Dübel verwendet werden, kommt es zu den in Bild 161 dargestellten Ausbruchformen. Das Versagen wird somit durch die Zugfestigkeit des Betons in der Dübelumrissfläche bestimmt. Bei den zuvor beschriebenen Randbedingungen ist daher darauf zu achten, dass ausreichend lange Dübel verwendet werden. Dies gilt insbesondere im Bereich der Einleitung von konzentrierten Endschubkräften. Ferner sind die Anordnung und Lage der unteren Bewehrung von großer Bedeutung. In den Regelwerken wird daher gefordert, dass der Abstand zwischen der Unterkante des Dübelkopfes und der unteren Bewehrungslage bei Vollbetonplatten ohne Vouten mindestens 30 mm und bei Gurten mit Vouten mindestens 40 mm beträgt (siehe Bild 152).

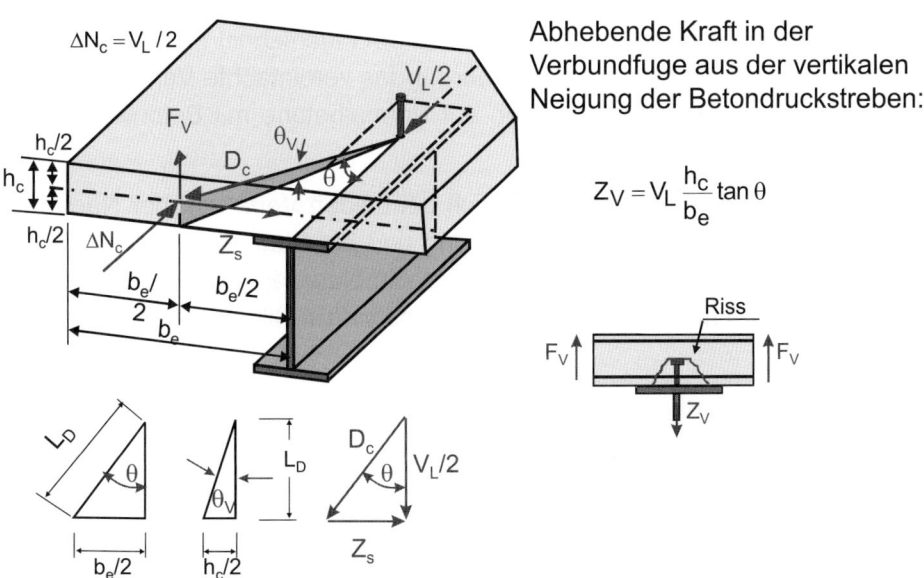

$$Z_V = V_L \frac{h_c}{b_e} \tan\theta$$

Bild 161: Zum Nachweis in der Dübelumrissfläche

6.7 Verbundstützen

6.7.1 Allgemeines, Bemessungsverfahren

DIN EN 1994-1-1, Abschnitt 6.7 regelt die Bemessung von Verbundstützen, die aus vollständig und teilweise einbetonierten Stahlprofilen oder aus runden oder rechteckigen ausbetonierten Hohlprofilen bestehen. Es werden zwei Nachweisverfahren für den Nachweis der Gesamtstabilität angegeben. Mit dem allgemeinen Bemessungsverfahren kann die Tragfähigkeit von Stützen mit beliebigem Querschnitt und über die Stützenlänge veränderlichen Querschnitten ermittelt werden. Das vereinfachte Nachweisverfahren gilt für Stützen mit doppeltsymmetrischen und über die Stützenlänge konstanten Querschnitten. Bild 162 zeigt die unterschiedlichen Anwendungsbereiche für das allgemeine Bemessungsverfahren und das Näherungsverfahren.

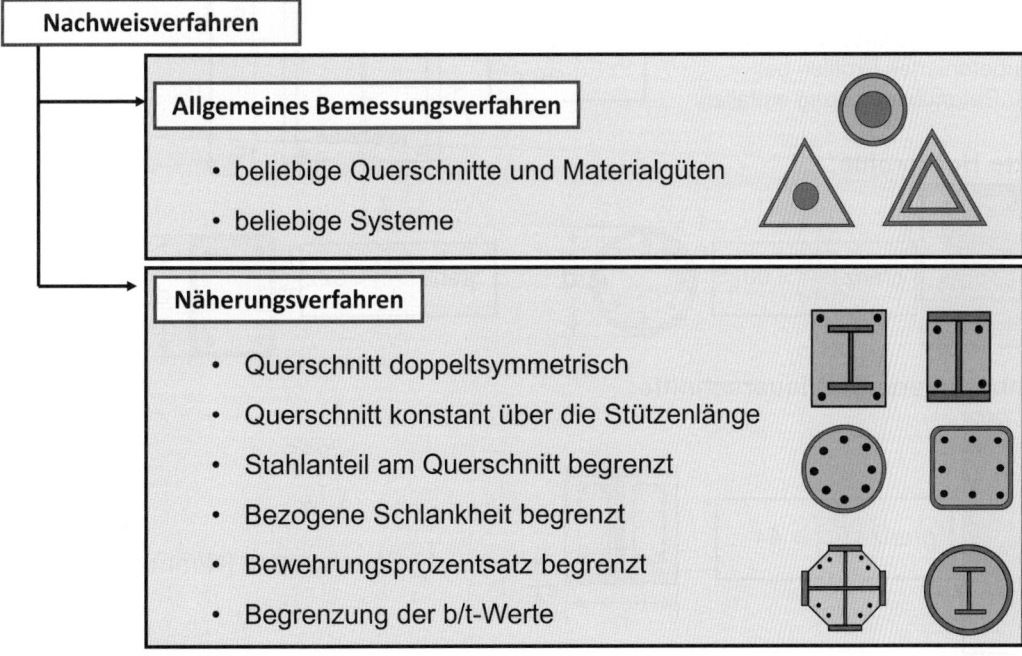

Bild 162: Differenzierung des Anwendungsbereichs für das allgemeine Bemessungsverfahren und das Näherungsverfahren

In der Norm wird bei beiden Nachweisverfahren der Stahlanteil am Querschnitt mithilfe des Wertes δ begrenzt. Diese Begrenzung ist streng genommen nur für das vereinfachte Verfahren erforderlich. Ferner ist die Anwendung der beiden Verfahren auf Normalbetone mit Betonfestigkeitsklassen bis C50/60 begrenzt.

Neben dem Nachweis der Gesamtstabilität ist grundsätzlich bei beiden Verfahren der Nachweis gegen lokales Beulen sowie der Nachweis der Lasteinleitung und bei Stützen mit planmäßigen Querlasten und/oder Randmomenten der Nachweis der Längsschubkraftragfähigkeit erforderlich, Bild 163. Die Randbedingungen hinsichtlich des örtlichen Beulens sind in Bild 164 angegeben.

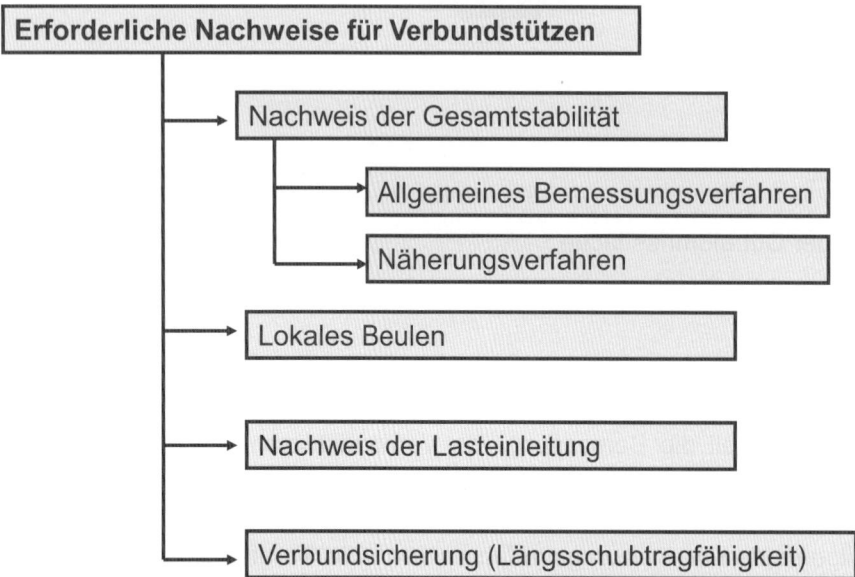

Bild 163: Erforderliche Nachweise für Verbundstützen

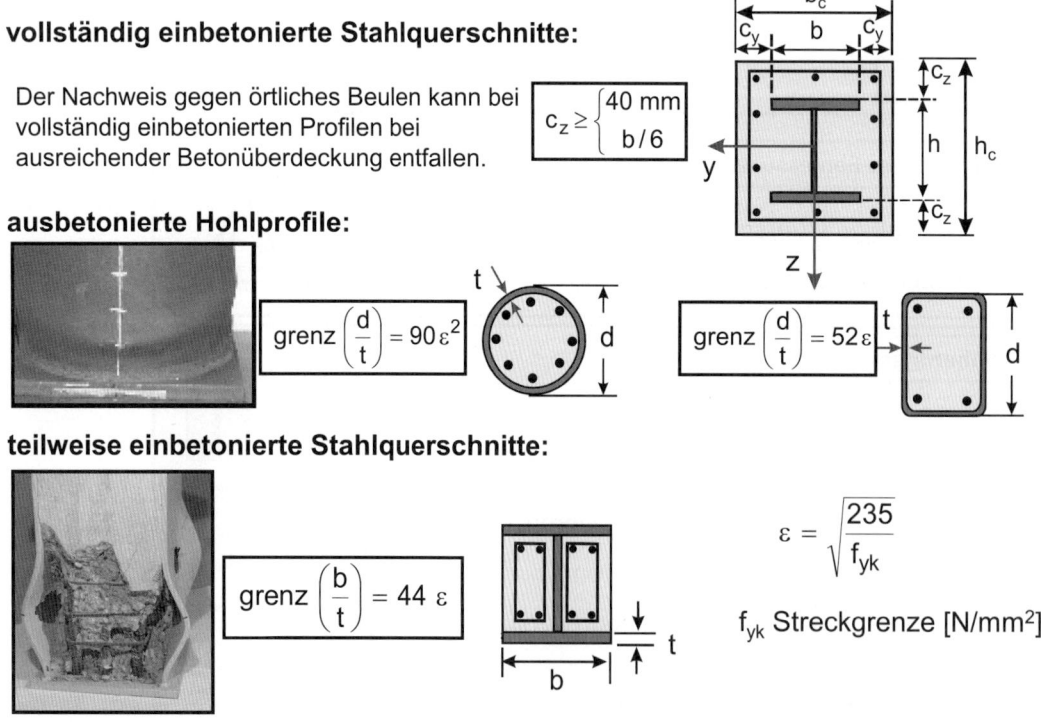

Bild 164: Maximal zulässige d/t- bzw. b/t-Werte und Mindestbetonüberdeckungen ohne Nachweis des lokalen Beulens

Beim Nachweis der Gesamtstabilität ist zu beachten, dass Stützen mit Querschnitten aus ausbetonierten Hohlprofilen mit zusätzlichen Einstellprofilen aus runden oder quadratischen Vollkernprofilen bzw. aus dicken Blechen zusammengeschweißten Kernprofilen eine Sonderstellung einnehmen. Diese Stützenquerschnitte dürfen trotz der Doppelsymmetrie des Querschnitts nicht nach dem vereinfachten Nachweisverfahren bemessen werden. Dies gilt auch für spezielle Querschnitte mit einbetonierten Stahlprofilen. Auf die speziellen Aspekte bei der Bemessung dieser Stützen wird nachfolgend im Abschnitt 6.7.3.8 noch gesondert eingegangen. Der Nachweis gegen örtliches Beulen in Stahlquerschnittsteilen darf entfallen, wenn die in Bild 164 angegebenen Bedingungen eingehalten werden.

6.7.2 Allgemeines Nachweisverfahren

Beim Nachweis nach dem allgemeinen Nachweisverfahren sind die Auswirkungen nach Theorie II. Ordnung (geometrische Nichtlinearität) unter Beachtung von geometrischen und strukturellen Imperfektionen, örtlichen Instabilitäten, des Einflusses der Rissbildung und des nichtlinearen Materialverhaltens von Baustahl, Betonstahl und Beton sowie die Einflüsse aus dem Langzeitverhalten des Betons (Kriechen und Schwinden) zu berücksichtigen. Es ist nachzuweisen, dass unter der ungünstigsten Kombination der Einwirkungen im Grenzzustand der Tragfähigkeit stabiles Gleichgewicht herrscht und an keiner Stelle die Tragfähigkeit des Querschnitts für Biegung, Normalkraft und Querkraft überschritten wird. Bei entsprechender Ausbildung der Lasteinleitung darf bei der Berechnung das Ebenbleiben des Gesamtquerschnitts und ein vollständiger Verbund zwischen Stahlprofil und Beton vorausgesetzt werden. Die Zugfestigkeit des Betons darf bei der Querschnittstragfähigkeit nicht ausgenutzt werden. Bei der Ermittlung der Schnittgrößen darf der Einfluss aus der Mitwirkung des Betons zwischen den Rissen auf die Biegesteifigkeit jedoch berücksichtigt werden.

Die Anforderungen bei der Anwendung des allgemeinen Bemessungsverfahrens verdeutlichen, dass dieses Verfahren für normale Bemessungsaufgaben nicht geeignet ist, da der Nachweis nur mithilfe geeigneter FE-Programme geführt werden kann [214]. Bild 165 zeigt beispielhaft das Ergebnis einer nichtlinearen Berechnung für eine exzentrisch belastete betongefüllte Hohlprofilstütze im Traglastzustand. Der Beton ist im Zugbereich in weiten Bereichen gerissen und das Stahlprofil zeigt ausgeprägte Fließzonen. Die zugehörigen Spannungen im Stahlprofil und im Beton sind an den in Bild 165 ausgewählten Stellen der Stütze dargestellt. Die gerissenen Betonzonen und die geflossenen Stahlzonen leisten keinen Beitrag mehr zur Biegesteifigkeit des Querschnittes für eine weitere Laststeigerung. An jeder Stelle der Stütze ist eine andere Steifigkeit vorhanden, was dazu führt, dass auch die Schwerachse der ‚elastischen Restquerschnitte' an jeder Stelle der Stütze unterschiedlich ist. Da die Verformungen der Stütze infolge der Normalkraftbeanspruchung einen erheblichen Einfluss auf die Biegemomente haben (Theorie-II-Ordnung), ist die Steifigkeitsänderung über die Stützenlänge unmittelbar bestimmend für die Tragfähigkeit. Die Stütze versagt entweder durch Überschreiten der Querschnittsgrenztragfähigkeit (gedrungene bzw. hoch biegebeanspruchte Stützen) oder durch Überschreiten des Eigenwertes (schlanke weitgehend nur normalkraftbeanspruchte Stützen).

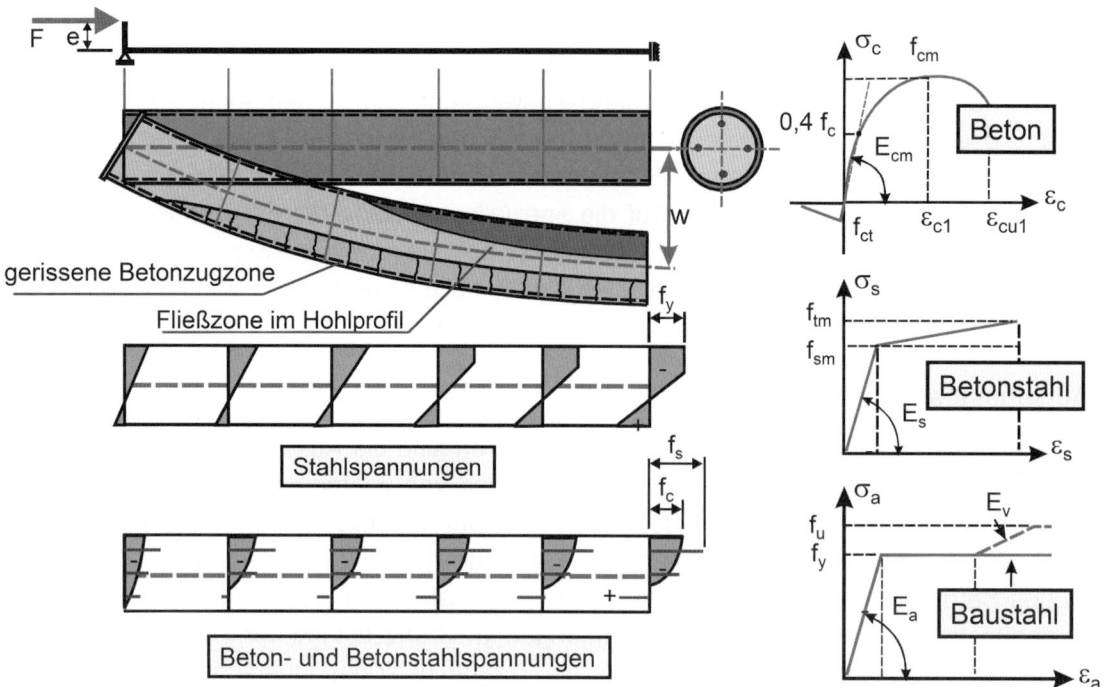

Bild 165: Annahmen bei der Ermittlung der Traglast nach dem allgemeinen Bemessungsverfahren, [214]

Für die Querschnittgrenztragfähigkeit wird dabei im Regelfall das Erreichen der Grenzdehnungen im Beton maßgebend. Bild 166 verdeutlicht, dass der Ansatz der vollplastischen Querschnittstragfähigkeit zu auf der unsicheren Seite liegenden Bemessungsergebnissen führt. Das in den Regelwerken angegebene vereinfachte Bemessungsverfahren basiert auf der vollplastischen M-N-Interaktionskurve. Die traglastmindernden Einflüsse aus der Dehnungsbeschränkung werden bei diesem Verfahren durch zusätzliche Abminderungsfaktoren bei der vollplastischen Querschnittstragfähigkeit berücksichtigt (s. a. 6.7.3.6). Im Rahmen des Nachweises durch das allgemeine Bemessungsverfahren wird dies aufgrund der nichtlinearen Berechnung nicht erforderlich. Für die Berechnung sind entsprechend die relevanten Spannungs-Dehnungs-Beziehungen für Beton DIN EN 1992-1-1, 3.1.5, für Betonstahl nach DIN EN 1992-1-1, 3.2.7 (Bild 3.8, Kurve A) und für Baustahl nach DIN EN 1993-1-1, 5.4.3(4) oder alternativ nach DIN EN1993-1-5, Annex C anzusetzen.

Nach dem Nationalen Anhang zu DIN EN 1994-1-1 dürfen vereinfacht die charakteristischen Werte der Festigkeit für Beton, Betonstahl und Baustahl zugrunde gelegt werden. Bei der derzeit in Überarbeitung befindlichen Fassung des Eurocode 4 wird hier eine Änderung erfolgen. Für den Beton und den Betonstahl dürfen dann die etwas höheren Werte nach DIN EN 1992-1-1 zugrunde gelegt werden.

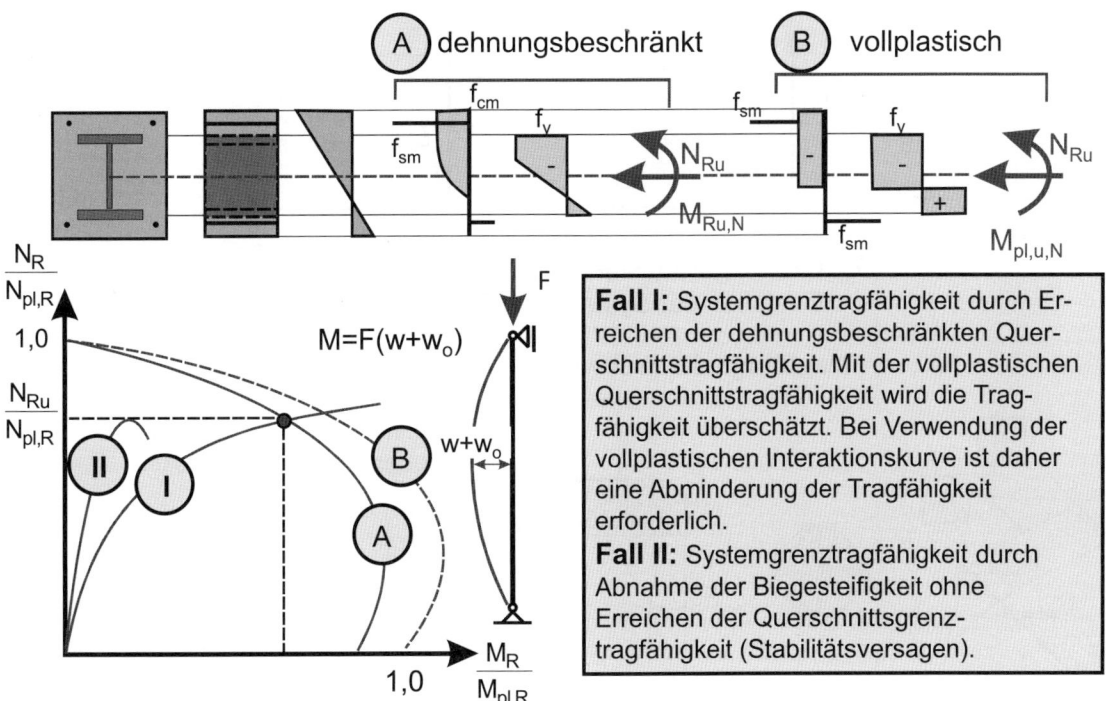

Bild 166: Einfluss der Dehnungsbeschränkung auf die Tragfähigkeit

Hinsichtlich des Ansatzes von geometrischen und strukturellen Imperfektionen wird dabei so vorgegangen, dass für den Ansatz der Vorkrümmung eine Imperfektion von L/1000 angenommen wird. Im Eurocode 3 und im Eurocode 4 finden sich derzeit keine Angaben zu den strukturellen Imperfektionen (Eigenspannungen aus dem Schweißen und Walzen), was die Anwendung des allgemeinen Nachweisverfahrens für beliebige Querschnitte erschwert. Man ist daher auf Angaben in der Literatur angewiesen (siehe Bild 168). Für geschweißte und gewalzte I-Profile finden sich Angaben in [215]. Bei Sonderprofilen, wie z. B. bei runden und quadratischen Vollkernprofilen oder bei zusammengeschweißten Vollkernprofilen aus dicken Blechen sind gesonderte Untersuchungen hinsichtlich der Eigenspannungen und der Verteilung der Streckgrenze erforderlich. Hierauf wird im Abschnitt 6.7.3.8 noch eingegangen. Näherungsweise dürfen bei der Berechnung anstelle der geometrischen und strukturellen Imperfektionen auch geometrische Ersatzimperfektionen nach Bild 192 angenommen werden. Diese Vereinfachung ist jedoch nur für die in DIN EN 1994-1-1, Bild 6.17 dargestellten Querschnitte zulässig.

Beim allgemeinen Nachweisverfahren kann der Nachweis ausreichender Tragsicherheit nicht mit Teilsicherheitsbeiwerten auf der Widerstandsseite erfolgen, da bei der Anwendung nichtlinearer Verfahren auf den Mittelwerten der Werkstoffkennwerte basierende Spannungs-Dehnungslinien zugrunde gelegt werden (Bild 167). Auf der Widerstandsseite ist dann eine direkte Berücksichtigung der unterschiedlichen Teilsicherheitsbeiwerte für Bau- und Betonstahl ($\gamma_a = 1{,}1$; $\gamma_s = 1{,}15$) sowie für Beton ($\gamma_c = 1{,}5$) nicht möglich.

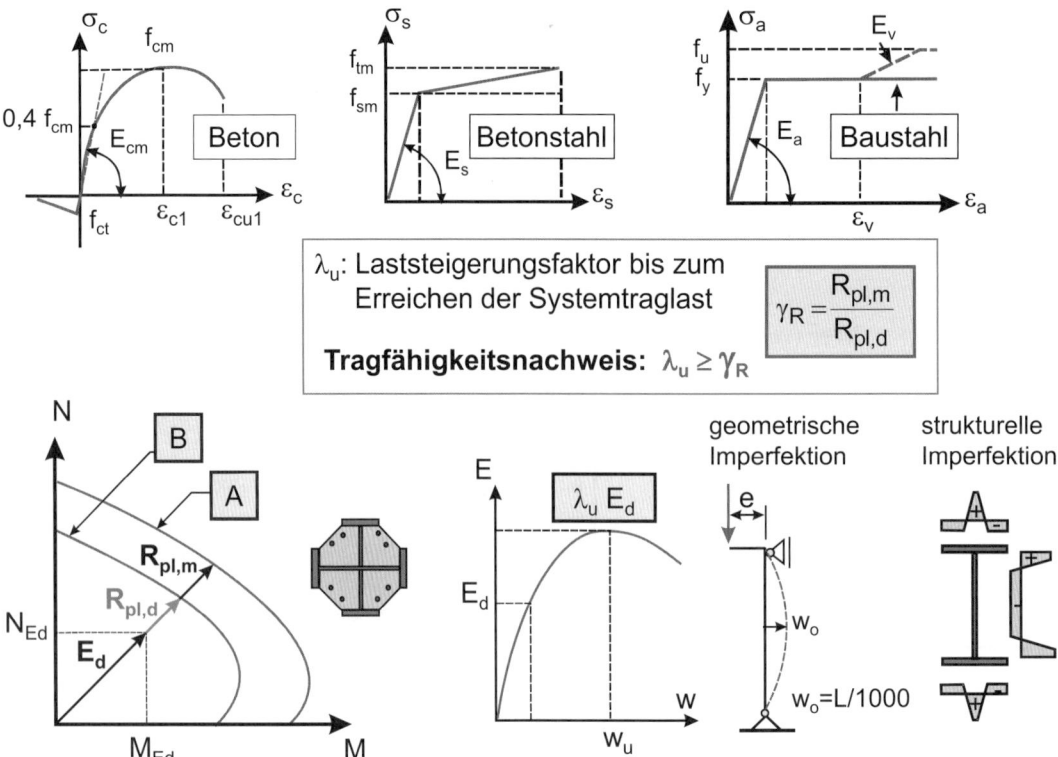

Bild 167: Annahmen bei der Ermittlung der Traglast nach dem allgemeinen Bemessungsverfahren, [216]

DIN EN 1994-1-1 enthält beim allgemeinen Nachweisverfahren keine detaillierten Angaben zum Tragsicherheitsnachweis. Daher wurde in den Nationalen Anhang zu DIN EN 1994-1-1 in Anlehnung an DIN EN 1992-1-1 ein allgemeines Nachweisformat aufgenommen. Bei der Ermittlung der Tragfähigkeit wird ein für den gesamten Querschnittswiderstand zu berücksichtigender Teilsicherheitsbeiwert γ_R eingeführt. Dieser wird zweckmäßig mithilfe der vollplastischen Querschnittsinteraktionskurve des Querschnitts bestimmt [216]. Wie aus Bild 167 ersichtlich ist, werden dabei zunächst die Interaktionskurven unter Ansatz der Mittelwerte der Werkstoffe (Kurve A) und unter Ansatz der Bemessungswerte der Werkstoffe (Kurve B) bestimmt. Für eine gegebene Einwirkungskombination (N_{Ed}, M_{Ed}) ergibt sich der für den Querschnittswiderstand maßgebende Teilsicherheitsbeiwert γ_R aus dem Verhältnis der Vektoren $R_{pl,m}$ und $R_{pl,d}$. Der Nachweis ausreichender Tragfähigkeit gilt als erbracht, wenn der aus der nichtlinearen Berechnung resultierende Steigerungsfaktor λ_u größer als der Teilsicherheitsbeiwert γ_R ist.

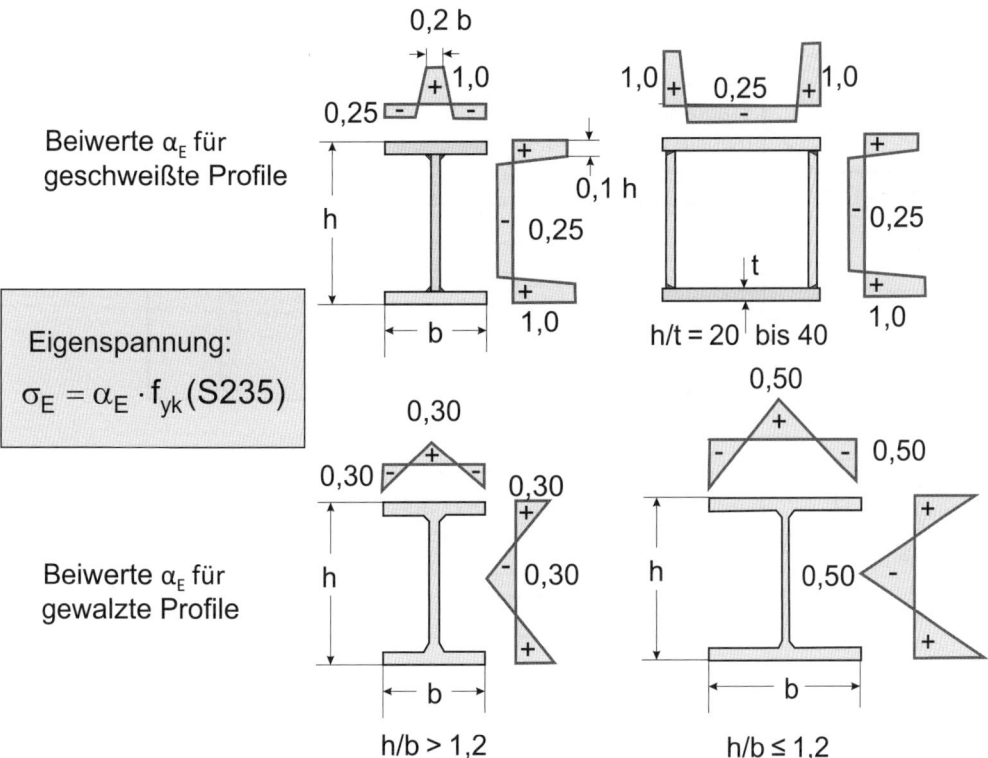

Bild 168: Typische Eigenspannungsverteilungen für gewalzte und geschweißte Stahlprofile, [215]

6.7.3 Nachweis der Gesamtstabilität nach dem vereinfachten Nachweisverfahren

6.7.3.1 Allgemeines

Das bereits in den älteren Regelwerken (ENV 1994-1-1 [34] und DIN 18806 Teil 1 [102]) enthaltene vereinfachte Bemessungsverfahren basiert auf dem Ersatzstabverfahren unter Verwendung der europäischen Knickspannungskurven. Dieses Verfahren war nur für Einzelstützen und Stützen in unverschieblichen Rahmentragwerken anwendbar. Im Rahmen der Erarbeitung von EN 1994-1-1 [31] (Eurocode 4-1-1) wurde ein modifiziertes Nachweisverfahren auf der Grundlage der Elastizitätstheorie II. Ordnung entwickelt, das sich an die Nachweisverfahren in den Regelwerken für Stahltragwerke anlehnt und auch bei seitlich verschieblichen Rahmentragwerken angewandt werden kann. Bild 170 gibt eine Übersicht über die Anwendung des vereinfachten Nachweisverfahrens.

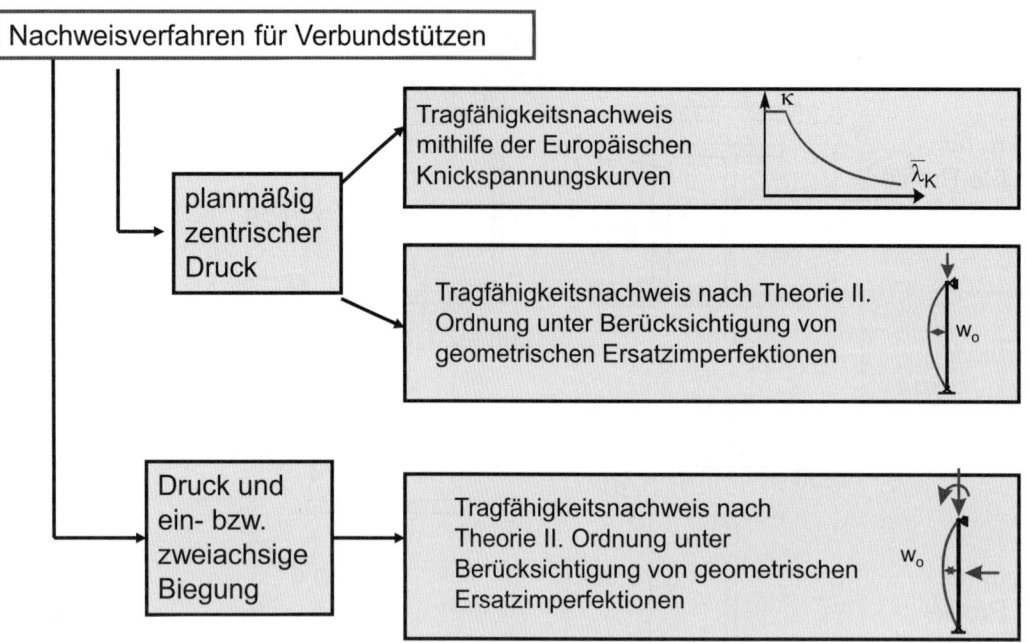

Bild 169: Übersicht Anwendung des vereinfachten Nachweisverfahrens

Das Näherungsverfahren enthält hinsichtlich der Querschnittstragfähigkeit und der effektiven Biegesteifigkeit Berechnungsannahmen, die teilweise aus der Kalibrierung mit Versuchsergebnissen resultieren [217]. Der Anwendungsbereich ist daher begrenzt (Bild 170). Das Näherungsverfahren gilt nur für Stützen, bei denen die bezogene Schlankheit den Wert 2 nicht überschreitet. Diese Begrenzung resultiert ebenfalls aus der experimentellen Absicherung des Verfahrens.

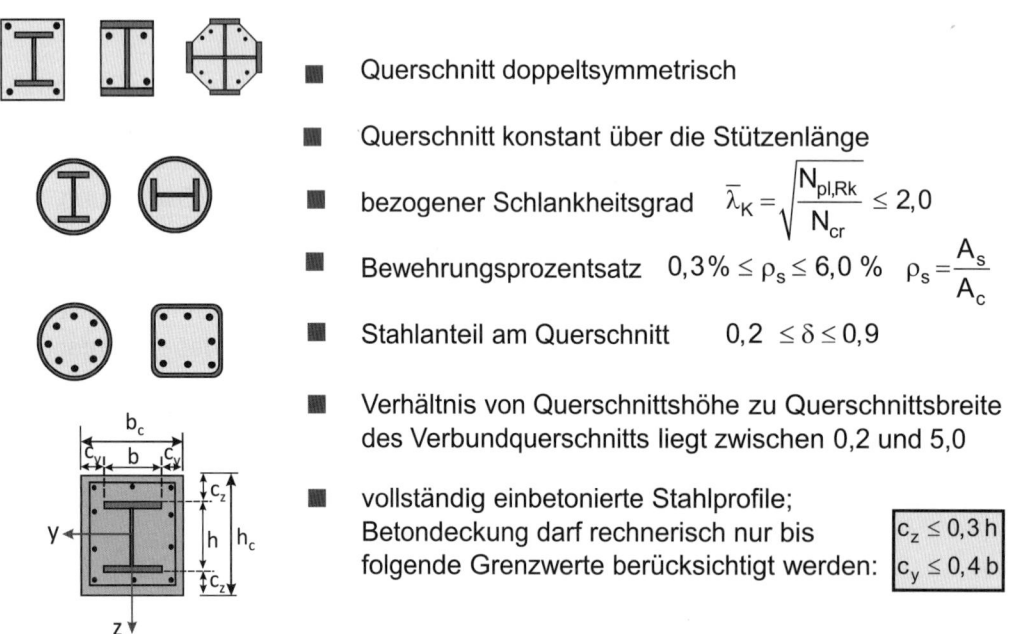

- Querschnitt doppeltsymmetrisch
- Querschnitt konstant über die Stützenlänge
- bezogener Schlankheitsgrad $\bar{\lambda}_K = \sqrt{\dfrac{N_{pl,Rk}}{N_{cr}}} \leq 2,0$
- Bewehrungsprozentsatz $0,3\% \leq \rho_s \leq 6,0\%$ $\rho_s = \dfrac{A_s}{A_c}$
- Stahlanteil am Querschnitt $0,2 \leq \delta \leq 0,9$
- Verhältnis von Querschnittshöhe zu Querschnittsbreite des Verbundquerschnitts liegt zwischen 0,2 und 5,0
- vollständig einbetonierte Stahlprofile; Betondeckung darf rechnerisch nur bis folgende Grenzwerte berücksichtigt werden: $c_z \leq 0,3\,h$; $c_y \leq 0,4\,b$

Bild 170: Anwendungsgrenzen für das vereinfachte Nachweisverfahren

6.7.3.2 Querschnittstragfähigkeit

Grundlage des vereinfachten Nachweisverfahrens ist die vollplastische Querschnittstragfähigkeit. Die Grenznormalkraft eines Verbundquerschnittes im vollplastischen Zustand ergibt sich aus der Addition der Bemessungswerte der Grenznormalkräfte der einzelnen Querschnittsteile (Bild 171). Der Beiwert α_c ist bei einbetonierten Stahlprofilen und kammerbetonierten Profilen mit 0,85, bei betongefüllten Hohlprofilquerschnitten mit $\alpha_c = 1{,}0$ anzusetzen. Mit dem höheren Beiwert bei ausbetonierten Hohlprofilen wird der günstige Einfluss der Nacherhärtung des Betons infolge der behinderten Austrocknung durch das Hohlprofil berücksichtigt.

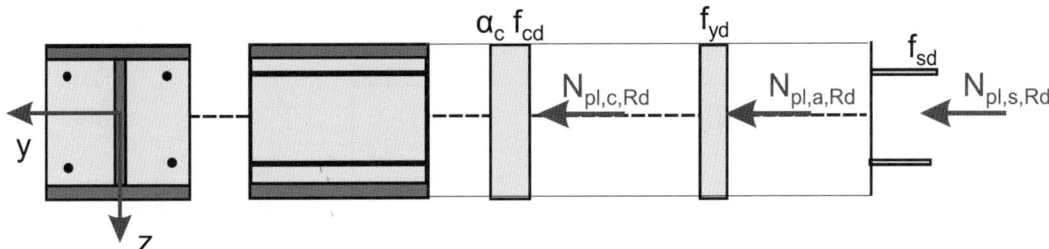

Bemessungswert der vollplastischen Normalkrafttragfähigkeit:

$$N_{pl,Rd} = N_{pl,a,Rd} + N_{pl,c,Rd} + N_{pl,s,Rd}$$

$$N_{pl,Rd} = A_a f_{yd} + A_s f_{sd} + A_c \alpha_c f_{cd}$$

Charakteristischer Wert der vollplastischen Normalkrafttragfähigkeit:

$$N_{pl,Rk} = A_a f_{yk} + A_s f_{sk} + A_c \alpha_c f_{ck}$$

Bemessungswerte der Festigkeiten:

$$f_{yd} = \frac{f_{yk}}{\gamma_{Rd}} \quad f_{sd} = \frac{f_{sk}}{\gamma_s} \quad f_{cd} = \frac{f_{ck}}{\gamma_c}$$

$\alpha_c = 1{,}0$ 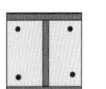 $\alpha_c = 0{,}85$

Bild 171: Vollplastische Normalkrafttragfähigkeit

Bei betongefüllten Rundrohren ergibt sich infolge der behinderten Querdehnung des Betons durch das umgebende Rohr ein dreidimensionaler Spannungszustand im Beton. Für Betondruckspannungen $\sigma_c > 0{,}8 f_{ck}$ ist die Querkontraktionszahl des Betons größer als die des Baustahls. Aus der Umschnürungswirkung durch das Rohr (Spannungen σ_{cr}) resultiert eine zweiaxiale Beanspruchung des Betons, die zu einer erhöhten Betontragfähigkeit führt. Die Ringzugspannungen $\sigma_{a\varphi}$ im Rohr führen zu einer Reduzierung der aufnehmbaren Längsdruckspannungen im Rohr. Aus den Radialspannungen σ_{cr} resultiert ferner eine erhöhte Längsschubtragfähigkeit infolge der Reibung zwischen Rohr und Beton (Bild 172), [218] bis [224].

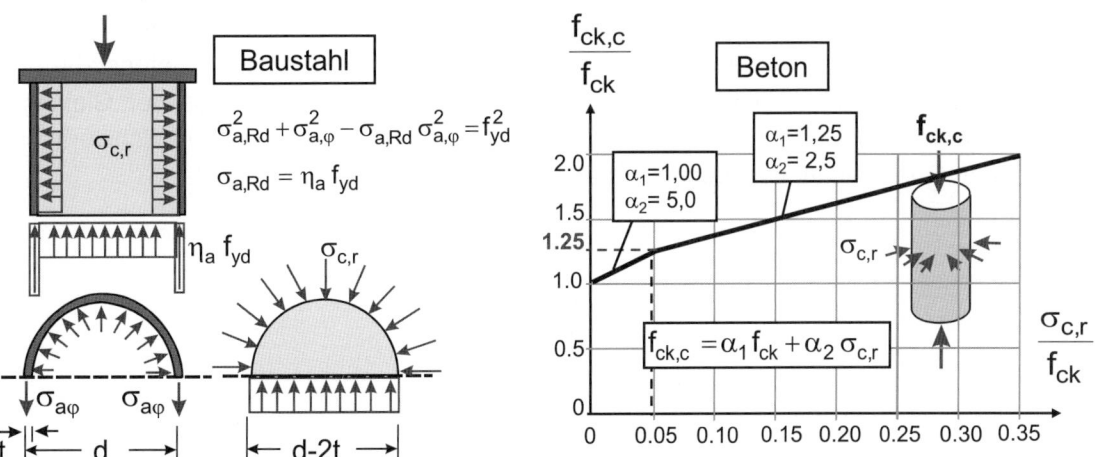

Bild 172: Einfluss der Umschnürungswirkung auf die Druckfestigkeit des Betons bei betongefüllten Hohlprofilen

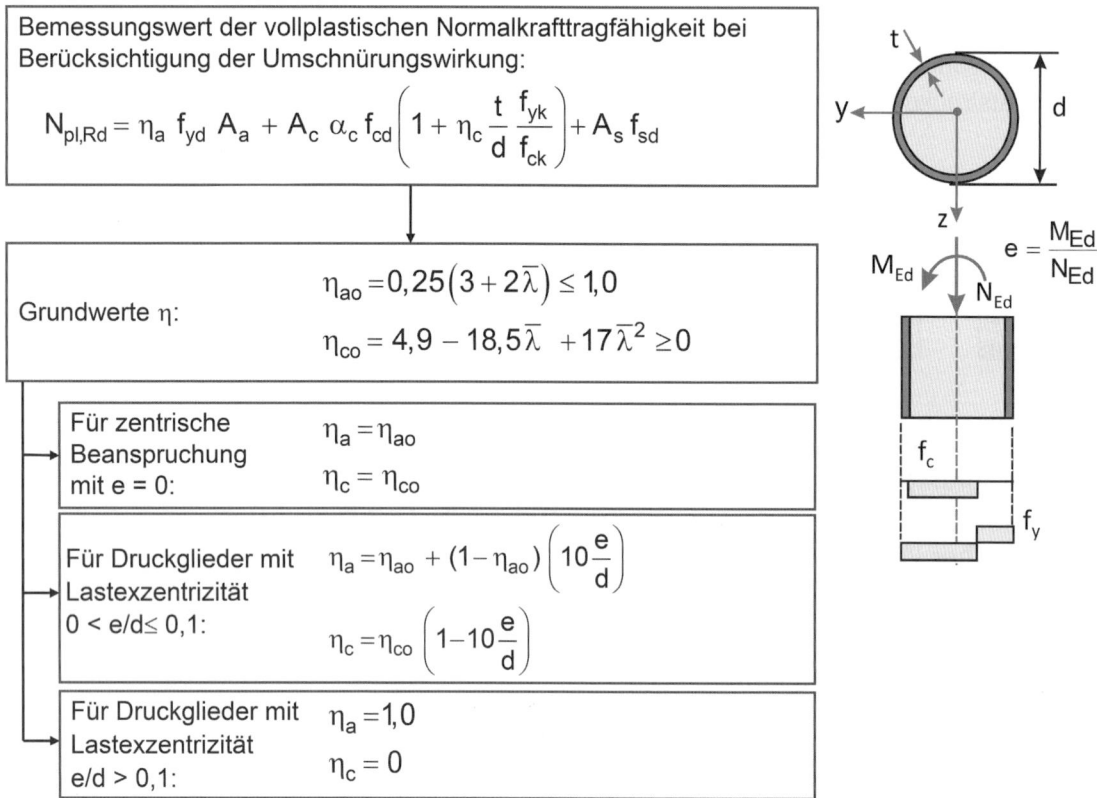

Bild 173: Umschnürungswirkung bei betongefüllten runden Hohlprofilen

Die erhöhte Betontragfähigkeit darf bei der Bemessung von ausbetonierten Rohren planmäßig ausgenutzt werden (Bild 173). Versuche zeigen, dass mit zunehmender Schlankheit der Stütze und bei planmäßig exzentrischer Beanspruchung der Einfluss der Umschnürungswirkung zurückgeht. Bei bezogenen Schlankheiten größer als 0,5 und bei auf den Rohrdurchmesser bezogenen Exzentrizitäten von mehr als 0,1 darf beim Nachweis der Gesamtstabilität nach DIN EN 1994-1-1 der Einfluss der Umschnürungswirkung nicht mehr berücksichtigt werden. Für die Krafteinleitungsbereiche von ausbetonierten Hohlprofilen gelten die Regelungen nach Abschnitt 6.7.4.2.

Die Bemessung für Druck und Biegung basiert auf der vollplastischen Interaktionskurve des Querschnitts. Zur Ermittlung der Interaktionskurve nach Bild 174 wird ausgehend von der plastischen Spannungsverteilung bei reiner Momentenbeanspruchung die plastische Nulllinie soweit über dem Querschnitt verschoben, bis der gesamte Querschnitt überdrückt ist. Für eine gewählte Lage der plastischen Nulllinie werden die inneren Kräfte $N_i = f_{id} \cdot A_i$ des Beton-, Betonstahl- und Baustahlquerschnittes ermittelt. Die zugehörige Normalkraft N_{Ed} ergibt sich aus der Gleichgewichtsbedingung $\Sigma N_i = N_{Ed}$. Das plastische Moment $M_{pl,N,Rd}$ folgt mit den auf die Schwerachse des ungerissenen Querschnitts bezogenen Hebelarmen z_i zu $M_{pl,N,Rd} = \Sigma N_i \cdot z_i$.

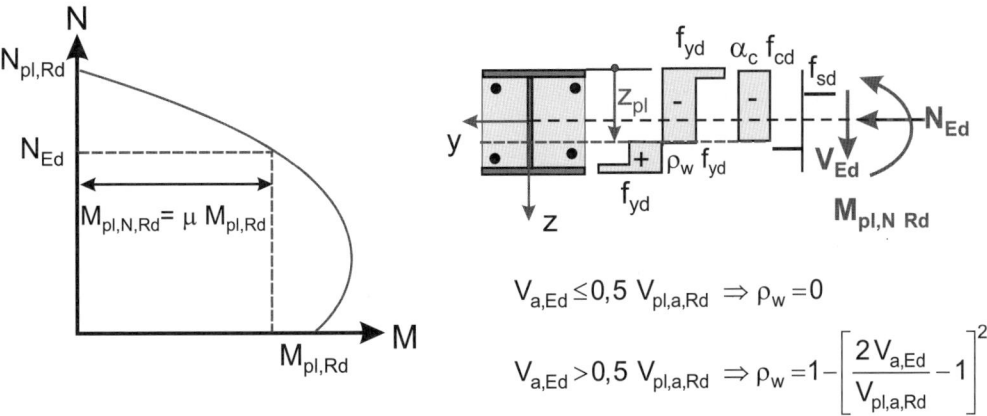

Bild 174: Interaktionskurve für Druck und einachsige Biegung

Bild 175 zeigt exemplarisch die Berechnung für eine teilweise einbetonierte Stütze, wenn die plastische Nulllinie im Steg liegt. Der Einfluss von Querkräften ist bei der Ermittlung der Querschnittsinteraktionskurve zu berücksichtigen, wenn die anteilige Querkraft des Stahlprofils den 0,5-fachen Wert der vollplastischen Grenzquerkraft des Stahlprofils überschreitet. In diesen Fällen wird in Übereinstimmung mit den Regelungen für Verbundträger eine mit dem Faktor ρ_w reduzierte Streckgrenze in den Querkraft übertragenden Stahlquerschnittsteilen angesetzt.

Die Aufteilung der Bemessungsquerkraft V_{Ed} in die Anteile, die vom Stahlprofil ($V_{a,Ed}$) und vom Stahlbetonquerschnitt ($V_{c,Ed}$) aufgenommen (Bild 176) werden, kann näherungsweise im Verhältnis der Momententragfähigkeiten erfolgen, die aus der Spannungsverteilung im vollplastischen Zustand (ohne Berücksichtigung der Querkraft) resultieren. Im Stahlprofil darf die anteilige Querkraft $V_{a,Ed}$ die Grenzquerkraft $V_{pl,a,Rd}$ des Stahlprofils nicht überschreiten. Die Querkrafttragfähigkeit des Stahlbetonteils ist für die anteilige Querkraft $V_{c,Ed}$ nach DIN EN 1992-1-1, Abschnitt 6.2 nachzuweisen. Auf der sicheren Seite liegend darf stets auch die gesamte Querkraft nur dem Stahlprofil zugewiesen werden.

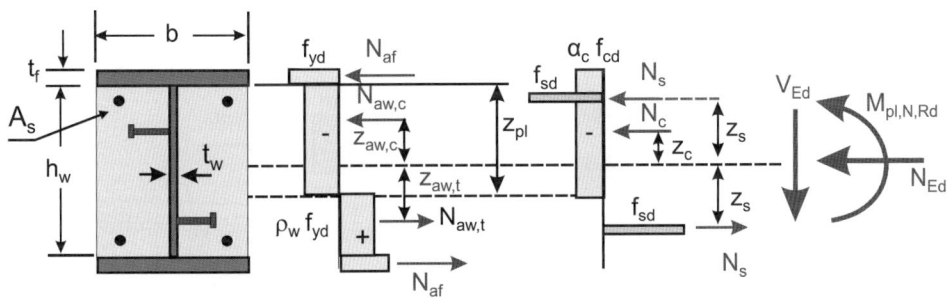

Bestimmung der Lage der plastischen Nulllinie im Steg:

$N_c + N_{aw,c} - N_{aw,t} = N_{Ed}$

$(b - t_w) z_{pl} \alpha_c f_{cd} + t_w z_{pl} \rho_w f_{yd} - t_w (h_w - z_{pl}) \rho_w f_{yd} = N_{Ed}$

$\Sigma N_i = N_{Ed} \quad z_{pl} = \dfrac{N_{Ed} + h_w t_w \rho_w f_{yd}}{(b - t_w) \alpha_c f_{cd} + 2 t_w \rho_w f_{yd}}$

$N_{aw,c} = z_{pl} t_w \rho_w f_{yd}$
$N_{aw,t} = (h_w - z_{pl}) t_w \rho_w f_{yd}$
$N_{af} = b t_f f_{yd}$
$N_c = (b - t_w) z_{pl} \alpha_c f_{cd}$
$N_s = 2 A_s f_{sd}$

Vollplastische Momententragfähigkeit bei gleichzeitiger Wirkung der Normalkraft N_{Ed} und der Querkraft V_{Ed}:

$M_{pl,N,Rd} = N_c z_c + N_{aw,c} z_{aw,c} + N_{aw,t} z_{aw,t} + N_{af}(h_w + t_f) + 2 N_s z_s$

Bild 175: Beispiel für die vollplastische Querschnittstragfähigkeit bei Druck und Biegung und plastischer Nulllinie im Steg für einen kammerbetonierten Querschnitt

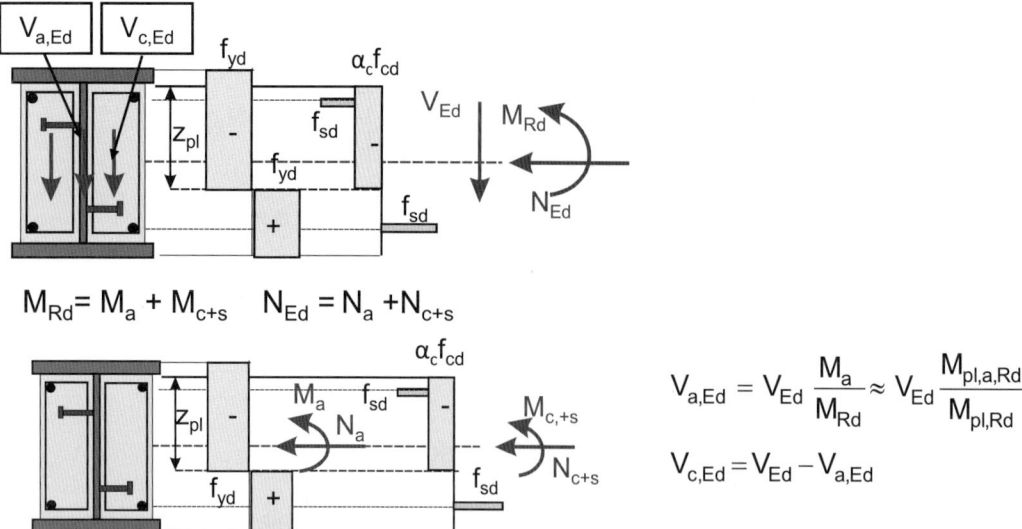

Bild 176: Ermittlung der anteiligen Querkräfte des Stahl- und des Betonquerschnitts

Die Berechnung der vollplastischen Interaktionskurve ist mit einem relativ hohen Aufwand verbunden, weil für mehrere plastische Nulllinienlagen die zugehörige Normalkraft und das zugehörige Moment bestimmt werden müssen. Für die praktische Bemessung kann die Interaktionskurve ausreichend genau durch den in Bild 177 dargestellten Polygonzug mit den Punkten A bis D approximiert werden [225]. Der Punkt A beschreibt den Zustand der zentrischen Normalkraftbeanspruchung (siehe Bild 178). Im Punkt D stimmt die Lage der plastischen Nulllinie mit der Querschnittsmittellinie überein. Aus der zugehörigen plastischen Spannungsverteilung ist ersichtlich, dass sich bei dieser Verteilung die maximale Momententragfähigkeit $M_{D,Rd} = M_{max,Rd}$ ergibt. Die zugehörige Normalkraft $N_{D,Rd}$ ergibt sich aus der Resultierenden des plastischen Spannungsblocks des Betonquerschnitts, da sich die Anteile in der Bewehrung und im Baustahlquerschnitt aufheben (Bild 178). $W_{pl,a}$, $W_{pl,c}$ und $W_{pl,s}$ sind die plastischen Widerstandsmomente des Baustahl-, Beton- und Betonstahlquerschnitts.

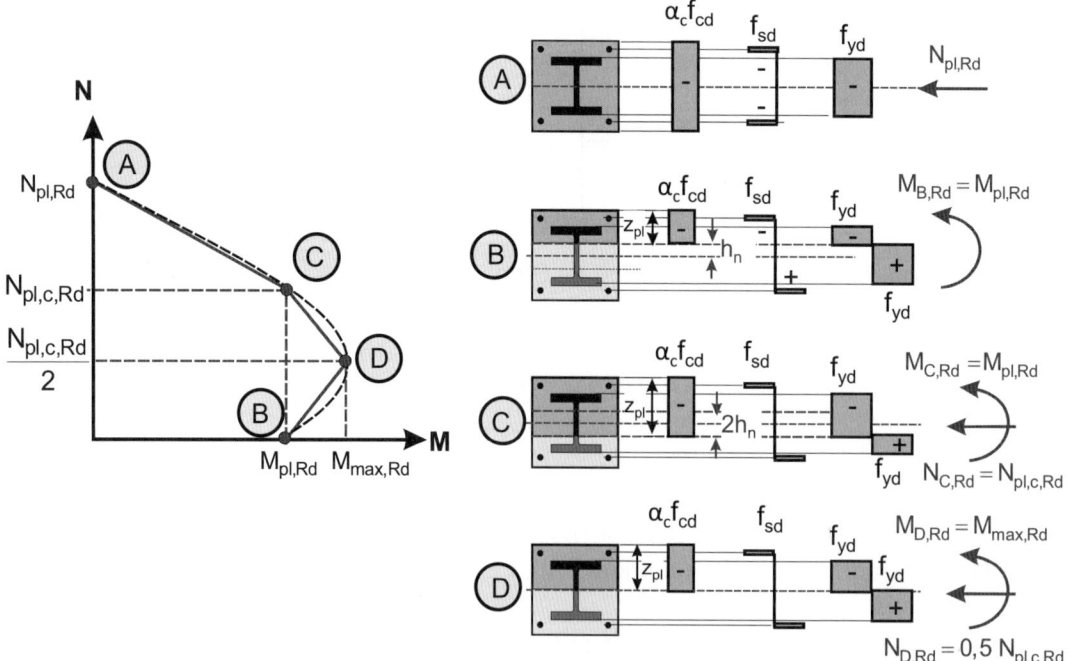

Bild 177: Momenten-Normalkraft-Interaktionskurve – Approximation durch einen Polygonzug, [225]

6 Nachweise in den Grenzzuständen der Tragfähigkeit

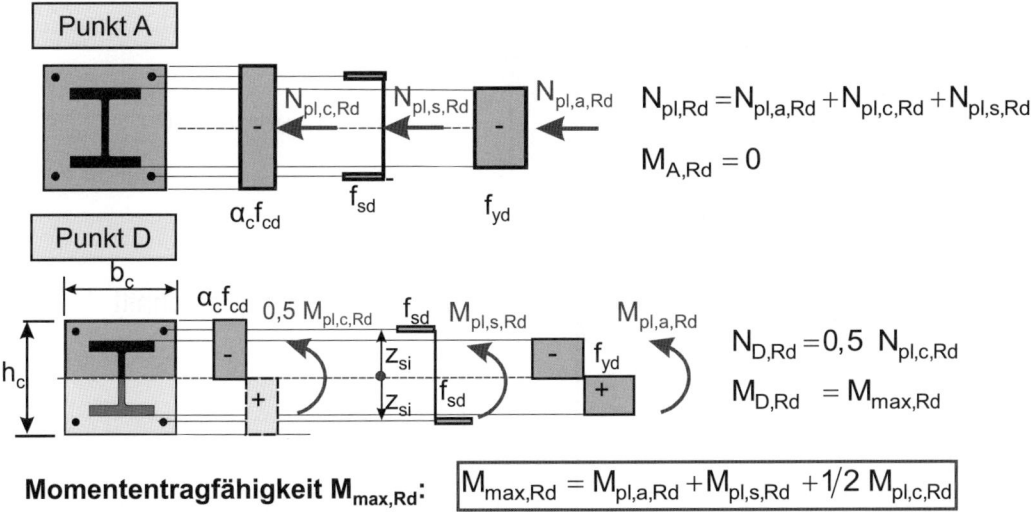

$N_{pl,Rd} = N_{pl,a,Rd} + N_{pl,c,Rd} + N_{pl,s,Rd}$

$M_{A,Rd} = 0$

$N_{D,Rd} = 0{,}5\ N_{pl,c,Rd}$

$M_{D,Rd} = M_{max,Rd}$

Momententragfähigkeit $M_{max,Rd}$: $\boxed{M_{max,Rd} = M_{pl,a,Rd} + M_{pl,s,Rd} + 1/2\ M_{pl,c,Rd}}$

Vollplastische Momententragfähigkeit der Einzelquerschnitte:

$$M_{pl,c,Rd} = W_{pl,c}\,\alpha_c f_{cd} = \left[\frac{b_c h_c^2}{4} - W_{pl,a} - W_{pl,s}\right] f_{cd}$$

$$M_{pl,s,Rd} = W_{pl,s}\,f_{sd} = \left[\sum A_{si}\,z_{si}\right] f_{ys}$$

$$M_{pl,a,Rd} = W_{pl,a}\,f_{yd} = \left[\frac{(h-2t_f)^2 t_w}{4} + b t_f (h-t_f)\right] f_{yd}$$

Bild 178: Querschnittstragfähigkeit in den Punkten A und D

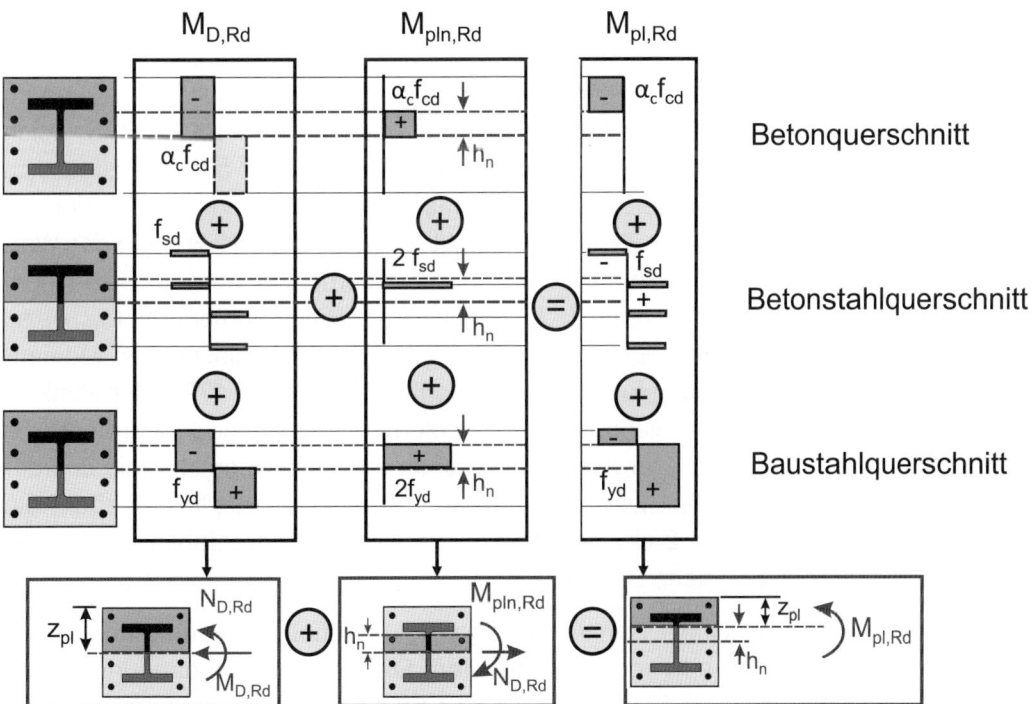

Bild 179: Ermittlung des vollplastischen Momentes $M_{pl,Rd}$ im Punkt B

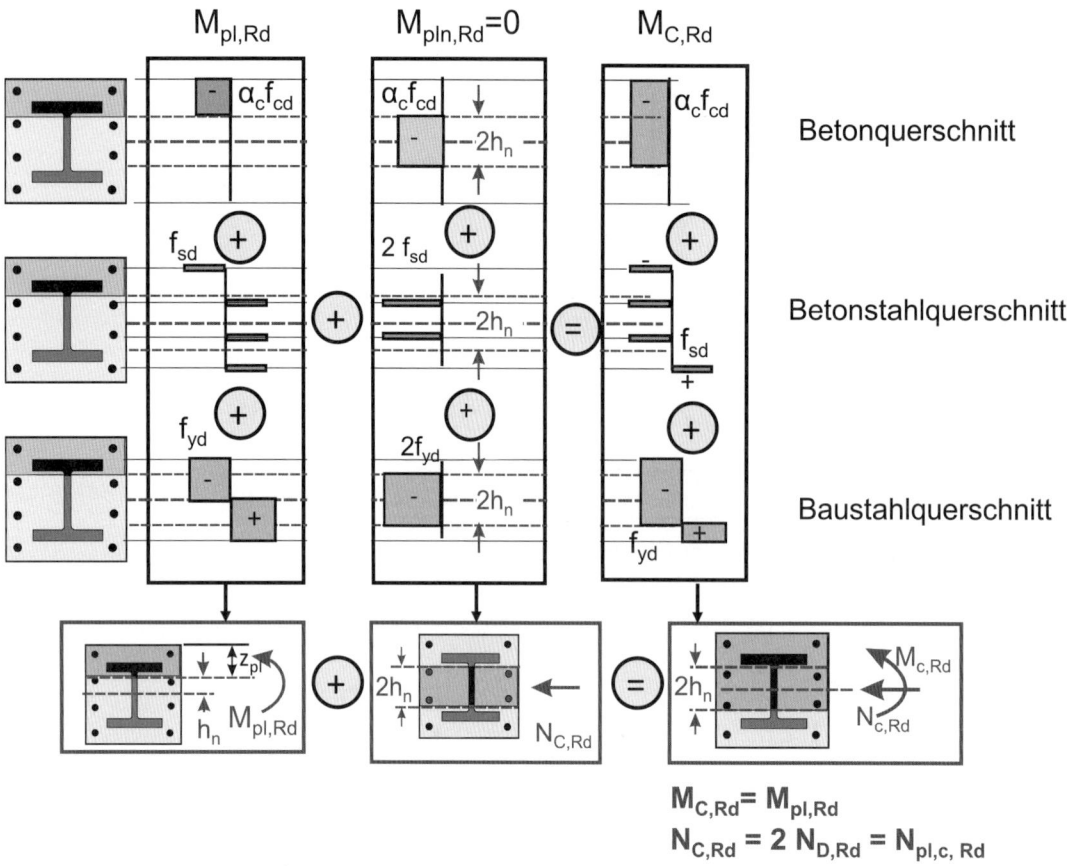

Bild 180: Querschnittstragfähigkeit im Punkt C

Der Punkt B beschreibt den Zustand bei reiner Momentenbeanspruchung ($N_{B,Rd} = 0$). Die vollplastische Momententragfähigkeit im Punkt B kann aus der plastischen Spannungsverteilung im Punkt D hergeleitet werden (siehe Bild 179). Da die Normalkrafttragfähigkeit im Punkt B gleich null ist, muss die im Punkt D vorhandene innere Normalkrafttragfähigkeit nur aus den zusätzlich überdrückten Querschnittsbereichen resultieren. Diese Normalkraft resultiert aus den in Bild 180 dargestellten Spannungsblöcken im Bereich der Höhe h_n. Mit $N_{D,Rd}$ nach Bild 178 kann der Wert h_n und somit die Lage der plastischen Nulllinie im Punkt B direkt berechnet werden. Bezeichnet man das aus den Spannungsblöcken im Bereich $2 \cdot h_n$ resultierende Biegemoment mit $M_{pln,Rd}$, so ergibt sich die plastische Momententragfähigkeit $M_{pl,Rd}$ im Punkt B aus der plastischen Momententragfähigkeit im Punkt D abzüglich des plastischen Momentes $M_{pln,Rd}$ (Bild 179). Der Punkt C der Interaktionskurve ist dadurch gekennzeichnet, dass das Moment $M_{C,Rd}$ genau so groß ist wie das plastische Moment $M_{pl,Rd}$ im Punkt B. Der Abstand zwischen der plastischen Nulllinie und der Querschnittsmittellinie muss dann h_n sein, weil sich diejenigen Momentenanteile aufheben, die aus den Spannungsblöcken im Bereich $2 \cdot h_n$ resultieren. Die Normalkrafttragfähigkeit $N_{C,Rd}$ ist dann doppelt so groß wie im Punkt D (siehe Bild 180).

In Bild 181 ist die Vorgehensweise für die Ermittlung des vollplastischen Momentes infolge der Spannungsblöcke im Bereich der Höhe h_n nochmals erläutert. Die plastischen Spannungsverteilungen nach A und B ergeben dasselbe Moment $M_{n,Rd}$. Für Stützen mit Standardquerschnitten können die o. g. Zusammenhänge formelmäßig direkt angegeben werden. In den Bildern Bild 182, Bild 183, Bild 184 und Bild 185 sind die Lösungen für ausbetonierte Hohlprofile sowie vollständig und teilweise einbetonierte Stahlprofile zusammengestellt.

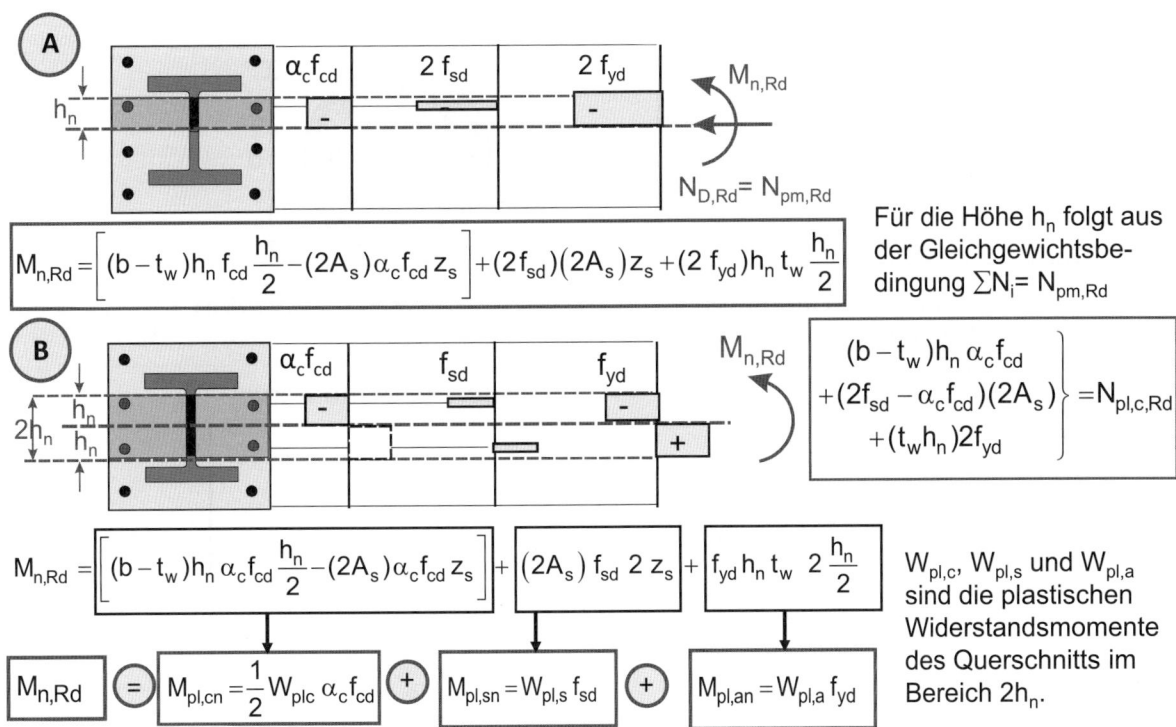

Bild 181: Ermittlung von $M_{pl,n,Rd}$

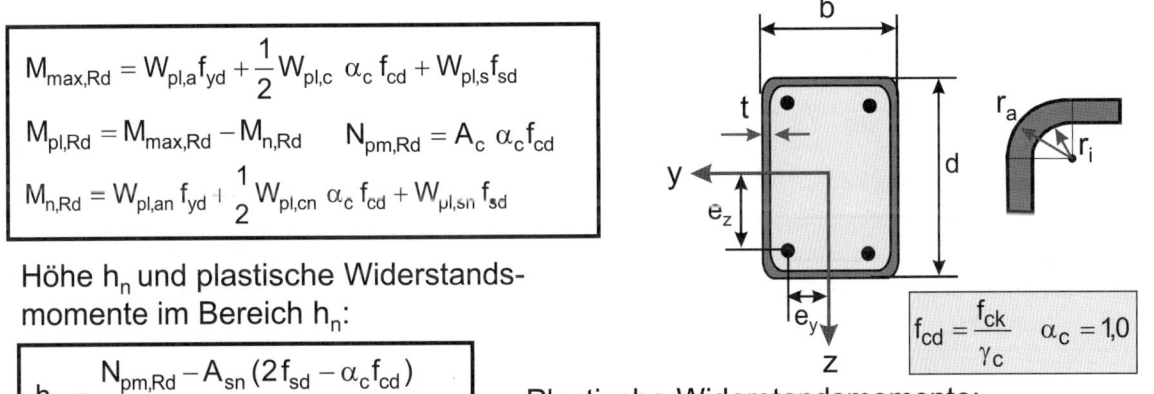

Bild 182: Ermittlung von h_n und $M_{pl,n,Rd}$ für ausbetonierte rechteckige Hohlprofile

$$M_{max,Rd} = W_{pl,a}\, f_{yd} + \frac{1}{2} W_{pl,c}\, \alpha_c\, f_{cd} + W_{pl,s}\, f_{sd}$$

$$M_{pl,Rd} = M_{max,Rd} - M_{n,Rd}$$

$$M_{n,Rd} = W_{pl,an}\, f_{yd} + \frac{1}{2} W_{pl,cn}\, \alpha_c f_{cd} + W_{pl,sn}\, f_{sd}$$

$$N_{pm,Rd} = A_c\, \alpha_c f_{cd}$$

Höhe h_n und plastische Widerstandsmomente im Bereich h_n:

$$h_n = \frac{N_{pm,Rd} - A_{sn}(2 f_{sd} - \alpha_c f_{cd})}{2 d \alpha_c\, f_{cd} + 4 t\, (2 f_{yd} - \alpha_c f_{cd})}$$

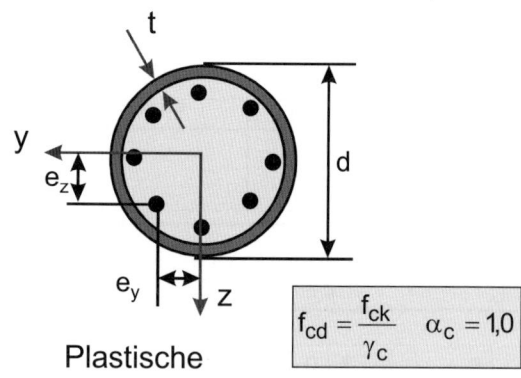

$$f_{cd} = \frac{f_{ck}}{\gamma_c} \quad \alpha_c = 1{,}0$$

Plastische Widerstandsmomente:

$$W_{pl,an} = 2 t h_n^2$$

$$W_{pl,sn} = \sum_{i=1}^{n} A_{sni}\, e_{zi}$$

$$W_{pl,sn} = \sum_{i=1}^{n} A_{sni}\, e_{zi}$$

Bei der Ermittlung von $W_{pl,an}$ wird näherungsweise eine gerade Außenwandung angenommen.

$$W_{pl,c} = \frac{(d-2t)^3}{6} - W_{pl,s}$$

$$W_{pl,s} = \sum_{i=1}^{n} A_{si}\, e_{zi}$$

$$W_{pl,a} = \frac{d^3}{6} - W_{pl,c} - W_{pl,s}$$

Bild 183: Ermittlung von h_n und $M_{pl,n,Rd}$ für ausbetonierte runde Hohlprofile

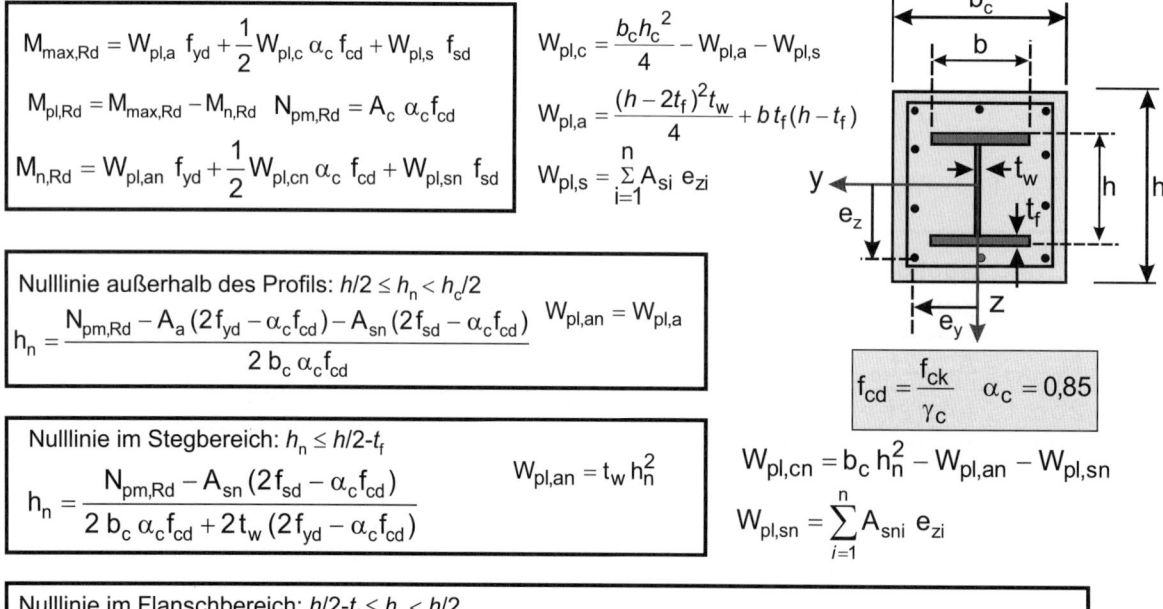

$$M_{max,Rd} = W_{pl,a}\, f_{yd} + \frac{1}{2} W_{pl,c}\, \alpha_c\, f_{cd} + W_{pl,s}\, f_{sd}$$

$$M_{pl,Rd} = M_{max,Rd} - M_{n,Rd} \qquad N_{pm,Rd} = A_c\, \alpha_c f_{cd}$$

$$M_{n,Rd} = W_{pl,an}\, f_{yd} + \frac{1}{2} W_{pl,cn}\, \alpha_c\, f_{cd} + W_{pl,sn}\, f_{sd}$$

$$W_{pl,c} = \frac{b_c h_c^2}{4} - W_{pl,a} - W_{pl,s}$$

$$W_{pl,a} = \frac{(h - 2 t_f)^2 t_w}{4} + b\, t_f (h - t_f)$$

$$W_{pl,s} = \sum_{i=1}^{n} A_{si}\, e_{zi}$$

Nulllinie außerhalb des Profils: $h/2 \le h_n < h_c/2$

$$h_n = \frac{N_{pm,Rd} - A_a(2 f_{yd} - \alpha_c f_{cd}) - A_{sn}(2 f_{sd} - \alpha_c f_{cd})}{2 b_c\, \alpha_c f_{cd}} \qquad W_{pl,an} = W_{pl,a}$$

$$f_{cd} = \frac{f_{ck}}{\gamma_c} \quad \alpha_c = 0{,}85$$

Nulllinie im Stegbereich: $h_n \le h/2 - t_f$

$$h_n = \frac{N_{pm,Rd} - A_{sn}(2 f_{sd} - \alpha_c f_{cd})}{2 b_c\, \alpha_c f_{cd} + 2 t_w (2 f_{yd} - \alpha_c f_{cd})} \qquad W_{pl,an} = t_w h_n^2$$

$$W_{pl,cn} = b_c\, h_n^2 - W_{pl,an} - W_{pl,sn}$$

$$W_{pl,sn} = \sum_{i=1}^{n} A_{sni}\, e_{zi}$$

Nulllinie im Flanschbereich: $h/2 - t_f \le h_n < h/2$

$$h_n = \frac{N_{pm,Rd} - (A_a - b h)(2 f_{yd} - \alpha_c\, f_{cd}) - A_{sn}(2 f_{sd} - \alpha_c f_{cd})}{2 b_c\, \alpha_c f_{cd} + 2 b (2 f_{yd} - \alpha_c f_{cd})} \qquad W_{pl,an} = W_{pl,a} - \frac{b}{4}(h^2 - 4 h_n^2)$$

Bild 184: Ermittlung von h_n und $M_{pl,n,Rd}$ für vollständig einbetonierte Profile (starke Achse)

$$M_{max,Rd} = W_{pl,a}\, f_{yd} + \frac{1}{2} W_{pl,c}\, \alpha_c f_{cd} + W_{pl,s}\, f_{sd}$$

$$M_{pl,Rd} = M_{max,Rd} - M_{n,Rd} \quad N_{pm,Rd} = A_c\, \alpha_c f_{cd}$$

$$M_{n,Rd} = W_{pl,an}\, f_{yd} + \frac{1}{2} W_{pl,cn}\, \alpha_c f_{cd} + W_{pl,sn}\, f_{sd}$$

$$W_{pl,a} = \frac{(h - 2t_f) t_w^2}{4} + \frac{t_f b^2}{2}$$

$$W_{pl,c} = \frac{h_c b_c^2}{4} - W_{pl,a} - W_{pl,s}$$

$$W_{pl,s} = \sum_{i=1}^{n} A_{si}\, e_{yi}$$

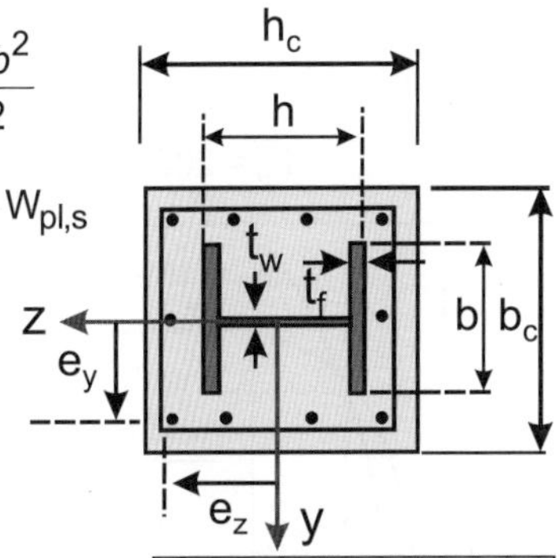

$$f_{cd} = \frac{f_{ck}}{\gamma_c} \quad \alpha_c = 0{,}85$$

Nulllinie außerhalb des Profils: $b/2 \leq h_n < b_c/2$

$$h_n = \frac{N_{pm,Rd} - A_a (2f_{yd} - \alpha_c f_{cd}) - A_{sn}(2f_{sd} - \alpha_c f_{cd})}{2 h_c\, \alpha_c f_{cd}} \quad W_{pl,an} = W_{pl,a}$$

Nulllinie im Stegbereich: $h_n \leq t_w/2$

$$h_n = \frac{N_{pm,Rd} - A_{sn}(2f_{sd} - \alpha_c f_{cd})}{2 h_c\, \alpha_c f_{cd} + 2 h (2f_{yd} - \alpha_c f_{cd})} \quad W_{pl,an} = h h_n^2$$

$$W_{pl,cn} = h_c h_n^2 - W_{pl,an} - W_{pl,sn}$$

$$W_{pl,sn} = \sum_{i=1}^{n} A_{sni}\, e_{yi}$$

Nulllinie im Flanschbereich: $t_w/2 \leq h_n < b/2$

$$h_n = \frac{N_{pm,Rd} - (A_a - 2t_f b)(2f_{yd} - \alpha_c f_{cd}) - A_{sn}(2f_{sd} - \alpha_c f_{cd})}{2 h_c\, \alpha_c f_{cd} + 4 t_f (2f_{yd} - \alpha_c f_{cd})} \quad W_{pl,an} = W_{pl,a} - \frac{t_f}{2}(b^2 - 4h_n^2)$$

Bild 185: Ermittlung von h_n und $M_{pl,n,Rd}$ für vollständig einbetonierte Profile (schwache Achse)

6.7.3.3 Einfluss des Kriechens und Schwindens

Bei Stützen ergibt sich infolge des Einflusses der Verformungen auf die Schnittgrößen eine Reduzierung der Tragfähigkeit aus Kriechen und Schwinden des Betons. Bild 186 zeigt den Vergleich von Traglastversuchen an einer kurzzeitbelasteten und einer langzeitbelasteten Verbundstütze, [244] bis [249]. Die kriecherzeugende Belastung war dabei über 3 Jahre mit 70 % der Gebrauchslast konstant aufgebracht und anschließend kurzzeitig bis zur Traglast gesteigert. Dabei wurde die Stütze nicht entlastet. Bei der Berechnung der effektiven Biegesteifigkeit wird zur Berücksichtigung des Langzeitverhaltens daher der in Bild 187 angegebene Elastizitätsmodul $E_{c,eff}$ angesetzt. Der Sekantenmodul E_{cm} des Betons wird dabei in Abhängigkeit vom Bemessungswert der Normalkraft N_{Ed}, dem ständigen Anteil der Bemessungsnormalkraft $N_{G,Ed}$ sowie der Kriechzahl abgemindert. Die Kriechzahl ist nach Abschnitt 3.1 in Abhängigkeit von der wirksamen Körperdicke zu bestimmen. Der zur Erfassung der Austrocknung maßgebende Umfang U für die Ermittlung der wirksamen Körperdicke d_{eff} kann für vollständige und teilweise einbetonierte Stahlprofile mit den in Bild 187 angegebenen Werten ermittelt werden. Bei Hohlprofilstützen liegen hinsichtlich des Kriechens und Schwindens deutlich günstigere Verhältnisse als bei vollständig bzw. teilweise einbetonierten Profilen vor, da die Austrocknung des Betons durch das Hohlprofil verhindert wird. Die wirksame Körperdicke wird daher zunächst mit den Außenabmessungen des Querschnitts berechnet. Die sich damit ergebende Kriechzahl darf für die Berechnung des effektiven Elastizitätsmoduls E_c auf 25 % abgemindert werden [248], [249].

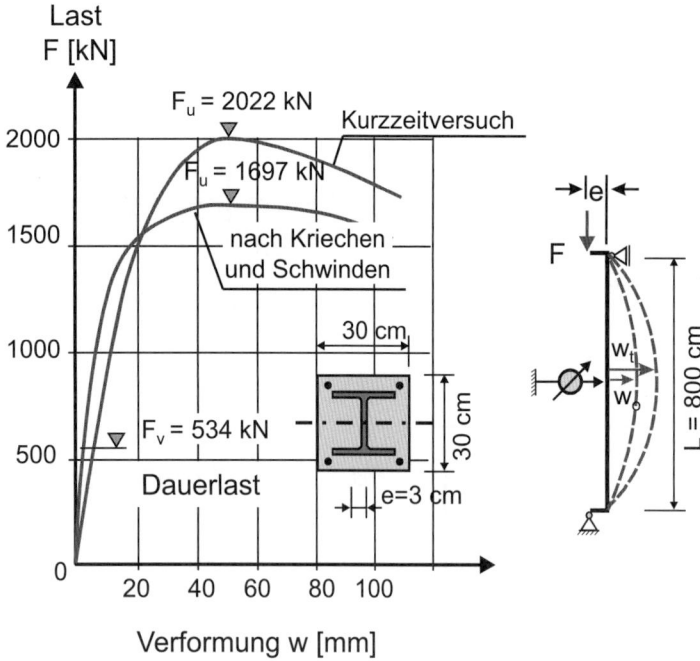

Bild 186: Einfluss des Langzeitverhaltens des Betons, [244]

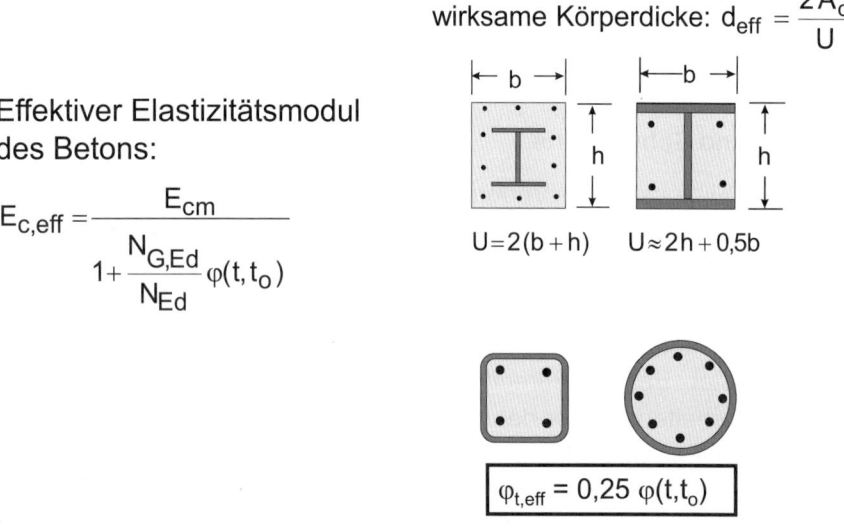

Bild 187: Ermittlung des effektiven Elastizitätsmoduls des Betons

Bezüglich des Querschnittsparameters δ wird auf Abschnitt 6.7.3.1 verwiesen, bzgl. der Schlankheit und effektiven Biegesteifigkeit EJ_{eff} auf die nachfolgenden Abschnitte.

6.7.3.4 Berechnung der Schnittgrößen und geometrische Ersatzimperfektionen

Bei planmäßig zentrischer Druckbeanspruchung kann der Tragfähigkeitsnachweis entweder mithilfe der Europäischen Knickspannungskurven (s. a. Abschnitt 6.7.3.6) oder alternativ als Tragfähigkeitsnachweis nach Theorie II. Ordnung (s. a. Abschnitt 6.7.3.8) geführt werden. Bei Druck und planmäßiger Biegung ist der Nachweis grundsätzlich nach Theorie II. Ordnung zu führen. Auf einen Nachweis der Gesamtstabilität darf verzichtet werden, wenn die in Bild 188 angegebenen Abgrenzungskriterien erfüllt sind.

6 Nachweise in den Grenzzuständen der Tragfähigkeit

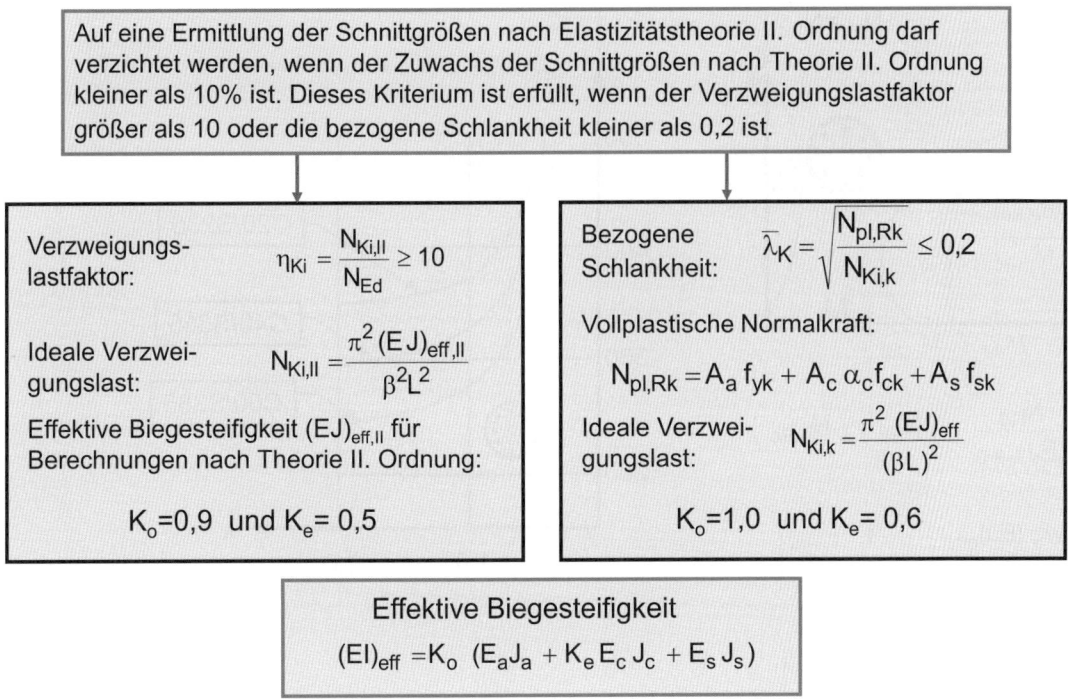

Bild 188: Grenzkriterien für die Schnittgrößenermittlung nach Theorie II. Ordnung

Bei einer Berechnung basierend auf den Europäischen Knickspannungskurven wird das Abgrenzungskriterium mithilfe der bezogenen Schlankheit definiert. Wenn die Berechnung alternativ nach Theorie II. Ordnung durchgeführt werden soll, darf auf den Nachweis der Gesamtstabilität verzichtet werden, wenn der auf die Bemessungslasten bezogene ideale Verzweigungslastfaktor größer als 10 ist. Wie aus Bild 188 ersichtlich, werden für beide Verfahren in den Regelwerken unterschiedliche effektive Biegesteifigkeiten verwendet. Dies ist grundsätzlich bei der Bemessung zu beachten. Beim Tragfähigkeitsnachweis mithilfe der Europäischen Knickspannungskurven sind bei der Ermittlung der Biegesteifigkeit die Reduktionsfaktoren $K_o = 1,0$ und $K_e = 0,6$ und bei Nachweisen nach Theorie II. Ordnung die Faktoren $K_o = 0,9$ und $K_e = 0,5$ zu verwenden. Die Vorgehensweise wird in den nächsten beiden Abschnitten für die beiden Verfahren ausführlich erläutert.

Die geometrischen Ersatzimperfektionen für die Vorkrümmung wurden in Übereinstimmung mit der Herleitung der geometrischen Ersatzimperfektionen in DIN EN 1993-1-1 ermittelt [251], [252]. Für den zentrisch auf Druck beanspruchten Stab müssen sich bei einer Ermittlung der Traglast mithilfe der Europäischen Knickspannungskurven nach Bild 191 und beim Nachweis der Tragfähigkeit nach Theorie II. Ordnung nach Bild 192 die gleichen Traglasten ergeben. Aus dieser Bedingung resultiert der in Bild 189 dargestellte Zusammenhang für den maximalen Stich w_o der Vorkrümmung.

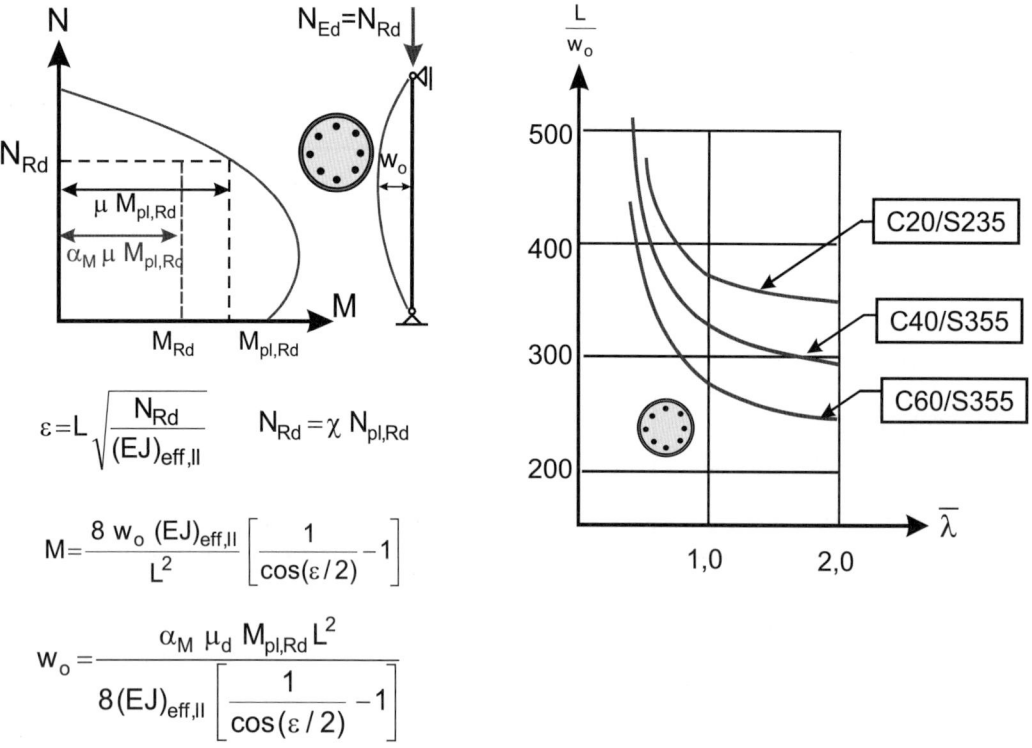

Bild 189: Geometrische Ersatzimperfektionen – Ermittlung des maximalen Stiches der Vorkrümmung

Wie die in Bild 189 dargestellte exemplarische Auswertung für ein ausbetoniertes Hohlprofil zeigt, sind die geometrischen Ersatzimperfektionen von der bezogenen Schlankheit und von den Betonfestigkeitsklassen und Stahlgüten abhängig. In DIN EN 1994-1-1 [1] sind für den Stich der Vorkrümmung vereinfachend die konstanten Zahlenwerte nach Bild 189 angegeben.

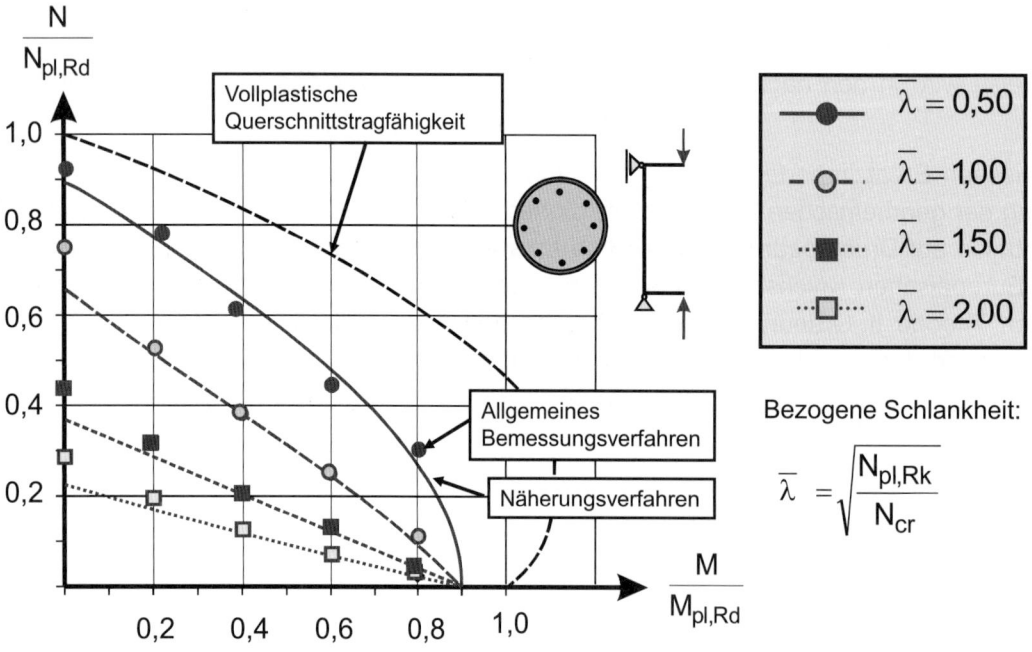

Bild 190: Vergleich der Tragfähigkeiten bei Druck und Biegung

Im Vergleich zu einer Berechnung mithilfe der Europäischen Knickspannungskurven ergeben sich bei der Berechnung nach Theorie II. Ordnung dann geringfügige Abweichungen in der Größenordnung von ± 4 %. Bild 190 zeigt einen Vergleich der Ergebnisse nach dem Näherungsverfahren und nach dem allgemeinen Bemessungsverfahren für unterschiedliche Schlankheiten. Man erkennt, dass zwischen dem Näherungsverfahren und dem allgemeinen Nachweisverfahren eine sehr gute Übereinstimmung besteht.

6.7.3.5 Tragfähigkeitsnachweis bei planmäßig zentrischem Druck

Bei planmäßig zentrischer Druckbeanspruchung darf der Tragfähigkeitsnachweis entweder mithilfe der Europäischen Knickspannungskurven (Bild 191) oder alternativ als Tragfähigkeitsnachweis nach Theorie II. Ordnung geführt werden. Der Tragfähigkeitsnachweis mithilfe der Europäischen Knickspannungslinien basiert auf der Auswertung von umfangreichen Versuchen [226] bis [243]. Hinsichtlich der Einstufung der Querschnitte in die Knickspannungslinien wurde gegenüber den alten Regelwerken [33], [102] eine weitere Spezifizierung vorgenommen, da neuere Versuche und Vergleichsrechnungen gezeigt haben, dass z. B. bei ausbetonierten Hohlprofilen mit größeren Bewehrungsgraden eine Einstufung in die Knickspannungslinie a zu auf der unsicheren Seite liegenden Bemessungsergebnissen führt. Ausbetonierte Hohlprofile mit Einstellprofilen aus I-förmigen Querschnitten sowie teilweise einbetonierte gekreuzte I-Profile werden in die Knickspannungslinie b eingestuft. Die Berechnung der bezogenen Schlankheit erfolgt mit dem charakteristischen Wert der plastischen Normalkrafttragfähigkeit $N_{pl,Rk}$ und der idealen Verzweigungslast N_{cr}. Zur Berechnung der Verzweigungslast wird eine über die Stützenlänge konstante effektive Biegesteifigkeit $(EJ)_{eff}$ verwendet. Die Reduzierung der Biegesteifigkeit mit dem Faktor K_e erfasst näherungsweise den Einfluss der Rissbildung im Beton (Bild 191).

Für jede Querschnittsachse ist nachzuweisen, dass die Bemessungsnormalkraft N_{Ed} die mit dem von der bezogenen Schlankheit abhängigen Abminderungsfaktor χ reduzierte vollplastische Normalkrafttragfähigkeit der Stütze nicht überschreitet.

Querschnitt		α_c	Knickspannungslinie
Biegung um die starke Achse		$\alpha_c = 0{,}85$	b
Biegung um die schwache Achse			c
$\rho_s \leq 3\%$		$\alpha_c = 1{,}0$	a
$3\% < \rho_s \leq 6\%$			b
			b
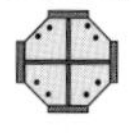		$\alpha_c = 0{,}85$	b
geschweißte Kastenquerschnitte		$\alpha_c = 1{,}0$	b

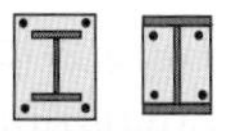

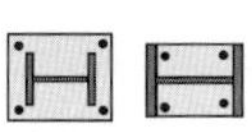

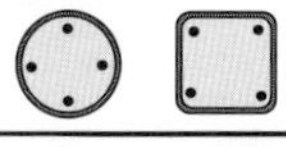

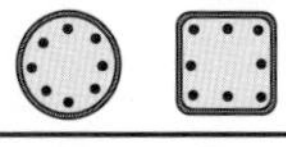

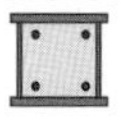

Bezogener Schlankheitsgrad: $\overline{\lambda} = \sqrt{\dfrac{N_{pl,Rk}}{N_{cr}}} \leq 2{,}0$

charakteristischer Wert der vollplastischen Normalkrafttragfähigkeit:
$N_{pl,Rk} = A_a f_{yk} + A_c \alpha_c f_{ck} + A_s f_{sk}$

ideale Verzweigungslast $N_{cr} = \dfrac{\pi^2 (EJ)_{eff}}{(\beta L)^2}$
(β - Knicklängenbeiwert)

effektive Biegesteifigkeit zur Bestimmung der bezogenen Schlankheit mit $K_e = 0{,}6$
$(EJ)_{eff} = E_a J_a + K_e E_c J_c + E_s J_s$

Bemessungswert der vollplastischen Normalkrafttragfähigkeit:
$N_{pl,Rd} = A_a f_{yd} + A_s f_{sd} + A_c \alpha_c f_{cd}$

Tragfähigkeitsnachweis $\dfrac{N_{Ed}}{N_{Rd}} = \dfrac{N_{Ed}}{\chi N_{pl,Rd}} \leq 1{,}0$

Bild 191: Tragfähigkeitsnachweis bei planmäßig zentrischem Druck mithilfe der Europäischen Knickspannungskurven

6.7.3.6 Tragfähigkeitsnachweis bei Druck und einachsiger Biegung

Bei Stützen mit planmäßiger Beanspruchung auf Druck und Biegung ist der Tragfähigkeitsnachweis grundsätzlich nach Theorie II. Ordnung zu führen. Der Einfluss von geometrischen und strukturellen Imperfektionen wird durch geometrische Ersatzimperfektionen erfasst. Der maximale Stich der Vorkrümmungen ist in Abhängigkeit von der maßgebenden Knickspannungskurve in Bild 192 angegeben.

Bei seitlich verschieblichen Rahmentragwerken sind die Anfangsschiefstellungen nach DIN EN 1993-1-1, 5.3.2(3) und DIN EN 1994-1-1/NA, NCI zu 5.4.2.4(1)P zu berücksichtigen. Die Berechnung wird in der Regel am Gesamtsystem mit diesen Anfangsschiefstellungen nach Theorie II. Ordnung durchgeführt. Mit den so ermittelten Randschnittgrößen wird dann der Einzelstab mit den maßgebenden Vorkrümmungen und Querlasten nach Elastizitätstheorie II. Ordnung mit der effektiven Biegesteifigkeit $(EJ)_{eff}$ nach DIN EN 1994-1-1, 6.7.3.4 untersucht.

Im Vergleich zum Ansatz der effektiven Biegesteifigkeit bei der Berechnung der Schlankheit wird bei der Berechnung der effektiven Biegesteifigkeit für die Schnittgrößenermittlung nach Theorie II. Ordnung eine zusätzliche Abminderung vorgenommen. Die Biegesteifigkeit des Betons wird zur Erfassung der Rissbildung und der Streuungen des Elastizitätsmoduls des Betons mit dem Faktor $K_{e,II} = 0,5$ abgemindert. Weitere Einflüsse, die z. B. aus der Teilplastizierung der Querschnitte und aus Abweichungen von der planmäßigen Querschnittsgeometrie resultieren, werden durch den Abminderungsfaktor $K_o = 0,9$ erfasst. Auf eine Schnittgrößenermittlung nach Theorie II. Ordnung darf nach DIN EN 1994-1-1, 5.2.1(3) verzichtet werden, wenn die bezogene Schlankheit kleiner als 0,2 ist oder der auf die Bemessungslasten bezogene Verzweigungslastfaktor größer als 10 ist. Der Tragfähigkeitsnachweis gilt als erbracht, wenn an der maßgebenden Stelle das unter den Bemessungslasten nach Theorie II. Ordnung ermittelte Moment den Bemessungswert der Momententragfähigkeit M_{Rd} nicht überschreitet.

Der Bemessungswert der Momententragfähigkeit ergibt sich durch Abminderung des aus der vollplastischen Interaktionskurve resultierenden Momentes $M_{pl,N,Rd} = \mu \, M_{pl,Rd}$ mit dem Faktor α_M (Bild 192). Die Querschnittstragfähigkeit wird bei Verbundstützen im Regelfall durch Erreichen der Grenzdehnungen für den Beton beschränkt, sodass mit der vollplastischen Querschnittstragfähigkeit die Tragfähigkeit überschätzt wird. Der Abminderungsfaktor α_M berücksichtigt diesen Unterschied und ist bei Stützen mit Baustahlquerschnitten aus S235 und S355 mit 0,9 anzusetzen. Bei Verwendung der hochfesten Stähle S420 und S460 ist eine weitere Reduzierung erforderlich, da die plastischen Reserven des Baustahlquerschnitts nur noch teilweise ausgenutzt werden können [250]. Der Beiwert α_M ist bei diesen Stahlgüten mit 0,8 anzunehmen.

6 Nachweise in den Grenzzuständen der Tragfähigkeit

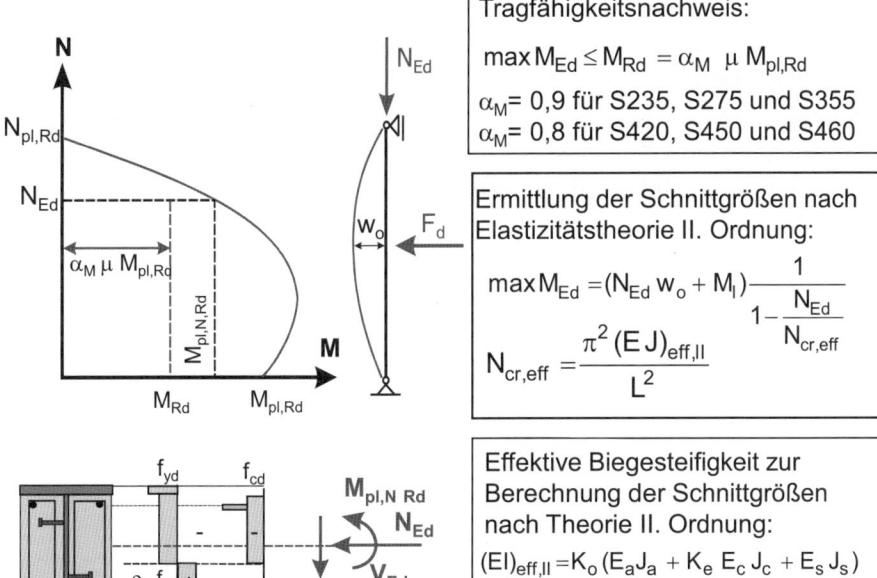

Querschnitt		Knickspannungslinie	Geometrische Ersatzimperfektion Vorkrümmung (w_o)
	Biegung um die starke Achse	b	L/200
	Biegung um die schwache Achse	c	L/150
	$\rho_s \leq 3\%$	a	L/300
	$3\% < \rho_s \leq 6\%$	b	L/200
		b	L/200
		b	L/200
	geschweißte Kastenquerschnitte	b	L/200

Tragfähigkeitsnachweis:

$\max M_{Ed} \leq M_{Rd} = \alpha_M \; \mu \; M_{pl,Rd}$

$\alpha_M = 0{,}9$ für S235, S275 und S355
$\alpha_M = 0{,}8$ für S420, S450 und S460

Ermittlung der Schnittgrößen nach Elastizitätstheorie II. Ordnung:

$$\max M_{Ed} = (N_{Ed}\, w_o + M_I) \frac{1}{1 - \dfrac{N_{Ed}}{N_{cr,eff}}}$$

$$N_{cr,eff} = \frac{\pi^2 (EJ)_{eff,II}}{L^2}$$

Effektive Biegesteifigkeit zur Berechnung der Schnittgrößen nach Theorie II. Ordnung:

$(EI)_{eff,II} = K_o (E_a J_a + K_e E_c J_c + E_s J_s)$

$K_{e,II} = 0{,}5 \qquad K_o = 0{,}9$

Bild 192: Tragfähigkeitsnachweis nach Theorie II. Ordnung bei planmäßig zentrischem Druck und bei Druck mit Biegung

Die maximale Momententragfähigkeit ergibt sich bei Verbundstützen, wenn die plastische Nulllinie in Querschnittsmitte liegt. Die zugehörige Normalkrafttragfähigkeit ist dann der 0,5fache Wert der plastischen Normalkrafttragfähigkeit des Betonquerschnitts. Wenn der Bemessungswert der Normalkraft N_{Ed} kleiner als $0{,}5\, N_{pl,c,Rd}$ ist, führt eine Erhöhung der Normalkraft zu einer Vergrößerung der Momententragfähigkeit. Bei Stützen, bei denen Normalkraft und Moment voneinander abhängig sind (Fall I nach Bild 193), darf die Erhöhung der Momententragfähigkeit infolge der gleichzeitig wirkenden Normalkraft ausgenutzt werden. Wenn die Bemessungsnormalkraft und das Biegemoment dagegen aus unabhängigen Einwirkungen resultieren (Fall II nach Bild 193), ist der Tragfähigkeitsnachweis mit einem oberen Bemessungswert der Normalkraft $N_{Ed,sup}$ unter Ansatz von $\gamma_G = 1{,}35$ und $\gamma_Q = 1{,}50$ und zusätzlich mit einem unteren Bemessungswert der Normalkraft $N_{Ed,inf}$ zu führen. Bei der Ermittlung des unteren Bemessungswertes sind die Teilsicherheitsbeiwerte nach EN 1994-1-1, 6.7.1(7) für die Ermittlung der Bemessungsnormalkraft auf 80 % abzumindern. Die Formulierung in DIN EN 1994-1-1 ist nicht eindeutig. Im Fall nach Bild 193 ist bei Anwendung der Grundsätze der DIN EN 1990 eine zusätzliche Kombination zu untersuchen, bei der die Einwirkungen, die die Querschnittstragfähigkeit günstig beeinflussen (Normalkraft N_{Ed}) mit $\gamma_F = 1{,}0$ und die Einwirkungen, die zu ungünstig wirkenden Beanspruchungen führen (Querlast q_{Ed}), mit dem jeweiligen Teilsicherheitsbeiwert für ungünstige Auswirkungen berechnet werden. Hier ist bei einer Überarbeitung von EN 1994-1-1 eine Klarstellung erforderlich. Vereinfachend kann auf diesen Nachweis verzichtet werden, wenn die Werte $\mu_d > 1{,}0$ rechnerisch nicht ausgenutzt werden.

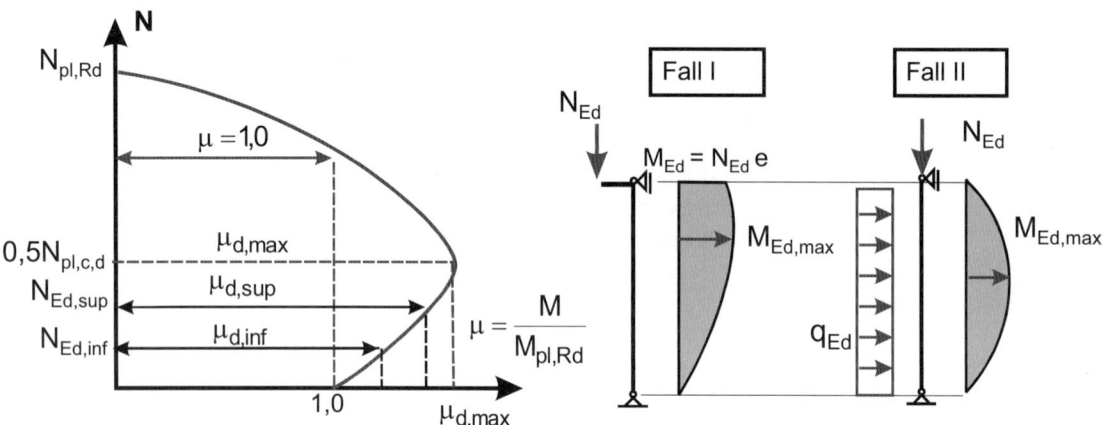

Bild 193: Berücksichtigung des oberen und unteren Bemessungswertes der Normalkraft bei Normalkräften N_{Ed} kleiner als $0{,}5\,N_{pl,c,Rd}$

6.7.3.7 Tragfähigkeitsnachweis bei Druck und zweiachsiger Biegung

Bei planmäßig zweiachsiger Biegung wird eine vereinfachte Interaktionskurve nach Bild 194 verwendet. Für den maßgebenden Bemessungswert der Normalkraft wird die in Bild 194 dargestellte lineare Interaktion zwischen den Punkten A und B verwendet. Der Tragfähigkeitsnachweis wird dann zunächst für jede Biegeachse getrennt unter Berücksichtigung der Reduktionswerte α_M geführt. Beim Nachweis der Interaktion wird auf den Ansatz des Reduktionsbeiwertes α_M verzichtet, da der Nachweis wegen der linearen Interaktionsbeziehung die tatsächliche Tragfähigkeit unterschätzt. Bei der Ermittlung der Schnittgrößen nach Theorie II. Ordnung sind die geometrischen Ersatzimperfektionen nur bei der stärker versagensgefährdeten Biegeachse zu berücksichtigen.

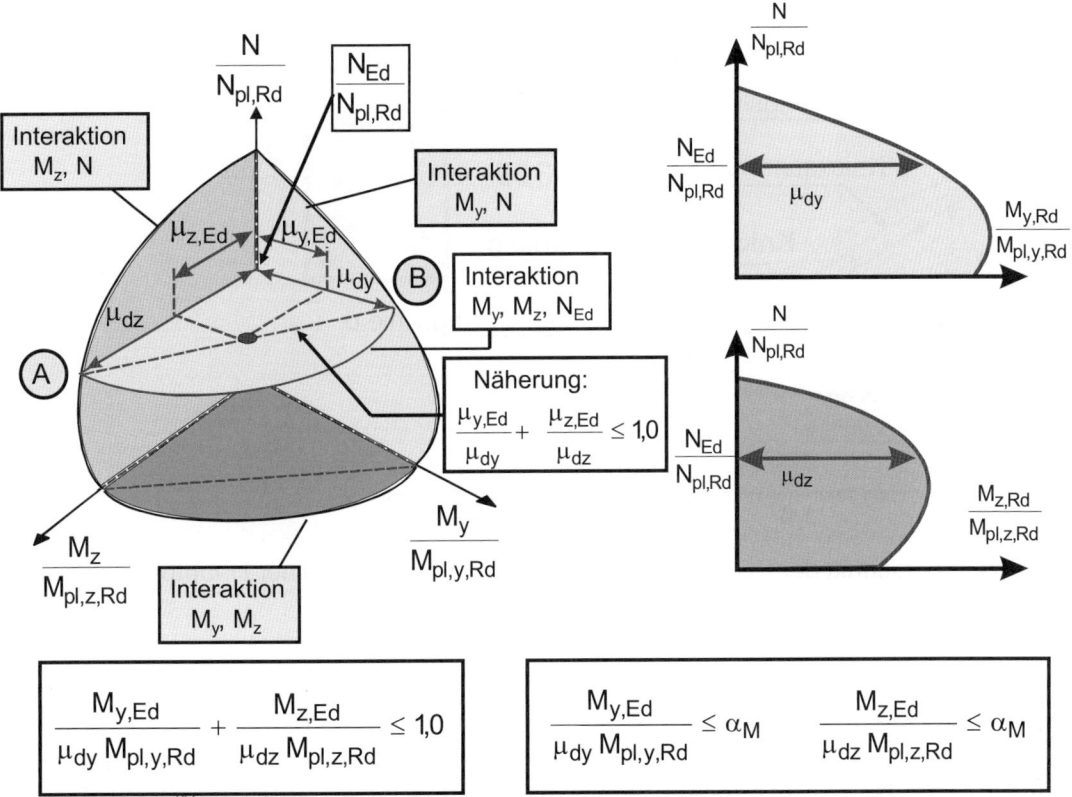

Bild 194: Tragfähigkeitsnachweis bei Druck und zweiachsiger Biegung [255]

6.7.3.8 Stützen mit speziellen Querschnitten – Gültigkeitsbereich des vereinfachten Verfahrens

Das Näherungsverfahren in DIN 1994-1-1 wurde für die in Bild 170 angegebenen Querschnitte hergeleitet. Bei abweichenden Querschnittsgeometrien ist grundsätzlich zu überlegen, ob die Querschnitte die Voraussetzungen für das vereinfachte Verfahren erfüllen [255], [256]. Bei der in Bild 195 dargestellten Stütze handelt es sich um einen Querschnitt, der bei den Bügelbauten des Berliner Hauptbahnhofs zur Ausführung kam. Er besteht aus zwei ineinander angeordneten geschweißten Hohlkästen, wobei zur Erhöhung der Tragfähigkeit im Brandfall der innere Kasten in S355 und der äußere Kasten in S235 ausgeführt wurden. Bei diesem Querschnitt ist es offensichtlich, dass bei hoher Biegebeanspruchung wegen der Dehnungsbeschränkung des Betons im Randbereich der innere Stahlquerschnitt mit der höheren Stahlgüte nicht voll durchplastizieren kann. Der Querschnitt ist doppeltsymmetrisch und müsste als geschweißter Kasten nach DIN EN 1994-1-1 in die Knickspannungslinie b eingestuft werden. Die Berechnung nach dem genauen Nachweisverfahren ergibt bei zentrischer Beanspruchung eine Einstufung in die Knickspannungslinie c. Bei planmäßiger größerer Biegebeanspruchung ist ein Nachweis nach dem vereinfachten Verfahren somit nicht mehr zulässig, da auch der Beiwert $\alpha_M = 0{,}9$ im vorliegenden Fall nicht mehr auf der sicheren Seite liegt. Der wesentliche Grund ist darin zu sehen, dass der plastische Formbeiwert dieses Querschnitts im Vergleich zu den Standardquerschnitten viel zu hoch ist, um die Unterschiede zwischen dehnungsbeschränkter und vollplastischer Berechnung durch den Beiwert $\alpha_M = 0{,}9$ auszugleichen.

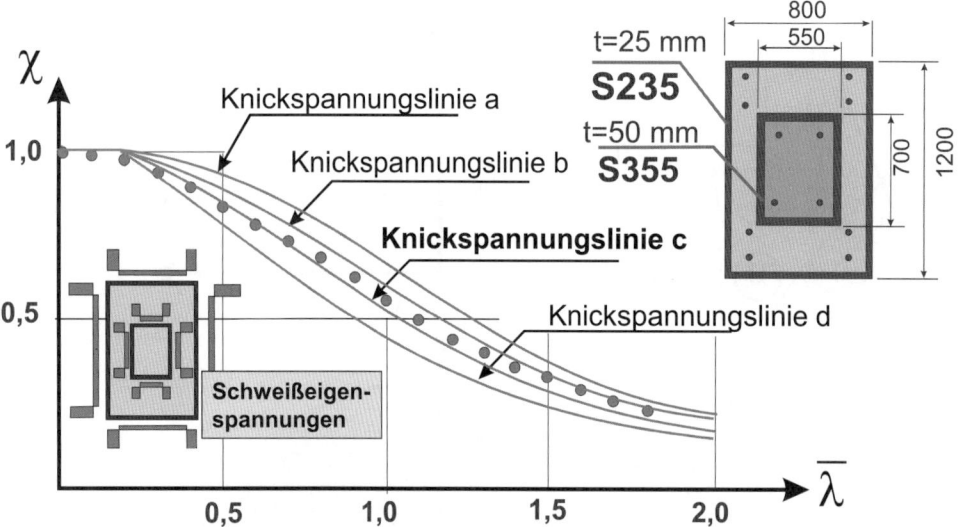

Bild 195: Stützenquerschnitt der Pylonstützen der Bügelbauten des Berliner Hauptbahnhofs [256]

In letzter Zeit wurden wiederholt runde Betonquerschnitte mit zusätzlichen Einstellprofilen ausgeführt. Diese Querschnitte erfüllen zwar formal die Anforderungen an das vereinfachte Nachweisverfahren in DIN EN 1994-1-1, 6.7.3, eine experimentelle Überprüfung erfolgte jedoch bisher nicht. Das allgemeine Nachweisverfahren erlaubt eine Überprüfung, ob die Querschnitte nach Bild 196 nach DIN EN 1994-1-1 bemessen werden können. Hierzu wurden in [256] Untersuchungen durchgeführt, da zu vermuten war, dass bei diesen Querschnitten wegen der sehr hohen plastischen Formbeiwerte infolge der erforderlichen Dehnungsbeschränkung im Beton die Tragfähigkeit nach DIN EN 1994-1-1 zumindest bei Druck und Biegung nicht erreicht wird.

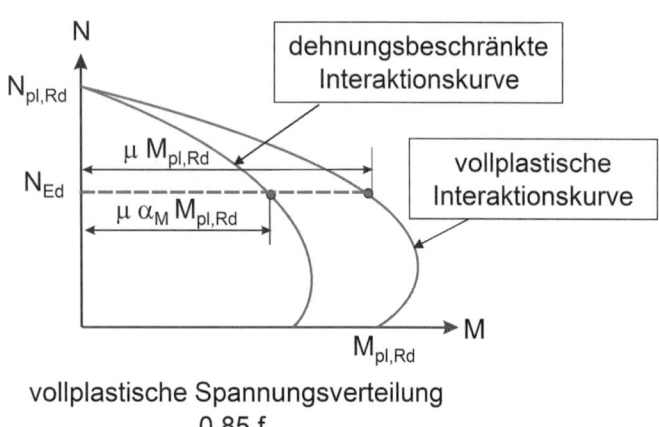

vollplastische Spannungsverteilung

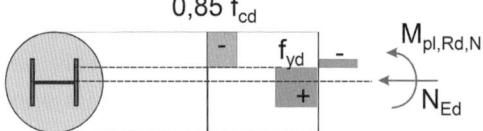

dehnungsbeschränkte Spannungsverteilung

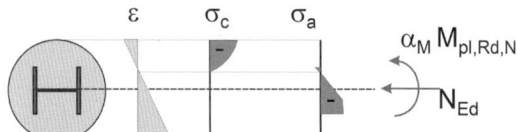

Bild 196: Verbundstützenquerschnitte aus runden Stahlbetonquerschnitten mit zusätzlichen Einstellprofilen

Bild 197 verdeutlicht, dass bei diesem Stützentyp bei zentrischer Beanspruchung eine Bemessung nach DIN EN 1994-1-1, 6.7.3 möglich ist. Der Querschnitt kann in die Knickspannungslinie b eingestuft werden. Bei Druck mit Biegung liefert DIN EN 1994-1-1 jedoch auf der unsicheren Seite liegende Ergebnisse. In diesem Fall muss hier beim Nachweis anstelle des Beiwertes $\alpha_M = 0{,}9$ der reduzierte Wert $\alpha_M = 0{,}7$ verwendet werden. Für die praktische Bemessung wird empfohlen, diesen Stützentyp bei Biegung um die schwache Achse mit dem kleineren Wert α_M nachzuweisen.

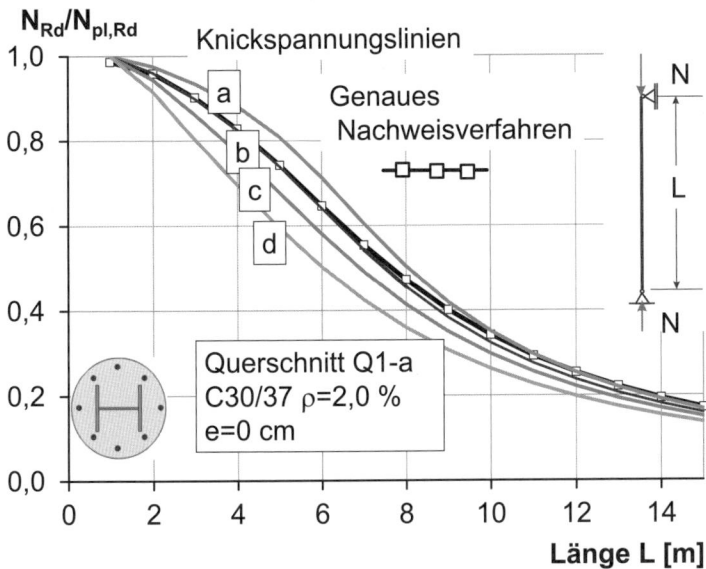

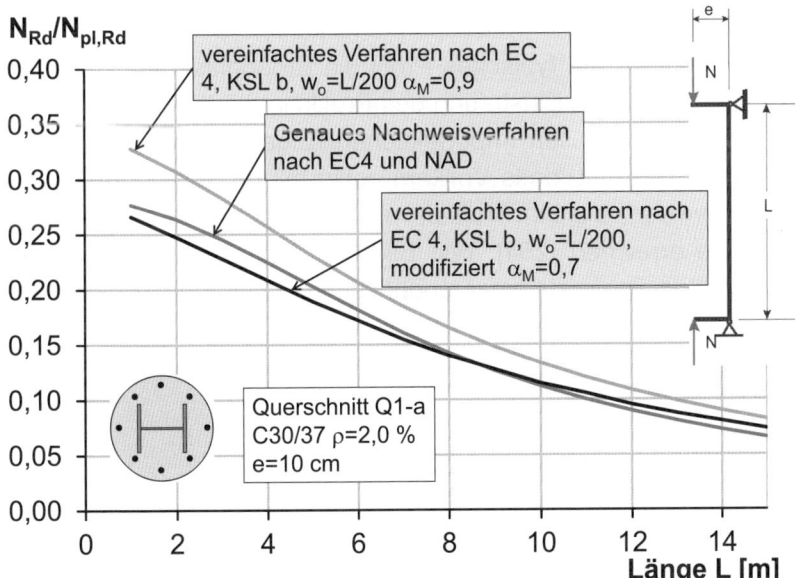

Bild 197: Tragfähigkeit von runden Stahlbetonquerschnitten mit Einstellprofilen, [256]

Wie bereits zuvor erläutert, können Stützenquerschnitte mit Vollkernprofilen (Bild 198) nicht nach dem vereinfachten Nachweisverfahren bemessen werden, weil sich ein mit dem Querschnitt nach Bild 196 vergleichbares Problem ergibt. Die Kernquerschnitte können aus runden Vollprofilen oder aus zusammengeschweißten dicken Blechen bestehen. Sie erfüllen zwar auch formal die zuvor genannten Voraussetzungen für die Anwendung des vereinfachten Berechnungsverfahrens. Unklar ist jedoch die Einstufung in die Knickspannungslinie, da neben der Problematik der Dehnungsbegrenzung noch der Einfluss von sehr hohen Eigenspannungen bei diesen Profilen von Bedeutung ist.

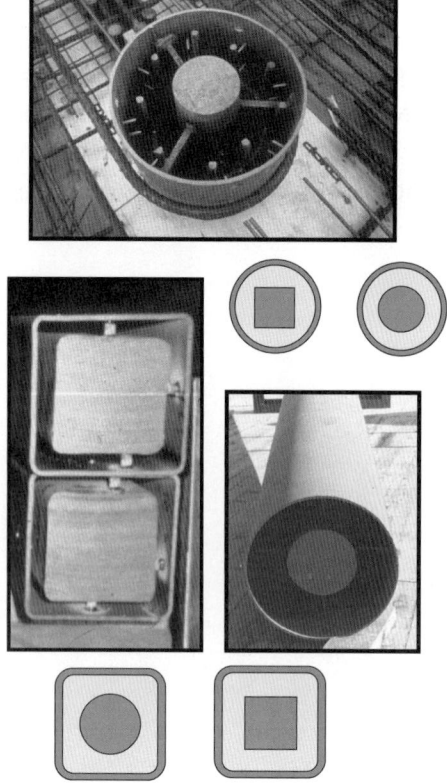

Bild 198: Verbundstützen mit Vollkernprofilen

Genauere Traglastberechnungen zeigen jedoch, dass bei Verwendung von Einstellprofilen zusätzliche Überlegungen erforderlich sind, weil die Tragfähigkeiten bei Anwendung des vereinfachten Nachweisverfahrens und bei Einstufung in die Knickspannungskurven a oder b deutlich überschätzt werden können. Bild 199 zeigt für ein typisches Profil die Ergebnisse von genauen Traglastberechnungen und die Tragfähigkeiten bei Einstufung des Profils in die Knickspannungskurven in Abhängigkeit vom Ansatz der strukturellen Imperfektionen (Eigenspannungen) [253]. Aus experimentellen Untersuchungen ist bekannt, dass Vollkernprofile mit größeren Durchmessern erhebliche Eigenspannungen aufweisen, die bei Profilen mit Durchmessern von mehr als 400 mm in der Regel die Streckgrenze erreichen [254]. Wie Bild 199 verdeutlicht, führt dieser Einfluss bei dem in Bild 199 dargestellten Profil zu einer ungünstigen Einstufung (Knickspannungslinie d).

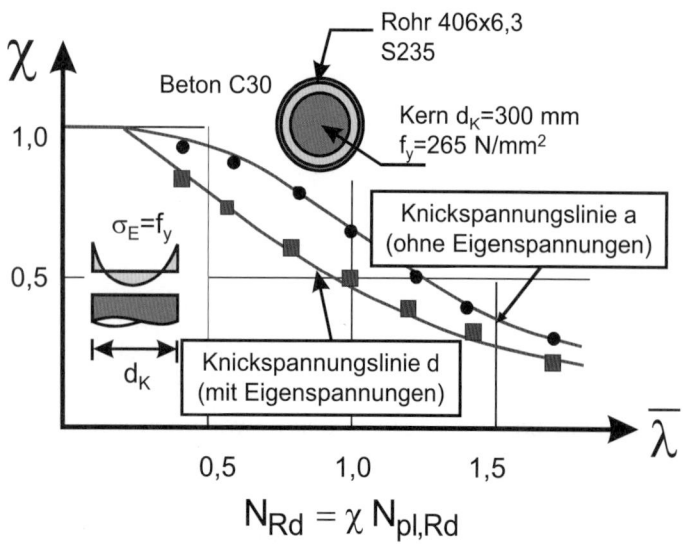

Bild 199: Vergleich der Tragfähigkeiten bei einer genauen Traglastberechnung und bei Einstufung in die Knickspannungskurven, [253]

Bei Stützen mit Druck und planmäßiger Momentenbeanspruchung können sich bei Anwendung des Näherungsverfahrens noch größere Abweichungen zur unsicheren Seite hin ergeben, weil das Näherungsverfahren, wie bereits zuvor erläutert, auf der vollplastischen Querschnitts-Interaktionskurve basiert und die im Näherungsverfahren vorgenommene Abminderung des vollplastischen Grenzmomentes mit dem Faktor α_M bei Stützenquerschnitten mit großen plastischen Formbeiwerten auf der unsicheren Seite liegen kann (siehe Bild 200). Genauere Untersuchungen zeigen, dass der Beiwert α_M bei diesen Profilen sehr stark vom Verhältnis Rohrdurchmesser zu Kerndurchmesser abhängig ist und derzeit keine allgemeingültige Beziehung zur Bestimmung des Beiwertes α_M angegeben werden kann. Bild 200 zeigt exemplarisch die dehnungsbeschränkt und vollplastisch ermittelten Interaktionskurven für ausbetonierte Rohre mit und ohne Einstellprofil. Man erkennt, dass sich insbesondere bei den höherfesten Stählen in Kombination mit hochfesten Betonen große Unterschiede ergeben, die nicht mehr durch die pauschalen Abminderungsfaktoren α_M nach Bild 192 abgedeckt sind.

Ein weiteres Problem besteht bezüglich des Ansatzes des charakteristischen Wertes der Streckgrenze für das Kernprofil. In EN 10025 sind die Streckgrenzen nur bis zu Erzeugnisdicken von 250 mm geregelt. Hinzu kommt, dass bei größeren Profilabmessungen nicht mehr von einer konstanten Streckgrenze ausgegangen werden kann. Bei Verwendung von Kernen mit größeren Abmessungen ist daher für jedes Profil der Nachweis des garantierten Mindestwertes der Streckgrenze mittels eines 3-1B-Zeugnisses erforderlich. Aus den zuvor genannten Gründen ist eine Bemessung von Stützen mit Vollkernprofilen nach dem Näherungsverfahren nicht zulässig. Anbieter von Stützensystemen mit Vollkernprofilen haben daher den Weg der bauaufsichtlichen Zulassung [259] oder der Entwicklung von typengeprüften Traglasttabellen [258] beschritten. In beiden Fällen werden die Traglasten nach dem allgemeinen Bemessungsverfahren ermittelt. Dabei werden die in Bild 202 dargestellten strukturellen Imperfektionen zugrunde gelegt. Ein typisches Beispiel für ein Traglastdiagramm zeigt Bild 203. Alternativ kann ein rechnerischer Nachweis mit dem in [302] angegebenen Näherungsverfahren erfolgen. Dieses Verfahren erlaubt auch den Nachweis von Stützen mit hochfestem Beton.

Werden die Kernprofile, wie in Bild 204 dargestellt, aus dicken Blechen oder Quadratprofilen zusammengeschweißt, so ist zu beachten, dass auch diese Profile erhebliche Eigenspannungen aufweisen können. Dies gilt insbesondere für brenngeschnittene Bleche. Angaben zur Verteilung der Eigenspannungen finden sich in [257].

vollplastische Querschnittstragfähigkeit

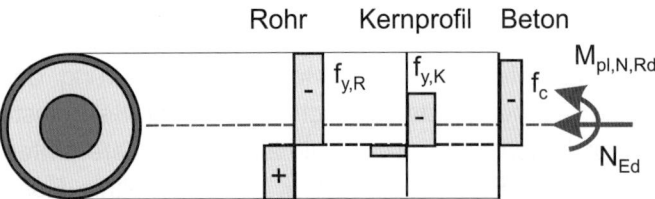

dehnungsbeschränkte Querschnittstragfähigkeit

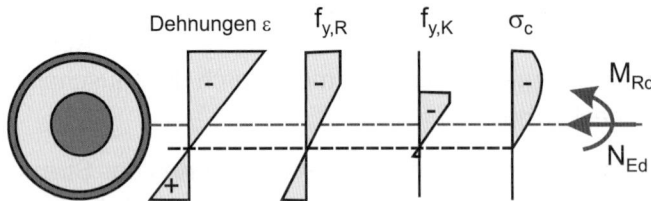

Abminderungsfaktor α_M zur Berücksichtigung der Dehnungsbeschränkung:

$$\frac{M_{Rd}}{M_{pl,N,Rd}} = \alpha_M$$

Bild 200: Einfluss der Dehnungsbeschränkung auf die Querschnittstragfähigkeit bei Vollkernprofilen

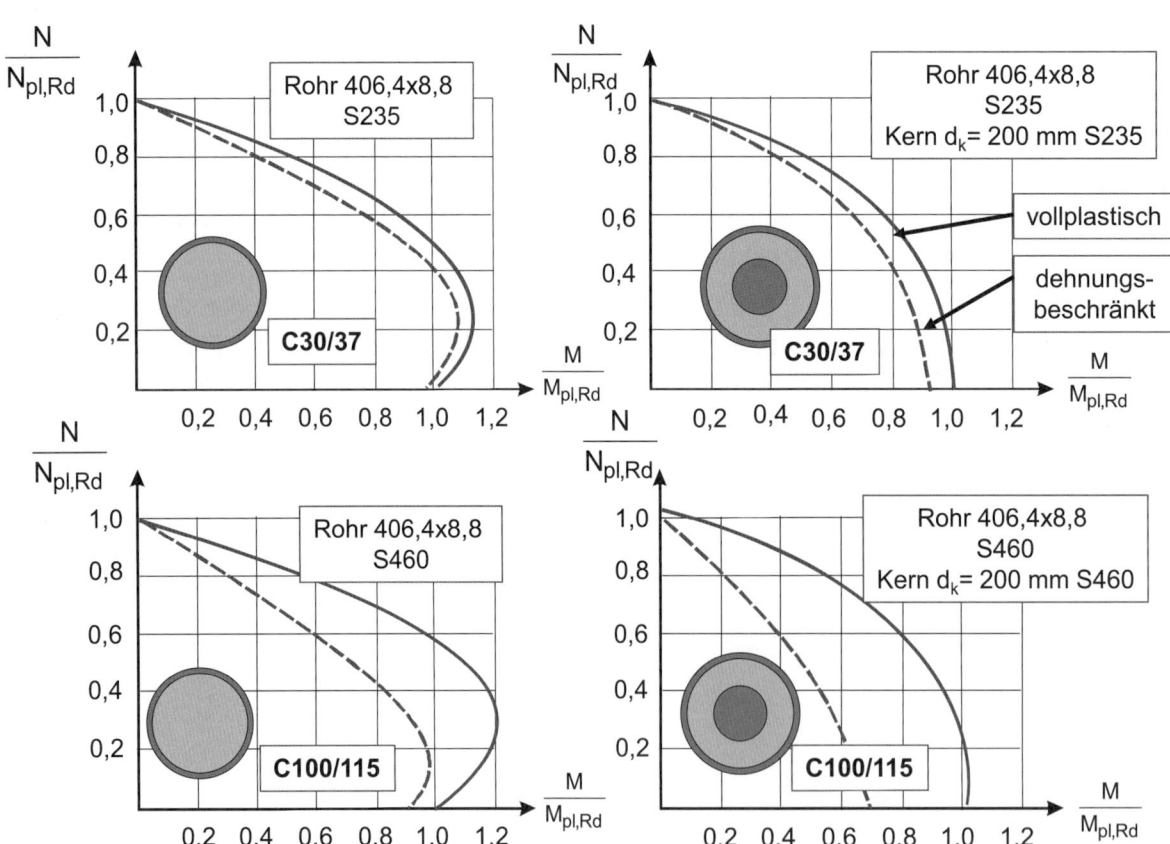

Bild 201: Vergleich von vollplastisch und dehnungsbeschränkt ermittelten Querschnittstragfähigkeiten, [253]

6 Nachweise in den Grenzzuständen der Tragfähigkeit

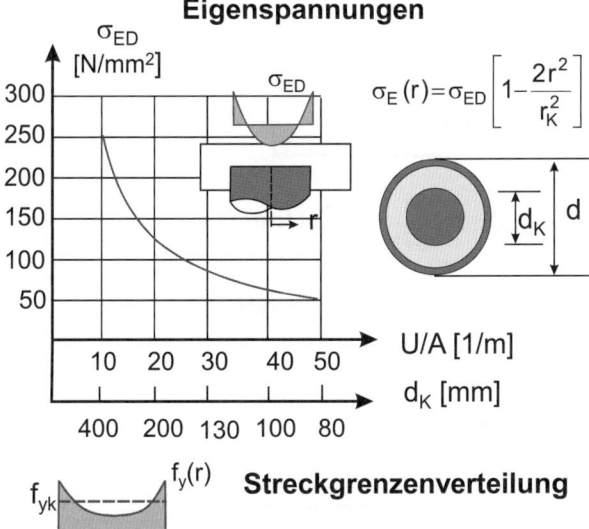

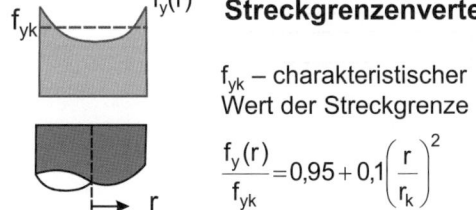

Bild 202: Berechnungsansätze zur Erfassung der strukturellen Imperfektionen bei Verbundstützen mit Vollkernprofilen

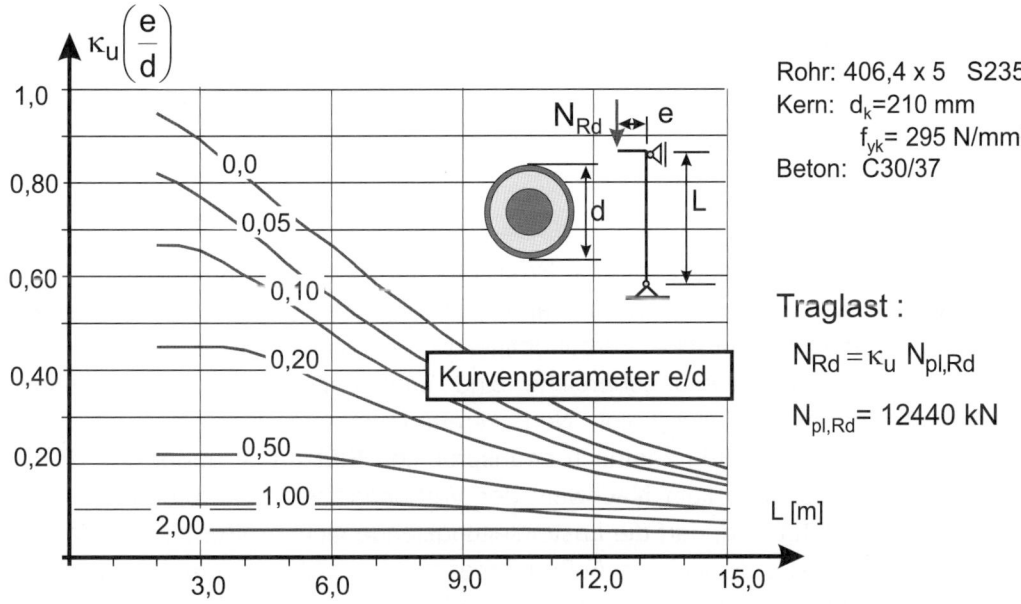

Bild 203: Beispiel für Traglastkurven von Stützen mit Vollkernprofilen, [258]

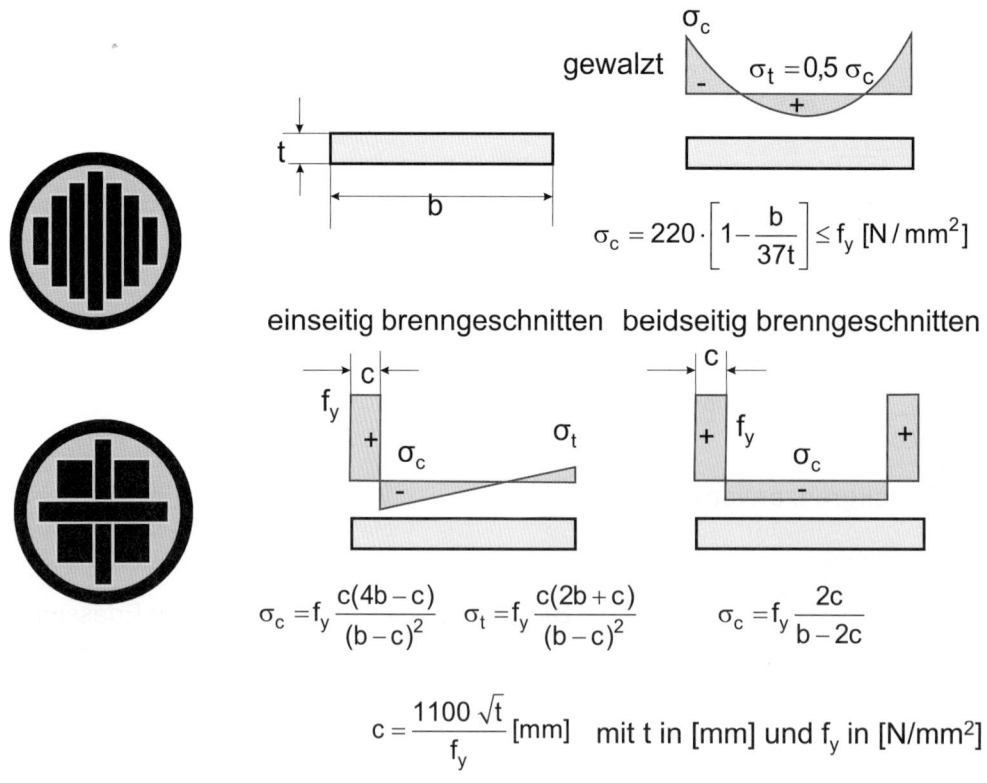

Bild 204: Eigenspannungsverteilungen für Stützen mit Kernprofilen aus zusammengeschweißten Blechen

6.7.4 Lasteinleitung

6.7.4.1 Allgemeines

Die Schubtragfähigkeit der Verbundfuge zwischen Profilstahl und Beton ist durch Einhalten von Verbundspannungen, Aktivierung von Reibungskräften an den Berührungsflächen zwischen Stahl und Beton oder durch mechanische Verbundmittel sicherzustellen, ohne dass ein nennenswerter Schlupf auftritt. Krafteinleitungsbereiche sind Stützenendbereiche und Bereiche innerhalb der Stützenlänge mit Einleitung von Normalkräften und/oder Biegemomenten aus angrenzenden Bauteilen. Bei planmäßig zentrisch beanspruchten Stützen ist außer dem Nachweis für die Krafteinleitungsbereiche kein Nachweis der Verbundsicherung erforderlich. Wenn kein genauerer Nachweis geführt wird, darf die Lasteinleitungslänge nicht größer als 2d oder L/3 angenommen werden. Dabei ist d die kleinste Außenabmessung des Stützenquerschnitts und L die Stützenlänge. Für Stützen mit Querkräften aus Querlasten oder aus Randmomenten ist die Verbundsicherung für die Krafteinleitungsbereiche und für den Querkraftschub in maßgebenden kritischen Schnitten nachzuweisen.

6.7.4.2 Nachweis der Krafteinleitung

In den Krafteinleitungsbereichen und an Stellen mit Querschnittsänderungen sind in der Regel Verbundmittel anzuordnen, wenn in der Verbundfuge zwischen Stahlprofil und Beton der Bemessungswert der Verbundspannung nach Abschnitt 6.7.4.3 überschritten wird. Die Längsschubkräfte ergeben sich dabei aus der Differenz der Teilschnittgrößen des Stahl- oder Stahlbetonquerschnitts im Bereich der Krafteinleitungslänge.

Die Schubkräfte in den Krafteinleitungsbereichen können im Grenzzustand der Tragfähigkeit aus den Teilschnittgrößen im vollplastischen Zustand ermittelt werden [261], [262]. Bei reiner Normalkraftbeanspruchung und Lasteinleitung über das Stahlprofil ergibt sich die Längsschubkraft in der

Verbundfuge aus der mit dem Ausnutzungsgrad der Verbundstütze abgeminderten vollplastischen Normalkraft des Stahlbetonquerschnitts nach Bild 205. Die Verbundmittel sind für diese Längsschubkraft zu bemessen.

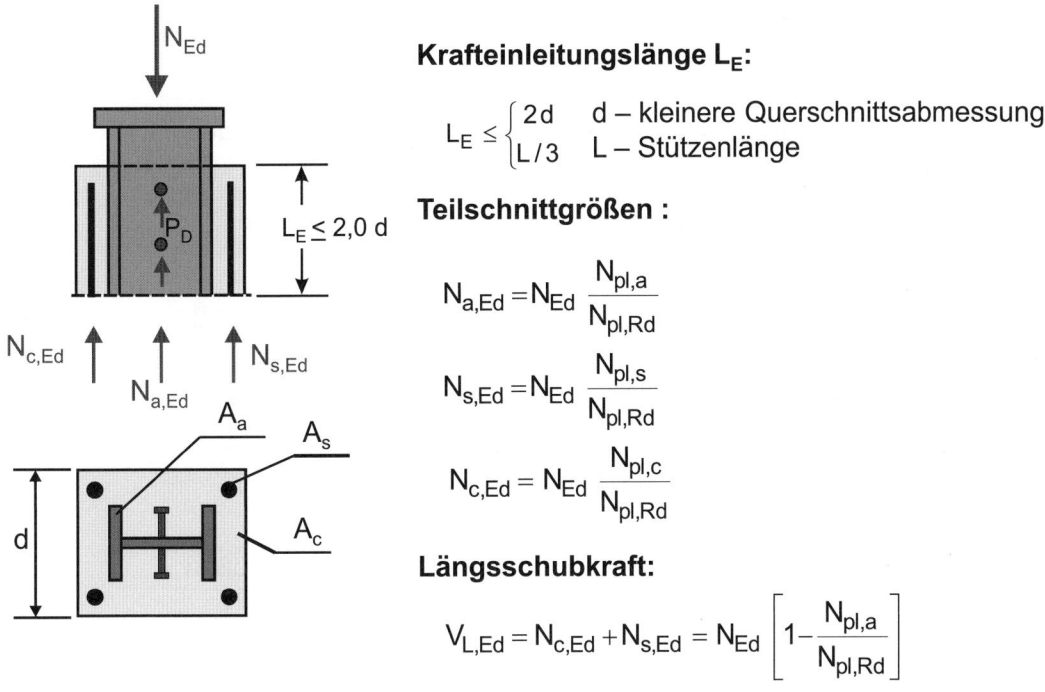

Krafteinleitungslänge L_E:

$$L_E \leq \begin{cases} 2d & d - \text{kleinere Querschnittsabmessung} \\ L/3 & L - \text{Stützenlänge} \end{cases}$$

Teilschnittgrößen:

$$N_{a,Ed} = N_{Ed} \frac{N_{pl,a}}{N_{pl,Rd}}$$

$$N_{s,Ed} = N_{Ed} \frac{N_{pl,s}}{N_{pl,Rd}}$$

$$N_{c,Ed} = N_{Ed} \frac{N_{pl,c}}{N_{pl,Rd}}$$

Längsschubkraft:

$$V_{L,Ed} = N_{c,Ed} + N_{s,Ed} = N_{Ed} \left[1 - \frac{N_{pl,a}}{N_{pl,Rd}} \right]$$

Bild 205: Lasteinleitung über das Stahlprofil bei reiner Normalkraftbeanspruchung

Bei Einleitung von Normalkräften und Biegemomenten müssen die Teilschnittgrößen des Stahl- und des bewehrten Betonquerschnittes unter Berücksichtigung der Interaktion aus den jeweiligen plastischen Spannungsblöcken ermittelt werden. Die Vorgehensweise ist exemplarisch für ein kammerbetoniertes Profil in Bild 207 dargestellt. Mithilfe der vollplastischen Querschnittsinteraktionskurve für Druck und Biegung und den Bemessungsschnittgrößen N_{Ed} und M_{Ed} erhält man den Vektor R_d nach Bild 207 [262]. Damit ist zunächst der Ausnutzungsgrad E_d/R_d der Stütze bestimmt. Für das zu R_d zugehörige Moment M_{Rd} und für die zugehörige Normalkraft N_{Rd} werden im zweiten Schritt die zugehörigen vollplastischen Teilschnittgrößen des Baustahlquerschnitts ($N_{a,Rd}$, $M_{a,Rd}$) und des bewehrten Stahlbetonquerschnitts ($N_{c+s,Rd}$, $M_{c+s,Rd}$) ermittelt. Die unter der Bemessungslast auftretenden Teilschnittgrößen ergeben sich dann durch Abminderung der Teilschnittgrößen im vollplastischen Zustand mit dem Ausnutzungsgrad der Stütze. Die Kräfte in den Verbundmitteln können dann klassisch mithilfe einer elastischen oder plastischen Verteilung nach Bild 207 bestimmt werden.

Ermittlung der vollplastischen Teilschnittgrößen:

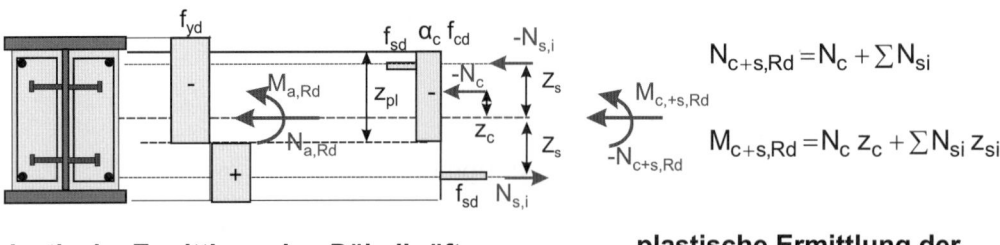

$$N_{c+s,Rd} = N_c + \sum N_{si}$$

$$M_{c+s,Rd} = N_c \, z_c + \sum N_{si} \, z_{si}$$

elastische Ermittlung der Dübelkräfte:

$$\max P_{Ed} = \sqrt{\left[\frac{N_{c+s,Ed}}{n} + \frac{M_{c+s,Ed}}{\sum r_i^2} x_i\right]^2 + \left[\frac{M_{c+s,Ed}}{\sum r_i^2} z_i\right]^2}$$

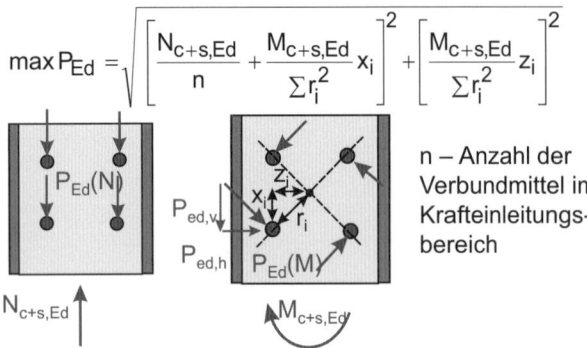

n – Anzahl der Verbundmittel im Krafteinleitungsbereich

plastische Ermittlung der Dübelkräfte:

$$\max P_{Ed} = \frac{N_{c+s,Ed}}{n} + \frac{M_{c+s,Ed}}{e_h \, 0{,}5n}$$

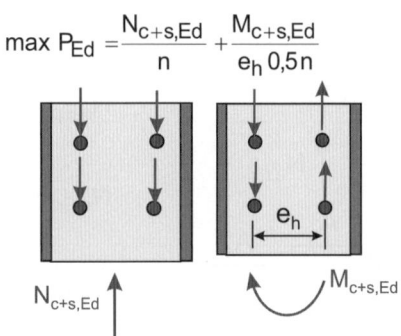

Bild 206: Krafteinleitung bei Druck und Biegung – Ermittlung der Teilschnittgrößen

Teilschnittgrößen infolge der Beanspruchung N_{Ed} und M_{Ed}:

Teilschnittgrößen bei vollplastischer Ausnutzung des Querschnitts:

$$M_{Rd} = M_{a,Rd} + M_{c+s,Rd} \qquad N_{Rd} = N_{a,Rd} + N_{c+s,Rd}$$

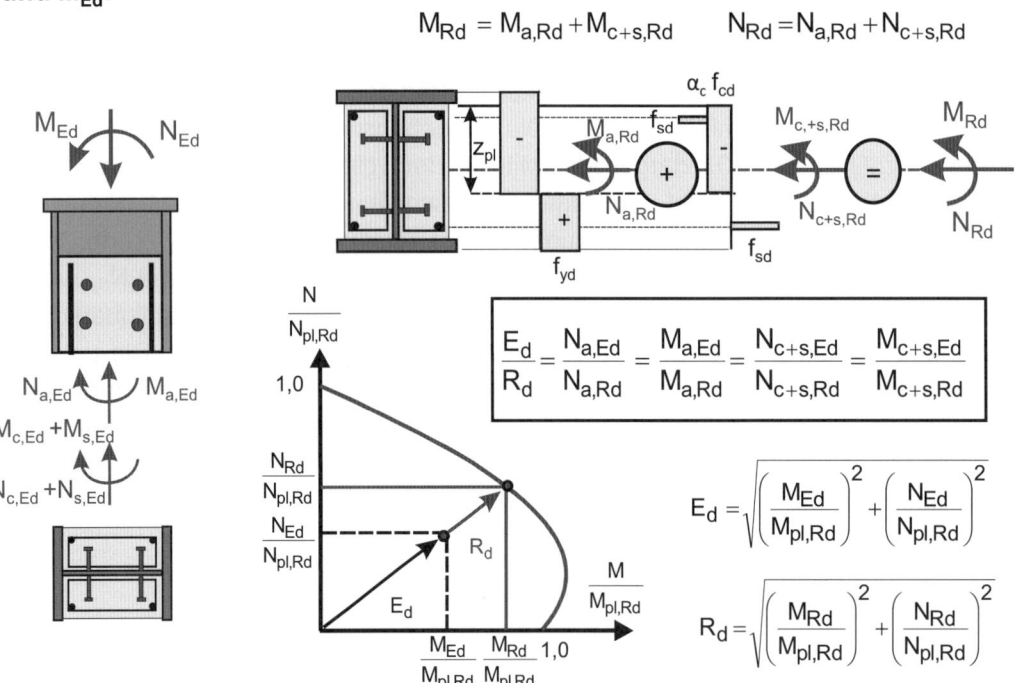

$$\frac{E_d}{R_d} = \frac{N_{a,Ed}}{N_{a,Rd}} = \frac{M_{a,Ed}}{M_{a,Rd}} = \frac{N_{c+s,Ed}}{N_{c+s,Rd}} = \frac{M_{c+s,Ed}}{M_{c+s,Rd}}$$

$$E_d = \sqrt{\left(\frac{M_{Ed}}{M_{pl,Rd}}\right)^2 + \left(\frac{N_{Ed}}{N_{pl,Rd}}\right)^2}$$

$$R_d = \sqrt{\left(\frac{M_{Rd}}{M_{pl,Rd}}\right)^2 + \left(\frac{N_{Rd}}{N_{pl,Rd}}\right)^2}$$

Bild 207: Ermittlung der Beanspruchungen der Verbundmittel

Erfolgt die Lasteinleitung über Endkopfplatten nach Bild 208, so werden die Kräfte bereits teilweise in den Stahlbeton- und in den Stahlquerschnitt eingeleitet. Im ersten Schritt wird die Krafteinleitung direkt unter der Kopfplatte untersucht. Hierzu darf eine Lastverteilung durch die Kopfplatte unter 1:2,5 angenommen werden. Es ergeben sich dann die in Bild 208 für den Schnitt I-I dargestellten rechnerischen Krafteinleitungsflächen für den Baustahl- und den Stahlbetonquerschnitt und die zugehörigen Tragfähigkeiten $N_{pl,a,1}$ und $N_{pl,c,1}$. Bei der Ermittlung der Tragfähigkeit $N_{pl,c,1}$ darf für den Beton die Tragfähigkeit bei Teilflächenpressung ausgenutzt werden, wenn in den Kammern des Profils geschlossene Bügel angeordnet werden. Vorhandene Längsbewehrung darf im Schnitt I-I nur berücksichtigt werden, wenn diese an die Kopfplatte kraftschlüssig angeschlossen wird.

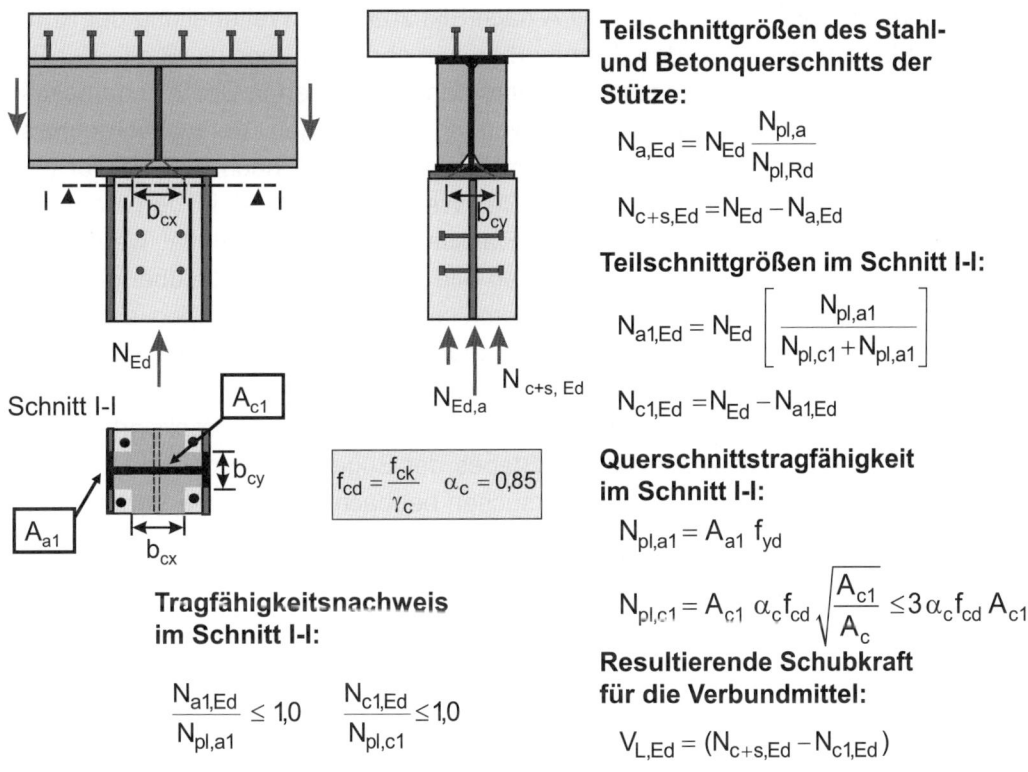

Teilschnittgrößen des Stahl- und Betonquerschnitts der Stütze:

$$N_{a,Ed} = N_{Ed} \frac{N_{pl,a}}{N_{pl,Rd}}$$

$$N_{c+s,Ed} = N_{Ed} - N_{a,Ed}$$

Teilschnittgrößen im Schnitt I-I:

$$N_{a1,Ed} = N_{Ed} \left[\frac{N_{pl,a1}}{N_{pl,c1} + N_{pl,a1}} \right]$$

$$N_{c1,Ed} = N_{Ed} - N_{a1,Ed}$$

$$f_{cd} = \frac{f_{ck}}{\gamma_c} \quad \alpha_c = 0{,}85$$

Querschnittstragfähigkeit im Schnitt I-I:

$$N_{pl,a1} = A_{a1}\, f_{yd}$$

$$N_{pl,c1} = A_{c1}\, \alpha_c f_{cd} \sqrt{\frac{A_{c1}}{A_c}} \leq 3\, \alpha_c f_{cd} A_{c1}$$

Resultierende Schubkraft für die Verbundmittel:

$$V_{L,Ed} = (N_{c+s,Ed} - N_{c1,Ed})$$

Tragfähigkeitsnachweis im Schnitt I-I:

$$\frac{N_{a1,Ed}}{N_{pl,a1}} \leq 1{,}0 \qquad \frac{N_{c1,Ed}}{N_{pl,c1}} \leq 1{,}0$$

Bild 208: Lasteinleitung über Endkopfplatten

Die Tragfähigkeit im Schnitt I-I ergibt sich aus der Summe der Tragfähigkeiten der Einzelquerschnitte. Zur Bemessung der Verbundmittel werden dann jeweils im Schnitt I-I und am Ende der Einleitungslänge die Teilschnittgrößen der Einzelquerschnitte unter Berücksichtigung des Ausnutzungsgrades bestimmt. Die für die Bemessung der Verbundmittel maßgebende Längsschubkraft resultiert aus der Differenz der Teilschnittgrößen im Schnitt I-I und am Ende der Lasteinleitungslänge.

Wenn die Krafteinleitung nur über den Betonquerschnitt erfolgt, werden die Längsschubkräfte durch das Kriechen des Betons vergrößert, da sich die Teilschnittgrößen mit zunehmender Kriechverformung auf das Stahlprofil umlagern. In diesem Fall ist zusätzlich nachzuweisen, dass sich aus einer elastischen Berechnung unter Berücksichtigung des Kriechens und Schwindens keine ungünstigeren Schubkräfte ergeben.

Die Weiterleitung der Dübelkräfte bei vollständig einbetonierten Profilen (Bild 209) in die nicht unmittelbar angeschlossenen Betonquerschnittsteile muss über die Breite der Betonüberdeckung c_y erfolgen [263]. Die Schubkräfte im maßgebenden Schnitt I-I nach Bild 209 können aus den anteiligen Teilschnittgrößen des Betonquerschnitts ermittelt werden. Falls Biegemomente über die Stütze abzutragen sind, wird das Stahlprofil normalerweise so angeordnet, dass es über die starke Achse beansprucht wird. Für diesen Fall liegen die Kopfbolzendübel auf den Flanschen an der statisch effektivsten Stelle im Querschnitt (Fall A nach Bild 209). Die Weiterleitung der Kräfte erfolgt hier aus dem ‚Flanschbereich' in den ‚Kammerbereich' ebenfalls über die Breite der Betonüberdeckung c_y. Der Nachweis der Längsschubkrafttragfähigkeit in den in Bild 209 dargestellten Schnitten I-I kann mithilfe des dargestellten Fachwerkmodells erfolgen. Versuchsergebnisse zeigen [263], dass die Bemessung der Bügel mit dem Fachwerkmodell nach Bild 209 für eine Druckstrebenneigung von 45° bemessen werden sollte. Werden die Dübel in den Kammern angeordnet, so müssen die Kräfte in den äußeren Flanschbereich weitergeleitet werden. Es ergibt sich dann das Fachwerkmodell für den Fall B nach Bild 209. Dabei wird die über die Dübel eingeleitete Schubkraft zunächst über den Kammerbeton ausgeleitet. Es ergeben sich die in Bild 209 dargestellten zwei kritischen Schnitte. Bei Anordnung der Dübel in den Kammern ist in den Kammern eine Bügelbewehrung erforderlich, die entweder durch die Stege des Stahlprofils gesteckt oder mit zwei geschlossenen Bügeln in den Kammern des Profils realisiert wird. In Bild 209 ist $A_{s,Bü}$ jeweils die Querschnittsfläche des Stabes der Bügelbewehrung. Bild 210 zeigt am Beispiel eines Versuchskörpers das bei allen Versuchen beobachtete typische Verformungsverhalten.

Fall A - Dübel auf den Flanschen

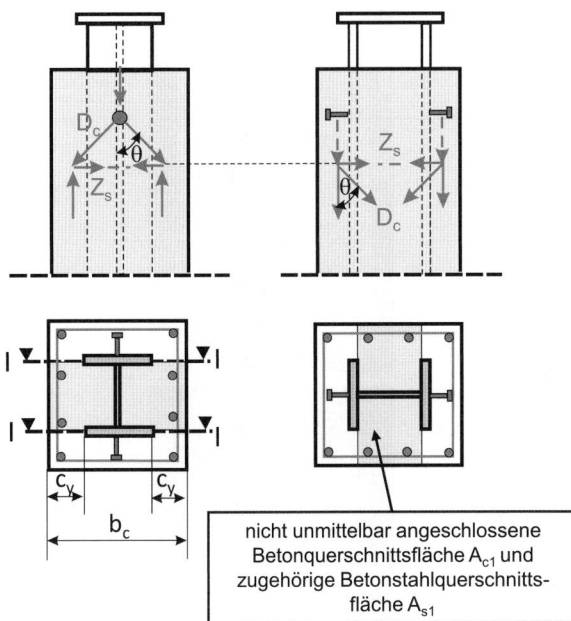

Resultierende Längsschubkraft im Schnitt I-I:

$$V_{L,Ed} = N_{Ed}\left[1-\frac{N_{pl,a}}{N_{pl,Rd}}\right]\frac{A_{c1}\,\alpha_c f_{cd}+A_{s1}\,f_{sd}}{A_c\alpha_c f_{cd}+A_s f_{sd}}$$

Längsschubkrafttragfähigkeit im Schnitt I-I:

Betondruckstreben:

$$V_{L,Rd,max} = 4\,\frac{c_y\,\nu_1\alpha_c\,f_{cd}}{\cot\theta+\tan\theta}\,L_E$$

$\theta = 45°$ und ν_1 nach DIN EN 1992-1-1, 6.2.3

$f_{cd}=\dfrac{f_{ck}}{\gamma_c}$ $\alpha_c = 0{,}85$

Bügelbewehrung:

$$V_{L,Rd,s} = 4\,\frac{A_{s,Bü}}{s_w}\,f_{yd}\cot\theta\,L_E$$

- s_w — Abstand der Bügelbewehrung
- $A_{s,Bü}$ — Querschnittsfläche des Bügels
- L_E — Lasteinleitunglänge

Fall B - Dübel in den Kammern

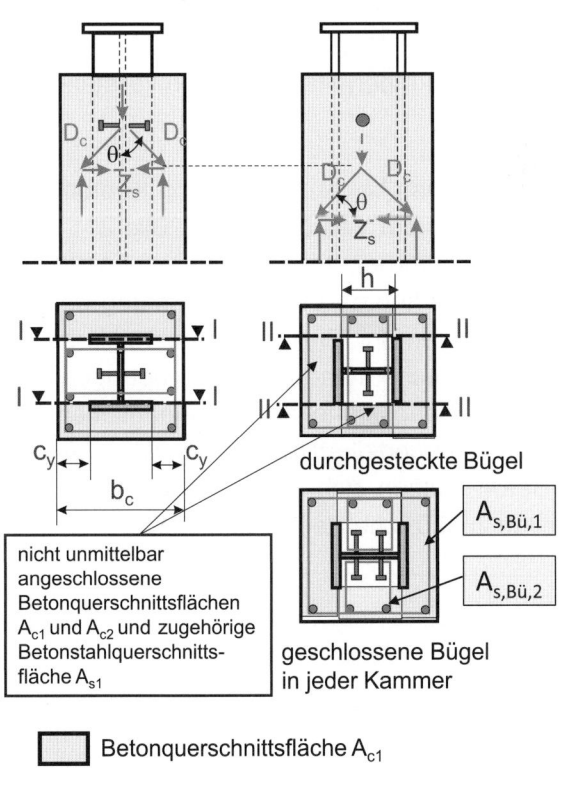

durchgesteckte Bügel

geschlossene Bügel in jeder Kammer

nicht unmittelbar angeschlossene Betonquerschnittsflächen A_{c1} und A_{c2} und zugehörige Betonstahlquerschnittsfläche A_{s1}

Betonquerschnittsfläche A_{c1}

Betonquerschnittsfläche A_{c2}

Resultierende Längsschubkraft n den Schnitten I-I und II:

$$V_{L,Ed} = N_{Ed}\left[1-\frac{N_{pl,a}}{N_{pl,Rd}}\right]\frac{A_{c,eff}\,\alpha_c\,f_{cd}+A_{s,eff}\,f_{cd}}{A_c\,\alpha_c\,f_{cd}+A_s\,f_{cd}}$$

Längsschubkrafttragfähigkeit in den Schnitten I-I und II:

Betondruckstreben:

$$V_{L,Rd}=n_c\,\frac{b_{eff}\,\nu_1\,\alpha_c\,f_{cd}}{\cot\theta+\tan\theta}$$

Bügelbewehrung:

$$V_{L,Rd,s}=n_{Bü}\,\frac{A_{s,Bü,i}}{s_w}\,f_{yd}\cot\theta\,L_E$$

Nachweis im Schnitt I-I

$A_{c,eff} = A_{c1}$ und $A_{s,eff} = A_{s,1}$
$n_c = 4$ und $b_{eff} = c_y$
$A_{s,Bü,i} = A_{s,Bü,1}$ und $n_S = 1$

Nachweis im Schnitt II-II

$A_{c,eff} = A_{c1}+A_{c2}$ und $A_{s,eff} = A_{s,1}+A_{s,2}$
$n_c = 2$ und $b_{eff} = h$
$A_{s,Bü,i} = A_{s,Bü,2}$ und $n_S = 2$

Bild 209: Fachwerkmodell zur Bemessung der Bügel im Krafteinleitungsbereich

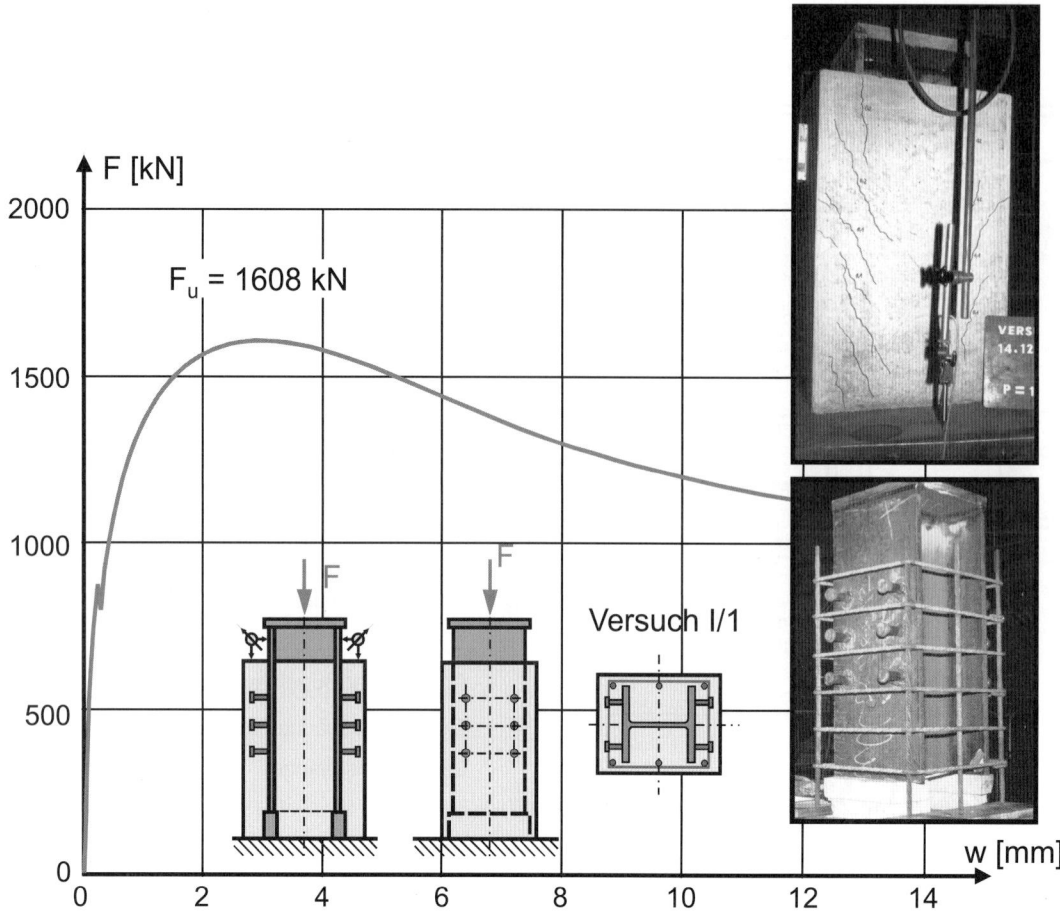

Bild 210: Last-Verformungsverhalten von Kopfbolzendübeln auf den Flanschen von vollständig einbetonierten I-Profilen, [263]

Bei teilweise und vollständig einbetonierten I-Profilen erhält man bei Anordnung von Kopfbolzendübeln in den Kammern eine Verbindung mit besonders duktilem Verhalten [176]. Bild 211 zeigt exemplarisch die Last-Verformungskurven zweier Versuchskörper. In den unteren Laststufen zeigt sich nahezu keine Verschiebung. Dies ist durch eine erhebliche Reibungswirkung an den Innenseiten der Flansche zu erklären. Erst nach Überschreiten der Gleitgrenze treten Verschiebungen auf, die bis zum Versagen der Verbindung aller Versuche mehr als 10 mm betrugen. Die bei dieser Anordnung der Verbundmittel auftretenden Reibungskräfte an den Innenseiten der Flansche können mit dem in Bild 212 dargestellten Fachwerkmodell erklärt werden. Die aus den Dübelkräften P_{Rd} resultierenden Spaltzugkräfte im Beton stützen sich gegen die Flansche des Stahlprofils ab und aktivieren an den Flanschinnenseiten zusätzliche Reibungskräfte.

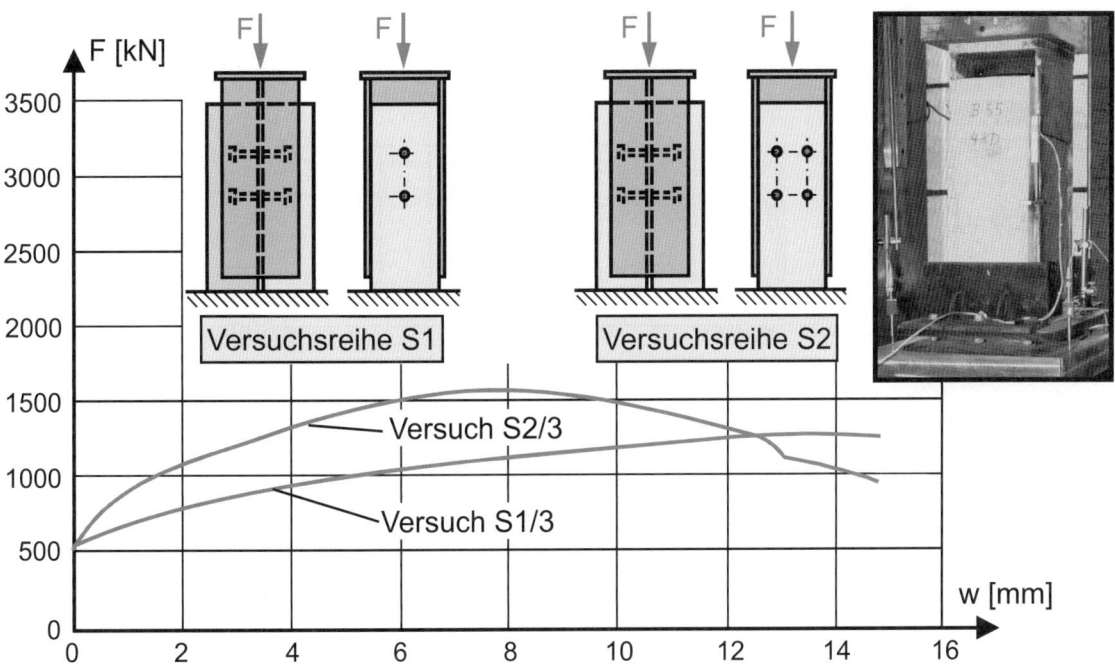

Bild 211: Last-Verformungsverhalten von Kopfbolzendübeln in den Kammern von I-Profilen, [263]

Die gesamte übertragbare Längsschubkraft setzt sich dann aus der Tragfähigkeit der Kopfbolzendübel und der zusätzlichen Längsschubkraft $V_{LR,Rd}$ infolge der Reibungskräfte zusammen. Für die Neigung der Druckstreben D_c kann ein Winkel von 45° und für die Ermittlung der Längsschubkraft infolge Reibung für walzrauhe Profile ein Reibbeiwert von $\mu = 0{,}5$ angenommen werden. Die Reibkräfte werden bei mehreren nebeneinanderliegenden Dübeln nur von den neben den Flanschen angeordneten Dübeln erzeugt, sodass mit zunehmender Dübelanzahl senkrecht zur Kraftrichtung der Einfluss dieser Reibkräfte abnimmt. Der günstige Einfluss der Reibungskräfte wurde durch umfangreiche Versuche nachgewiesen. Da diese Versuche nur für Profile mit lichten Flanschabständen bis zu 600 mm durchgeführt wurden, dürfen die zusätzlichen Reibungskräfte bei größeren Profilen nicht in Ansatz gebracht werden. Es sei an dieser Stelle noch darauf hingewiesen, dass der Ansatz eines Reibungsbeiwertes von 0,5 nur gerechtfertigt ist, wenn die Profile wie in den Versuchen keinen Korrosionsschutz in den Kammern erhalten. Andernfalls muss ein kleiner Reibungsbeiwert zugrunde gelegt werden.

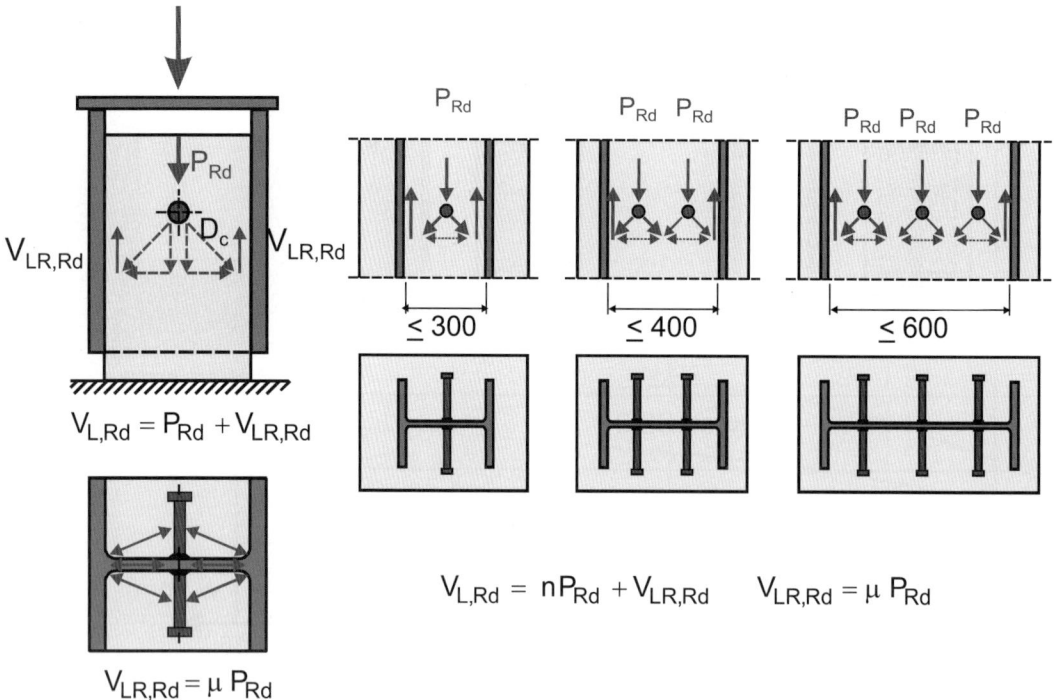

Bild 212: Tragfähigkeit von Kopfbolzendübeln in den Kammern von I-Profilen unter Berücksichtigung von Reibungskräften an den Flanschinnenseiten

Bisher unzureichend geregelt war die Bemessung der Krafteinleitungsbereiche von ausbetonierten Hohlprofilen. Hierzu wurden in den letzten Jahren eine Reihe von neuen Untersuchungen durchgeführt und neue Bemessungskonzepte entwickelt [219], [220], [224], [264], [265], die zu einer wirtschaftlicheren Ausführung der Krafteinleitungsbereiche führen, da planmäßig im Lasteinleitungsbereich die erhöhte Tragfähigkeit des Betons bei Teilflächenpressung ausgenutzt wird. Die Einleitung von Kräften aus den anschließenden Decken oder Unterzügen erfolgt oft über durch das Hohlprofil durchgesteckte Knotenbleche unter Ausnutzung der Teilflächenpressung in den Kernbeton. Ein weiteres Beispiel für die örtliche Krafteinleitung ist die Lasteinleitung über Steifenkreuze sowie die Lasteinleitung über Distanzbleche bei Verbundstützen mit Vollkernprofilen (Bild 213).

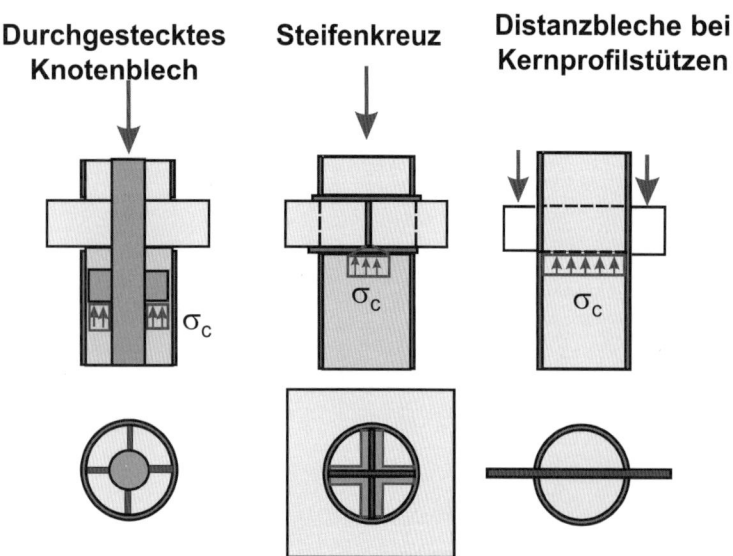

Bild 213: Typische Lasteinleitungen bei ausbetonierten Hohlprofilen

Die erhöhte Betontragfähigkeit in den Krafteinleitungsbereichen von Verbundstützen resultiert im Wesentlichen aus der Umschnürungswirkung des Hohlprofils. Bei Teilflächenpressung stellen sich die in Bild 214 dargestellten Tragmodelle ein. Der Beton wird dreiaxial gedrückt. Aus den Querdruckspannungen resultieren zusätzliche Reibungskräfte zwischen Beton und Rohr, die planmäßig zur Lasteinleitung in das Stahlprofil genutzt werden können.

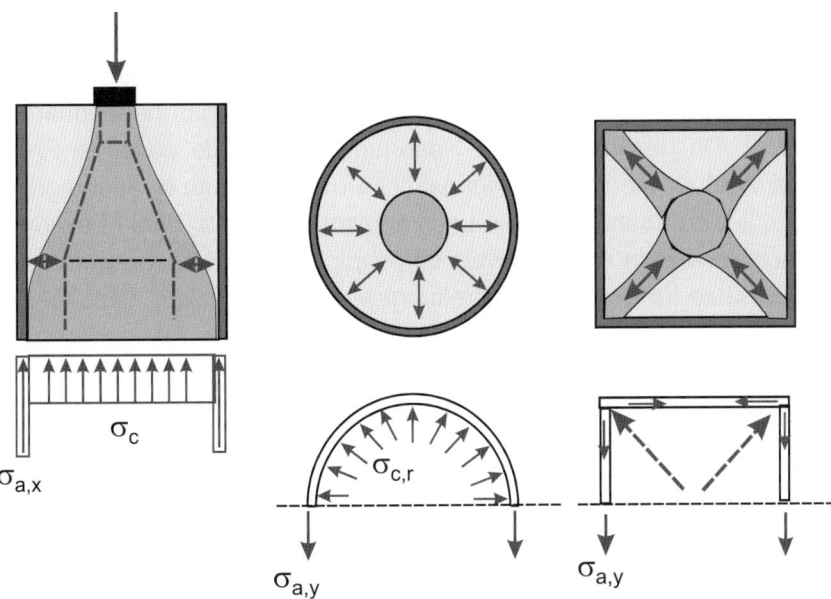

Bild 214: Einfluss der Umschnürungswirkung in den Krafteinleitungsbereichen von Hohlprofilen, [263]

In der Literatur veröffentlichte Versuchsergebnisse sowie die Ergebnisse neuerer Versuche wurden mit den in EN 1990 angegebenen Regelungen für die Auswertung von Versuchen neu ausgewertet [219], [224]. Es ergaben sich die in Bild 215 dargestellten Zusammenhänge für die Ermittlung des Bemessungswertes der Tragfähigkeit des Betons bei Teilflächenpressung. Der unterschiedliche Grad der Umschnürungswirkung bei runden und quadratischen Hohlprofilen wird dabei durch den Beiwert η_{cL} erfasst, der bei Rohren mit 4,9 und bei quadratischen Hohlprofilen mit 3,5 zu berücksichtigen ist (siehe hierzu auch die Bilder Bild 172 und Bild 173).

$$\sigma_{c,Rd} = \alpha_c f_{cd} \left[1 + \eta_{cL} \frac{t}{d} \frac{f_{yk}}{f_{ck}}\right] \sqrt{\frac{A_c}{A_1}} \leq \frac{A_c \, \alpha_c \, f_{cd}}{A_1}; \quad \leq f_{yd} \quad \frac{A_c}{A_1} \leq 20$$

$$f_{cd} = \frac{f_{ck}}{\gamma_c} \quad \alpha_c = 1{,}0$$

f_{ck} Zylinderdruckfestigkeit
t Wanddicke des Hohlprofils
d Außenabmessung des Hohlprofils
f_{yk} Streckgrenze des Hohlprofils
A_1 Lasteinleitungsfläche
A_c Betonquerschnittsfläche
$\eta_{c,L}$ Beiwert zur Berücksichtigung der Umschnürungswirkung des Hohlprofils
$\eta_{c,L}$ = 4,9 (Rohr)
$\eta_{c,L}$ = 3,5 (quadratisches Hohlprofil)

Lastausbreitung unter 1:2,5

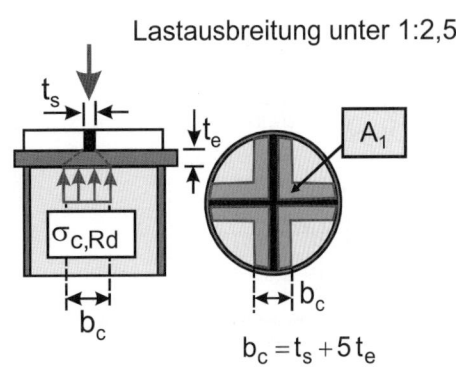

$b_c = t_s + 5\,t_e$

Bild 215: Bemessungsregeln für die Krafteinleitung bei ausbetonierten Hohlprofilen [263]

Wenn die Lasten über Steifenkreuze und Endkopfplatten eingeleitet werden, wird vielfach die Frage der Lastverteilung durch die Kopfplatten diskutiert. Bei der klassischen Annahme der Lastverteilung unter 45° ergeben sich bei großen Lasten vielfach sehr große rechnerische Kopfplattendicken. Im Rahmen der bereits zuvor erwähnten experimentellen Untersuchungen [219], [224] wurden daher eine Vielzahl von Versuchen durchgeführt, bei denen die Abmessungen der Steifenkreuze und der Kopfplatten ($t_p = 10$ bis $t_p = 25$ mm) variiert wurden. Bild 216 zeigt die Ergebnisse eines typischen Versuchs. Aus der Verformungsmulde des Betons unterhalb des Steifenkreuzes ist deutlich zu erkennen, dass sich unterhalb der Kopfplatte eine Pressungsverteilung einstellt, die unmittelbar unterhalb des Steifenkreuzes konstant ist und in den benachbarten Bereichen etwa parabolisch abfällt. Da das Integral der Spannungen über die gesamte Pressungsfläche die gleiche Kraft wie die über die Lastverteilungsfläche mit der Breite b_c aufintegrierte konstante Maximalspannung σ_c liefern muss, kann die Lastverteilungsbreite b_c direkt bestimmt werden. In der Praxis wird vielfach zusätzlich ein Nachweis der Kopfplatte für Biegung gefordert. Die Herleitung der Berechnungsansätze für den Lastausbreitungswinkel verdeutlicht, dass dieser Nachweis nicht erforderlich ist.

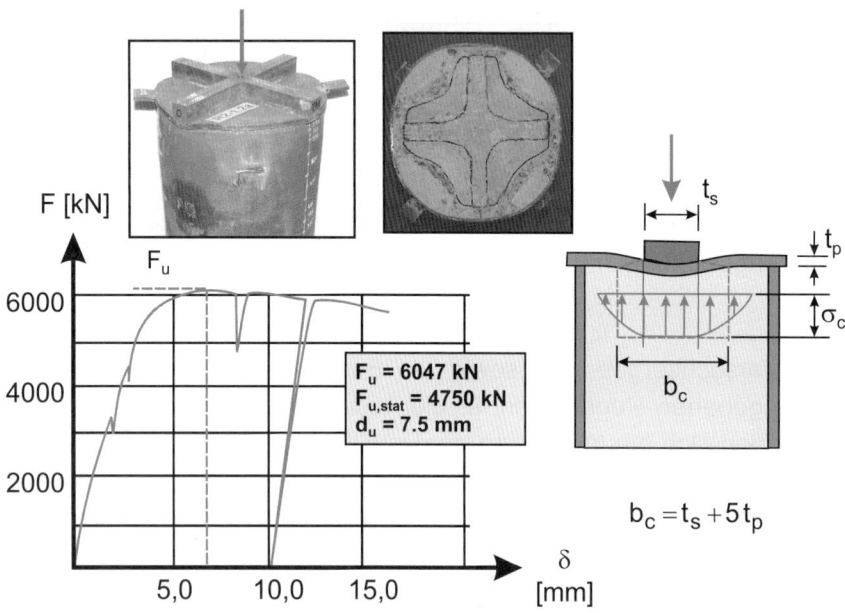

Bild 216: Lastverteilung bei Steifenkreuzen und Kopfplatten, [219]

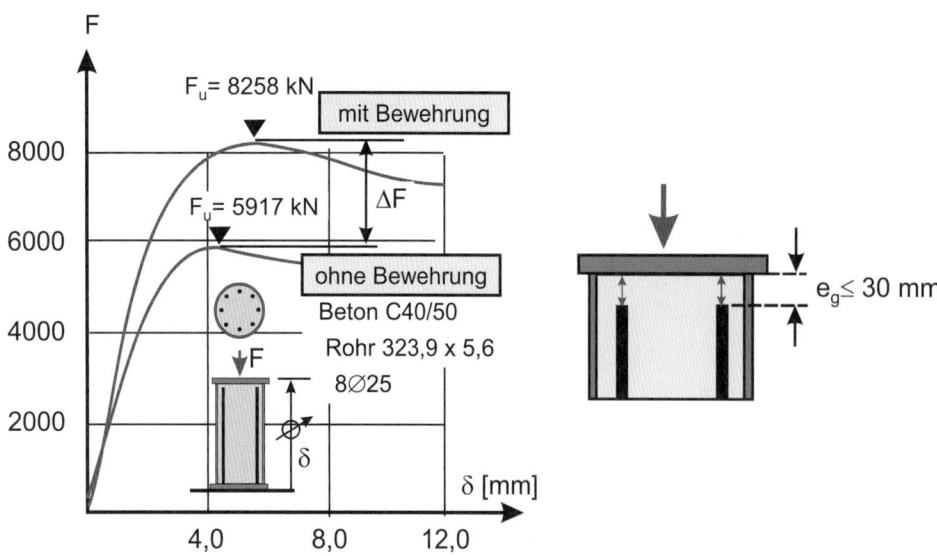

Bild 217: Einfluss von nicht kraftschlüssig angeschlossener Längsbewehrung, [219]

Bei ausbetonierten Hohlprofilen wird in der Regel eine zusätzliche Längsbewehrung angeordnet, die bei gedrungenen Stützen in üblichen Geschossbauten bereits im Krafteinleitungsbereich rechnerisch erforderlich ist. Aus der Forderung eines kraftschlüssigen Anschlusses der Längsbewehrung resultieren konstruktiv sehr aufwendige und vielfach unwirtschaftliche Lasteinleitungskonstruktionen. Es stellt sich daher die Frage, ob auch bei nicht unmittelbar angeschlossener Bewehrung die Tragfähigkeit der Bewehrung aktiviert werden kann. Infolge der Umschnürungswirkung durch das Rohr ist zu vermuten, dass zwischen Bewehrungsstahl und Kopfplatte sehr hohe örtliche Betonpressungen übertragen werden können. Diese Vermutung wurde durch mehrere Versuche bestätigt. Bild 217 zeigt die Ergebnisse eines typischen Versuchs. Die Versuche wurden jeweils mit und ohne Bewehrung durchgeführt. Es ist zu erkennen, dass bei dem Versuch mit nicht unmittelbar angeschlossener Bewehrung die plastische Grenzlast des Versuchskörpers einschließlich der Bewehrung erreicht wird. Die Versuche zeigen jedoch auch, dass dies nur dann der Fall ist, wenn der Abstand e zwischen dem Ende der Bewehrung und der Kopfplatte nicht größer als 30 mm ist. Die Anrechnung des Betonstahls setzt in diesem Fall ferner voraus, dass die Bewehrungsstäbe wie bei den Versuchen rechtwinklig gesägt sein müssen.

6.7.4.3 Verbundsicherung außerhalb der Krafteinleitungsbereiche

Bei Stützen mit planmäßiger Querkraftbeanspruchung ist die Verbundsicherung auch außerhalb der Krafteinleitungsbereiche nachzuweisen. Die Schubkräfte können wie zuvor erläutert zwischen kritischen Schnitten aus der Differenz der Normalkräfte des Stahlprofils ermittelt werden. Die Verbundmittel dürfen näherungsweise nach dem Querkraftverlauf verteilt werden. Vereinfachend können die Schubkräfte zwischen Stahlprofil und Beton auch auf der Grundlage der Elastizitätstheorie unter der Annahme eines ungerissenen Betonquerschnitts ermittelt werden. Werden die in Bild 218 angegebenen Grenzwerte τ_{Rd} nicht überschritten, darf auf die Anordnung von Verbundmitteln verzichtet werden.

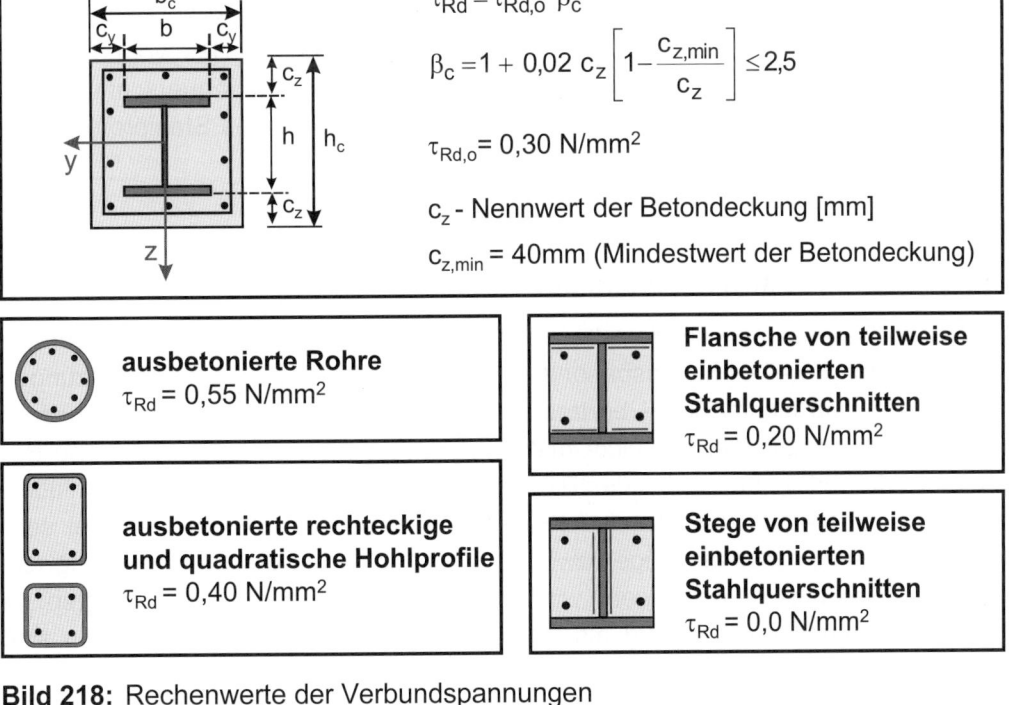

Bild 218: Rechenwerte der Verbundspannungen

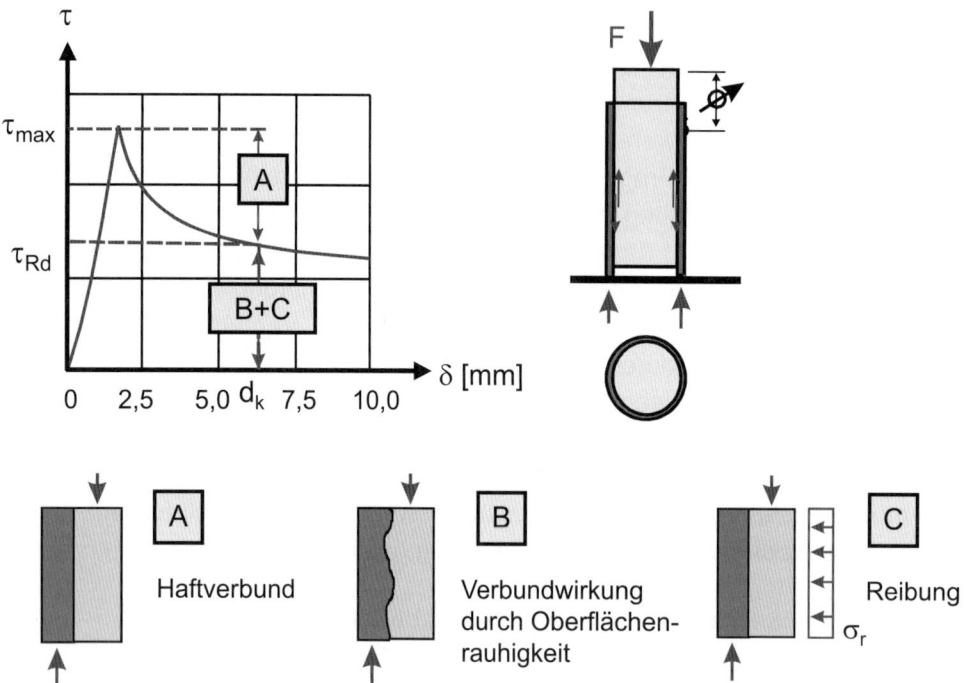

Bild 219: Erhöhte Verbundspannungen bei ausbetonierten Hohlprofilen, [219]

Die Verbundspannungen resultieren im Wesentlichen aus den in Bild 219 dargestellten drei Einflüssen [219], [266]. Der reine Haftverbund wird rechnerisch nicht berücksichtigt, da er bei geringsten Verschiebungen verloren geht. Bei offenen Profilen wird die Verbundspannung insbesondere durch die Oberflächenrauhigkeit bestimmt. Erhöhte Verbundspannungen ergeben sich bei ausbetonierten Hohlprofilen, weil infolge der Querdehnungsbehinderung des Betons durch das Hohlprofil zusätzliche Reibungskräfte geweckt werden.

Bei teilweise einbetonierten I-Querschnitten mit Querkraftbeanspruchung infolge planmäßiger Biegung um die schwache Achse des Stahlprofils (Biegung aus Querlasten und Endmomenten) ist stets eine Verdübelung erforderlich, da über den Steg infolge Verbundwirkung keine Längsschubkräfte planmäßig übertragen werden können. Wenn die Querkraft nicht allein vom Stahlprofil aufgenommen werden kann, ist die für die anteilige Querkraft des Betonquerschnitts $V_{c,Ed}$ erforderliche Bügelbewehrung im Allgemeinen kraftschlüssig an den Steg des Stahlprofils anzuschweißen oder durch Bohrungen im Steg des Stahlprofils zu stecken.

6.7.5 Bauliche Durchbildung

6.7.5.1 Betondeckung von Stahlprofilen und Bewehrung

Die Frage der Betondeckung ist insbesondere bei vollständig einbetonierten Profilen im Bereich der Flansche von Bedeutung, weil es hier insbesondere bei breiten Betongurten zu Abplatzungen kommen kann und dann eine planmäßige Übertragung von Längsschubkräften – insbesondere im Krafteinleitungsbereich gemäß Bild 205 nicht mehr möglich ist. Eine ausreichend große Betondeckung ist ferner erforderlich, um ein lokales Beulen der gedrückten Flansche des Stahlquerschnitts zu verhindern (siehe Bild 164). In den Krafteinleitungsbereichen sieht man bei sehr breiten Gurten oft die Lösung, dass die Bügelbewehrung zur Sicherung der Betondeckung teilweise direkt stumpf auf die Flansche geschweißt wird. Von derartigen Lösungen ist abzuraten, da die angeschweißte Bewehrung unplanmäßig als Verdübelung mitwirkt. In solchen Fällen sind besser entsprechende Bohrungen für die Durchführung der Bewehrung anzuordnen.

6.7.5.2 Längs- und Bügelbewehrung

Für die Längs- und Bügelbewehrung gelten grundsätzlich die Prinzipien und Anwendungsregeln in DIN EN 1992-1-1. Von besonderer Bedeutung ist die Bügelbewehrung in den Krafteinleitungsbereichen von vollständig einbetonierten Stahlprofilen, die stets in Übereinstimmung mit Bild 209 nachzuweisen ist. Zur Sicherung der Übertragung der Verbundspannungen zwischen Beton und Betonstahl ist nebem dem Stababstand der lichte Abstand zwischen dem Betonstahl und dem Baustahl zu beachten. Wenn die Abstandswerte nach DIN EN 1992-1-1, 9.5 nicht eingehalten werden, muss der wirksame Umfang des Betonstahls nach DIN EN 1994-1-1, 6.7.5.2(3) abgemindert werden.

In den Krafteinleitungsbereichen von Stützen ist insbesondere darauf zu achten, dass der Beton im Bereich der Dübel ausreichend verdichtet werden kann, damit eine planmäßige Ausleitung der Lasten vom Stahlprofil in den Verbundquerschnitt stattfinden kann. Längs- und Bügelbewehrung sind daher bei komplizierten Stützen auch schon im Entwurfsstadium ausführungsreif zu planen. Dies gilt auch für in den Stahlprofilen angeordnete Steifen und andere Einbauteile, die eine ordnungsgemäße Anordnung der Längsbewehrung beeinträchtigen könnten.

6.8 Nachweis gegen Ermüdung

6.8.1 Allgemeines

Für Verbundträger unter nicht vorwiegend ruhender Beanspruchung ist ein Nachweis der Ermüdung erforderlich. Der Nachweis ist dabei nach DIN EN 1994-1-1, 6.8 getrennt für den Baustahlquerschnitt in Übereinstimmung mit DIN EN 1993-1-9 sowie für die Bewehrung und den Beton nach DIN EN 1992-1-1, 6.8.

Für übliche Tragwerke des Hochbaus ist im Allgemeinen kein Nachweis gegen Ermüdung erforderlich. Der Abschnitt 6.8 von DIN EN 1994-1-1 gilt daher in erster Linie für Sonderfälle des Industriebaus, bei denen beträchtliche Spannungsänderungen auftreten. Dies ist z. B. bei den folgenden Beanspruchungen der Fall:

- Beanspruchungen aus Hebevorrichtungen oder rollenden Lasten,
- Beanspruchungen aus wiederholten Spannungswechseln durch Maschinenschwingungen,
- Beanspruchungen aus windinduzierten Schwingungen,
- Beanspruchungen aus Schwingungen infolge rhythmischer Bewegung durch Personen.

Nachweise gegen Ermüdung können auch bei Decken mit schwerem Gabelstaplerbetrieb und bei Bauteilen in Industrieanlagen mit sich sehr häufig ändernden hohen Temperatureinwirkungen und daraus resultierenden Zwangsbeanspruchungen auftreten.

6.8.2 Teilsicherheitsbeiwerte für den Nachweis der Ermüdung für Tragwerke des Hochbaus

Die Teilsicherheitsbeiwerte γ_{Mf} für die Ermüdungsfestigkeit sind für Stahlbauteile in EN 1993-1-9, Abschnitt 3 und für den Beton und die Bewehrung in EN 1992-1-1, 2.4.2.4 geregelt.

Für Kopfbolzendübel ist nach DIN EN 1994-1-1 NA der Teilsicherheitsbeiwert $\gamma_{Mf,s} = 1{,}25$ zu berücksichtigen. Dieser Wert wurde national abweichend von EN 1994-1-1 festgelegt, da Ermüdungsschäden an Dübeln nicht oder nur indirekt durch Schlupfmessung bei Bauwerksprüfungen festgestellt werden. Die Untersuchungen in [212], [298] bis [301] haben zudem ergeben, dass die im Bauingenieurwesen heute benutzte lineare Schädigungshypothese für Kopfbolzendübel nur bedingt anwendbar ist. Der größere Teilsicherheitsbeiwert soll daher auch Sicherheitsdefizite bei der Anwendung der linearen Schädigungshypothese abdecken. Ein weiterer wesentlicher Aspekt ist die Beschränkung der Beanspruchungen der Dübel im Grenzzustand der Gebrauchstauglichkeit. Nach DIN EN 1994-2, 6.8.1 sowie nach dem Nationalen Anhang zu DIN EN 1994-2 ist die Dübelbeanspruchung im Grenzzustand der Tragfähigkeit auf den 0,6-fachen Wert der Bemessungstragfähigkeit unter der charakteristischen Kombination zu beschränken. In DIN EN 1994-1-1 wird in Abschnitt 6.8.1 der 0,75-fache Wert zugelassen. Die Beschränkung basiert auf experimentellen Untersuchungen, die gezeigt haben, dass die Ermüdungsfestigkeit bei hohen Oberlasten signifikant abnimmt. Bei den Trägen des Hochbaus unter sehr hoher Ermüdungswirksamer Beanspruchung wird empfohlen, besser die Begrenzungen nach DIN EN 1994-2 einzuhalten. Im Rahmen der Erstellung des Entwurfs der zweiten Generation von Eurocode 4 wird aktuell eine Anpassung des Abminderungsbeiwertes diskutiert. Dabei soll die Dübeltragfähigkeit in EN 1994-1-1 auf den Wert $k_s \cdot P_{Rd}$ begrenzt werden, wobei der Vorschlag den Reduktionsbeiwert k_s als NDP vorsieht und einen Wert von 0,6 vorschlägt. Damit wird eine Harmonisierung mit EN 1994-2 angestrebt.

Besonderes Augenmerk sollte auch auf Konstruktionen gelegt werden, bei denen die Beanspruchungen von Dübeln im Grenzzustand der Tragfähigkeit wegen ausgenutzter plastischer Umlagerungen sehr stark von den Beanspruchungen im Grenzzustand der Ermüdung abweichen. Ein typisches Beispiel sind in der Praxis oft zur Verankerung von Zugkräften benutzte Schwertkonstruktionen mit mehreren hintereinander angeordneten Dübeln. Im Grenzzustand der Tragfähigkeit kann in der Regel wegen der großen Verformungskapazität der Dübel von einer nahezu gleichmäßigen Verteilung der Dübelkräfte ausgegangen werden. Im Grenzzustand der Gebrauchstauglichkeit und für den Nachweis der Ermüdung im Grenzzustand der Tragfähigkeit müssen die Dübelkräfte unter Berücksichtigung der Nachgiebigkeit der Dübel (Federsteifigkeit C_w nach Bild 229) wie bei langen Anschlüssen im Stahlbau entsprechend Bild 220 ermittelt werden. Derartigen Anschlüssen werden dann bei Ermüdungsbeanspruchung enge Grenzen gesetzt.

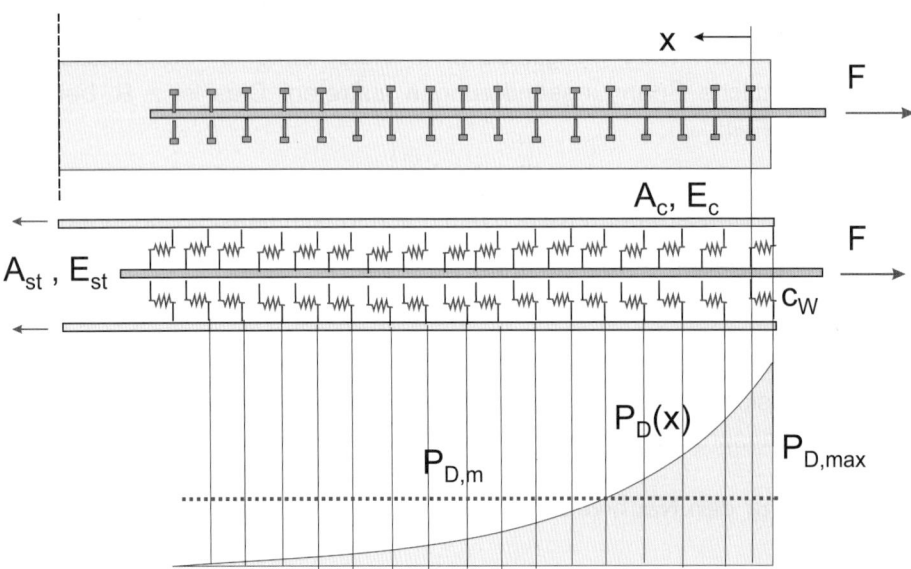

Bild 220: Verteilung der Dübelkräfte P_D im Grenzzustand der Gebrauchstauglichkeit

6.8.3 Ermüdungsfestigkeit

Hinsichtlich der Ermüdungsfestigkeit des Baustahls [199], des Betons [101] und des Betonstahls wird in DIN EN 1994-1-1 auf den DIN EN 1993-1-9 und DIN EN 1992-1-1 verwiesen. Nachfolgend wird detaillierter auf die DIN EN 1994-1-1 im Abschnitt 6.8 angegebenen Regelungen für Kopfbolzendübel in Vollbetonplatten eingegangen, [202] bis [204]. Für Dübel in Kombination mit Profilblechen gelten die Regelungen in den bauaufsichtlichen Zulassungen oder es sind entsprechende Werte für die Ermüdungsfestigkeit aus der Literatur zu entnehmen [205], [210]. Die Regelungen in DIN EN 1994-1-1, 6.8 dürfen auch nicht für Kopfbolzendübel angewandt werden, die entsprechend Bild 144 horizontal und randnah angeordnet werden [183], [213]. Für andere Verbundmittel, wie z. B. Dübelleisten, [294] bis [297], sind die Regelungen in den jeweiligen bauaufsichtlichen Zulassungen zu beachten.

Bei wiederholter Beanspruchung wird bei Kopfbolzendübeln in Vollbetonplatten der Beton im Bereich des Schweißwulstes mit zunehmender Lastspielzahl geschädigt. Diese Schädigung führt zu einer verstärkten Biegebeanspruchung des Bolzenschaftes und schließlich zu den in Bild 221 dargestellten Ermüdungsbrüchen. Verantwortlich für das Entstehen der Ermüdungsrisse sind die durch die Schweißtechnik und Dübelfußformen hervorgerufenen scharfkantigen Übergänge zwischen Dübelschaft und Flansch (Punkt P_1 gem. Bild 221) sowie Schweißwulst und Flansch (Punkt P_2 gem. Bild 221), s. a. [211], [212]. Diese Stellen fallen mit den Orten der höchsten lokalen Biegezugbeanspruchungen zusammen und zeichnen sich so durch sehr hohe Spannungen im Kerbgrund aus.

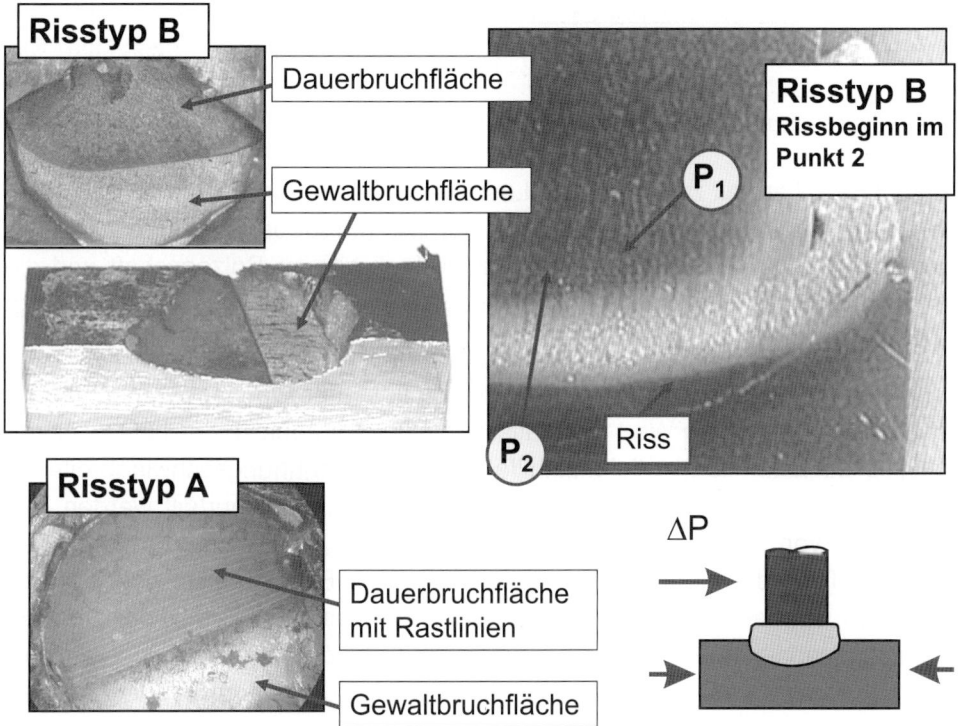

Bild 221: Ermüdungsrisse vom Typ A oder B bei Kopfbolzendübeln und druckbeanspruchten Gurten, [212]

Die metallurgischen Untersuchungen lassen zwei unterschiedliche Versagenstypen A und B erkennen, die eng mit der Höhe der Oberlast und damit mit der Größe der lokalen Schädigung des Betons am Dübelfuß korrelieren. Hohe lokale Betonschädigung als Folge eines hohen Oberlastniveaus führten ausgehend von einem Rissbeginn im Punkt P_1 zu einem horizontalen Rissfortschritt entlang des Schaftfußes (Risstyp A). Bei niedrigen Oberlastniveaus hingegen liegt der Rissursprung in der Regel an der Außenkante des Wulstes (P_2 gem. Bild 221) und die Risse setzen sich schräg in den Gurtwerkstoff hinein fort (Risstyp B).

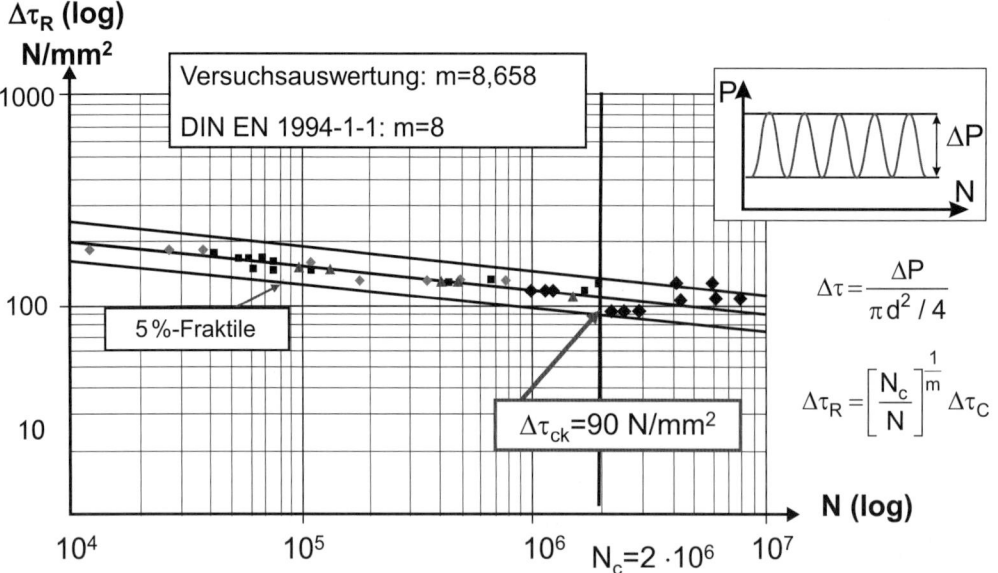

Bild 222: Ermüdungsfestigkeitskurve für Kopfbolzendübel, [212]

Aus der Betonschädigung resultiert mit zunehmender Lastspielzahl eine Zunahme des Schlupfes, die kurz vor dem Ermüdungsbruch besonders ausgeprägt ist. Die maßgebende Größe zur Beurteilung der Ermüdungsfestigkeit ist die Schubspannungsschwingbreite im Bolzenschaft und die Oberlast. Bei ausreichender Beschränkung der Oberlasten kann der Einfluss vernachlässigt werden.

Auswertungen von Ermüdungsversuchen zeigen, dass der Einfluss der Oberlast vernachlässigbar ist, wenn die Oberlast den 0,6-fachen Wert der statischen Dübeltragfähigkeit nicht überschreitet. Die Ermüdungsfestigkeit kann dann allein mithilfe der Schubspannungsschwingbreite im Bolzenschaft mit der in Bild 222 dargestellten Ermüdungsfestigkeitskurve beurteilt werden. Sie basiert auf der Auswertung von Versuchsergebnissen [202] bis [212], die mit kraftgeregelten Push-out-Versuchen ermittelt wurden. Eine genauere Ermittlung der Ermüdungsfestigkeit ist mit den in [298] bis [301] beschriebenen Modellen möglich, mit denen auch der Einfluss der Oberlast sowie der Einfluss von Vorschädigungen auf die Lebensdauer bei nicht periodischer Beanspruchung sowie die statische Resttragfähigkeit nach eingetretener Vorschädigung beurteilt werden kann.

Wie bereits zuvor erläutert, gilt die Ermüdungsfestigkeitskurve nach Bild 222 nur für Kopfbolzendübel in Vollbetonplatten. Die Ermüdungsfestigkeit nach Bild 222 gilt ferner nicht für Kopfbolzendübel in horizontaler Lage, bei denen in Dickenrichtung des Betongurtes Spaltzugkräfte entstehen. Bei randnaher Anordnung der Dübel ergibt sich dann eine reduzierte Ermüdungsfestigkeit. Angaben zur Ermüdungsfestigkeit bei horizontal angeordneten Kopfbolzendübeln finden sich in DIN EN 1994-2, Anhang C, s. a. [183] und [213].

Beim Schweißen von Kopfbolzendübeln mit dem automatischen Bolzenschweißverfahren mit Hubzündung kann es in Einzelfällen zu Fehlschweißungen kommen. Hierzu enthält DIN EN ISO 14555 im Abschnitt 14.7 Angaben bezüglich der Reparatur fehlerhafter Bolzenschweißungen. Die dort gemachten Angaben führen zwar zu einer ausreichenden statischen Tragfähigkeit, nicht jedoch zu einer ausreichenden Ermüdungsfestigkeit der Kopfbolzendübel. DIN EN 1994 geht davon aus, dass Kopfbolzendübel mit dem automatischen Bolzenschweißverfahren mittels Hubzündung nach DIN EN ISO 14555 aufgeschweißt werden, bei dem sich am Bolzenfuß ein Schweißwulst gemäß den Richtwerten in DIN EN ISO 13918 ausbildet. Diese Forderung im Eurocode 4 ist deshalb von besonderer Bedeutung, weil die im Eurocode 4 angegeben Tragfähigkeiten auf der Auswertung von Versuchen basieren und im Grenzzustand der

Tragfähigkeit und insbesondere für den Nachweis der Ermüdung nennenswerte Abweichungen bezüglich der Geometrie des Schweißwulstes zu einer Reduzierung der Tragfähigkeit bzw. der Lebensdauer führen können. Aus diesem Grunde wird im Eurocode 4 explizit darauf hingewiesen, dass bei Dübeldurchmessern, die nicht im Anwendungsbereich des Eurocode 4 liegen und nicht mit dem automatischen Bolzenschweißverfahren mit Hubzündung aufgeschweißt werden sowie bei Schweißwulsten, die nicht den Richtwerten nach DIN EN ISO 13918 entsprechen, die Bemessungsregeln in Eurocode 4 nicht gültig sind und in diesen Fällen durch Versuche nachgewiesen werden muss, ob eine vergleichbare statische Tragfähigkeit und insbesondere eine ausreichende Ermüdungsfestigkeit vorliegt. Die Abmessungen für die Schweißwülste nach DIN EN ISO 13918, Bild 5 und Tabelle 10 sind dabei mittlere Richtwerte, die in Schweißposition PA erreicht werden können. Vor diesem Hintergrund kommt insbesondere der Qualitätssicherung von Bolzenschweißungen bei Konstruktionen unter ermüdungswirksamen Beanspruchungen eine besondere Bedeutung zu, da unzureichende und unregelmäßige Schweißwulstabmessungen bzw. Reparaturschweißungen zu einer signifikanten Reduzierung der Ermüdungsfestigkeit führen können. Für Brücken finden sich entsprechende Empfehlungen in [352], die grundsätzlich auch im Hochbau bei Ermüdungsbeanspruchung von Kopfbolzendübeln gültig sind:

(1) Bolzenschweißverbindungen sind mit Ausnahme von begründeten Einzelfällen grundsätzlich im Herstellerwerk herzustellen. Begründete Ausnahmefälle sind z. B. das Aufschweißen von Hand an Stellen, an denen aus Transportgründen Montagelaschen vorhanden sind, die auf der Baustelle abgetrennt werden. Es handelt sich somit nur um einige wenige Dübel im Verhältnis zur Gesamtanzahl der sich auf dem Bauteil befindlichen Dübel. Bei diesen Dübeln ist auch ein Aufschweißen von Hand mit Ausbildung einer Schweißnahtvorbereitung mittels Fase am Bolzenfuß zulässig und vollem Anschluss des Schaftquerschnittes bis auf eine Restfläche von 10 % zulässig.

(2) Es gilt DIN EN ISO 14555. Es ist insbesondere Folgendes zu beachten: Für das Bolzenschweißen auf Verbundbrücken muss der ausführende Betrieb eine Qualifikation gemäß Abschnitt 10 der DIN EN ISO 14555 haben. Es müssen die umfassenden Qualitätsanforderungen gemäß Tabelle B.1 der DIN EN ISO 14555 erfüllt werden. Es darf nur gemäß DIN EN ISO 14732 und DIN EN ISO 14555, Abschnitt 6 qualifiziertes Personal eingesetzt werden. Die Eignung des Schweißpersonals für Verbundbrücken ist durch regelmäßige Arbeitsprüfungen gemäß Abschnitt DIN EN ISO 14555, 14.2 auch für anspruchsvolle Schweißpositionen wie z. B. das Schweißen in der Nähe von freien Rändern in PA Position sowie, falls erforderlich, für Schweißungen in Horizontalposition nachzuweisen. Auf die notwendige Durchführung und Dokumentation der vereinfachten Arbeitsprüfung gemäß DIN EN ISO 14555, Abschnitt 14.3 wird besonders hingewiesen.

(3) Die Anzahl der mangelhaften Schweißungen nach DIN EN ISO 14555, 14.7 sollte in der Regel unter 1 % der pro Bauteil aufgeschweißten Kopfbolzendübel liegen. Andernfalls sind Maßnahmen zur Verbesserung der Ausführungsqualität zu ergreifen (siehe DIN EN ISO 14555, 14.7, letzter Satz). Wenn der Durchmesser des Schweißwulstes nicht kleiner als der 1,2-fache Schaftdurchmesser d des Dübels und die kleinste Wulsthöhe nicht kleiner als $0{,}15\,d$ ist, darf davon ausgegangen werden, dass die Schweißwulstabmessungen den Richtwerten in DIN EN ISO 13918 noch entsprechen und eine ausreichende Tragfähigkeit sowie eine ausreichende Ermüdungsfestigkeit nach DIN EN 1994 gegeben ist und die Schweißung somit als nicht mangelhaft angesehen werden kann.

(4) In DIN EN ISO 14555 werden in Abschnitt 14.7 Maßnahmen bei mangelhafter Übereinstimmung mit den Vorgaben der DIN EN ISO 13918 angegeben, die zunächst für alle aufgeschweißten Bolzenverbindungen gelten. Mit Bezug auf die Anforderungen in DIN EN 1994-2 bezüglich der Ermüdungsfestigkeit sind die in DIN EN ISO 14555, Abschnitt 14.7 angegeben Verfahren bei Verbundbrücken nur eingeschränkt zugelassen. Bolzen mit mangelhaften

Schweißungen sind in hoch auf Ermüdung beanspruchten Bauteilen nach (5) grundsätzlich auszutauschen. Ein vollständiges oder partielles Ausbessern mit anderen Schweißverfahren ist nicht zulässig. Wenn in speziellen Fällen das Bolzenschweißverfahren mit Hubzündung nicht mehr möglich ist, sind die Bolzen mit dem unter (1) genannten Verfahren auszutauschen oder neue Dübel an einer benachbarten Stelle zu setzen. Ein Belassen der Bolzen mit mangelhaften Schweißungen und ein Ersatz durch einen zusätzlichen Bolzen ist bei hoch auf Ermüdung beanspruchten Bauteilen nicht zulässig. Mangelhafte Dübel sind kerbfrei zu entfernen (z. B. oberhalb des Wulstes abtrennen, Rest in Kraftrichtung mit Grundwerkstoff eben abschleifen, ggf. Kerben/WEZ ausschleifen, Rissprüfung durchführen).

6.8.4 Einwirkungen, Schnittgrößen und Spannungen

Die Schnittgrößen und Spannungen infolge der Ermüdungsbelastung sind stets durch eine elastische Tragwerksberechnung unter Berücksichtigung der Rissbildung im Beton zu bestimmen. Die für den Ermüdungsnachweis maßgebenden Schnittgrößen ergeben sich aus den Schnittgrößen für die häufige Einwirkungskombination, wobei jedoch anstelle der Verkehrslasten die maßgebende Ermüdungsbelastung zu berücksichtigen ist. Siehe hierzu auch DIN EN 1992-1-1, 6.8.3(3). Die aus dieser Kombination resultierenden Schnittgrößen für den Nachweis der Ermüdung werden nachfolgend mit $M_{Ed,max,f}$ und $M_{Ed,min,f}$ bezeichnet. Ergeben sich infolge der Beanspruchung durch die extremalen Momente $M_{Ed,max,f}$ bzw. $M_{Ed,min,f}$ im Betongurt Druckspannungen, so ist der Spannungsermittlung der ungerissene Querschnitt zugrunde zu legen. Andernfalls sind die Spannungen unter Berücksichtigung der Rissbildung und der Mitwirkung des Betons zwischen den Rissen zu ermitteln [200].

Wenn der Nachweis mithilfe von schädigungsäquivalenten Spannungsamplituden geführt wird, so ergibt sich die schädigungsäquivalente Schwingbreite durch Multiplikation der aus $M_{Ed,max,f}$ und $M_{Ed,min,f}$ resultierenden Schwingbreite mit einem entsprechenden Schadensäquivalenzfaktor λ, der entweder den entsprechenden Regelwerken zu entnehmen ist oder für spezielle Einwirkungen mithilfe der linearen Schädigungshypothese ermittelt werden muss. Der Schadensäquivalenzfaktor ist von dem Neigungsexponenten m der Ermüdungsfestigkeitskurve abhängig und muss somit für Bau- und Betonstahl sowie für Verbundmittel gesondert ermittelt werden.

Bei der Ermittlung der Spannungsschwingbreite im Betonstahl muss der Einfluss aus der Mitwirkung des Betons zwischen den Rissen berücksichtigt werden, da er zu einer Vergrößerung der Spannungsschwingbreite führt. Grundlage für die Ermittlung der Spannungen bildet der in Bild 223 dargestellte Zusammenhang zwischen Moment und Gurtnormalkraft. Bei Entlastung bzw. Wiederbelastung muss die Betonstahlspannung aus der dargestellten Wiederbelastungsgeraden bestimmt werden. Wenn infolge des Momentes $M_{Ed,min,f}$ im Betongurt ebenfalls Betonzugspannungen entstehen, kann die aus den Ermüdungslasten resultierende Spannung $\sigma_{s,min,f}$ einfach durch lineare Interpolation bestimmt werden. Da bei häufigen Lastwechseln der Einfluss aus der Mitwirkung des Betons nachlässt, darf bei der Ermittlung der Betonspannungen $\sigma_{s,max}$ der Beiwert β zur Erfassung der Mitwirkung des Betons zwischen den Rissen auf $\beta = 0,2$ reduziert werden.

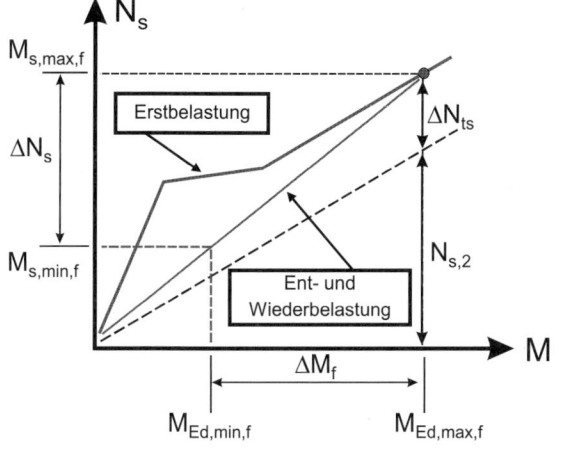

Schädigungsäquivalente Spannungsschwingbreite:

$$\Delta\sigma_{s,equ} = \lambda_s \left|\sigma_{s,max,f} - \sigma_{s,min,f}\right|$$

Spannung infolge $M_{Ed,max,f}$ und $M_{Ed,min,f}$:

$$\sigma_{s,max} = \frac{M_{Ed,max,f}}{J_{st}} z_{st,s} + \beta \frac{f_{ctm}}{\rho_s \alpha_{st}}$$

$$\sigma_{s,min,f} = \sigma_{s,max,f} \frac{M_{Ed,min,f}}{M_{Ed,max,f}}$$

Vereinfachter Nachweis:

$$\gamma_{F,fat}\, \gamma_{Ed,fat}\, \Delta\sigma_{s,equ} \leq \frac{\Delta\sigma_{Rsk}(N^*)}{\gamma_{s,fat}}$$

β- Beiwert zur Berücksichtigung des Betons zwischen den Rissen nach DIN EN 1994-1-1, 6.8.5.4
λ_s Schadensäquivalenzbeiwert

$$N_s = N_{s2} + \Delta N_{ts} = M_{Ed}\frac{A_s z_{st,s}}{J_{st}} + \Delta N_{ts}$$

$$\Delta N_{ts} = \beta \frac{f_{ctm}}{\rho_s \alpha_{st}} \qquad \alpha_{st} = \frac{A_{st} J_{st}}{A_a J_a}$$

Bild 223: Nachweis der Ermüdung der Bewehrung und Ermittlung der Spannungen im Betonstahl

6.8.5 Nachweisverfahren

Die Nachweise für Betonstahl und Beton sind nach DIN EN 1992-1-1, 6.8.3 zu führen. Beim Nachweis des Betonstahls sind dabei die in Bild 223 dargestellten Einflüsse aus der Mitwirkung des Betons zwischen den Rissen zu berücksichtigen. Für den Baustahlquerschnitt sind die Nachweise nach DIN EN 1993-1-9 zu führen. Da die Vernachlässigung der Mitwirkung des Betons zwischen den Rissen bei der Ermittlung der Spannungen im Baustahlquerschnitt immer auf der sicheren Seite liegt, dürfen die Spannungen im Baustahlquerschnitt mit dem reinen Zustand-II-Querschnitt (Gesamtstahlquerschnitt) berechnet werden.

Nachfolgend wird detaillierter auf den Nachweis für Kopfbolzendübel in Vollbetonplatten gemäß DIN EN 1994-1-1, 6.8 eingegangen. In Trägerbereichen, in denen der Betongurt in der Druckzone liegt, kann der Ermüdungsnachweis mithilfe der schädigungsäquivalenten Spannungsschwingbreite $\Delta\tau_{E,2} = \lambda_v\,\Delta\tau$ im Bolzenschaft nach Bild 225 geführt werden. Dabei ist $\Delta\tau_{E,2}$ auf die Bezugslastspielzahl $N = 2 \cdot 10^6$ bezogen. Die schädigungsäquivalente Spannungsschwingbreite im Bolzenschaft ist dann mit den Querschnittskenngrößen des Zustand-I-Querschnitts zu berechnen. Bei Betongurten mit unterbrochener Verbundfuge (Profilblechdecken) ist das Ermüdungsverhalten der Dübel ungünstiger zu beurteilen. Für spezielle Profilblechgeometrien können die Ermüdungsfestigkeitskurven der Literatur entnommen werden [210]. Für Dübel in horizontaler Position gilt die Ermüdungsfestigkeitskurve nach Bild 222 ebenfalls nicht, siehe hierzu [213]. Wie bereits zuvor erläutert, wird die Ermüdungsfestigkeit sehr stark durch hohe Oberlasten beeinflusst. Daher ist die maximale Beanspruchung der Dübel nach DIN EN 1994-1-1, 6.8.1(3) unter der charakteristischen Einwirkungskombination auf den 0,75-fachen Wert der Dübeltragfähigkeit P_{Rd} nach Bild 143 zu begrenzen. In DIN EN 1994-2 wurde nach der Veröffentlichung von EN 1994-1-1 bei der Begrenzung der Wert 0,75 als national festzulegender Wert (NDP) angegeben. Wegen der großen Unsicherheiten bei der Anwendung der linearen Schädigungshypothese wurde für Deutschland für Brücken eine Begrenzung auf den 0,6-fachen Wert des Bemessungswertes der Dübeltragfähigkeit gewählt. Eine Anwendung dieses Wertes wird auch für den Hochbau empfohlen, s. a. Abschnitt 6.8.2.

In Gurten mit Zugbeanspruchung besteht hinsichtlich des Ermüdungsversagens eine Interaktion zwischen der Schubspannungsschwingbreite $\Delta\tau$ im Bolzenschaft und der Normalspannungsschwingbreite $\Delta\sigma$ im Obergurt des Stahlprofils. Bei Trägerversuchen kann dann bei hohen Normalspannungsschwingbreiten im Gurt der in Bild 224 dargestellte Versagenstyp C beobachtet werden, bei dem der Riss wie bei den Typen A und B nach Bild 221 am Schweißwulst beginnt und anschließend durch den Obergurt des Stahlprofils wandert. Der Nachweis gegen Ermüdung ist dann mit der in Bild 225 angegebenen Interaktionsbedingung zu führen. Dabei ist $\Delta\sigma_{E,2}$ die auf zwei Millionen Lastwechsel bezogene schadensäquivalente Spannungsschwingbreite im Stahlträgerobergurt. Die Ermüdungsfestigkeit des Obergurtes wird durch die in Bild 225 angegebene Ermüdungsfestigkeitskurve nach DIN EN 1993-1-9, Abschnitt 7 mit $\Delta\sigma_c$ = 80 N/mm² beschrieben.

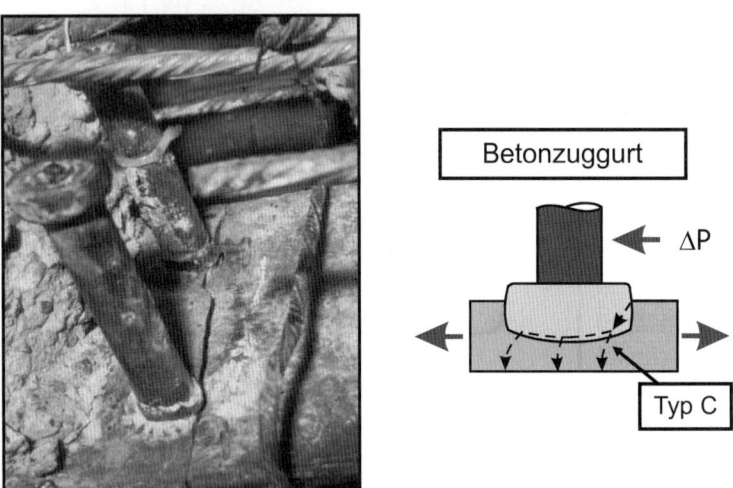

Bild 224: Ermüdungsbruch bei zugbeanspruchten Gurten

Die Bestimmung der Spannungsschwingbreite im Obergurt des Stahlträgers ist mit relativ großen Unsicherheiten behaftet, weil bei Rissbildung die Spannung im Stahlträgerobergurt sehr stark durch die Mitwirkung des Betons zwischen den Rissen beeinflusst wird. Vereinfacht kann der Nachweis auf der sicheren Seite liegend so geführt werden, dass für die zu untersuchenden Kombinationen $\max\Delta\tau_{E,2}$ und zugehörig $\Delta\sigma_{E,2}$ sowie $\max\Delta\sigma_{E,2}$ und zugehörig $\Delta\tau_{E,2}$ der Nachweis jeweils mit den Querschnittskenngrößen des Zustandes I und des reinen Zustandes II geführt wird.

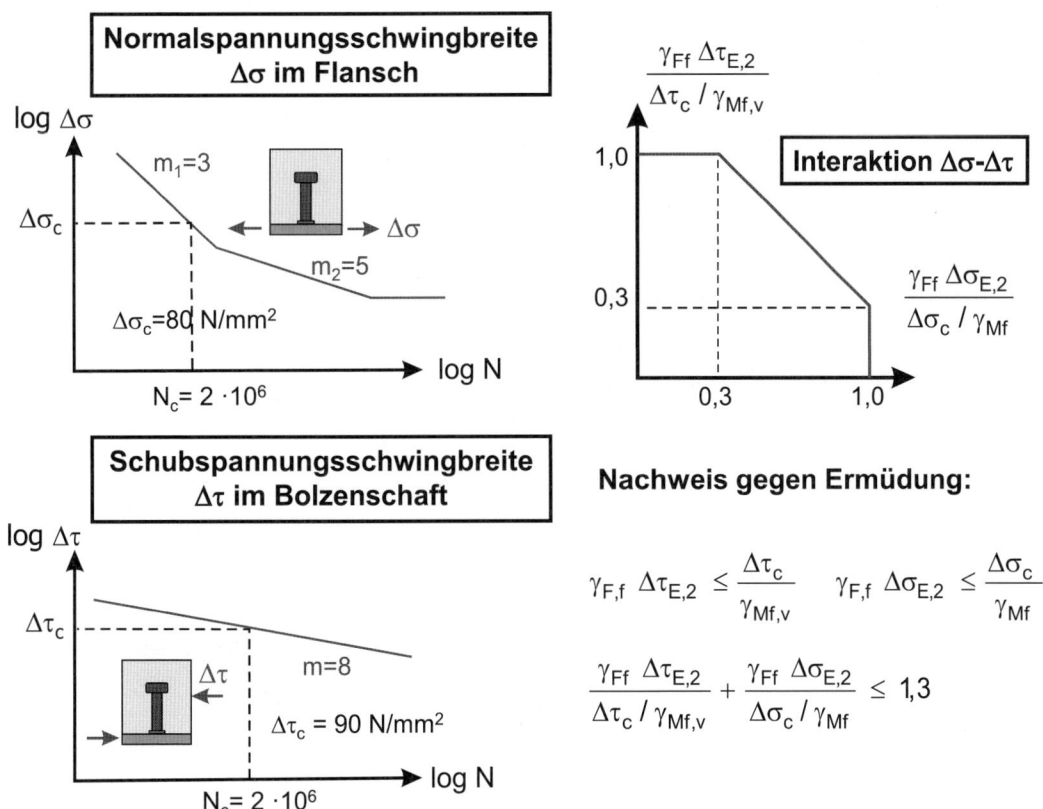

Bild 225: Nachweis der Ermüdung für Kopfbolzendübel in druckbeanspruchten Gurten

Alles rund um BIM –
spannend und leicht verständlich

BIM – Das digitale Miteinander

Planen, Bauen und Betreiben
in neuen Dimensionen

BIM verändert nicht nur Arbeitsmethoden, sondern auch das berufliche Miteinander. Ein entscheidender Faktor ist dabei die Kommunikation, da die verschiedenen Disziplinen stärker mit- statt nacheinander agieren. Dieses Buch versteht sich als **Management-Handbuch**, in dem die Autoren sehr anschaulich zeigen, wie BIM in Unternehmen und Projekten implementiert werden kann. Sie benennen Ansatzpunkte und gemeinsame Begrifflichkeiten, die das bisherige Miteinander von Planern, Bauherren, Ingenieuren und Fachplanern verändern. **Best-Practice-Beispiele** verdeutlichen, wie zielführendes Arbeiten mit BIM möglich wird.

Die dritte Auflage des beliebten Fachbuchs „BIM – Das digitale Miteinander" nimmt sich des Themas Building Information Modelling in seinem unverwechselbaren Stil an. Das Buch verfolgt einen ungewöhnlichen Ansatz, der sich in den Vorgängerauflagen bewährt hat. Es bietet dem Anwender:

→ spannende Informationen in einem lockeren Stil
→ Grundlagen, Definitionen und Beispiele
→ weitergehende Informationen und Ausblick

BIM – Das digitale Miteinander
Planen, Bauen und Betreiben in neuen Dimensionen
von Dipl.-Ing. Arch. Andre Pilling
3., aktualisierte und erweiterte Auflage 2019.
240 Seiten. A5. Gebunden.
62,00 EUR | ISBN 978-3-410-29152-7

Bestellen Sie unter
Telefon +49 30 2601-1331
Telefax +49 30 2601-1260
kundenservice@beuth.de

 Auch als E-Book
nur online erhältlich unter
www.beuth.de

Beuth Verlag GmbH | Am DIN-Platz | Burggrafenstraße 6 | 10787 Berlin

7 Nachweise in den Grenzzuständen der Gebrauchstauglichkeit

7.1 Allgemeines

In den Grenzzuständen der Gebrauchstauglichkeit ist nachzuweisen, dass bestimmte Anforderungen an Bauwerks- oder Bauteileigenschaften erfüllt werden. Die Gebrauchstauglichkeit kann bei Verbundträgern durch übermäßige Rissbildung im Betongurt, durch extreme Verformungen sowie durch das Schwingungsverhalten eingeschränkt sein. In DIN EN 1994-1-1 wird ferner beim Nachweis der Gebrauchstauglichkeit für Tragwerke des Hoch- und Industriebaus, für Tragwerke mit Spanngliedvorspannung sowie für Tragwerke mit ermüdungswirksamen Beanspruchungen die Einhaltung von Grenzspannungen sowie für Querschnitte der Klasse 4 in bestimmten Fällen ein Nachweis gegen Beulen im Grenzzustand der Gebrauchstauglichkeit gefordert. Dabei ist zu berücksichtigen, dass die Begrenzung von Spannungen unter Gebrauchslastniveau sowie bei aggressiven Umweltbedingungen die Rissbreitenbeschränkung streng genommen keine reinen Gebrauchstauglichkeitsnachweise darstellen, weil damit eine ausreichende Dauerhaftigkeit nachgewiesen wird, welche die Voraussetzung für die in Abschnitt 6 beschriebenen Nachweise im Grenzzustand der Tragfähigkeit bildet.

Für Verbundstützen sind im Grenzzustand der Gebrauchstauglichkeit im Allgemeinen keine rechnerischen Nachweise erforderlich. Ein Nachweis kann erforderlich werden, wenn Stützen z. B. während der Montage oder des Transports überwiegend auf Biegung beansprucht werden.

7.2 Schnittgrößen und Spannungen

7.2.1 Allgemeines

Die Schnittgrößen und Verformungen sind bei den Nachweisen in den Grenzzuständen der Gebrauchstauglichkeit auf der Grundlage der Elastizitätstheorie für die maßgebende Kombination unter Berücksichtigung der Rissbildung, von Kriechen und Schwinden sowie der Belastungsgeschichte nach Abschnitt 5.4.2 zu berechnen. Der Einfluss der Schubweichheit des Betongurtes darf durch eine mittragende Gurtbreite nach Abschnitt 5.4.2 (Bild 29) berücksichtigt werden. Bei der Ermittlung der Verformungen ist die Nachgiebigkeit der Verbundmittel in bestimmten Fällen zu berücksichtigen (siehe Abschnitt 7.3). Ferner können inelastisches Verhalten von Baustahl und Betonstahl sowie lokales Beulen bei Querschnitten der Klasse 4 weitere Kriterien im Grenzzustand der Gebrauchstauglichkeit sein. Die weiteren Erläuterungen beziehen sich im Wesentlichen auf Verbundträger. Verbunddecken werden in Kapitel 9 behandelt.

7.2.2 Spannungsbegrenzungen

Für das nutzungsgerechte und dauerhafte Verhalten sind übermäßige Schädigungen des Betongefüges durch hohe Betondruckspannungen, nichtelastische Verformungen der Werkstoffe, die zu unkontrollierter Rissbildung im Beton führen können sowie ein übermäßiger Schlupf in der Verbundfuge im Allgemeinen durch Einhaltung von Spannungsgrenzen zu vermeiden.

Spannungsbegrenzungen sind nach DIN EN 1994-1-1, 7.2.2 nur erforderlich, wenn eine oder mehrere der folgenden Randbedingungen vorliegen:

- Es handelt sich um Träger mit Vorspannmaßnahmen mittels Spanngliedern und/oder planmäßig eingeprägter Deformationen.
- Es ist ein Nachweis gegen Ermüdung nach Abschnitt 6.8 erforderlich.

DIN EN 1994-1-1 lässt im Gebrauchszustand grundsätzlich ein linear-elastisches Verhalten von Baustahl und Bewehrung zu. Wenn dies z. B. aus Gründen der Verformungsbegrenzung, des Schwingungsverhaltens oder bei Trägern mit hohen Genauigkeitsanforderungen an die Überhöhung nicht toleriert werden kann, sollten die Spannungen auch in folgenden Fällen begrenzt werden:

- Bei Trägern mit Querschnitten der Klasse 1 und 2, bei denen im Grenzzustand der Tragfähigkeit eine Momentenumlagerung vom Feld zur Stütze nach Element DIN EN 1994-1-1, 5.4.4(5) vorgenommen wird und

- bei kammerbetonierten Trägern der Querschnittsklasse 1 oder 2, bei denen beim Tragsicherheitsnachweis der Kammerbeton vernachlässigt wird und die Schnittgrößen im Grenzzustand der Tragfähigkeit unter Ausnutzung der Momentenumlagerungen für die Querschnittsklasse 1 nach Tabelle 19 (DIN EN 1994-1-1, Tabelle 5.1) oder nach der Fließgelenktheorie (siehe Abschnitt 5.4.5) ermittelt werden.

- Bei Einfeldträgern ohne Eigengewichtsverbund mit nichtlinearem Verhalten des Baustahls unter Gebrauchslasten im Feldbereich.

Die in diesen Fällen einzuhaltenden Grenzspannungen sowie die zugehörigen Kombinationen sind in Bild 226 angegeben. Die Grenzspannungen für den Betongurt ergeben sich dabei nach DIN EN 1992-1-1, 7.2. Bei wesentlichen Einflüssen aus dem Kriechen ist die Betondruckspannung zur Vermeidung von überproportionalen Kriechverformungen neben der Begrenzung auf 0,6 f_{ck} unter der seltenen Einwirkungskombination auch unter der quasi-ständigen Einwirkungskombination auf 0,45 f_{ck} zu beschränken. Dieser Nachweis ist im Allgemeinen nur bei Verbundträgern mit planmäßiger Vorspannung durch Spannglieder und/oder planmäßig eingeprägte Deformationen erforderlich. Die Spannungsbegrenzungen für Stahlbauteile sind nur für Brücken in DIN 1993-2 geregelt. Diese Grenzen sollten auch im Hochbau beachtet werden, wenn Ermüdungsnachweise erforderlich sind.

Bei Trägern mit ermüdungswirksamen Beanspruchungen muss ferner unter Gebrauchslasten nachgewiesen werden, dass die Längsschubkraft je Verbundmittel unter der charakteristischen Einwirkungskombination den 0,6-fachen Wert der Dübeltragfähigkeit nicht überschreitet. Weitere Erläuterungen hierzu finden sich in Abschnitt 6.8.5.

Bei der Ermittlung der Spannungen ist die Zugfestigkeit des Betons zu vernachlässigen. Die Spannungen im Baustahlquerschnitt dürfen vereinfachend unter Vernachlässigung der Mitwirkung des Betons zwischen den Rissen ermittelt werden. Dies ist bei den Spannungsnachweisen für den Betonstahl bzw. bei mit Spanngliedern vorgespannten Tragwerken für den Spannstahl nicht zulässig. Wenn kein genauerer Nachweis geführt wird, dürfen die Spannungen im Betonstahl im Zustand der abgeschlossenen Rissbildung nach Abschnitt 7.4.3.1 berechnet werden (siehe auch Abschnitt 5.4.2.3, Bild 49).

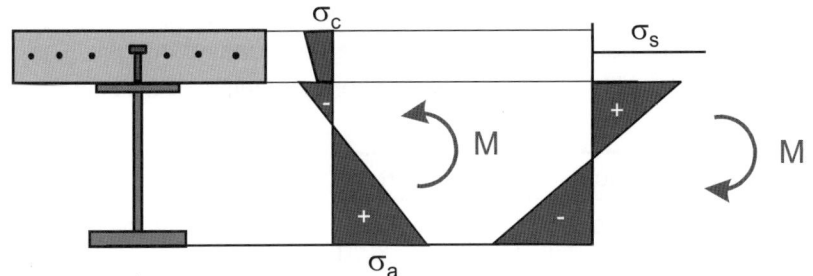

	Kombination	Grenzspannung	Beiwerte k_i
Baustahl	charakteristisch	$\sigma_{Ed} \leq k_a f_{yk}$	$k_a = 1{,}00$
Bewehrung	charakteristisch	$\sigma_{Ed} \leq k_s f_{sk}$	$k_s = 0{,}80$
Beton	charakteristisch	$\sigma_{Ed} \leq k_c f_{ck}$	$k_c = 0{,}60$
Verbundmittel	charakteristisch	$P_{Ed} \leq k_s P_{Rd}$	$k_s = 0{,}60$

Bild 226: Spannungsbegrenzungen nach DIN EN 1994-1-1

7.3 Begrenzung der Verformungen und Schwingungsverhalten

7.3.1 Durchbiegungen

Detaillierte Angaben zu Grenzwerten der zulässigen Durchbiegung im Grenzzustand der Gebrauchstauglichkeit sind in DIN EN 1994-1-1 nicht enthalten. Als wesentliche Kriterien bezüglich der Gebrauchstauglichkeit werden in DIN EN 1990, 3.4(3) Verformungen und Verschiebungen genannt, die das Erscheinungsbild, das Wohlbefinden der Nutzer oder die Funktionen des Tragwerks (einschließlich der Funktionsfähigkeit von Maschinen und Installationen) beeinflussen. Ferner müssen Schäden an Belägen, Beschichtungen oder an nichttragenden Bauteilen durch eine angemessene Begrenzung der Verformungen vermieden werden.

Bei Verbundtragwerken ist bei der Ermittlung der Verformungen grundsätzlich die Herstellungsgeschichte zu berücksichtigen. Bei Trägern ohne Eigengewichtsverbund müssen die Eigengewichtslasten des Stahlträgers und des Betongurtes vom Stahlträger allein aufgenommen werden. Daraus resultieren bei großen Trägerstützweiten nennenswerte Durchbiegungen, die durch eine Überhöhung der Träger ausgeglichen werden müssen. Aber auch bei Trägern mit Eigengewichtsverbund sind bei größeren Stützweiten im Allgemeinen Überhöhungen erforderlich. Bei der Festlegung der Überhöhung sind dabei die in Bild 227 dargestellten Verformungsanteile δ_1 bis δ_4 zu unterscheiden.

Neben den Verformungsanteilen δ_1, δ_2 und δ_3 werden in der Regel bei Bauwerken mit einem hohen ständigen Anteil der Verkehrslasten (z. B. Büchereien, Lagerräume usw.) auch die Verformungsanteile der ständig wirkenden Verkehrslast überhöht. Für Beschränkungen bezüglich des maximalen Durchhangs ist die in Bild 227 angegebene maximale Verformung δ_{max} maßgebend. Der mögliche Durchhang aus den nicht überhöhten Verkehrslastanteilen und Temperatur ist bei Verbundträgern relativ klein. Im Hinblick auf mögliche Schäden an Ausbauteilen (z. B. nichttragende Innenwände, Fassadenelemente) ist zu bedenken, dass die durch Überhöhung ausgeglichenen Verformungen aus Kriechen und Schwinden für die Ausbauteile voll wirksam werden. Zur Beurteilung der Gebrauchstauglichkeit von Ausbauteilen ist somit die in Bild 227 angegebene Verformung δ_w zugrunde zu legen. Als Anhaltswerte für zulässige maximale Durchbiegungen können die in DIN EN 1992-1-1, 7.4(4) und (5) angegebenen Grenzwerte benutzt werden. Bei Gefahr von Schäden an angrenzenden Bauteilen können in der Praxis auch schärfere Bedingungen angezeigt sein. Ein typisches Beispiel sind hierfür Randträger mit angehängten verformungsempfindlichen Fassaden, bei denen dann anstelle der quasi-ständigen Kombination besser die häufige oder sogar die charakteristische Kombination gewählt werden sollte.

Bauteil	Kombination	Grenzwert
keine Gefahr von Schäden an angrenzenden Bauteilen	quasi-ständig	$\delta_{max} \leq L/250$
Gefahr von Schäden an angrenzenden Bauteilen	quasi-ständig (besser: häufig)	$\delta_W \leq L/500$

δ_1 Verformungen des Stahlträgers infolge Eigengewicht

δ_v Verformungen des Verbundträgers

$\delta_ü$ Überhöhung des Stahlträgers

$\delta_ü = \delta_1 + \delta_2 + \delta_3 + \psi_2 \delta_4$

δ_{max} maximale Durchbiegung

δ_w für Ausbauteile wirksame Durchbiegung

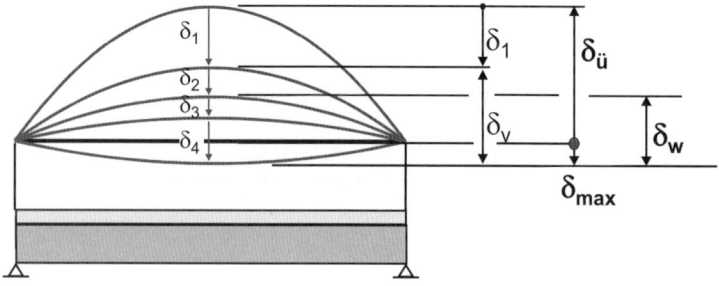

δ_1 - Eigengewicht
δ_2 - Ausbaulasten
δ_3 - Kriechen und Schwinden
δ_4 - Verkehr und Temperatur

Bild 227: Überhöhung und Verformungsbegrenzung bei Verbundträgern des Hoch- und Industriebaus

Wie bereits zuvor erläutert, müssen bei der Verformungsberechnung im Grenzzustand der Gebrauchstauglichkeit die Einflüsse aus dem Langzeitverhalten des Betons und aus der Rissbildung des Betons in den negativen Momentenbereichen berücksichtigt werden. Zum Einfluss der Rissbildung enthält DIN EN 1994-1-1 im Abschnitt 7.3.1(6) ein Näherungsverfahren, das nur bei einer groben Abschätzung der Verformungen benutzt werden sollte. Im Regelfall sollten die Einflüsse der Rissbildung auf die Verformungen mit den Verfahren nach DIN EN 1994-1-1, 5.4.2.3 ermittelt werden.

Bei Trägern ohne Eigengewichtsverbund sowie bei Trägern der Klassen 1 und 2, bei denen im Grenzzustand der Tragfähigkeit die Momentenumlagerungen nach Tabelle 19 voll ausgenutzt werden, kann es im Grenzzustand der Gebrauchstauglichkeit zu einem plastischen Verhalten des Baustahlquerschnitts kommen. Die daraus resultierenden Einflüsse auf die Verformungen und die erforderlichen Trägerüberhöhungen müssen im Rahmen der Bemessung berücksichtigt werden. Hierzu wird in DIN EN 1994-1-1, 7.3.1(6) ein Näherungsverfahren angegeben, mit dem die Momentenumlagerung aus dem nichtlinearen Verhalten der Werkstoffe abgeschätzt werden kann. Das Verfahren kann auf der sicheren Seite liegend für die Bestimmung eines oberen Grenzwertes des Durchhangs benutzt werden. Für die Festlegung einer erforderlichen Trägerüberhöhung ist es nicht geeignet. Wenn keine nichtlineare Tragwerksanalyse durchgeführt wird, können die Einflüsse aus dem Plastizieren im Baustahlquerschnitt näherungsweise durch die in Bild 228 angegebenen reduzierten Biegesteifigkeiten im plastizierten Trägerbereich erfasst werden. Weitere bei der Durchbiegungsberechnung zu beachtende Einflussfaktoren sind in [303] genannt.

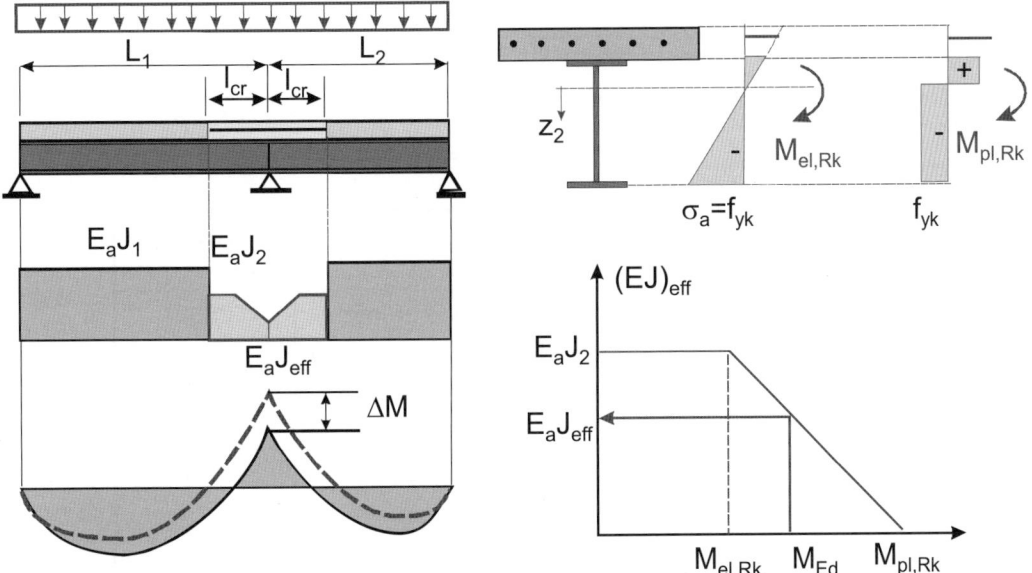

Bild 228: Abschätzung der maximalen Durchbiegung bei plastischem Verhalten des Baustahlquerschnitts

Die Auswirkungen der Nachgiebigkeit in der Verbundfuge können bei Trägern mit vollständiger Verdübelung vernachlässigt werden. Bei Trägern mit teilweiser Verdübelung kann der Einfluss auf Verformungen ebenfalls vernachlässigt werden, wenn es sich um einen Träger handelt, bei dem der Verdübelungsgrad größer als 0,5 ist oder die nach der Elastizitätstheorie ermittelten Beanspruchungen der Verbundmittel unter Gebrauchslasten (seltene Kombination) den Bemessungswert der Dübeltragfähigkeit nach Bild 143 nicht überschreiten. Bei Trägern mit unterbrochener Verbundfuge und Rippenhöhen von mehr als 80 mm ist der Einfluss der Nachgiebigkeit der Verbundfuge stets so groß, dass der Einfluss auf die Verformungen rechnerisch verfolgt werden muss. Die Berechnung erfolgt dann zweckmäßig nach der Theorie des elastischen Verbundes [267], [268], [269], [270]. Bei beliebiger Anordnung der Verbundmittel und bei veränderlichen Querschnittseigenschaften in Trägerlängsrichtung ist die Berechnung nur mit geeigneten Programmen möglich. Im Hoch- und Industriebau besitzen die Träger vielfach in Trägerlängsrichtung konstante Querschnittseigenschaften. In diesen Fällen lassen sich nach der Theorie des elastischen Verbundes geschlossene Lösungen zur Bestimmung der Teilschnittgrößen, Spannungen und Verformungen angeben (Bild 230). Zur Erfassung des Einflusses der Nachgiebigkeit wird die Verbundfuge durch elastische Federn abgebildet. In Bild 229 sind exemplarisch für einige Verdübelungsarten mittlere Federkonstanten angegeben.

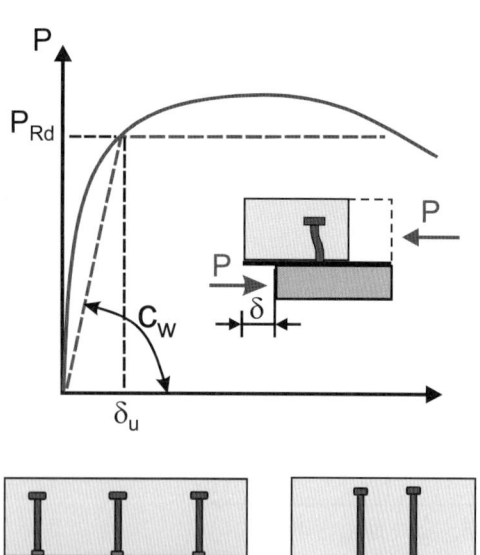

Federsteifigkeit des Dübels: $C_w = \dfrac{P_{Rd}}{\delta_u}$

Federsteifigkeit der Verbundfuge: $c_s = \dfrac{C_w\, n_q}{e_L}$

Verbundmittel	C_w [kN / cm]
Kopfbolzendübel ⌀ 19 mm in Vollbetonplatte	2500
Kopfbolzendübel ⌀ 22 mm in Vollbetonplatte	3000
Kopfbolzendübel ⌀ 25 mm in Vollbetonplatte	3500
1 Kopfbolzendübel ⌀ 19 mm mit Holorib-Profilblech	1250
1 Kopfbolzendübel ⌀ 22 mm mit Holorib-Profilblech	1500

Bild 229: Federsteifigkeit der Verbundfuge nach [271]

Einfeldträger mit Gleichstreckenbelastung:

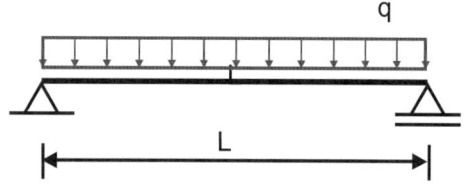

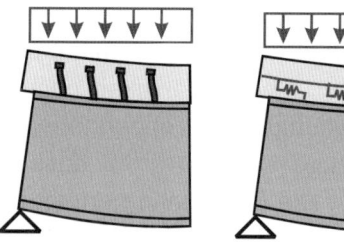

$$w = \frac{5}{384}\frac{q\, L^4}{E_a\, J_{i,o}}\left[1+\frac{48}{5}\frac{1}{\alpha\, \lambda^2}-\frac{384}{5}\frac{1}{\alpha\, \lambda^4}\frac{\cosh(\tfrac{\lambda}{2})-1}{\cosh(\tfrac{\lambda}{2})}\right]$$

$$\alpha = \frac{1}{\dfrac{J_{i,o}}{J_a + J_{c,o}} - 1}$$

Einfeldträger mit Einzellast in Feldmitte:

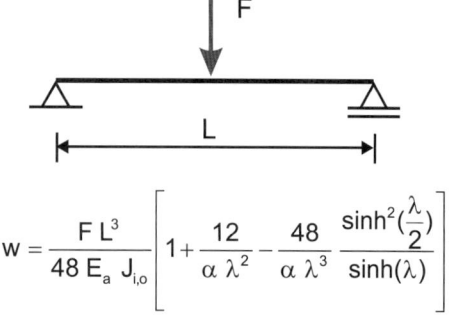

$$w = \frac{F\, L^3}{48\, E_a\, J_{i,o}}\left[1+\frac{12}{\alpha\, \lambda^2}-\frac{48}{\alpha\, \lambda^3}\frac{\sinh^2(\tfrac{\lambda}{2})}{\sinh(\lambda)}\right]$$

$$\alpha_a = \frac{E_a\, J_a}{a^2}\left(\frac{1}{E_a\, A_a}+\frac{1}{E_c\, A_c}\right)$$

$$\alpha_c = \frac{E_c\, J_c}{a^2}\left(\frac{1}{E_a\, A_a}+\frac{1}{E_c\, A_c}\right)$$

$$\beta = \frac{E_a\, A_{c,o}\, A_a}{A_{i,o}\, c_s\, L^2}$$

$$\lambda^2 = \frac{1+\alpha}{\alpha\, \beta}$$

Bild 230: Durchbiegung in Feldmitte nach der Theorie des elastischen Verbundes

Aufbauend auf der Lösung für einen Einfeldträger mit sinusförmiger Belastung kann ein einfaches Näherungsverfahren abgeleitet werden, mit dem der Einfluss der Nachgiebigkeit der Verbundmittel auf die Durchbiegung einfach berücksichtigt werden kann [271]. In Bild 231 ist die Durchbiegung eines Einfeldträgers unter einer sinusförmigen Belastung angegeben. Vergleicht man die Lösung mit der Lösung eines starr verdübelten Trägers, so erkennt man, dass der Einfluss der Nachgiebigkeit der Verdübelung durch eine abgeminderte Biegesteifigkeit $J_{io,eff}$ des Trägers berücksichtigt werden kann. Die effektive Biegesteifigkeit wird dabei wie bei einem starr verdübelten Träger unter Ansatz einer modifizierten Reduktionszahl $n_{o,eff}$ für die Querschnittsfläche des Betongurtes bestimmt.

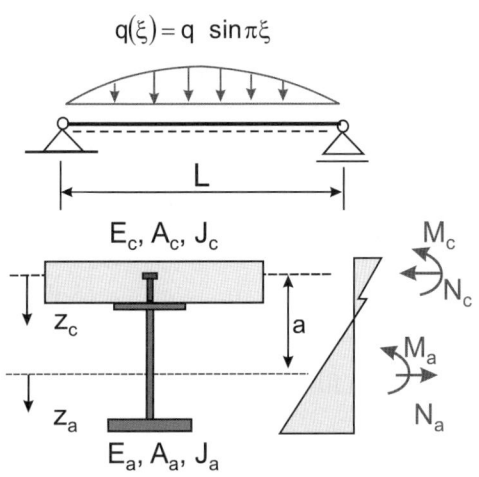

Durchbiegung in Feldmitte nach der Theorie des elastischen Verbundes:

$$w_o = q \frac{L^4}{\pi^4} \frac{1}{E_{cm}J_c + E_a J_a + \dfrac{\beta_o E_{cm} A_c E_a A_a}{E_a A_a + \beta_o E_{cm} A_c} a^2}$$

$$\beta_o = \frac{1}{1+\beta_s} \qquad \beta_s = \frac{\pi^2 E_{cm} A_c}{L^2 c_s}$$

Ideelles Trägheitsmoment und Durchbiegung unter Berücksichtigung der Nachgiebigkeit der Verbundfuge:

$$J_{io,eff} = J_{c,o} + J_a + \frac{A_{c,eff} A_a}{A_{c,eff} + A_a} a^2$$

Reduktionszahl für die Betonfläche und ideelle Betonquerschnittsfläche:

$$n_{o,eff} = n_o(1+\beta_s) = \frac{E_a}{E_{cm}}(1+\beta_s)$$

$$A_{c,eff} = \frac{A_c}{n_{o,eff}}$$

$$w_o = q \frac{L^4}{\pi^4} \frac{1}{E_a J_{io,eff}}$$

Bild 231: Näherungslösung zur Berechnung der Verformungen, [271]

Bild 232 zeigt für unterschiedliche Verdübelungsgrade und Federsteifigkeiten einen Vergleich des Näherungsverfahrens mit den genauen Lösungen für einen Einfeldträger mit Gleichstreckenbelastung. Für andere Belastungsarten ergeben sich vergleichbar gute Übereinstimmungen. Das Näherungsverfahren kann auch mit guter Näherung zur Berechnung der Verformungen von Durchlaufträgern verwendet werden. Die Einflüsse aus dem Kriechen des Betons können ebenfalls einfach erfasst werden. Hierzu wird bei der Bestimmung von $n_{o,eff}$ anstelle der Reduktionszahl n_o die Reduktionszahl n_P für ständige Einwirkungen angesetzt.

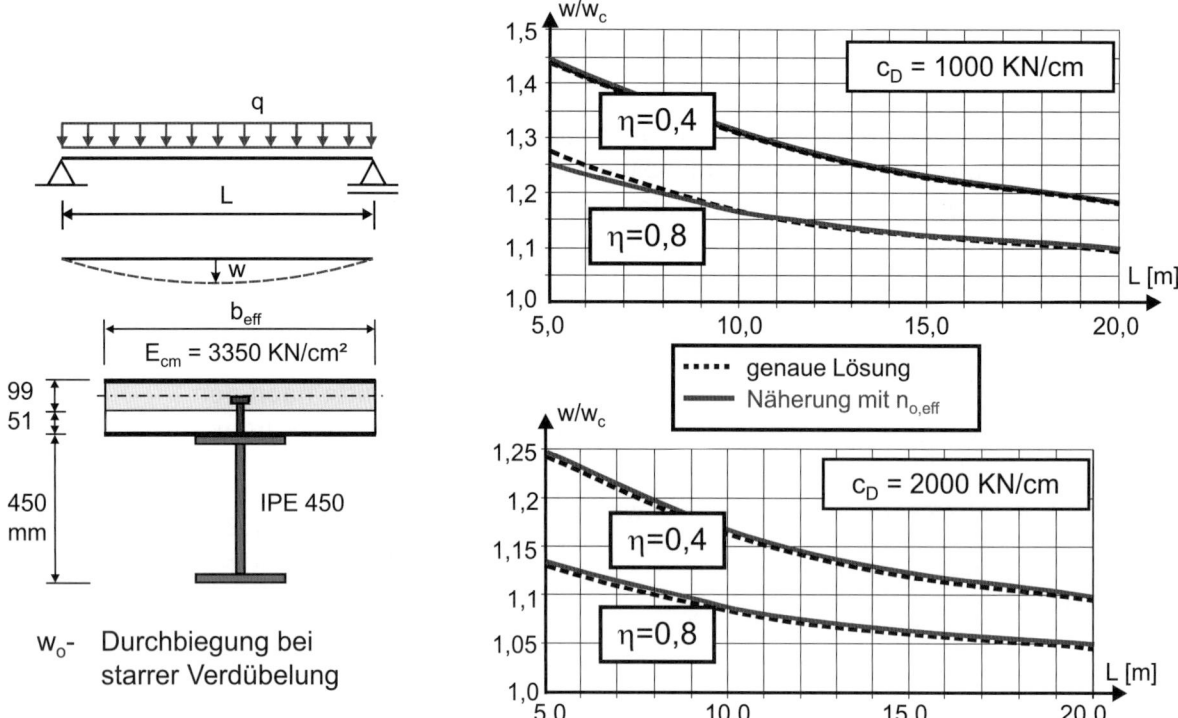

Bild 232: Vergleich der Näherungslösung mit den exakten Lösungen für unterschiedliche Federsteifigkeiten und Verdübelungsgrade, [271]

Wenn bei Durchlaufträgern und Rahmentragwerken verformbare Anschlüsse gemäß DIN EN 1994-1-1, Kapitel 8 ausgeführt werden, ist bei der Ermittlung der Verformungen gegebenenfalls auch die Nachgiebigkeit der Anschlüsse zu berücksichtigen. Siehe hierzu auch das nachfolgende Kapitel 8.

7.3.2 Schwingungsverhalten

Das Schwingungsverhalten kann in bestimmten Fällen für die Gebrauchstauglichkeit ein wesentliches Kriterium sein. Bei schlanken Geschossdecken, Fußgängerbrücken und Maschinenbetrieb mit periodischer Anregung sollte mit einer Schwingungsberechnung nachgewiesen werden, dass die Beschleunigung und der Schwingungsbereich unter Berücksichtigung der jeweiligen Nutzung kein deutliches Unbehagen für die Nutzer oder Beschädigungen an den Ausbauten hervorrufen. In der Literatur zu findende Angaben bezüglich einzuhaltender Mindestwerte der Eigenfrequenz bei Nutzung von Gebäuden durch Personen (3 Hz bei Bürogebäuden und 5 Hz bei Turnhallen und Tanzsälen) sind in vielen Fällen nicht ausreichend. Die Extremwerte der Schrittfrequenz f_s können z. B. beim Gehen [272] zwischen f_s = 1,5 Hz und maximal f_s = 2,5 Hz liegen (Bild 233). Dies bedeutet, dass Resonanz im Frequenzbereich von 1,5 Hz $\leq f_s \leq$ 2,5 Hz infolge der 1. Harmonischen der Belastungsfunktion, im Frequenzbereich von 3,0 Hz $\leq f_s \leq$ 5,0 Hz infolge der 2. Harmonischen der Lastfunktion und im Frequenzbereich von 4,5 Hz $\leq f_s \leq$ 7,5 Hz infolge der 3. Harmonischen der Lastfunktion auftreten kann (Bild 234). In der Praxis werden vielfach auch Anregungen infolge der 2. und 3. Harmonischen der Belastungsfunktion als sehr störend empfunden.

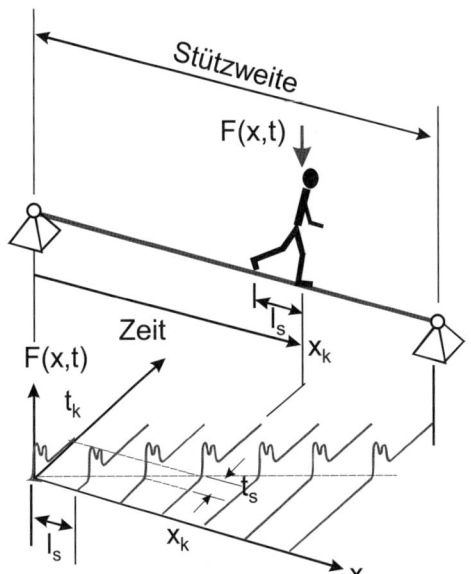

	Schrittfrequenz f_s [Hz]	Gehgeschwindigkeit $v_s = f_s\,l_s$ [m/s]	Schrittlänge l_s [m]
langsames Gehen	~1,7	1,1	0,6
normales Gehen	~2,0	1,5	0,75
schnelles Gehen	~2,3	2,2	1,00
joggen	~2,5	3,3	1,30
schnelles Rennen	> 3,2	5,5	1,75

Bild 233: Typische Schrittfrequenzen beim Gehen oder Laufen, [274]

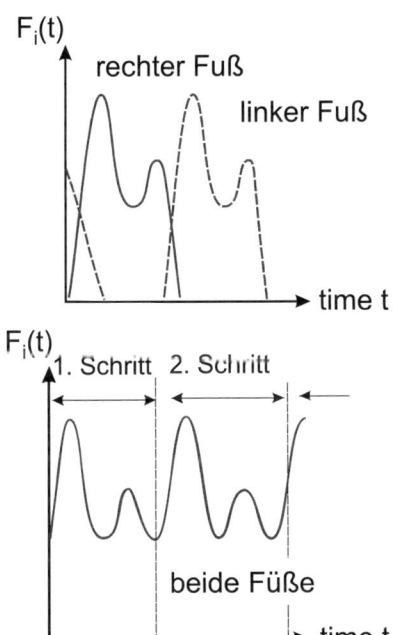

Während des Gehens ist ein Fuß stets in Kontakt mit dem Untergrund. Die Last-Zeit-Funktion kann in eine Fourierreihe zerlegt werden, bei der die ersten drei Reihenglieder berücksichtigt werden.

$$F(t) = G_o\left[1+ \sum_{n=1}^{3}\alpha_n\, \sin\left(2\,n\,\pi\,f_s\,t - \Phi_n\right)\right]$$

G_o Gewicht der Person (800 N)
α_n Fourierkoeffizienten
n Nummer der n-ten Harmonischen
f_s Schrittfrequenz
Φ_n Winkel der Phasenverschiebung

Fourierkoeffizienten und Phasenverschiebung

$\alpha_1 = 0{,}4\text{-}0{,}5\ \Phi_1 = 0$
$\alpha_2 = 0{,}1\text{-}0{,}25\ \Phi_2 = \pi/2$
$\alpha_3 = 0{,}1\text{-}0{,}15\ \Phi_3 = \pi/2$

Bild 234: Last-Zeit-Funktion zur Beschreibung der Einwirkungen aus dem Gehen, [274]

Bei schlanken Verbundträgern sollte daher stets eine genauere Untersuchung des Schwingungsverhaltens mittels Begrenzung der Schwinggeschwindigkeit bzw. Schwingbeschleunigung durchgeführt werden. Ein Näherungsverfahren wird z. B. in [273] vorgestellt (Bild 235). Die Grenzwerte der zulässigen Schwingweggeschwindigkeiten und Schwingbeschleunigungen finden sich in ISO 10137 [275] (Bild 236) sowie in der VDI-Richtlinie 2057. Weitere Informationen finden sich in [276], [354], [355].

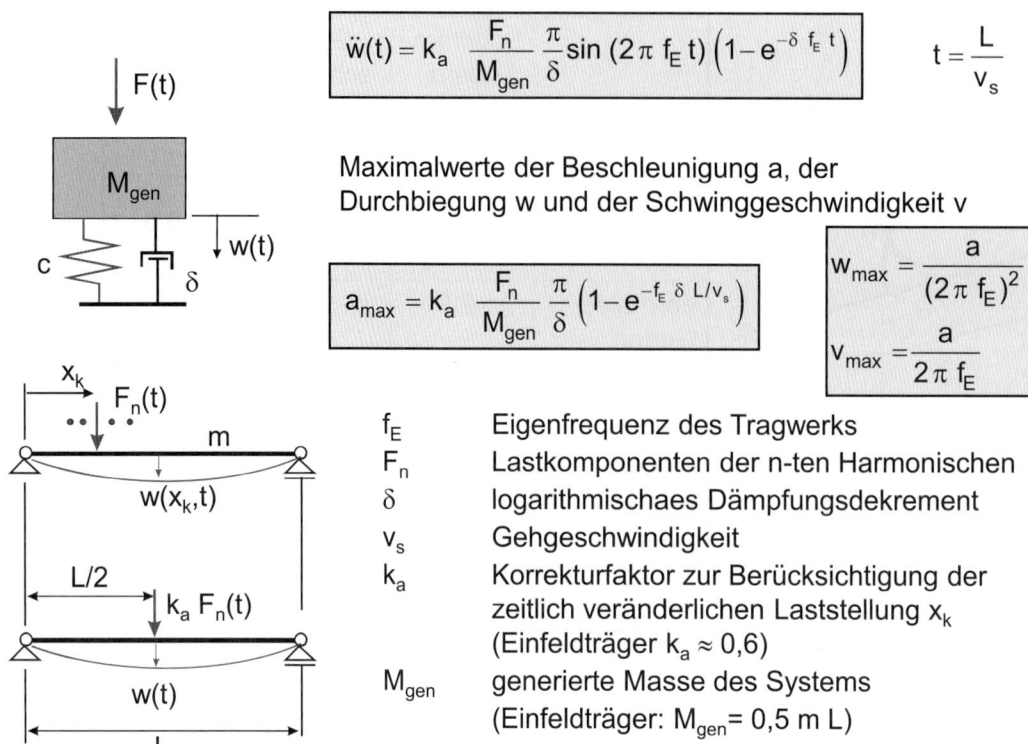

Bild 235: Näherungsweise Ermittlung der Beschleunigung nach [273]

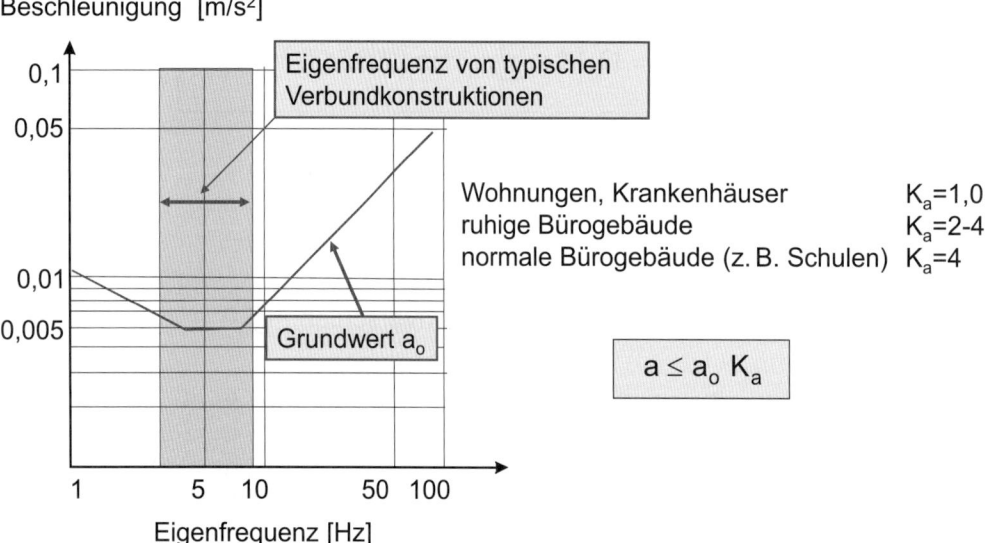

Bild 236: Grenzwerte der Schwingbeschleunigung nach [275]

7.4 Begrenzung der Rissbreite und Nachweis der Dekompression

7.4.1 Allgemeines und Grundlagen

Die Anforderungen an die Beschränkung der Rissbreite werden in DIN EN 1994-1-1, 7.4 und in DIN EN 1992-1-1, 7.3 im Wesentlichen durch die von den Umweltbedingungen abhängige Expositionsklasse bestimmt. Grundlage ist die Forderung einer Mindestbewehrung zur Beschränkung von möglichen Einzelrissen in Trägerbereichen mit wahrscheinlicher Rissbildung sowie die Beschränkung der Rissbreite für die maßgebende Einwirkungskombination. Die von der Anforderungsklasse abhängigen maßgebenden Einwirkungskombinationen sind in Tabelle 22 angegeben.

Tabelle 22: Anforderungen an die Begrenzung der Rissbreite und an die Dekompression nach DIN EN 1994-1-1 und DIN EN 1992-1-1

	1	2	3	4	
	Expositionsklasse	Stahlbeton und Vorspannung ohne Verbund	Vorspannung mit nachträglichem Verbund	Vorspannung mit sofortigem Verbund	
		mit Einwirkungskombination			
		quasi-ständig	häufig	häufig	selten
1	X0, XC1	0,4	0,2	0,2	
2	XC2–XC4	0,3	0,2	0,2	0,2
3	XS1–XS3 XD1, XD2, XD3			Dekompression	0,2

Bei Anwendung der Tabelle 22 ist zu beachten, dass es sich bei den Stahlbetonbauteilen mit den Expositionsklassen X0 und XC1 (Rissbreite hat keinen Einfluss auf die Dauerhaftigkeit) bei der Begrenzung auf 0,4 mm um eine Begrenzung handelt, die ausschließlich noch ein akzeptables Erscheinungsbild hinsichtlich der Rissbreite darstellt. Wenn derartige Anforderungen nicht bestehen, können auch größere Rissbreiten zugelassen werden. Dies ist im Ausland oft der Fall, wenn im Geschossbau Doppelböden in Kombination mit abgehängten Decken zur Ausführung kommen. Vor diesem Hintergrund sind die Regelungen in DIN EN 1994-1-1, 7.4.1(4) zu sehen. Bei einer Begrenzung der Rissbreite nach diesen Regelungen muss davon ausgegangen werden, dass sich Rissbreiten deutlich über w_k = 0,4 mm einstellen werden. Bei Bauteilen mit Spanngliedvorspannung mit nachträglichem Verbund muss bei den Umweltbedingungen nach den Zeilen 2 und 3 der Tabelle 22 zusätzlich noch der Nachweis der Dekompression für die quasi-ständige Kombination geführt werden. Für die Expositionsklasse XC2 bis XC4 ist dieser Nachweis auch bei Spanngliedern mit nachträglichem Verbund erforderlich. Bei Dach- oder Verkehrsflächen mit einer Chloridbeaufschlagung aus Tausalzen (Expositionsklasse XD3) ist das Eindringen von Chloriden in Risse dauerhaft zu verhindern (siehe informative Beispiele in Tabelle 9: Einstufung in Expositionsklassen), s. a. DAfStb-Heft 600 [91].

Die Rissbreiten nach Tabelle 22 gelten für Tragwerke des Hoch- und Industriebaus. Für Verbundbrücken wird in DIN EN 1994-2/NA abweichend von DIN EN 1992-1-1 und DIN EN 1992-2 auch für Stahlbetonbauteile und bei Vorspannung ohne Verbund für die Expositionsklassen nach den Zeilen 2 und 3 der Tabelle 22 eine Begrenzung der Rissbreite auf w_k = 0,2 mm unter der häufigen Kombination gefordert.

Die nachfolgenden Erläuterungen zum Nachweis der Rissbreite in DIN EN 1994-1-1 beziehen sich auf typische Verbundträger, bei denen die Biegesteifigkeit des Betongurtes klein im Vergleich zur Biegesteifigkeit des Verbundträgers ist. Verbunddecken und Slim-Floor-Träger [344] sind grundsätzlich nach DIN EN 1992-1-1 nachzuweisen.

c) Grundlagen

Bei den Nachweisen der Rissbreitenbeschränkung ist zwischen dem Zustand der Erstrissbildung und dem Zustand bei abgeschlossener Rissbildung zu unterscheiden. Die Rissbreite wird in beiden Fällen aus der Risseinleitungslänge L_{es} und dem über die Länge aufintegrierten Dehnungsunterschied zwischen Beton und Betonstahl, der mithilfe des Völligkeitsbeiwertes β ermittelt wird, berechnet.

Im Zustand der Erstrissbildung entspricht die Risseinleitungslänge der Einleitungslänge L_{es} nach Bild 237. Am Ende der Einleitungslänge liegt wieder der Zustand I vor und der Dehnungsunterschied $\Delta\varepsilon$ ist null.

Erstrisszustand

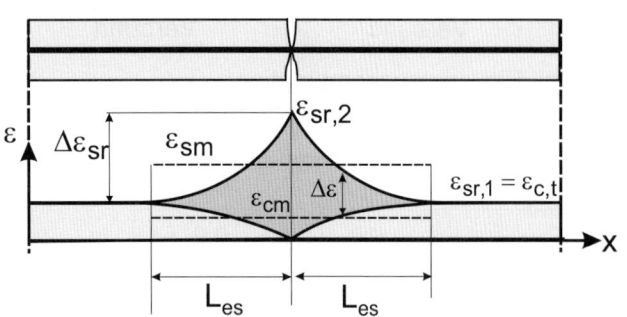

Differenz der mittleren Dehnungen im Bereich der Einleitungslänge

$$\varepsilon_{sm} - \varepsilon_{cm} = \varepsilon_{sr,2} - \beta\,(\varepsilon_{sr,2} - \varepsilon_{sr,1}) - \beta\,\varepsilon_{ct}$$

$$\varepsilon_{sm} - \varepsilon_{cm} = (1-\beta)\,\varepsilon_{sr,2} = (1-\beta)\frac{\sigma_{sr,2}}{E_s}$$

Erstrissbreite

$$w_k = 2L_{es}\,(\varepsilon_{sm} - \varepsilon_{cm}) = \frac{\sigma_{sr,2}\,d_s}{2\,\tau_{sm}}(1-\beta)\frac{\sigma_{sr,2}}{E_s}$$

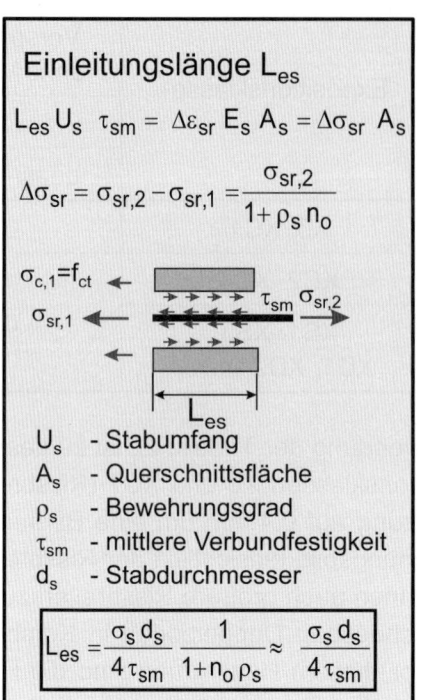

Bild 237: Ermittlung der Erstrissbreite

Im Zustand der abgeschlossenen Rissbildung hat sich ein Rissabstand eingestellt, bei dem über Verbundwirkung zwischen Betonstahl und Beton nicht mehr so viel Kraft in den Betonquerschnitt eingeleitet werden kann, dass zwischen den Rissen die Betonzugfestigkeit erreicht wird. Der maximal mögliche Rissabstand ergibt sich aus der Bedingung, dass über Verbund im Bereich der Einleitungslänge L_s gerade so viel Kraft eingeleitet wird, dass in der Mitte zwischen den Rissen gerade die Betonzugfestigkeit erreicht wird. Dieser Zustand ist in Bild 238 dargestellt. Die Rissbreite w_{lk} kann dann wiederum aus dem mittleren Dehnungsunterschied zwischen den Rissen berechnet werden.

Aus den Beziehungen für die Rissbreite nach Bild 237 und Bild 238 können für einen indirekten Nachweis der Rissbreite entsprechende Zusammenhänge zwischen Stabdurchmesser und Betonstahlspannung hergeleitet werden. Bei den Regelungen im Nationalen Anhang zu DIN EN 1992-1-1 ist man dabei von einer mittleren Verbundspannung $\tau_{sm} = 1,8\,f_{c,eff}$ sowie $\beta = 0,4$ und $(1+n_o\,\rho_s) \approx 1,0$ ausgegangen. Es ergeben sich dann die in Bild 239 dargestellten Zusammenhänge für die Grenzdurchmesser. Die effektive Betonfestigkeit wird bei der Ermittlung der Rissnormalkraft noch mit dem Faktor k abgemindert. Dieser Faktor berücksichtigt den Einfluss von nichtlinear über den Querschnitt verteilten Eigenspannungen, die z. B. aus dem unterschiedlichen Schwinden über die Gurtdicke oder aus dem Abfließen der Hydratationswärme resultieren.

7 Nachweise in den Grenzzuständen der Gebrauchstauglichkeit

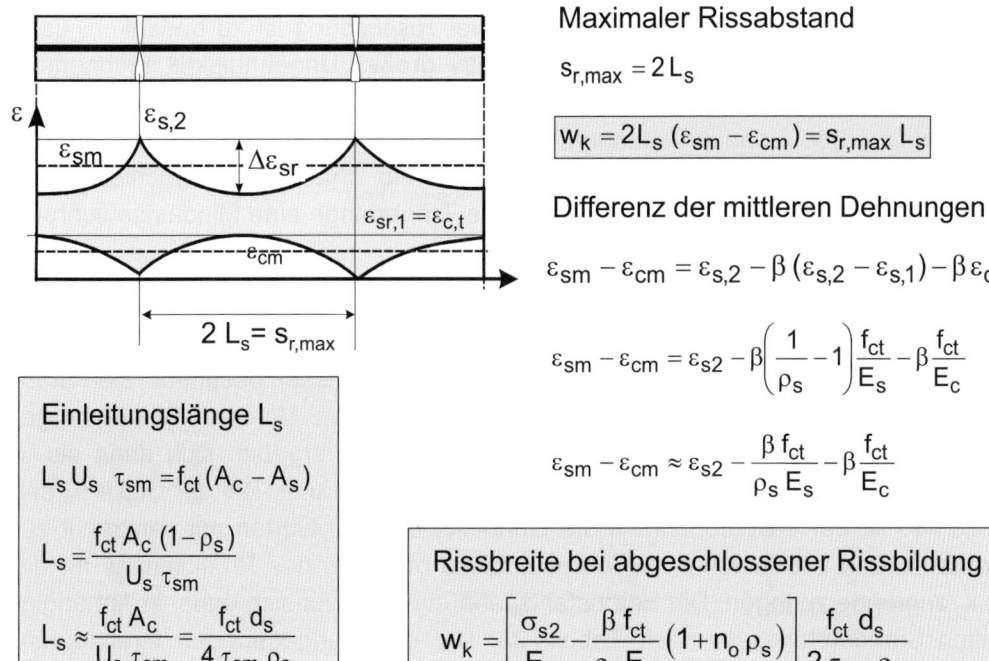

Maximaler Rissabstand

$$s_{r,max} = 2 L_s$$

$$\boxed{w_k = 2 L_s (\varepsilon_{sm} - \varepsilon_{cm}) = s_{r,max} L_s}$$

Differenz der mittleren Dehnungen

$$\varepsilon_{sm} - \varepsilon_{cm} = \varepsilon_{s,2} - \beta(\varepsilon_{s,2} - \varepsilon_{s,1}) - \beta \varepsilon_{ct}$$

$$\varepsilon_{sm} - \varepsilon_{cm} = \varepsilon_{s2} - \beta \left(\frac{1}{\rho_s} - 1\right)\frac{f_{ct}}{E_s} - \beta \frac{f_{ct}}{E_c}$$

$$\varepsilon_{sm} - \varepsilon_{cm} \approx \varepsilon_{s2} - \frac{\beta f_{ct}}{\rho_s E_s} - \beta \frac{f_{ct}}{E_c}$$

Einleitungslänge L_s

$$L_s U_s \tau_{sm} = f_{ct}(A_c - A_s)$$

$$L_s = \frac{f_{ct} A_c (1-\rho_s)}{U_s \tau_{sm}}$$

$$L_s \approx \frac{f_{ct} A_c}{U_s \tau_{sm}} = \frac{f_{ct} d_s}{4 \tau_{sm} \rho_s}$$

Rissbreite bei abgeschlossener Rissbildung

$$w_k = \left[\frac{\sigma_{s2}}{E_s} - \frac{\beta f_{ct}}{\rho_s E_s}(1+n_0 \rho_s)\right] \frac{f_{ct} d_s}{2 \tau_{sm} \rho_s}$$

Bild 238: Rissabstand und Rissbreite bei abgeschlossener Rissbildung

Grenzdurchmesser bei Erstrissbildung

$$d_s = \frac{6 w_k E_s f_{ct,eff}}{\sigma_{s,2}^2} \quad \sigma_{s,2} = \frac{N_{s,cr}}{A_s} = A_c k f_{ct,eff}(1+\rho_s n_0) \quad \text{mit } n_0 = \frac{E_s}{E_c}$$

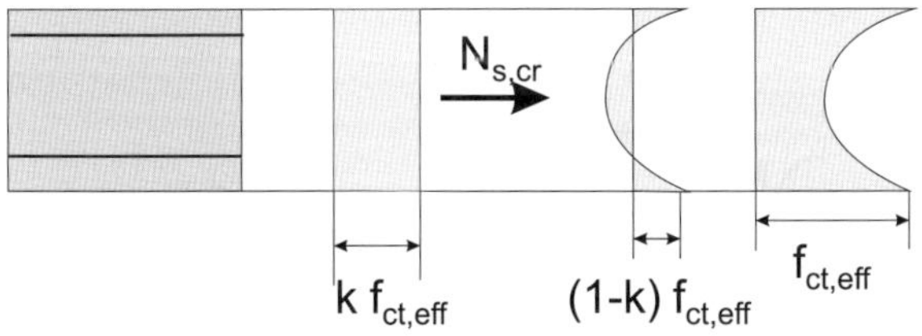

Grenzdurchmesser bei abgeschlossener Rissbildung

$$d_s = \frac{3{,}6 w_k \rho_s E_s}{\sigma_{s2} - 0{,}4 \dfrac{\beta f_{ct,eff}}{\rho_s E_s}(1+n_0 \rho_s)}$$

Bild 239: Rissbreite und Grenzdurchmesser

7.4.2 Ermittlung der Mindestbewehrung nach DIN EN 1994-1-1

Nach DIN EN 1994-1-1, 7.4.2 ist in allen Trägerbereichen mit wahrscheinlicher Rissbildung eine Mindestbewehrung anzuordnen. Als Bereiche wahrscheinlicher Rissbildung sind diejenigen Trägerbereiche anzusehen, in denen sich bei schlaff bewehrten Trägern infolge der charakteristischen Lastkombination rechnerisch Zugbeanspruchungen im Beton ergeben. Bei Trägern mit Spanngliedvorspannung und/oder planmäßig eingeprägten Deformationen ist nach DIN EN 1992-1-1/NA, 7.3.2(4) eine Mindestbewehrung in Bereichen erforderlich, in denen Betondruckspannungen am Querschnittsrand auftreten, die dem Betrag nach kleiner als 1,0 N/mm² sind.

Bei der Festlegung der Trägerbereiche mit wahrscheinlicher Rissbildung ist zu bedenken, dass die Beanspruchungen aus dem Schwinden nur mit relativ großer Ungenauigkeit rechnerisch ermittelt werden können und in Verbundträgern zusätzlich aus der Entwicklung der Hydratationswärme primäre und sekundäre Beanspruchungen resultieren, die im Allgemeinen rechnerisch nicht berücksichtigt werden. Bei üblichen Durchlaufträgern, die ohne Eigengewichtsverbund hergestellt werden, ist daher in der Regel über die gesamte Trägerlänge eine Mindestbewehrung erforderlich.

In DIN EN 1994-1-1, 7.4.2 wird die erforderliche Mindestbewehrung in Anlehnung an die Regelungen für den Massivbau aus der bei Erstrissbildung resultierenden Betonstahlspannung und dem für die einzuhaltende Rissbreite w maßgebenden Stabdurchmesser bestimmt. Der Stabdurchmesser kann dabei auch alternativ nach Bild 238 bestimmt werden. Mit der in Bild 48 hergeleiteten Näherungslösung für die Rissnormalkraft bei Erstrissbildung ergeben sich dann die in Bild 240 angegebenen Beziehungen zur Ermittlung der Mindestbewehrung. Bei der Dicke h_c des Betongurtes in Bild 240 ist bei Vollbetonplatten die Gurtdicke und bei Gurten mit senkrecht zur Trägerrichtung verlaufenden Profilblechen die Aufbetondicke oberhalb des Profilbleches für die Berechnung von k_c zugrunde zu legen. Die Betonstahlspannung σ_s ergibt sich dabei in Abhängigkeit vom gewählten Stabdurchmesser nach Tabelle 23. Die darin angegebenen Grenzdurchmesser gelten für eine Betonzugfestigkeit von 2,9 N/mm². Da die Rissbreite bei Erstrissbildung nach Bild 238 unmittelbar von der Betonzugfestigkeit abhängt, ist der Stabdurchmesser bei anderen Betonzugfestigkeiten entsprechend Bild 240 umzurechnen. Als effektive Betonzugfestigkeit ist in der Regel der Mittelwert der Betonzugfestigkeit anzusetzen. Dabei ist diejenige Festigkeitsklasse anzunehmen, die beim Auftreten der Risse zu erwarten ist. Wenn der Zeitpunkt der Rissbildung bzw. die bei Rissbildung zu erwartende Festigkeit nicht ausreichend genau festgelegt werden kann, sollte bei Normalbeton mindestens eine Zugfestigkeit von 3,0 N/mm² angenommen werden.

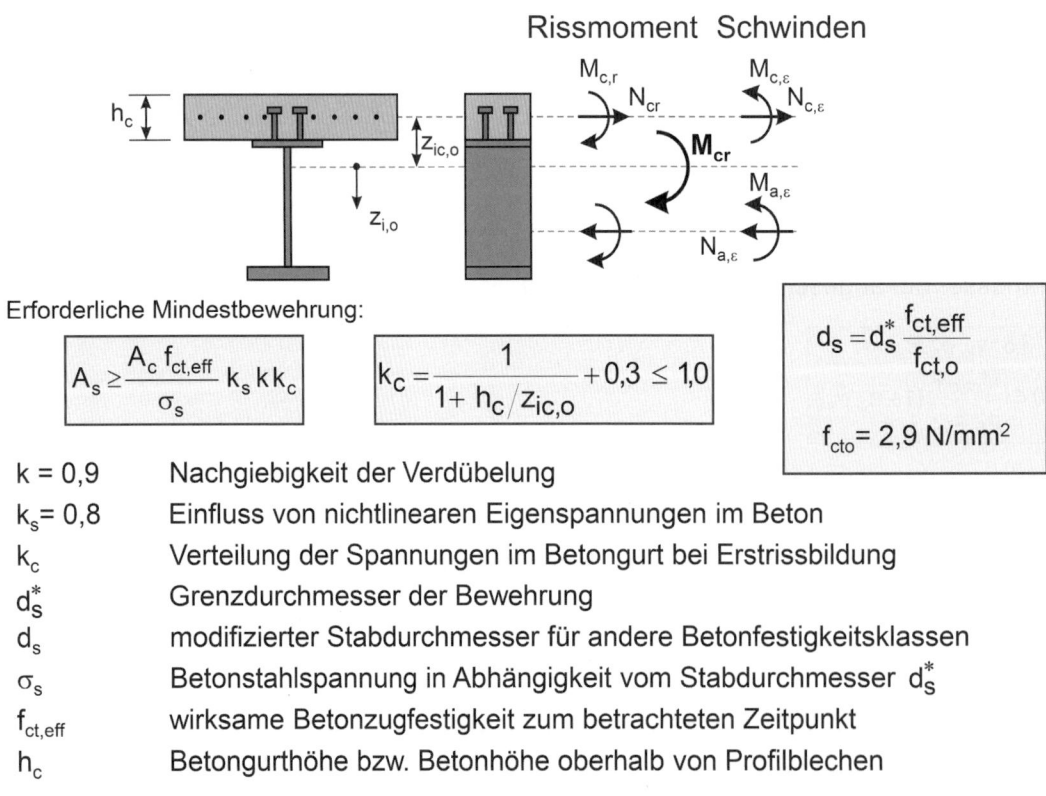

$k = 0{,}9$ Nachgiebigkeit der Verdübelung
$k_s = 0{,}8$ Einfluss von nichtlinearen Eigenspannungen im Beton
k_c Verteilung der Spannungen im Betongurt bei Erstrissbildung
d_s^* Grenzdurchmesser der Bewehrung
d_s modifizierter Stabdurchmesser für andere Betonfestigkeitsklassen
σ_s Betonstahlspannung in Abhängigkeit vom Stabdurchmesser d_s^*
$f_{ct,eff}$ wirksame Betonzugfestigkeit zum betrachteten Zeitpunkt
h_c Betongurthöhe bzw. Betonhöhe oberhalb von Profilblechen

Bild 240: Ermittlung der Mindestbewehrung

Tabelle 23: Grenzdurchmesser nach DIN EN 1994-1-1, Tabelle 7.1 und DIN EN 1992/NA in Abhängigkeit von der Betonstahlspannung

DIN EN 1994-1-1				DIN EN 1992-1-1/NA			
σ_s [N/mm²]	Grenzdurchmesser d_s^* für			σ_s [N/mm²]	Grenzdurchmesser d_s^* für		
	$w_k = 0{,}4$	$w_k = 0{,}3$	$w_k = 0{,}2$		$w_k = 0{,}4$	$w_k = 0{,}3$	$w_k = 0{,}2$
160	40	32	25	160	54	41	27
200	32	25	16	200	35	26	17
240	20	16	12	240	24	18	12
280	16	12	8	280	18	13	9
320	12	10	6	320	14	10	7
360	10	8	5	360	11	8	5
400	8	6	4	400	9	7	4
450	6	5	–	450	7	5	3

Die in DIN EN 1994-1-1, Tabelle 7.1 angegebenen Werte weichen teilweise von den Grenzdurchmessern nach DIN EN 1992-1-1/NA, Tabelle 7.2 DE ab. Die dort angegebenen Grenzdurchmesser wurden mit der vereinfachten Beziehung nach Bild 239 ermittelt. Es ergeben sich dann geringfügig größere Grenzdurchmesser, was zu einer etwas wirtschaftlicheren Bemessung führt. Die Werte können auch für Verbundträger verwendet werden.

Die erforderliche Mindestbewehrung ist entsprechend der resultierenden Zugkraft des Betongurtes im ungerissenen Zustand auf die obere und untere Bewehrungslage zu verteilen. Bei Trägern mit Profilblech-Verbunddecken darf auf eine untere Bewehrungslage verzichtet werden.

Wenn die Betongurte in Querrichtung eine veränderliche Dicke aufweisen, ist bei der Ermittlung der Mindestbewehrung die lokale Betongurtdicke zugrunde zu legen.

7.4.3 Begrenzung der Rissbreite infolge direkter Einwirkungen

7.4.3.1 Begrenzung der Rissbreite ohne direkte Berechnung

In Trägerbereichen, in denen der für den Grenzzustand der Tragfähigkeit erforderliche Bewehrungsquerschnitt den Mindestbewehrungsquerschnitt nach Bild 240 überschreitet, ist die Betonstahlspannung entweder in Abhängigkeit vom Stabdurchmesser nach Tabelle 23 oder in Abhängigkeit vom Stababstand nach Tabelle 24 zu beschränken. Die Spannungen sind bei diesem Nachweis für die maßgebende Einwirkungskombination (siehe Tabelle 22) und unter Berücksichtigung der Mitwirkung des Betons zwischen den Rissen zu ermitteln. Dies erfolgt nach Bild 241. Die Betonstahlspannung ergibt sich aus der am reinen Zustand-II-Querschnitt ermittelten Spannung $\sigma_{s,2}$ infolge M_{Ed} zuzüglich des in Bild 241 angegebenen additiven Anteils $\Delta\sigma_s$, der den Einfluss aus der Mitwirkung des Betons zwischen den Rissen erfasst [137]. Dabei wird davon ausgegangen, dass sich der Querschnitt im Zustand der abgeschlossenen Rissbildung befindet. Die Spannungen im Betonstahl ergeben sich dann aus den in Bild 241 zusammengestellten Beziehungen (siehe hierzu auch Abschnitt 5.4.2.3, Bild 49).

Im Regelfall wird der Nachweis mithilfe der Stababstände nach Tabelle 24 geführt, da sie für das abgeschlossene Rissbild hergeleitet wurden. Der Nachweis kann alternativ auch mit den in Bild 239 angegebenen Grenzdurchmessern für das abgeschlossene Rissbild geführt werden.

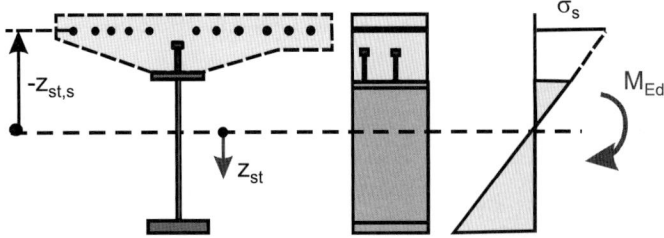

Betonstahlspannung unter Berücksichtigung der Mitwirkung des Betons zwischen den Rissen:

$$\sigma_s = \sigma_{s,2} + \Delta\sigma_s \qquad \alpha_{st} = \frac{A_{st} J_{st}}{A_a J_a} \qquad \beta = 0,4$$

$$\sigma_s = \frac{M_{Ed}}{J_{st}} z_{st,s} + \beta \frac{f_{ct,eff}}{\rho_s \alpha_{st}} \qquad \rho_s = \frac{A_s}{A_c} \quad \text{Bewehrungsgrad}$$

Bild 241: Nachweis der Rissbreitenbeschränkung bei abgeschlossener Rissbildung

Tabelle 24: Höchstwerte der Stababstände von Betonstählen

σ_s [N/mm²]	Stababstände in [mm] für		
	$w_k = 0,4$	$w_k = 0,3$	$w_k = 0,2$
160	300	300	200
200	300	250	150
240	250	200	100
280	200	150	50
320	150	100	–
360	100	50	–

7.4.3.2 Direkte Berechnung der Rissbreite

Ein Nachweis mithilfe einer direkten Berechnung der Rissbreite nach DIN EN 1992-1-1, 7.3.4 kann alternativ geführt werden (siehe Bild 242). Bei Anwendung der Regelungen von DIN EN 1992-1-1, 7.3.4 für Verbundträger ist zu beachten, dass die maßgebende Spannung im Betonstahl am Riss unter Berücksichtigung der Verträglichkeitsbedingungen am Verbundquerschnitt, d. h. unter Berücksichtigung der Einflüsse aus der Mitwirkung des Betons zwischen den Rissen zu ermitteln ist (siehe Bild 241).

Rissbreite

$$w = s_{r,max}(\varepsilon_{sm} - \varepsilon_{cm})$$

$$\varepsilon_{sm} - \varepsilon_{cm} = \frac{\sigma_{s,2}}{E_s} - \beta \frac{f_{ctm}}{E_s \rho_s}(1 + n_o \rho_s) \geq 0{,}6 \frac{\sigma_{s,2}}{E_s}$$

$\beta = 0{,}6$ für Kurzzeitbeanspruchung
$\beta = 0{,}4$ für Dauerbeanspruchung

Rissabstand

In DIN EN 1992-1-1 wird basierend auf Versuchen eine semiempirische Beziehung für den Rissabstand angegeben.

$$s_{r,max} = 3{,}4\,c + k_1 k_2\, 0{,}425\,\frac{d_s}{\rho_s}$$

d_s - Stabdurchmesser
c - Betondeckung

k_1 Beiwert zur Berücksichtigung der Verbundeigenschaften mit $k_1 = 0{,}8$ für Betonrippenstähle

k_2 Beiwert zur Berücksichtigung der Dehnungsverteilung (1,0 für Zug und 0,5 für Biegung)

Bild 242: Direkte Ermittlung der Rissbreite nach DIN EN 1992-1-1, 7.3.4

7.4.4 Träger mit Spanngliedvorspannung

Bei Trägern mit Spanngliedvorspannung und im Verbund liegenden Spanngliedern muss bei der Ermittlung der Spannungen im Beton- und Spannstahl das unterschiedliche Verbundverhalten von Spann- und Betonstahl berücksichtigt werden.

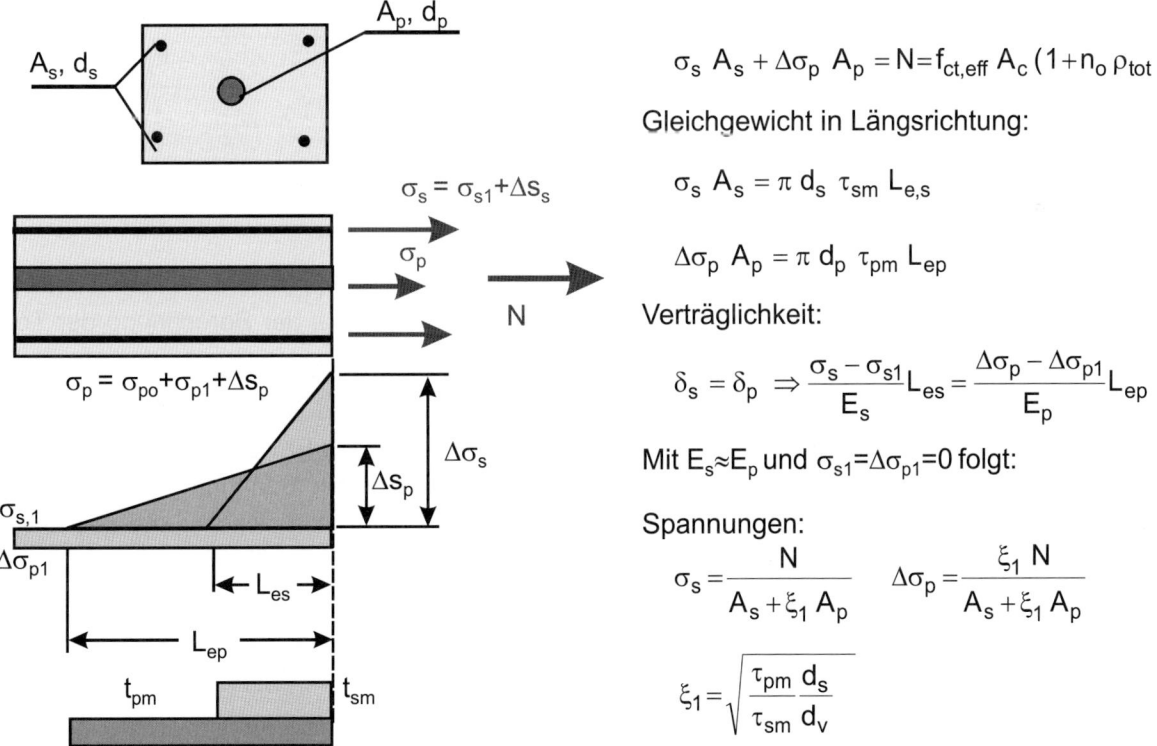

$$\sigma_s A_s + \Delta\sigma_p A_p = N = f_{ct,eff}A_c(1 + n_o \rho_{tot})$$

Gleichgewicht in Längsrichtung:

$$\sigma_s A_s = \pi\, d_s\, \tau_{sm}\, L_{e,s}$$

$$\Delta\sigma_p A_p = \pi\, d_p\, \tau_{pm}\, L_{ep}$$

Verträglichkeit:

$$\delta_s = \delta_p \Rightarrow \frac{\sigma_s - \sigma_{s1}}{E_s}L_{es} = \frac{\Delta\sigma_p - \Delta\sigma_{p1}}{E_p}L_{ep}$$

Mit $E_s \approx E_p$ und $\sigma_{s1} = \Delta\sigma_{p1} = 0$ folgt:

Spannungen:

$$\sigma_s = \frac{N}{A_s + \xi_1 A_p} \qquad \Delta\sigma_p = \frac{\xi_1 N}{A_s + \xi_1 A_p}$$

$$\xi_1 = \sqrt{\frac{\tau_{pm}\, d_s}{\tau_{sm}\, d_v}}$$

Bild 243: Ermittlung der Spannungen im Beton und Spannstahl bei Erstrissbildung

Bei Erstrissbildung resultieren aus den unterschiedlichen Verbundeigenschaften die in Bild 243 dargestellten unterschiedlichen Einleitungslängen für Beton- und Spannstahl. Geht man näherungsweise von konstanten Verbundspannungen τ_{sm} und τ_{pm} im Bereich der Einleitungslängen aus, so ergeben sich aus den in Bild 243 dargestellten Gleichgewichts- und Verträglichkeitsbedingungen die auf den Beton- und Spannstahl einwirkenden Spannungen. Wie aus der Beziehung zur Ermittlung der Betonstahlspannung σ_s ersichtlich ist, kann bei Erstrissbildung der Spannstahl bei der Ermittlung der Mindestbewehrung mit der reduzierten Querschnittsfläche $\xi_1 A_p$ angerechnet werden. Siehe hierzu auch DIN EN 1992-1-1, 7.3.2(3).

Bei abgeschlossener Rissbildung kann die Verteilung der Spannungen auf den Spannstahl und die Bewehrung vereinfacht aus den in Bild 244 dargestellten Gleichgewichts- und Verträglichkeitsbedingungen bestimmt werden.

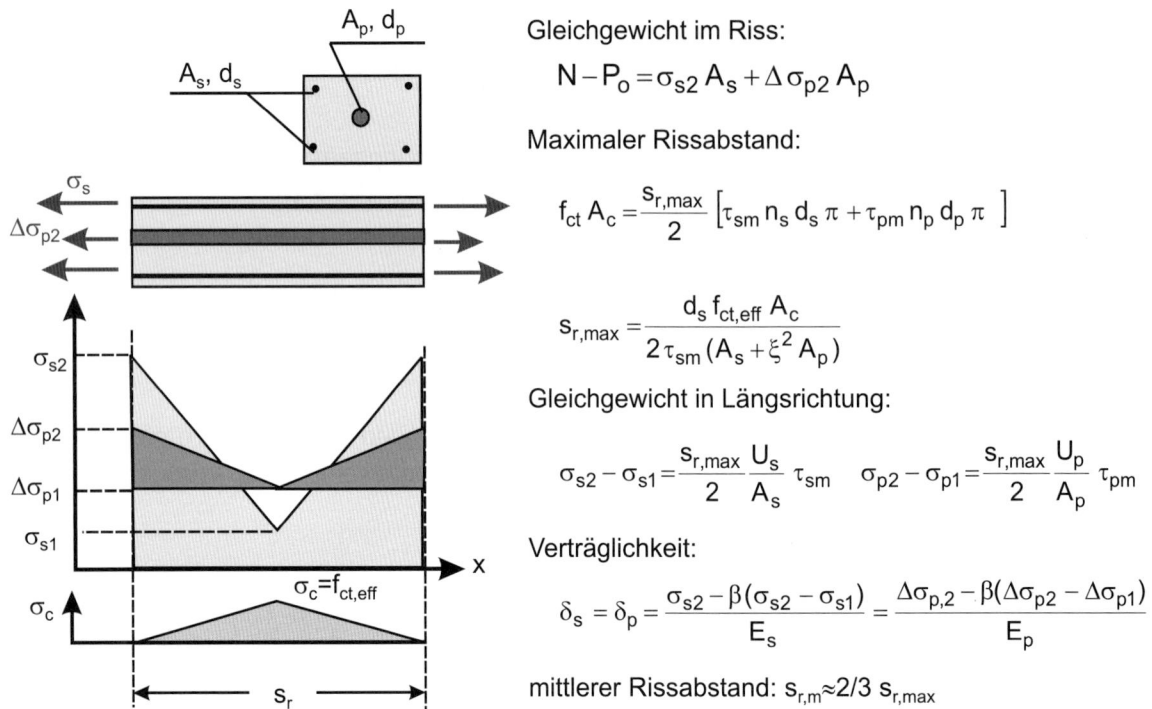

Gleichgewicht im Riss:
$$N - P_o = \sigma_{s2} A_s + \Delta\sigma_{p2} A_p$$

Maximaler Rissabstand:
$$f_{ct} A_c = \frac{s_{r,max}}{2} \left[\tau_{sm} n_s d_s \pi + \tau_{pm} n_p d_p \pi \right]$$

$$s_{r,max} = \frac{d_s f_{ct,eff} A_c}{2\tau_{sm}(A_s + \xi^2 A_p)}$$

Gleichgewicht in Längsrichtung:
$$\sigma_{s2} - \sigma_{s1} = \frac{s_{r,max}}{2}\frac{U_s}{A_s}\tau_{sm} \quad \sigma_{p2} - \sigma_{p1} = \frac{s_{r,max}}{2}\frac{U_p}{A_p}\tau_{pm}$$

Verträglichkeit:
$$\delta_s = \delta_p = \frac{\sigma_{s2} - \beta(\sigma_{s2} - \sigma_{s1})}{E_s} = \frac{\Delta\sigma_{p,2} - \beta(\Delta\sigma_{p2} - \Delta\sigma_{p1})}{E_p}$$

mittlerer Rissabstand: $s_{r,m} \approx 2/3\ s_{r,max}$

Bild 244: Verteilung der Spannungen im Beton- und Spannstahl bei abgeschlossener Rissbildung

Zur Ermittlung der Beton- und Spannstahlspannungen am Verbundquerschnitt muss zusätzlich der Einfluss aus der Mitwirkung des Betons zwischen den Rissen bei der Berechnung der Teilschnittgrößen des Betongurtes nach Bild 245 berücksichtigt werden.

Hierzu wird zunächst die im Riss wirkende Spannung im Beton- und Spannstahl unter der Annahme gleicher Verbundeigenschaften bestimmt, wobei anstelle des Bewehrungsgrades ρ_s der Bewehrungsgrad ρ_{tot} nach Bild 245 zu berücksichtigen ist. Mit dieser Spannung wird anschließend die lokale Umlagerung auf den Beton- und Spannstahl unter Berücksichtigung des unterschiedlichen Verbundverhaltens nach Bild 245 ermittelt.

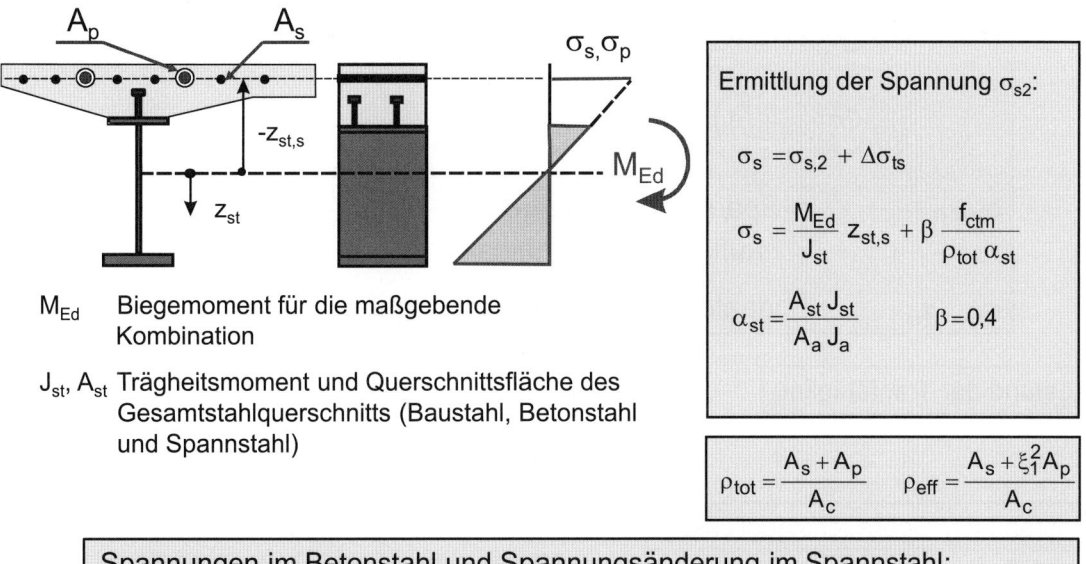

Bild 245: Ermittlung der Beton- und Spannstahlspannungen bei Verbundträgern unter Berücksichtigung des unterschiedlichen Verbundverhaltens von Spann- und Betonstahl

7.5 Stabilitätsnachweise im Grenzzustand der Gebrauchstauglichkeit

Wenn bei Querschnitten der Klasse 4 der Nachweis der Beulsicherheit mithilfe der Methode der effektiven Querschnitte geführt wird, kann wegen der Ausnutzung der überkritischen Tragreserven der Fall eintreten, dass unter Gebrauchslasten ein Beulen der Stegbleche auftritt. Da dies in der Regel unter Verkehrslasten auftritt, kommt es zu sich ständig wiederholenden Beulverformungen, die als Stegblechatmen bezeichnet werden. In DIN EN 1993-2/NA wird im Kapitel 7.4 (Bild 246) eine Begrenzung des Stegblechatmens gefordert. Dieser Nachweis kann auch im Hochbau erforderlich werden, wenn die Bauteile durch ermüdungswirksame Einwirkungen beansprucht werden, da ansonsten Ermüdungsprobleme in den Schweißnähten zwischen Steg und Gurt im Bereich von Quersteifen und bei nicht ausgesteiften Trägern an den Auflagersteifen auftreten können.

Eine Beulproblematik im Grenzzustand der Gebrauchstauglichkeit kann auch bei Querschnitten der Klassen 1 oder 2 vorliegen, wenn nach Bild 246 der Querschnitt bei positiver Momentenbeanspruchung im Grenzzustand der Tragfähigkeit vollplastisch nachgewiesen wird. In diesem Zustand wird der Stahlquerschnitt in der Regel auf Zug beansprucht, sodass keine Beulgefahr besteht. Im Grenzzustand der Gebrauchstauglichkeit kann der Steg dagegen bei Berücksichtigung der Belastungsgeschichte und der Einflüsse aus dem Kriechen und Schwinden nennenswerte Druckbeanspruchungen aufweisen, die zu einem Beulen unter Gebrauchslasten führen können. Auf diesen Sachverhalt wird in DIN EN 1994-2/NA im NCI zu 7.2.2(5) hingewiesen. Für die Stege ist dann ein Beulnachweis nach DIN 1993-1-5, Abschnitt 10 für die charakteristische Einwirkungskombination zu führen.

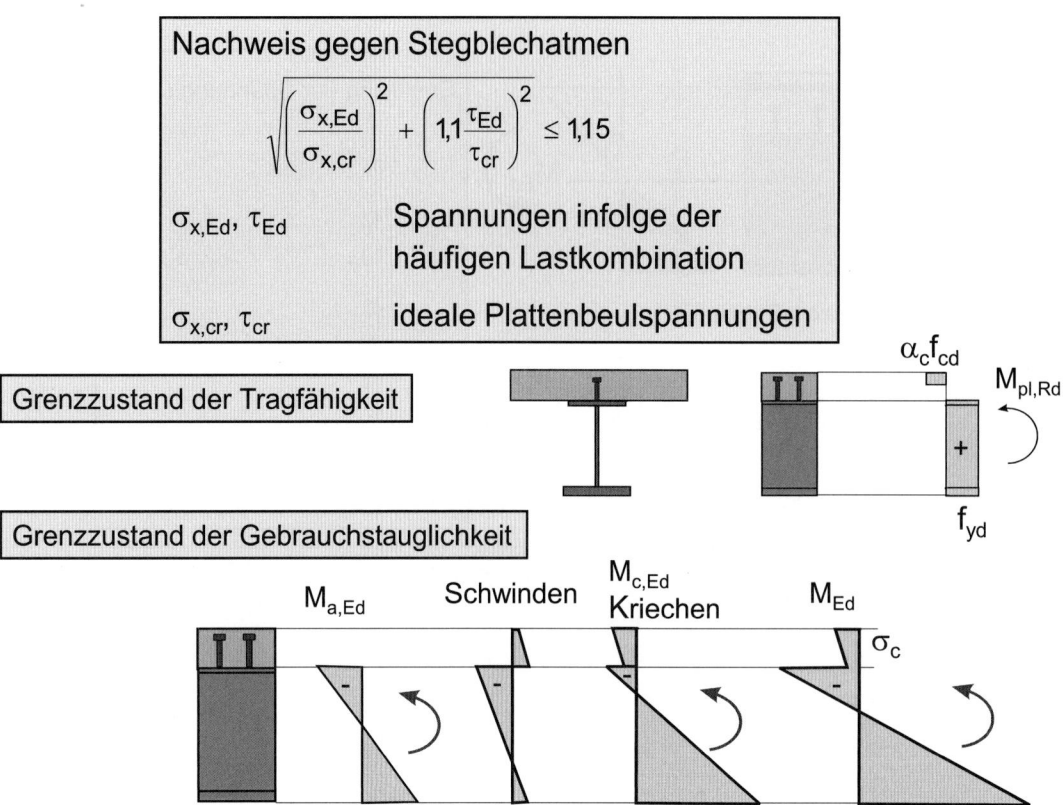

Bild 246: Nachweis gegen Stegblechatmen und Beulnachweis für Querschnitte der Klasse 1 oder 2 im Grenzzustand der Gebrauchstauglichkeit

8 Verbundanschlüsse

8.1 Allgemeines

Die Wirtschaftlichkeit von Verbundkonstruktionen wird im Hoch- und Industriebau in hohem Maße durch die konstruktive Ausbildung der Anschlüsse und dem damit verbundenen Fertigungsaufwand, die Montagebedingungen und die Brandschutzanforderungen bestimmt [273]. Bei hohen Brandschutzanforderungen werden in Deutschland überwiegend kammerbetonierte Träger ausgeführt. Eine Ausnahme bilden Hochhäuser, bei denen aus Gewichtsgründen bevorzugt andere Brandschutzmaßnahmen gewählt werden.

Typische Ausbildungen von Anschlussvarianten bei kammerbetonierten Trägern zeigen Bild 247 und Bild 248. Aus Montage- und Brandschutzgründen werden vielfach Anschlüsse mit Knaggen und Fahnenblechen sowie dem ebenfalls in Bild 247 dargestellten Knüppelanschluss ausgeführt. Diese Anschlussformen erlauben eine gelenkige bzw. quasi-gelenkige Ausführung (Typ A) und in Kombination mit einem zusätzlichen Druckstück am Untergurt auch eine Ausführung, mit der planmäßig Biegemomente übertragen werden können (Typ B). Die Stützen können dann zur Durchleitung der Untergurtkräfte in Abhängigkeit von der erforderlichen Momententragfähigkeit jeweils mit und ohne Steifen ausgeführt werden.

Eine weitere Alternative ist der in Bild 247 dargestellte Anschluss mit Knaggen an den Trägern in Kombination mit massiven Kernprofilen zur Durchleitung der Stützenkräfte. Der Anschluss kann auch wieder ohne oder mit Druckstück zur Übertragung von Momenten ausgeführt werden. Wenn die Träger ohne Kammerbeton ausgeführt werden, kommen im Verbundbau auch die im Stahlbau üblichen Anschlüsse zur Ausführung (Bild 247). Für die in Bild 247 dargestellten Anschlüsse des Typs A ist in der Regel eine Idealisierung als Gelenk zulässig. Eine Ausnahme bildet der dargestellte Laschenanschluss. Bei höheren Laschen führt die Klassifikation nach DIN EN 1993-1-8 [26] bei diesem Anschluss zu einer teiltragfähigen Verbindung. Die Momententragfähigkeit der Anschlüsse mit Druckstück nach Bild 247 bis Bild 248 ist in der Regel deutlich kleiner als die negative Momententragfähigkeit der angrenzenden Träger. Die Anschlüsse sind somit im Sinne von DIN EN 1993-1-8 als teiltragfähige und bei Ausbildung ohne Lastdurchleitungssteifen am Untergurt auch als verformbare Anschlüsse einzustufen. Werden die Anschlüsse auch am Obergurt des Stahlträgers kraftschlüssig durchgebunden, so können die Anschlüsse als volltragfähige Anschlüsse eingestuft werden. DIN EN 1994-1-1 [1] verweist im Kapitel 8 „Verbundanschlüsse in Tragwerken des Hochbaus" im Wesentlichen auf die Regelungen in DIN EN 1993-1-8 [26] und regelt in diesem Kapitel sowie in dem zugehörigen Anhang A ausschließlich verbundspezifische Grundkomponenten zur Anwendung der in DIN EN 1993-1-8 verankerten Komponentenmethode.

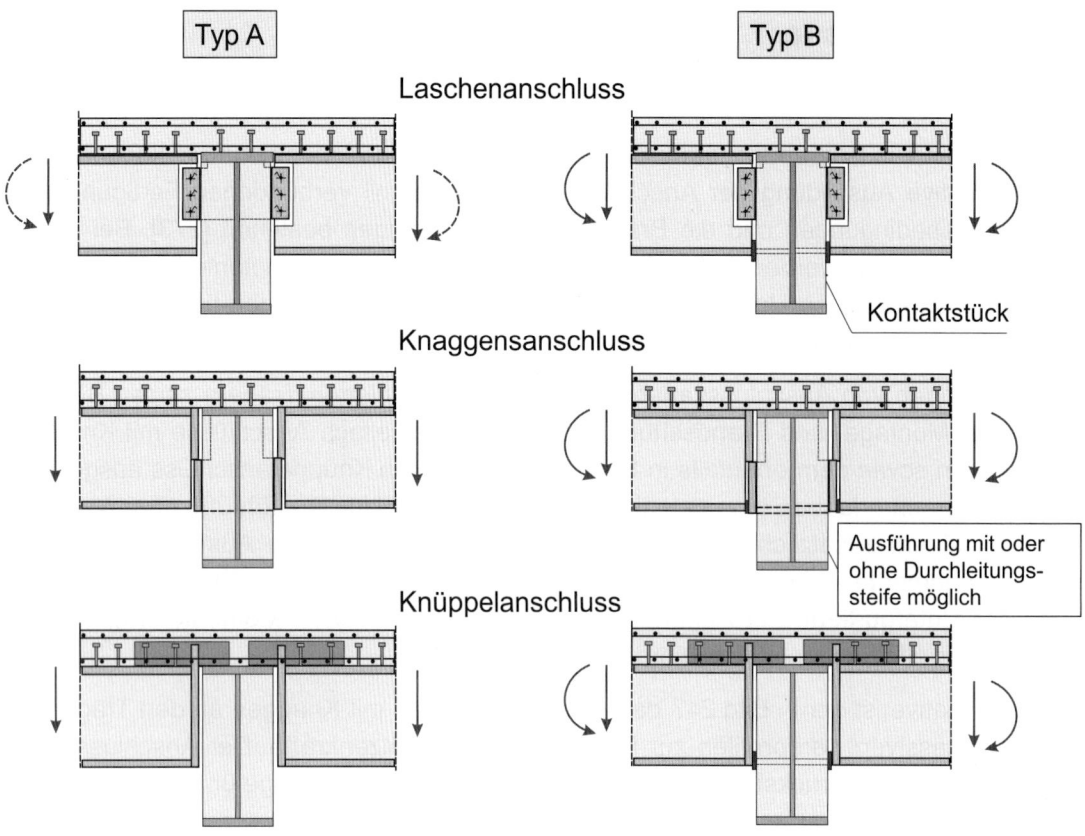

Bild 247: Typische Anschlüsse von Nebenträgern an Hauptträger bei kammerbetonierten Querschnitten

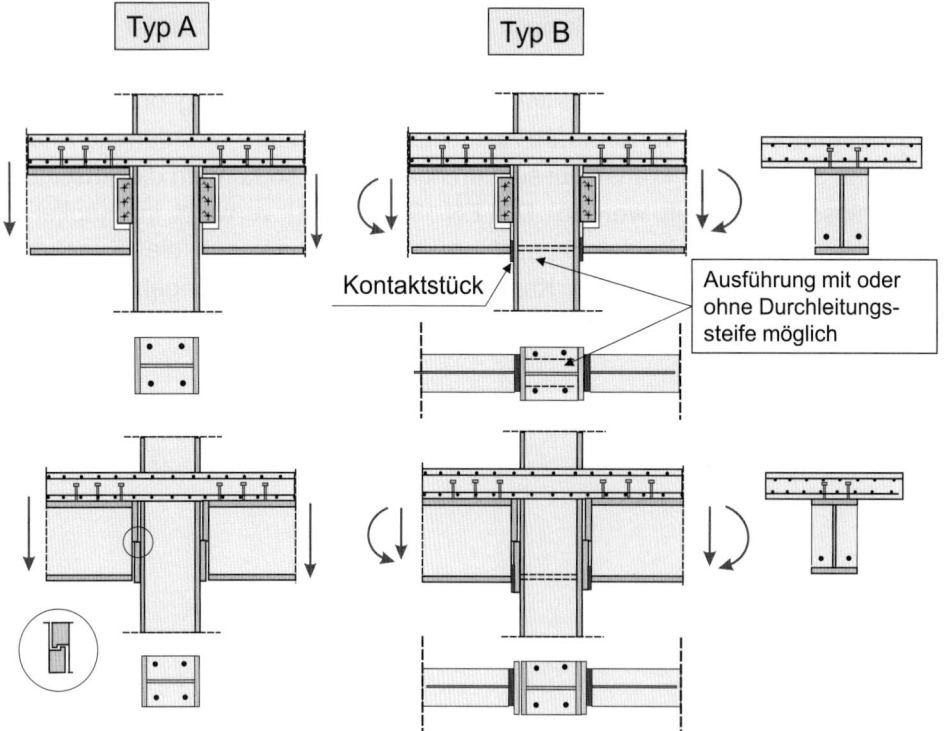

Bild 248: Typische Anschlüsse von Trägern an Stützen bei kammerbetonierten Querschnitten

Bild 249 zeigt eine weitere Variante eines Knaggenanschlusses für Verbundstützen mit ausbetonierten Hohlprofilen. Die Träger werden mit Knaggen aufgelagert und die Durchleitung der Stützenkräfte erfolgt über massive Kernprofile. Bild 250 zeigt typische Anschlussformen und die Klassifikation nach DIN EN 1993-1-8, wenn die Träger ohne Kammerbeton ausgeführt werden.

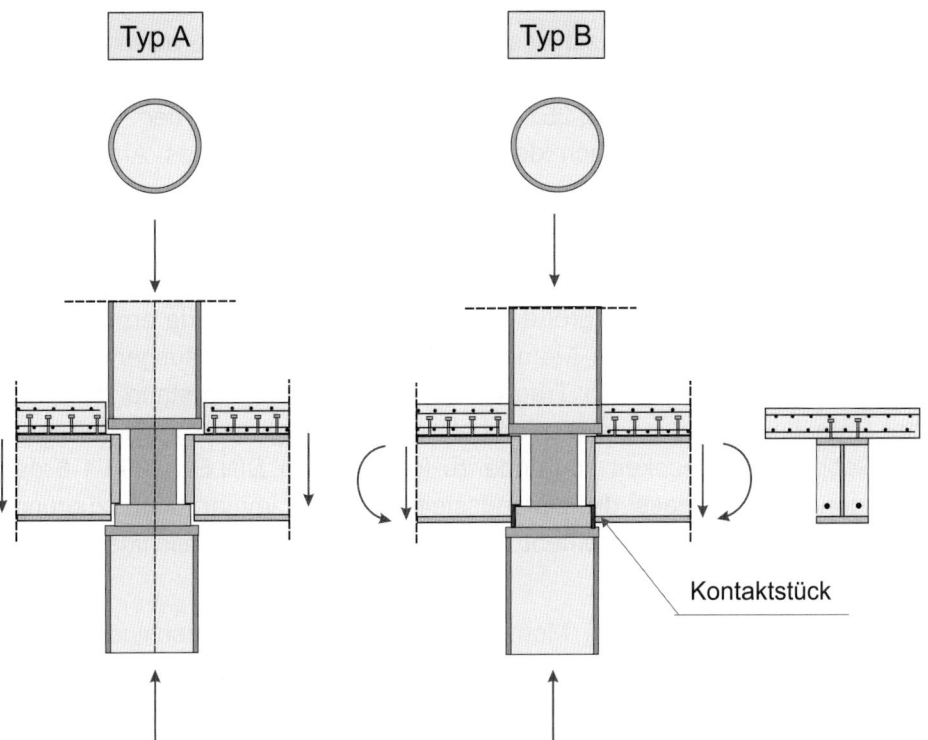

Bild 249: Stapelbauweise beim Anschluss von Trägern an Stützen

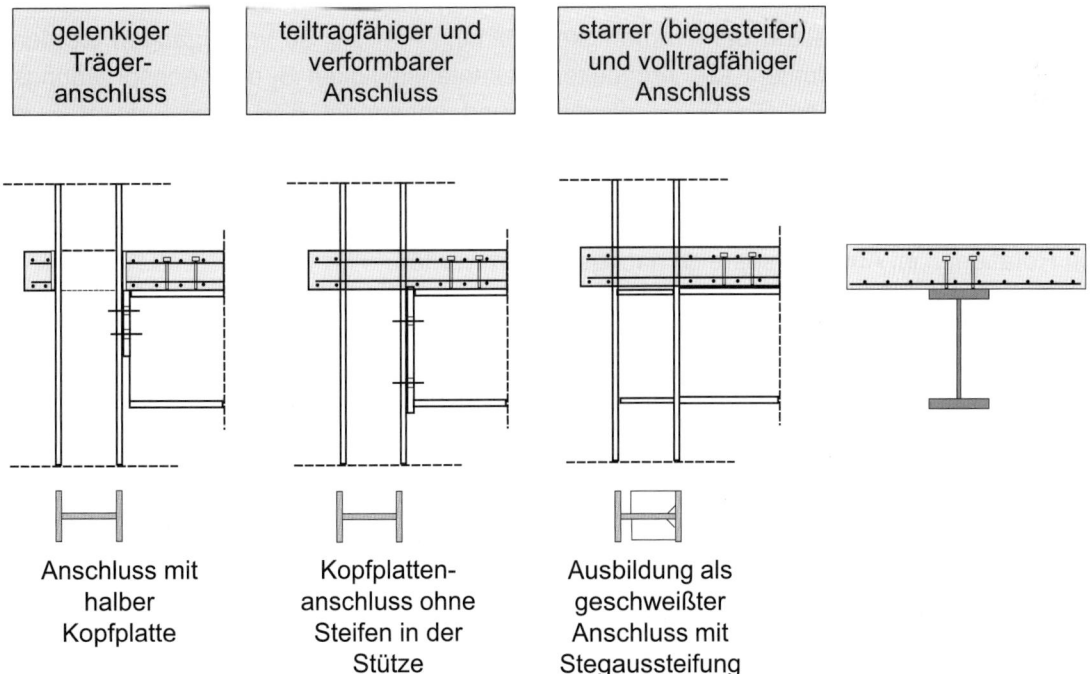

Bild 250: Beispiele für Anschlüsse von Trägern an Stützen bei Querschnitten ohne Kammerbeton und zugehörige Klassifizierung nach DIN EN 1993-1-8

8.2 Berechnung, Modellbildung und Klassifikation

Die Idealisierung von Anschlüssen erfolgte in der Vergangenheit im Verbundbau in der Regel als gelenkig oder biegesteif. Der Eurocode 4 eröffnet nun auch die Ausführung von verformbaren, teiltragfähigen Anschlüssen, die zu einer wirtschaftlicheren Ausführung von Verbundknoten führen können. Wenn die Anschlüsse verformbar ausgebildet werden, müssen zwangsläufig die aus dem Momenten-Rotationsverhalten der Anschlüsse resultierenden Einflüsse auf die Schnittgrößenverteilung und das Verformungsverhalten des Gesamttragwerks berücksichtigt werden. Hierzu wird in DIN EN 1993-1-8, 5.2.2 die in Bild 251 dargestellte Klassifizierung der Anschlüsse nach der Momententragfähigkeit $M_{j,Rd}$ und nach der Rotationssteifigkeit S_j des Anschlusses eingeführt.

Bei der Momenten-Rotationskurve wird dabei zwischen der Anfangssteifigkeit $S_{j,ini}$ und der Sekantensteifigkeit S_j unterschieden. Die Anfangssteifigkeit $S_{j,ini}$ kann bei der Schnittgrößenermittlung zugrunde gelegt werden, wenn die Schnittgrößen nach der Elastizitätstheorie ermittelt werden und im Anschluss maximal die elastische Momententragfähigkeit $M_{j,el,Rd}$ ausgenutzt wird. Diese Steifigkeit ist somit bei einer elastischen Tragwerksanalyse im Grenzzustand der Tragfähigkeit bei elastischer Berechnung und grundsätzlich bei der Ermittlung der Schnittgrößen für den Grenzzustand der Gebrauchstauglichkeit zugrunde zu legen. Nach DIN EN 1993-1-8 darf vereinfacht so vorgegangen werden, dass die Anfangssteifigkeit $S_{j,ini}$ immer dann zugrunde gelegt werden kann, wenn das Bemessungsmoment den Wert $2/3\ M_{j,Rd}$ des Anschlusses nicht übersteigt.

Ist das Moment M_{Ed} größer als die elastische Momententragfähigkeit des Anschlusses bzw. größer als $2/3\ M_{j,Rd}$, dann ist der Tragwerksanalyse die Sekantensteifigkeit S_j zugrunde zu legen. Die Sekantensteifigkeit ergibt sich dabei nach Bild 251 mit der Rotation ϕ_{Ed} und dem zugehörigen, einwirkenden Biegemoment $M_{j,Ed}$ nach DIN EN 1993-1-8, 6.3.1(4). Der nichtlineare Bereich in der Momenten-Rotationskurve wird dabei in DIN EN 1993-1-8 durch eine von der Anschlussart abhängige Interpolationsformel beschrieben. Die Schnittgrößenermittlung kann dann nur iterativ durchgeführt werden. Um diese iterative Berechnung zu vermeiden, darf nach DIN EN 1993-1-8 vereinfacht für den Grenzzustand der Tragfähigkeit für $M_{j,Ed} > M_{j,el,Rd}$ so vorgegangen werden, dass anstelle der mit dem Moment M_{Ed} ermittelten Sekantensteifigkeit S_j die beanspruchungsunabhängige Rotationsteifigkeit $S_j \approx S_{j,ini}/\eta$ als Näherung verwendet wird. Der Beiwert η ist dabei nach DIN EN 1993-1-8, 5.1.2 und bei Verbundknoten mit Kontaktstücken nach DIN EN 1994-1-1, 8.2.2 anzunehmen. Die Momenten-Rotationskurve wird durch den Rotationswinkel ϕ_{cd} begrenzt. Diese Rotationsfähigkeit muss bei der Bemessung von Trägern bei Ausnutzung von Rotationen im Anschlussbereich nachgewiesen werden.

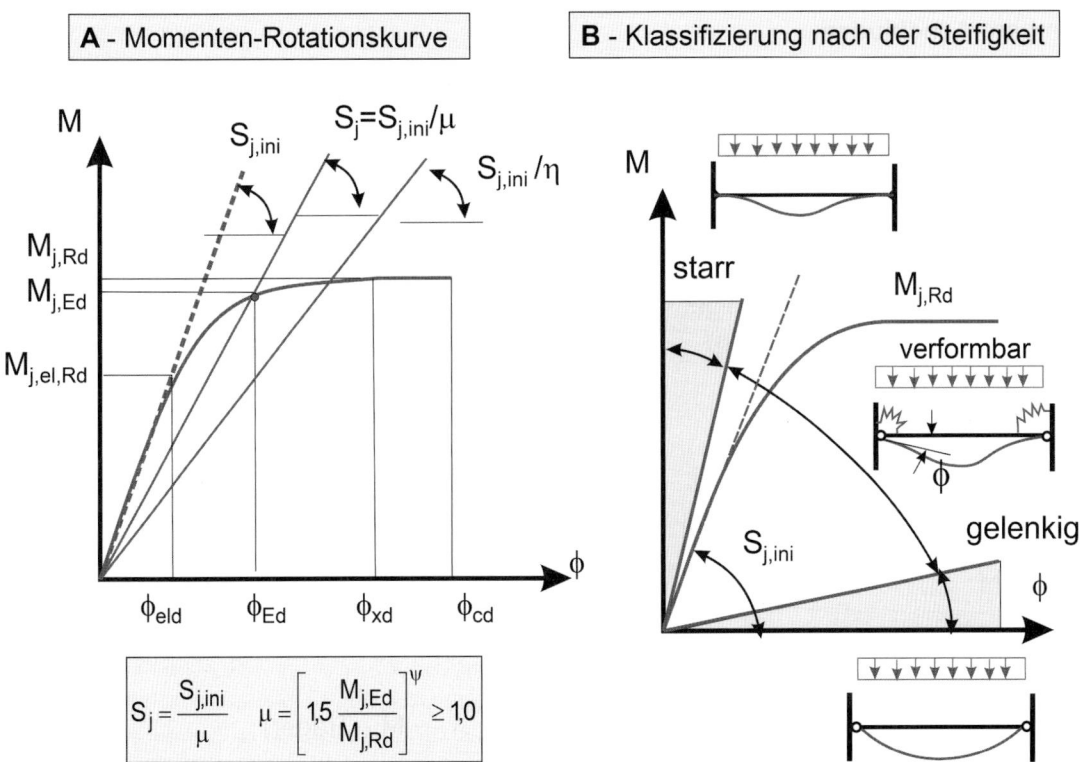

Bild 251: Klassifizierung der Anschlüsse nach der Steifigkeit des Anschlusses

Mit den zuvor erläuterten Festlegungen können die Anschlüsse nach der Rotationssteifigkeit wie folgt klassifiziert werden:

- **Gelenkige Anschlüsse**

  Anschlüsse können als gelenkig idealisiert werden, wenn die Momententragfähigkeit des Anschlusses kleiner als 25 % der Momententragfähigkeit des Trägerquerschnittes ist und die Anfangssteifigkeit die Bedingung $S_{j,ini} \leq 0{,}5$ EJ/L erfüllt.

- **Starre Anschlüsse**

  Anschlüsse werden als starr bezeichnet, wenn die Anschlussverdrehungen ϕ vernachlässigbar klein sind, sodass bei der Tragwerksidealisierung eine biegesteife Verbindung unterstellt werden kann. Diese Bedingung ist nach DIN EN 1993-1-8 erfüllt, wenn die Anfangssteifigkeit die Bedingung $S_{j,ini} \geq K_B$ EJ/L erfüllt. Der Steifigkeitskoeffizient beträgt dabei für seitlich unverschiebliche Rahmentragwerke $K_B = 5$ und für seitliche verschiebliche Rahmentragwerke $K_B = 25$. Diese Regelungen wurden in DIN EN 1993-1-8 an eingeschossigen Rahmentragwerken aus der Bedingung hergeleitet, dass der Verzweigungslastfaktor des Systems bei Berücksichtigung der Anschlusssteifigkeit mindestens 95 % des Verzweigungslastfaktors bei Annahme starrer Verbindungen beträgt. Dabei wurde angenommen, dass das Verhältnis der Biegesteifigkeiten von Riegeln und Stützen 1,4 beträgt.

DIN EN 1994-1-1 verweist hinsichtlich dieser Klassifizierungsbedingungen auf DIN EN 1993-1-8. Dabei ist zu bedenken, dass im Endzustand und Bauzustand unterschiedliche Steifigkeiten der Riegel und unterschiedliche Anschlusssteifigkeiten vorliegen können. Bei der Ermittlung muss ferner der Einfluss in der Rissbildung in den Riegeln berücksichtigt werden. Die Riegelsteifigkeiten sind bei Verbundtragwerken im Vergleich zu den Stützensteifigkeiten in der Regel deutlich größer als bei Stahltragwerken. Bei seitlich verschieblichen Rahmentragwerken sollte daher die Abgrenzung nach DIN EN 1993-1-8 nicht angewandt werden und die Beurteilung, ob die Anschlüsse als starr angesehen werden können, grundsätzlich mit dem zuvor erläuterten Vergleich der Verzweigungslastfaktoren vorgenommen werden:

- **Verformbare Anschlüsse**

    Anschlüsse, die weder starr noch gelenkig idealisiert werden können, werden als verformbare Anschlüsse klassifiziert. Bei diesen Anschlüssen müssen die Anschlusssteifigkeiten bei der Tragwerksidealisierung zur Ermittlung der Schnittgrößen und Verformungen berücksichtigt werden.

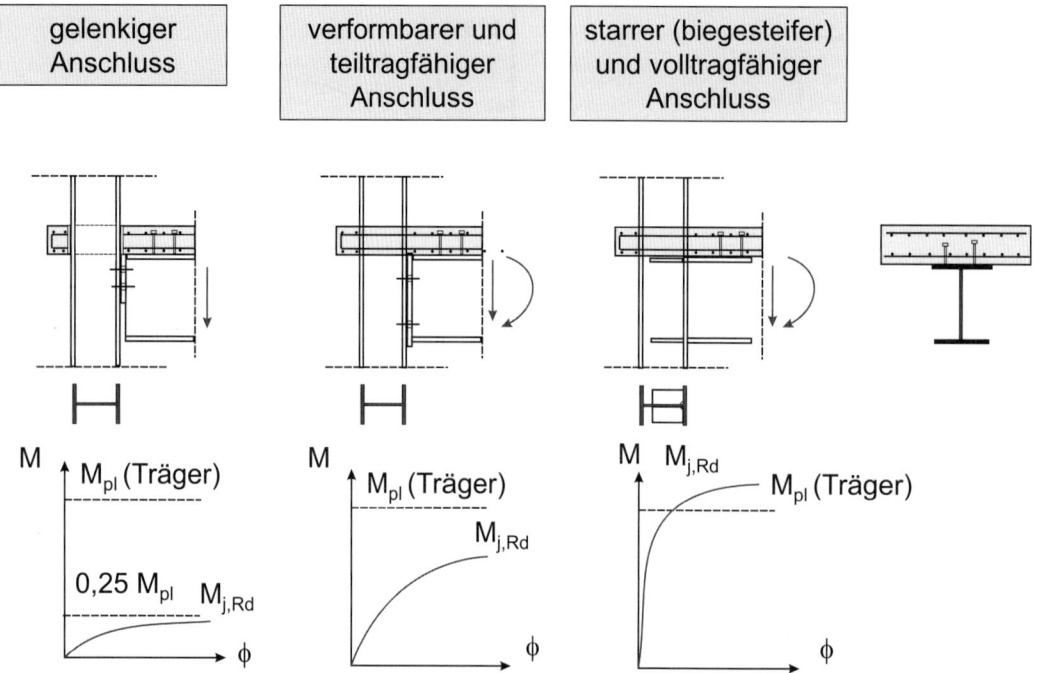

Bild 252: Klassifizierung der Anschlüsse nach der Tragfähigkeit

Die Klassifizierung des Anschlusses bezüglich der Tragfähigkeit erfolgt durch Vergleich der Tragfähigkeit des Anschlusses $M_{j,Rd}$ mit der Momententragfähigkeit des angrenzenden Profils entsprechend Bild 252:

- **Gelenkige Anschlüsse**

    Der Anschluss darf als gelenkig betrachtet werden, wenn die Momententragfähigkeit des Anschlusses $M_{j,Rd}$ kleiner als 25 % der Momententragfähigkeit $M_{pl,Rd}$ der angrenzenden Bauteile ist. Verbundanschlüsse können in der Regel als gelenkig idealisiert werden, wenn der Stahlträgersteg mit Beiwinkeln, halben Kopfplatten oder Knaggenanschlüssen ausgeführt wird und bei Anschlüssen von Trägern an Randstützen die Betonplatte nicht in direktem Kontakt mit der Stütze steht, d. h., es muss ein planmäßiger Spalt zwischen Deckenbeton und Stütze vorhanden sein.

- **Volltragfähige Anschlüsse**

    Der Anschluss wird als volltragfähig bezeichnet, wenn die Momententragfähigkeit des Anschlusses $M_{j,Rd}$ größer als die Momententragfähigkeit $M_{pl,Rd}$ der angrenzenden Bauteile ist. Bei Trägern mit Querschnitten der Klasse 1 entsteht dann das Fließgelenk nicht im Anschluss.

- **Teiltragfähige Anschlüsse**

    Bei den teiltragfähigen Anschlüssen ist das Anschlussmoment für die Bemessung des Tragwerks maßgebend, d. h., die Momententragfähigkeit des Anschlusses ist geringer als die Momententragfähigkeit der angrenzenden Bauteile. Bei einer Berechnung des Tragwerks nach der Fließgelenktheorie muss der Anschluss eine ausreichende Rotationskapazität aufweisen. Im Verbundbau gehören zu diesen Anschlüssen im Wesentlichen mit Kopfplatten angeschlossene Stahlträger, bei denen in der Stütze keine Lasteinleitungssteifen angeordnet werden oder Anschlüsse, bei denen die Querkraft im Steg über Beiwinkel bzw. Fahnenbleche übertragen wird und das Moment über die Bewehrung im Betongurt und ein Druckstück bzw. eine Lasche am Untergurt übertragen wird. Bei diesen Anschlüssen ist somit immer eine Kontrolle der Rotationskapazität erforderlich.

Bei den teiltragfähigen Anschlüssen ist somit grundsätzlich zu überprüfen, ob die Anschlüsse eine ausreichende Rotationskapazität aufweisen. Die Rotationskapazität wird dabei bei Verbundanschlüssen neben dem Verhalten der Stahlbauteile und der zugehörigen Verbindungsmittel zusätzlich durch das Verhalten des Betongurtes und durch die eingelegte Bewehrung bestimmt. Ferner ist zu berücksichtigen, dass bereits in Abhängigkeit von der Montagereihenfolge und der Herstellungsgeschichte erhebliche Rotationen eingeprägt werden können.

8.3 Nachweisverfahren

Wenn verformbare Anschlüsse zur Ausführung kommen, ist das Momenten-Rotationsverhalten der Anschlüsse bei der Tragwerksberechnung zu berücksichtigen. Die maßgebende Methode der Schnittgrößenermittlung hängt dabei von der Rotationsfähigkeit der Anschlüsse, der Einflüsse aus der Rissbildung im Beton und von der Herstellungsgeschichte ab. Da Rotationen primär in den Anschlüssen auftreten und die Momententragfähigkeit des Anschlusses kleiner als die des Profils ist, verhalten sich die Träger unmittelbar neben den Knotenbereichen meistens elastisch. Fließzonen treten im Grenzzustand der Tragfähigkeit in der Regel nur in den Feldbereichen der Träger auf. Da das Verhalten des Tragwerks primär durch das Verhalten der Anschlüsse bestimmt wird, ist eine elastische Ermittlung der Schnittgrößen mit den in DIN EN 1994-1-1, 5.4.4 angegebenen, von der Querschnittsklasse abhängigen Momentenumlagerungen ohne zusätzlichen direkten Nachweis der Rotationsfähigkeit des Anschlusses nicht zulässig. Dies gilt auch für die in DIN EN 1994-1-1, 5.4.5 geregelte Bemessung nach der Fließgelenktheorie.

Daraus folgt, dass die Schnittgrößenermittlung für Rahmentragwerke und Durchlaufträger mit verformbaren Knoten mit Ausnahme der nachfolgend noch erläuterten Fälle auf der Grundlage der Elastizitätstheorie unter Berücksichtigung der Rissbildung im Beton nach DIN EN 1994-1-1, 5.4.2.3 erfolgen muss. Da die Rotationen in den Anschlüssen auch von der Herstellungsgeschichte abhängig sind, muss diese ebenfalls berücksichtigt werden. Es sind dann die in den nachfolgenden Kapiteln erläuterten Methoden der Tragwerksberechnung zu unterscheiden.

Zur Beschreibung des Anschlussverhaltens wird in DIN EN 1993-1-8 die sogenannte Komponentenmethode benutzt. Dabei werden die Nachgiebigkeiten der einzelnen Anschlussdetails durch Federn ersetzt. Für die Stahlbaudetails sind die Grundkomponenten in DIN EN 1993-1-8, Tabelle 6.1 zusammengestellt. Die zugehörigen Tragfähigkeiten der Komponenten finden sich in DIN EN 1993-1-8, 6.2 und die zugehörigen Steifigkeitskoeffizienten k_i in DIN EN 1993-1-8, 6.3. Für Verbundanschlüsse sind die zugehörigen Tragfähigkeiten der Grundkomponenten in Kapitel 8 von DIN EN 1994-1-1 und die zugehörigen Steifigkeitskomponenten in Anhang A von DIN EN 1994-1-1 geregelt. Die Rotationssteifigkeit der Knoten ergibt sich mit dem in Bild 253 dargestellten Modell aus den Federsteifigkeiten der Einzelkomponenten, die mithilfe der Steifigkeitskoeffizienten k_i der einzelnen Komponenten beschrieben werden. In der Tragwerksberechnung wird das Anschlussverhalten zweckmäßig durch Drehfedern mit der Rotationssteifigkeit S beschrieben. Dabei ist zu unterscheiden, ob bei der Tragwerksberechnung nur der elastische, lineare Bereich der Momenten-Rotationscharakteristik ausgenutzt wird, oder ob planmäßige Momentenumlagerungen aus der nichtlinearen Momenten-Rotationscharakteristik berücksichtigt werden. Daher ist entweder die vom Beanspruchungsniveau abhängige Rotationssteifigkeit S_j oder bei Ansatz einer bilinearen Charakteristik der belastungsunabhängige Wert $S_{j,ini}/\eta$ zu berücksichtigen. Der Exponent ψ zur Bestimmung des Reduktionsbeiwertes μ ergibt sich in Abhängigkeit von der Anschlussart nach DIN EN 1993-1-8, 6.3.1, Tabelle 6.8.

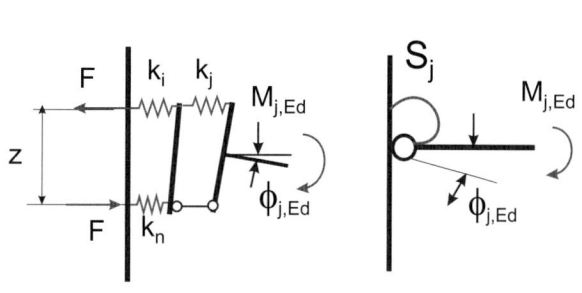

Federsteifigkeit c_{wj} und Verschiebung δ_j der Komponente j

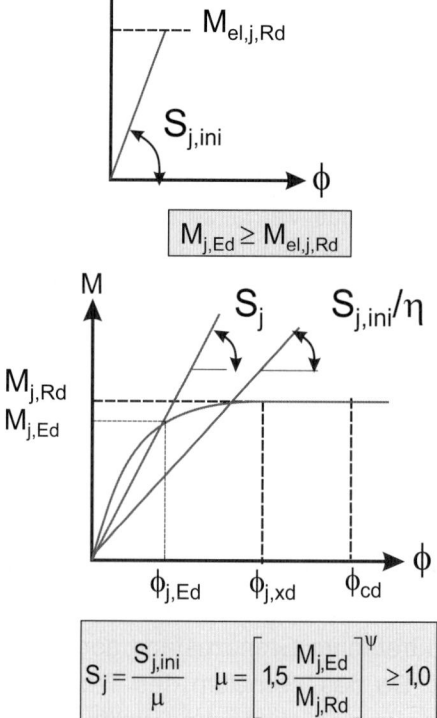

$$c_{w,j} = E_a \, k_j \qquad \delta_j = \frac{F}{c_{w,j}} = \frac{F}{E_a k_j}$$

Rotationsteifigkeit des Anschlusses:

$$S_{j,ini} = \frac{M_{el,j,Rd}}{\Phi_j} = \frac{F\,z}{\sum \delta_j / z} = \frac{E_a\,z^2}{\sum \frac{1}{k_i}}$$

$$S_j = \frac{S_{j,ini}}{\mu} \qquad \mu = \left[1{,}5 \frac{M_{j,Ed}}{M_{j,Rd}}\right]^{\psi} \geq 1{,}0$$

Bild 253: Knotenidealisierung und idealisierte Momenten-Rotationscharakteristik

a) Elastische Tragwerksberechnung mit linearer Momenten-Rotationscharakteristik der Anschlüsse

Bei der Tragwerksberechnung wird elastisches Verhalten der Anschlüsse unterstellt, d. h., in den Anschlüssen treten keine plastischen Rotationen auf und die Biegemomente in den Anschlüssen sind kleiner als die elastischen Momentragfähigkeiten $M_{j,el,Rd}$ der Anschlüsse. Vereinfacht darf auch dann davon ausgegangen werden, wenn die Bedingung $M_{j,Ed} \leq 2/3\, M_{j,Rd}$ eingehalten ist. Die Anschlusssteifigkeiten werden dann durch $S_{j,ini}$ beschrieben. Diese Berechnung ist im Grenzzustand der Tragfähigkeit immer zulässig und im Grenzzustand der Gebrauchstauglichkeit grundsätzlich erforderlich. Die Größe der Momente in den Anschlüssen kann bei der Berechnung durch die Montagereihenfolge beeinflusst werden, wenn bei den in Bild 247 bis Bild 249 dargestellten Anschlüssen das Kontaktstück zur Herstellung der Durchlaufwirkung bei Trägern ohne Eigengewichtsverbund erst nach dem Betonieren eingebaut wird. Siehe hierzu auch Abschnitt 1.6, Bild 8.

b) Elastische Tragwerksberechnung mit nichtlinearer Momenten-Rotationscharakteristik der Anschlüsse

Diese Berechnung ist durchzuführen, wenn die Biegemomente in den Anschlüssen größer als die elastische Momententragfähigkeit $M_{j,el,Rd}$ der Anschlüsse werden. In diesem Fall wird die Rotationssteifigkeit der Anschlüsse durch die Sekantensteifigkeit S_j oder vereinfacht mit S_{ini}/η angenommen. In diesem Fall ist bei Ansatz von S_j eine iterative Berechnung mit Anpassung der Steifigkeit nach jedem Iterationsschritt erforderlich. Bei Ansatz von S_{ini}/η ist ebenfalls eine schrittweise Berechnung der Schnittgrößen erforderlich. Bild 254 zeigt exemplarisch die Vorgehensweise für das Mittelfeld eines Durchlaufträgers mit Eigengewichtsverbund. Zur Berücksichtigung der Rissbildung wird die in Bild 254 dargestellte Steifigkeitsverteilung in Übereinstimmung mit DIN EN 1994-1-1, 5.4.2.3(3) angesetzt. Da die Momente in den Anschlüssen in diesem Fall größer als die elastische Momententragfähigkeit $M_{j,el,Rd}$ sind, kann vereinfacht die konstante

Sekantensteifigkeit $S_j = S_{j,ini}/\eta$ und eine bilineare Momenten-Rotationscharakteristik angenommen werden. Im ersten Schritt wird die Last q so lange gesteigert, bis in den Anschlüssen unter der Last q_1 die Momententragfähigkeit $M_{j,Rd}$ erreicht wird. Wenn der Anschluss eine ausreichende Rotationsfähigkeit besitzt, kann die Last um den Anteil Δq weiter gesteigert werden. Für diesen Lastanteil verhält sich das System wie ein gelenkig gelagerter Einfeldträger. Die Größe der Last Δq bestimmt sich aus der Bedingung, dass die Summe der Momente $M_{F,1}$ und $M_{F,2}$ nicht größer als die Momententragfähigkeit M_{Rd} des Trägers im Feld ist. Die Rotation im Anschluss steigt infolge Δq um den Wert $\Delta\phi$ nach Bild 254 an. Die Momententragfähigkeit ist in diesem Fall im Feld durch die elastische Momententragfähigkeit beschränkt. Soll eine plastische Ausnutzung des Querschnitts erfolgen, so muss die Berechnung nach Abschnitt c) erfolgen. Bei Ausnutzung der nichtlinearen Momenten-Rotationscharakteristik ist in jedem Fall zusätzlich nachzuweisen, dass die Rotation ϕ im Anschluss den Bemessungswert der Rotationsfähigkeit ϕ_{cd} nicht übersteigt. Wenn die Vereinfachung für die Sekantensteifigkeit $S_j = S_{j,ini}/\eta$ bei der Schnittgrößenermittlung zugrunde gelegt wird, sollte die Ausnutzung des Anschlusses nicht größer als 90 % sein, da ansonsten auf der unsicheren Seite liegende Ergebnisse erzielt werden können. Bei hoher Ausnutzung des Querschnitts sollte daher besser mit der Sekantensteifigkeit nach DIN EN 1993-1-8, 5.1.2(3) gerechnet werden. Ein rechnerischer Nachweis ausreichender Rotationsfähigkeit ist derzeit in DIN EN 1994-1-1 nicht geregelt. In Abschnitt 8.3.4 von DIN EN 1994-1-1 wird bezüglich der Rotationskapazität auf entsprechende Versuche oder ausreichende Erfahrungen bei bestimmten Anschlussdetails verwiesen, d. h., man wird auf die entsprechende Fachliteratur zurückgreifen müssen [309] bis [313] sowie [317] und [319]. Auf die Frage der Rotationskapazität wird im nachfolgenden Abschnitt c) noch detaillierter eingegangen. Zusätzlich ist für den Grenzzustand der Gebrauchstauglichkeit eine Schnittgrößenermittlung nach Abschnitt a) erforderlich.

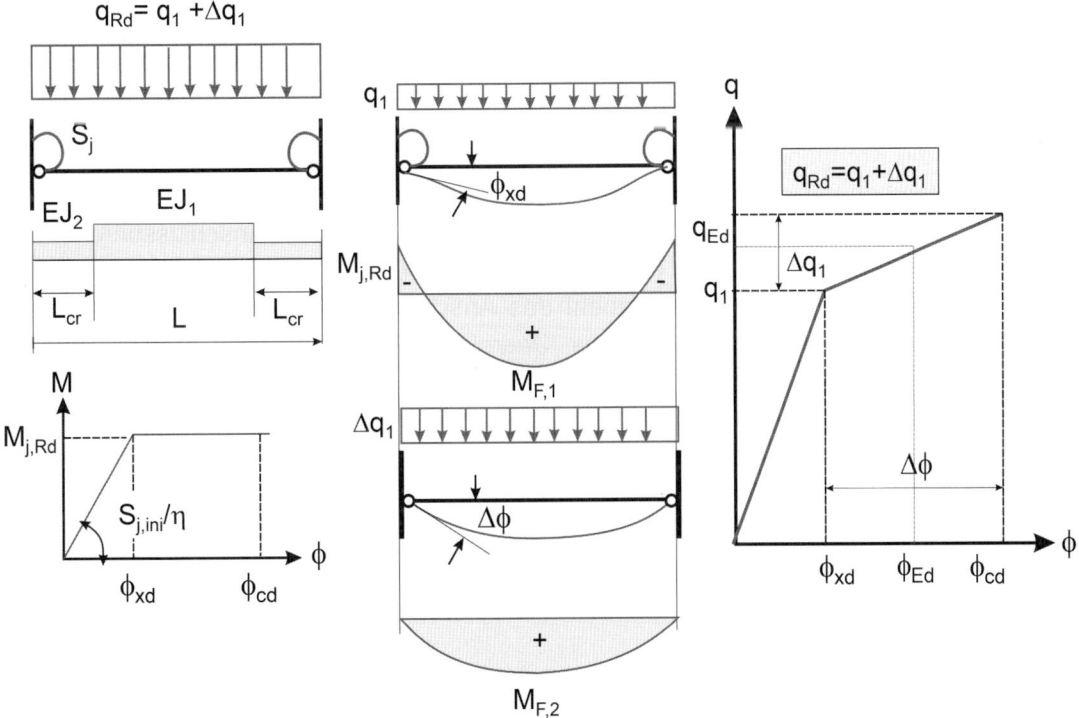

Bild 254: Ermittlung der Schnittgrößen bei nichtlinearer Momenten-Rotationscharakteristik

c) Elastisch-plastische Tragwerksberechnung mit nichtlinearer Momenten-Rotationscharakteristik der Anschlüsse

Die Vorgehensweise ist identisch mit der unter b) beschriebenen Vorgehensweise. Es wird jetzt jedoch im Feld unter der Laststufe Δq die vollplastische Momententragfähigkeit ausgenutzt. Im Gegensatz zu reinen Stahltragwerken entstehen in den Feldbereichen von Verbundträgern unter Gleichstreckenlasten relativ große Fließzonen, die zu einer Abminderung der Biegesteifigkeit im Feld und zu einem deutlichen Anstieg der Rotation $\Delta\phi$ im Anschluss führen (Bild 254). Eine starr plastische Berechnung nach der Fließgelenktheorie ist wegen der kritisch zu bewertenden Rotationsfähigkeit im Anschluss nicht zulässig, da die Rotationen deutlich unterschätzt werden. Wenn die Berechnung vereinfachend nach der Elastizitätstheorie mit abgeminderten Steifigkeiten im Feldbereich zur Berücksichtigung der Fließzonen erfolgt (siehe hierzu auch Bild 254), sollte die plastische Momententragfähigkeit im Feldbereich nicht mehr als 90 % ausgenutzt werden, andernfalls ist eine Schnittgrößenermittlung nach der Fließzonentheorie zu empfehlen. Auch ist bei dieser Berechnung ein Nachweis ausreichender Rotationsfähigkeit der Anschlüsse und eine separate Ermittlung der Schnittgrößen für den Grenzzustand der Gebrauchstauglichkeit nach a) erforderlich.

8.4 Tragfähigkeit von Grundkomponenten

Bild 256 zeigt ein typisches Beispiel für eine Knotenidealisierung nach der Komponentenmethode und Bild 255 die nachfolgend benutzten Bezeichnungen sowie die positiv definierten Schnittgrößen. Bei dem Anschluss handelt es sich um Trägeranschlüsse ohne Kammerbeton. Die Querkräfte $V_{Ed,1}$ und $V_{Ed,2}$ werden über Knaggen in die Stütze eingeleitet. Die Einleitung der Biegemomente der Träger erfolgt über den Betongurt und Kontaktstücke am Untergurt, d. h., die Untergurtkräfte F_c nach Bild 256 werden durch den Steg der Stütze geleitet und das Moment $\Delta M = M_{b1,Ed} - M_{b2,Ed}$ wird in der Rahmenecke über ein Schubfeld im Steg der Stütze eingeleitet. In Bild 256 beschreibt die Steifigkeitskomponente k_1 die Verformungen aus dem Schubfeld in der Rahmenecke, die Komponente k_2 die Verformungen des Stützenflansches und Stützensteges aus der Durchleitung der Untergurtdruckkraft durch den Steg bzw. der Einleitung der Betonzugkraft am Obergurt, die Komponente k_{sr} das Verformungsverhalten der Bewehrung (Längs- und Querbewehrung entsprechend des in Bild 253 dargestellten Fachwerkmodells) und die Komponente k_{slip} den Einfluss aus der Nachgiebigkeit der Trägerverdübelung im Anschlussbereich des Trägers. Die Verformungsanteile aus der Kontaktplatte und der Endkopfplatte des Trägers werden mit k_p und k_{cp} bezeichnet. Das Tragmoment des Anschlusses ergibt sich aus der jeweils kleineren Tragfähigkeit des Untergurtes $F_{c,Rd}$ bzw. Obergurtes $F_{t,Rd}$ multipliziert mit dem inneren Hebelarm z. Für die globale Tragwerksberechnung wird das Federmodell in eine äquivalente Drehfeder mit der Rotationssteifigkeit S_j nach Bild 256 umgerechnet. Die Querkraft wird jeweils im linken und rechten Anschluss über die Knagge mit einer Exzentrizität e_{jc} in die Stütze eingeleitet und erzeugt in der Stütze ein zusätzliches Randmoment.

8 VERBUNDANSCHLÜSSE

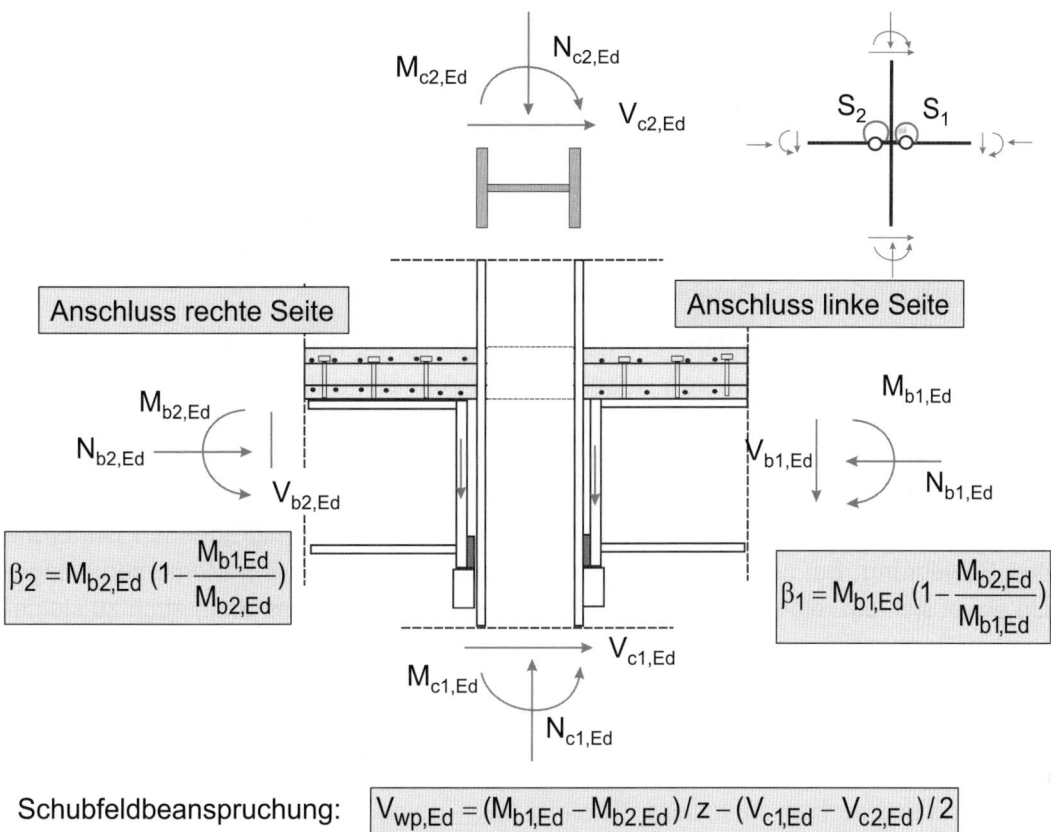

Bild 255: Positiv definierte Schnittgrößen und Übertragungsparameter β

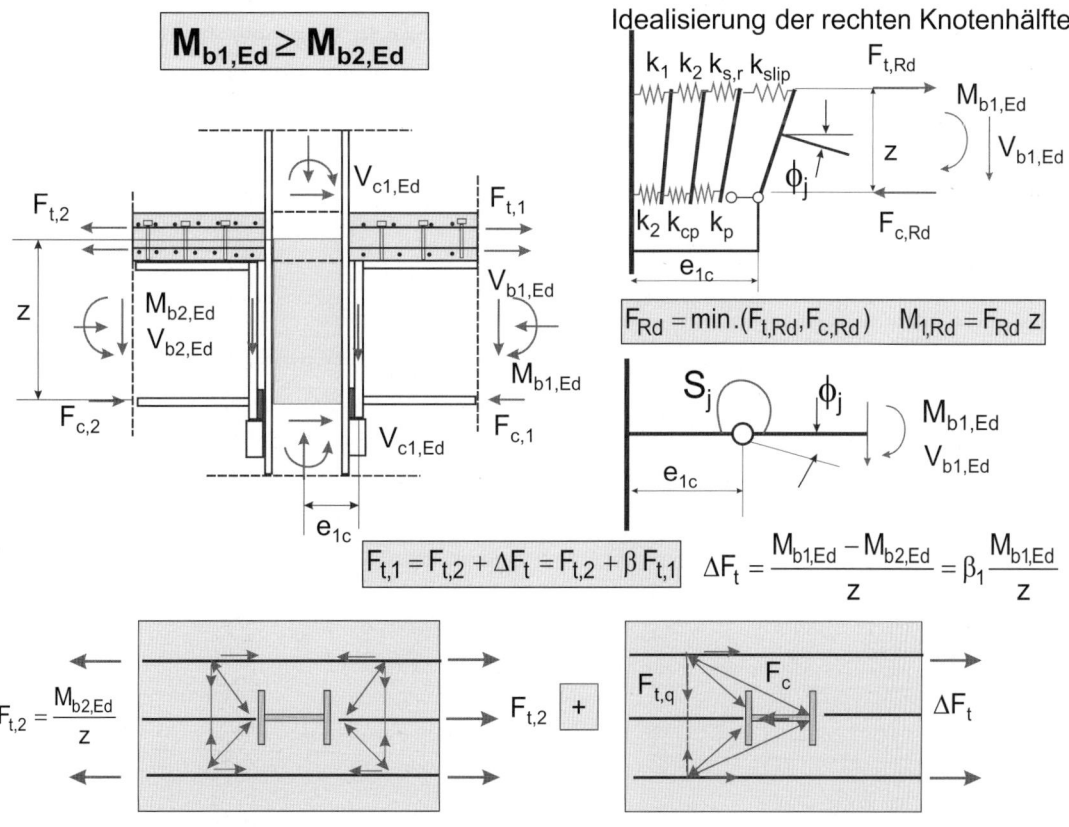

Bild 256: Beispiel für ein Komponentenmodell nach DIN EN 1994-1-1 für den Anschluss eines Trägers an eine Mittelstütze

Nachfolgend werden die für Verbundanschlüsse typischen Komponenten bezüglich der Tragfähigkeit sowie hinsichtlich der Steifigkeit näher erläutert. Wie bereits zuvor erläutert, sind in Kapitel 8 und in Anhang A von DIN EN 1994-1-1 primär Angaben für Anschlüsse mit Kontaktstücken, die Behandlung des Schubfeldes in der Rahmenecke bei Verwendung von Kammerbeton sowie Angaben zum Verhalten der Bewehrung und der Verdübelung enthalten. Auf diese Komponenten wird nachfolgend genauer eingegangen. Für Anschlüsse mit Kopfplatten wird auf DIN EN 1993-1-8 sowie insbesondere auf [290], [321] und [309] und verwiesen. In [290] und [321] findet man auch ausführliche Berechnungsbeispiele.

Bild 257 zeigt die Herleitung der Tragfähigkeit für das Schubfeld der Rahmenecke. Die Höhe des Schubfeldes entspricht dabei dem inneren Hebelarm z zur Aufnahme des Momentes. Für den in Bild 256 dargestellten Anschluss ergibt sich z aus dem Abstand zwischen dem Schwerpunkt des Kontaktstückes am Untergurt (Angriffspunkt der Untergurtkraft $F_{c,Ed}$) und der Zugkraft in der Betonplatte, deren Resultierende vereinfacht in Höhe der halben Betongurtdicke angenommen wird. Die Zugkraft F_t in der Bewehrung ergibt sich dabei aus der in der mittragenden Gurtbreite angeordneten Bewehrung. Bei sehr kleinen Anschlussmomenten infolge von Momentenumlagerung ins Feld ergibt sich ein relativ kleiner negativer Momentenbereich, was dann auch zu kleineren mittragenden Gurtbreiten führt, die bei der Bemessung zu berücksichtigen sind. Für andere Anschlussvarianten ist der Hebelarm z in Anlehnung an Tabelle 6.1.5 in DIN EN 1993-1-8 zu ermitteln.

Bei dem exemplarisch untersuchten Anschluss in Bild 256 wird das Moment in einen Anteil aufgeteilt, der im linken und rechten Anschluss gleich ist ($M_{b2,Ed}$) und die Zugkraft $F_{t,2}$ bewirkt sowie in den zweiten Anteil $\beta\ M_{b1,Ed}$ mit der zugehörigen Zugkraft $\Delta F_t = \beta\ M_{b1,Ed}/z$, wobei sich der Übertragungsparameter β nach DIN EN 1993-1-8, 5.3 ergibt. Am Obergurt wird in das Schubfeld der Stütze nur der Anteil ΔF_t aus dem Anteil $\beta\ M_{b1,Ed}$ auf der linken Seite des Anschlusses über schräge Druckstreben F_c in der Gurtscheibe in die Stütze eingeleitet. Dabei entstehen zusätzlich in der Gurtscheibe Querzugkräfte $F_{t,q}$, für die eine entsprechende Querbewehrung vorzusehen ist. Mit den Stützenquerkräften $V_{c1,Ed}$ und $V_{c2,Ed}$ nach Bild 256 ergibt sich dann der in Bild 255 angegebene Bemessungswert der Schubfeldkraft $V_{wp,Ed}$.

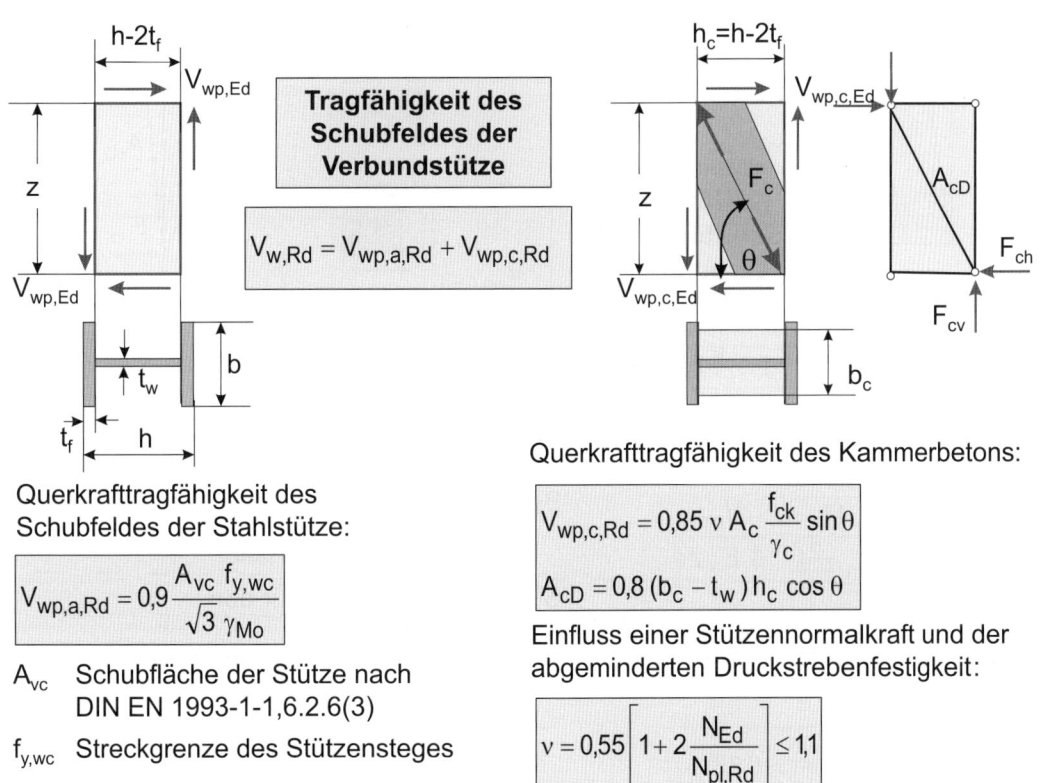

Bild 257: Tragfähigkeit des Schubfeldes

Die Breite des Schubfeldes ergibt sich aus dem lichten Abstand zwischen den Innenseiten der Flansche des Stahlprofiles. Beim Stahlprofil erhält man die aufnehmbare Schubkraft $V_{wp,a,Rd}$ aus der Schubfläche des Stahlprofils A_v nach DIN EN 1993-1-1 und der Schubfestigkeit des Stahls, berechnet mit der Streckgrenze des Stegs der Stütze $f_{y,wc}$. Bei Verbundstützen liefert der Kammerbeton einen weiteren Traganteil, weil sich infolge der Schubverzerrung im Kammerbeton über die Höhe des Schubfeldes eine schräge Druckstrebe einstellt. Man erhält somit die resultierende Tragfähigkeit des Schubfeldes aus der Addition der Tragfähigkeiten des „Stahlschubfeldes" mit der schrägen Druckstrebe im Kammerbeton. Der Beiwert ν bei der Ermittlung der Tragfähigkeit der schrägen Druckstrebe berücksichtigt den traglastmindernden Einfluss von Rissen auf die Druckstrebe in Anlehnung an DIN EN 1992-1-1, 6.5.4 sowie die gleichzeitige Erhöhung der Tragfähigkeit infolge der Stützennormalkraft. Die Horizontalkomponente F_{ch} der Druckstrebe wird über Kontakt in den Untergurtflansch des Trägers bzw. am Obergurt in den Betongurt eingeleitet. Die Vertikalkomponente F_{cv} stützt sich auf den Kammerbeton der Stütze ab. Da ein Teil dieser Kräfte in den Stahlquerschnitt der Stütze eingeleitet werden muss, sind in diesen Bereichen Verbundmittel erforderlich. Bild 258 zeigt die Herleitung der Steifigkeitskoeffizienten des Schubfeldes. Für die Stahlstütze erhält man den Steifigkeitskoeffizienten aus der Schubfeldverformung δ, die sich aus den Schubfeldabmessungen unter Berücksichtigung des Hookeschen Gesetzes $\tau = \gamma \cdot G$ ergibt. Die Regelung entspricht der Regelung für den Koeffizienten k_1 in DIN EN 1993-1-8, Tabelle 6.11. Bei der kammerbetonierten Stütze wird die Verformung δ nur aus dem Verformungsanteil der Druckstrebe bestimmt. Die Vorgehensweise entspricht der Ermittlung der ideellen Schubsteifigkeit S_{id} [323] von Fachwerkkonstruktionen. Der Faktor k_c wurde aus Versuchen ermittelt und berücksichtigt neben der Kurzzeitrelaxation auch Einflüsse aus dem Langzeitverhalten des Betons. Der resultierende Steifigkeitskoeffizient ergibt sich durch Addition der Koeffizienten des Stahlschubfeldes und des Kammerbetonquerschnitts.

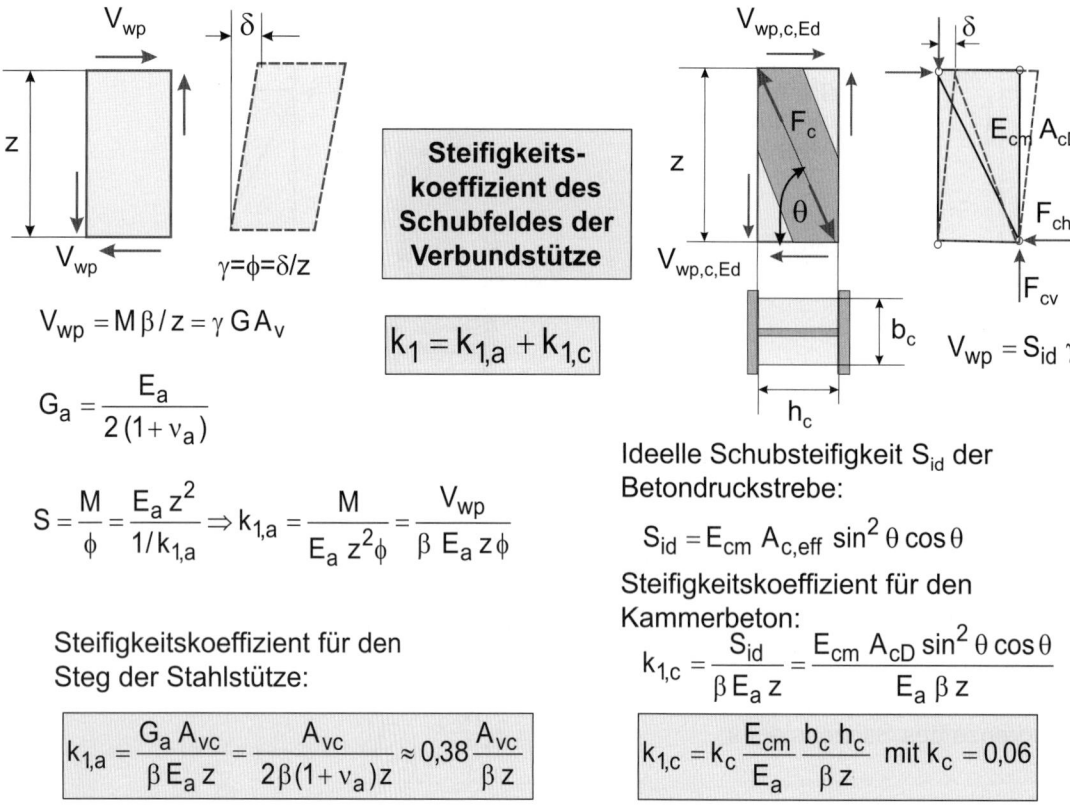

Bild 258: Verformungsverhalten des Schubfeldes und Steifigkeitskoeffizienten

Die Durchleitung der Untergurtkräfte erfolgt im Verbundbau vielfach mithilfe von Endkopfplatten in Kombination mit Kontaktstücken. Bild 259 zeigt die Vorgehensweise bei der Ermittlung der Tragfähigkeit des quergedrückten Steges bzw. des quergedrückten Kammerbetons. Beim Steg des Stahlquerschnitts ergibt sich die Tragfähigkeit nach DIN EN 1993-1-8, 6.2.6.2. Bei der Ermittlung der effektiven Breite $b_{eff,c,w}$ ist in der Endkopfplatte und im Kontaktstück von einer Lastausbreitung von 1:1 und im Flansch der Stütze bis zum Ende des Ausrundungsradiusses bzw. bis zum Ende der Schweißnaht zwischen Stützenflansch und Stützensteg von einer Ausbreitung von 1:2,5 auszugehen. Der Beiwert ω erfasst die Interaktion zwischen dem Querdruck und der Schubfeldbeanspruchung. Er ist nach DIN EN 1993-1-8, Tabelle 6.3 zu ermitteln.

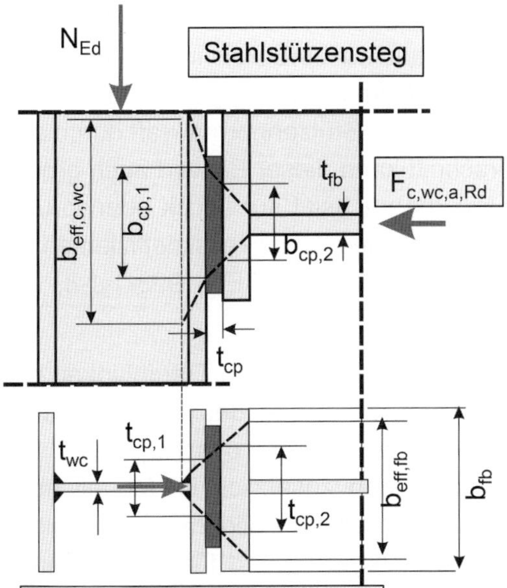

8 Verbundanschlüsse

Stahlstützensteg

$b_{eff,c,wc} = t_{fb} + 2t_{cp} + 2t_p + 5(t_{fc} + s)$

gewalztes Profil: $s = r$
geschweißtes Profil: $s = \sqrt{2}\, a_w$

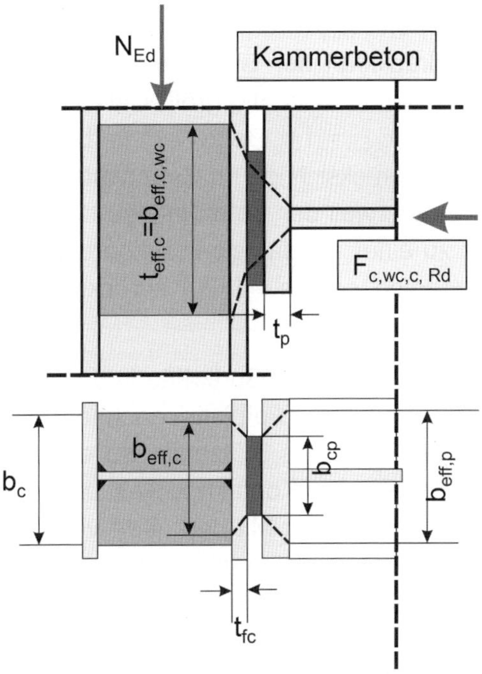

$$F_{c,wc,a,Rd} = \omega\, k_{wc,a}\, A_{wc,eff}\, f_{y,w}\, \frac{1}{\gamma_{M0}}$$

Kammerbeton

$$F_{c,wc,c,Rd} = 0{,}85\, k_{wc}\, A_{c,eff}\, f_{y,w}\, \frac{f_{ck}}{\gamma_c}$$

Effektive Flächen $A_{w,c,eff} = b_{eff,c,wc}\, t_{wc}$ $A_{c,eff} = b_{c,eff}\, t_{eff,c}$

Einfluss der Stützennormalkraft $k_{wc,a} = 1{,}7 - 0{,}7\, \dfrac{N_{Ed}}{N_{pl,a,Rd}} \leq 1{,}0$ $k_{wc,c} = 1{,}3 - 3{,}3\, \dfrac{N_{Ed}}{N_{pl,Rd}} \leq 2{,}0$

Tragfähigkeit des Steges $F_{Rd} = F_{c,wc,a,Rd} + F_{c,wc,c,Rd}$

Steifigkeitskoeffizienten

$$k_2 = k_{2,a} + k_{2,c}$$

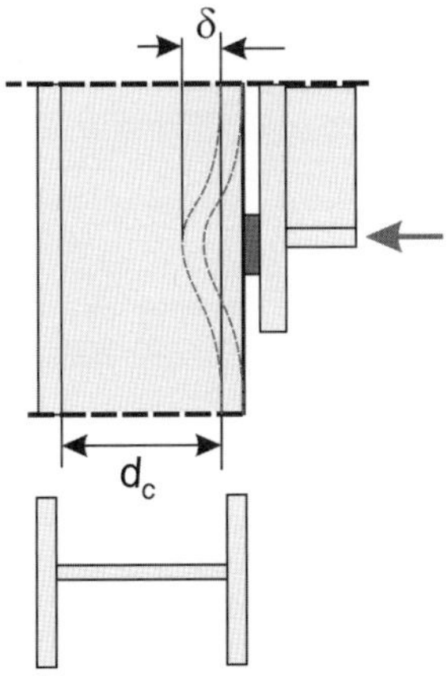

$$k_{2,a} = 0{,}2\, \frac{b_{eff,c,wc}\, t_{wc}}{d_c}$$

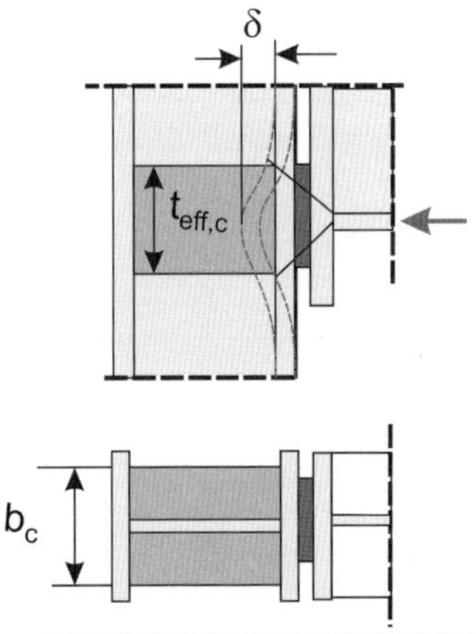

$$k_{2,c} = 0{,}13\, \frac{E_{cm}}{E_a}\, \frac{t_{eff,c}\, b_c}{d_c}$$

Bild 259: Trag- und Verformungsverhalten des Steges bei Druckbeanspruchung

Mit dem Beiwert $k_{wc,a}$ wird bei der Stahlstütze die Interaktion zwischen Schubfeldbeanspruchung und Längsdruckkraft der Stütze erfasst. Dieser Beiwert ist nur zu berücksichtigen, wenn die einwirkende Normalkraft N_{Ed} größer als 70 % der plastischen Normalkraft $N_{pl,a,Rd}$ der Stütze ist. Ansonsten gilt $k_{wc,a} = 1{,}0$. Beim Kammerbeton wird der Einfluss der Stützennormalkraft durch den Beiwert $k_{wc,c}$ berücksichtigt. Im Gegensatz zum Stahlquerschnitt kann dieser Beiwert auch größer als 1,0 werden, weil der Beton infolge der Normalkraft N_{Ed} mehrachsial auf Druck beansprucht wird, was zu einer Tragfähigkeitssteigerung führt. Die Ermittlung des Steifigkeitskoeffizienten für den Stützensteg geht auf [320] zurück. Die Regelung findet sich in DIN EN 1993-1-1-8, Tabelle 6.1.1.

Neben der Einleitung der Gurtkräfte in den Steg muss noch eine ausreichende Tragfähigkeit des Druckstücks und der Kopfplatte nachgewiesen werden, wenn die Breite des Kontaktstückes kleiner als die Breite des Stützenflansches bzw. kleiner als die Flanschbreite des Trägers ist. Die Nachgiebigkeiten des Kontaktstückes bzw. der Kopfplatte können zusätzlich im Modell nach Bild 256 erfasst werden. Mit den effektiven Flächen, berechnet mit den in Bild 259 dargestellten Lastausbreitungswinkeln, ergibt sich für das Kontaktstück $k_{cp} = A_{cp,eff}/t_{cp}$ und für die Kopfplatte $k_p = A_{p,eff}/t_p$. Die effektiven Flächen sind dabei für das Kontaktstück aus dem Mittelwert der wirksamen Breiten und Höhen, jeweils in den Kontaktflächen am Stützenflansch und an der Kopfplatte bzw. am Untergurt des Trägers zu ermitteln. Die Tragfähigkeit ist jeweils mit der kleinsten effektiven Fläche und der zugehörigen Streckgrenze des Kontaktstückes bzw. der Kopfplatte zu ermitteln. In der Praxis wird oft für die Kontaktstücke ein Material mit kleinerer Streckgrenze gewählt, um das aufnehmbare Moment und damit die Zugkraft im Betongurt zu begrenzen.

In Bild 260 sind die Steifigkeitskoeffizienten für die Nachgiebigkeit der Bewehrung des Betongurtes zusammengestellt. Für den rechten Anschluss sind dabei die Betondehnungen aus der durchlaufenden Gurtkraft $F_{t,2}$ und aus dem Fachwerkmodell für den Kraftanteil ΔF_t zu berücksichtigen. Die Steifigkeitskoeffizienten sind daher vom Übertragungsparameter β abhängig. Als Dehnlänge der Bewehrung wird in Bild 260 die Stützenbreite angenommen. Die Rotationsfähigkeit wird zusätzlich durch die Nachgiebigkeit der Verdübelung beeinflusst. Hierzu wird in DIN EN 1994-1-1 die Steifigkeitskomponente $k_{sr,j}$ mit dem Abminderungsfaktor k_{slip} abgemindert. Der Faktor wurde aus entsprechenden Vergleichsrechnungen hergeleitet, bei denen im negativen Momentenbereich eine äquidistante Dübelverteilung vorhanden war. Die Federsteifigkeit der Dübel wird in DIN EN 1994-1-1, A3(4) angegeben. Für Dübel darf ein Wert von $k_{sc} = 100$ kN/mm angenommen werden.

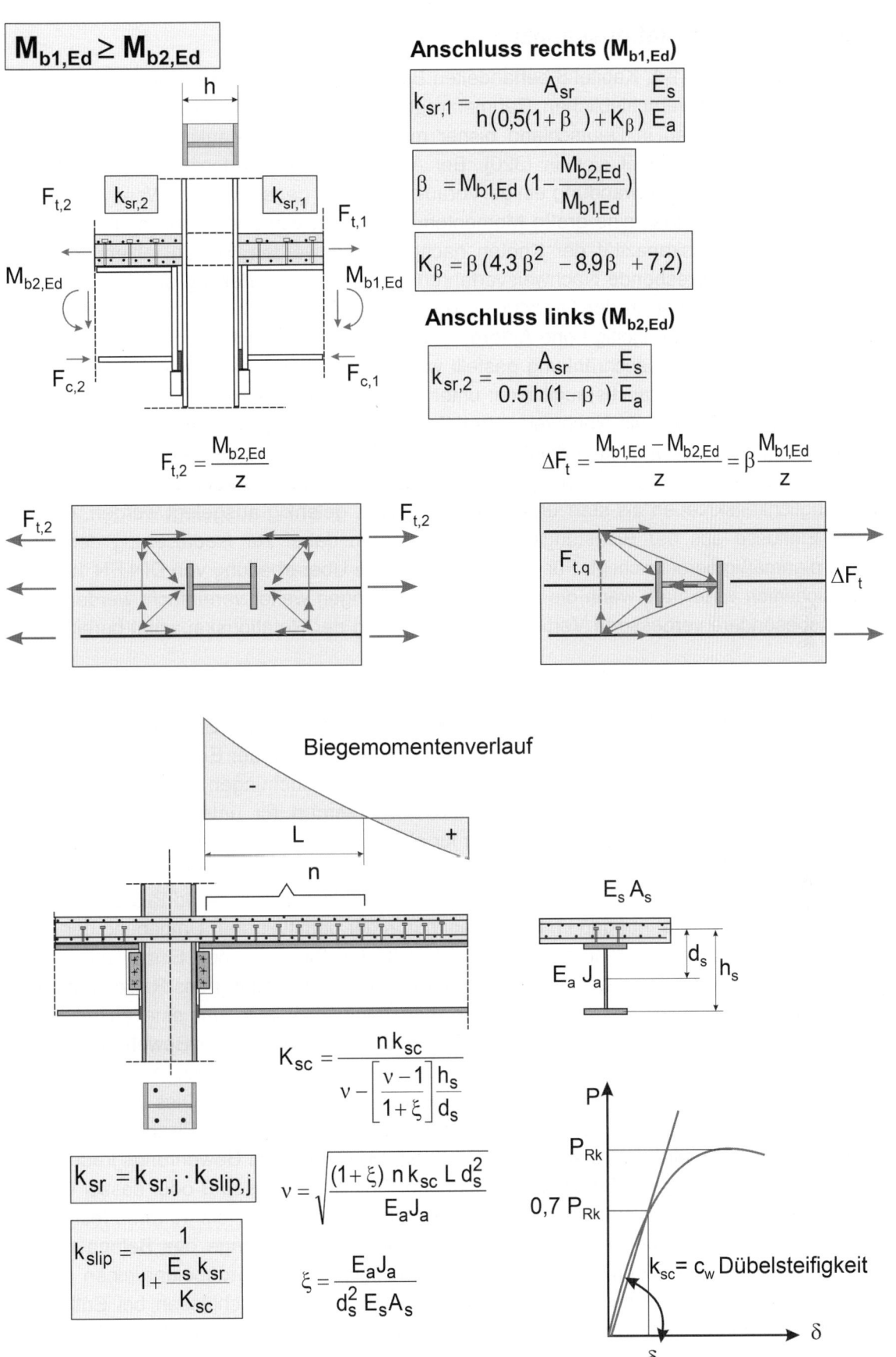

Bild 260: Steifigkeitskoeffizienten der Bewehrung und Berücksichtigung der Nachgiebigkeit der Verdübelung

8.5 Zur Frage der Rotationskapazität und Ausblick

Die in von DIN EN 1994-1-1, Kapitel 8 behandelten Bemessungsgrundsätze werden bisher überwiegend bei seitlich unverschieblichen Rahmentragwerken angewandt. Seitlich verschiebliche Rahmentragwerke wurden in Deutschland bisher mit starren oder gelenkingen Verbindungen ausgeführt. Ein Beispiel findet sich in [320]. Bei Ausführung von verformbaren Anschlüssen müssen für die praktische Anwendung einige Voraussetzungen gegeben sein. Wenn die Knoten so ausgebildet werden, dass eine große Momentenumlagerung von der Stütze ins Feld stattfindet, muss die Rotationskapazität der Knoten nachgewiesen werden. Hierzu fehlen derzeit in DIN EN 1994-1-1 entsprechende Nachweisverfahren, sodass die Beurteilung auf der Grundlage von Angaben zu Versuchen in der Literatur erfolgen muss. Angaben hierzu finden sich z. B. in [320] und [320]. Wenn gleichzeitig hohe Anforderungen an die Gebrauchstauglichkeit und insbesondere an die Rissbreitenbeschränkung gestellt werden, muss eine elastische Berechnung für den Grenzzustand der Gebrauchstauglichkeit unter Ansatz der Rotationssteifigkeit $S_{j,ini}$ durchgeführt werden. Sehr oft kann ein Nachweis unter Gebrauchslasten dann nicht geführt werden. In der Praxis wird daher oft der Weg verfolgt, dass die Schnittgrößen elastisch ermittelt werden und die Anschlüsse für die elastisch ermittelten Schnittgrößen unter Berücksichtigung der Gebrauchstauglichkeitskriterien als starr und teiltragfähig bzw. gelenkig ausgelegt werden. Günstig wirkende Einflüsse aus der Belastungsgeschichte werden dabei zur Reduzierung der Stützmomente planmäßig berücksichtigt. Für die derzeit laufende Überarbeitung von DIN EN 1994-1-1 wäre es sicherlich vorteilhaft, wenn die derzeitigen Regelungen weiter vereinfacht werden könnten und insbesondere verbesserte Verfahren zur Ermittlung der Rotationskapazität bereitgestellt würden.

Das Rotationsverhalten wird entscheidend durch den Einfluss der Bewehrung im Anschlussbereich bestimmt. Als freie Dehnlänge des Betonstahls wird derzeit bei der Ermittlung der Komponente k_{sr} die Stützenbreite angenommen (siehe Bild 260). Dabei wird der Einfluss der Mitwirkung des Betons vernachlässigt. Bild 261 zeigt experimentelle Untersuchungen [320] für einen Fahnenblechanschluss mit zusätzlichem Kontaktstück am Untergurt für unterschiedliche Bewehrungsgrade des Betongurtes. Man erkennt, dass für eine ausreichende Rotationsfähigkeit höhere Bewehrungsgrade erforderlich sind. Der Grund hierfür ist in erster Linie in den Auswirkungen aus der Mitwirkung des Betons zwischen den Rissen zu suchen. Wie Bild 261 und Bild 262 verdeutlichen, finden plastische Dehnungen im Betonstahl nur in der unmittelbaren Umgebung der Risse statt. Bei einem niedrigen Bewehrungsgrad wird bereits bei Bildung eines Einzelrisses in der Bewehrung die Streckgrenze erreicht. Die in der unmittelbaren Umgebung des Risses auftretenden plastischen Dehnungen des Betonstahls reichen dann nicht aus, um eine ausreichende Rotationsfähigkeit zu gewährleisten. In Versuchen wird daher bei kleinen Bewehrungsgraden sehr früh ein Bruch in der Bewehrung beobachtet. Der Bewehrungsgrad muss in jedem Falle so hoch sein, dass im Betongurt ein abgeschlossenes Rissbild entstehen kann. Dies ist in der Regel der Fall, wenn die Bewehrung mindestens für den 1,3-fachen Wert der Rissnormalkraft des Betongurtes bemessen wird. In Versuchen [307], [309], [317] kann bei Bewehrungsgraden über 1,2 % und bei Verwendung von Betonstählen mit hoher Duktilität, Klassen B oder besser C nach EN 1992-1-1, Anhang C, eine ausreichende Rotationsfähigkeit von mehr als 40 mrad festgestellt werden. Neben der Mitwirkung des Betons hat auch die freie Dehnlänge des Betongurtes im Bereich des Anschlusses in Kombination mit der Nachgiebigkeit der Verdübelung einen großen Einfluss auf das Rotationsverhalten. Die Dehnlänge kann in den Anschlüssen bei Entfall der ersten Dübel neben der Stütze durch die sich dann ergebende größere Länge L_{cr} nach Bild 262 beeinflusst werden. Das Verformungsverhalten des Anschlusses kann dann mit dem in Bild 262 dargestellten Stabwerksmodell beurteilt werden, bei dem die Federn C_S das Verformungsverhalten der Schrauben nach DIN EN 1993-1-8, die Feder C (Kontaktstück) das zuvor beschriebene Verformungsverhalten des Kontaktstückes nach DIN EN 1994-1-1, Kapitel 8 und die Feder C_w die Nachgiebigkeit der Dübel berücksichtigen. Der Stahlquerschnitt und der Betongurt werden durch

Stäbe mit effektiven Biege- bzw. Dehnsteifigkeiten abgebildet, wobei für den Betongurt das in Bild 262 dargestellte Spannungs-Dehnungsdiagramm [101] unter Berücksichtigung der Mitwirkung des Betons zwischen den Rissen zugrunde gelegt werden muss.

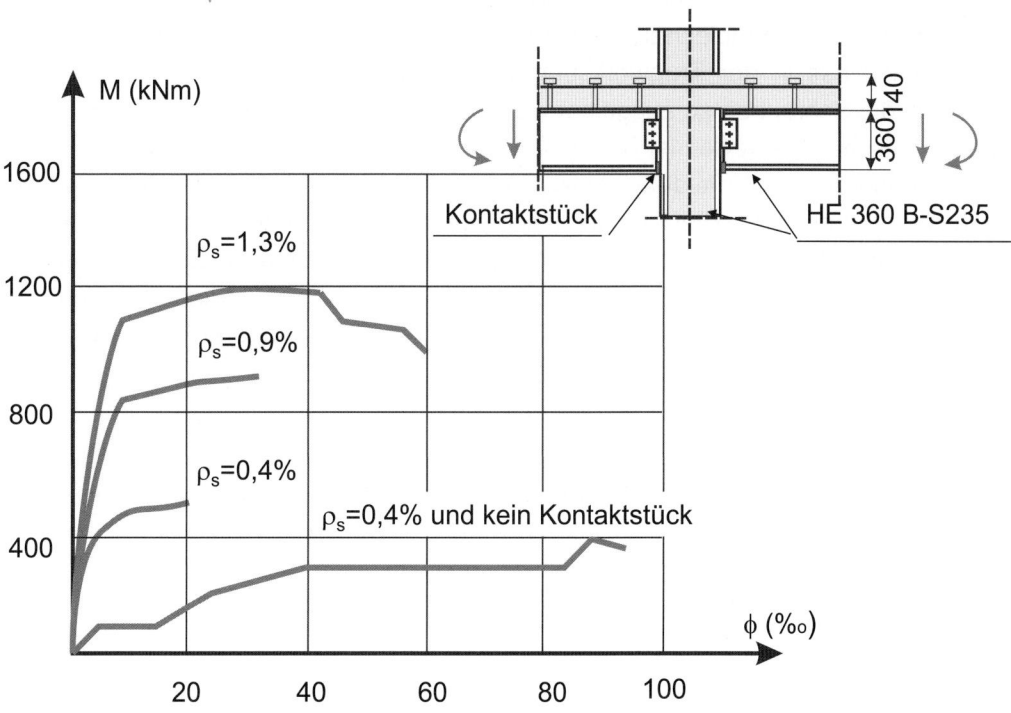

Bild 261: Versuche zum Einfluss des Bewehrungsgrades auf das Rotationsverhalten, [320]

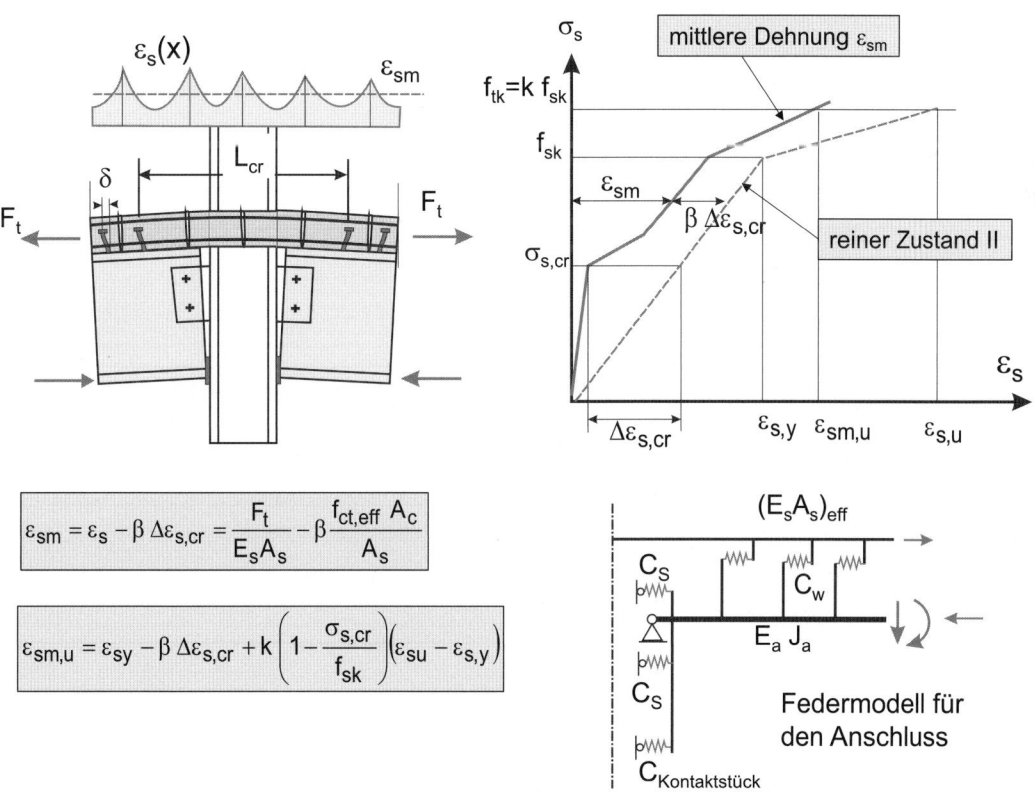

Bild 262: Einfluss der Mitwirkung des Betons zwischen den Rissen und freie Dehnlänge des Betongurtes

Bild 262 verdeutlicht, dass die Modellierung von Anschlüssen nach der Komponentenmethode in vielen Fällen eine bessere Beurteilung des Anschlussverhaltens erlaubt. Das Federmodell nach Bild 262 kann bei Entfall der Feder des Kontaktstücks auch für die Beurteilung des in Bild 261 dargestellten Anschlusses ohne Kontaktstück herangezogen werden. Man erkennt an dem Verhalten im Versuch, dass der Fahnenblechanschluss eine sehr große Rotationsfähigkeit aufweist und als gelenkiger Anschluss in der Tragwerksberechnung idealisiert werden kann. Dies gilt jedoch nur dann, wenn die Schrauben so ausgelegt werden, dass ein Schraubenversagen infolge Lochleibung auftritt. Kritisch zu bewerten ist bei diesem Anschluss die Gebrauchstauglichkeit, da infolge der Endverdrehung des als Einfeldträger idealisierten Trägers ein „Knick" im Betongurt mit entsprechender Rissbildung entsteht. Hier empfiehlt sich eine genauere Untersuchung mit dem in Bild 262 dargestellten Modell, wobei auch die Biegesteifigkeit des Gurtes im Zustand II näherungsweise abgebildet wird. In jedem Fall ist bei derartigen Anschlüssen eine Mindestbewehrung zur Begrenzung der Rissbreite erforderlich, die auf der sicheren Seite liegend in Übereinstimmung mit Kapitel 7.4.3 ermittelt werden kann.

9 Verbunddecken

9.1 Grundlagen und Definitionen

Verbunddecken bestehen aus durch Kaltwalzung profilierten verzinkten Stahlblechen mit Dicken zwischen 0,75 und 1,5 mm. Die Bleche werden zunächst von Hand ausgelegt und dienen als Schalung für den Frischbeton. Nach dem Erhärten des Betons steht das Blech mit dem Beton in schubfester Verbindung und es entsteht ein gemeinsam tragender Verbundquerschnitt. Der typische Aufbau einer Verbunddecke ist in Bild 263 dargestellt. DIN EN 1994-1-1 regelt einachsig gespannte Verbunddecken mit parallel zur Spannrichtung verlaufenden Rippen in vorwiegend ruhend beanspruchten Tragwerken des Hoch- und Ingenieurbaus.

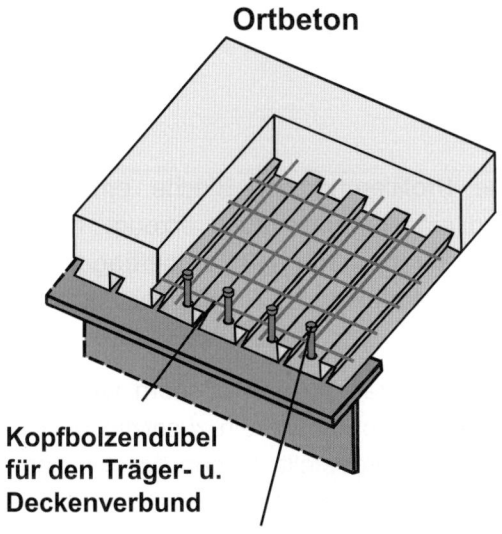

Bild 263: Typischer Aufbau einer Verbunddecke

Die dauerhafte Übertragung der Längsschubkräfte zwischen dem Profilblech und dem Beton kann durch eine oder mehrere der in Bild 264 dargestellten Verbundarten sichergestellt werden. Ein mechanischer Verbund wird durch spezielle Formgebung des Blechs (Sicken oder Nocken) erzeugt. Der Reibungsverbund wird durch die spezielle Formgebung bei hinterschnittener Profilblechgeometrie erzeugt und ist nur in Kombination mit zusätzlichen Endverankerungen zulässig. Profile mit offener Profilblechgeometrie ohne zusätzliche mechanische Verdübelung weisen eine sehr geringe Verbundtragfähigkeit auf. Bei derartigen Profilen ist grundsätzlich eine Endverankerung erforderlich, die mit aufgeschweißten Kopfbolzendübeln oder anderen örtlichen Verbindungen (z. B. Setzbolzen) realisiert werden kann. Bei Blechen mit hinterschnittener Profilblechgeometrie können auch Blechverformungsanker als Endverdübelung benutzt werden. Zusätzlich ist bei niedrigen Belastungen eine natürliche Haftung (Adhäsion) zwischen Blech und Beton wirksam. Mit zunehmender Rissbildung und den daraus resultierenden Schubspannungsspitzen geht dieser Haftverbund jedoch weitgehend verloren. Er darf daher rechnerisch nicht in Ansatz gebracht werden.

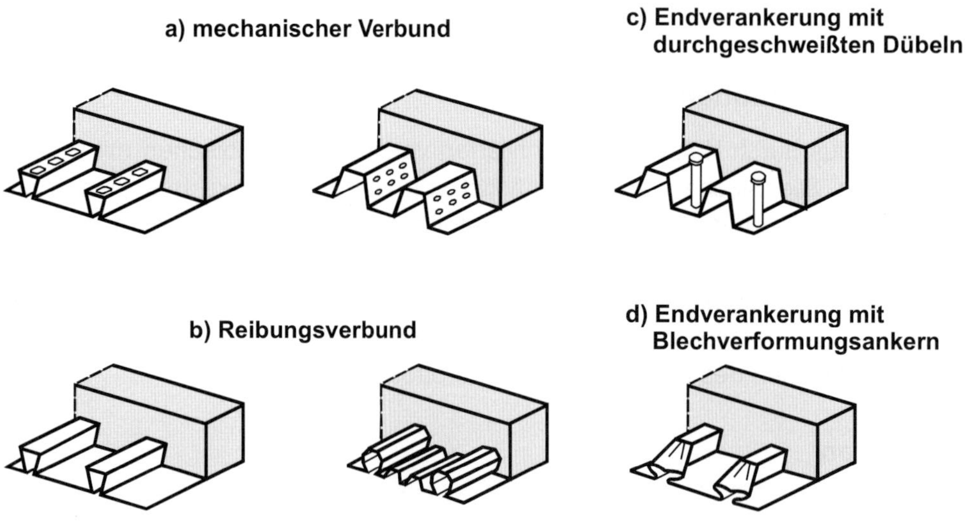

a) mechanischer Verbund

c) Endverankerung mit durchgeschweißten Dübeln

b) Reibungsverbund

d) Endverankerung mit Blechverformungsankern

Bild 264: Verbundarten

Der Reibungsverbund wird durch die hinterschnittene Profilierung der Bleche ermöglicht (Bild 265). Infolge der Querkontraktion des Bleches wird eine Klemmwirkung erzeugt, die es erlaubt, im gerissenen und im ungerissenen Beton Reibungskräfte dauerhaft zu übertragen. Bei glatten Blechen mit offener Profilgeometrie führt die Querkontraktion des Blechs bei Zugbeanspruchung zu einem Ablösen des Blechs vom Beton.

Durch das Einprägen von Rippen oder Noppen oder das Einstanzen von Löchern wird eine verbesserte „mechanische Verdübelung" des Blechs mit dem Beton sowie ein zusätzlicher Reibungsverbund erreicht. Die Zusammenhänge sind in Bild 265 dargestellt. Neben der mechanischen Verdübelung resultieren aus der gegenseitigen Verschiebung von Blech und Beton infolge der vertikalen Verformungen der Noppen zusätzliche seitliche Anpresskräfte, die zusätzliche Reibungskräfte aktivieren. Der große Einfluss der mechanischen Verdübelung auf die Tragfähigkeit ist aus den in Bild 266 dargestellten Versuchsergebnissen ersichtlich [277].

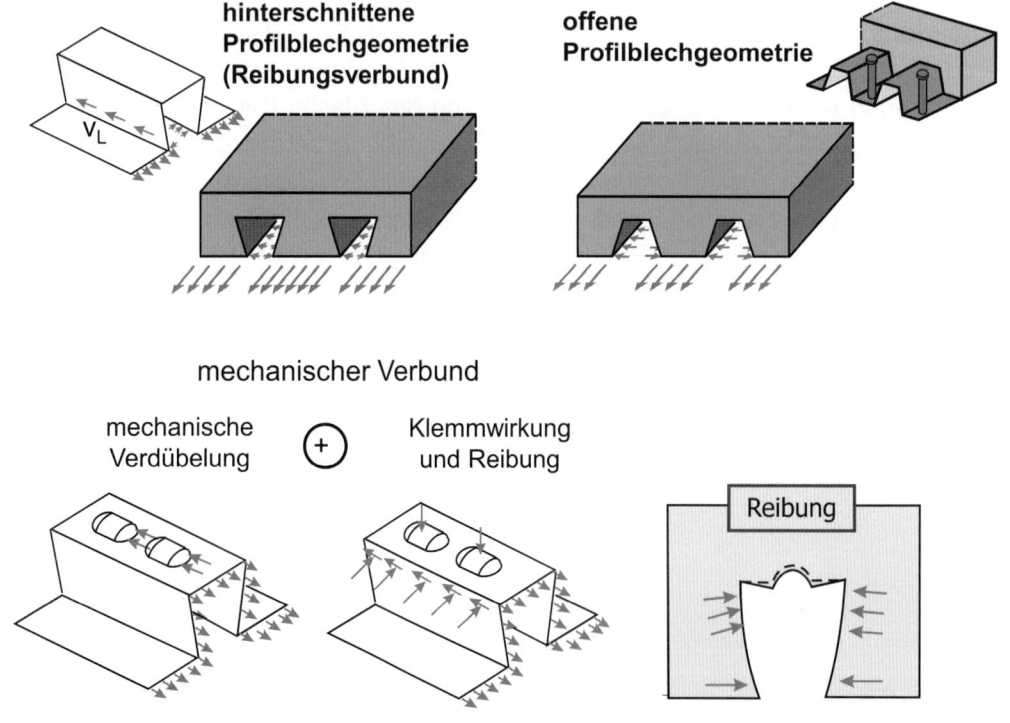

Bild 265: Profilblechgeometrie und Reibungsverbund, mechanische Verdübelung

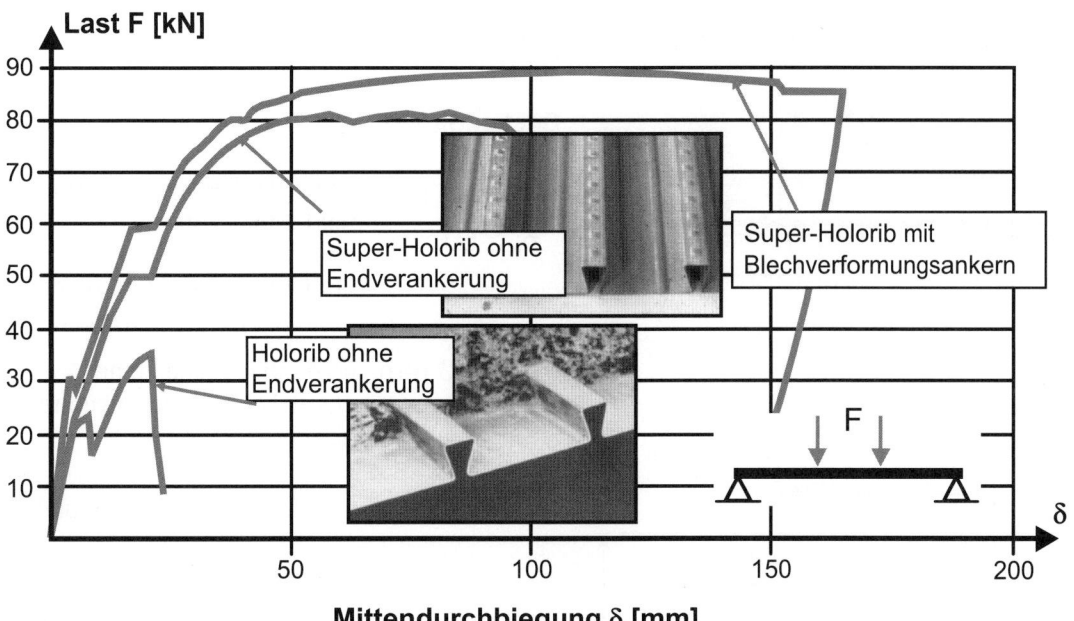

Bild 266: Einfluss der mechanischen Verdübelung auf das Tragverhalten, [277]

9.2 Konstruktionsgrundsätze

Bei der Ausführung sind die in Bild 267 dargestellten Konstruktionsregeln zu beachten. Mit der Bedingung für den Rippenabstand werden Profile ausgegrenzt, bei denen wegen zu großer Rippenabstände keine ausreichende Querverteilung von Einzellasten mehr gegeben ist. Neben den Bedingungen bezüglich der Mindestwerte der Platten- und Aufbetondicke sind bei Verbunddecken zusätzlich die in Bild 267 angegebenen Anforderungen an den Größtkorndurchmesser des Betons sowie an die Mindestauflagertiefen (Bild 268) zu beachten. Bei Verbunddecken resultiert aus der Profilierung der Bleche eine überwiegend einaxiale Lastabtragung. Um eine ausreichende Querverteilung der Lasten sicherzustellen, muss deshalb in beiden Richtungen eine konstruktive Mindestbewehrung von mindestens 0,8 cm²/m angeordnet werden. Bei konzentrierten Einzellasten ist in der Regel ein gesonderter Nachweis der Querbewehrung erforderlich. Die Mindestbewehrung darf auf die statisch erforderliche Bewehrung angerechnet werden. Sie wird in aller Regel direkt auf dem Profilblech verlegt.

hinterschnittene Profilblechgeometrie

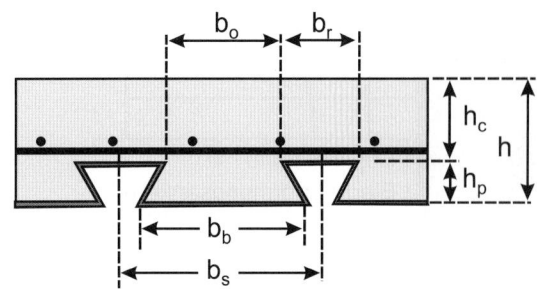

offene Profilblechgeometrie

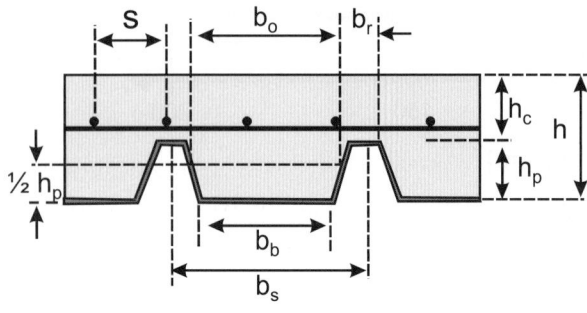

Rippenabstand: $\dfrac{b_r}{b_s} \leq 0{,}6$

Deckendicke:

$h \geq 90$ mm
$h_c \geq 50$ mm
wenn die Decke gleichzeitig Gurt eines Verbundträgers ist oder als Scheibe zur Gebäudeaussteifung dient

$h \geq 80$ mm
$h_c \geq 40$ mm
wenn die Decke keine zusätzlichen Tragfunktionen übernehmen muss

Bewehrung: $a_s \geq 1{,}0$ cm²/m je Richtung

Stababstand: $s \leq \begin{cases} 2h \\ 350 \text{ mm} \end{cases}$

Größtkorndurchmesser: $D_K \leq \begin{cases} 0{,}4\, h_c \\ b_o/3 \\ 31{,}5 \text{ mm} \end{cases}$

Bild 267: Konstruktionsgrundsätze

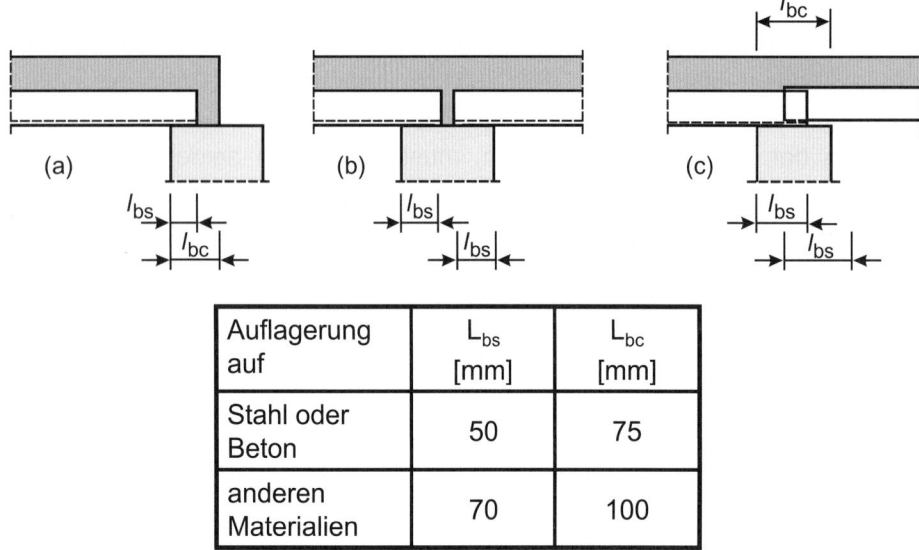

Auflagerung auf	L_{bs} [mm]	L_{bc} [mm]
Stahl oder Beton	50	75
anderen Materialien	70	100

Bild 268: Mindestauflagertiefen

9.3 Einwirkungen und deren Auswirkungen

Bei der Bemessung von Verbunddecken sind die unterschiedlichen Bemessungssituationen im End- und im Bauzustand zu berücksichtigen. Im Bauzustand wirkt das Blech als Schalung und muss für die Einwirkungen aus dem Frischbeton und aus Montagelasten bemessen werden. Dabei sind gegebenenfalls auch Hilfsunterstützungen zu berücksichtigen. Die für den Endzustand maßgebenden Nachweise sind dann nach Herstellung des Verbundes für die Verbunddecke zu führen. Beim Nachweis des Bleches als Schalung sind neben dem Eigengewicht des Frischebetons und des Bleches auch Montagelasten und Ersatzlasten für Arbeitsbetrieb nach DIN EN 1991-1-6 zu berücksichtigen. Im Bauzustand werden oft auch auf bereits montierten Blechen andere Blechstapel abgelegt. Diese Lasten sind ebenfalls zu betrachten. Einen wichtigen Punkt stellt das Mehrgewicht des Betons infolge der Durchbiegung der Decke dar. Wenn die Mittendurchbiegung im Grenzzustand der Gebrauchstauglichkeit kleiner als 1/10 der Deckendicke ist, darf dieser Einfluss vernachlässigt werden.

9.4 Ermittlung der Schnittgrößen

Für die Schnittgrößenermittlung gelten die Regelungen nach DIN EN 1994-1-1, 9.4.2. Danach dürfen die Schnittgrößen im Grenzzustand der Tragfähigkeit mithilfe einer linear-elastischen Berechnung mit und ohne Momentenumlagerung, nach der Fließgelenktheorie mit direktem Nachweis einer ausreichenden Rotationskapazität oder nach der Fließzonentheorie berechnet werden. Im Grenzzustand der Gebrauchstauglichkeit ist immer eine elastische Berechnung erforderlich, bei der die Einflüsse aus der Rissbildung an den Innenstützen berücksichtigt werden müssen.

Das Verhalten von Verbunddecken kann hinsichtlich der Momentenumlagerung nicht direkt mit Stahlbetondecken verglichen werden, da der Einfluss der Rissbildung in den Feldbereichen wegen der Bleche nicht zu einem vergleichbaren Steifigkeitsabfall wie bei Stahlbetondecken führt. Die Krümmungszunahme aus der Rissbildung und der damit verbundene Abfall der Biegesteifigkeit konzentriert sich bei Verbunddecken primär auf die Stützbereiche, was zu einer stärkeren Momentenumlagerung ins Feld führt. Bild 269 zeigt die Regelung für die zulässige Momentenumlagerung von Stahlbetondecken nach DIN EN 1992-1-1, 5.5. Wenn bei Verbunddecken der Einfluss der Rissbildung bei der Schnittgrößenermittlung nicht berücksichtigt wird, dürfen nach DIN EN 1994-1-1, 9.4.2(3) die Biegemomente an den Innenstützen unter Beachtung der Gleichgewichtsbedingungen um bis zu 30 % abgemindert werden. Dieser Wert entspricht den Regelungen von DIN EN 1992-1-1 bei Betonfestigkeitsklassen mit f_{ck} nicht größer als 50 N/mm². Werden bei Verbunddecken höhere Betonfestigkeitsklassen verwendet, so sollten die zulässigen Momentenumlagerungen nach Bild 269 als Richtwert gelten.

Eine Berechnung nach der Fließgelenktheorie ohne direkte Kontrolle der Rotationsfähigkeit ist nach DIN EN 1994-1-1, 9.4.2(4) nur zulässig, wenn hochduktiler Betonstahl der Klasse C nach DIN EN 1992-1-1, Anhang C verwendet wird und die Deckenstützweite nicht größer als 3 m ist. Diese Regelung in DIN EN 1994-1-1 muss aus heutiger Sicht als nicht ausreichend angesehen werden, da grundsätzlich vorausgesetzt wird, dass Querschnitte von Verbunddecken auch im negativen Momentenbereich stets eine ausreichende Rotationskapazität aufweisen. Hinzu kommt, dass die erforderliche Rotationsfähigkeit neben den Stützweiten insbesondere durch das Stützweitenverhältnis und durch die Art der Einwirkungen (Gleichstrecken- bzw. Flächenlasten oder größere Einzel- bzw. Linienlasten) bestimmt wird. Da wegen der Profilierung der Betondruckzone in den negativen Momentenbereichen bei Momentenumlagerung oft sehr hohe Betondruckdehnungen vorhanden sind, verhalten sich Decken mit hinterschnittener Profilblechgeometrie wegen der teilweisen Umschnürungs- und Klemmwirkung der Bleche günstiger als Decken mit offener Profilblechgeometrie. Das Verfahren nach DIN EN 1994-1-1, 9.4.2(4) sollte grundsätzlich nur bei Decken mit überwiegend gleichmäßig verteilten Flächenlasten und bei Stützweitenverhältnissen im Bereich der in Bild 269 angegebenen Grenzen angewandt werden.

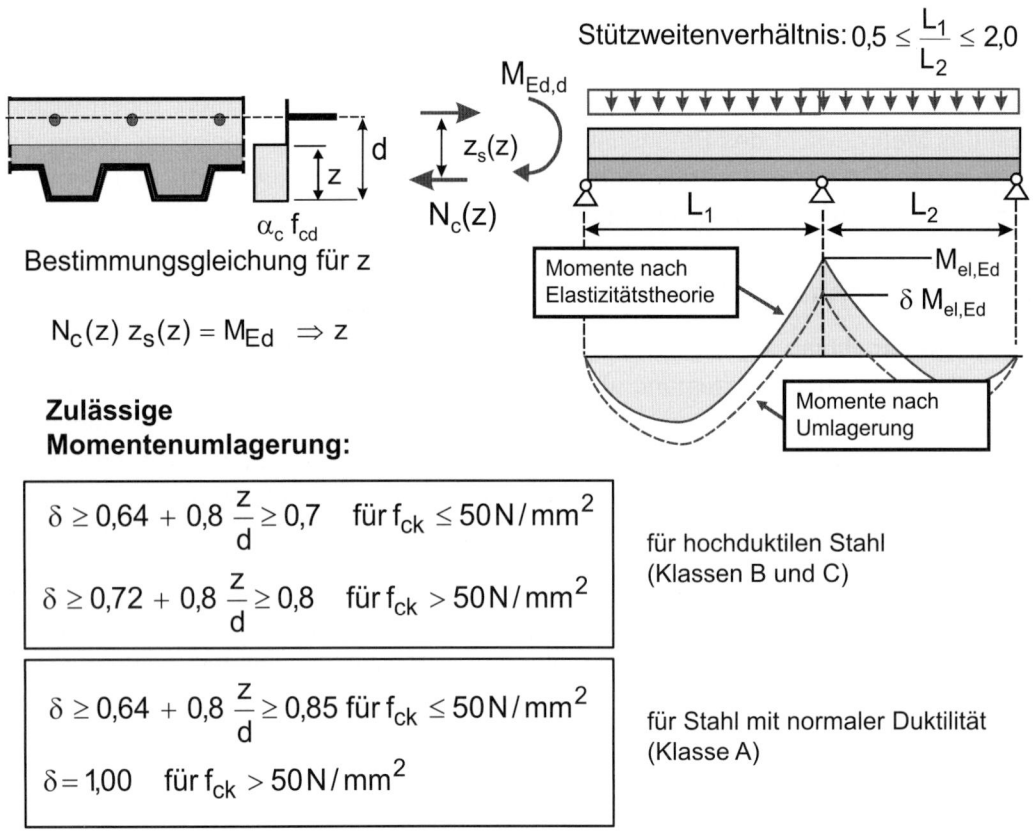

Bild 269: Linear-elastische Berechnung mit Momentenumlagerung nach DIN EN 1992-1-1 für Stahlbetondecken

Die Begrenzung der Stützweite auf maximal 3,0 m stellt eine starke Einschränkung dar. In der alten nationalen Norm DIN 18800-5 waren bei bestimmten Randbedingungen auch größere Stützweiten möglich. Danach konnten Profilbleche mit hinterschnittener Profilblechgeometrie und mechanischem Verbund nach der Fließgelenktheorie bemessen werden, wenn die Stützweite 6 m nicht überschreitet [280]. Diese Festlegungen basieren auf theoretischen und experimentellen Untersuchungen mit Decken, die überwiegend durch Flächenlasten beansprucht wurden. Die Anwendung dieser Regelungen ist auch bei einer Bemessung nach DIN EN 1994-1-1 zulässig. Hier wäre es wünschenswert, wenn bei einer Überarbeitung des Eurocode 4 detaillierte Regelungen in Anlehnung an die DIN 18800-5 aufgenommen werden könnten.

Durchlaufplatten dürfen als eine Kette von Einfeldträgern berechnet werden. Wenn keine Anforderungen an die Begrenzung der Rissbreite bestehen, muss die obere Querschnittsfläche der Bewehrung an den Innenstützen für Decken, die im Bauzustand nicht unterstützt werden, mindestens 0,2 % und bei Decken, die im Bauzustand unterstützt werden, mindestens 0,4 % der Querschnittsfläche des Betons oberhalb des Profilbleches betragen. Diese Regelung wurde in den Eurocode 4 aufgenommen, weil im Ausland oft Deckenkonstruktionen mit Doppelböden ausgeführt werden, bei denen bei entsprechenden Expositionsklassen keine Rissbreitenbeschränkung erforderlich ist. Es muss dann jedoch auch akzeptiert werden, dass Rissbreiten von deutlich mehr als 0,4 mm auftreten können. Dies gilt insbesondere dann, wenn höhere Betonfestigkeitsklassen verwendet werden und die Decke aus unplanmäßiger oder planmäßiger Scheibenwirkung oder durch Zwangskräfte beansprucht wird. In diesen Fällen sollte auf eine Schnittgrößenermittlung nach DIN EN 1994-1-1, 9.4.2(5) verzichtet werden.

Bei Decken mit konzentrierten Einzel- und Linienlasten dürfen die Schnittgrößen näherungsweise mithilfe der in Bild 270 angegebenen mittragenden Breite für Momenten- und Querkraftbeanspruchung bestimmt werden. Die Regelungen nach Bild 270 gelten nur für Profilbleche mit $h_p/h \leq 0,6$.

Bei größeren Verhältniswerten ist eine Berechnung der Schnittgrößen unter Berücksichtigung der Anisotropie erforderlich. In den bauaufsichtlichen Zulassungen finden sich hierzu weitere Angaben. Für Decken, bei denen die charakteristischen Werte der Flächenlasten 5,0 kN/m² und die von Einzellasten 7,5 kN nicht überschreiten, ist ein rechnerischer Nachweis nicht erforderlich, wenn eine Querbewehrung von 0,2 % der Betonfläche oberhalb des Profilbleches angeordnet wird. Diese Bewehrung ist über die mittragende Breite b_{em} zuzüglich der Verankerungslänge direkt oberhalb des Profilbleches anzuordnen. Bei größeren Lasten müssen die Querbiegemomente unter Berücksichtigung der Anisotropie ermittelt werden.

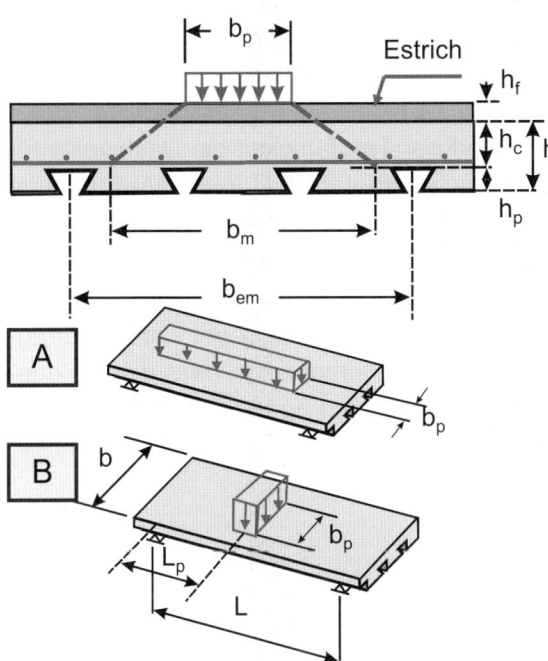

Fall A: konzentrierte Einzellasten und Linienlasten parallel zur Spannrichtung:

$$b_m = b_p + 2(h_c + h_f) \leq b$$

Fall B: konzentrierte Einzellasten und Linienlasten senkrecht zur Spannrichtung:

Biegung bei Einfeldplatten und für die Endfelder von Durchlaufträgern:

$$b_{em} = b_m + 2\,L_P\left[1 - L_p/L\right] \leq b$$

Biegung in den Innenfeldern von Durchlaufplatten:

$$b_{em} = b_m + 1{,}33\,L_P\left[1 - L_p/L\right] < b$$

Querkraft:

$$b_{ev} = b_m + L_P\left[1 - L_p/L\right] \leq b$$

L_P - Abstand des Schwerpunktes der Last zum benachbarten Auflager

Bild 270: Mittragende Breite bei konzentrierten Einzel- und Linienlasten

9.5 Erforderliche Nachweise für das Profilblech im Bauzustand – Grenzzustand der Tragfähigkeit

Der Nachweis ausreichender Tragsicherheit und der Gebrauchstauglichkeit ist nach DIN EN 1993-1-3 [23], [24], [279] zu führen. Bei Anordnung von Hilfsunterstützungen im Bauzustand sind die Bedingungen für die Mindestauflagertiefe nach Bild 268 zu beachten. Im Grenzzustand der Gebrauchstauglichkeit darf die Durchbiegung des Profilbleches δ_s infolge des Frischbetongewichtes und des Eigengewichtes des Bleches den Wert $\delta_{s,max} = L/180$ nicht überschreiten, wobei L die maßgebende Stützweite unter Berücksichtigung von Hilfsunterstützungen ist. Im Bauzustand sind die folgenden Einwirkungen zu berücksichtigen:

- Eigengewicht des Frischbetons und des Profilbleches,
- Montage- und Ersatzlasten aus Arbeitsbetrieb beim Betonieren nach DIN EN 1991-1-6, 4.11 [13],
- Einwirkungen aus gelagerten Materialien, sofern vorhanden,
- Mehrgewicht des Betons infolge der Durchbiegung des Bleches.

9.6 Erforderliche Nachweise für das Profilblech im Bauzustand – Grenzzustand der Gebrauchstauglichkeit

Wenn die Mittendurchbiegung δ des Bleches unter seinem Eigengewicht und dem Gewicht des Frischbetons im Grenzzustand der Gebrauchstauglichkeit kleiner als 1/10 der Deckendicke ist, darf das aus der Durchbiegung resultierende Mehrgewicht des Betons bei der Bemessung des Profilbleches vernachlässigt werden. Andernfalls ist das Mehrgewicht des Betons zu berücksichtigen, wobei näherungsweise über die gesamte Spannweite eine um den Wert $0{,}7\,\delta$ vergrößerte Nenndicke des Betons zugrunde gelegt werden darf.

9.7 Nachweise in den Grenzzuständen der Tragfähigkeit im Endzustand

9.7.1 Allgemeines

Im Endzustand sind für die Verbunddecke im Grenzzustand der Tragfähigkeit die Nachweise für die kritischen Schnitte nach Bild 271 zu führen. Die Längsschubtragfähigkeit in der Verbundfuge zwischen Blech und Beton (Schnitt II-II) bestimmt dabei meistens die maximale Momententragfähigkeit, d. h., es liegt in der Regel eine teilweise Verdübelung vor. Biegeversagen im Schnitt I-I wird nur bei vollständiger Verdübelung maßgebend. Das Querkraftversagen im Schnitt III-III ist in der derzeitigen Fassung des Eurocode 4 durch Verweis auf den Nachweis der Querkrafttragfähigkeit in DIN EN 1992-1-1 geregelt. Neuere Untersuchungen haben gezeigt, dass diese Regelung auf der unsicheren Seite liegen kann. Auf diese Problematik wird noch im Abschnitt 11.4.4 genauer eingegangen. Die Momententragfähigkeit im negativen Momentenbereich (Schnitt IV-IV) wird in Übereinstimmung mit DIN EN 1992-1-1 nachgewiesen.

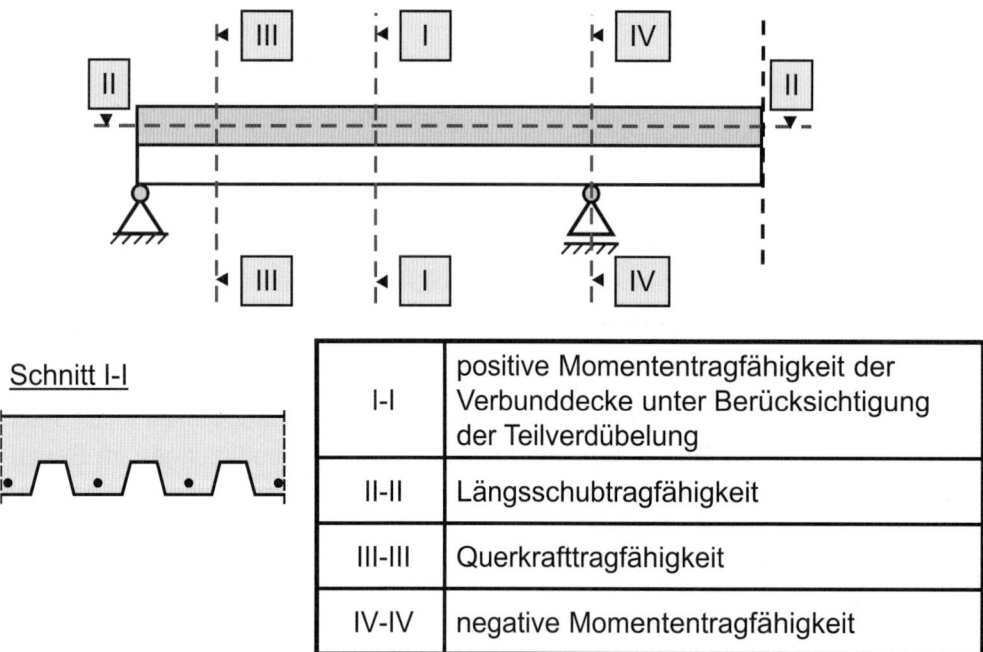

Schnitt I-I	I-I	positive Momententragfähigkeit der Verbunddecke unter Berücksichtigung der Teilverdübelung
	II-II	Längsschubtragfähigkeit
	III-III	Querkrafttragfähigkeit
	IV-IV	negative Momententragfähigkeit

Bild 271: Kritische Schnitte beim Nachweis des Grenzzustandes der Tragfähigkeit

9.7.2 Querschnittstragfähigkeit – Biegung

Bei der Ermittlung der Momententragfähigkeit muss zwischen Decken mit vollständiger und teilweiser Verdübelung unterschieden werden. Verbunddecken gelten als vollständig verdübelt, wenn die für das vollplastische Grenzmoment erforderlichen Längsschubkräfte zwischen Profilblech und Beton übertragen werden können. Andernfalls liegt eine teilweise Verdübelung vor. Bei vollständiger Verdübelung darf bei positiver Momentenbeanspruchung (Profilblech in der Zugzone) das Grenztragmoment $M_{pl,Rd}$ vollplastisch berechnet werden [281]. Im Allgemeinen liegt die plastische Nulllinie im Aufbeton. Die vollplastische Momententragfähigkeit kann dann in Übereinstimmung mit der Vorgehensweise bei Verbundträgern nach Bild 272 (a) bestimmt werden. Bei der Ermittlung der wirksamen Querschnittsfläche des Profilbleches sind dabei die Flächenanteile von Sicken, Noppen und vergleichbaren Profilierungen zu vernachlässigen. Genauere Angaben hierzu finden sich in den bauaufsichtlichen Zulassungen. Eine zusätzliche untere Bewehrung nach Bild 275 darf bei vollplastischer Ermittlung der Momententragfähigkeit nur berücksichtigt werden, wenn die plastische Nulllinie z_{pl} im Aufbeton liegt. Zusätzlich sollte die Bedingung $N_s/N_{p,pl} \leq 0{,}7$ erfüllt sein. In [356] werden neuere Untersuchungen vorgestellt, mit denen der Einfluss des Bewehrungsgrades und der Einfluss der Lage der plastischen Nulllinie auf die Momententragfähigkeit genauer erfasst werden können. Dabei wird in Abhängigkeit vom Verhältnis z_{pl}/h ein Abminderungsbeiwert zur Reduktion der plastischen Momententragfähigkeit bei großer Druckzonenhöhe eingeführt. Dies begründet sich dadurch, dass mit wachsender Betondruckzone die Grenzdehnungen im Beton maßgebend werden können und damit die plastischen Dehnungen im Profilblech und der zusätzlichen Bewehrung nicht mehr erreicht werden. Alternativ kann eine dehnungsbegrenzte Berechnung durchgeführt werden.

Bei hohen Profilblechen mit geringen Aufbetonhöhen kann die plastische Nulllinie auch im Profilblech liegen. Zur Ermittlung des vollplastischen Momentes muss dann die Lage der plastischen Nulllinie iterativ bestimmt werden (siehe Bild 272 (b)). Ausgehend von einer geschätzten Lage werden die inneren Kräfte bestimmt. Die richtige Lage ist gefunden, wenn die Summe der inneren Normalkräfte null ist. Das plastische Moment kann dann mit den inneren Normalkräften und den zugehörigen inneren Hebelarmen bestimmt werden. In DIN EN 1994-1-1, 9.7.2(6) wird auch eine vereinfachte Vorgehensweise erlaubt, bei der die Beanspruchungen im Profilblech unter Ausnutzung einer linearen M-N-Interaktion für das Profilblech ermittelt werden. Die Auswirkungen örtlichen Beulens in gedrückten Profilblechbereichen können durch wirksame Breiten berücksichtigt werden, die die doppelten Werte für beidseitig gelagerte Plattenstreifen nach DIN EN 1993-1-1, Tabelle 5.2 nicht überschreiten dürfen. Durch den Ansatz der doppelten Breiten gemäß o. g. Tabelle wird die stützende Wirkung des Betons näherungsweise erfasst.

a) vollplastische Momententragfähigkeit bei plastischer Nulllinienlage im Aufbeton und vollständiger Verdübelung

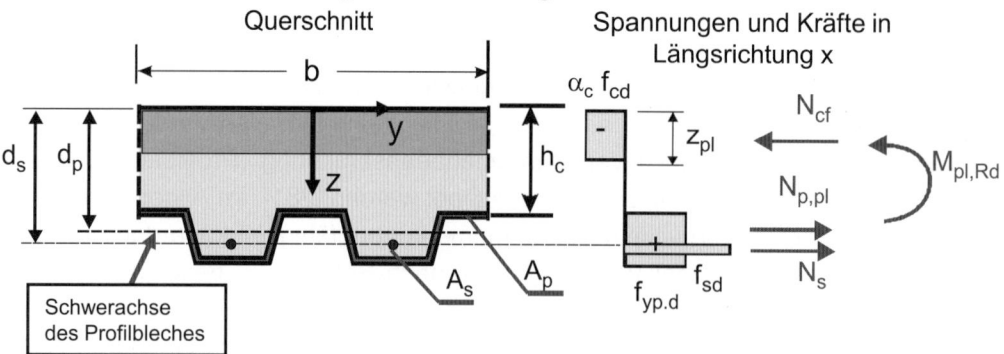

Lage der plastischen Nulllinie:
$$z_{pl} = \frac{A_p \, f_{yd} + A_s \, f_{sd}}{b \, \alpha_c \, f_{cd}}$$

Vollplastische Momententragfähigkeit:
$$M_{pl,Rd} = A_p \, f_{ypa}\left(d_p - \frac{z_{pl}}{2}\right) + A_s \, f_{sd}\left(d_s - \frac{z_{pl}}{2}\right)$$

b) vollplastische Momententragfähigkeit bei plastischer Nulllinienlage im Profilblech und vollständiger Verdübelung

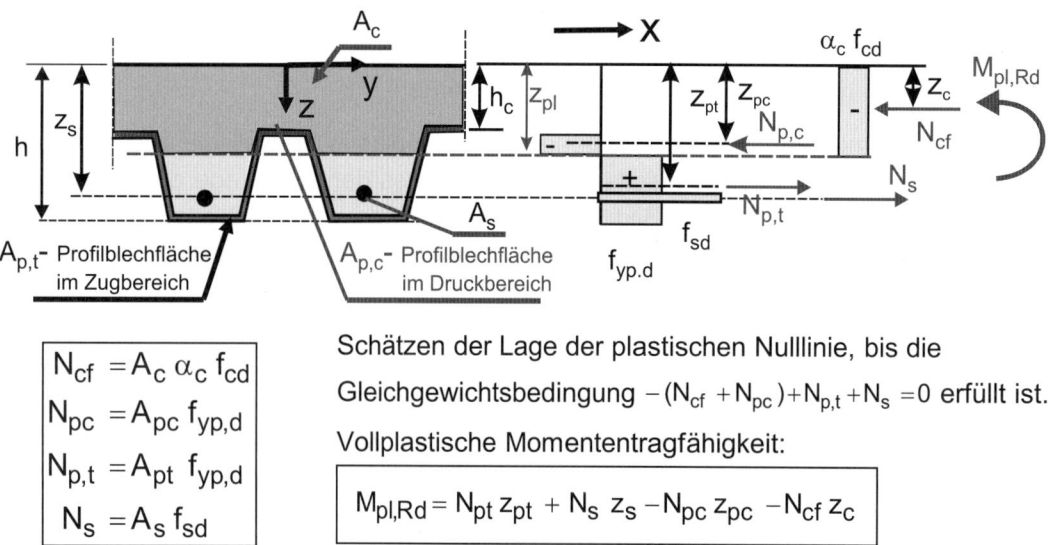

$$N_{cf} = A_c \, \alpha_c \, f_{cd}$$
$$N_{pc} = A_{pc} \, f_{yp,d}$$
$$N_{p,t} = A_{pt} \, f_{yp,d}$$
$$N_s = A_s \, f_{sd}$$

Schätzen der Lage der plastischen Nulllinie, bis die Gleichgewichtsbedingung $-(N_{cf} + N_{pc}) + N_{p,t} + N_s = 0$ erfüllt ist.

Vollplastische Momententragfähigkeit:

$$M_{pl,Rd} = N_{pt} \, z_{pt} + N_s \, z_s - N_{pc} \, z_{pc} - N_{cf} \, z_c$$

Bild 272: Ermittlung der vollplastischen Momententragfähigkeit bei positiver Momentenbeanspruchung

Bei negativer Momentenbeanspruchung erfolgt die Berechnung analog. Die Vorgehensweise ist in Bild 273 angegeben. Eine Berücksichtigung des Profilblechs ist nur zulässig, wenn das Blech durchlaufend ausgebildet und bei der Berechnung das örtliche Beulen berücksichtigt wird. Die Auswirkungen örtlichen Beulens in gedrückten Teilen des Bleches dürfen, wie bereits zuvor erläutert, durch wirksame Breiten berücksichtigt werden. Bei der Ermittlung der wirksamen Querschnittsfläche darf die Breite von Sicken oder Noppen nur Berücksichtigung finden, wenn dies in der jeweiligen bauaufsichtlichen Zulassung für das Profilblech ausdrücklich so geregelt ist.

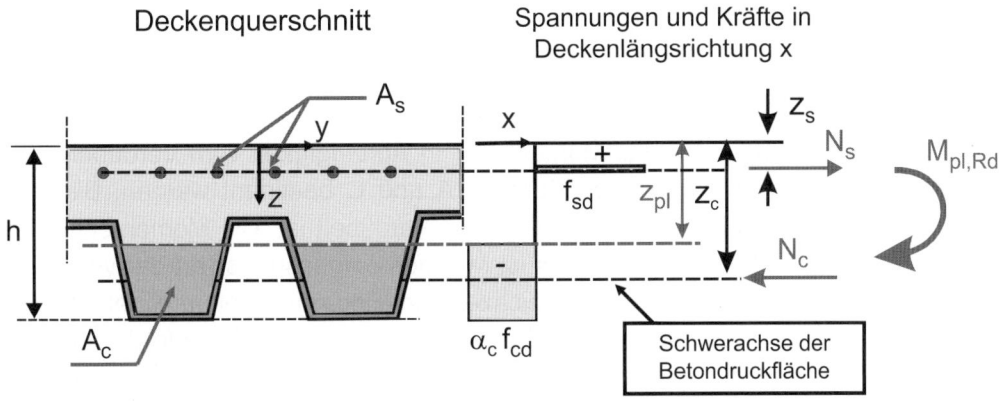

Iterative Ermittlung der Lage der plastischen Nulllinie, bis die Gleichgewichtsbedingung $-N_c + N_s = 0$ erfüllt ist.

Vollplastische Momententragfähigkeit:

$$M_{pl,Rd} = N_c z_c - N_s z_s \qquad N_c = A_c \alpha_c f_{cd} \qquad N_s = A_s f_{sd}$$

Bild 273: Ermittlung der vollplastischen Momententragfähigkeit bei negativer Momentenbeanspruchung

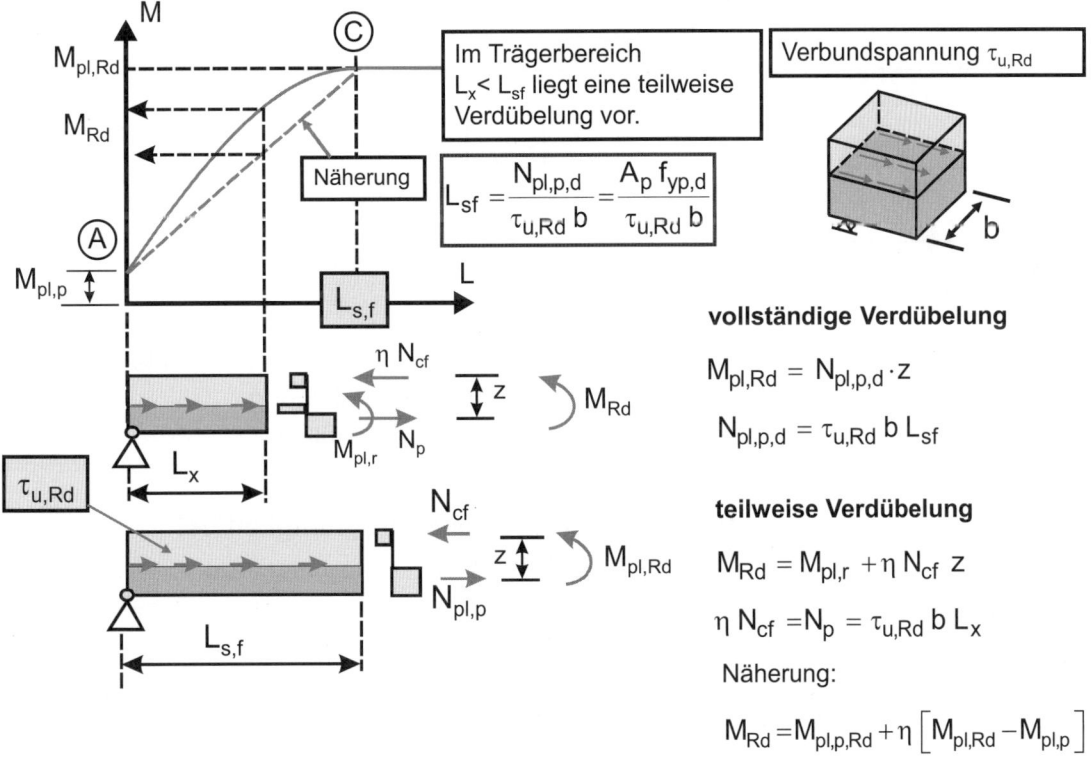

Bild 274: Teilverbunddiagramm – Vollplastisches Moment bei teilweiser Verdübelung

Bei Verbunddecken kann in der Regel die vollplastische Momententragfähigkeit nicht ausgenutzt werden, da die Längsschubtragfähigkeit relativ gering ist und die Momententragfähigkeit durch die Längsschubtragfähigkeit begrenzt wird, weil eine teilweise Verdübelung vorliegt. Bei Decken mit duktilem Verbundverhalten kann das Grenzmoment M_{Rd} nach der Teilverbundtheorie berechnet werden [282], [283]. Für das Grenzmoment erhält man in Abhängigkeit vom Verdübelungsgrad η die in Bild 274 dargestellten Zusammenhänge. Die Momententragfähigkeit im Punkt A ist durch das vollplastische Moment des Profilblechs und die Tragfähigkeit im Punkt C durch das vollplastische Moment des Verbundquerschnitts gegeben.

Bei einer vereinfachten Berechnung kann das Moment M_{Rd} in Abhängigkeit vom Verdübelungsgrad η durch lineare Interpolation zwischen den Punkten A und C bestimmt werden. Bild 274 verdeutlicht, dass die Decke im Bereich $L_x < L_{sf}$ nur teilweise verdübelt ist. Die Momententragfähigkeit ergibt sich dann zu $M_{Rd} = N_c \cdot z + M_{pl,r}$. Dabei ist $M_{pl,r}$ der Bemessungswert der vollplastischen Momententragfähigkeit des Profilblechs bei gleichzeitiger Wirkung der Normalkraft N_c. Zur Bestimmung von $M_{pl,r}$ ist in der Regel eine iterative Berechnung nach Bild 275 erforderlich. Die Länge L_{sf}, bei der die Ausnutzung der vollplastischen Momententragfähigkeit $M_{pl,Rd}$ möglich ist, ergibt sich aus der Bedingung, dass die über Flächenverbund (Verbundfestigkeit $\tau_{u,Rd}$) in das Blech eingeleitete Normalkraft gerade gleich der vollplastischen Normalkraft $N_{pl,p}$ des Profilblechs ist. Die exakte Ermittlung des Momentes M_{Rd} bei Teilverdübelung ist in Bild 275 dargestellt. Die Lage der plastischen Nulllinie im Aufbeton ergibt sich aus der vom Verdübelungsgrad abhängigen Zugkraft $\eta \cdot A_p \cdot f_{yp,d}$ im Profilblech und der plastischen Normalkraft N_s der Bewehrung. Die Lage der zweiten plastischen Nulllinie im Profilblech muss iterativ bestimmt werden. Die richtige Lage ist gefunden, wenn die Gleichgewichtsbedingung $\Sigma N_i = 0$ erfüllt ist. Das Moment M_{Rd} bei teilweiser Verdübelung ergibt sich dann aus den zugehörigen inneren Normalkräften und den jeweiligen inneren Hebelarmen. Bei Blechen mit mechanischem Verbund ist als wirksame Querschnittsfläche in der Regel die Querschnittsfläche abzüglich der Flächen von Sicken oder Noppen zu berücksichtigen.

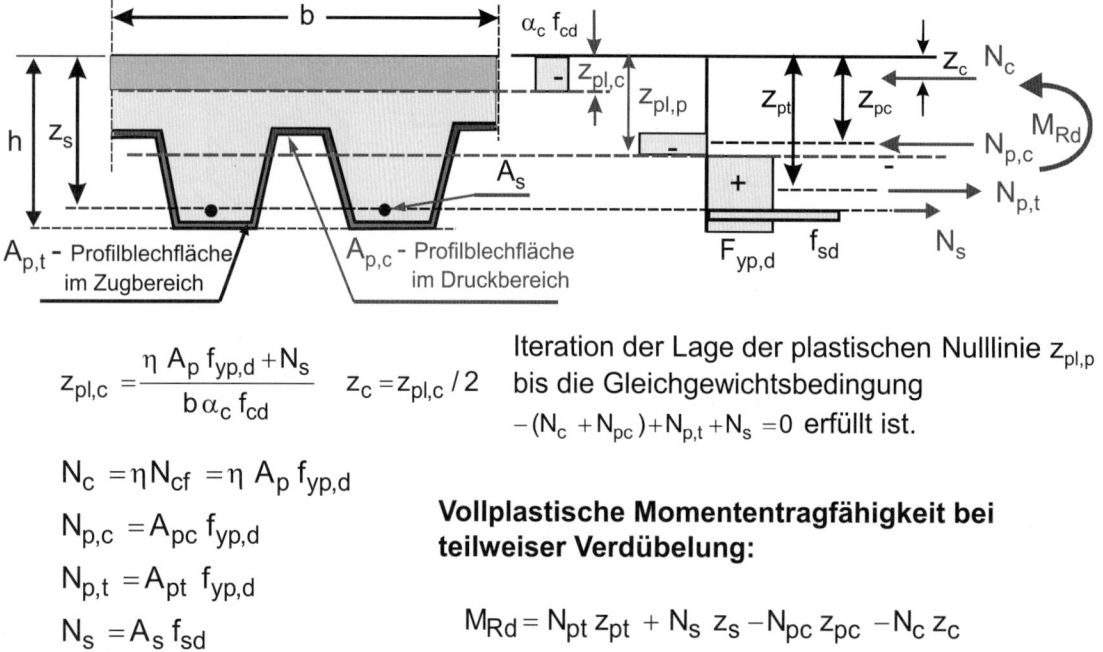

$$z_{pl,c} = \frac{\eta A_p f_{yp,d} + N_s}{b \alpha_c f_{cd}} \qquad z_c = z_{pl,c}/2$$

Iteration der Lage der plastischen Nulllinie $z_{pl,p}$ bis die Gleichgewichtsbedingung
$-(N_c + N_{pc}) + N_{p,t} + N_s = 0$ erfüllt ist.

$N_c = \eta N_{cf} = \eta A_p f_{yp,d}$
$N_{p,c} = A_{pc} f_{yp,d}$
$N_{p,t} = A_{pt} f_{yp,d}$
$N_s = A_s f_{sd}$

Vollplastische Momententragfähigkeit bei teilweiser Verdübelung:

$$M_{Rd} = N_{pt} z_{pt} + N_s z_s - N_{pc} z_{pc} - N_c z_c$$

Bild 275: Momententragfähigkeit bei teilweiser Verdübelung

Bild 275 zeigt die zugehörige näherungsweise Ermittlung des aufnehmbaren Deckenmoments bei Anwendung des Teilverbunddiagramms.

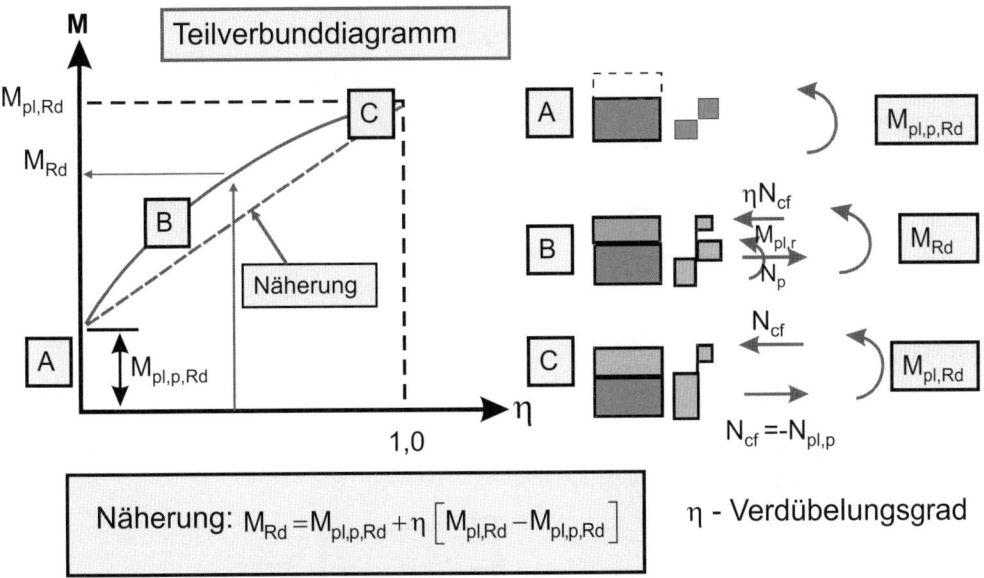

Bild 276: Momententragfähigkeit bei teilweiser Verdübelung

9.7.3 Nachweis der Längsschubtragfähigkeit

9.7.3.1 Allgemeines

Die Längsschubkrafttragfähigkeit kann bei Profilblechen nur experimentell bestimmt werden. Die Versuchskörpergeometrien, die Lastanordnung und weitere erforderliche Angaben sind in DIN EN 1994-1-1, Anhang B3 geregelt. Bei der Beurteilung des Verbundverhaltens ist insbesondere die Frage der Duktilität des Verbundes von Bedeutung (Bild 277). Das Verbundverhalten wird als duktil bezeichnet, wenn im Versuch die Bruchlast F_u die Last $F_{0,1}$ um mehr als 10 % übersteigt. Dabei ist $F_{0,1}$ diejenige Last, bei der im Versuch ein Endschlupf von 0,1 mm auftritt. Als Bruchlast wird dabei die Maximallast oder die Last, bei der eine Durchbiegung von L/50 auftritt, verwendet. Für die Auswertung von Versuchen zur Bestimmung der Längsschubtragfähigkeit werden im Eurocode 4 zwei Verfahren angegeben. Die sog. m + k-Methode [285], [286] darf für Decken mit sprödem und duktilem Verbundverhalten angewandt werden. Die Auswertung nach der Teilverbundtheorie [282], [283] setzt grundsätzlich duktiles Verbundverhalten voraus.

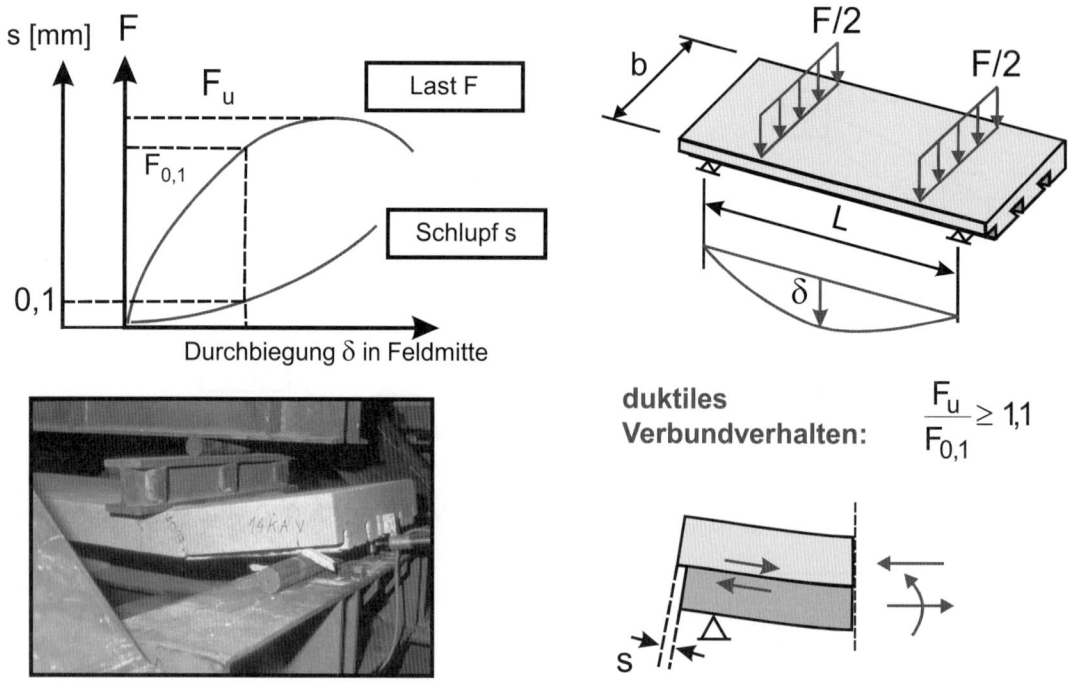

Bild 277: Duktilitätsanforderungen bei Verbunddecken

9.7.3.2 Nachweis nach dem m + k-Verfahren

Bei der sog. m + k-Methode (Bild 278) handelt es sich um ein halbempirisches Nachweisverfahren, das nicht auf einem mechanischen Modell basiert. Durch Auswertung von Versuchen werden zwei Koeffizienten m und k ermittelt, mit denen die Querkrafttragfähigkeit unter Berücksichtigung der Längsschubkrafttragfähigkeit ermittelt werden kann. Die Vorgehensweise bei der Auswertung von Versuchen ist in Bild 278 angegeben. Die Tragfähigkeit im Versuch ist von der Schublänge L_s abhängig. Bei großen Schublängen versagt die Decke auf Biegung und bei kleinen Schublängen infolge Überschreitens der Querkrafttragfähigkeit. Der Zwischenbereich ist durch das Verbundversagen gekennzeichnet. Zur Bestimmung der Werte m und k müssen jeweils drei Versuche mit kurzer und langer Schublänge durchgeführt werden. Mittels linearer Regressionsanalyse und statistischer Auswertung werden die in Bild 278 angegebenen Geraden für den Mittelwert und die 5 %-Fraktile bestimmt. Die Steigung der Geraden liefert den Wert m und der Achsabschnitt den Wert k. Der Nachweis der Längsschubtragfähigkeit gilt als erbracht, wenn die größte Bemessungsquerkraft V_{Ed} den Bemessungswert der Querkrafttragfähigkeit $V_{Rd,L}$ nach Bild 278 nicht überschreitet. Dabei sind die Werte m und k sowie der Teilsicherheitsbeiwert γ_{Vs} den jeweiligen bauaufsichtlichen Zulassungen für das verwendete Profilblech zu entnehmen.

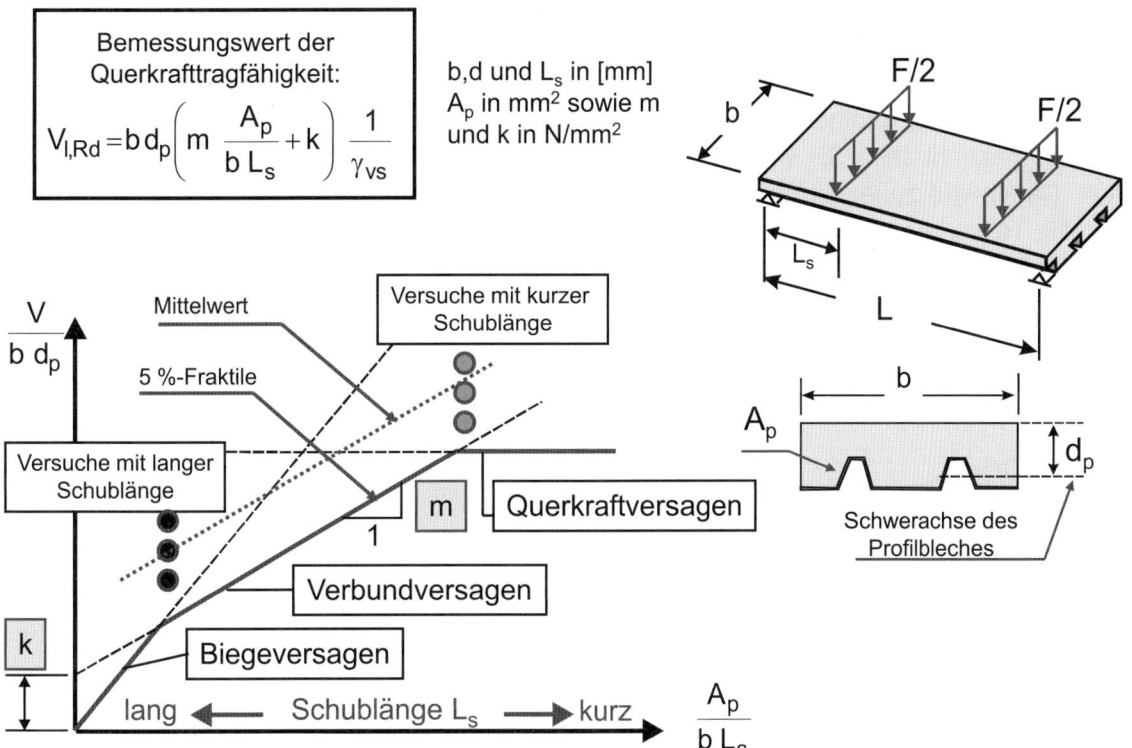

Bild 278: Nachweis der Längsschubtragfähigkeit nach der m + k-Methode

Für den Nachweis ist bei Einfeldträgern als Schublänge L_s für gleichmäßig verteilte Belastung über die gesamte Stützweite der Wert L/4 zugrunde zu legen. Bei beliebiger Belastungsanordnung ergibt sich L_s aus dem Quotienten des maximalen Bemessungsmoments und der zugehörigen maximalen Auflagerkraft. Wenn die Decken als durchlaufende Verbunddecken ausgeführt werden, muss die Bemessung der Längsschubtragfähigkeit an äquivalenten Einfeldträgern mit der Stützweite L_{eff} erfolgen (Bild 279). Die effektive Stützweite ergibt sich dabei aus dem Abstand der Momentennullpunkte.

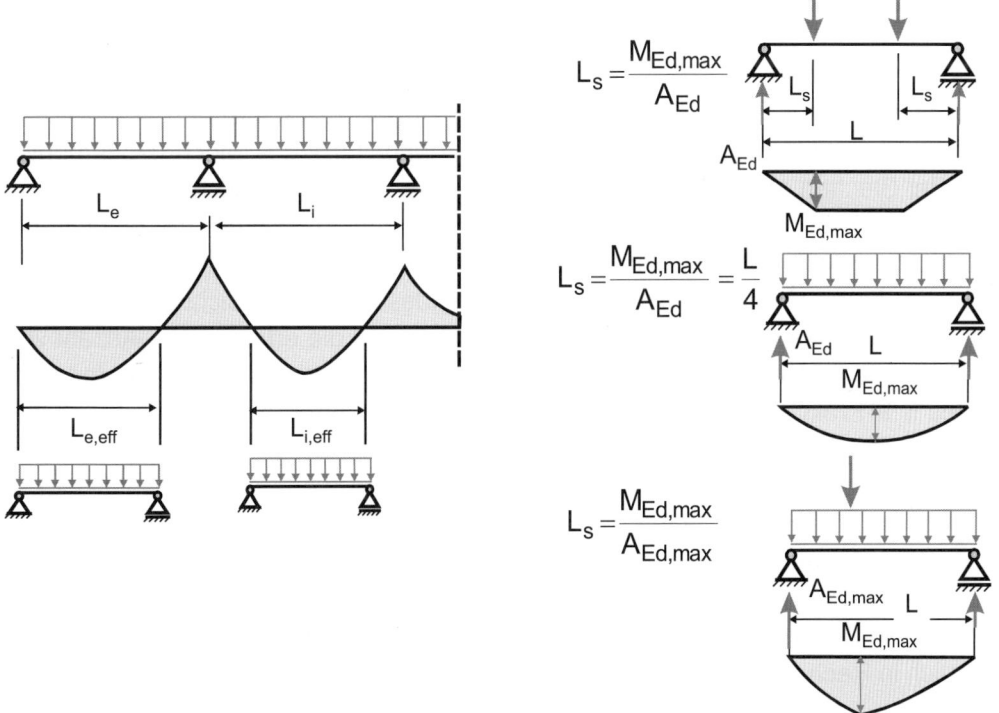

Bild 279: Ermittlung der Schublänge L_s bei Anwendung der m + k-Methode

9.7.3.3 Nachweis nach der Teilverbundtheorie

Bei Decken mit duktilem Verbundverhalten darf der Nachweis der Längsschubtragfähigkeit nach der Teilverbundtheorie erfolgen. Für diesen Nachweis muss die Verbundfestigkeit des verwendeten Bleches bekannt sein. Sie wird mit dem in Bild 280 dargestellten Verfahren aus Versuchen ermittelt. Dabei wird zunächst mit den Mittelwerten der Werkstoffeigenschaften das in Bild 280 dargestellte Teilverbunddiagramm berechnet. Mithilfe des im Versuch ermittelten Momentes wird aus dem Teilverbunddiagramm der Verdübelungsgrad η_{test} bestimmt und die Verbundfestigkeit τ_u unter Berücksichtigung der Endverdübelung infolge der von der Auflagerkraft erzeugten Reibung zurückgerechnet.

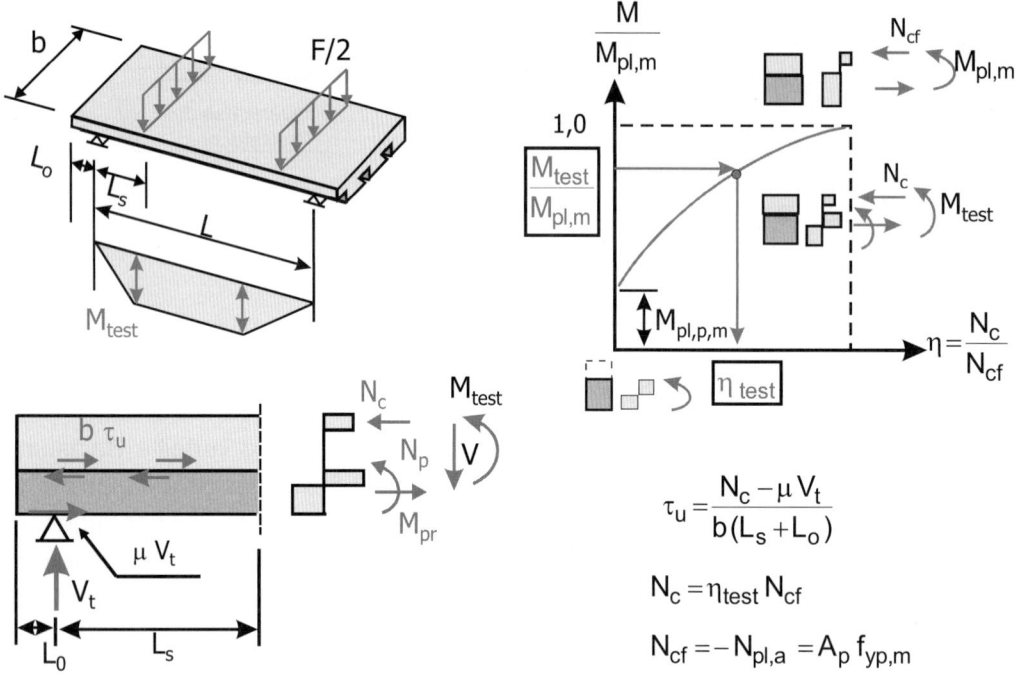

Bild 280: Versuchsauswertung nach der Teilverbundtheorie bei Decken mit duktilem Verbundverhalten

Die Verbundfestigkeit ist stark von der Blechgeometrie, der Art der mechanischen Verdübelung (Sicken, Noppen) und der Blechdicke abhängig. Sie muss daher für jedes Blech experimentell bestimmt werden. Bei Blechen mit hinterschnittener Geometrie und mechanischer Verdübelung schwanken die mittleren Verbundspannungen ca. zwischen 350 und 700 kN/m². Bei Blechen mit planmäßiger Beschichtung kann die Verbundfestigkeit deutlich unter diesen Werten liegen. Bei Verwendung von Leichtbeton sind ebenfalls zusätzliche Einflüsse zu berücksichtigen [287]. Die Durchführung der Versuche, die Geometrie der Versuchskörper und die erforderliche Anzahl von Versuchen ist in Eurocode 4, Anhang B2 [31] geregelt. Der charakteristische Wert der Verbundfestigkeit $\tau_{u,Rk}$ ist als 5 %-Fraktile definiert. Der Wert $\tau_{u,Rk}$ sowie der erforderliche Teilsicherheitsbeiwert zur Ermittlung des Bemessungswerts $\tau_{u,Rd}$ wird mit dem in DIN EN 1990 angegebenen Verfahren zur Auswertung von Versuchen ermittelt. Die Bemessungswerte der Verbundfestigkeit sind in bauaufsichtlichen Zulassungen angegeben. Bei Verwendung dieser Werte ist darauf zu achten, ob der Bemessungswert der Verbundfestigkeit mit oder ohne Berücksichtigung der Endverdübelung aus dem Reibungseinfluss der Auflagerkraft ermittelt wurde. Wenn bei der Versuchsauswertung dieser Einfluss nicht berücksichtigt wurde, darf er bei der Bemessung der Decke nicht zusätzlich in Rechnung gestellt werden.

9.7.4 Nachweis der Längsschubtragfähigkeit mit Endverankerung

Bei Anwendung der Teilverbundtheorie (s. a. Abschnitt 9.7.3) gilt der Nachweis der Längsschubtragfähigkeit als erbracht, wenn nachgewiesen wird, dass das Bemessungsmoment M_{Ed} das Grenzmoment M_{Rd} an keiner Stelle überschreitet. Bild 281 zeigt diesen Nachweis exemplarisch für eine einfeldrige Decke. Wenn Endverankerungen berücksichtigt werden, vergrößert sich die Betondruckkraft N_c um die Grenzscherkraft V_{ed} der Endverankerung. Dies kann beim Nachweis nach Bild 281 durch eine Verschiebung der Teilverbundkurve für M_{Rd} in der L_x-Richtung um den Betrag $V_{ed}/b\,\tau_{u,Rd}$ erfasst werden.

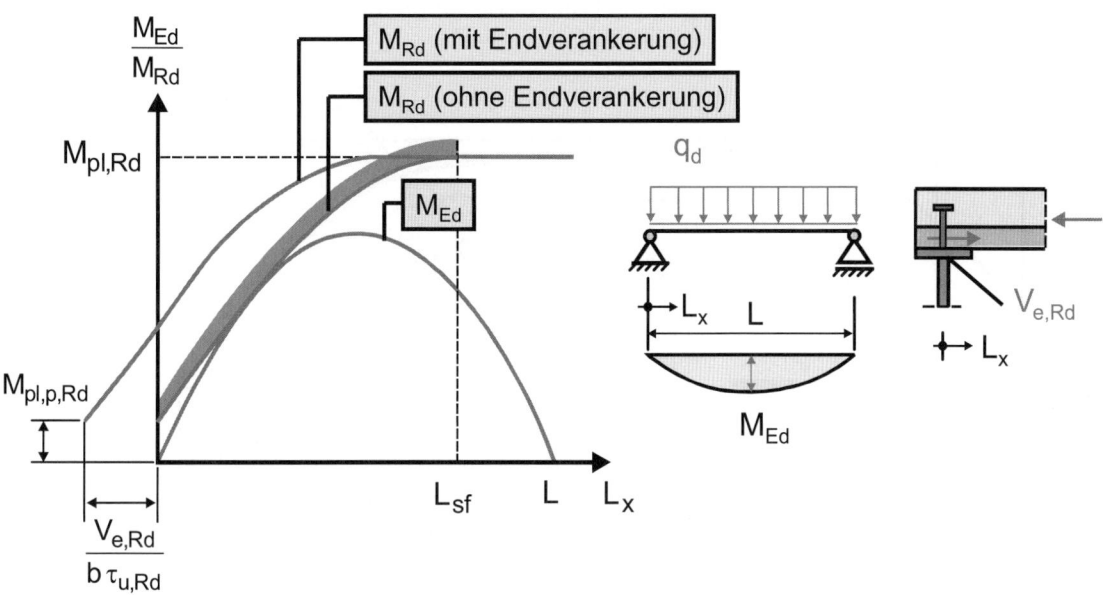

Bild 281: Nachweis der Längsschubtragfähigkeit mittels Momentendeckung

Vereinfacht kann der Nachweis der Momentendeckung auch mit dem linearisierten Teilverbunddiagramm nach Bild 282 geführt werden.

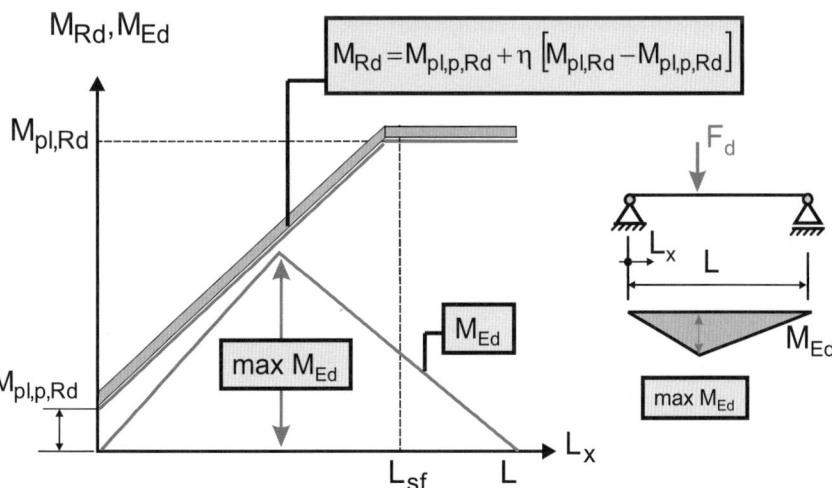

Bild 282: Nachweis der Längsschubtragfähigkeit mittels Momentendeckung bei Ansatz des linearisierten Teilverbunddiagramms

Als Endverankerung werden Kopfbolzendübel, die direkt durch das verzinkte Blech auf den Verbundträger geschweißt werden, Setzbolzen und Schrauben sowie Blechverformungsanker verwendet. Die Durchschweißtechnik wird in Deutschland nur selten eingesetzt. Die Dübel werden normalerweise direkt im Werk auf die Träger aufgeschweißt und anschließend auf der Baustelle das mit gestanzten Löchern versehene Blech über die Dübel gestülpt. Die Endverankerung erfolgt dann mit Blechverformungsankern und Setzbolzen. Bei großen Längsschubkräften kann eine Kombination der unterschiedlichen Verankerungsarten erforderlich werden. Angaben zu den Tragfähigkeiten enthalten die jeweiligen bauaufsichtlichen Zulassungen. Eine Endverankerung wird insbesondere bei offenen Profilblechgeometrien erforderlich, um ein duktiles Versagen sicherstellen zu können. Bild 283 zeigt typische Lastverformungskurven nach [277].

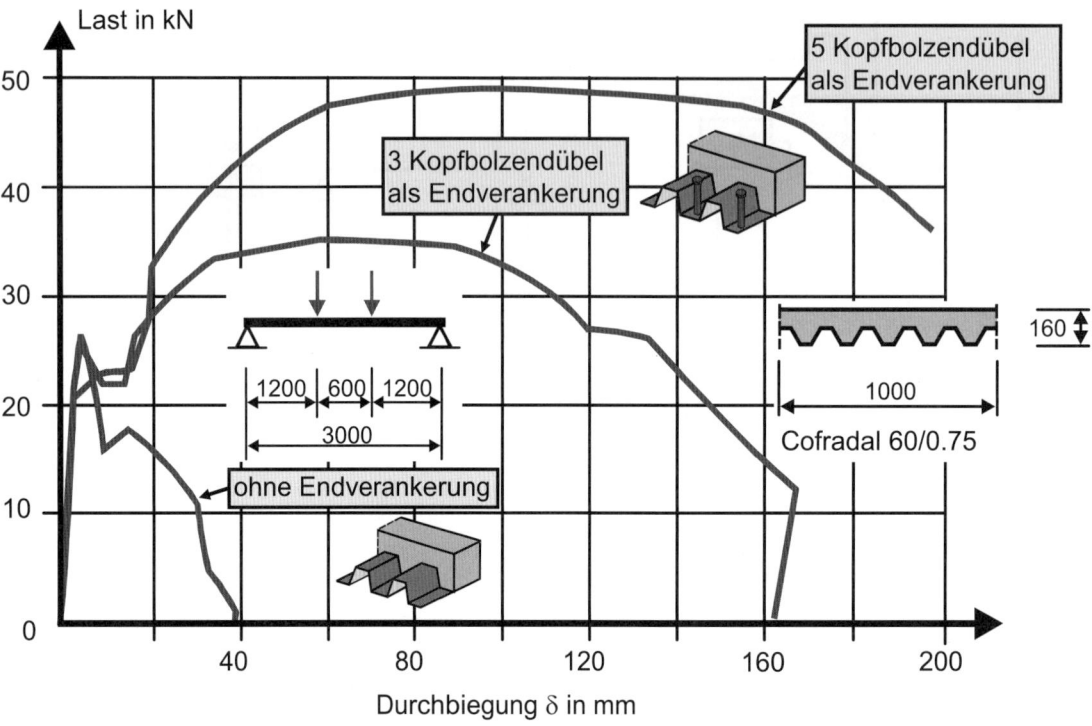

Bild 283: Einfluss der Endverdübelung auf das Verformungsverhalten bei Decken mit offenen Profilen, [277]

Für durchgeschweißte Kopfbolzendübel kann die aufnehmbare Endverankerungskraft nach Bild 284 bestimmt werden. Da die Endverankerungskraft über den Schweißwulst in das Blech eingeleitet werden muss, ist die Tragfähigkeit vom Durchmesser des Dübels, vom Randabstand, von der Profilblechdicke und von der Streckgrenze des Profilbleches abhängig.

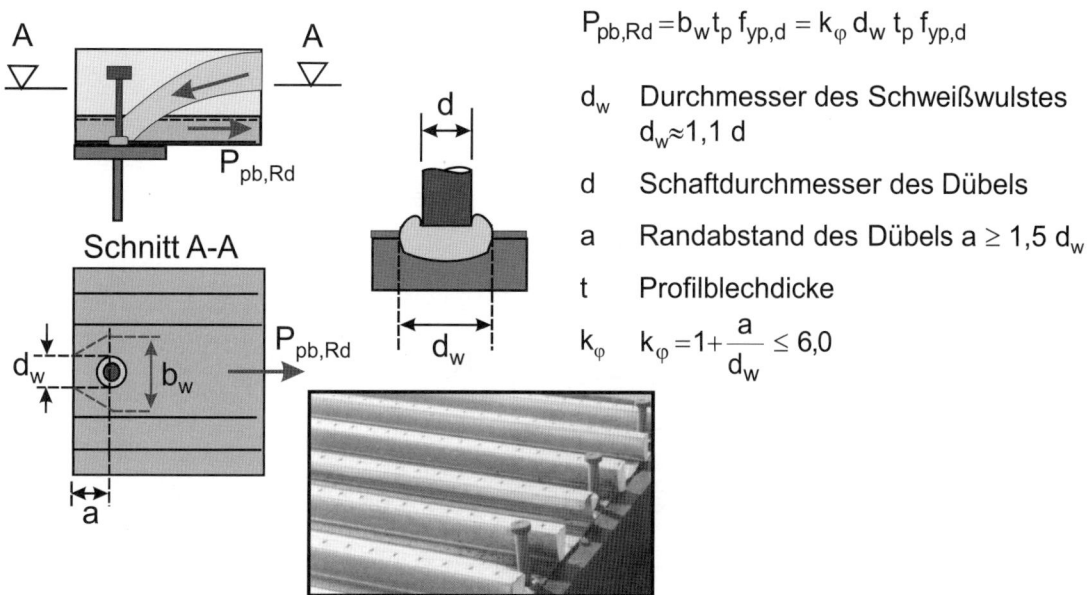

Bild 284: Endverankerung mit durchgeschweißten Kopfbolzendübeln

9.7.5 Querschnittstragfähigkeit – Querkraft

Der Nachweis ausreichender Querkrafttragfähigkeit ist in DIN EN 1994-1-1, 9.7.5 durch Verweis auf DIN EN 1992-1-1, 6.2.2 geregelt. In diesem Abschnitt von Eurocode 2 ist die Querkrafttragfähigkeit von Stahlbetonbauteilen ohne Schubbewehrung geregelt. Da die Tragfähigkeit vom Bewehrungsgehalt abhängig ist, ist zu beachten, dass nur diejenige Querschnittsfläche des Profilbleches in Rechnung gestellt werden kann, die im maßgebenden Nachweispunkt am Auflager im Abstand d_p vom Rand des Stahlträgerobergurtes durch eine zusätzliche Endverdübelung, durch aus der Auflagerkraft V_t resultierende Reibung und durch Flächenverbund im Bereich L_v verankert ist (siehe Bild 285).

Neuere Untersuchungen zeigen, dass die Anwendung der Regelungen des Eurocode 2 entsprechend Bild 285 insbesondere bei Leichtbeton zu auf der unsicheren Seite liegenden Bemessungsergebnissen führen können. Das in [304], [305] und in Bild 286 vorgestellte Tragmodell berücksichtigt die Querkrafttragfähigkeit des Profilbleches und basiert auf umfangreichen Versuchsauswertungen. Bei dem Tragmodell setzt sich die Querkrafttragfähigkeit aus dem Anteil des Profilbleches ($V_{p,Rk}$), der Querkrafttragfähigkeit der Betondruckzone $V_{c,cz}$ sowie dem Anteil aus der lokalen Rissverzahnung $V_{c,ct}$ zusammen. In Bild 286 ist der Querkrafttragfähigkeitsanteil $V_{ct,0}$ von der Betonfestigkeitsklasse abhängig. Vereinfacht können die in Bild 286 angegebenen konstanten Werte für die Betonfestigkeitsklasse C20/25 bei der Bemessung verwendet werden. Es ist darauf zu achten, dass dieser Anteil nur bei Profilblechen mit hinterschnittener Geometrie in Rechnung gestellt werden darf.

Querkrafttragfähigkeit

$$V_{Rd,ct} = \left[\frac{0{,}15}{\gamma_c} k (100\, \rho_l\, f_{ck})^{1/3}\right] b_w\, d \geq V_{Rd,c,min}$$

$$\rho_l = \frac{A_{p,eff}}{b_w\, d} \leq 0{,}02$$

$$V_{Rd,c,min} = \frac{0{,}0525}{\gamma_c} k^{\frac{3}{2}} b_w\, d$$

$$k = 1 + \sqrt{\frac{200}{d}} \leq 2{,}0$$

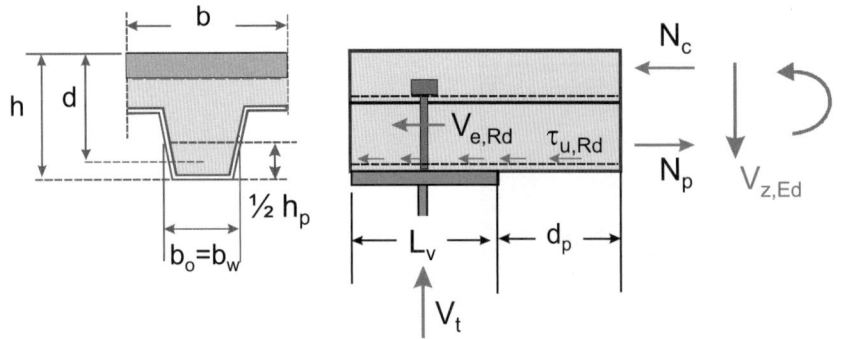

$b_o = b_w$ wirksame Breite [mm]
d statische Nutzhöhe [mm]

Effektive Fläche $A_{p,eff}$ des Profilbleches:

$$A_{p,eff} = A_p \frac{V_{e,Rd} + V_t\, \mu + \tau_{u,Rd}\, L_v\, b}{A_p\, f_{yp,d}}$$

Bild 285: Querkrafttragfähigkeit nach DIN EN 1992-1-1 für Decken ohne Normalkraftbeanspruchung

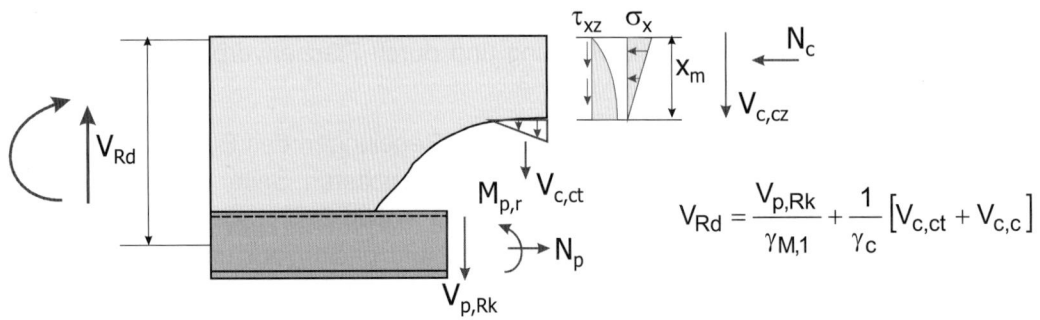

$$V_{Rd} = \frac{V_{p,Rk}}{\gamma_{M,1}} + \frac{1}{\gamma_c}\left[V_{c,ct} + V_{c,c}\right]$$

$$V_{c,c} = 0{,}74\, k_c\, \frac{\eta\, A_p\, f_{yp,k}}{b_c\, \alpha_{cc}\, f_{ck}} b_o\, f_{ctm}$$

- k_c 0,66 für Normalbeton und 1,25 für Leichtbeton
- η Verdübelungsgrad des Bleches an der betrachteten Stelle
- α_{cc} Beiwert nach DIN EN 1992-1-1, 3.1.5 und 11.3.5(1)
- b_c Breite der Betondruckzone
- b_o wirksame Rippenbreite nach Bild 224 und Bild 234
- η_1 Beiwert nach DIN EN 1992-1-1, 11.3.1(3)
- η_E Beiwert nach DIN EN 1992-1-1, 11.3.2(1)

$$V_{c,ct} = V_{ct,0} \frac{\eta_E}{\eta_1} b_o$$

Der Anteil $V_{c,ct}$ darf nur bei hinterschnittener Profilblechgeometrie in Rechnung gestellt werden.

Normalbeton nach DIN EN 1992-1-1, 3.1: $V_{ct,0}$ = 50 kN/m
Leichtbeton nach DIN EN 1992-1-1, 11: $V_{ct,0}$ = 30 kN/m

Bild 286: Querkrafttragfähigkeit nach [304] bis [305]

Dieses Tragmodell wird bei der Überarbeitung des Eurocode 4 derzeit diskutiert. Die Querkrafttragfähigkeit des Profilblechs ist dabei entweder nach DIN EN 1993-1-3 zu bestimmen oder kann auch für bestimmte Profile den bauaufsichtlichen Zulassungen entnommen werden. Für die Praxis ist derzeit zu empfehlen, bei Decken aus Leichtbeton und bei Decken mit offener Profilblechgeometrie die Bemessung nach dem in Bild 286 angegebenen Tragmodell durchzuführen.

9.8 Nachweise in den Grenzzuständen der Gebrauchstauglichkeit

Die Nachweise im Grenzzustand der Gebrauchstauglichkeit umfassen die Beschränkung der Rissbreite sowie die Beschränkung von Verformungen. Die Nachweise der Rissbreitenbeschränkung in negativen Momentenbereichen sind nach DIN EN 1992-1-1, 7.3 unter Beachtung des nationalen Anhangs wie für Stahlbetondecken zu führen.

Dies gilt auch für die Begrenzung von Verformungen. Es gelten die in DIN EN 1992, 7.4 angegebenen Grundsätze. Bei einfeldrigen Verbunddecken und in den Endfeldern von Durchlaufdecken kann der Schlupf zwischen Profilblech und Beton zu einer Vergrößerung der Verformungen führen. Dieser Einfluss darf vernachlässigt werden, wenn in den jeweiligen Zulassungen für das Profilblech keine abweichenden Angaben enthalten sind. Wenn der Nachweis der Verformungen nicht indirekt durch Begrenzung der Biegeschlankheit nach DIN EN 1992-1-17, 4.2 erfolgt, sollte als effektive Biegesteifigkeit der Mittelwert der Biegesteifigkeiten des gerissenen und ungerissenen Querschnitts verwendet werden. Der Einfluss des Kriechens kann vereinfacht durch eine reduzierte Biegesteifigkeit mit den Reduktionszahlen für den Elastizitätsmodul des Betons nach Abschnitt 5.4.2.2 geführt werden.

Ulrike Kuhlmann (Hrsg.)

Stahlbau-Kalender 2018

Schwerpunkte: Verbundbau, Fertigung

- über Jahrzehnte entwickelte Arbeitshilfe erstmals als Fachbuch erhältlich
- Autoren aus der Praxis für die Praxis: Forschung und Normung, Industrie und Ingenieurbüros
- neuer deutscher Nationaler Anhang zur Stahlbau-Grundnorm Eurocode 3 Teil 1-1
- Schwerpunkt Verbundbau war zuletzt im SK 2010

Die Verbundbauweise zeichnet sich durch wirtschaftliche Fertigung mit kurzen Montagezeiten und innovativer Anschlusstechnik aus. Das Buch enthält alles auf dem neuesten Stand: Kommentierung des EC 4, Konstruktion und Bemessung von Trägern, Stützen, Deckensystemen und Anschlüssen.

2018 · 800 Seiten · 600 Abbildungen · 220 Tabellen

Hardcover
ISBN 978-3-433-03166-7   € 149*
Fortsetzungspreis   € 129*

BESTELLEN
+49 (0)30 470 31-236
marketing@ernst-und-sohn.de
www.ernst-und-sohn.de/3166

Der € Preis gilt ausschließlich für Deutschland. Inkl. MwSt.

10 Praxisorientierte Bemessungsbeispiele

Beispiel 1: Einfeldträger in Verbundbauweise

1.1 Allgemeines

Zu bemessen ist ein Einfeld-Deckenträger eines Geschäfts- und Warenhauses in Verbundbauweise mit einer Stützweite von 14,0 m. Die Geschossdecke wird als Profilblech-Verbunddecke ausgebildet. Die Profilbleche sind über dem Stahlträger unterbrochen. Als Verbundmittel werden Kopfbolzendübel ⌀ 19 mm verwendet. Auf die Nachweise für den Bauzustand wird im Rahmen dieses Beispiels verzichtet. Der Träger wird mit Eigengewichtsverbund hergestellt, d. h., im Betonierzustand wird eine kontinuierliche Unterstützung des Stahlträgers erforderlich.

Verweis auf
DIN EN 1994-1-1:2010-12
DIN EN 1993-1-1:2010-12
DIN EN 1992-1-1:2011-01

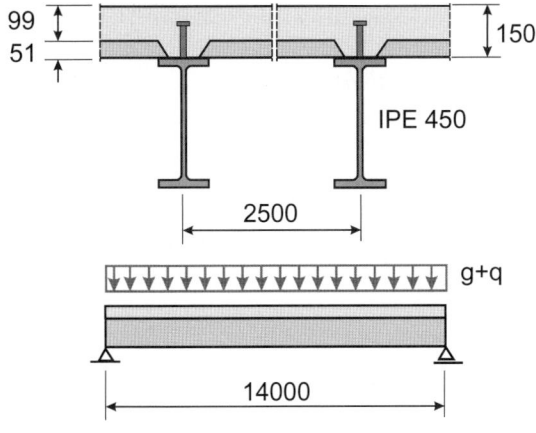

Bild 1.1: Statisches System und Querschnitt des Deckenträgers

1.2 Werkstoffe

Beton Betonfestigkeitsklasse C35/45
 Zylinderdruckfestigkeit f_{ck} = 35 N/mm²
 Teilsicherheitsbeiwert γ_c = 1,5
 Bemessungswert $f_{cd} = f_{ck}/\gamma_c$
  f_{cd} = 2,33 kN/cm²
 Elastizitätsmodul E_{cm} = 3400 kN/cm²

DIN EN 1994-1-1, 3.1
DIN EN 1992-1-1, Tab. 3.1
DIN EN 1992-1-1/NA, Tab. NA.2.1
DIN EN 1994-1-1, Gl.(2.1)
DIN EN 1992-1-1, Tab.3.1

Da der Betonquerschnitt an der Plattenunterseite nicht austrocknen kann, ergibt sich für die mittlere Dicke h_0 zur Bestimmung der Endkriechzahl φ:
$h_0 = 2 \cdot A_c/U$ $h_0 = 2 \cdot 15 \cdot 250/250 = 30$ cm

DIN EN 1992-1-1, 3.1.4(5)

Die Endkriechzahl nach DIN EN 1992-1-1 ergibt sich zu:
RH = 50 % Innenbauteil
Zementfestigkeit: CEM 32,5 R; CEM 42,5 N
⇒ Zement der Klasse N

DIN EN 1992-1-1, Bild 3.1

DIN EN 1992-1-1, 3.1.2(6)

$\varphi_t \cong 2{,}0$ für Eigengewicht mit $t_o = 28$ Tage
$\varphi_t \cong 1{,}57$ für Ausbaulasten mit $t_o = 90$ Tage
$\varphi_t \cong 3{,}68$ für Schwinden mit $t_o = 1$ Tag

DIN EN 1992-1-1, Bild 3.1

Betonstahl Materialgüte B500 B
 Charakteristischer Wert der
 Streckgrenze f_{sk} = 500 N/mm²
 Bemessungswert $f_{sd} = f_{sk}/\gamma_s = 500/1{,}15$
  f_{sd} = 43,5 kN/cm²

DIN EN 1994-1-1, 3.2

DIN EN 1992-1-1/NA, Tab. NA.2.1

KOMMENTAR EUROCODE 4 – VERBUNDBAU

Baustahl	Materialgüte	S355	DIN EN 1994-1-1, 3.3
	Charakteristischer Wert der		
	Streckgrenze	$f_y = 355\ N/mm^2$	DIN EN 1993-1-1, Tab.3.1
	Bemessungswert	$f_{yd} = f_y/\gamma_{M0} = 355/1,0$	DIN EN 1993-1-1/NA, 6.1(1)
		$f_{yd} = 35,5\ kN/cm^2$	

1.3 Lastannahmen

1.3.1 Ständige Einwirkungen

Stahlträger $\qquad g_{k,1} = 0,8\ kN/m$
Betonplatte und Profilblech $\quad g_{k,2} = 9,4\ kN/m$
Ausbaulasten $\qquad g_{k,3} = 6,5\ kN/m$

1.3.2 Veränderliche Einwirkungen

Verkehrslasten ($q = 5\ kN/m^2$) $\qquad q_k = 12,5\ kN/m$

1.4 Nachweise im Grenzzustand der Tragfähigkeit

1.4.1 Teilsicherheitsbeiwerte und Bemessungsschnittgrößen

ständige Einwirkungen $\quad \gamma_G = 1,35$
veränderliche Einwirkungen $\gamma_Q = 1,50$

DIN EN 1990/NA, Tab. NA.A.1.2(B)

$(g + q)_d = 1,35 \cdot (0,8 + 9,4 + 6,5) + 1,5 \cdot 12,5 = 41,3\ kN/m$

$M_{Ed} = 41,3 \cdot 14,0^2 / 8 = 1011,9\ kNm$

$V_{Ed} = 41,3 \cdot 14,0 / 2 = 289,1\ kN$

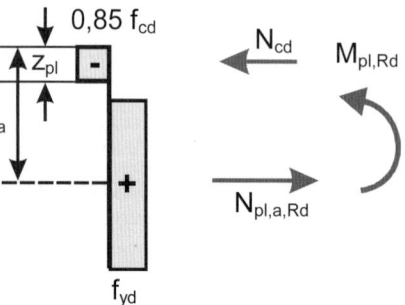

Bild 1.2: Plastische Spannungsverteilung im Querschnitt

1.4.2 Berechnung des vollplastischen Grenzmomentes $M_{pl,Rd}$

DIN EN 1994-1-1, 6.2.1.2

$A_a = 98,8\ cm^2$ (IPE 450) $\quad z_a = 0,5 \cdot 0,45 + 0,15 = 0,375\ m$
$M_{pl,a,Rd} = 2 \cdot S_y \cdot f_{yd} = 2 \cdot 851 \cdot 0,355/1,0 = 604,2\ kNm$

Bemessungswert der plastischen Normalkraft des Baustahlprofils:

$N_{pl,a,Rd} = f_{yd} \cdot A_a = 35,5/1,0 \cdot 98,8 = 3507,4\ kN$

Mittragende Gurtbreite:

$b_{eff} = 2 \cdot L_e / 8 = 2 \cdot 14 / 8 = 3{,}50 \text{ m} > 2{,}5 \text{ m}$ | DIN EN 1994-1-1, 5.4.1.2

$b_{eff} = 2{,}5 \text{ m}$ (Trägerabstand)

Lage der plastischen Nulllinie:

$N_{pl,a,Rd} = 3507{,}4 \leq N_{c,Rd} = 0{,}85 \cdot f_{cd} \cdot b_{eff} \cdot (h_c - h_p) = 4901{,}7 \text{ kN}$

⇒ Die plastische Nulllinie liegt im Betongurt oberhalb des Profilbleches.

$$z_{pl} = \frac{N_{pl,a,Rd}}{0{,}85 \cdot f_{cd} \cdot b_{eff}} = \frac{3507{,}4}{0{,}85 \cdot 2{,}33 \cdot 250} = 7{,}1 \text{ cm} \leq 9{,}9 \text{ cm}$$

Bemessungswert der plastischen Momententragfähigkeit:

$$M_{pl,Rd} = N_{pl,a,Rd} \cdot \left(z_a - \frac{z_{pl}}{2}\right) = 3507{,}4 \cdot \left(0{,}375 - \frac{0{,}071}{2}\right) = 1190{,}8 \text{ kNm}$$

$M_{pl,Rd} = 1190{,}8 > 1011{,}9 \text{ kNm} = M_{Ed}$

1.4.3 Berechnung der plastischen Querkrafttragfähigkeit $V_{pl,Rd}$

DIN EN 1994-1-1, 6.2.2

Da die plastische Nulllinie im Betongurt liegt, wird das Stahlprofil nur durch Zugspannungen beansprucht und der Stahlquerschnitt kann in die Querschnittsklasse 1 eingestuft werden. Die plastische Querkrafttragfähigkeit kann demzufolge ohne eine Berücksichtigung des Schubbeulens bestimmt werden, wenn gleichzeitig das Grenzkriterium für das Schubbeulen erfüllt ist.

$\dfrac{h_w}{t_w} = \dfrac{378{,}8}{9{,}4} = 40{,}3 \leq \dfrac{72}{\eta}\varepsilon = \dfrac{72}{1{,}2}\sqrt{\dfrac{235}{355}} = 48{,}8$ | DIN EN 1993-1-1, Gl. (6.22)

$A_v = A_a - 2 \cdot b_f \cdot t_f + (t_w + 2r) \cdot t_f$ | DIN EN 1993-1-1, 6.2.6
$A_v = 98{,}8 - 2 \cdot 19 \cdot 1{,}46 + (0{,}94 + 2 \cdot 2{,}1) \cdot 1{,}46 = 50{,}8 \text{ cm}^2$
$V_{pl,Rd} = A_v \cdot f_{yd} / \sqrt{3} = 50{,}8 \cdot 35{,}5 / \sqrt{3} = 1041{,}2 \text{ kN} \geq 289{,}1 \text{ kN} = V_{Ed}$

1.4.4 Nachweis der Verbundsicherung

Die Verbundsicherung erfolgt mit Kopfbolzendübeln ⌀ 19 × 125 mm. Die Profilbleche werden über dem Träger gestoßen. Es ist zu prüfen, ob aufgrund des Blechabstandes eine Reduktion der Dübeltragfähigkeiten zu berücksichtigen ist. Dies erfolgt in Anlehnung an die Regelung für parallele Profilbleche. Die Zugfestigkeit des Bolzenmaterials beträgt $f_u = 450 \text{ N/mm}^2$.

$k_t = 0{,}6 \cdot \dfrac{b_0}{h_p}\left(\dfrac{h_{sc}}{h_p} - 1\right) = 0{,}6 \cdot \dfrac{140 - 2 \cdot 51/2}{51}\left(\dfrac{125}{51} - 1\right) = 1{,}52 \geq 1{,}0$ | DIN EN 1994-1-1, Gl. (6.22) ⇒ Keine Abminderung erforderlich

Die Dübeltragfähigkeit entspricht somit der Dübeltragfähigkeit in Vollbetonplatten: | DIN EN 1994-1-1, 6.6.3.1

$\dfrac{h_{sc}}{d} = \dfrac{125}{19} = 6{,}6 \geq 4 \rightarrow \alpha = 1{,}0$ | DIN EN 1994-1-1, Gl. (6.21)

$P_{Rd} = 0{,}8 \cdot f_u \cdot \dfrac{\pi \cdot d^2}{4} \cdot \dfrac{1}{\gamma_v} = 0{,}8 \cdot 45 \cdot \dfrac{\pi \cdot 1{,}9^2}{4} \cdot \dfrac{1}{1{,}25} = 81{,}6 \text{ kN}$ | DIN EN 1994-1-1, Gl. (6.18) (Stahlversagen) $\gamma_v = 1{,}25$

$P_{Rd} = 0{,}29 \cdot \alpha \cdot d^2 \cdot \sqrt{f_{ck} \cdot E_{cm}} \cdot \dfrac{1}{\gamma_v}$

$P_{Rd} = 0{,}29 \cdot 1{,}0 \cdot 1{,}9^2 \cdot \sqrt{3{,}5 \cdot 3400} \cdot \dfrac{1}{1{,}5} = 76{,}1 \text{ kN}$ | DIN EN 1994-1-1, Gl. (6.19) (Betonversagen) $\gamma_v = 1{,}5$ (DIN EN 1994-1-1/NA)

Bemessungswert der Dübeltragfähigkeit: $P_{Rd} = 76{,}1$ kN / Dübel

- **Ermittlung der Dübelanzahl n_f bei vollständiger Verdübelung:**

$n_f = N_{pl,a,Rd} / P_{Rd} = 3507{,}4 / 76{,}1 = 46{,}1 \Rightarrow 47$ Dübel

DIN EN 1994-1-1, 6.6.1.2

Erforderlicher Mindestverdübelungsgrad in Abhängigkeit von der Stützweite bei einer äquidistanten Anordnung der Dübel:

$L_e = 14{,}0$ m ≤ 25 m

DIN EN 1994-1-1, Gl. (6.12)

$$\eta_{min} = 1 - \left(\frac{355}{f_{yk}}\right)(0{,}75 - 0{,}03 \cdot L_e) \geq 0{,}4$$

$$\eta_{min} = 1 - \left(\frac{355}{355}\right)(0{,}75 - 0{,}03 \cdot 14) = 0{,}67 \geq 0{,}4$$

$n_{min} = \eta_{min} \cdot n_f = 0{,}67 \cdot 46{,}1 = 30{,}9 \Rightarrow 31$ Dübel

DIN EN 1994-1-1, 6.6.1.2(1)

- **Ermittlung der Dübelanzahl bei teilweiser Verdübelung:**

DIN EN 1994-1-1, 6.2.1.3

$$\eta = \frac{N_c}{N_{cf}} = \frac{M_{Ed} - M_{pl,a,Rd}}{M_{pl,Rd} - M_{pl,a,Rd}} = \frac{1011{,}9 - 604{,}2}{1190{,}8 - 604{,}2} = 0{,}695$$

DIN EN 1994-1-1, Gl. (6.1)

$N_c = \eta \cdot N_{cf} = 0{,}695 \cdot 3507{,}4 = 2437{,}7$ KN

erforderliche Dübelanzahl bei teilweiser Verdübelung:

DIN EN 1994-1-1, 6.2.1.3(3)

$n_{erf} = N_c / P_{Rd} = 2437{,}7 / 76{,}1 = 32{,}0 \Rightarrow 32$ Dübel

gew.: Kopfbolzendübel $\varnothing$ 19 mm mit $e_L = 18$ cm

$n_{vorh} = 7 / 0{,}18 = 38 \geq n_{erf} = 32$ Dübel

Grenzwert $M_{pl,a,Rd} / M_{pl,Rd} = 604{,}2 / 1190{,}8 = 0{,}51 > 1/2{,}5 = 0{,}4$

DIN EN 1994-1-1, 6.6.1.3(3)

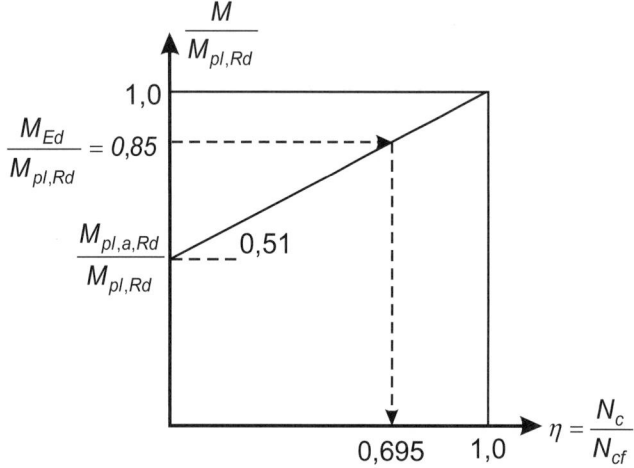

DIN EN 1994-1-1, 6.2.1.3

Bild 1.3: Teilverbunddiagramm

1.4.5 Schubsicherung des Betongurtes

- **Nachweis im Plattenanschnitt:**

Die vorhandene Längsschubkraft im Plattenanschnitt (**Schnitt a-a** nach Bild 1.4) kann aus der Betondruckkraft N_c oder aus den Schubkräften in den Verbundmitteln rückgerechnet werden.

$$v_{L,Ed} = \frac{1}{2} \cdot \frac{N_c}{L_{crit}} \cdot \left(\frac{b_{eff} - b_a}{b_{eff}}\right) = \frac{1}{2} \cdot \frac{2437,7}{7,00} \cdot \left(\frac{250 - 14}{250}\right) = 164,4 \text{ kN/m}$$

DIN EN 1994-1-1, 6.6.6.4

Im Plattenanschnitt darf nur die Betonfläche oberhalb des Profilbleches angerechnet werden.

DIN EN 1994-1-1, 6.6.6.4(1)

$$A_{cv,a-a} = h_f \cdot \Delta x = (15,0 - 5,1) \cdot 100 = 990 \text{ cm}^2/m$$

Bemessungswert der Schubtragfähigkeit bei Druckstrebenbruch:

DIN EN 1992-1-1, 6.2.4

$$v_{Rd,max} = A_{cv} \cdot v \cdot f_{cd} \cdot \sin\theta_f \cdot \cos\theta_f = 990 \cdot 0,75 \cdot 1,98 \cdot 0,64 \cdot 0,77$$
$$= 724,5 \text{ kN/m} \geq 164,4 \text{ kN/m}$$

DIN EN 1992-1-1, 6.2.4(4), Gl. (6.22) mit Gl. (6.20)

mit $\quad f_{cd} = \alpha_{cc} f_{ck}/\gamma_c = 0,85 \cdot 3,5/1,5 = 1,98 \text{ kN/cm}^2$
$\quad \alpha_{cc} = 0,85$
$\quad \cot\theta_f = 1,2 \Rightarrow \quad \sin\theta_f = 0,64; \quad \cos\theta_f = 0,77$
$\quad v_2 = (1,1 - 35/500) = 1,03 \leq 1,0$
$\quad v = v_1 = 0,75 \cdot 1,0 = 0,75$

DIN EN 1992-1-1, Gl.(3.15)
DIN EN 1992-1-1/NA, 3.1.6(1)
DIN EN 1992-1-1/NA, 6.2.4(4)
$v = v_1 = 0,75 \cdot v_2$
$v_2 = (1,1 - f_{ck}/500) \leq 1,0$
DIN EN 1992-1-1/NA, 6.2.4(4), 6.2.3(3)

Bemessungswert der Schubtragfähigkeit der Bewehrung:

Die obere Bewehrung aus der Deckentragwirkung darf im Plattenanschnitt voll angerechnet werden. Mit der oberen ($A_t = 2,21 \text{ cm}^2/m$) und der unteren ($A_b = 1,88 \text{ cm}^2/m$) Grundbewehrung ergibt sich die Längsschubtragfähigkeit zu:

$$v_{Rd,s} = \frac{A_{sf}}{s_f} \cdot f_{sd} \cdot \cot\theta_f = (2,21 + 1,88) \cdot 43,5 \cdot 1,2$$
$$= 213,5 \text{ kN/m kN/m} \geq 164,4 \text{ kN/m}$$

DIN EN 1992-1-1, 6.2.4(4), Gl. (6.21)

Für den Anschluss der seitlichen Betongurte ist keine zusätzliche Zulagebewehrung erforderlich.

- **Nachweis der Dübelumrissfläche:**

DIN EN 1994-1-1, 6.6.6.4

Anrechenbare Betonfläche im **Schnitt b-b** nach Bild 1.4
$A_{cv,b-b} = (2 \cdot 12,5 + 3,2) \cdot 100 = 2820 \text{ cm}^2/m$

Anrechenbare Betonfläche im **Schnitt c-c** nach Bild 1.4
$A_{cv,c-c} = (3,2 + 2 \cdot 10,18) \cdot 100 = 2356 \text{ cm}^2/m$

DIN EN 1994-1-1, 6.6.6.4(3)
Der Beton innerhalb der Rippenhöhe darf nicht berücksichtigt werden!

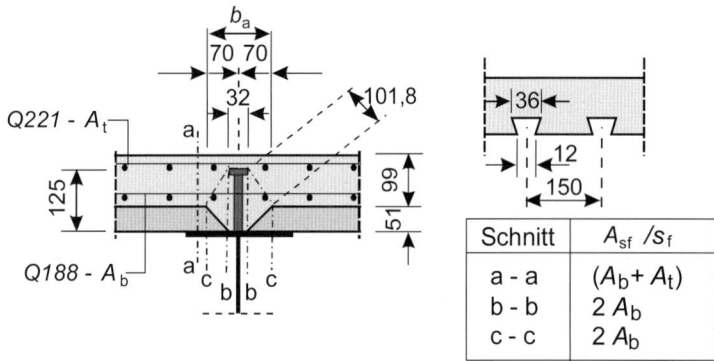

Bild 1.4: Holorib-Verbunddecke: maßgebende Schnitte für die Krafteinleitung in die Betondecke

Maßgebend für die Bemessung ist der **Schnitt c-c**. Da die obere Bewehrung nicht im Bereich der Dübelumrissfläche liegt, kann nur die untere Bewehrungslage angerechnet werden. Die vorhandene Längsschubkraft in der Dübelumrissfläche beträgt:

$$v_{L,Ed} = \frac{N_c}{L_{crit}} = \frac{2437,7}{7,00} = 348,2 \text{ kN/m}$$

Bemessungswert der Schubtragfähigkeit bei Druckstrebenbruch:

$$v_{Rd,max} = A_{cv} \cdot v \cdot f_{cd} \cdot \sin\theta_f \cdot \cos\theta_f = 2356 \cdot 0,75 \cdot 1,98 \cdot 0,64 \cdot 0,77$$
$$= 1724,1 \text{ kN/m} \geq 348,2 \text{ kN/m}$$

DIN EN 1992-1-1, 6.2.4(4), Gl. (6.22) mit Gl. (6.20)
f_{cd} nach DIN EN 1992-1-1, Gl. (3.15)

Nachweis der Schubbewehrung:

$$v_{Rd,s} = \frac{A_{sf}}{s_f} \cdot f_{sd} \cdot \cot\theta_f = (2 \cdot 1,88) \cdot 43,5 \cdot 1,2$$
$$= 196,3 \text{ kN/m} \leq 348,2 \text{ kN/m}$$

⇒ gew.: Zulagebewehrung ∅ 10 / 30 cm; $a_{su,ZB} = 2,61 \text{ cm}^2/m$

$$v_{Rd,s} = 2 \cdot (1,88 + 2,61) \cdot 43,5 \cdot 1,2 = 468,75 \text{ kN/m} \geq 348,2 \text{ kN/m}$$

DIN EN 1992-1-1, 6.2.4(4), Gl. (6.21)

1.5 Nachweise im Grenzzustand der Gebrauchstauglichkeit

DIN EN 1994-1-1, Kap. 7

Im Grenzzustand der Gebrauchstauglichkeit sind die Verformungen des Trägers sowie die erforderliche Überhöhung von Bedeutung. Der Träger wird mit Eigengewichtsverbund hergestellt. Der Einfluss der Nachgiebigkeit der Verbundfuge auf die Verformungen braucht nicht berücksichtigt zu werden.

DIN EN 1994-1-1, 7.3.1(4)

Der Einfluss des Kriechens und des Schwindens wird durch einen effektiven Elastizitätsmodul des Betons bzw. durch entsprechende Reduktionszahlen n_L berücksichtigt.

$$n_L = n_o \cdot (1 + \psi_L \cdot \varphi_t)$$

DIN EN 1994-1-1, 5.4.2.2(2)

$$E_{c,eff} = \frac{E_{cm}}{1 + \psi_L \cdot \varphi_t}$$

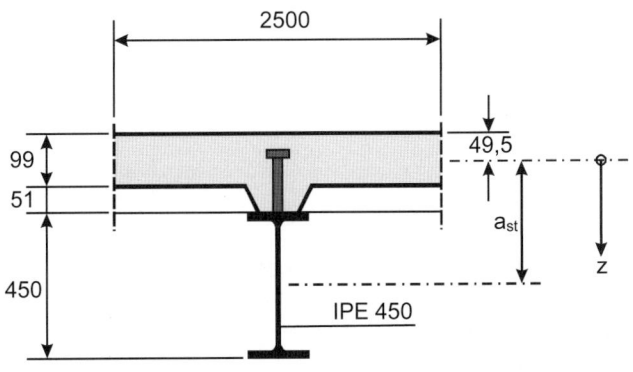

Bild 1.5: Querschnitt zur Ermittlung der ideellen Querschnittswerte

1.5.1 Berechnung der Reduktionszahlen

Kurzzeitlast und Dauerlasten zum Zeitpunkt $t = 0$:

$n_o = E_a / E_{cm} = 21000/3400 = 6{,}18$

Endkriechzahl für Betonplatteneigengewicht ($t_o = 28$ Tage): $\varphi = 2{,}0$
Endkriechzahl für Ausbaulasten ($t_o = 90$ Tage): $\varphi = 1{,}57$
Endkriechzahl für Schwinden ($t_o = 1$ Tag): $\varphi = 3{,}68$
$\psi_P = 1{,}1$ für zeitlich konstante Einwirkungen
$\psi_S = 0{,}55$ für zeitlich veränderliche Einwirkungen und Schwinden

$\Rightarrow n_P = n_o (1 + \psi_P \cdot \varphi) = 6{,}18 \cdot (1 + 1{,}1 \cdot 2{,}0) = 19{,}78$
$\Rightarrow n_P = n_o (1 + \psi_P \cdot \varphi) = 6{,}18 \cdot (1 + 1{,}1 \cdot 1{,}57) = 16{,}85$
$\Rightarrow n_S = n_o (1 + \psi_S \cdot \varphi) = 6{,}18 \cdot (1 + 0{,}55 \cdot 3{,}68) = 18{,}69$

1.5.2 Ermittlung der Querschnittswerte

Querschnittswerte des Stahlprofils IPE 450:
$A_a = 98{,}8 \text{ cm}^2 \qquad J_a = 3{,}374 \text{ cm}^2 m^2$
$a_{st} = 0{,}5 \cdot 0{,}45 + 0{,}15 - 0{,}099/2 = 0{,}325 \text{ m}$
Querschnittswerte des Betongurtes ($h \cdot b_c = 9{,}9 \cdot 250$)
$A_c = 2475 \text{ cm}^2 \qquad J_c = 2{,}02 \text{ cm}^2 m^2$

- **ideelle Querschnittswerte des Verbundquerschnittes zum Zeitpunkt $t = 0$:** $n_o = 6{,}18$

$A_{c,o} = A_c / n_o = 2475 / 6{,}18 = 400{,}5 \text{ cm}^2$
$J_{c,o} = J_c / n_o = 2{,}02 / 6{,}18 = 0{,}327 \text{ cm}^2 m^2$
$A_{i,o} = A_a + A_{c,o} = 98{,}8 + 400{,}5 = 499{,}3 \text{ cm}^2$
$z_{i,o} = A_a \cdot a_{st} / A_{i,o} = 98{,}8 \cdot 0{,}325 / 499{,}3 = 0{,}064 \text{ m}$
$S_{i,o} = A_{c,o} \cdot z_{i,o} = 400{,}5 \cdot 0{,}064 = 25{,}6 \text{ cm}^2 m$
$J_{i,o} = J_{c,o} + J_a + S_{i,o} \cdot a_{st} = 0{,}327 + 3{,}374 + 25{,}6 \cdot 0{,}325 = 12{,}02 \text{ cm}^2 m^2$

DIN EN 1994-1-1, 5.4.2.2(2)

Siehe Abschnitt 1.2

DIN EN 1994-1-1, 5.4.2.2(2)

- *ideelle Querschnittswerte für zeitlich konstante Einwirkungen aus Platteneigengewicht:* $n_p = 19{,}78$

$A_{c,p} = A_c / n_p = 2475 / 19{,}78 = 125{,}1 \text{ cm}^2$
$J_{c,p} = J_c / n_p = 2{,}02 / 19{,}78 = 0{,}10 \text{ cm}^2 m^2$
$A_{i,p} = A_a + A_{c,p} = 98{,}8 + 125{,}1 = 223{,}9 \text{ cm}^2$
$z_{i,p} = A_a \cdot a_{st} / A_{i,p} = 98{,}8 \cdot 0{,}325 / 223{,}9 = 0{,}143 \text{ m}$
$S_{i,p} = A_{c,p} \cdot z_{i,p} = 125{,}1 \cdot 0{,}143 = 17{,}89 \text{ cm}^2 m$
$J_{i,p} = J_{c,p} + J_a + S_{i,p} \cdot a_{st} = 0{,}10 + 3{,}374 + 17{,}89 \cdot 0{,}325 = 9{,}29 \text{ cm}^2 m^2$

- *ideelle Querschnittswerte für zeitlich konstante Einwirkungen aus Ausbaulasten:* $n_p = 16{,}85$

$A_{c,p} = A_c / n_p = 2475 / 16{,}85 = 146{,}9 \text{ cm}^2$
$J_{c,p} = J_c / n_p = 2{,}02 / 16{,}85 = 0{,}12 \text{ cm}^2 m^2$
$A_{i,p} = A_a + A_{c,p} = 98{,}8 + 146{,}9 = 245{,}7 \text{ cm}^2$
$z_{i,p} = A_a \cdot a_{st} / A_{i,p} = 98{,}8 \cdot 0{,}325 / 245{,}7 = 0{,}131 \text{ m}$
$S_{i,p} = A_{c,p} \cdot z_{i,p} = 146{,}9 \cdot 0{,}131 = 19{,}24 \text{ cm}^2 m$
$J_{i,p} = J_{c,p} + J_a + S_{i,p} \cdot a_{st} = 0{,}12 + 3{,}374 + 19{,}24 \cdot 0{,}325 = 9{,}75 \text{ cm}^2 m^2$

- *ideelle Querschnittswerte für zeitlich veränderliche Belastungen und Schwinden:* $n_S = 18{,}69$

$A_{c,S} = A_c / n_S = 2475 / 18{,}69 = 132{,}4 \text{ cm}^2$
$J_{c,S} = J_c / n_S = 2{,}02 / 18{,}69 = 0{,}108 \text{ cm}^2 m^2$
$A_{i,S} = A_a + A_{c,S} = 98{,}8 + 132{,}4 = 231{,}2 \text{ cm}^2$
$z_{i,S} = A_a \cdot a_{st} / A_{i,S} = 98{,}8 \cdot 0{,}325 / 231{,}2 = 0{,}139 \text{ m}$
$S_{i,S} = A_{c,S} \cdot z_{i,S} = 132{,}4 \cdot 0{,}139 = 18{,}4 \text{ cm}^2 m$
$J_{i,S} = J_{c,S} + J_a + S_{i,S} \cdot a_{st} = 0{,}108 + 3{,}374 + 18{,}4 \cdot 0{,}325 = 9{,}46 \text{ cm}^2 m^2$

1.5.3 Ermittlung der Verformungen aus ständigen Lasten und Verkehrslasten

DIN EN 1994-1-1, 7.3

- *Verformung aus Stahlträgereigengewicht*

$w_{g,1} = 5/384 \cdot 0{,}8 \cdot 14^4 / (21000 \cdot 3{,}374) = 0{,}0056 \text{ m}$

DIN EN 1994-1-1, 7.3.1(2)

- *Verformungen aus Platteneigengewicht zum Zeitpunkt $t = \infty$*

$w_{g,2} = 5/384 \cdot 9{,}4 \cdot 14^4 / (21000 \cdot 9{,}29) = 0{,}024 \text{ m}$

- *Verformungen aus Ausbaulasten zum Zeitpunkt $t = \infty$*

$w_{g,3} = 5/384 \cdot 6{,}5 \cdot 14^4 / (21000 \cdot 9{,}75) = 0{,}016 \text{ m}$

- **Verformungen aus Schwinden**

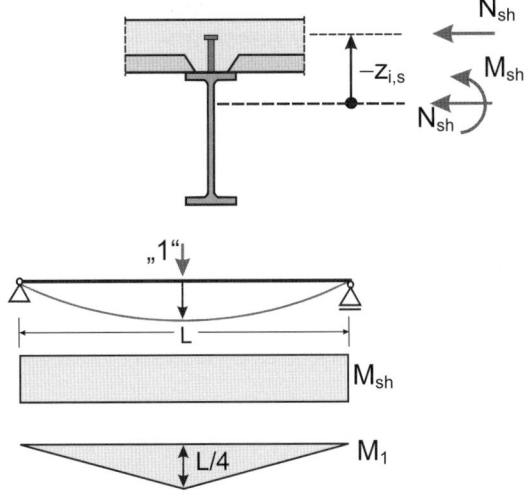

Bild 1.6: Betonschwinden

$\varepsilon_{cs} = \varepsilon_{cd} + \varepsilon_{ca}$

$\varepsilon_{cd,\infty} = -k_h \cdot \varepsilon_{cd,0} = -0,75 \cdot 45,0 \cdot 10^{-5} = -33,75 \cdot 10^{-5}$

$\varepsilon_{ca}(\infty) = -2,5(f_{ck} - 10) \cdot 10^{-6} = -2,5(35 - 10) \cdot 10^{-6} = -6,25 \cdot 10^{-5}$

$\varepsilon_{cs} = -33,75 \cdot 10^{-5} - 6,25 \cdot 10^{-5} = -40,0 \cdot 10^{-5}$
$= -0,40 \text{ ‰}$

$N_{Sh} = -\varepsilon_{cs} \cdot \dfrac{n_0}{n_s} \cdot E_{cm} \cdot A_c = -(-40,0 \cdot 10^{-5}) \cdot \dfrac{6,18}{18,69} \cdot 3400 \cdot 250 \cdot 9,9$

$N_{sh} = 1113 \text{ kN}$

Schwindmoment:

$M_{Sh} = -N_{Sh} \cdot (-z_{is}) = -1113 \cdot (-0,139) = 154,7 \text{ kNm}$

$w_{sh} = \int_L \dfrac{M_{Sh} M_1}{E_a J_{i,s}} dx = \dfrac{1}{E_a J_{i,s}} \dfrac{L}{2} M_{Sh} M_1 = \dfrac{154,7}{21000 \cdot 9,46} \cdot \dfrac{14,0^2}{8} = 0,019 \text{ m}$

- **Verformung in Feldmitte aus dem quasi-ständigen Verkehrslastanteil: (Kombinationsbeiwert $\psi_{2,i} = 0,6$)**

$w_q = 5/384 \cdot 0,6 \cdot 12,5 \cdot 14^4 / (21000 \cdot 12,02)$
$w_q = 0,015 \text{ m} \cong 1/933 < 1/250$

1.5.4 Ermittlung der erforderlichen Überhöhung für die Verformungsanteile aus den ständigen Einwirkungen und dem Schwinden:

Überhöhung: $ü = 0,6 + 2,4 + 1,6 + 1,9 = 6,5$ cm $\Rightarrow$ gew.: $ü = 7,0$ cm

Da der Verformungsanteil aus den Verkehrslasten gering ist, bleibt der quasi-ständige Verkehrslastanteil bei der Ermittlung der Trägerüberhöhung unberücksichtigt.

DIN EN 1994-1-1, 7.3.1(8)

DIN EN 1992-1-1, 3.1.4(6)
DIN EN 1992-1-1, Gl. (3.8)

$k_h = 0,75$ für $h_0 = 300$ mm
DIN EN 1992-1-1, Tab. 3.3
$\varepsilon_{cd,0}$ für Zement Klasse N
DIN EN 1992-1-1, Tab. NA.B.2
$\varepsilon_{ca}(\infty)$
DIN EN 1992-1-1, Gl. (3.12)

DIN EN 1990, 6.4.3

Nach DIN EN 1992-1-1, 7.4 ist bei Gefahr von Schäden an angrenzenden Bauteilen zusätzlich nachzuweisen, dass die Durchbiegungsänderung nach Einbau von gefährdeten Ausbauteilen auf l/500 zu beschränken ist. Für diesen Nachweis ergibt sich die maßgebende Verformung aus den Verformungen infolge Kriechen aus Platteneigengewicht, den Differenzschwindverformungen und den Durchbiegungen aus Verkehr und Ausbaulasten.

Für die Durchbiegungen aus Schwinden wird angenommen, dass die Ausbaulasten mit rissgefährdeten Bauteilen 90 Tage nach dem Betonieren eingebaut werden. Für das Schwindmaß zu diesem Zeitpunkt ergibt sich mit: — DIN EN 1992-1-1, Anhang B.2
Zementyp N und $f_{cm} = 43$ N/mm², $t_s = 1$ Tag, $t = 90$ Tage:

Trocknungsschwinden (mit genauer Berechnung von $\varepsilon_{cd,0}$):

$$\varepsilon_{cd,0} = 0{,}85 \cdot \left[(220 + 110 \cdot \alpha_{ds1}) \cdot \exp\left(-\alpha_{ds2} \cdot \frac{f_{cm}}{f_{cm0}}\right) \right] \cdot 10^{-6} \cdot \beta_{RH}$$

DIN EN 1992-1-1, Gl. (B.11)

mit $\quad \alpha_{ds1} = 4;\ \alpha_{ds2} = 0{,}12;\ f_{cm0} = 10;$

$$\beta_{RH} = 1{,}55 \cdot \left[1 - \left(\frac{50}{100}\right)^3\right] = 1{,}356$$

DIN EN 1992-1-1, Gl. (B.12)

$$\varepsilon_{cd,0} = -0{,}85 \cdot \left[(220 + 110 \cdot 4) \cdot \exp\left(-0{,}12 \cdot \frac{43}{10}\right)\right] \cdot 10^{-6} \cdot 1{,}356 = -45{,}4 \cdot 10^{-5}$$

$$\beta_{ds}(t,t_s) = \frac{(t-t_s)}{(t-t_s) + 0{,}04 \cdot \sqrt{h_0^3}} = \frac{90-1}{(90-1) + 0{,}04 \cdot \sqrt{300^3}} = 0{,}30$$

DIN EN 1992-1-1, Gl. (3.10)

$$\varepsilon_{cd}(t) = \beta_{ds}(90,1) \cdot k_h \cdot \varepsilon_{cd,0}$$

$$\varepsilon_{cd}(90) = 0{,}30 \cdot 0{,}75 \cdot (-45{,}4 \cdot 10^{-5}) = -10{,}2 \cdot 10^{-5}$$

DIN EN 1992-1-1, Gl. (3.9)
$k_h = 0{,}75$ für $h_0 = 300$ mm
DIN EN 1992-1-1, Tab. 3.3

Schrumpfen
$$\varepsilon_{ca}(\infty) = -6{,}25 \cdot 10^{-5}$$

DIN EN 1992-1-1, Gl. (3.12)

$$\beta_{as}(t) = 1 - \exp(-0{,}2\sqrt{t}) = 1 - \exp(-0{,}2\sqrt{90}) = 0{,}85$$

DIN EN 1992-1-1, Gl. (3.13)

$$\varepsilon_{ca}(90) = \beta_{as}(90) \cdot \varepsilon_{ca}(\infty) = 0{,}85 \cdot (-6{,}25 \cdot 10^{-5}) = -5{,}31 \cdot 10^{-5}$$

DIN EN 1992-1-1, Gl. (3.11)

Gesamtschwinddehnung:
$$\varepsilon_{cs}(90) = \varepsilon_{cd}(90) + \varepsilon_{ca}(90) = -10{,}2 \cdot 10^{-5} - 5{,}31 \cdot 10^{-5} = -15{,}5 \cdot 10^{-5}$$

DIN EN 1992-1-1, Gl. (3.8)

Ermittlung der zugehörigen Kriechzahlen zum Zeitpunkt $t = 90$ Tage nach DIN EN 1992-1-1, Anhang B.1:

$$\varphi(t,t_0) = \varphi_0 \cdot \beta_c(t,t_0)$$

DIN EN 1992-1-1, Gl. (B.1)

mit $\quad \varphi_0 = \varphi_{RH} \cdot \beta(f_{cm}) \cdot \beta(t_0)$

DIN EN 1992-1-1, Gl. (B.2)

$$\beta_c(t,t_0) = \left[\frac{(t-t_0)}{\beta_H + t - t_0}\right]^{0{,}3}$$

DIN EN 1992-1-1, Gl. (B.7)

$$\varphi_{RH} = \left[1 + \frac{1 - RH/100}{0,1 \cdot \sqrt[3]{h_0}} \cdot \alpha_1\right] \cdot \alpha_2 \quad \text{für } f_{cm} > 35 \text{ N/mm}^2 \qquad \text{DIN EN 1992-1-1, Gl. (B.3b)}$$

mit $\alpha_1 = (35/f_{cm})^{0,7} = 0,866; \quad \alpha_2 = (35/f_{cm})^{0,2} = 0,960$ DIN EN 1992-1-1, Gl. (B.8c)

$$\varphi_{RH} = \left[1 + \frac{1 - 50/100}{0,1 \cdot \sqrt[3]{300}} \cdot 0,866\right] \cdot 0,960 = 1,58$$

$$\beta(f_{cm}) = \frac{16,8}{\sqrt{f_{cm}}} = \frac{16,8}{\sqrt{43}} = 2,56 \qquad \text{DIN EN 1992-1-1, Gl. (B.4)}$$

$$\beta(t_0) = \frac{1}{\left(0,1 + t_0^{0,2}\right)} = \frac{1}{0,1 + (1)^{0,2}} = 0,91 \qquad \text{DIN EN 1992-1-1, Gl. (B.5)}$$

$$\beta_H = 1,5\left[1 + (0,012 \cdot RH)^{18}\right] \cdot h_0 + 250 \cdot \alpha_3 \leq 1500 \cdot \alpha_3 \qquad \text{DIN EN 1992-1-1, Gl. (B.8b)}$$
für $f_{cm} > 35$ N/mm²

mit $\alpha_3 = (35/f_{cm})^{0,5} = 0,902$ DIN EN 1992-1-1, Gl. (B.8c)

$$\beta_H = 1,5\left[1 + (0,012 \cdot 50)^{18}\right] \cdot 300 + 250 \cdot 0,902 = 675,5$$
$$\leq 1353 = 1500 \cdot \alpha_3$$

Grundzahl des Kriechens φ_0:

$$\varphi_0 = \varphi_{RH} \cdot \beta(f_{cm}) \cdot \beta(t_0) = 1,58 \cdot 2,56 \cdot 0,91 = 3,68 \qquad \text{DIN EN 1992-1-1, Gl. (B.2)}$$

$$\beta_c(90,1) = \left[\frac{(t - t_0)}{\beta_H + t - t_0}\right]^{0,3} = \left[\frac{(90 - 1)}{675,5 + 90 - 1}\right]^{0,3} = 0,525 \qquad \text{DIN EN 1992-1-1, Gl. (B.7)}$$

Kriechzahl zum Zeitpunkt t = 90 Tage, $t_0 = 1$ Tag:

$$\psi(90,1) = \psi_0 \cdot \beta_c(90,1) = 3,68 \cdot 0,525 = 1,93 \qquad \text{DIN EN 1992-1-1, Gl. (B.1)}$$

Ermittlung der Durchbiegung aus Schwinden zum Zeitpunkt t = 90 Tage:

Reduktionszahl:

$n_S = n_0 (1 + \psi_S \cdot \varphi) = 6,18 \cdot (1 + 0,55 \cdot 1,93) = 12,74$

Querschnittskenngrößen für Schwinden:

$A_{c,S} = A_c / n_S = 2475 / 12,74 = 194,3 \text{ cm}^2$
$J_{c,S} = J_c / n_S = 2,02 / 12,74 = 0,159 \text{ cm}^2\text{m}^2$
$A_{i,S} = A_a + A_{c,S} = 98,8 + 194,3 = 293,1 \text{ cm}^2$
$z_{i,S} = A_a \cdot a_{st} / A_{i,S} = 98,8 \cdot 0,325 / 293,1 = 0,110 \text{ m}$
$S_{i,S} = A_{c,S} \cdot z_{i,S} = 194,3 \cdot 0,110 = 21,37 \text{ cm}^2\text{m}$
$J_{i,S} = J_{c,S} + J_a + S_{i,S} \cdot a_{st} = 0,159 + 3,374 + 21,37 \cdot 0,325 = 10,48 \text{ cm}^2\text{m}^2$

$$N_{Sh} = 15,5 \cdot 10^{-5} \cdot \frac{6,18}{12,74} \cdot 3400 \cdot 250 \cdot 9,9 = 632,7 \text{ kN}$$

Schwindmoment:

$M_{Sh} = -N_{Sh} \cdot (-z_{is}) = -632,7 \cdot (-0,110) = 69,6 \text{ kNm}$

$$w_{sh} = \frac{69,6}{21000 \cdot 10,48} \cdot \frac{14,0^2}{8} = 0,008\,m$$

Durchbiegungsdifferenz zwischen t = ∞ und t = 90 Tage

$\Delta w_{sh} = 1,9 - 0,8 = 1,1\ cm$

Ermittlung der Durchbiegungsdifferenz aus Kriechen infolge des Betonplatteneigengewichtes:

Kriechzahl zum Zeitpunkt t = 90 Tage, t_0 = 28 Tage:

$$\beta(t_o) = \frac{1}{0,1 + (28)^{0,2}} = 0,488 \qquad \text{DIN EN 1992-1-1, Gl. (B.5)}$$

$$\beta_c(t,t_0) = \left(\frac{90-28}{675,5 + 90 - 28}\right)^{0,3} = 0,475 \qquad \text{DIN EN 1992-1-1, Gl. (B.7)}$$

$$\varphi_0 = \varphi_{RH} \cdot \beta(f_{cm}) \cdot \beta(t_0) = 1,58 \cdot 2,56 \cdot 0,488 = 1,97 \qquad \text{DIN EN 1992-1-1, Gl. (B.2)}$$

$$\varphi(90,28) = \varphi_0 \cdot \beta_c(90,28) = 1,97 \cdot 0,475 = 0,94 \qquad \text{DIN EN 1992-1-1, Gl. (B.1)}$$

Reduktionszahl:
$n_P = n_o (1 + \psi_P \cdot \varphi) = 6,18 \cdot (1 + 1,1 \cdot 0,94) = 12,57$

Querschnittskenngrößen
$A_{c,p} = A_c / n_p = 2475 / 12,57 = 196,9\ cm^2$
$J_{c,p} = J_c / n_p = 2,02 / 12,57 = 0,161\ cm^2 m^2$
$A_{i,p} = A_a + A_{c,p} = 98,8 + 196,9 = 295,7\ cm^2$
$z_{i,p} = A_a \cdot a_{st} / A_{i,p} = 98,8 \cdot 0,325 / 295,7 = 0,109\ m$
$S_{i,p} = A_{c,p} \cdot z_{i,p} = 196,9 \cdot 0,109 = 21,46\ cm^2 m$
$J_{i,p} = J_{c,p} + J_a + S_{i,p} \cdot a_{st} = 0,161 + 3,374 + 21,46 \cdot 0,325 = 10,51\ cm^2 m^2$

Durchbiegungsänderung aus Kriechen

$$\Delta w_k = \frac{5}{384} \cdot g_k \cdot L^4 \left(\frac{1}{E_a J_{i,p}(t=\infty)} - \frac{1}{E_a J_{i,p}(t=90)}\right)$$

$$\Delta w_k = \frac{5}{384} \cdot 9,4 \cdot 14^4 \left(\frac{1}{21000 \cdot 9,29} - \frac{1}{21000 \cdot 10,51}\right) = 0,0028\,m$$

Gesamte Durchbiegungsdifferenz, die für rissgefährdete Ausbauteile maßgebend wird, ergibt sich zu:

$\Delta w = w_{g,3} + \Delta w_k + \Delta w_{sh} + w_q = 1,6 + 0,28 + 1,1 + 1,5 = 4,5\ cm \approx L/310$
$> L/500$

Im vorliegenden Fall kann somit der Nachweis nicht erbracht werden. Entweder sind die Ausbaugewerke so zu planen, dass die Verformungsänderung ohne Schädigung ertragen werden kann, oder der Träger ist ohne Eigengewichtsverbund herzustellen und es ist ein Stahlprofil mit größerer Biegesteifigkeit zu wählen.

Beispiel 2: Durchlaufträger in Verbundbauweise

2.1 Allgemeines

Es wird ein durchlaufender Zweifeld-Deckenträger eines Geschäfts- und Warenhauses bemessen. Die Decke wird als Profilblech-Verbunddecke mit über dem Stahlträger durchlaufenden Profilblechen ausgebildet. Die Verbundsicherung erfolgt mit Kopfbolzendübeln. Hinsichtlich der Umweltbedingungen wird der Träger in die Expositionsklasse XC1 nach DIN EN 1992-1-1 eingestuft. Er wird als Deckenträger ohne Eigengewichtsverbund ausgeführt. Auf die Nachweise für den Bauzustand wird im Rahmen dieses Beispiels verzichtet.

Verweis auf
DIN EN 1994-1-1:2010-12
DIN EN 1993-1-1:2010-12
DIN EN 1992-1-1:2011-01

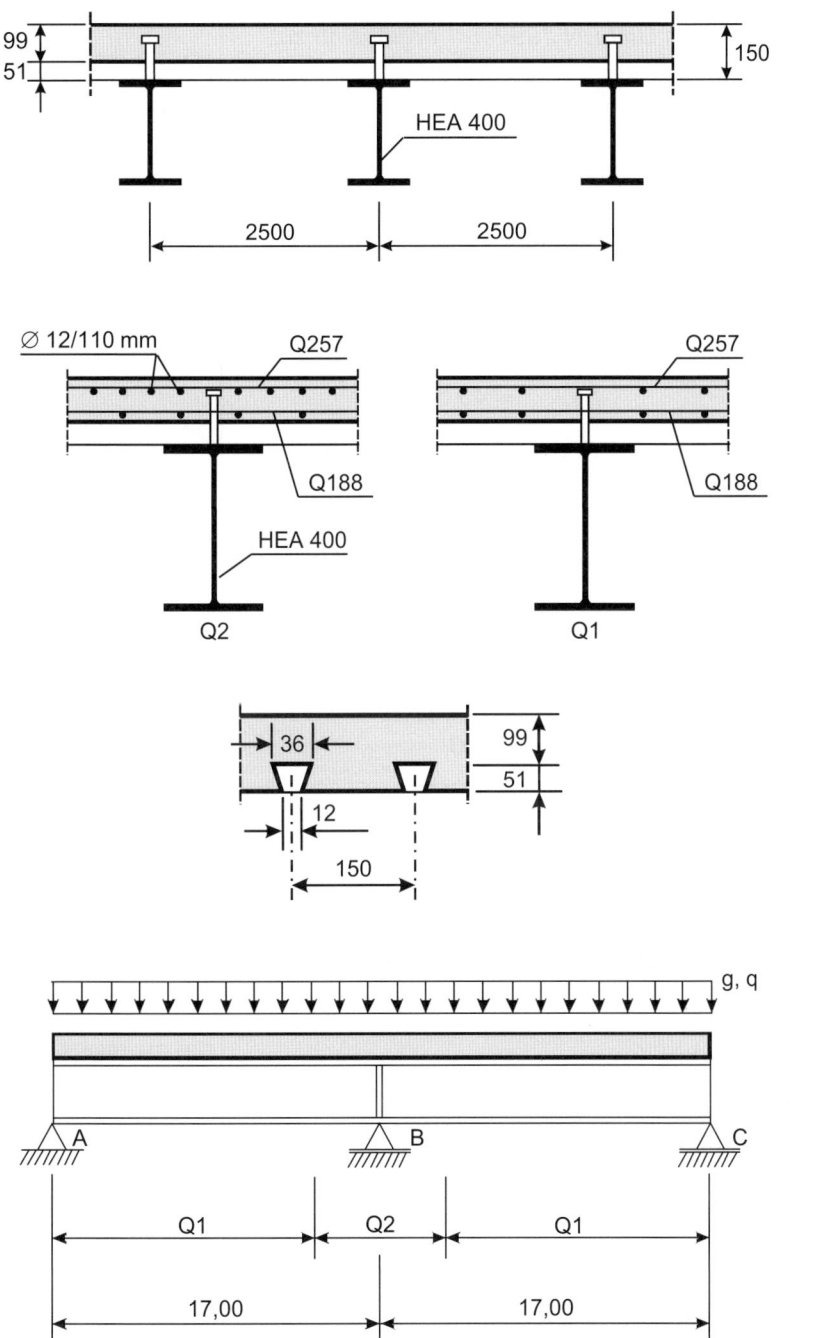

Bild 2.1: Querschnitt des Deckenträgers im Stütz- und Feldbereich

2.2 Werkstoffe

Beton

Betonfestigkeitsklasse		C35/45	
Zylinderdruckfestigkeit	f_{ck}	$= 35\ N/mm^2$	
Teilsicherheitsbeiwert	γ_c	$= 1{,}5$	
Bemessungswert	f_{cd}	$= f_{ck}/\gamma_c$	
	f_{cd}	$= 2{,}33\ kN/cm^2$	
Elastizitätsmodul	E_{cm}	$= 3400\ kN/cm^2$	

DIN EN 1994-1-1, 3.1
DIN EN 1992-1-1, Tab. 3.1
DIN EN 1992-1-1/NA, Tab. NA.2.1
DIN EN 1994-1-1, Gl. (2.1)
DIN EN 1992-1-1, Tab. 3.1

Da der Betonquerschnitt an der Plattenunterseite nicht austrocknen kann, ergibt sich für die mittlere Dicke h_0 zur Bestimmung der Endkriechzahl φ:

$h_0 = 2 \cdot A_c/u \quad h_0 = 2 \cdot 15 \cdot 250/250 = 30\ cm$

DIN EN 1992-1-1, 3.1.4(5)

Die Endkriechzahl nach DIN EN 1992-1-1 ergibt sich zu:

RH = 50 %   Innenbauteil

DIN EN 1992-1-1, Bild 3.1

Zementfestigkeit: 32,5R; 42,5N

DIN EN 1992-1-1, 3.1.2(6)

$\Rightarrow$ Zement der Klasse N

$\varphi_t \cong 2{,}0$ für Ausbaulasten mit $t_o = 28$ Tage

DIN EN 1992-1-1, Bild 3.1

$\varphi_t \cong 3{,}68$ für Schwinden mit $t_o = 1$ Tag

Betonstahl

Materialgüte		B500 B	
Charakteristischer Wert der Streckgrenze	f_{sk}	$= 500\ N/mm^2$	
Bemessungswert	f_{sd}	$= f_{sk}/\gamma_s = 500/1{,}15$	
	f_{sd}	$= 43{,}5\ kN/cm^2$	

DIN EN 1994-1-1, 3.2
DIN EN 1992-1-1/NA, Tab. NA.2.1

Baustahl

Materialgüte		S355	
Charakteristischer Wert der Streckgrenze	f_y	$= 355\ N/mm^2$	
Bemessungswert	f_{yd}	$= f_{yk}/\gamma_{M0} = 355/1{,}0$	
	f_{yd}	$= 35{,}5\ kN/cm^2$	

DIN EN 1994-1-1; 3.3
DIN EN 1993-1-1, Tab. 3.1
DIN EN 1993-1-1/NA, 6.1(1)

Profilblech

Bezeichnung		HR 51/150, $t_p = 0{,}75\ mm$	
Charakteristischer Wert der Streckgrenze	$f_{yp,k}$	$= 320\ N/mm^2$	
Teilsicherheitsbeiwert	γ_{M0}	$= 1{,}0$	
Bemessungswert	$f_{yp,d}$	$= f_{yp,k}/\gamma_{M0}$	
	$f_{yp,d}$	$= 32{,}0\ kN/cm^2$	

Zulassung: Z-26.1-4

2.3 Querschnittskenngrößen und Klassifizierung

2.3.1 Mittragende Breite des Betongurtes

$b_{eff} = b_{e1} + b_{e2} \qquad b_{ei} = L_e/8 < b_i$

DIN EN 1994-1-1, 5.4.1.2(5)

a) Feldbereich

$L_e = 0{,}85 \cdot L_o = 0{,}85 \cdot 17{,}0 = 14{,}45\ m$
$b_{e1} = b_{e2} = 14{,}45 / 8 = 1{,}81\ m > b_1 = b_2 = 1{,}25\ m$
$b_{eff,1} = 2 \cdot 1{,}25 = 2{,}50\ m =$ Trägerabstand

b) Stützbereich

$L_e = 0{,}25 \cdot (L_1 + L_2) = 0{,}25 \cdot (17{,}0 + 17{,}0) = 8{,}5\ m$
$b_{e1} = b_{e2} = 8{,}5 / 8 = 1{,}06\ m < b_1 = b_2 = 1{,}25\ m$
$b_{eff,2} = 2 \cdot 1{,}06 = 2{,}12\ m$

2.3.2 Querschnittsklassen

- **Feldbereich**

Klassifizierung des Querschnittes:

plastische Normalkraft des Stahlprofils:

$N_{pl,a,Rd} = f_{yd} \cdot A_a = 35{,}5 \cdot 159{,}0 = 5644{,}5$ kN

plastische Betondruckkraft bei voll überdrücktem Betongurt:

$N_{cd} = 0{,}85 \cdot f_{cd} \cdot A_c$
$A_c = b_{eff} \cdot (h_c - h_p) = 250 \cdot (15{,}0 - 5{,}1) = 2475$ cm^2
$N_{cd} = 0{,}85 \cdot 2{,}33 \cdot 2475 = 4901{,}7$ kN
$N_{pl,a,Rd} = 5644{,}5$ kN $> 4901{,}7$ kN $= N_{cd}$

⇒ plastische Nulllinie liegt im Stahlprofil

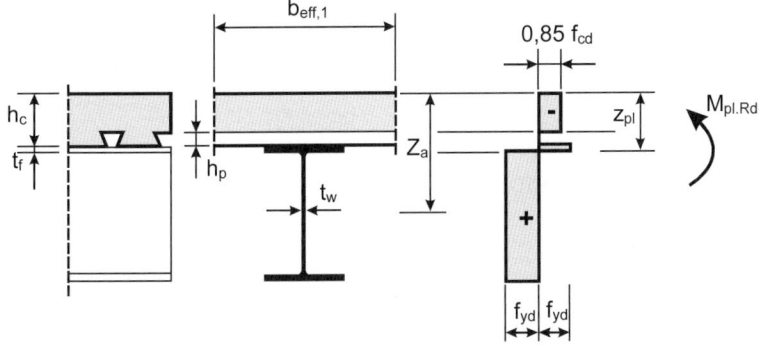

Bild 2.2: Plastische Spannungsverteilung bei positiver Momentenbeanspruchung ($h_c < z_{pl} < h_c + t_f$)

h_c: hier Betongurtstärke einschließlich Profilblech

Lage der plastischen Nulllinie ab Oberkante Betongurt:

$$z_{pl} = h_c + \frac{N_{pl,a,Rd} - N_{cd}}{2 f_{yd} b_f} = 15{,}0 + \frac{5644{,}5 - 4901{,}7}{2 \cdot 35{,}5 \cdot 30{,}0} = 15{,}35 \text{ cm}$$

$z_{pl} > h_c = 15{,}0$ cm
$z_{pl} < h_c + t_f = 15{,}0 + 1{,}9 = 16{,}9$ cm

⇒ Plastische Nulllinie liegt im Obergurt des Stahlprofils. Der Flansch wird auf der sicheren Seite liegend wie ein voll gedrückter Flansch nachgewiesen.

$\dfrac{c}{t} = \dfrac{117{,}5}{19} = 6{,}2 \leq 9\varepsilon = 9 \cdot 0{,}81 = 7{,}3$ ⇒ Klasse 1

mit $\varepsilon = \sqrt{\dfrac{235}{355}} = 0{,}81$

DIN EN 1993-1-1, 5.5.1
DIN EN 1993-1-1, Tab. 5.2
Einseitig gestützter Flansch

- **Stützbereich**

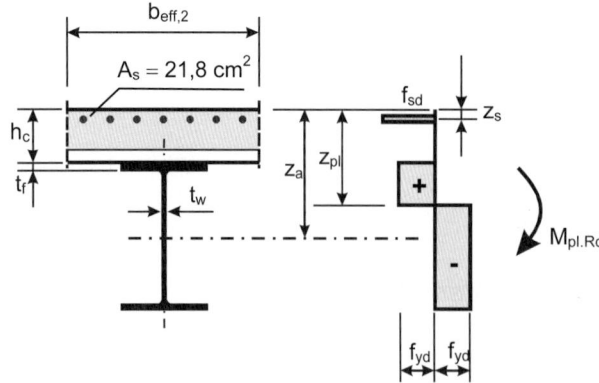

Bild 2.3: Plastische Spannungsverteilung bei negativer Momentenbeanspruchung

a) Klassifizierung des Untergurtes

$$\frac{c}{t} = 6{,}2 \leq 9\varepsilon = 7{,}3 \quad \Rightarrow \quad \text{Klasse 1}$$

DIN EN 1993-1-1, Tab. 5.2
Einseitig gestützter Flansch

b) Klassifizierung des Steges

Lage der plastischen Nulllinie ab Oberkante Betongurt:

$$z_{pl} = h_c + t_f + r + \frac{N_{pl,a,Rd} - N_{pl,s,Rd} - N_{fd} - N_{rd}}{2 f_{yd} t_w}$$

$N_{pl,s,Rd} = A_s \cdot f_{sd} = 21{,}8 \cdot 43{,}5 = 948{,}3 \text{ kN}$

$$\text{mit } A_s = \frac{1{,}2^2 \cdot \pi}{4} \cdot \frac{2{,}12}{0{,}11} = 21{,}8 \text{ cm}^2$$

$N_{fd} = 2 \cdot f_{yd} \cdot b_f \cdot t_f = 2 \cdot 35{,}5 \cdot 30{,}0 \cdot 1{,}9 = 4047 \text{ kN}$

$N_{rd} = 2 \cdot f_{yd} \cdot (A_a - 2 \cdot b \cdot t_f - (h - 2 \cdot t_f - 2 \cdot r) \cdot t_w) \cdot 1/2$
$\phantom{N_{rd}} = 2 \cdot 35{,}5 \cdot (159{,}0 - 114{,}0 - 32{,}8) \cdot 1/2 = 216{,}6 \text{ kN}$

$$z_{pl} = 15{,}0 + 1{,}9 + 2{,}7 + \frac{5644{,}5 - 948{,}3 - 4047 - 216{,}6}{2 \cdot 35{,}5 \cdot 1{,}1} = 25{,}14 \text{ cm}$$

Spannungsverhältnis im Steg:

$$\alpha = 1 - \frac{z_{pl} - h_c - t_f - r}{h_w} = 1 - \frac{25{,}14 - 15{,}0 - 1{,}9 - 2{,}7}{29{,}8} = 0{,}81 > 0{,}5$$

Klassifizierung für die Querschnittsklasse 1:

$$\frac{c}{t} = \frac{h_w}{t_w} = \frac{29{,}8}{1{,}1} = 27{,}1 \leq \frac{396}{13 \cdot 0{,}81 - 1} = 41{,}6$$

DIN EN 1993-1-1, Tab. 5.2
Beidseitig gestützter Steg

c) *Duktilitätsbewehrung für Nachweisverfahren Plastisch-Plastisch*

Anrechenbarkeit der Bewehrung des Betonstahls im Stützbereich

Der Wert $z_{i,o}$ wird näherungsweise ohne Berücksichtigung der Bewehrung ermittelt.

$A_{c,o} = A_c / n_o = 212 \cdot 9,9 / 6,18 = 339,6 \text{ cm}^2$
$a_{st} = 39/2 + 15 - 9,9/2 = 29,55 \text{ cm}$
$A_a = 159 \text{ cm}^2$
$z_{i,o} = 159 \cdot 29,55 / (159 + 339,6) = 9,42 \text{ cm}$

$$k_c = \frac{1}{1 + \frac{h_c}{2 \cdot z_{i,o}}} + 0,3 = \frac{1}{1 + \frac{9,9}{2 \cdot 9,42}} + 0,3 = 0,96 \leq 1,0$$

$$\rho_{s,min} = \delta \cdot \frac{f_y}{235} \cdot \frac{f_{ctm}}{f_{sk}} \sqrt{k_c} = \delta \cdot \frac{355}{235} \cdot \frac{3,2}{500} \sqrt{0,96} = \delta \cdot 0,0095$$

mit: $\delta = 1,1 \Rightarrow \rho_{s,min} = 1,1 \cdot 0,0095 = 1,04 \%$ (Klasse 1)

$\delta = 1,0 \Rightarrow \rho_{s,min} = 1,0 \cdot 0,0095 = 0,95 \%$ (Klasse 2)

$$\rho_{s,vorh} = \frac{21,8}{9,9 \cdot 212} = 1,04 \% \geq 1,04 \% = \rho_{s,min}$$

2.3.3 Elastische Querschnittswerte

Der Einfluss des Kriechens und Schwindens wird durch einen effektiven Elastizitätsmodul des Betons bzw. durch entsprechende Reduktionszahlen n_L berücksichtigt.

$$E_{c,eff} = \frac{E_{cm}}{1 + \psi_L \cdot \varphi_t}$$

- **Berechnung der Reduktionszahlen**

Kurzzeitlast und Dauerlasten zum Zeitpunkt t = 0:

$n_o = E_a / E_{cm} = 21000/3400 = 6,18$

Endkriechzahl für Ausbaulasten ($t_o = 28$ *Tage*): $\varphi = 2,0$
Endkriechzahl für Schwinden ($t_o = 1$ *Tag*): $\varphi = 3,68$
$\psi_P = 1,1$ *für zeitlich konstante Einwirkungen*
$\psi_S = 0,55$ *für zeitlich veränderliche Einwirkungen und Schwinden*

$\Rightarrow n_P = n_o \cdot (1 + \psi_P \cdot \varphi) = 6,18 \cdot (1 + 1,1 \cdot 2,0) = 19,76$
$\Rightarrow n_S = n_o \cdot (1 + \psi_S \cdot \varphi) = 6,18 \cdot (1 + 0,55 \cdot 3,68) = 18,69$

- **Feldbereich**

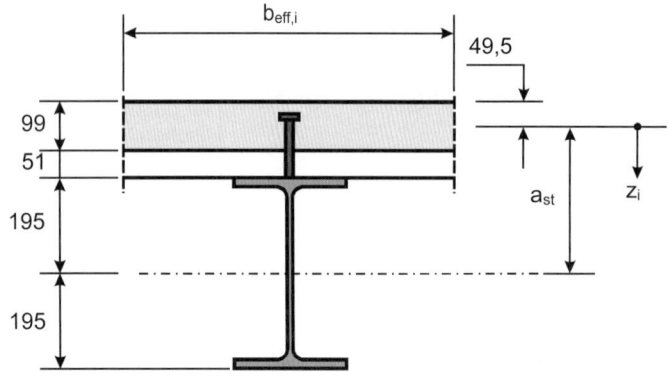

Bild 2.4: Maße und Bezeichnungen zur Bestimmung der Querschnittswerte im Bereich positiver Biegemomente

Querschnittswerte des Stahlprofils HEA 400:

$A_a = 159\ cm^2$ $\qquad J_a = 4{,}507\ cm^2 m^2$

$a_{st} = 0{,}5 \cdot 0{,}39 + 0{,}15 - 0{,}099 / 2 = 0{,}2955\ m$

Querschnittswerte des Betongurtes ($h \cdot b = 9{,}9 \cdot 250$)

$A_c = 2475\ cm^2$ $\qquad J_c = 250 \cdot 9{,}9^3 / 12 \cdot 10^{-4} = 2{,}02\ cm^2 m^2$

- **ideelle Querschnittswerte des Verbundquerschnittes zum Zeitpunkt $t = 0$:** $\qquad n_o = 6{,}18$

$A_{c,o} = A_c / n_o = 2475 / 6{,}18 = 400{,}5\ cm^2$
$J_{c,o} = J_c / n_o = 2{,}02 / 6{,}18 = 0{,}327\ cm^2 m^2$
$A_{i,o} = A_a + A_{c,o} = 159 + 400{,}5 = 559{,}5\ cm^2$
$z_{i,o} = A_a \cdot a_{st} / A_{i,o} = 159 \cdot 0{,}2955 / 559{,}5 = 0{,}084\ m$
$S_{i,o} = A_{c,o} \cdot z_{i,o} = 400{,}5 \cdot 0{,}084 = 33{,}6\ cm^2 m$
$J_{i,o} = J_{c,o} + J_a + S_{i,o} \cdot a_{st} = 0{,}327 + 4{,}507 + 33{,}6 \cdot 0{,}296 = 14{,}78\ cm^2 m^2$

- **ideelle Querschnittswerte für zeitlich konstante Einwirkungen:** $\qquad n_p = 19{,}76$

$A_{c,p} = A_c / n_p = 2475 / 19{,}76 = 125{,}2\ cm^2$
$J_{c,p} = J_c / n_p = 2{,}02 / 19{,}76 = 0{,}10\ cm^2 m^2$
$A_{i,p} = A_a + A_{c,p} = 159 + 125{,}2 = 284{,}2\ cm^2$
$z_{i,p} = A_a \cdot a_{st} / A_{i,p} = 159 \cdot 0{,}2955 / 284{,}2 = 0{,}165\ m$
$S_{i,p} = A_{c,p} \cdot z_{i,p} = 125{,}2 \cdot 0{,}165 = 20{,}66\ cm^2 m$
$J_{i,p} = J_{c,p} + J_a + S_{i,p} \cdot a_{st} = 0{,}10 + 4{,}507 + 20{,}66 \cdot 0{,}296 = 10{,}72\ cm^2 m^2$

- **ideelle Querschnittswerte für zeitlich veränderliche Belastungen und Schwinden:** $\qquad n_S = 18{,}69$

$A_{c,S} = A_c / n_S = 2475 / 18{,}69 = 132{,}4\ cm^2$
$J_{c,S} = J_c / n_S = 2{,}02 / 21{,}23 = 0{,}108\ cm^2 m^2$
$A_{i,S} = A_a + A_{c,S} = 159 + 132{,}4 = 291{,}4\ cm^2$
$z_{i,S} = A_a \cdot a_{st} / A_{i,S} = 159 \cdot 0{,}2955 / 291{,}4 = 0{,}16\ m$
$S_{i,S} = A_{c,S} \cdot z_{i,S} = 132{,}4 \cdot 0{,}16 = 21{,}18\ cm^2 m$
$J_{i,S} = J_{c,S} + J_a + S_{i,S} \cdot a_{st} = 0{,}108 + 4{,}507 + 21{,}18 \cdot 0{,}296 = 10{,}88\ cm^2 m^2$

- **Stützbereich**

Die Biegesteifigkeit $E_aJ_2 = E_aJ_{St}$ des gerissenen Querschnittes im Stützbereich wird nach DIN EN 1994-1-1, 1.5.2.12 aus dem Querschnitt des Baustahlprofils und dem Betonstahl (hochduktil) ermittelt. Sie ist über 15 % der Stützweite rechts und links der Innenstütze anzusetzen.

DIN EN 1994-1-1, 5.4.2.3(3)

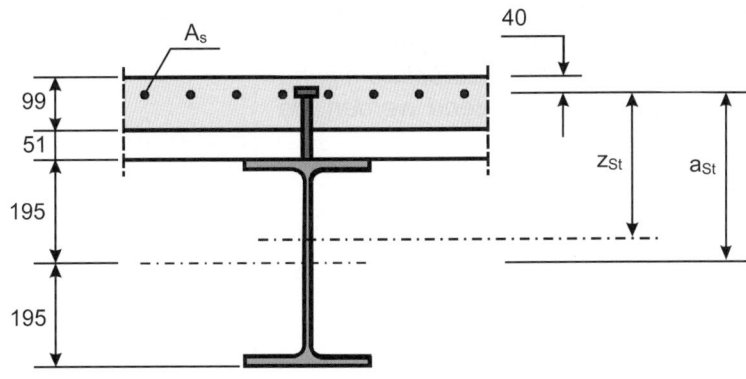

Bild 2.5: Maße und Bezeichnungen zur Bestimmung der Querschnittswerte im Bereich negativer Biegemomente

Für den Stützquerschnitt ergeben sich damit folgende Werte:

A_{st} $= A_a + A_s = 159 + 21{,}8 = 180{,}8\ cm^2$
$a_{st,s}$ $= 0{,}5 \cdot 0{,}39 + 0{,}15 - 0{,}04 = 0{,}305\ m$
z_{st} $= A_a \cdot a_{st,s} / A_{st} = 159 \cdot 0{,}305 / 180{,}8 = 0{,}268\ m$
S_{st} $= A_{st} \cdot z_{st} = 21{,}8 \cdot 0{,}268 = 5{,}84\ cm^2 m$
J_{st} $= J_a + S_{st} \cdot a_{st,s} = 4{,}507 + 5{,}84 \cdot 0{,}305 = 6{,}29\ cm^2 m^2$

2.4 Lastannahmen

2.4.1 ständige Einwirkungen

Stahlträger	$g_{k,1} =$	1,25	kN/m
Betonplatte und Profilblech	$g_{k,2} =$	9,40	kN/m
Ausbaulasten	$g_{k,3} =$	4,00	kN/m

2.4.2 veränderliche Einwirkungen

Verkehrslasten ($q = 7{,}5\ kN/m^2$) $q_k = 18{,}75\ kN/m$

$\Sigma (g + q)_k = 14{,}65 + 18{,}75 = 33{,}40\ kN/m$

2.4.3 Teilsicherheitsbeiwerte und Bemessungsschnittgrößen

ständige Einwirkungen $\gamma_G = 1{,}35$
veränderliche Einwirkungen $\gamma_Q = 1{,}50$

DIN EN 1990/NA, Tab. NA.A.1.2(B)

$(g + q)_d = 1{,}35 \cdot 14{,}65 + 1{,}50 \cdot 18{,}75$
$= 19{,}8 + 28{,}1 = 47{,}9\ kN/m$

2.5 Schnittgrößenermittlung

2.5.1 Grenzzustand der Tragfähigkeit

Die Belastungsgeschichte, das Betonkriechen und das Schwinden sind bei der linear-elastischen Tragwerksberechnung grundsätzlich zu berücksichtigen. Sie dürfen allerdings vernachlässigt werden, wenn alle Querschnitte die Bedingungen der Klasse 1 oder 2 erfüllen. Im Folgenden wird nur der Endzustand untersucht. Die Schnittgrößen werden zunächst nach der Elastizitätstheorie unter Berücksichtigung der Rissbildung über der Stütze ermittelt. Anschließend werden die Biegemomente um 25 % umgelagert.

DIN EN 1994-1-1, 5.4.2.1(1),

DIN EN 1994-1-1, 5.4.2.2(7), 5.4.2.4(2)

DIN EN 1994-1-1, 5.4.4(5), Tab. 5.1

Für die Biegesteifigkeiten gilt: $E_a J_1 = E_a J_{i,0}$ und $E_a J_2 = E_a J_{st}$

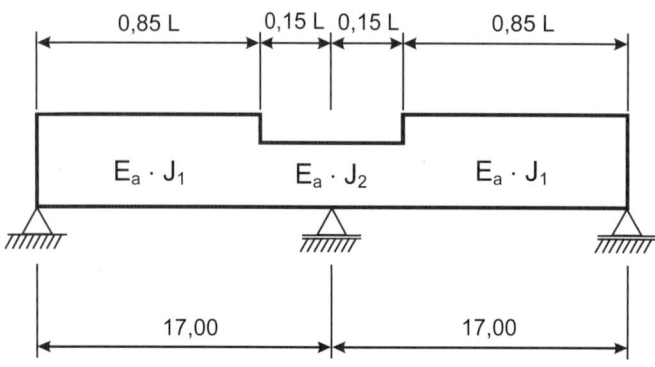

Bild 2.6: Steifigkeitsverteilung für die Schnittgrößenermittlung

- **Schnittgrößen unter Berücksichtigung der Rissbildung im Stützbereich**

Tabelle 2.1 Lastfälle im Grenzzustand der Tragfähigkeit

Nr.	Lastfall	Belastung
1		$q_d = 28,1$ kN/m $g_d = 19,8$ kN/m
2		$q_d = 28,1$ kN/m $g_d = 19,8$ kN/m

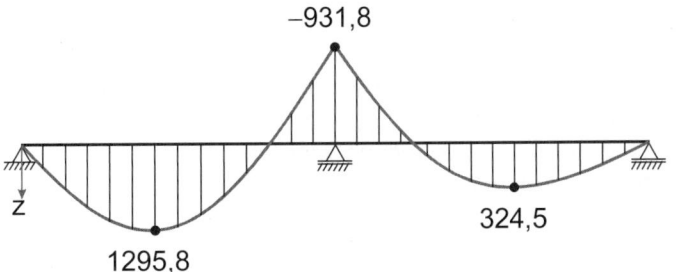

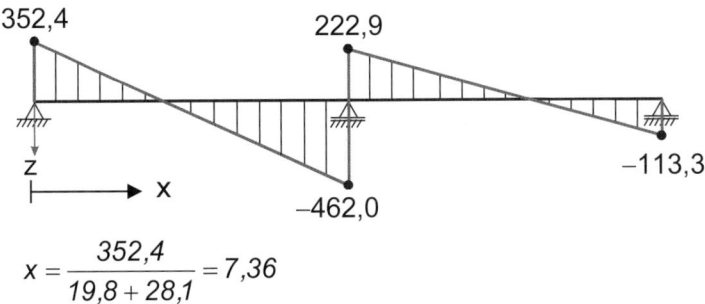

$$x = \frac{352{,}4}{19{,}8 + 28{,}1} = 7{,}36$$

Bild 2.7: Momenten- und Querkraftverlauf LF1, maximales Feldmoment

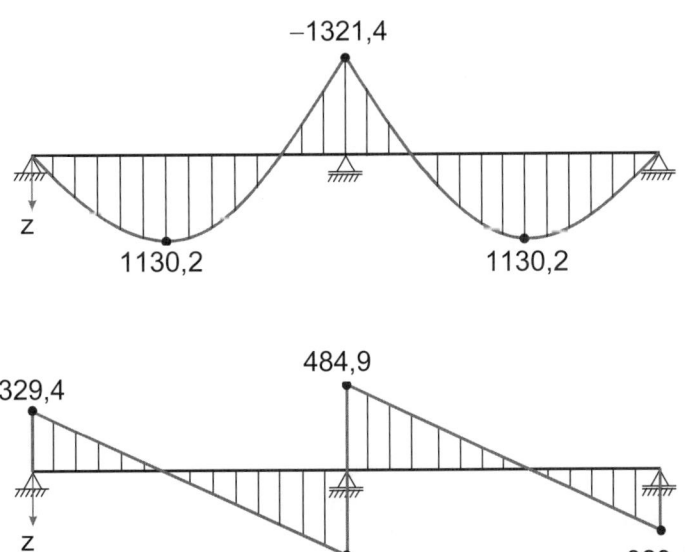

$$x = \frac{329{,}4}{19{,}8 + 28{,}1} = 6{,}88$$

Bild 2.8: Momenten- und Querkraftverlauf LF2, minimales Stützmoment

- **Schnittgrößen mit Momentenumlagerung**

Die ermittelten Stützmomente dürfen unter Berücksichtigung der Rissbildung und unter Beachtung der Gleichgewichtsbedingungen um 25 % abgemindert werden, da der Querschnitt im negativen Momentenbereich in die Querschnittsklasse 1 eingestuft werden kann. Die Werte der Schnittgrößen unter Berücksichtigung der Momentenumlagerung sind in Tabelle 2.2 aufgeführt.

DIN EN 1994-1-1, 5.4.4(5), Tab. 5.1

Stützmoment am Auflager B:

$M_{Ed,B} = 0{,}75 \cdot (-1321{,}4) = -991{,}1 \ kNm$

Querkraft am Auflager A:

$V_{Ed,A} = -991{,}1 / 17 + (19{,}8 + 28{,}1) \cdot 17 / 2 = 348{,}9 \ kN$

Querkraft am Auflager B:

$V_{Ed,B} = 348{,}9 - (19{,}8 + 28{,}1) \cdot 17 = -465{,}4 \ kN$

Maximales Feldmoment:

$x = 348{,}9 / (19{,}8 + 28{,}1) = 7{,}28 \ m$

$M_{Ed,F1} = 348{,}9 \cdot 7{,}28 - (19{,}8 + 28{,}1) \cdot 7{,}28^2 / 2 = 1270{,}7 \ kNm$

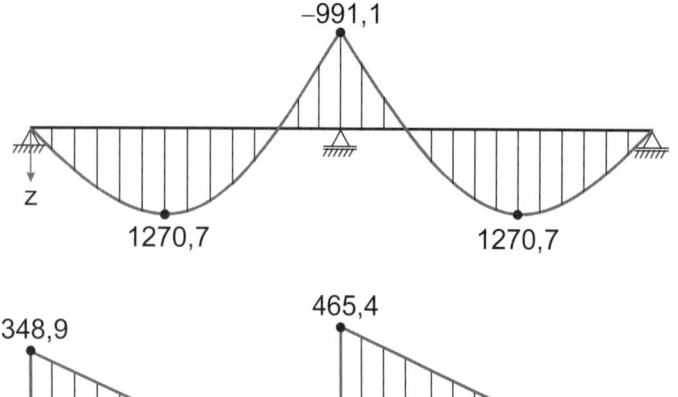

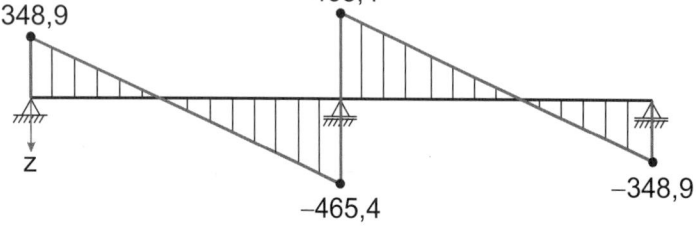

Bild 2.9: Schnittgrößenverteilung unter Berücksichtigung der Momentenumlagerung

Tabelle 2.2 Bemessungswerte der Schnittgrößen im Grenzzustand der Tragfähigkeit

Lastfall	$M_{Ed,B}$ [kNm]	$M_{Ed,F1}$ [kNm]	$M_{Ed,F2}$ [kNm]	$V_{Ed,A}$ [kN]	$V_{Ed,Bl}$ [kN]	$V_{Ed,Br}$ [kN]	$V_{Ed,C}$ [kN]
1 + 2	−991,1	1295,8	1295,8	352,4	−465,4	465,4	−352,4

2.5.2 Schnittgrößenermittlung nach der Fließgelenktheorie

Die Voraussetzungen für die Anwendung des Fließgelenkverfahrens nach Theorie I. Ordnung werden alle erfüllt. Zum Vergleich werden die Schnittgrößen nachfolgend nach der Fließgelenktheorie ermittelt.

DIN EN 1994-1-1, 5.4.5

Es wird zunächst das System unter der vorhandenen Bemessungslast betrachtet und die hierfür erforderlichen voll-plastischen Momententragfähigkeiten im Stütz- und Feldbereich werden ermittelt. Für die Ermittlung der erforderlichen Momententragfähigkeiten werden die im Abschnitt 2.6.1 ermittelten plastischen Tragfähigkeiten in Ansatz gebracht und zueinander ins Verhältnis gesetzt. Sofern die auf Grundlage der Fließgelenktheorie ermittelten Schnittgrößen für eine plastische Bemessung des Querschnitts herangezogen werden, ist in Abschnitt 2.3.2 zur Ermittlung der erforderlichen Duktilitätsbewehrung $\rho_{s,min}$ der Beiwert δ wegen der Rotationsanforderungen in Fließgelenken mit 1,1 anzusetzen.

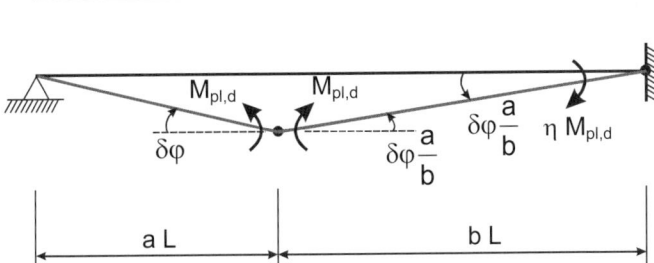

Bild 2.10: *Fließgelenkkette eines Feldes*

$$\eta = \frac{M_{pl,Rd,S}}{M_{pl,Rd,F}} = \frac{1128{,}4}{1591{,}7} = 0{,}71 \quad \text{(Berechnung } M_{pl,Rd} \text{ s. a. Abschn. 2.6.1)}$$

Zur Berechnung der erforderlichen Momententragfähigkeit wird das Prinzip der virtuellen Verrückung benutzt.

innere Arbeit:

$$\delta A_i = -M_{pl,d} \cdot \delta\varphi \cdot \left(1 + \frac{a}{b}\right) - \eta \cdot M_{pl,d} \cdot \delta\varphi \cdot \frac{a}{b}$$

$$= -M_{pl,d} \cdot \delta\varphi \cdot \frac{1 + \eta \cdot a}{1 - a}$$

äußere Arbeit:

$$\delta A_a = q_d \cdot a \cdot L \cdot \frac{1}{2} \cdot \delta\varphi \cdot a \cdot L + q_d \cdot b \cdot L \cdot \frac{1}{2} \cdot \delta\varphi \cdot \frac{a}{b} \cdot b \cdot L$$

$$= q_d \cdot \delta\varphi \cdot \frac{1}{2} \cdot a \cdot L^2$$

aus $\delta A_i + \delta A_a = 0$ folgt:

$$\text{erf } M_{pl,d} = q_d \cdot \frac{L^2}{2} \cdot \frac{a - a^2}{1 + \eta \cdot a}$$

Die Lage des Fließgelenkes im Feld ergibt sich aus der Bedingung:

$d_{erf} M_{pl,d} / d_a = 0$

$$a = -\frac{1}{\eta} + \sqrt{\frac{1}{\eta^2} + \frac{1}{\eta}} = -\frac{1}{0,71} + \sqrt{\frac{1}{0,71^2} + \frac{1}{0,71}} = 0,433$$

$$erf\ M_{pl,d} = 47,9 \cdot \frac{17,0^2}{2} \cdot \frac{0,433 - 0,433^2}{1 + 0,71 \cdot 0,433} = 1299,7\ kNm$$

Erforderliche Momententragfähigkeit im Feldbereich:

$erf\ M_{pl,Rd,F} = erf\ M_{pl,d} = 1299,7\ kNm$

Erforderliche Momententragfähigkeit im Stützbereich:

$erf\ M_{pl,Rd,S} = -\eta \cdot M_{pl,d} = -0,71 \cdot 1299,7 = -922,8\ kNm$

Tabelle 2.3 Bemessungswerte der Schnittgrößen in den Grenzzuständen der Tragfähigkeit nach der Fließgelenktheorie und der Elastizitätstheorie unter Berücksichtigung der Rissbildung und Momentenumlagerung

	$M_{Ed,B}$ [kNm]	$M_{Ed,F1}$ [kNm]	$M_{Ed,F2}$ [kNm]	$V_{Ed,A}$ [kN]	$V_{Ed,Bl}$ [kN]	$V_{Ed,Br}$ [kN]	$V_{Ed,C}$ [kN]
Fließgelenktheorie	–922,8	1299,7	1299,7	352,9	–461,4	461,4	–352,9
Elastizitätstheorie	–991,1	1295,8	1295,8	352,4	–465,4	465,4	–352,4

Die nach der Fließgelenktheorie ermittelten Bemessungsmomente weichen von den auf Grundlage der Elastizitätstheorie unter Berücksichtigung der Momentenumlagerung bestimmten Werten um weniger als 1 % im Feldbereich und um ca. 7 % im Stützbereich ab.

2.6 Nachweis der Tragsicherheit

Die Nachweise im Endzustand werden zunächst basierend auf der Schnittgrößenermittlung nach der Elastizitätstheorie unter Berücksichtigung der Momentenumlagerung von 25 % geführt. Im Endzustand sind die Momententragfähigkeit, die Querkrafttragfähigkeit, der Widerstand gegen Biegedrillknicken, die Verbundsicherung und die Schubsicherung des Betongurtes zu untersuchen.

DIN EN 1994-1-1, 5.4.4(5)

2.6.1 Nachweis der vollplastischen Momententragfähigkeit

• **Feldbereich**

Lage der plastischen Nulllinie: $z_{pl} = 15{,}35$ cm
Bemessungswert der plastischen Momententragfähigkeit:

$$M_{pl,Rd} = N_{pl,a,Rd} \cdot \left(z_a - \frac{h_c - h_p}{2} \right) - N_{fd} \cdot \left(\frac{z_{pl} + h_p}{2} \right)$$

$$= 5644{,}5 \cdot \left(0{,}345 - \frac{0{,}099}{2} \right) - 745{,}5 \cdot \frac{0{,}1535 + 0{,}051}{2}$$

$$= 1591{,}7 \text{ kN}$$

mit $\quad N_{fd} = 2 \cdot b_f \cdot t_{f1} \cdot f_{yd} = 2 \cdot 30{,}0 \cdot (15{,}35 - 15{,}0) \cdot 35{,}5 = 745{,}5 \text{ kN}$

Nachweis: max $M_{Ed,F1} = 1295{,}8$ kNm $< 1591{,}7$ kNm $= M_{pl,Rd}$

• **Stützbereich**

Bemessungswert der plastischen Grenzquerkraft: $V_{pl,Rd}$

$A_v = A_a - 2 \cdot b_f \cdot t_f + (t_w + 2r) \cdot t_f$
$A_v = 159 - 2 \cdot 30 \cdot 1{,}9 + (1{,}1 + 2 \cdot 2{,}7) \cdot 1{,}9 = 57{,}35 \text{ cm}^2$
$V_{pl,Rd} = A_v \cdot f_{yd} / \sqrt{3} = 57{,}35 \cdot 35{,}5 / \sqrt{3} = 1175{,}4 \text{ kN} \geq 465{,}4 \text{ kN} = V_{Ed}$

$$\frac{h_w}{t} > \frac{72}{\eta} \varepsilon$$

$$\frac{400}{11} = 36{,}4 < \frac{72}{1{,}2} \sqrt{\frac{235}{355}} = 48{,}8$$

Der tragfähigkeitsmindernde Einfluss aus Schubbeulen ist nicht zu berücksichtigen.

Ausnutzung der Querkrafttragfähigkeit im Stützbereich:

$$\frac{V_{Ed,Bl}}{V_{pl,Rd}} = \frac{465{,}4}{1175{,}4} = 0{,}40 < 0{,}50$$

Der Einfluss der Querkraft auf das Grenzmoment durch eine Abminderung der Stegspannung entsprechend der folgenden Gleichung kann vernachlässigt werden.

$$\rho_w = 1 - \left(\frac{2 \cdot V_{Ed}}{V_{Rd}} - 1 \right)^2 \Rightarrow \rho_w = 1{,}0$$

$$z_{pl} = h_c + t_f + r + \frac{N_{pl,a,Rd} - N_{pl,s,Rd} - N_{fd} - N_{rd}}{2 f_{yd} t_w}$$

$N_{pl,s,Rd} \quad = 948{,}3 \text{ kN}$
$N_{fd} \quad = 4047 \text{ kN}$
$N_{rd} \quad = 216{,}6 \text{ kN}$
$N_{pl,a,Rd} \quad = 5644{,}5 \text{ kN}$

$$z_{pl} = 15{,}0 + 1{,}9 + 2{,}7 + \frac{5644{,}5 - 948{,}3 - 4047 - 216{,}6}{2 \cdot 35{,}5 \cdot 1{,}1} = 25{,}14 \text{ cm}$$

Marginalia:
- Abschnitt 2.3.2
- h_c: Betongurtstärke einschließlich Profilblech
- DIN EN 1994-1-1, 6.2.2.2
- DIN EN 1994-1-1, 6.2.6
- $V_{pl,Rd} = \dfrac{A_v (f_y / \sqrt{3})}{\gamma_{M0}}$; $\gamma_{M0} = 1{,}0$
- DIN EN 1994-1-1, 6.2.2.3
- DIN EN 1993-1-5, 5.1(2)
- DIN EN 1994-1-1, 6.2.2.4(1)
- DIN EN 1994-1-1, 6.2.2.4(2)

Bemessungswert der plastischen Momententragfähigkeit:

$$M_{pl,Rd} = N_{pl,a,Rd} \cdot z_a - N_{pl,s,Rd} \cdot z_s - N_{fd} \cdot \left(h_c + \frac{t_f}{2}\right) - N_{rd} \cdot z_r$$

$$- N_{wd} \cdot \frac{z_{pl} + r + t_f + h_c}{2}$$

$$N_{wd} = 2 f_{yd} t_w \left(z_{pl} - h_c - t_f - r\right)$$
$$= 2 \cdot 35{,}5 \cdot 1{,}1 \cdot (25{,}12 - 15{,}0 - 1{,}9 - 2{,}7) = 432{,}7 \text{ kN}$$

$$M_{pl,Rd} = 5644{,}5 \cdot 0{,}345 - 948{,}3 \cdot 0{,}04 - 4047 \cdot 0{,}1595$$
$$- 216{,}6 \cdot 0{,}178 - 432{,}7 \cdot 0{,}224$$
$$= 1128{,}4 \text{ kNm}$$

Nachweis: $\quad |\min M_{Ed,B}| = 991{,}1 \text{ kNm} < 1128{,}4 \text{ kNm} = M_{pl,Rd}$

2.6.2 Biegedrillknicknachweis

Es wird der vereinfachte Nachweis für Durchlaufträger des Hoch- und Industriebaus geführt. Nach DIN EN 1994-1-1, 6.4.3 sind folgende Bedingungen einzuhalten: — DIN EN 1994-1-1, 6.4.3

a) *Stützweitenverhältnis: entfällt, da gleiche Stützweiten vorhanden sind*

b) *Belastung: nur durch Gleichstreckenlasten*

$$\frac{\sum g_{d,j}}{\sum g_{d,j} + q_{d,1}} = \frac{19{,}8}{19{,}8 + 28{,}1} = 0{,}41 > 0{,}40$$

c) *Verdübelung: Die Verdübelung zwischen Profilobergurt und dem Betongurt wird nach DIN EN 1994-1-1, Abschnitt 6.6 ausgeführt, Dübelabstand e ≤ 300 mm.*

d) *Profilbleche: Die Profilbleche der Verbunddecke spannen senkrecht zur Achse des Verbundträgers.*

e) *Die Grenzprofilhöhe nach DIN EN 1994-1-1, Tab. 6.1 beträgt 650 mm:* $\Rightarrow h_a = 390 \text{ mm} < h_{grenz} = 650 \text{ mm}$ — DIN EN 1994-1-1, 6.4.3, Tab. 6.1

f) *Biegeschlankheit des Betongurtes in Querrichtung*
vorh. L/d = 250/15 = 16,7 < K·35 = zul. Biegeschlankheit
250/15 = 16,7 < 1,3·35 = 45,5 — K = 1,3: DIN EN 1992-1-1, Tab. 7.4N

Alle Kriterien gem. DIN EN 1994-1-1, 6.4.3 werden erfüllt, sodass ein genauer Biegedrillknicknachweis entfallen kann.

2.6.3 Nachweis der Verbundsicherung

Die Verbundsicherung erfolgt mit Kopfbolzendübeln $\emptyset\ 22 \times 125$ mm. Die Dübeltragfähigkeiten für Vollbetonplatten dürfen nicht in Rechnung gestellt werden, da die Profilbleche über dem Träger durchlaufen. Die Zugfestigkeit des Bolzenmaterials beträgt $f_u = 450$ N/mm².

DIN EN 1994-1-1, 6.6

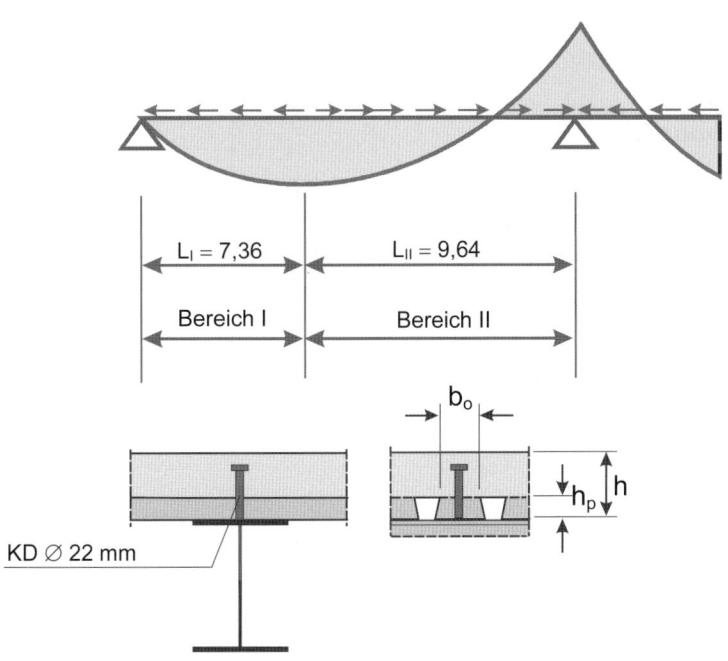

Bild 2.11: Lage der kritischen Schnitte

- **Konstruktive Anforderungen**

Kopfbolzendübel, KD $\emptyset$ 22 mm, $h_{sc} = 125$ mm
$125 - 51 = 74$ mm $> 2 \cdot d = 2 \cdot 22 = 44$ mm
$150 - 125 = 25$ mm > 20 mm $= c_{nom}$
$h_{sc}/d = 125 / 22 = 5{,}7 > 4{,}0 \Rightarrow \alpha = 1{,}0$

DIN EN 1994-1-1, 6.6.5.8(1)
DIN EN 1994-1-1, 6.6.5.2(2)
DIN EN 1994-1-1, 6.6.3.1, Gl. (6.21)

Es kann davon ausgegangen werden, dass ein Abheben der Betonplatte verhindert wird.

DIN EN 1994-1-1, 6.6.5.1

- **Dübeltragfähigkeit**

$$P_{Rd} = \frac{0{,}8 \cdot f_u \cdot \pi \cdot d^2/4}{\gamma_v} \cdot k_t$$

DIN EN 1994-1-1, 6.6.3.1, Gl. (6.18)

$$k_t = \frac{0{,}7}{\sqrt{n_r}} \cdot \frac{b_0}{h_p} \cdot \left(\frac{h_{sc}}{h_p} - 1\right) = \frac{0{,}7}{\sqrt{1}} \cdot \frac{11{,}4}{5{,}1} \cdot \left(\frac{12{,}5}{5{,}1} - 1\right)$$

$k_t = 2{,}27 > k_{t,max} = 0{,}75$

DIN EN 1994-1-1, 6.6.4.2, Gl. (6.23)
DIN EN 1994-1-1, 6.6.4.2, Tab. 6.2

$$P_{Rd} = \frac{0{,}8 \cdot 45{,}0 \cdot \pi \cdot 2{,}2^2/4}{1{,}25} \cdot 0{,}75 = 82{,}1\ kN$$

$\gamma_v = 1{,}25$
DIN EN 1994-1-1/NA, 6.6.3.1(1)

$$P_{Rd} = \frac{0{,}29 \cdot \alpha \cdot d^2 \cdot \sqrt{f_{ck} \cdot E_{cm}}}{\gamma_v} \cdot k_t$$

$$= \frac{0{,}29 \cdot 1{,}0 \cdot 2{,}2^2 \cdot \sqrt{3{,}5 \cdot 3400}}{1{,}5} \cdot 0{,}75$$

$$= 76{,}6 \, kN$$

DIN EN 1994-1-1, 6.6.3.1, Gl. (6.19)

$\gamma_v = 1{,}5$
DIN EN 1994-1-1/NA, 6.6.3.1(1)

Bemessungswert der Dübeltragfähigkeit: $P_{Rd} = 76{,}6\,kN$ / Dübel

- **Längsschubkraft in der Verbundfuge**

Der Querschnitt im Feldbereich ist hinsichtlich der Momententragfähigkeit nicht voll ausgenutzt. Die erforderliche Dübelanzahl kann unter Beachtung des Verformungsvermögens (Duktilität) der Verbundmittel auf der Grundlage der Teilverbundtheorie bestimmt werden, da duktile Verbundmittel verwendet werden.

DIN EN 1994-1-1, 6.2.1.3

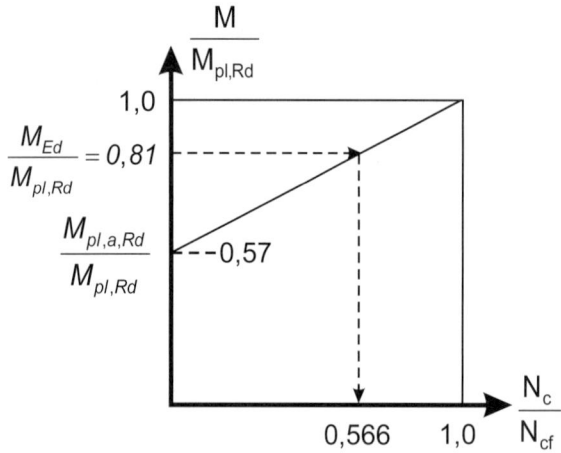

Bild 2.12: Teilverbunddiagramm

$$\eta = \frac{N_c}{N_{cf}} = \frac{M_{Ed} - M_{pl,a,Rd}}{M_{pl,Rd} - M_{pl,a,Rd}} = \frac{1295{,}8 - 909{,}6}{1591{,}7 - 909{,}6} = 0{,}566$$

DIN EN 1994-1-1, 6.2.1.3, Gl. (6.1)

Erforderlicher Mindestverdübelungsgrad in Abhängigkeit von der Stützweite bei einer äquidistanten Anordnung der Dübel:

DIN EN 1994-1-1, 6.6.1.2(1)

$$\eta_{min} = 1 - \left(\frac{355}{f_{yk}}\right)(1{,}0 - 0{,}04 \cdot L_e) \geq 0{,}4$$

DIN EN 1994-1-1, 6.6.1.2, Gl. (6.16)

$$\eta_{min} = 1 - \left(\frac{355}{355}\right)(1{,}0 - 0{,}04 \cdot 0{,}85 \cdot 17) = 0{,}58 \geq 0{,}4 \text{ (maßgebend)}$$

DIN EN 1994-1-1, 5.4.1.2:
$L_e = 0{,}85\,L$

$N_{c,min} = \eta_{min} \cdot N_{cf} = 0{,}58 \cdot 4901{,}7 = 2843{,}0\,kN = V_{L,Ed}$

Querschnittsklasse 1

$M_{pl,a,Rd} / M_{pl,Rd} = 909{,}6 / 1591{,}7 = 0{,}57 > 1 / 2{,}5 = 0{,}4$

DIN EN 1994-1-1, 6.6.1.3(3)

Anordnung der Dübel im Bereich I

gewählt: $e_L = 150\ mm$ < $6 \cdot h_c = 6 \cdot 150 = 900\ mm$
  = Rippenabstand < $800\ mm$
  > $5 \cdot d = 5 \cdot 22 = 110\ mm$

DIN EN 1994-1-1, 6.6.5.5(3)

DIN EN 1994-1-1, 6.6.5.7(4)

$n_{min} = N_{c,min} / P_{Rd} = 2843{,}0 / 76{,}6 = 37{,}1 \Rightarrow 38\ Dübel$

gew.: Kopfbolzendübel $\varnothing\ 22 \times 125\ mm$ mit $e_L = 150\ mm$

$$n_{vorh} = \frac{L_I}{e_L} = \frac{7{,}36}{0{,}15} = 49{,}1 > 38 = n_{erf}$$

$\Sigma (n_{vorh} \cdot P_{Rd}) = 49 \cdot 76{,}6 = 3753{,}4\ kN > 2843{,}0\ kN = V_{L,Ed}$

Vorhandener Verdübelungsgrad:

$\eta_{vorh} = \Sigma (n_{vorh} \cdot P_{Rd}) / N_{cf} = 3753{,}4 / 4901{,}7 = 0{,}766 > 0{,}58 = \eta_{min}$

Anordnung der Dübel im Bereich II

gew.: Kopfbolzendübel $\varnothing\ 22 \times 125\ mm$ mit $e_L = 150\ mm$
(Rippenabstand)

Dübeltragfähigkeit: $P_{Rd} = 76{,}6\ kN / Dübel$

Im Bereich positiver Momente ist eine teilweise Verdübelung zulässig. Im Bereich negativer Momente darf N_s mit dem Faktor $M_{Ed}/M_{pl,Rd}$ abgemindert werden.

$$V_{L,Ed} = N_c + \frac{A_s \cdot f_{sk}}{\gamma_s} \cdot \frac{M_{Ed,B}}{M_{pl,Rd}} = 2843{,}0 + 21{,}8 \cdot 43{,}5 \cdot \frac{991{,}1}{1128{,}4} = 3675{,}9\ kN$$

s. Abschn. 2.6.3
Bild 2.11

Erforderliche Dübelanzahl: $n_{erf} = \dfrac{V_{L,Ed}}{P_{Rd}} = \dfrac{3675{,}9}{76{,}6} = 48{,}0 \Rightarrow 48\ Dübel$

$$n_{vorh} = \frac{L_{II}}{e_L} = \frac{9{,}64}{0{,}15} = 64{,}3 > 48 = n_{erf}$$

2.6.4 Schubsicherung des Betongurtes

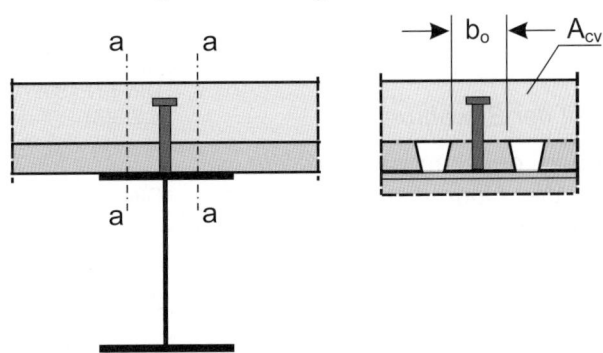

Bild 2.13: Maßgebender Schnitt für die Schubsicherung des Betongurtes

a) Längsschubkraft im Plattenanschnitt

Die zu übertragende Längsschubkraft wird im Folgenden über den Ausnutzungsgrad der Verdübelung rückgerechnet:

Schnitt: $L_{crit,I}$

$$v_{L,Ed,I} = \frac{1}{2} \cdot \frac{P_{Rd}}{0,15} \cdot \frac{V_{L,Ed,I}}{V_{L,Rd,I}}$$

$$V_{L,Rd,I} = \sum(n_{vorh} \cdot P_{Rd}) = 49 \cdot 76,6 = 3753,4 \text{ kN}$$

$$v_{L,Ed,I} = \frac{1}{2} \cdot \frac{76,6}{0,15} \cdot \frac{2843,0}{3753,4} = 193,4 \text{ kN/m}$$

Schnitt: $L_{crit,II}$

$$v_{L,Ed,II} = \frac{1}{2} \cdot \frac{P_{Rd}}{0,15} \cdot \frac{V_{L,Ed,II}}{V_{L,Rd,II}}$$

$$V_{L,Rd,II} = \sum(n_{vorh} \cdot P_{Rd}) = 64 \cdot 76,6 = 4902,4 \text{ kN}$$

$$v_{L,Ed,II} = \frac{1}{2} \cdot \frac{76,6}{0,15} \cdot \frac{3675,9}{4902,4} = 191,5 \text{ kN/m}$$

b) Längsschubtragfähigkeit des Betongurtes

Im Plattenanschnitt darf nur die Betonfläche oberhalb des Profilbleches angerechnet werden.

DIN EN 1994-1-1, 6.6.6.4(a)

$$A_{cv,a-a} = (15 - 5,1) \cdot 100 = 990 \text{ cm}^2/\text{m}$$

Bemessungswert der Schubtragfähigkeit – Schnitt: $L_{crit,I}$

DIN EN 1994-1-1, 6.6.6.4

Bemessungswert der Schubtragfähigkeit bei Druckstrebenbruch:

DIN EN 1992-1-1, 6.2.4

$$v_{Rd,max,I} = A_{cv} \cdot v \cdot f_{cd} \cdot \sin\theta_f \cdot \cos\theta_f = 990 \cdot 0,75 \cdot 1,98 \cdot 0,64 \cdot 0,77$$
$$= 724,5 \text{ kN/m} \geq 193,4 \text{ kN/m}$$

DIN EN 1992-1-1, 6.2.4(4), Gl. (6.22) mit Gl. (6.20)

mit $\quad f_{cd} = \alpha_{cc} f_{ck}/\gamma_c = 0,85 \cdot 3,5/1,5 = 1,98 \text{ N/mm}^2$
$\alpha_{cc} = 0,85$
$\cot\theta_f = 1,2 \Rightarrow \quad \sin\theta_f = 0,64; \quad \cos\theta_f = 0,77$
$v_2 = (1,1 - 35/500) = 1,03 \leq 1,0$
$v = v_1 = 0,75 \cdot 1,0 = 0,75$

DIN EN 1992-1-1, Gl. (3.15)
DIN EN 1992-1-1/NA, 3.1.6(1)
DIN EN 1992-1-1/NA, 6.2.4(4)
$v = v_1 = 0,75 \cdot v_2$
$v_2 = (1,1 - f_{ck}/500) \leq 1,0$
DIN EN 1992-1-1/NA, 6.2.4(4), 6.2.3(3)

Bemessungswert der Schubtragfähigkeit der Bewehrung:

⇒ Das Profilblech wird zur Abtragung der Längsschubkräfte mit herangezogen. Da das Blech durch die Querbiegung der Decke Druckbeanspruchungen erfährt, wird der Einfluss des Beulens durch den Ansatz der wirksamen Querschnittsfläche berücksichtigt.

DIN EN 1994-1-1, 9.7.2(7)

Profilblechstärke $\quad t_p = 0,75 \text{ mm}$
Fläche des Profilbleches $A_p = 13,2 \text{ cm}^2/\text{m}$

Zulassung: Z-26.1-4

Die wirksame Breite ergibt sich aus dem doppelten Wert für beidseitig gelagerte Plattenstreifen nach DIN EN1993-1-5, Tab. 5.2.

$$b_{grenz} = t \cdot \frac{396}{13\alpha - 1}\sqrt{\frac{235}{f_{yp,k}}} = 0{,}75 \cdot \frac{396}{13 \cdot 1{,}0 - 1}\sqrt{\frac{235}{320}} = 21{,}2\,mm$$

$$b_w = 2 \cdot b_{grenz} = 2 \cdot 21{,}2 = 42{,}4\,mm$$

$$A_{pe} \approx A_p \frac{\sum b_w}{b_{vorh}} = 13{,}2 \, \frac{2 \cdot 18{,}0 + 3 \cdot 42{,}4}{2 \cdot (18{,}0 + 52{,}4) + 138{,}0} = 7{,}73\,cm^2/m$$

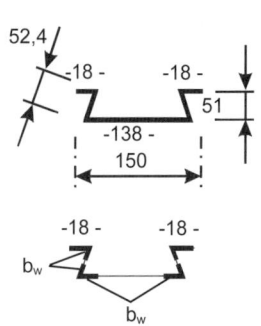

Die Schubbewehrung im Betongurt ist gleichmäßig in die obere und untere Lage aufzuteilen, daher kann das Profilblech nicht voll zur Ermittlung der Zugstrebentragfähigkeit angerechnet werden.

$$A_{pe,calc} = (2{,}57 \cdot 43{,}5 - 1{,}88 \cdot 43{,}5) / 32{,}0 = 0{,}94\,cm^2/m < 7{,}73\,cm^2/m$$

$$v_{Rd,sy,I} = \left(\frac{A_{sf}}{s_f} f_{sd} + A_{pe,calc}\, f_{yp,d}\right) \cot \theta_f$$

DIN EN 1992-1-1, 6.2.4(4), Gl. (6.21)

$$= \left[(2{,}57 + 1{,}88) \cdot 43{,}5 + 0{,}94 \cdot 32{,}0\right] \cdot 1{,}2$$

$$= 268{,}4\,kN/m \geq 193{,}4\,kN/m$$

Bemessungswert der Schubtragfähigkeit – Schnitt: $L_{crit,II}$

Bemessungswert der Schubtragfähigkeit bei Druckstrebenbruch:

$$v_{Rd,max,I} = A_{cv} \cdot v \cdot f_{cd} \cdot \sin \theta_f \cdot \cos \theta_f = 990 \cdot 0{,}75 \cdot 1{,}98 \cdot 0{,}707 \cdot 0{,}707$$

$$= 734{,}9\,kN/m \geq 191{,}5\,kN/m$$

DIN EN 1992-1-1, 6.2.4(4), Gl. (6.22) mit Gl. (6.20)
f_{cd} nach DIN EN 1992-1-1, Gl. (3.15)

mit $\quad \cot \theta_f = 1{,}0 \Rightarrow \quad \sin \theta_f = \cos \theta_f = 0{,}707$
$\quad v = 0{,}75$

$\cot \theta = 1{,}0$ für Zugbereich Gurt

Bemessungswert der Schubtragfähigkeit der Bewehrung:

$$v_{Rd,sy,II} = \left(\frac{A_{sf}}{s_f} f_{sd} + A_{pe}\, f_{yp,d}\right) \cot \theta_f$$

DIN EN 1992-1-1, 6.2.4(4), Gl. (6.21)

$$= \left[(2{,}57 + 1{,}88) \cdot 43{,}5 + 0{,}94 \cdot 32{,}0\right] \cdot 1{,}0$$

$$= 223{,}7\,kN/m \geq 191{,}5\,kN/m$$

2.7 Nachweis der Gebrauchstauglichkeit

DIN EN 1994-1-1, Abschnitt 7

Im Grenzzustand der Gebrauchstauglichkeit sind die Verformungen, die erforderliche Überhöhung des Trägers und die Rissbildung des Betongurtes zu untersuchen. Der Träger wird ohne Eigengewichtsverbund hergestellt.

2.7.1 Ermittlung der Verformungen aus ständigen Lasten und Verkehrslasten

Die Belastungsgeschichte, das Betonkriechen und das Betonschwinden sind zu berücksichtigen. Die Durchbiegung im Feld wird mit der quasi-ständigen Einwirkungskombination ermittelt.

$E_d = E\,(\Sigma\, G_{k,j} + P_k + \Sigma\, \psi_{2,1}\, Q_{k,i})\quad$ mit $\quad \psi_{2,1} = 0{,}6$

DIN EN 1990, 6.4.3

Die Nachgiebigkeit der Verbundfuge kann vernachlässigt werden: DIN EN 1994-1-1, 7.3.1(4)
- *Verbundmittel nach DIN 1994-1-1, Abschnitt 6.6*
- *Verdübelungsgrad $\eta_{vorh} = 0{,}766 > 0{,}50$*
- *$h_p = 51\ mm < 80\ mm$*

- **Verformung des Stahlträgers aus ständigen Einwirkungen zum Zeitpunkt $t = 0$:**

$\Sigma g_k = g_{k1} + g_{k2} = 1{,}25 + 9{,}40 = 10{,}7\ kN/m$

Der Stahlträger wird als Durchlaufträger ausgebildet.

$J_a = 4{,}507\ cm^2 m^2$

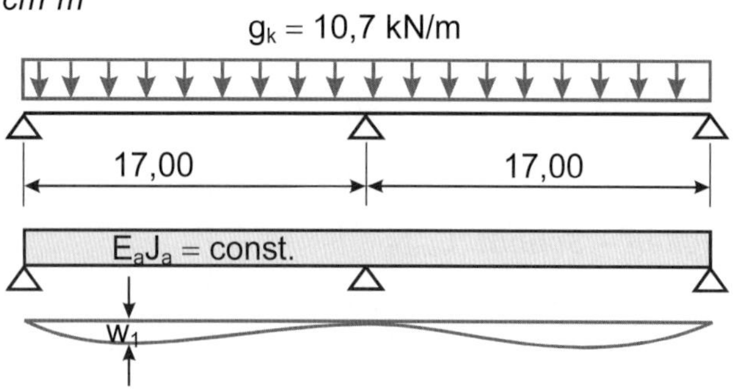

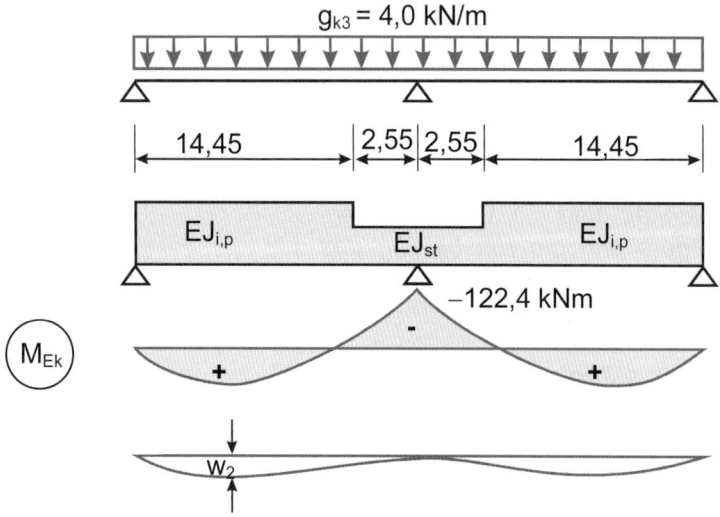

Bild 2.14: *Ermittlung der Durchbiegung des Stahlträgers aus ständigen Einwirkungen zum Zeitpunkt $t = 0$*

$$w_1 = \frac{2}{369} \cdot \frac{\Sigma g_k \cdot L^4}{E_a\, J_a} = \frac{2}{369} \cdot \frac{10{,}7 \cdot 17{,}0^4}{21000 \cdot 4{,}507} \cdot 10^2 = 5{,}1\ cm$$

- **Verformung aus Ausbaulasten zum Zeitpunkt $t = \infty$:**

$J_1 = J_{i,p} = 10{,}72\ cm^2 m^2$ und $J_2 = J_{st} = 6{,}29\ cm^2 m^2$

Bild 2.15: *Ermittlung der Durchbiegung des Verbundträgers aus Ausbaulasten zum Zeitpunkt $t = \infty$*

$w_2 = 1{,}0\ cm$ mit $g_{k3} = 4{,}00\ kN/m$

- **Verformung aus dem quasi-ständigen Verkehrslastanteil:**

$J_1 = J_{i,o} = 14{,}78 \text{ cm}^2 m^2$ und $J_2 = J_{st} = 6{,}29 \text{ cm}^2 m^2$

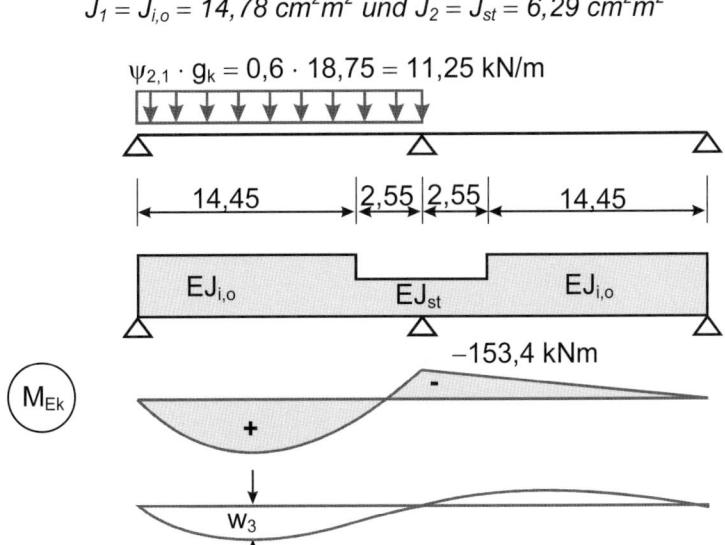

Bild 2.16: Ermittlung der Durchbiegung des Verbundträgers aus quasi-ständigem Verkehrslastanteil zum Zeitpunkt $t = \infty$

Die maximale Durchbiegung tritt bei einer einseitigen Verkehrslast auf.
$w_3 = 3{,}0$ cm ≈ 1/560 < 1/250 (max. Durchhang)

mit $\quad \psi_{2,1} \cdot g_k = 0{,}6 \cdot 18{,}75 = 11{,}25$ kN/m

DIN EN 1992-1-1, 7.4.1(4)

- **Verformung aus Schwinden:**

$J_1 = J_{i,s} = 10{,}88 \text{ cm}^2 m^2$ und $J_2 = J_{st} = 6{,}29 \text{ cm}^2 m^2$

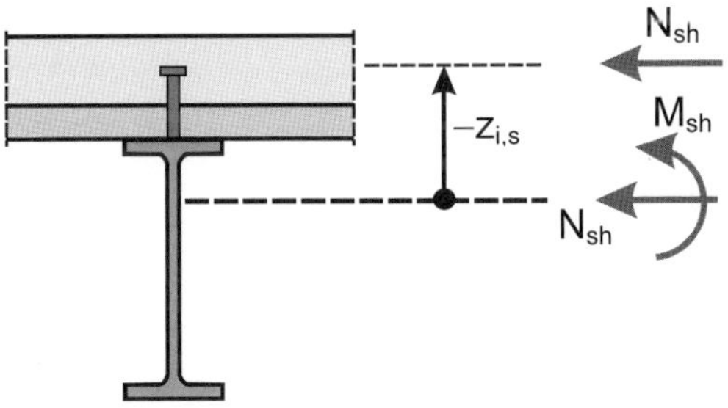

Bild 2.17: Berechnung des Schwindmomentes

Berechnung der Schwindnormalkraft:

$\varepsilon_{cs} = \varepsilon_{cd} + \varepsilon_{ca}$

$\varepsilon_{cd,\infty} = -k_h \cdot \varepsilon_{cd,0} = -0{,}75 \cdot 45{,}0 \cdot 10^{-5} = -33{,}75 \cdot 10^{-5}$

$\varepsilon_{ca}(\infty) = -2{,}5\left(f_{ck} - 10\right) \cdot 10^{-6} = -2{,}5\left(35 - 10\right) \cdot 10^{-6} = -6{,}25 \cdot 10^{-5}$

$\varepsilon_{cs} = -33{,}75 \cdot 10^{-5} - 6{,}25 \cdot 10^{-5} = -40{,}0 \cdot 10^{-5}$
$\quad\;\, = -0{,}40$ ‰

DIN EN 1992-1-1, 3.1.4(6)
DIN EN 1992-1-1, Gl. (3.8)

$k_h = 0{,}75$ für $h_0 = 300$ mm
DIN EN 1992-1-1, Tab. 3.3
$\varepsilon_{cd,0}$ für Zement Klasse N
DIN EN 1992-1-1, Tab. NA.B.2
$\varepsilon_{ca,\infty}$
DIN EN 1992-1-1, Gl. (3.12)

$$N_{Sh} = -\varepsilon_{cs} \cdot \frac{n_0}{n_s} \cdot E_{cm} \cdot A_c = -(-40,0 \cdot 10^{-5}) \cdot \frac{6,18}{18,69} \cdot 3400 \cdot 250 \cdot 9,9$$

$N_{sh} = 1113\ kN$

Schwindmoment:
$$M_{Sh} = -N_{Sh} \cdot (-z_{i,S}) = -1113 \cdot (-0,16) = 178,1\ kNm$$

Aus diesen Werten kann für die Berechnung der Verformungen und des sekundären Schwindmomentes ein fiktiver Temperaturlastfall ermittelt werden.

$$\Delta t_{Sh} = \frac{M_{Sh} \cdot h}{E_a \cdot I_{i,S} \cdot \alpha_T} = \frac{178,1 \cdot 0,54}{21000 \cdot 10,88 \cdot 12 \cdot 10^{-6}} = 35,1\ K$$

Dieser Temperaturlastfall ist nur in den Trägerbereichen zu berücksichtigen, bei denen der ungerissene Querschnitt angesetzt werden kann.

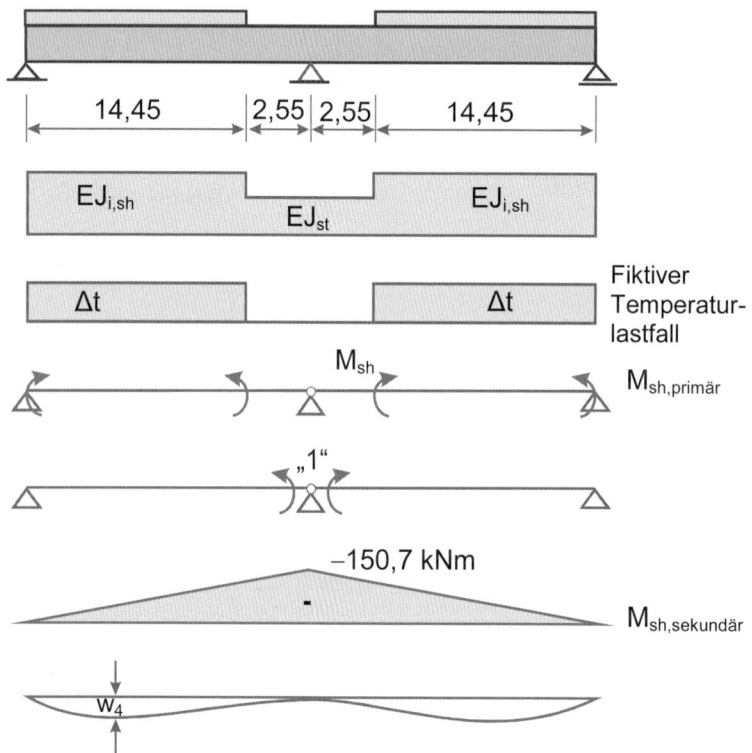

Bild 2.18: Ermittlung der Durchbiegung des Verbundträgers aus Schwinden

$w_4 = 1,5\ cm$ mit $\Delta t_{Sh} = 35,1\ K$

Maximale Durchbiegung:

$w_{max} = w_1 + w_2 + w_3 + w_4 = 5,1 + 1,0 + 3,0 + 1,5 = 10,6\ cm$

2.7.2 Ermittlung der erforderlichen Überhöhung

Der Stahlträger wird für die Eigenlasten, Ausbaulasten sowie für den Verformungsanteil aus Schwinden überhöht.

Überhöhung: $ü = 5{,}1 + 1{,}0 + 1{,}5 = 7{,}6\ cm$

2.7.3 Beschränkung der Rissbreite

- **Mindestbewehrung (Stützbereich)**   *DIN EN 1994-1-1, 7.4.2*

$A_{s,min} = k_s \cdot k_c \cdot k \cdot f_{ct,eff} \cdot A_{ct}/\sigma_s$ *DIN EN 1994-1-1, 7.4.2(1), Gl. (7.1)*

$k_s = 0{,}9$

$k_c = \dfrac{1}{1+\dfrac{h_c}{2\,z_{i,0}}} + 0{,}3 = \dfrac{1}{1+\dfrac{9{,}9}{2\cdot 9{,}42}} + 0{,}3 = 0{,}96 \leq 1{,}0$ *DIN EN 1994-1-1, 7.4.2(1), Gl. (7.2); $z_{i,0}$ ⇒ siehe Abschnitt 2.3.2*

$k = 0{,}8$

$f_{ct,eff} = f_{ctm} = 3{,}2\ N/mm^2$ *DIN EN 1992-1-1, Tab. 3.1*

$A_{ct} = h_c \cdot b_{eff} = (15 - 5{,}1) \cdot 212 = 2098{,}8\ cm^2$

⇒ Fläche der Betonzugzone

σ_s ⇒ Stahlspannung nach DIN EN 1994-1-1, Tab. 7.1
Einstufung: Expositionsklasse XC1
                 ⇒ Rechenwert der Rissbreite $w_k = 0{,}4\ mm$
                 ⇒ quasi-ständige Einwirkungskombination

$\phi^* = \phi \dfrac{f_{ct,0}}{f_{ct,eff}} = 12 \dfrac{3{,}0}{3{,}2} = 11{,}25\ mm$ *DIN EN 1994-1-1, 7.4.2(2), Gl. (7.3)*

Als Grenzspannung für $w_k = 0{,}4\ mm$ ergibt sich nach DIN EN 1994-1-1, Tab. 7.1: $\sigma_s = 335\ N/mm^2$ für einen Stabdurchmesser $\varnothing\ 12\ mm$ ($\phi_s^* = 11{,}25\ mm$).   *DIN EN 1994-1-1, Tab. 7.1*

vorh $A_s = 21{,}8 + (2{,}57 + 1{,}88) \cdot 2{,}12 = 31{,}2\ cm^2$

$A_{s,min} = 0{,}9 \cdot 0{,}96 \cdot 0{,}8 \cdot 0{,}32 \dfrac{2098{,}8}{33{,}5} = 13{,}9\ cm^2$

Nachweis: vorh $A_s = 31{,}2\ cm^2 \geq 13{,}9\ cm^2 = A_{s,min}$

Nachweis im Feldbereich:
Der Träger wird ohne Eigengewichtsverbund hergestellt. Zum Zeitpunkt $t = \infty$ ergeben sich unter der Verkehrslaststellung für das minimale Feldmoment im Feldbereich ebenfalls Betonzugspannungen. Als Grenzspannung für $w_k = 0{,}4\ mm$ ergibt sich nach DIN EN 1994-1-1, Tab. 7.1: $\sigma_s = 435\ N/mm^2$ für einen Stabdurchmesser $\varnothing\ 7\ mm$ ($\phi_s^* = 6{,}6\ mm$).

$$k_c = \frac{1}{1 + \frac{h_c}{2 z_{i,0}}} + 0.3 = \frac{1}{1 + \frac{9.9}{2 \cdot 8.4}} + 0.3 = 0.93$$

$A_{ct} = h_c \cdot b_{eff} = (15 - 5.1) \cdot 250 = 2475.0 \text{ cm}^2$

DIN EN 1994-1-1, 7.4.2(1), Gl. (7.2)
$z_{i,o} \Rightarrow$ siehe Abschnitt 2.3.3

Für h_c ist wegen des Profilbleches nur die Aufbetondicke zu berücksichtigen.

$$A_{s,min} = 0.9 \cdot 0.93 \cdot 0.8 \cdot 0.32 \frac{2475}{43.5} = 12.2 \text{ cm}^2$$

DIN EN 1994-1-1, 7.4.2(1), Gl. (7.1)

vorh $A_s = (2.57 + 1.88) \cdot 2.50 = 11.13 \text{ cm}^2 \leq 12.2 \text{ cm}^2 = A_{s,min}$

$\Rightarrow$ Es ist eine Zulagebewehrung mit $A_{s,zul} \geq 1.1 \text{ cm}^2$ einzulegen!

- **Begrenzung der Rissbreite ohne direkte Berechnung**

Die maßgebenden Schnittgrößen für die Ermittlung der Betonstahlspannung folgen mit der Steifigkeitsverteilung nach Bild 2.6 mit $J_2 = J_{st}$ und den folgenden Werten für J_1:

DIN EN 1994-1-1, 7 4.1(3)
DIN EN 1992-1-1-NA, Tab. NA.7.1N

$M_{st} = M_{gk3} + 0.6 \cdot M_{pk} + M_{PT}$

Dabei ist M_{PT} das Zwängungsmoment aus dem Schwinden. Der maximale Wert für ψM_{pk} ergibt sich für eine Verkehrsbelastung in beiden Feldern aus dem doppelten Wert nach Abschnitt 2.7.1.

$M_{gk3} = -122.4 \text{ kNm} \qquad E_a J_1 = E_a J_{i,P}$

$\psi M_{pk} = 2 (-153.4) = -306.8 \text{ kNm} \qquad E_a J_1 = E_a J_{i,o}$

$M_{PT} = -150.7 \text{ kNm} \qquad E_a J_1 = E_a J_{i,S}$

$\Sigma M_{st} = -122.4 - 306.8 - 150.7 = -579.9 \text{ kNm}$

Die Berechnung der Betonstahlspannung erfolgt unter Berücksichtigung der Mitwirkung des Betons zwischen den Rissen. Die Betonstahlspannung $\sigma_{s,II}$ ist mit dem Flächenmoment 2. Grades des Gesamtstahlquerschnittes zu ermitteln. Dieser besteht aus dem Baustahl (HEA 400) und der Bewehrung. Für die Bewehrung werden zusätzlich zum Stabstahl ($\varnothing 12/11 = 21.8 \text{ cm}^2$) die obere und die untere Betonstahlmatte (Q257 und Q188) angesetzt.

$\Sigma A_s = 21.8 + (2.57 + 1.88) \cdot 2.12 = 31.2 \text{ cm}^2$

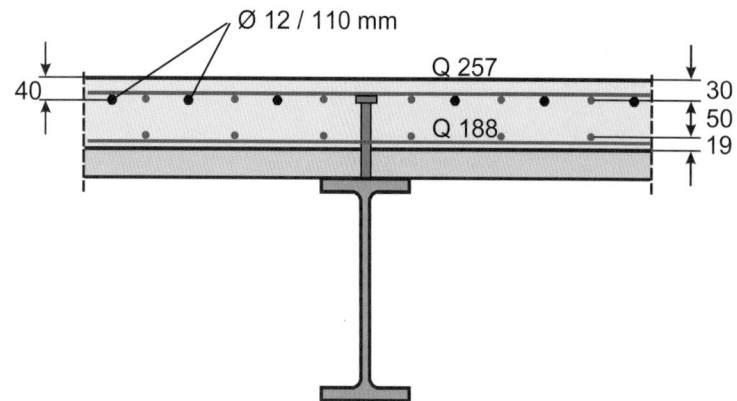

Bild 2.19: *Maße und Bezeichnungen zur Bestimmung der Querschnittswerte*

Für die Querschnittsfläche und das Flächenmoment 2. Grades ergeben sich damit folgende Werte:

$A_{st} = A_a + A_s = 159 + 21{,}8 + (2{,}57 + 1{,}88) \cdot 2{,}12 = 190{,}2 \; cm^2$

$$a_{st} = \frac{21{,}8 \cdot \left(\dfrac{0{,}39}{2} + 0{,}15 - 0{,}04\right)}{31{,}2} +$$

$$\frac{2{,}57 \cdot 2{,}12 \cdot \left(\dfrac{0{,}39}{2} + 0{,}15 - 0{,}03\right) + 1{,}88 \cdot 2{,}12 \cdot \left(\dfrac{0{,}39}{2} + 0{,}07\right)}{31{,}2} = 0{,}30 \; m$$

$z_{st} = A_a \cdot a_{st} / A_{st} = 159 \cdot 0{,}3 / 190{,}2 = 0{,}251 \; m$
$S_{st} = A_s \cdot z_{st} = 31{,}2 \cdot 0{,}251 = 7{,}83 \; cm^2 m$
$J_{st} = J_a + S_{st} \cdot a_{st} = 4{,}507 + 7{,}83 \cdot 0{,}3 = 6{,}856 \; cm^2 m^2$

Schwerelinie Bewehrung von Oberkante Beton:

$z_s = 0{,}39/2 + 0{,}15 - 0{,}30 = 0{,}045 \; m$

$\rho_s = \dfrac{A_s}{A_{ct}} = \dfrac{31{,}2}{9{,}9 \cdot 212} = 1{,}49 \; \%$

$\alpha_{st} = \dfrac{J_{st} \cdot A_{st}}{J_a \cdot A_a} = \dfrac{6{,}856 \cdot 190{,}2}{4{,}507 \cdot 159} = 1{,}82$ DIN EN 1994-1-1, 7.4.3(3), Gl. (7.6)

$\Delta\sigma_s = \dfrac{0{,}4 \cdot f_{ct,eff}}{\alpha_{st} \cdot \rho_s} = \dfrac{0{,}4 \cdot 3{,}2}{1{,}82 \cdot 0{,}0149} = 47{,}2 \; N/mm^2$ DIN EN 1994-1-1, 7.4.3(3), Gl. (7.5)

$\sigma_s = \sigma_{s,0} + \Delta\sigma_s = \dfrac{\Sigma M_y}{J_{st}} \cdot (z_{st} + z_s - 0{,}04) \cdot 10 + \Delta\sigma_s$

$= \dfrac{579{,}9}{6{,}856} \cdot (0{,}251 + 0{,}045 - 0{,}04) \cdot 10 + 47{,}2 = 263{,}7 \; N/mm^2$ DIN EN 1994-1-1, 7.4.3(3), Gl. (7.4)

Für Bewehrungsstähle $\varnothing$ 12 mm und eine charakteristische Rissbreite $w_k = 0{,}4$ mm gilt als Grenzspannung $\sigma_{s,grenz} = 335 \; N/mm^2$ (s. a. Mindestbewehrung)

$\sigma_s = 263{,}7 \; N/mm^2 < 335 \; N/mm^2$

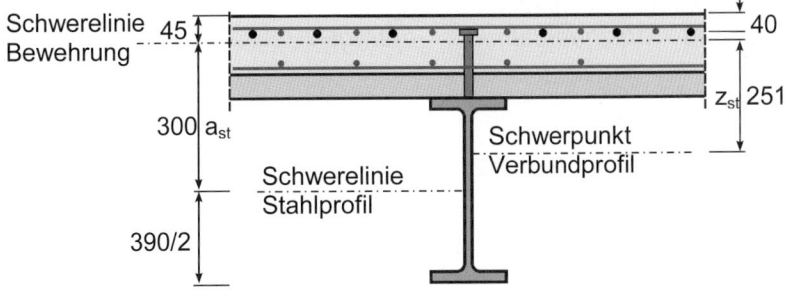

Bild 2.20: *Schwerelinien Teil- und Gesamtquerschnitt*

2.7.4 Überprüfung des elastischen Verhaltens im Gebrauchszustand

Die Verformungen und Spannungen wurden auf Grundlage der Elastizitätstheorie bestimmt. Es wird nachfolgend die Untergurtspannung des Stahlprofils über der Innenstütze im Grenzzustand der Gebrauchstauglichkeit bestimmt und bei Teilplastifizierung des Querschnitts näherungsweise der Einfluss auf die Verformungen und die Schnittgrößen an der Innenstütze untersucht.

Spannungen aus Einwirkungen auf das Stahlprofil:

$$M_{B(gk1,gk2)} = 0,125 \cdot (g_{k,1} + g_{k,2}) \cdot L^2 = 0,125 \cdot (1,25 + 9,40) \cdot 17,0^2$$
$$= 384,7 \text{ kNm}$$

$$\sigma_{a,UG} = \frac{384,7}{4,507} \cdot \frac{0,39}{2} \cdot 10 = 166,4 \text{ N/mm}^2$$

Spannungen aus Einwirkungen auf den Verbundquerschnitt:

$$\sigma_{a,UG} = \frac{579,9}{6,856} \cdot (0,39 + 0,15 - 0,251 - 0,045) \cdot 10 = 206,4 \text{ N/mm}^2$$

$$\Sigma \sigma_{a,UG} = 166,4 + 206,4 = 372,8 \text{ N/mm}^2 > 355 \text{ N/mm}^2 = f_y$$

Die elastische Grenzspannung wird um ca. 5 % überschritten, d. h., der Stahlquerschnitt verhält sich im Grenzzustand der Gebrauchstauglichkeit nicht mehr rein elastisch. Der Einfluss auf die Verformungen und die Trägerüberhöhung muss in diesem Fall berücksichtigt werden. Es folgt eine überschlägige Berechnung zur Berücksichtigung des Einflusses aus der lokalen Teilplastizierung an der Innenstütze. Das elastische Grenzmoment des Querschnitts ergibt sich zu:

$\sigma_{a,UG} = (16,64 + k \cdot 20,64) \leq 35,5$ kN/cm² $\Rightarrow k = 0,914$

$M_{el,k} = -(384,7 + 0,914 \cdot 579,9) = -914,7$ kNm

Gesamtmoment: $M_k = -384,7 - 579,9 = -964,6$ kNm

Unter dem charakteristischen Wert der ständigen Einwirkung $q_k = 14,65 + 0,6 \cdot 18,75 = 25,9$ kN/m wird das elastische Grenzmoment ca. 0,2 m neben der Stütze erreicht. Der charakteristische Wert der plastischen Momententragfähigkeit des Stützquerschnittes beträgt näherungsweise:

$M_{pl,k} \approx 1,025 \cdot M_{pl,d} = 1,025 \cdot 1128,4 = 1157$ kNm

Für den Querschnitt an der Stütze ergibt sich mit Bild 2.21 ein effektives Trägheitsmoment $J_{eff} = 5,44$ cm²m².

$M_{pl,d} \Rightarrow$ siehe Abschnitt 2.6.1

Für die nachfolgende Systemberechnung wird über eine Länge von jeweils 20 cm neben der Innenstütze ein linear veränderlicher Trägheitsmomentenverlauf mit dem Wert J_{eff} über der Innenstütze angesetzt. Die Schnittgrößen für eine Einheitsbelastung von 10 kN/m werden mit und ohne Einfluss der Teilplastizierung verglichen. Im Vergleich zu den Systemannahmen ohne Berücksichtigung der Teilplastizierung im Bereich der Innenstütze ergibt sich eine Vergrößerung der Durchbiegung im Feld von ca. 0,5 %. Der Einfluss ist so gering, dass die zuvor ermittelte Trägerüberhöhung nicht geändert werden muss. Der Einfluss auf den Nachweis der Rissbreitenbeschränkung ist ebenfalls von vernachlässigbarer Größenordnung.

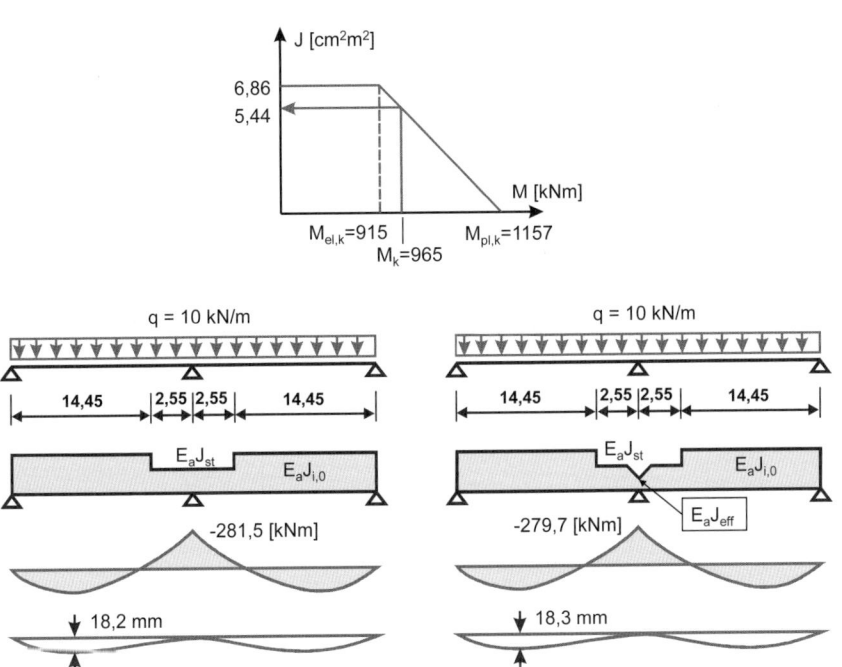

Bild 2.21: Ermittlung der effektiven Biegesteifigkeit und Verformungen aus Teilplastizierung an der Mittelstütze

Beispiel 3: Verbundstütze

Eine Stütze im Erdgeschoss eines Gebäudes wird als Verbundstütze mit Kammerbeton ausgeführt. Die Stütze ist oben und unten unverschieblich gehalten.

Verweis auf
DIN EN 1994-1-1:2010-12
DIN EN 1993-1-1:2010-12
DIN EN 1992-1-1:2011-01

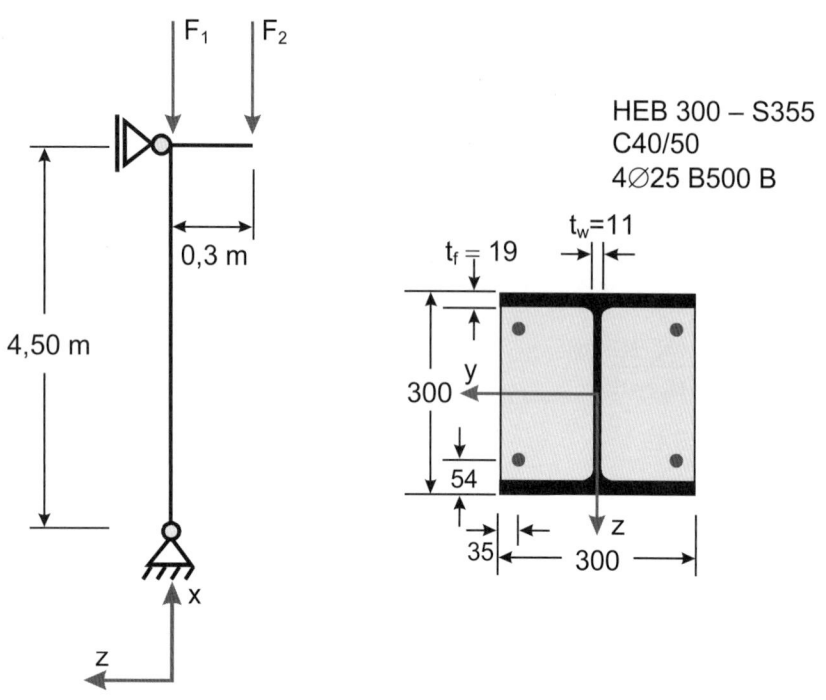

Bild 3.1: System und Querschnitt

3.1 Einwirkungen

ständige Lasten: $F_{1G,k} = 2100\ kN$

veränderliche Lasten: $F_{1Q,k} = 800\ kN$

$F_{2Q,k} = 120\ kN$

3.2 Querschnittswerte

$A_a = 149,0\ cm^2$

$A_s = 19,6\ cm^2$

$A_c = 30 \cdot 30 - 149,0 - 19,6 = 731,4\ cm^2$

Bewehrungsanteil:

$$0,3\ \% < \rho = \frac{19,6}{30,0 \cdot 30,0 - 149,0} = 2,6\ \% < 6\ \%$$

DIN EN 1994-1-1, 6.7.3.1
DIN EN 1994-1-1, 6.7.5.1

Trägheitsmomente für Biegung um die y-Achse:

$J_{a,y} = 2{,}517 \; cm^2 m^2$

$J_{s,y} = 19{,}6 \cdot 0{,}096^2 = 0{,}181 \; cm^2 m^2$

$J_{c,y} = \dfrac{30{,}0^2 \cdot 0{,}30^2}{12} - 2{,}517 - 0{,}181 = 4{,}052 \; cm^2 m^2$

Trägheitsmomente für Biegung um die z-Achse:

$J_{a,z} = 0{,}856 \; cm^2 m^2$

$J_{s,z} = 19{,}6 \cdot 0{,}115^2 = 0{,}259 \; cm^2 m^2$

$J_{c,z} = \dfrac{30{,}0^2 \cdot 0{,}30^2}{12} - 0{,}856 - 0{,}259 = 5{,}635 \; cm^2 m^2$

3.3 Werkstoffe

Beton Betonfestigkeitsklasse C40/50
Zylinderdruckfestigkeit $f_{ck} = 40 \; N/mm^2$ — DIN EN 1992-1-1, Tab. 3.1
Teilsicherheitsbeiwert $\gamma_c = 1{,}5$ — DIN EN 1992-1-1, Tab. NA.2.1
Bemessungswert $f_{cd} = f_{ck}/\gamma_c$ — DIN EN 1994-1-1, Gl. (2.1)
$f_{cd} = 2{,}67 \; kN/cm^2$
Elastizitätsmodul $E_{cm} = 3500 \; kN/cm^2$ — DIN EN 1992-1-1, Tab. 3.1
Dicke h_0 zur Bestimmung der Endkriechzahl φ:
$h_0 = 2 \cdot A_c/U \quad U = 2 \cdot h + 0{,}5 \cdot b = 2 \cdot 30 + 0{,}5 \cdot 30 = 75 \; cm$ — DIN EN 1992-1-1, 3.1.4(5)
$h_0 = 2 \cdot 731{,}4 / 75 = 19{,}5 \; cm$

Die Endkriechzahl nach DIN EN 1992-1-1 ergibt sich für ein Innenbauteil mit RH = 50 % zu:
Zementfestigkeit: 32,5 R; 42,5 N $\Rightarrow$ Klasse N
$\varphi_t \cong 1{,}86$ für Ausbaulasten mit $t_o = 28$ Tage — DIN EN 1992-1-1, Bild 3.1

Betonstahl Materialgüte B500 B
Charakteristischer Wert der
Streckgrenze $f_{sk} = 500 \; N/mm^2$ — DIN EN 1992-1-1/NA, 3.2.2(3); DIN EN 1992-1-1, Tab. NA.2.1
Bemessungswert $f_{sd} = f_{sk}/\gamma_s = 500/1{,}15$
$f_{sd} = 43{,}5 \; kN/cm^2$
Elastizitätsmodul $E_s = 21000 \; kN/cm^2$ — DIN EN 1994-1-1, 3.2(1)

Baustahl Materialgüte S355
Charakteristischer Wert der
Streckgrenze $f_y = 355 \; N/mm^2$ — DIN EN 1993-1-1, Tab. 3.1; $\gamma_{M1} = 1{,}1$;
Bemessungswert $f_{yd} = f_{yk}/\gamma_{M1} = 355/1{,}1$ — DIN EN 1994-1-1, 6.7.3.5(2); DIN EN 1993-1-1/NA, 6.1(1); DIN EN 1993-1-1, 3.2.6(1)
$f_{yd} = 32{,}27 \; kN/cm^2$
Elastizitätsmodul $E_a = 21000 \; kN/cm^2$

3.4 Vollplastische Normalkraft

DIN EN 1994-1-1, Gl. (6.30)

$N_{pl,Rd} = A_a \cdot f_{yd} + A_c \cdot 0{,}85 \cdot f_{cd} + A_s \cdot f_{sd}$

$N_{pl,Rd} = 149 \cdot 32{,}27 + 731{,}4 \cdot 0{,}85 \cdot 2{,}67 + 19{,}6 \cdot 43{,}5 = 7321 \; kN$

$\delta = \dfrac{A_a \cdot f_{yd}}{N_{pl,Rd}} = \dfrac{149{,}0 \cdot 32{,}27}{7321} = 0{,}66$

DIN EN 1994-1-1, Gl. (6.38)

$0{,}2 \leq \delta \leq 0{,}9$ *DIN EN 1994-1-1, Gl. (6.27)*

$N_{pl,Rk} = A_a \cdot f_{yk} + A_c \cdot 0{,}85 \cdot f_{ck} + A_s \cdot f_{sk}$ *DIN EN 1994-1-1, 6.7.3.3(2)*

$N_{pl,Rk} = 149{,}0 \cdot 35{,}5 + 731{,}4 \cdot 0{,}85 \cdot 4{,}0 + 19{,}6 \cdot 50{,}0 = 8756 \text{ kN}$

3.5 Nachweis für Versagen um die schwache Querschnittsbiegeachse

Bemessungswerte der Beanspruchung:

$N_{Ed} = 1{,}35 \cdot 2100 + 1{,}5 \cdot (800 + 120) = 4215 \text{ kN}$

Charakteristischer Wert der wirksamen Biegesteifigkeit:

$(EJ_z)_{eff} = E_a \cdot J_{a,z} + E_s \cdot J_{s,z} + K_e \cdot E_{c,eff} \cdot J_{c,z}$ *DIN EN 1994-1-1, Gl. (6.40)*

$E_{c,eff} = E_{cm} \cdot \dfrac{1}{1 + (N_{G,Ed} / N_{Ed}) \cdot \phi_t}$ *DIN EN 1994-1-1, Gl. (6.41)*

$= 3500 \cdot \dfrac{1}{1 + (2835/4215) \cdot 1{,}86} = 1555 \text{ kN/cm}^2$

$(EJ_z)_{eff} = 21000 \cdot 0{,}856 + 21000 \cdot 0{,}259 + 0{,}6 \cdot 1555 \cdot 5{,}635$

$= 28672 \text{ kNm}^2$

$K_e = 0{,}6$
DIN EN 1994-1-1, 6.7.3.3(3)

Bezogener Schlankheitsgrad:

$N_{cr,z} = \dfrac{\pi^2 (EJ_z)_{eff}}{s_k^2} = \dfrac{\pi^2 \cdot 28672}{4{,}5^2} = 13974 \text{ kN}$

$\overline{\lambda}_z = \sqrt{\dfrac{N_{pl,Rk}}{N_{cr,z}}} = \sqrt{\dfrac{8756}{13974}} = 0{,}79$ *DIN EN 1994-1-1, Gl. (6.39)*

Abminderungsfaktor für Knickbiegelinie c:

$\Phi = 0{,}5 \left[1 + \alpha (\overline{\lambda}_z - 0{,}2) + \overline{\lambda}_z^2 \right]$ *DIN EN 1993-1-1, 6.3.1.2*

$\Phi = 0{,}5 \left[1 + 0{,}49 (0{,}792 - 0{,}2) + 0{,}792^2 \right] = 0{,}96$

KSL c,
DIN EN 1994-1-1, Tab. 6.5
$\Rightarrow \alpha = 0{,}49$
DIN EN 1993-1-1, Tab. 6.1

$\chi_z = \dfrac{1}{\Phi + \sqrt{\Phi^2 - \overline{\lambda}_z^2}} = \dfrac{1}{0{,}96 + \sqrt{0{,}96^2 - 0{,}79^2}} = 0{,}66$ *DIN EN 1993-1-1, Gl. (6.49)*

Nachweis:

$\dfrac{N_{Ed}}{\chi_z \cdot N_{pl,Rd}} = \dfrac{4215}{0{,}66 \cdot 7321} = 0{,}87 < 1$ *DIN EN 1994-1-1, 6.7.3.5, Gl. (6.44)*

3.6 Nachweis für Versagen um die starke Querschnittsbiegeachse

DIN EN 1994-1-1, 6.7.3.6

3.6.1 Ermittlung der Schnittgrößen

Bemessungswerte der Beanspruchung:

$N_{Ed} = 1{,}35 \cdot 2100 + 1{,}5 \cdot (800 + 120) = 4215 \text{ kN}$

$M_{Rand,Ed} = 1{,}5 \cdot 120 \cdot 0{,}3 = 54 \text{ kNm}$

Bemessungswert der wirksamen Biegesteifigkeit:

$(EJ_y)_{eff,II} = K_0 \cdot (E_a \cdot J_{a,y} + K_{e,II} \cdot E_{c,eff} \cdot J_{c,y} + E_s \cdot J_{s,y})$

DIN EN 1994-1-1, Gl. (6.42)

$(EJ_y)_{eff,II} = 0{,}9 \cdot (21000 \cdot 2{,}517 + 0{,}5 \cdot 1555 \cdot 4{,}052 + 21000 \cdot 0{,}181)$

$= 53828 \text{ kNm}^2$

$K_0 = 0{,}9$, $K_{e,II} = 0{,}5$
DIN EN 1994-1-1, 6.7.3.4(2)

Kontrolle für Art der Schnittgrößenberechnung:

$N_{cr,y} = \dfrac{\pi^2 \cdot (EJ_y)_{eff,II}}{L_K^2} = \dfrac{\pi^2 \cdot 53828}{4{,}5^2} = 26235 \text{ kN}$

$\alpha_{cr,y} = \dfrac{N_{cr,y}}{N_{Ed}} = \dfrac{26235}{4215} = 6{,}2 < 10$

DIN EN 1994-1-1, 5.2.1(3)

Die Berechnung der Schnittgrößen muss nach der Elastizitätstheorie II. Ordnung erfolgen.

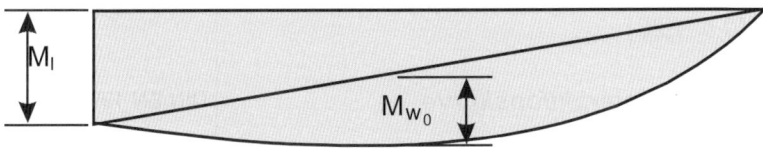

Bild 3.2: Momentenverlauf nach Theorie I. Ordnung einschließlich Imperfektionsmoment

Geometrische Ersatzimperfektion für Knickspannungskurve b:

DIN EN 1994-1-1, Tab. 6.5

$w_0 = \dfrac{L}{200}$

Moment nach Theorie II. Ordnung für Querlast, Randmomente und Vorverformung:

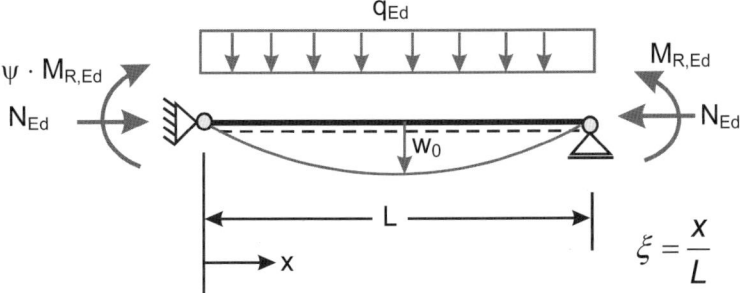

Bild 3.3: System und Belastung

Maximales Moment nach Theorie II. Ordnung:

$$M_{max,Ed} = \left[0,5 \cdot M_{R,Ed} \cdot (\psi + 1) + M_0\right] \cdot \frac{\sqrt{1+c^2}}{\cos(0,5 \cdot \varepsilon)} - M_0$$

Mit der Stabkennzahl ε und den Hilfswerten M_0 und c ergibt sich die Stelle des Maximalmomentes im System:

$$\varepsilon = L\sqrt{\frac{|N_{Ed}|}{(EJ_y)_{eff,II}}} = 4,5\sqrt{\frac{4215}{53828}} = 1,26$$

$$M_0 = (q \cdot L^2 + 8 \cdot N_{Ed} \cdot w_0) \cdot \frac{1}{\varepsilon^2} = \left(0 + 8 \cdot 4215 \cdot \frac{4,5}{200}\right) \cdot \frac{1}{1,26^2} = 478 \text{ kNm}$$

$$c = \frac{M_{R,Ed} \cdot (1-\psi)}{M_{R,Ed} \cdot (\psi+1) + 2 \cdot M_0} \cdot \frac{1}{\tan(0,5 \cdot \varepsilon)}$$

$$= \frac{54 \cdot (1-0)}{54 \cdot (0+1) + 2 \cdot 478} \cdot \frac{1}{\tan(0,63)} = 0,073$$

$$\xi_M = 0,5 + \frac{\arctan c}{\varepsilon} = 0,5 + \frac{\arctan(0,073)}{1,26} = 0,558 \Rightarrow x = 2,51 \text{ m}$$

Damit wird:

$$M_{max,Ed} = (0,5 \cdot 54 + 478)\frac{\sqrt{1+0,073^2}}{\cos(0,5 \cdot 1,26)} - 478 = 149 \text{ kNm}$$

3.6.2 Berechnung der polygonalen Interaktionskurve

DIN EN 1994-1-1, Bild 6.19

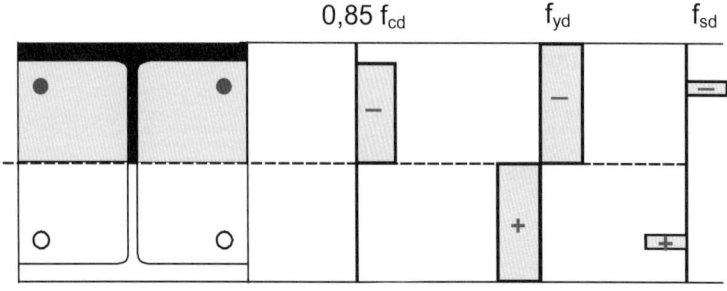

Bild 3.4: Spannungsnulllinie für maximales Moment im Punkt D

Vollplastische Normalkraft des Betonnettoquerschnittes:

$$N_{pm,Rd} = N_{C,Rd} = A_c \cdot 0,85 \cdot f_{cd} = 731,4 \cdot 0,85 \cdot 2,67 = 1660 \text{ kN}$$

$$N_{D,Rd} = \frac{N_{pm,Rd}}{2} = \frac{1660}{2} = 830 \text{ kN}$$

$$\chi_D = \frac{N_{D,Rd}}{N_{pl,Rd}} = \frac{830}{7321} = 0,113$$

Plastische Widerstandsmomente:

$$W_{pl,a} = 2 \cdot S_y = 2 \cdot 9{,}34 = 18{,}68 \text{ cm}^2 m$$

$$W_{pl,s} = \sum_i A_{si} \cdot e_{si} = 19{,}6 \cdot 0{,}096 = 1{,}88 \text{ cm}^2 m$$

$$W_{pl,c} = \frac{b \cdot h^2}{4} - W_{pl,a} - W_{pl,s} = \frac{0{,}30 \cdot 30{,}0^2}{4} - 18{,}68 - 1{,}88 = 46{,}94 \text{ cm}^2 m$$

$$M_{D,Rd} = M_{max,Rd} = W_{pl,a} \cdot f_{yd} + \frac{1}{2} \cdot W_{pl,c} \cdot 0{,}85 \cdot f_{cd} + W_{pl,s} \cdot f_{sd}$$

$$= 18{,}68 \cdot 32{,}27 + \frac{1}{2} \cdot 46{,}94 \cdot 0{,}85 \cdot 2{,}67 + 1{,}88 \cdot 43{,}5 = 737{,}8 \text{ kNm}$$

Punkte B und C

Aus der Differenz der Spannungsverteilungen für Punkt D und Punkt C erhält man mit der Annahme, dass die Spannungsnulllinie im Steg des Profils liegt:

$$h_n \cdot \left(b_c \cdot 0{,}85 \cdot f_{cd} + t_w \cdot 2 \cdot f_{yd} - t_w \cdot 0{,}85 \cdot f_{cd}\right) = N_{D,Rd} = \frac{N_{C,Rd}}{2} = \Delta N$$

$$h_n = \frac{N_{C,Rd}}{2 \cdot b_c \cdot 0{,}85 \cdot f_{cd} + 2 \cdot t_w \cdot (2 \cdot f_{yd} - 0{,}85 \cdot f_{cd})}$$

$$= \frac{1660}{2 \cdot 30{,}0 \cdot 0{,}85 \cdot 2{,}67 + 2 \cdot 1{,}1 \cdot (2 \cdot 32{,}27 - 0{,}85 \cdot 2{,}67)} = 6{,}08 \text{ cm}$$

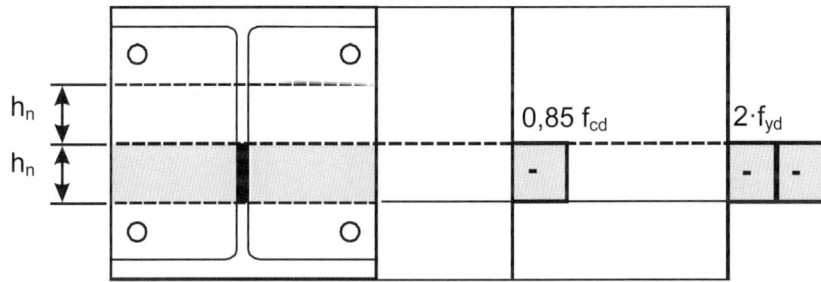

Bild 3.5: Differenz der Spannungen bei $M_{pl,Rd}$ (Punkt D) und $M_{C,Rd}$

Vollplastisches Moment des Querschnitts mit der Höhe $2 \cdot h_n = 12{,}16$ cm:

$$W_{pl,an} = 1/4 \cdot t_w \cdot (2 \cdot h_n)^2 = t_w \cdot h_n^2 = 1{,}1 \cdot 6{,}08 \cdot 0{,}0603 = 0{,}41 \text{ cm}^2 m$$

$$W_{pl,sn} = 0{,}0$$

$$W_{pl,cn} = 1/4 \, b_c \cdot (2 h_n)^2 - W_{pl,an}$$
$$= b_c \cdot h_n^2 - W_{pl,an} = 30{,}0 \cdot 6{,}08 \cdot 0{,}0608 - 0{,}41 = 10{,}68 \text{ cm}^2 m$$

$$M_{n,Rd} = W_{pl,an} \cdot f_{yd} + \frac{1}{2} \cdot W_{pl,cn} \cdot 0{,}85 \cdot f_{cd} + W_{pl,sn} \cdot f_{sd}$$

$$= 0{,}41 \cdot 32{,}27 + \frac{1}{2} \cdot 10{,}68 \cdot 0{,}85 \cdot 2{,}67 = 25{,}3 \ kNm$$

$$M_{pl,Rd} = M_{D,Rd} - M_{n,Rd} = 737{,}8 - 25{,}3 = 712{,}5 \ kNm$$

Da der Verlauf der Interaktionskurve zwischen Punkt A und Punkt C linear angenommen wird, lässt sich μ_d aus geometrischen Beziehungen berechnen:

$$\chi_C = \frac{N_{C,Rd}}{N_{pl,Rd}} = \frac{1660}{7321} = 0{,}227 \quad \mu_C = 1{,}0$$

$$\chi_d = \frac{N_{Ed}}{N_{pl,Rd}} = \frac{4215}{7321} = 0{,}576 \quad \mu_d = \mu_C \cdot \frac{1-\chi_d}{1-\chi_C} = 1{,}0 \cdot \frac{1-0{,}576}{1-0{,}227} = 0{,}549$$

3.6.3 Tragfähigkeitsnachweis

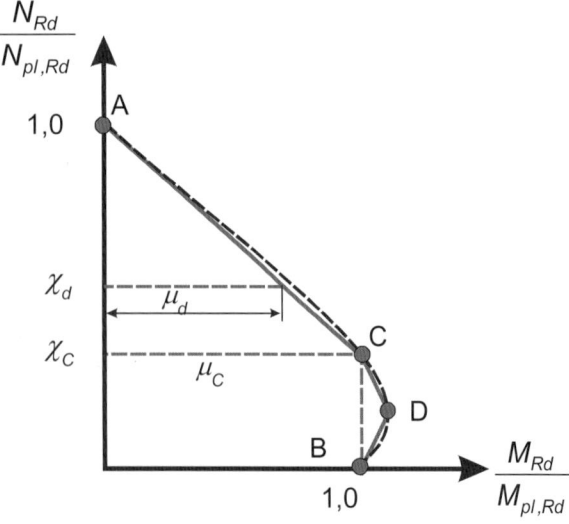

Bild 3.6: *Interaktionsdiagramm*

$$\frac{M_{Ed}}{\mu_d \cdot M_{pl,Rd}} = \frac{149}{0{,}549 \cdot 712{,}5} = 0{,}381 < 0{,}9 = \alpha_M$$

DIN EN 1994-1-1, Gl. (6.45)
$\alpha_M = 0{,}9$ für S 355
DIN EN 1994-1-1, 6.7.3.6(1)

Da F_{1Q} und F_{2Q} voneinander unabhängige Einwirkungen darstellen, ist zu untersuchen, ob mit dem unteren Bemessungswert der Normalkraft aus $F_{1Q} + F_{2Q}$ eine ausreichende Traglast vorhanden ist. In diesem Beispiel ist diese Kombination nicht maßgebend.

3.6.4 Berücksichtigung von Querkräften

$$V_{Ed}(\xi) = \frac{M_R}{L} \frac{\varepsilon}{\sin \varepsilon} \left(\frac{-\psi \cdot \cos(\varepsilon(1-\xi)) + \cos(\varepsilon \cdot \xi)}{\sin \varepsilon} \right) + \frac{M_o}{L} \varepsilon \left(\frac{\sin(\varepsilon(0,5-\xi))}{\cos(\varepsilon/2)} \right)$$

$$V_{Ed}(\xi = 0) = 54,0 \frac{1,26}{4,5} \frac{\cos(1,26 \cdot 0,0)}{\sin 1,26} + 478 \frac{1,26}{4,5} \frac{\sin(1,26(0,5-0,0))}{\cos(1,26/2)}$$
$$= 113,5 \, kN$$

$$V_{Ed}(\xi = 1,0) = 54,0 \frac{1,26}{4,5} \frac{\cos(1,26 \cdot 1,0)}{\sin 1,26} + 478 \frac{1,26}{4,5} \frac{\sin(1,26(0,5-1,0))}{\cos(1,26/2)}$$
$$= -92,8 \, kN$$

DIN EN 1994-1-1, 6.7.3.2(3)

$$A_v = A_a - 2 \cdot b_f \cdot t_f + (t_w + 2 \cdot r) \cdot t_f$$
$$= 149 - 2 \cdot 30 \cdot 1,9 + (1,1 + 2 \cdot 2,7) \cdot 1,9 = 47,4 \, cm^2$$

DIN EN 1993-1-1, 6.2.6

$$V_{a,Ed} = V_{Ed} \cdot \frac{M_{pl,a,Rd}}{M_{pl,Rd}} = 113,5 \cdot \frac{18,68 \cdot 32,27}{712,5} = 96,0 \, kN$$

DIN EN 1994-1-1, Gl. (6.31)

$$V_{pl,a,Rd} = A_v \cdot \frac{f_{yd}}{\sqrt{3}} = 47,4 \cdot \frac{32,27}{\sqrt{3}} = 883 \, kN$$

Nachweis:

$$\frac{V_{a,Ed}}{V_{pl,a,Rd}} = \frac{96,0}{883} = 0,11 \ll 0,5$$

⇒ kein Einfluss der Querkraft auf die Momententragfähigkeit
⇒ Der Nachweis der Querkrafttragfähigkeit für den Kammerbeton ist nach DIN EN 1992-1-1, 6.2 zu führen.

3.7 Verbundsicherung

Die Verbundsicherung außerhalb der Krafteinleitungsbereiche wird ohne Nachweis durch die konstruktive Verdübelung in Längsrichtung sichergestellt. Außerhalb des Lasteinleitungsbereichs wird je ein Kopfbolzendübel pro Seite im Abstand von 1,0 m angeordnet. Alternierend ebenfalls im Abstand von 1,0 m werden S-Haken durch Bohrungen im Steg gesteckt, um den Bügelkorb zu halten.

DIN EN 1994-1-1, 6.7.4

3.7.1 Nachweis der Lasteinleitung

Es wird angenommen, dass die Lastanteile aus dem ersten Obergeschoss

$$\Delta F_{1G} = 420 \, kN; \quad \Delta F_{1Q} = 160 \, kN \quad \text{und} \quad F_{2Q} = 120 \, kN$$

in die Stütze einzuleiten sind. Als Bemessungslasten für die Lasteinleitung ergeben sich damit:

$$N_{Ed} = 1,35 \cdot 420 + 1,5 \cdot (160 + 120) = 987 \, kN$$

$$M_{Ed} = 1,5 \cdot 0,3 \cdot 120 = 54 \, kNm$$

DIN EN 1994-1-1, 6.7.4.2

Die Lasteinleitung erfolgt über den Stahlquerschnitt. Die Teilschnittgrößen des Beton- und Stahlquerschnittes werden mithilfe der vollplastischen Grenzschnittgrößen der Einzelquerschnitte ermittelt. Die zwischen Stahl- und Betonquerschnitt wirkenden Schubkräfte ergeben sich aus den Teilschnittgrößen des Betonquerschnittes.

$$M_{a,Ed} = M_{Ed} \frac{M_{pl,a,Rd}}{M_{pl,Rd}} \qquad M_{c+s,Ed} = M_{Ed} - M_{a,Ed}$$

$$N_{a,Ed} = N_{Ed} \frac{N_{pl,a,Rd}}{N_{pl,Rd}} \qquad N_{c+s,Ed} = N_{Ed} - N_{a,Ed}$$

Stahlanteil an den vollplastischen Schnittgrößen:

$$M_{pl,a,Rd} = (W_{pl,a} - W_{pl,an}) \cdot f_{yd} = (18,68 - 0,41) \cdot 32,27 = 589,6 \text{ kNm}$$

$$\frac{M_{pl,a,Rd}}{M_{pl,Rd}} = \frac{589,6}{712,5} = 0,83 \qquad \frac{N_{pl,a,Rd}}{N_{pl,Rd}} = \delta = 0,66$$

damit wird:

$$M_{a,Ed} = 54 \cdot 0,83 = 45 \text{ kNm} \qquad N_{a,Ed} = 987 \cdot 0,66 = 651 \text{ kN}$$

Als zu übertragende Dübelbeanspruchungen ergeben sich:

$$M_{c+s,Ed} = 54 - 45 = 9,0 \text{ kNm} \qquad N_{c+s,Ed} = 987 - 651 = 336 \text{ kN}$$

Dübeltragfähigkeiten für gewählte Kopfbolzendübel ⌀ 22: \[DIN EN 1994-1-1, 6.6.3.1\]

$$P_{Rd} = 0,8 \cdot f_u \cdot \frac{\pi \cdot d^2}{4} \cdot \frac{1}{\gamma_v} = 0,8 \cdot 45 \cdot \frac{\pi \cdot 2,2^2}{4} \cdot \frac{1}{1,25} = 109,5 \text{ kN}$$

DIN EN 1994-1-1, Gl. (6.18)
$\gamma_V = \gamma_{Va} = 1,25$
DIN EN 1994-1-1, 6.6.3.1(1)

$$P_{Rd} = 0,29 \cdot \alpha \cdot d^2 \cdot \sqrt{E_{cm} \cdot f_{ck}} \cdot \frac{1}{\gamma_v}$$

DIN EN 1994-1-1, Gl. (6.19)

$$\frac{h_{sc}}{d} = \frac{100}{22} = 4,5 \geq 4 \rightarrow \alpha = 1,0$$

DIN EN 1994-1-1, Gl. (6.21)

$$P_{Rd} = 0,29 \cdot 1,0 \cdot 2,2^2 \cdot \sqrt{3500 \cdot 4,0} \cdot \frac{1}{1,5} = 110,7 \text{ kN}$$

$\gamma_V = \gamma_{Vc} = 1,5$
DIN EN 1994-1-1/NA, NDP zu 6.6.3.1(1)

maßgebend: P_{Rd} = 109,5 kN (Stahlversagen)

In jeder Kammer werden zwei Dübel im Abstand $e_{Dü}$ = 15 cm angeordnet. Aus der Reibwirkung mit dem Reibbeiwert μ = 0,5 an den Flanschen resultiert:

DIN EN 1994-1-1, 6.7.4.2(4)

$$\frac{\mu \cdot P_{Rd}}{2} = \frac{0,5 \cdot 109,5}{2} = 27,4 \text{ kN} \quad \text{je Flansch}$$

Dieser Wert wird rechnerisch der Tragfähigkeit zugeschlagen.

Bei zwei Dübelreihen ergibt sich:

$$P_{Rd} = 109,5 + 27,4 = 136,9 \text{ kN}$$

Die maximale Dübelkraft ergibt sich zu:

$$\max P_{Dü} = \frac{N_{c+s,Ed}}{4} + \frac{M_{c+s,Ed}}{2 \cdot e_{Dü}} = \frac{336}{4} + \frac{9}{2 \cdot 0{,}15} = 114 \text{ kN}$$

Nachweis:

$$\frac{P_{Dü}}{P_{Rd}} = \frac{114}{136{,}9} = 0{,}83 \leq 1$$

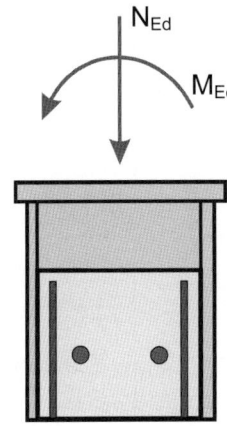
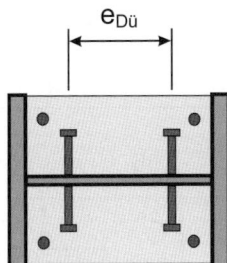

Bild 3.7: Lasteinleitung

Beispiel 4: Verbunddecke

4.1 Allgemeines

Es ist eine über zwei Felder durchlaufende Verbunddecke mit hinterschnittener Profilblechgeometrie zu bemessen. Die Decke ist auf Stahlbetonwänden aufgelagert. In diesem Beispiel wird für die Decke nur der Nachweis im Endzustand geführt.

Verweis auf
DIN EN 1994-1-1:2010-12
DIN EN 1992-1-1:2011-01
Bauaufsichtliche Zulassung:
Z-26.1-4 (DIBt)

Vorbemerkung: Die speziellen Werte der Profilbleche sind Zulassungen zu entnehmen.

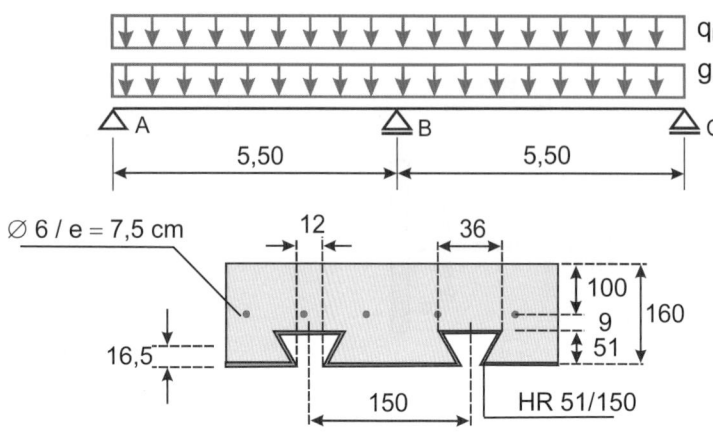

Bild 4.1: System und Querschnitt

4.2 Werkstoffe

Beton Betonfestigkeitsklasse C20/25
Zylinderdruckfestigkeit $f_{ck} = 20\ N/mm^2$
Teilsicherheitsbeiwert $\gamma_c = 1{,}5$
Bemessungswert $f_{cd} = f_{ck}/\gamma_c$
$f_{cd} = 1{,}33\ kN/cm^2$

DIN EN 1992-1-1, Tab. 3.1
DIN EN 1992-1-1, Tab. NA.2.1
DIN EN 1994-1-1, Gl. (2.1)

Betonstahl Materialgüte B500 A
Charakteristischer Wert der
Streckgrenze $f_{sk} = 500\ N/mm^2$
Bemessungswert $f_{sd} = f_{sk}/\gamma_s = 500/1{,}15$
$f_{sd} = 43{,}5\ kN/cm^2$

DIN EN 1992-1-1/NA, 3.2.2(3)
DIN EN 1992-1-1, Tab. NA.2.1

Profilblech Bezeichnung HR 51/150, $t_p = 0{,}88\ mm$
Charakteristischer Wert der
Streckgrenze $f_{yp,k} = 320\ N/mm^2$
Teilsicherheitsbeiwert $\gamma_{M0} = 1{,}0$
Bemessungswert $f_{yp,d} = f_{yp,k}/\gamma_{M0}$
$f_{yp,d} = 32{,}0\ kN/cm^2$

Zulassung: Z-26.1-4

4.3 Querschnittswerte

Profilblech: $a_{pe} = 15{,}62\ cm^2/m$
Betonstahl: $a_s = 3{,}77\ cm^2/m$

Holorib Blech 51

4.4 Einwirkungen

ständige Lasten:

Rohdeckengewicht	$g_{k,1} = 0{,}16 \cdot 25{,}0$ =	4,0	kN/m²
Zusatzgewicht	$g_{k,2} =$ =	1,5	kN/m²
Bemessungslast	$g_{Ed} = 1{,}35 \cdot 5{,}5$ =	7,43	kN/m²

veränderliche Lasten:

	q_k =	5,0	kN/m²
Bemessungslast	$q_d = 1{,}5 \cdot 5{,}0$ =	7,5	kN/m²

Summe der Bemessungslasten: $(g+q)_d$ = 14,93 kN/m²

DIN EN 1990/NA

$\gamma_g = 1{,}35$

$\gamma_q = 1{,}5$

4.5 Betonierzustand

Der Nachweis für Frischbetongewicht + Montagelasten für das reine Stahlblech wird hier nicht geführt. In den Zulassungen werden i. A. Grenzstützweiten für den Bauzustand angegeben.
Für den vorliegenden Fall ist eine Montageunterstützung erforderlich.

4.6 Elastische Schnittgrößenermittlung im Endzustand

Die Ermittlung der Schnittgrößen erfolgt unter Verwendung von Tafelwerken. Die Schnittgrößen werden auf einen 1 m breiten Deckenstreifen bezogen.

- maximales Feldmoment

$\max m_{1,Ed} = (0{,}070 \cdot 7{,}43 + 0{,}096 \cdot 7{,}5) \cdot 5{,}5^2$ = 37,51 kNm/m

- maximale Auflagerkraft links

$\max A_{Ed} = (0{,}375 \cdot 7{,}43 + 0{,}438 \cdot 7{,}5) \cdot 5{,}5$ = 33,39 kN/m

- maßgebendes Stützmoment

$\text{maß. } m_{B,Ed} = -0{,}125 \cdot (7{,}43 + 7{,}5) \cdot 5{,}5^2$ = −56,45 kNm/m

- maximale Querkraft am Auflager B

$\max v_{B,Ed} = 0{,}625 \cdot (7{,}43 + 7{,}5) \cdot 5{,}5$ = 51,32 kN/m

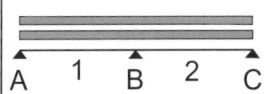

Umlagerung des Stützmomentes um 10 %:

$\text{maß. } m_{B,Ed} = 0{,}90 \cdot (-56{,}45)$ = −50,81 kNm/m

$\text{zug. } v_{A,Ed} = (7{,}43 + 7{,}5) \cdot \dfrac{5{,}5}{2} - \dfrac{50{,}81}{5{,}5}$ = 31,82 kN/m

$\text{zug. } v_{B,Ed} = -(7{,}43 + 7{,}5) \cdot \dfrac{5{,}5}{2} - \dfrac{50{,}81}{5{,}5}$ = −50,30 kN/m

$\text{zug. } B_{Ed} = 2 \cdot v_{B,Ed}$ = 100,60 kN/m

$\text{zug. } m_{1,Ed} = \dfrac{31{,}82^2}{2 \cdot (7{,}43 + 7{,}5)}$ = 33,91 kNm/m

DIN EN 1994-1-1, 9.4.2 (3)
$\Delta \leq 30\%$

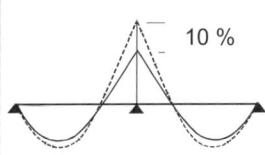

Momentenausrundung bei einer Auflagerbreite von b = 275 mm:

$$\min m_{B,Ed} = -\left(50{,}81 - \frac{100{,}60 \cdot 0{,}275}{8}\right) = -47{,}35 \quad kNm/m$$

DIN EN 1992-1-1, 5.3.2.2(4)

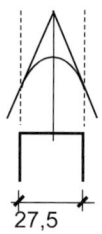

Kontrolle der Zulässigkeit einer Momentenumlagerung von 10 %.

Zur Biegebemessung im Stützbereich wird das Profilblech wegen der Beulgefahr nicht mit herangezogen. Das innere Kräftegleichgewicht ergibt sich aus den inneren Kräften der Stützbewehrung und der unter Berücksichtigung der wirksamen Breite des kammartigen Betonquerschnitts ermittelten Druckzone. Die Stützbewehrung wird durch eine Mattenbewehrung R513A + Zulage $\varnothing$ 10/15 cm gebildet, dabei beträgt die statische Höhe d = 13,4 cm.

mit c_{nom} = 20 mm ($\varnothing$ 10)

Gemäß DIN EN 1994-1-1, Bild 9.7 wird die negative Momententragfähigkeit unter Ausnutzung der plastischen Spannungsverteilung ermittelt. Zur Bestimmung der bezogenen Druckzonenhöhe wird entsprechend $z = d - z_{pl} / 2$ angesetzt.

Mittlere Sickenbreite $\quad b_{sl} = (12 + 36) / 2 = 24{,}0 \quad mm$

Wirksame Breite $\quad b_M = (15 - 2{,}4) / 0{,}15 = 84{,}0 \quad cm/m$

Die Druckzonenhöhe errechnet sich zu:

$|m_{B,Ed}| = b_M \cdot 0{,}85 \cdot f_{cd} \cdot z_{pl} \cdot (d - z_{pl} / 2)$

$\Rightarrow \quad 0{,}5 \cdot b_M \cdot 0{,}85 \cdot f_{cd} \cdot z_{pl}^2 - b_M \cdot 0{,}85 \cdot f_{cd} \cdot d \cdot z_{pl} + |m_{B,Ed}| = 0$

$\quad 0{,}5 \cdot 84 \cdot 0{,}85 \cdot 1{,}33 \cdot z_{pl}^2 - 84 \cdot 0{,}85 \cdot 1{,}33 \cdot 13{,}4 \cdot z_{pl}$
$\quad + |-47{,}35| = 0$

$\Rightarrow \quad z_{pl} = 4{,}47 \text{ cm}$

$\delta = k_1 + k_2 \cdot z_{pl} / d = 0{,}64 + 0{,}8 \cdot 4{,}47 / 13{,}4 \approx 0{,}90 > 0{,}85$

DIN EN 1992-1-1, Gl. (5.10a)
DIN EN 1992-1-1/NA, 5.5(4)

$\Rightarrow$ *Die Grenzwerte für eine Momentenumlagerung mit $\delta = 0{,}9$ (10 %) werden eingehalten!*

Maßgebende Schnittgrößen für die Bemessung:

$m_{1,Ed} = 37{,}51 \quad kNm/m$

$m_{B,Ed} = -47{,}35 \quad kNm/m$

$v_{B,Ed} = -50{,}30 \quad kN/m$

$A_{Ed} = 33{,}39 \quad kN/m$

$m_{1,Ed}$ bei $x = \dfrac{A_{Ed}}{g_{Ed} + q_{Ed}} = \dfrac{33{,}39}{7{,}43 + 7{,}5} = 2{,}24 \text{ m}$

4.7 Bemessung – Grenzzustand der Tragfähigkeit

4.7.1 Ermittlung der Momententragfähigkeit im Feldbereich

Die Bemessung erfolgt nach den Bestimmungen für teilweise Verdübelung.

- *Vollplastische Zugkraft im Profilblech und in der Bewehrung*

$N_p = N_{pl,p} = a_{pe} \cdot f_{yp,d} = 15{,}62 \cdot 32{,}0 = 499{,}8 \text{ kN/m}$

$N_s = a_s \cdot f_{sd} = 3{,}77 \cdot 43{,}5 = 164{,}0 \text{ kN/m}$

- *Plastisches Moment bei voller Verdübelung* $\eta = 1,0$

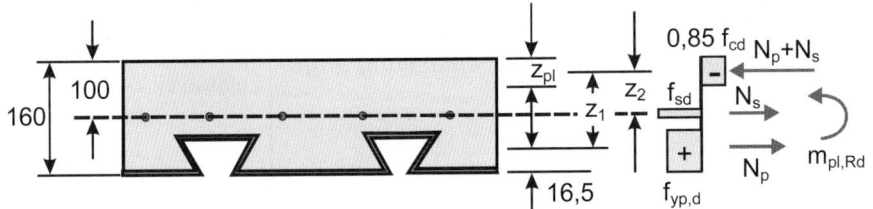

DIN EN 1994-1-1, Bild 9.5

$N_{cf} = N_p + N_s$

Bild 4.2: Spannungsverteilung bei voller Verdübelung

$$z_{pl} = \frac{N_p + N_s}{0,85 \cdot f_{cd} \cdot b} = \frac{499,8 + 164,0}{0,85 \cdot 1,33 \cdot 100} = 5,87 \text{ cm}$$

$$z_1 = 16,0 - 1,65 - \frac{5,87}{2} = 11,16 \text{ cm}$$

$$z_2 = 10,0 - \frac{5,87}{2} = 7,07 \text{ cm}$$

$$m_{pl,Rd} = N_p \cdot z_1 + N_s \cdot z_2$$

$$m_{pl,Rd} = 499,8 \cdot 0,1116 + 164,0 \cdot 0,0707 = 67,37 \text{ kNm/m}$$

DIN EN 1994-1-1, Bild 6.5, Punkt C

- *Plastisches Moment bei Verdübelungsgrad* $\eta = 0,0$

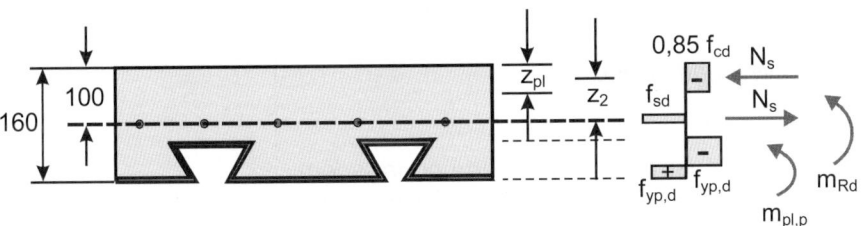

$N_{c0} = N_s$

Bild 4.3: Spannungsverteilung bei Verdübelungsgrad $\eta = 0$

$$z_{pl} = \frac{N_s}{0,85 \cdot f_{cd} \cdot b} = \frac{164,0}{0,85 \cdot 1,33 \cdot 100} = 1,45 \text{ cm}$$

$$z_2 = 10,0 - \frac{1,45}{2} = 9,28 \text{ cm}$$

$$m_{Rd(\eta=0)} = m_{pl,p} + N_s \cdot z_2$$

Das vollplastische Moment des Profilbleches $m_{pl,p}$ ist unter Berücksichtigung des lokalen Beulens gedrückter Querschnittsteile nach Abschnitt 9.7 der DIN EN 1994-1-1 zu bestimmen oder der Zulassung zu entnehmen. Für das gewählte Profil sind im Endzustand alle Querschnittsteile voll wirksam. Daraus ergibt sich:

DIN EN 1994-1-1, 9.7.2(4)
Zulassung: Z-26.1-4

$m_{pl,p} = 8,0 \text{ kNm/m}$

Damit wird:

$m_{Rd(\eta=0)} = 8,0 + 164,0 \cdot 0,0928 = 23,2 \text{ kNm/m}$

DIN EN 1994-1-1, Bild 6.5, Punkt A

4.7.2 Nachweis der Momententragfähigkeit – Feld

Der Nachweis erfolgt mithilfe des Teilverbunddiagramms.

Als Grenzspannung der Verbundfestigkeit wird der in der Zulassung angegebene Wert $\tau_{u,Rd} = 34{,}0\ kN/m^2$ zugrunde gelegt.

DIN EN 1994-1-1, Bild 6.5

Zulassung: Z-26.1-4

Damit wird die für vollständigen Verbund ($\eta = 1{,}0$) erforderliche Schublänge:

$$L_{Sf} = \frac{N_{cf} - N_{c0}}{b \cdot \tau_{u,Rd}} = \frac{499{,}8}{1{,}0 \cdot 34{,}0} = 14{,}70\ m$$

$N_{cf} - N_{c0} = N_{pl,p}$

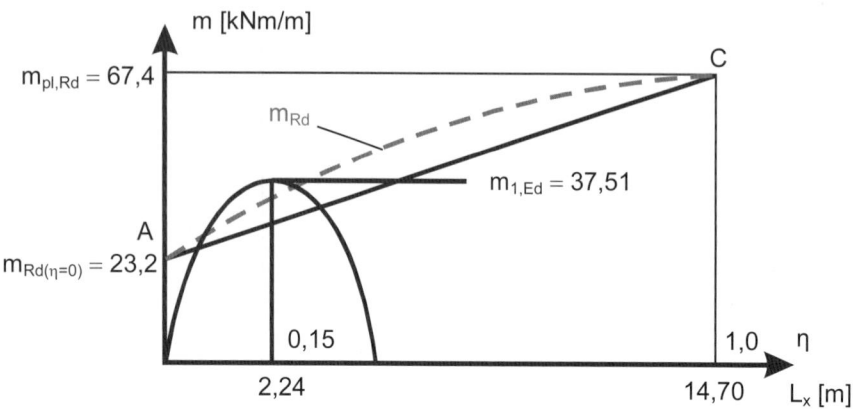

Bild 4.4: Nachweis nach der Teilverbundtheorie

Anmerkung: Nach Zulassung: Z-26.1-4 ist der Flächenverbund in jedem Fall durch mechanische Verbundmittel zu ergänzen. Zur Anschauung wird der Nachweis in diesem Beispiel aber zunächst ohne mechanische Verbundmittel geführt.

Vereinfacht wird m_{Rd} durch eine lineare Interpolation zwischen den Punkten A und C ermittelt. Der genaue Verlauf ist qualitativ gestrichelt angegeben.

Da das Moment aus der äußeren Last m_{Ed} oberhalb der Interaktionsgeraden liegt, ist der Nachweis nicht erfüllt. Es wird daher eine zusätzliche Endverankerung mit Blechverformungsankern nach Bild 4.5 angeordnet.

DIN EN 1994-1-1, 9.1.2.1, Bild 9.1, Typ d)

Bild 4.5: Blechverformungsanker

Als Grenzscherkraft wird $P_{ld} = 29{,}3$ kN/Stück angesetzt.

Damit wird:

$$v_{l,Rd} = \frac{P_{ld}}{e} = \frac{29{,}3}{0{,}15} = 195{,}3 \text{ kN/m}$$

Das entspricht einem Verdübelungsgrad von:

$$\eta_{ld} = \frac{v_{l,Rd}}{N_{cf} - N_{c0}} = \frac{195{,}3}{499{,}8} = 0{,}39$$

oder einer rechnerischen Vorblechlänge von:

$$L_{ld} = \frac{v_{l,Rd}}{b \cdot \tau_{u,Rd}} = \frac{195{,}3}{1{,}0 \cdot 34{,}0} = 5{,}7 \text{ m}$$

Zulassung: Z-26.1-4

$N_{cf} - N_{c0} = N_{pl,p}$

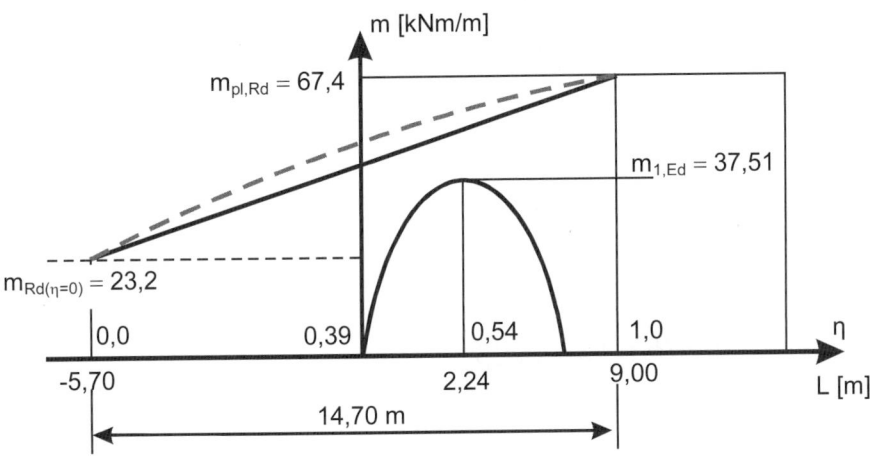

Bild 4.6: Nachweis nach der Teilverbundtheorie mit Endverankerung

Das Moment aus der äußeren Last m_{Ed} liegt unterhalb der Interaktionsgeraden, der Nachweis ist damit erbracht.

Rechnerisch ergibt sich:

$$m_{Rd}(x = 2{,}24 \text{ m}) = 23{,}2 + \frac{67{,}4 - 23{,}2}{14{,}7}(2{,}24 + 5{,}7) = 47{,}1 \text{ kNm/m}$$

$$\frac{m_{1,Ed}}{m_{Rd}} = \frac{37{,}51}{47{,}1} = 0{,}80 < 1{,}0$$

Lineare Beziehung

4.7.3 Ermittlung der Momententragfähigkeit im Stützbereich

Wegen der Beulgefahr wird das Profilblech nicht zur Berechnung der Momententragfähigkeit herangezogen. Die negative Momententragfähigkeit wird vollplastisch ermittelt.

DIN EN 1994-1-1, 9.7.2(4)

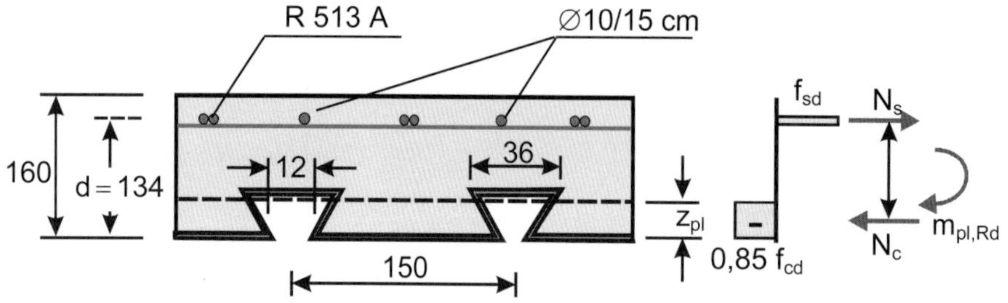

DIN EN 1994-1-1, 9.7.2(7), Bild 9.7

$N_c = N_s$

Bild 4.7: Spannungsverteilung bei negativer Momentenbeanspruchung

Mittlere Sickenbreite $\quad b_{sl} = (12 + 36) / 2 \quad = 24{,}0 \text{ mm}$

Mitwirkende Breite $\quad b_M = (15 - 2{,}4) / 0{,}15 = 84{,}0 \text{ cm/m}$

$$N_s = a_s \cdot f_{sd} = (5{,}13 + 5{,}24) \cdot 43{,}5 = 451{,}1 \text{ kN/m}$$

$$z_{pl} = \frac{N_s}{0{,}85 \cdot f_{cd} \cdot b_M} = \frac{451{,}1}{0{,}85 \cdot 1{,}33 \cdot 84} = 4{,}75 \text{ cm} < 5{,}1 \text{ cm}$$

$\Rightarrow$ Nulllinie im Bereich der Sicken

$$m_{Rd} = N_s \cdot \left(d - \frac{z_{pl}}{2}\right) = 451{,}1 \cdot \left(0{,}134 - \frac{0{,}0475}{2}\right) = 49{,}7 \text{ kNm/m}$$

$$\frac{m_{B,Ed}}{m_{Rd}} = \frac{|-47{,}35|}{49{,}7} = 0{,}95 < 1{,}0$$

DIN EN 1994-1-1, 9.7.2(7), Bild 9.7

4.7.4 Ermittlung der Querkrafttragfähigkeit

Der Nachweis erfolgt wie für eine Stahlbetondecke. Als Querschnittsbreite ist dabei die minimale Breite der Betonrippen anzunehmen.

DIN EN 1994-1-1, 9.7.5

Anrechenbare Breite $b_w = (15 - 3{,}6) / 0{,}15 = 76{,}0 \text{ cm/m}$

Die Querkrafttragfähigkeit ergibt sich bei Bauteilen ohne Schubbewehrung zu:

$$V_{v,Rd} = V_{Rd,c} = \left(C_{Rd,c} \cdot k \cdot (100 \cdot \rho_l \cdot f_{ck})^{1/3} + k_1 \cdot \sigma_{cp}\right) \cdot b_w \cdot d$$

mit $\quad C_{Rd,c} = 0{,}15 / \gamma_c$

$$k = 1 + \sqrt{\frac{200}{d}} \leq 2{,}0$$

$$\rho_l = \frac{A_{sl}}{b_w \cdot d} \leq 0{,}02$$

$$k_1 = 0{,}12$$

$$\sigma_{cp} = 0$$

DIN EN 1992-1-1, 6.2.2

DIN EN 1992-1-1, Gl. (6.2a)

DIN EN 1992-1-1/NA, 6.2.2(1)

b_w = kleinste Breite innerhalb der Zugzone

DIN EN 1992-1-1/NA, 6.2.2(1)

Der Mindestwert der Querkrafttragfähigkeit beträgt:

$$V_{Rd,c,min} = (v_{min} + k_1 \cdot \sigma_{cp}) \cdot b_w \cdot d$$ DIN EN 1992-1-1, Gl. (6.2b)

$$\text{mit} \quad v_{min} = (0{,}0525/\gamma_c) \cdot k^{3/2} \cdot f_{ck}^{1/2} \quad \text{für } d \leq 600 \text{ mm}$$ DIN EN 1992-1-1/NA, 6.2.2(1), Gl. (NA.6.3a)

- *Stützbereich*

$$k = 1 + \sqrt{\frac{200}{134}} = 2{,}22 > 2{,}0 \Rightarrow k = 2{,}0$$

$$\rho_l = \frac{5{,}13 + 5{,}24}{76 \cdot 13{,}4} = 0{,}01 < 0{,}02$$

$$v_{Rd,c} = \frac{0{,}15}{1{,}5} \cdot 2{,}0 \cdot (100 \cdot 0{,}01 \cdot 20)^{1/3} \cdot 0{,}76 \cdot 0{,}134 \cdot 10^3 = 55{,}3 \text{ kN/m}$$ DIN EN 1992-1-1, Gl. (6.2a)

$$v_{min} = (0{,}0525/1{,}5) \cdot 2{,}0^{3/2} \cdot 20^{1/2} = 0{,}443$$

$$V_{Rd,c,min} = 0{,}443 \cdot 0{,}76 \cdot 0{,}134 \cdot 10^3 = 45{,}1 \text{ kN/m} \leq V_{Rd,c}$$ DIN EN 1992-1-1, Gl. (6.2b)

$$\Rightarrow v_{v,Rd} = 55{,}3 \text{ kN/m}$$

$$v_{B,Ed,red} = v_{B,Ed} - d \cdot (g + q)_d = 50{,}30 - 0{,}134 \cdot (7{,}43 + 7{,}5) = 48{,}3 \text{ kN/m}$$ DIN EN 1992-1-1, 6.2.1(8)

$$\frac{v_{B,Ed,red}}{v_{v,Rd}} = \frac{48{,}3}{55{,}3} = 0{,}87 < 1{,}0$$

- *Auflager A*

Zur Ermittlung des Bewehrungsgrades wird diejenige Profilblechfläche berücksichtigt, die über Verbundspannungen oder eine Endverankerung statisch angeschlossen wirksam wird.

Anrechenbare Profilblechfläche

Flächenverbund und Reibungsanteil aus der Auflagerkraft:

$$v_{L,Rd} = l_{bs} \tau_{u,Rd} + \mu V_t$$ $l_{bs} = 140$ mm $> l_{bs,min} = 50$ mm
DIN EN 1994-1-1, 9.2.3(2)

Im vorliegenden Fall ist der Einfluss aus der Reibung bereits in $\tau_{u,Rd}$ enthalten (siehe Zulassung) und darf nicht in Rechnung gestellt werden. s. a. DIN EN 1992-1-1: Bild 6.3

$$v_{L,Rd} = l_{bs} \tau_{u,Rd} = 0{,}14 \cdot 34{,}0 = 4{,}76 \text{ kN/m}$$

Endverankerung: $v_{L,Rd} = 195{,}3$ kN/m

$$a_{pe}^* = a_{pe} \frac{v_{L,Rd}}{N_p} = 15{,}62 \frac{4{,}76 + 195{,}3}{499{,}8} = 6{,}25 \text{ cm}^2/\text{m}$$

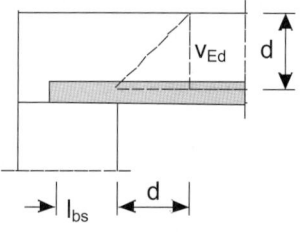

Statische Nutzhöhe an der Nachweisstelle:

$$d = \frac{a_s \, d_s \, f_{sd} + a_{pe}^* \, d_p \, f_{yp,d}}{a_s \, f_{sd} + a_{pe}^* \, f_{yp,d}}$$

$$= \frac{3{,}77 \cdot 10{,}0 \cdot 43{,}5 + 6{,}25 \cdot 14{,}35 \cdot 32{,}0}{3{,}77 \cdot 43{,}5 + 6{,}25 \cdot 32{,}0} = 12{,}4 \text{ cm}$$ $d_p = 16{,}0 - 1{,}65 = 14{,}35$ cm

$$k = 1 + \sqrt{\frac{200}{124}} = 2,27 > 2,0 \Rightarrow k = 2,0$$

$$\rho_l = \frac{3,77 + 6,25 \frac{32,0}{43,5}}{76 \cdot 12,4} = 0,009 < 0,02$$

$$v_{Rd,c} = \frac{0,15}{1,5} \cdot 2,0 \cdot 1,0 \cdot (100 \cdot 0,009 \cdot 20)^{1/3} \cdot 0,76 \cdot 0,124 \cdot 10^3 = 49,4 \text{ kN/m}$$ DIN EN 1992-1-1, Gl. (6.2a)

$$v_{min} = (0,0525/1,5) \cdot 2,0^{3/2} \cdot 20^{1/2} = 0,443$$

$$V_{Rd,c,min} = 0,443 \cdot 0,76 \cdot 0,124 \cdot 10^3 = 41,7 \text{ kN/m} \leq V_{Rd,c}$$ DIN EN 1992-1-1, Gl. (6.2b)

$$\Rightarrow v_{v,Rd} = 49,4 \text{ kN/m}$$

$$v_{A,Ed,red} = v_{A,Ed} - d \cdot (g + q)_d = 33,39 - 0,124 \cdot (7,43 + 7,5) = 31,5 \text{ kN/m}$$ DIN EN 1992-1-1, 6.2.1(8)

$$\frac{v_{A,Ed,red}}{v_{v,Rd}} = \frac{31,5}{49,4} = 0,64 < 1,0$$

In [300, 301] ist beschrieben, dass die Bemessung nach DIN EN 1994-1-1, 9.7.5 zu auf der unsicheren Seite liegenden Ergebnissen führen kann. Im Folgenden erfolgt die Bestimmung der Querkrafttragfähigkeit nach dem Modell in [300]:

Die Querkrafttragfähigkeit V_{Rd} am Endauflager einer Verbunddecke setzt sich aus drei Traganteilen zusammen: s. Bild 286

der Eigentragfähigkeit des Profilblechs $V_{p,Rd}$,

der Querkrafttragfähigkeit der ungerissenen Betondruckzone $V_{c,c}$ und

der Querkrafttragfähigkeit der lokalen Rissverzahnung $V_{c,ct}$.

$$V_{Rd} = \frac{1}{\gamma_{M1}} \cdot V_{p,Rk} + \frac{1}{\gamma_c} \cdot (V_{c,c} + V_{c,ct})$$

$V_{p,Rk}$ für das verwendete Profilblech HR 51/150, $t_p = 0,88$ mm beträgt (empirisch bestimmt): s. Literatur [301]

$$V_{p,Rk} = 14,9 \text{ kN/m}$$

$$V_{c,c} = 0,74 \cdot k_c \cdot \frac{\eta \cdot a_{pe} \cdot f_{yp,k}}{b_c \cdot \alpha_{cc} \cdot f_{ck}} \cdot b_w \cdot f_{ctm}$$

Zur Ermittlung des Teilverbundgrades η wird diejenige Profilblechfläche berücksichtigt, die über Verbundspannungen oder eine Endverankerung statisch angeschlossen wirksam wird.

$l_{bs} = 140$ mm $> l_{bs,min} = 50$ mm
DIN EN 1994-1-1, 9.2.3(2)

Anrechenbare Profilblechfläche

Flächenverbund und Reibungsanteil aus der Auflagerkraft:

s. a. DIN EN 1992-1-1: Bild 6.3

$$v_{L,Rd} = l_{bs} \tau_{u,Rd} + \mu V_t$$

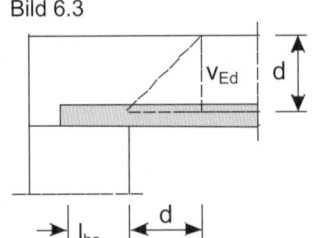

Im vorliegenden Fall ist der Einfluss aus der Reibung bereits in $\tau_{u,Rd}$ enthalten (siehe Zulassung) und darf nicht in Rechnung gestellt werden.

$$v_{L,Rd} = l_{bs} \tau_{u,Rd} = 0,14 \cdot 34,0 = 4,76 \text{ kN/m}$$

Endverankerung: $v_{L,Rd} = 195,3$ kN/m

$$\eta = \frac{4{,}76 + 195{,}3}{499{,}8} = 0{,}4$$

Damit ergibt sich die Höhe h_{cz} der ungerissenen Betondruckzone an der Nachweisstelle zu:

$$h_{cz} = \frac{\eta \cdot a_{pe} \cdot f_{yp,k}}{b_c \cdot 0{,}85 \cdot f_{ck}} = \frac{0{,}4 \cdot 15{,}62 \cdot 32{,}0}{100 \cdot 0{,}85 \cdot 2{,}0} = 1{,}176\,cm \qquad \text{mit } b_c = 100\,cm/m$$

Mit $f_{ctm} = 0{,}22\,kN/cm^2$ und $k_c = \tfrac{2}{3}$ für Normalbeton

$$V_{c,c} = 0{,}74 \cdot \frac{2}{3} \cdot 1{,}176 \cdot 76 \cdot 0{,}22 = 9{,}7\,kN/m$$

$$V_{c,ct} = V_{ct,0} \cdot b_w = 90 \cdot 0{,}76 = 68{,}4\,kN/m$$

mit $V_{ct,0} = 90\,kN/m$ für Normalbeton

s. Bild 286

$$V_{Rd} = \frac{14{,}9}{1{,}1} + \frac{9{,}7 + 68{,}4}{1{,}5} = 65{,}6\,kN/m$$

$$\frac{V_{A,Ed,red}}{V_{Rd}} = \frac{31{,}5}{65{,}6} = 0{,}48 \le 1{,}0$$

4.8 Nachweise im Grenzzustand der Gebrauchstauglichkeit

4.8.1 Durchbiegungsbeschränkung

DIN EN 1994-1-1, 9.8.2

Auf einen Nachweis der Verformungen darf verzichtet werden, wenn die Biegeschlankheit die Grenzwerte für gering beanspruchten Beton nach DIN EN 1992-1-1, 7.4.2 nicht überschreitet.
Nach DIN EN 1992-1-1, Tabelle 7.4N liegt gering beanspruchter Beton bei einem Bewehrungsgrad von $\rho = 0{,}5\,\%$ vor.

DIN EN 1994-1-1, 9.8.2(4)

$$\frac{l}{d} \le K \cdot \left(11 + 1{,}5 \cdot \sqrt{f_{ck}} \cdot \frac{\rho_0}{\rho} + 3{,}2 \cdot \sqrt{f_{ck}} \cdot \left(\frac{\rho_0}{\rho} - 1 \right)^{3/2} \right) \quad \text{wenn } \rho \le \rho_0$$

DIN EN 1992-1-1, Gl. (7.16.a)

$$\frac{l}{d} \le K \cdot \left(11 + 1{,}5 \cdot \sqrt{f_{ck}} \cdot \frac{\rho_0}{\rho - \rho'} + \frac{1}{12} \cdot \sqrt{f_{ck}} \cdot \sqrt{\frac{\rho'}{\rho_0}} \right) \quad \text{wenn } \rho > \rho_0$$

DIN EN 1992-1-1, Gl. (7.16.b)

mit $\quad K \qquad$ (Beiwert zur Berücksichtigung der stat. Systeme)

$\qquad \rho = \dfrac{A_{s,req}}{b_w \cdot d} \quad$ (erf. Zugbewehrungsgrad in Feldmitte)

$\qquad \rho_0 = 10^{-3}\sqrt{f_{ck}}\quad$ (Referenzbewehrungsgrad)

$\qquad \rho' \qquad$ (erf. Druckbewehrungsgrad in Feldmitte)

hier:

$K = 1{,}3 \qquad$ (für Endfelder von Durchlaufträgern)

DIN EN 1992-1-1, Tab. 7.4N

$\rho = 0{,}5\,\%$

$\rho_0 = 10^{-3}\sqrt{20} = 0{,}00447 = 0{,}45\,\%$

$\rho' = 0$, da keine Druckbewehrung erforderlich ist.

$\Rightarrow \rho > \rho_0$

$$\frac{l}{d} \leq 1{,}3 \cdot \left(11 + 1{,}5 \cdot \sqrt{20} \cdot \frac{0{,}00447}{0{,}005}\right) = 22{,}1$$

Nach DIN EN 1992-1-1, 7.4.2 (2) darf die ermittelte Grenzschlankheit mit $310/\sigma_s$ multipliziert werden. Der Faktor kann nach DIN EN 1992-1-1 auf der sicheren Seite liegend wie folgt ermittelt werden:

$$\frac{310}{\sigma_s} = \frac{500}{f_{y,pk} \cdot \frac{A_{s,req}}{A_{s,prov}}} = \frac{500}{320} \cdot \frac{1}{0{,}8} = 1{,}95$$

mit $\dfrac{A_{s,req}}{A_{s,prov}} \cong \dfrac{m_{1,Ed}}{m_{Rd}} = 0{,}8$

DIN EN 1992-1-1, Gl. (7.17)

s. Abschnitt 4.7.2 „Nachweis der Momententragfähigkeit – Feld"

Statische Nutzhöhe d an der Nachweisstelle $x = 2{,}24$ m:

$$a_{pe}^* = a_{pe} \cdot \eta = 15{,}62 \cdot 0{,}54 = 8{,}43 \text{ cm}^2/\text{m}$$

$$d = \frac{a_s d_s f_{sd} + a_{pe}^* d_p f_{yp,d}}{a_s f_{sd} + a_{pe}^* f_{yp,d}} = \frac{3{,}77 \cdot 10{,}0 \cdot 43{,}5 + 8{,}43 \cdot 14{,}35 \cdot 32{,}0}{3{,}77 \cdot 43{,}5 + 8{,}43 \cdot 32{,}0} = 12{,}7 \text{ cm}$$

Damit ergibt sich:

$$\frac{l}{d} = \frac{550}{12{,}7} = 43{,}3 \leq 22{,}1 \cdot 1{,}95 = 43{,}1$$

$43{,}3 \cong 43{,}1 \Rightarrow$ Auf einen Nachweis der Verformungen darf verzichtet werden.

4.8.2 Weitere Nachweise

DIN EN 1994-1-1, 9.8.1

Der Nachweis der Rissbreitenbegrenzung an der Mittelstütze ist nach DIN EN 1992-1-1, 7.3 zu führen.

11 Literatur

[1] DIN EN 1994-1-1:2010-12, Eurocode 4: Bemessung und Konstruktion von Verbundtragwerken aus Stahl und Beton – Teil 1-1: Allgemeine Bemessungsregeln und Anwendungsregeln für den Hochbau; Deutsche Fassung EN 1994-1-1:2004 + AC:2009

[2] DIN EN 1994-1-1/NA:2010-12, Nationaler Anhang – National festgelegte Parameter – Eurocode 4: Bemessung und Konstruktion von Verbundtragwerken aus Stahl und Beton – Teil 1-1: Allgemeine Bemessungsregeln und Anwendungsregeln für den Hochbau

[3] DIN EN 1994-1-2:2010-12, Eurocode 4: Bemessung und Konstruktion von Verbundtragwerken aus Stahl und Beton – Teil 1-2: Allgemeine Regeln – Tragwerksbemessung für den Brandfall; Deutsche Fassung EN 1994-1-2:2005 + AC:2008

[4] DIN EN 1994-2:2010-12, Eurocode 4: Bemessung und Konstruktion von Verbundtragwerken aus Stahl und Beton – Teil 2: Allgemeine Bemessungsregeln und Anwendungsregeln für Brücken; Deutsche Fassung EN 1994-2:2005 + AC:2008

[5] DIN EN 1994-1-1/NA:2010-12, Nationaler Anhang – National festgelegte Parameter – Eurocode 4: Bemessung und Konstruktion von Verbundtragwerken aus Stahl und Beton – Teil 1-1: Allgemeine Bemessungsregeln und Anwendungsregeln für den Hochbau

[6] DIN EN 1990:2010-12, Eurocode: Grundlagen der Tragwerksplanung; Deutsche Fassung EN 1990:2002 + A1:2005 + A1:2005/AC:2010

[7] DIN EN 1990/NA:2010-12, Nationaler Anhang – National festgelegte Parameter – Eurocode: Grundlagen der Tragwerksplanung

[8] DIN EN 1990/NA/A1:2012-08, Nationaler Anhang – National festgelegte Parameter – Eurocode: Grundlagen der Tragwerksplanung; Änderung A1

[9] DIN EN 1991-1-1:2010-12, Eurocode 1: Einwirkungen auf Tragwerke – Teil 1-1: Allgemeine Einwirkungen auf Tragwerke – Wichten, Eigengewicht und Nutzlasten im Hochbau; Deutsche Fassung EN 1991-1-1:2002 + AC:2009

[10] DIN EN 1991-1-2:2010-12, Eurocode 1: Einwirkungen auf Tragwerke – Teil 1-2: Allgemeine Einwirkungen – Brandeinwirkungen auf Tragwerke; Deutsche Fassung EN 1991-1-2:2002 + AC:2009

[11] DIN EN 1991-1-3:2010-12, Eurocode 1: Einwirkungen auf Tragwerke – Teil 1-3: Allgemeine Einwirkungen, Schneelasten; Deutsche Fassung EN 1991-1-3:2003 + AC:2009

[12] DIN EN 1991-1-4:2010-12, Eurocode 1: Einwirkungen auf Tragwerke – Teil 1-4: Allgemeine Einwirkungen – Windlasten; Deutsche Fassung EN 1991-1-4:2005 + A1:2010 + AC:2010

[13] DIN EN 1991-1-6, Eurocode 1: Einwirkungen auf Tragwerke – Teil 1-6: Allgemeine Einwirkungen, Einwirkungen während der Bauausführung; Deutsche Fassung EN 1991-1-6:2005 + AC:2008

[14] DIN EN 1992-1-1:2011-01, Eurocode 2: Bemessung und Konstruktion von Stahlbeton- und Spannbetontragwerken – Teil 1-1: Allgemeine Bemessungsregeln und Regeln für den Hochbau; Deutsche Fassung EN 1992-1-1:2004 + AC:2010

[15] DIN EN 1992-1-1/A1:2015-03, Eurocode 2: Bemessung und Konstruktion von Stahlbeton- und Spannbetontragwerken – Teil 1-1: Allgemeine Bemessungsregeln und Regeln für den Hochbau; Deutsche Fassung EN 1992-1-1:2004/A1:2014

[16] DIN EN 1992-1-1/NA:2013-04, Nationaler Anhang – National festgelegte Parameter – Eurocode 2: Bemessung und Konstruktion von Stahlbeton- und Spannbetontragwerken – Teil 1-1: Allgemeine Bemessungsregeln und Regeln für den Hochbau

[17] DIN EN 1992-1-1/NA/A1:2015-12, Nationaler Anhang – National festgelegte Parameter – Eurocode 2: Bemessung und Konstruktion von Stahlbeton- und Spannbetontragwerken – Teil 1-1: Allgemeine Bemessungsregeln und Regeln für den Hochbau; Änderung A1

[18] DIN EN 1992-2:2010-12, Eurocode 2: Bemessung und Konstruktion von Stahlbeton- und Spannbetontragwerken – Teil 2: Betonbrücken – Bemessungs- und Konstruktionsregeln; Deutsche Fassung EN 1992-2:2005 + AC:2008

[19] DIN EN 1992-4:2019-04, Eurocode 2: Bemessung und Konstruktion von Stahlbeton- und Spannbetontragwerken – Teil 4: Bemessung der Verankerung von Befestigungen in Beton; Deutsche Fassung EN 1992-4:2018

[20] DIN EN 1993-1-1:2012-12, Eurocode 3: Bemessung und Konstruktion von Stahlbauten – Teil 1-1: Allgemeine Bemessungsregeln und Regeln für den Hochbau; Deutsche Fassung EN 1993-1-1:2005 + AC:2009

[21] DIN EN 1993-1-1/NA:2018-12, Nationaler Anhang – National festgelegte Parameter – Eurocode 3: Bemessung und Konstruktion von Stahlbauten – Teil 1-1: Allgemeine Bemessungsregeln und Regeln für den Hochbau

[22] DIN EN 1993-1-2:2010-12, Eurocode 3: Bemessung und Konstruktion von Stahlbauten – Teil 1-2: Allgemeine Regeln – Tragwerksbemessung für den Brandfall; Deutsche Fassung EN 1993-1-2:2005 + AC:2009

[23] DIN EN 1993-1-3:2010-12, Eurocode 3: Bemessung und Konstruktion von Stahlbauten – Teil 1-3: Allgemeine Regeln – Ergänzende Regeln für kaltgeformte Bauteile und Bleche; Deutsche Fassung EN 1993-1-3:2006 + AC:2009

[24] DIN EN 1993-1-3/NA:2017-05, Nationaler Anhang – National festgelegte Parameter – Eurocode 3: Bemessung und Konstruktion von Stahlbauten – Teil 1-3: Allgemeine Regeln – Ergänzende Regeln für kaltgeformte dünnwandige Bauteile und Bleche

[25] DIN EN 1993-1-5:2019-10, Eurocode 3: Bemessung und Konstruktion von Stahlbauten – Teil 1-5: Plattenförmige Bauteile; Deutsche Fassung EN 1993-1-5:2006 + AC:2009 + A1:2017 + A2:2019

[26] DIN EN 1993-1-8:2010-12, Eurocode 3: Bemessung und Konstruktion von Stahlbauten – Teil 1-8: Bemessung von Anschlüssen; Deutsche Fassung EN 1993-1-8:2005 + AC:2009

[27] DIN EN 1993-1-9:2010-12, Eurocode 3: Bemessung und Konstruktion von Stahlbauten – Teil 1-9: Ermüdung; Deutsche Fassung EN 1993-1-9:2005 + AC:2009

[28] DIN EN 1993-1-9/NA:2010-12, Nationaler Anhang – National festgelegte Parameter – Eurocode 3: Bemessung und Konstruktion von Stahlbauten – Teil 1-9: Ermüdung

[29] DIN EN 1993-1-10:2010-12, Eurocode 3: Bemessung und Konstruktion von Stahlbauten – Teil 1-10: Stahlsortenauswahl im Hinblick auf Bruchzähigkeit und Eigenschaften in Dickenrichtung; Deutsche Fassung EN 1993-1-10:2005 + AC:2009

[30] DIN 488: Teile 1–6, Stahlsorten

[31] DIN EN 1994-1-1:2010-12, Eurocode 4: Bemessung und Konstruktion von Verbundtragwerken aus Stahl und Beton – Teil 1-1: Allgemeine Bemessungsregeln und Anwendungsregeln für den Hochbau; Deutsche Fassung EN 1994-1-1:2004 + AC:2009

[32] DIN EN 1994-1-2:2010-12, Eurocode 4: Bemessung und Konstruktion von Verbundtragwerken aus Stahl und Beton, Teil 1-2: Allgemeine Bemessungsregeln und Tragwerksbemessung für den Brandfall; Deutsche Fassung EN 1994-1-2:2005 + AC:2008

[33] zurückgezogen: DIN V ENV 1994-1-1:1994-02, Eurocode 4: Bemessung und Konstruktion von Verbundkonstruktionen aus Stahl und Beton, Teil 1-1 Allgemeine Regeln, Bemessungsregeln für den Hochbau; Deutsche Fassung ENV 1994-1-1:1992

[34] zurückgezogen: DIN V ENV 1994-1-2:1997-06, Eurocode 4: Bemessung und Konstruktion von Verbundtragwerken aus Stahl und Beton, Teil 1-2 Allgemeine Regeln, Tragwerksbemessung für den Brandfall; Deutsche Fassung ENV 1994-1-2:1994

[35] zurückgezogen: E DIN 18800-5:1999-01, Stahlbauten – Teil 5: Verbundtragwerke aus Stahl und Beton; Bemessung und Konstruktion

[36] zurückgezogen: DIN V 18800-5:2004-11, Stahlbauten – Teil 5: Verbundtragwerke aus Stahl und Beton; Bemessung und Konstruktion

[37] zurückgezogen: DIN 18800-5:2007-03, Stahlbauten – Teil 5: Verbundtragwerke aus Stahl und Beton; Bemessung und Konstruktion

[38] zurückgezogen: DIN-Fachbericht 101:2003, Einwirkungen auf Brücken; Ausgabe März 2003

[39] zurückgezogen: DIN-Fachbericht 102:2003, Betonbrücken; Ausgabe März 2003

[40] zurückgezogen: DIN-Fachbericht 103:2003, Stahlbrücken; Ausgabe März 2003

[41] zurückgezogen: DIN-Fachbericht 104:2003, Verbundbrücken; Ausgabe März 2003

[42] EN 1992-2:2005-10, Eurocode 2: Planung von Stahlbeton- und Spannbetontragwerken – Teil 2: Betonbrücken – Planungs- und Ausführungsregeln

[43] EN 1993-2:2006-10, Eurocode 3: Bemessung und Konstruktion von Stahlbauten – Teil 2: Stahlbrücken

[44] EN 1994-2:2005-10, Eurocode 4: Bemessung und Konstruktion von Verbundtragwerken aus Stahl und Beton – Teil 2: Allgemeine Bemessungsregeln und Anwendungsregeln für Brücken

[45] DIN 18800-1:1990-11, Stahlbauten; Bemessung und Konstruktion

[46] zurückgezogen: DIN 18800-2:1990-11, Stahlbauten; Stabilitätsfälle; Knicken von Stäben und Stabwerken

[47] DIN 188000-3:1990-11, Stahlbauten; Stabilitätsfälle; Plattenbeulen

[48] DIN 18800-7:1983-05, Stahlbauten; Herstellen, Eignungsnachweise zum Schweißen

[49] zurückgezogen: DIN 1045-1:2001-07, Tragwerke aus Beton, Stahlbeton und Spannbeton – Teil 1: Bemessung und Konstruktion

[50] DIN 1045-2:2008-08, Tragwerke aus Beton, Stahlbeton und Spannbeton – Teil 2: Beton – Festlegung, Eigenschaften, Herstellung und Konformität – Anwendungsregeln zu DIN EN 206-1

[51] DIN 1045-3:2012-03, Tragwerke aus Beton, Stahlbeton und Spannbeton – Teil 3: Bauausführung – Anwendungsregeln zu DIN EN 13670

[52] DIN 1045-4:2012-02, Tragwerke aus Beton, Stahlbeton und Spannbeton – Teil 4: Ergänzende Regeln für die Herstellung und die Konformität von Fertigteilen

[53] zurückgezogen: DIN 1055-100:2001-03, Einwirkungen auf Tragwerke – Teil 100: Grundlagen der Tragwerksplanung – Sicherheitskonzept und Bemessungsregeln

[54] Anpassungsrichtlinie Stahlbau: Anpassungsrichtlinie zu DIN 18800 Teile 1 bis 4 – Stahlbauten (Ausgabe 1990-11); Ausgabe 1998-10 mit Anpassungsrichtlinie Stahlbau – Berichtigung (1999) und Änderung und Ergänzung der Anpassungsrichtlinie Stahlbau, 2001-12

[55] DIN 4102-4:2016-05, Brandverhalten von Baustoffen und Bauteilen – Teil 4: Zusammenstellung und Anwendung klassifizierter Baustoffe, Bauteile und Sonderbauteile

[56] zurückgezogen: DIN 4102-4/A1:2004-11, Brandverhalten von Baustoffen und Bauteilen – Teil 4: Zusammenstellung und Anwendung klassifizierter Baustoffe, Bauteile und Sonderbauteile; Änderung A1

[57] zurückgezogen: DIN 4102-22:2004-11, Brandverhalten von Baustoffen und Bauteilen – Teil 22: Anwendungsnorm zu DIN 4102-4 auf der Bemessungsbasis von Teilsicherheitsbeiwerten

[58] DIN 820-1:2014-06, Normungsarbeit – Teil 1: Grundsätze

[59] EN 1993-1-8:2005-05, Eurocode 3: Bemessung und Konstruktion von Stahlbauten – Teil 1-8: Bemessung von Anschlüssen

[60] EN 1993-1-9:2005-05, Eurocode 3: Bemessung und Konstruktion von Stahlbauten – Teil 1-9: Ermüdung

[61] EN 1992-1-1:2004-12, Eurocode 2: Bemessung und Konstruktion von Stahlbeton- und Spannbetontragwerken – Teil 1-1: Allgemeine Bemessungsregeln und Regeln für den Hochbau

[62] EN 1994-2:2005-10, Eurocode 4: Bemessung und Konstruktion von Verbundtragwerken aus Stahl und Beton – Teil 2: Allgemeine Bemessungsregeln und Anwendungsregeln für Brücken

[63] zurückgezogen: DIN 18800-1/A1:1996-02, Stahlbauten – Teil 1: Bemessung und Konstruktion; Änderung A1

[64] EN 1990:2002-04, Eurocode: Grundlagender Tragwerksplanung

[65] DIN EN 1090-2:2018-09, Ausführung von Stahltragwerken und Aluminiumtragwerken – Teil 2: Technische Regeln für die Ausführung von Stahltragwerken; Deutsche Fassung EN 1090-2:2018

[66] DIN EN 10025-1:2005-02, Warmgewalzte Erzeugnisse aus Baustählen – Teil 1: Allgemeine technische Lieferbedingungen; Deutsche Fassung EN 10025-1:2004

[67] DIN EN 10025-2:2019-10, Warmgewalzte Erzeugnisse aus Baustählen – Teil 2: Technische Lieferbedingungen für unlegierte Baustähle; Deutsche Fassung EN 10025-2:2019

[68] DIN EN 10025-3:2019-10, Warmgewalzte Erzeugnisse aus Baustählen – Teil 3: Technische Lieferbedingungen für normalgeglühte/normalisierend gewalzte schweißgeeignete Feinkornbaustähle; Deutsche Fassung EN 10025-3:2019

[69] DIN EN 10025-4:2019-10, Warmgewalzte Erzeugnisse aus Baustählen – Teil 4: Technische Lieferbedingungen für thermomechanisch gewalzte schweißgeeignete Feinkornbaustähle; Deutsche Fassung EN 10025-4:2019

11 LITERATUR

[70] DIN EN 10025-5:2019-10, Warmgewalzte Erzeugnisse aus Baustählen – Teil 5: Technische Lieferbedingungen für wetterfeste Baustähle; Deutsche Fassung EN 10025-5:2019

[71] Hanswille, G.: Eurocode 4-2: Verbundbrücken, Forschung, Straßenbau und Straßenverkehrstechnik, Heft 778, 1999

[72] DIN EN 1993-1-5:2019-10, Eurocode 3: Bemessung und Konstruktion von Stahlbauten – Teil 1-5: Plattenförmige Bauteile; Deutsche Fassung EN 1993-1-5:2006 + AC:2009 + A1:2017 + A2:2019

[73] zurückgezogen: DIN EN 206-1:2001-07, Beton – Teil 1: Festlegung, Eigenschaften, Herstellung und Konformität; Deutsche Fassung EN 206-1:2000

[74] Reihe DIN EN ISO 12944, Teil 1–8, Beschichtungsstoffe

[75] DIN EN ISO 1461:2009-10: Durch Feuerverzinken auf Stahl aufgebrachte Zinküberzüge (Stückverzinken) – Anforderungen und Prüfungen (ISO 1461:2009); Deutsche Fassung EN ISO 1461:2009

[76] DIN EN ISO 14713-1:2017-08: Zinküberzüge – Leitfäden und Empfehlungen zum Schutz von Eisen- und Stahlkonstruktionen vor Korrosion – Teil 1: Allgemeine Konstruktionsgrundsätze und Korrosionsbeständigkeit (ISO 14713-1:2017); Deutsche Fassung EN ISO 14713-1:2017

[77] DIN EN ISO 14713-2:2010-05: Zinküberzüge – Leitfäden und Empfehlungen zum Schutz von Eisen- und Stahlkonstruktionen vor Korrosion – Teil 2: Feuerverzinken (ISO 14713-2:2009); Deutsche Fassung EN ISO 14713-2:2009

[78] DASt-Richtlinie 009: Stahlsortenauswahl für geschweißte Stahlbauten, Herausgegeben von: Deutscher Ausschuss für Stahlbau DASt, Stahlbau Verlag, 2008

[79] DASt-Richtlinie 012/überholt: Beulsicherheitsnachweise für Platten. Grundlagen, Erläuterungen, Beispiele, Herausgegeben von: Deutscher Ausschuss für Stahlbau DASt, Stahlbau Verlag, 1978

[80] DASt-Richtlinie 014, Empfehlungen zum Vermeiden von Terrassenbrüchen in geschweißten Konstruktionen aus Baustahl, Herausgegeben von: Deutscher Ausschuss für Stahlbau DASt, Stahlbau Verlag, 1981

[81] DASt-Richtlinie 022: Feuerverzinken von Stahlbauteilen, Deutscher Ausschuss für Stahlbau, Stahlbau Verlags- und Service GmbH (2016)

[82] DASt-Richtlinie 104, Nationales Anwendungsdokument (NAD), Richtlinie zur Anwendung von DIN V ENV 1994 Teil 1-1. Eurocode 4, Herausgegeben von: Deutscher Ausschuss für Stahlbau DASt, Stahlbau Verlag, 2008

[83] Europäische Kommission, Mandate M/515 DE: Auftrag zur Änderung bestehender Eurocodes und zur Erweiterung des Gegenstands tragwerksrelevanter Eurocodes, Brüssel Dezember 2012

[84] Malcolm Greenley BSI, „Adoption of the Eurocodes outside the E.U." PPT for EU-Russia cooperation standardization for construction, Moscow 9-10, Oct 2008

[85] Composite Structures – European Convention for Constructional Steelwork, London, 1981

[86] Eurocode Nr. 4 – Gemeinsame einheitliche Regeln für Verbundkonstruktionen aus Stahl und Beton. Kommission der Europäischen Gemeinschaft. Bericht EUR 9886 DE, 1985

[87] EUROCODE No. 2 – Design of Concrete Structures. Part 1: General Rules and Rules for Buildings. Revised Draft Dec. 1990

[88] EUROCODE No. 3 – Design of Steel Structures. Part 1: General Rules and Rules for Buildings. Edited Draft Nov. 1990

[89] EUROCODE No. 4 – Design of Composite Steel and Concrete Structures. Part 1-1: General Rules and Rules for Buildings. Revised Draft March 1992

[90] CEN/TC250/N933, CEN/TC250. Response to mandate M515. Towards a second generation of Eurocodes. CEN/TC250, 2013

[91] DAfStb-Heft 600: Erläuterungen zu DIN EN 1992-1-1 und DIN EN 1992-1-1/NA (Eurocode 2), Deutscher Ausschuss für Stahlbeton, Beuth-Verlag, Berlin, 2012

[92] Döinghaus, P.: Zum Zusammenwirken hochfester Baustoffe bei Verbundträgern, IMB, RWTH Aachen, Heft 15, 2002

[93] Hegger, J., Goralski, C.: Structural Behaviour of High Strength Concrete in Encased Composite Sections, Engineering Foundation Conferences, Composite Construction V, South Africa, 2005

[94] Rüsch, H.: Researches Toward a General Flexural Theory for Structural Concrete, In: ACI Journal 57, 1960

[95] Rüsch, H., Sell, R., Rasch C., Grasser, E., Hummel, A., Wesche, K., Flatten, H.: Festigkeit und Verformung von unbewehrtem Beton unter konstanter Dauerlast. DAfStb-Heft, Ernst & Sohn, Berlin, 1968

[96] Rasch, Ch.: Spannungs-Dehnungs-Linien des Betons und Spannungsverteilung in der Biegedruckzone bei konstanter Dehngeschwindigkeit. DAfStb-Heft 154, Ernst & Sohn, Berlin,1962

[97] Zement Taschenbuch 2002, 50. Ausgabe, Verein Deutscher Zementwerke VDZ e. V., 2002

[98] CEB-FIP Model Code 90, Design Code, Comite Euro-International du Beton, Thomas Telford, 1993

[99] Schäfer, M., Banfi, M.: Plastic moment resistance of composite beams – harmonization of Eurocode 4 with Eurocode 2, Background Report to EN 1994, Development Second generation of Eurocode 4, Project Team CEN/TC/PT/SC4.T1, Luxemburg/London, April 2017

[100] Background document to EN 1992-1-1, PT1 prEN 1992-1-1 2017-10-30 D2, CEN/TC 250/SC 2 N 1252, October 2017

[101] Deutscher Ausschuss für Stahlbeton: Erläuterungen zu DIN 1045-1, Heft 525, Beuth Verlag, Berlin, 2003

[102] DIN 18806, Verbundkonstruktionen, Teil 1: Verbundstützen, 1984

[103] Richtlinien für die Bemessung und Ausführung von Stahlverbundträgern (1981). Ergänzende Bestimmungen März 1984: Dübeltragfähigkeit, Kopfbolzendübel bei Verbundträgern mit Stahlprofilblechen. Ergänzende Bestimmungen Juni 1991: Neufassung des Abschnittes 9 Rissbreitenbeschränkung Verbundträgerrichtlinien

[104] Mangerig, I.: Betondübel – Eine Alternative zur Sicherung der Verbundfuge. Bauen mit Stahl, Dokumentation 657, Vortragsreihe I, Deutscher Stahlbautag, 2002

[105] Zapfe, C.: Trag- und Verformungsverhalten von Verbundträgern mit Betondübeln zur Übertragung der Längsschubkräfte. Berichte aus dem Konstruktiven Ingenieurbau, Universität der Bundeswehr, 2001

[106] Hilti-Schenkeldübel X-HVB als Verbundmittel. Allgemeine bauaufsichtliche Zulassung Z26.4-46, 2003

[107] Hanswille, G., Beck, H., Neubauer T.: A new Design Concept for Nailed Shear Connection in Composite Tube Columns. International Conference on Connections between Steel and Concrete, RILEM Publications S.A.R.L, Stuttgart, 2001

[108] Tschemmernegg, F., Beck, H.: Nailed shear connection in composite tube columns. ACI Convention, Houston, Session on Performance of Systems with Steel-Concrete Columns, 1998

[109] Beck, H.: Nailed shear connection in composite tube columns, (1999). Proceedings of the Conference Eurosteel '99, Prague, 26–29 May 1999

[110] Bode, H., Uth, J. H.: Zur Rotationskapazität von Verbundträgern über den Innenstützen. Festschrift Joachim Scheer, TU Braunschweig, 1987

[111] Johnson, R. P., Cheng, S.: Local Buckling and Moment Redistribution in Class 2 Composite Beams. Struct. Eng. Int., 1991

[112] Bode, H., Fichter, W.: Zur Fließgelenktheorie von Stahlverbundträgern mit Schnittgrößenumlagerung vom Feld zur Stütze. Stahlbau 55, Heft 10, 1986

[113] Sedlacek, G., Hoffmeister, B.: Ein neues Verfahren zur nichtlinearen Berechnung von Tragwerken in Stahl-, Stahl-Betonverbund- und Massivbauweise unabhängig von der Querschnitts- und Systemklassifizierung. Stahlbau 67, Heft 7, 1997

[114] Kemp, A. R., Dekker, N. W.: Available Rotation Capacity in Steel and Composite beams. The Structural Engineer, Volume 69, No. 5, 1991

[115] Spangemacher, R.: Zum Rotationsnachweis von Stahlkonstruktionen, die nach der Fließ gelenktheorie berechnet werden. Dissertation, RWTH Aachen, Fakultät für Bauingenieurwesen, 1992

[116] He, S.: Beitrag zur plastischen Bemessung durchlaufender Verbundträger. Technisch-wissenschaftliche Mitteilungen. Ruhr-Universität Bochum, Institut für Konstruktiven Ingenieurbau, Mitteilung Nr. 91-1, 1991

[117] Schmidt, H., Peil, U.: Berechnung von Balken mit breiten Gurten. Springer Verlag, Berlin, 1976

[118] Albrecht, G.: Beitrag zur mittragenden Breite von Plattenbalken im elasto-plastischen Bereich. Technisch-wissenschaftliche Mitteilungen. Ruhr-Universität Bochum, Institut für Konstruktiven Ingenieurbau. Mitteilung Nr. 76-7, 1976

[119] Holtkamp, H. J.: Zur mittragenden Breite von Verbundträgern im Bereich negativer Biegemomente. Technisch-wissenschaftliche Mitteilungen. Ruhr-Universität Bochum, Institut für Konstruktiven Ingenieurbau. Mitteilung Nr. 91-3, 1991

[120] Schmackpfeffer, H.: Ermittlung der mittragenden Breite unter Berücksichtigung von Längskräften, der Querträgerweichheit und in Längsrichtung veränderlicher Querschnitte, Dissertation TU Berlin, 1972

[121] Sattler, K.: Theorie der Verbundkonstruktionen. Verlag Wilhelm Ernst & Sohn, Band I und II, Berlin, 1959

[122] Haensel, J.: Praktische Berechnungsverfahren für Stahlträgerverbundkonstruktionen unter Berücksichtigung neuerer Erkenntnisse zum Betonzeitverhalten, Technisch-Wissenschaftliche Mitteilungen Nr. 75-2, KIB – Ruhr-Universität Bochum, 1975

[123] Trost, H., Mainz, B., Wolff, H. J.: Berechnung von Spannbetontragwerken im Gebrauchszustand unter Berücksichtigung des zeitabhängigen Betonverhaltens. Beton- und Stahlbetonbau 66, Hefte 9 und 10, 1971

[124] Beisel, T.: Beitrag zur Berechnung von Verbundkonstruktionen unter Verwendung normierter Eigenspannungszustände. Diss. RWTH Aachen, 1985

[125] Frey, J.: Zur Berechnung von vorgespannten Beton-Verbundtragwerken. Beton- und Stahlbetonbau 75, Heft 11, 1980

[126] Ibach, H. D.: Zum Kriechen und Schwinden von Verbundbrücken auf Grundlage der Eurocodes. Dissertation, TU München /93/2001

[127] Wippel, H.: Berechnung von Verbundkonstruktionen aus Stahl und Beton. Springer Verlag, Berlin/Göttingen/Heidelberg, 1963

[128] Johnson, R. P., Hanswille, G.: Eurocode 4-2: Effects of Creep and Shrinkage in Composite Bridges. The Structural Engineer, 1998

[129] Hanswille, G., Bergmann, M.: Zur Frage der Beanspruchung von Verbundmitteln an Betonierabschnittsgrenzen, Universität der Bundeswehr München, Berichte aus dem konstruktiven Ingenieurbau, 10/6 Festschrift zum 60. Geburtstag von Uni.-Prof. Dr.-Ing. I. Mangerig, 2010

[130] Pamp, R.: Zur Auswirkung der Hydratation bei Verbundbrücken, Technisch-wissenschaftliche Mitteilungen Nr. 91-2, Institut für Konstruktiven Ingenieurbau, Ruhr Universität Bochum, Jan. 1991

[131] König, G., Tue, N. V.: Grundlagen und Bemessungshilfen für die Rissbreitenbeschränkung im Stahlbeton und Spannbeton. DAfStb, Heft 466, 1996

[132] König, G., Krips, M.: Zur Rissbreitenbeschränkung im Massivbau, Fortschritte im Konstruktiven Ingenieurbau. Festschrift G. Rehm, Verlag W. Ernst & Sohn, Berlin, 1984

[133] König, G., Fehling, E.: Zur Rissbreitenbeschränkung im Stahlbetonbau. Beton- und Stahlbeton 83, Heft 6, 1988

[134] Roik, K., Hanswille, G.: Zur Frage der Rissbreitenbeschränkung bei Verbundträgern. Der Bauingenieur 61, 1986

[135] Hanswille, G.: Zur Rissbreitenbeschränkung bei Verbundträgern. Techn.-Wiss. Mitteilung 86-1, Institut für Konstruktiven Ingenieurbau, Ruhr-Universität Bochum, 1986

[136] Hanswille, G.: Cracking of Concrete, Mechanical models of the design rules in Eurocode 4. Composite Construction in Steel and Concrete III, Eng. Foundation Conference, 1996

[137] Roik, K., Hanswille, G.: Rissbreitenbeschränkung bei Verbundträgern. Der Stahlbau 60, Heft 12, 1991

[138] Maurer, R.: Rissbreitenbeschränkung und Mindestbewehrung bei Verbundkonstruktionen, Anpassung an DIN 1045 und DIN 4227. Forschungsbericht T 2434, Technische Hochschule Darmstadt, Institut für Massivbau, Fachbereich Konstruktiver Ingenieurbau, 1992

[139] Hope-Gill, M. C: Redistribution in Composite Beams. The Structural Engineer Vol. 57B, No. 1, 1979

[140] Hope-Gill, M. C., Johnson, R. P.: Tests on Three-Span Continuous Composite Beams. Proc. Instn. Civ. Engrs., Part 2, 1976

[141] Bode, H., Becker, J., Kronenberger, H. J.: Zur nichtlinearen Berechnung von Verbundträgern mit teilweiser Verdübelung. Stahlbau 63, Heft 9, 1994

[142] Fichter, W.: Beitrag zur Traglastberechnung durchlaufender Stahlverbundträger für den Hoch- und Industriebau. Dissertation Universität Kaiserslautern, 1986

[143] Hamada, S., Longworth, J.: Ultimate Strength of Continuous Composite Beams. Journal of the Structural Division, 1976

[144] Ansourian, P.: Beitrag zu plastischen Bemessung von Verbundträgern. Der Bauingenieur 59, 1984

[145] Bode, H., Fichter, W.: Zur Fließgelenktheorie bei Stahlverbundträgern mit Schnittgrößenumlagerung vom Feld zur Stütze. Stahlbau 55, Heft 10, 1986

[146] Johnson, R. P., Hope-Gill, M. C.: Applicability of Simple Plastic Theory to Continuous Composite Beams. Proc. Instn. Civ. Engrs., Part 2, 1976

[147] Duddeck, H.: Seminar Traglastverfahren. Bericht Nr. 72-6 aus dem Institut für Statik der Technischen Universität Braunschweig, 1972

[148] Kindmann, R., Bergmann, R., Cajot, L.-G., Schleich, J. B.: Effect of Reinforced Concrete Between the Flanges of the Steel Profile of Encased Composite Beams, J. Constrct. Steel Research 27, 1993

[149] Hanswille, G., Schmitt, C.: Neuere Untersuchungen zum Einsatz von hochfesten Stählen im Verbundbau, Festschrift zu Ehren von Prof. Dr.-Ing. Helmut Bode, Theorie und Praxis im Konstruktiven Ingenieurbau, Universität Kaiserslautern, 2000

[150] Schafer, M.: Zur Biegebemessung von Flachdecken in Verbundbauweise, Stahlbau, 84. Jahrgang, Heft 4, WILEY-VCH/Ernst & Sohn Verlag, Berlin, 2015

[151] Ducret, J. P., Lebet, J. P.: Plastische Berechnung von Verbundbrücken, Stahlbau 70, Heft 1, 2001

[152] Kuhlmann, U., Zizza, A., Braun, B.: Stahlbaunormen: DIN EN 1993-1-5: Bemessung und Konstruktion von Stahlbauten – Plattenförmige Bauteile, Stahlbaukalender 2012

[153] Kuhlmann, U., Rasche, C., Frickel, J., Pourostadt, V.: Untersuchungen zum Beulnachweis nach DIN EN 1993-1-5, Berichte der Bundesanstalt für Straßenwesen, Brücken- und Ingenieurbau, Heft B 140, Oktober 2017

[154] Braun, B.: Stability of steel plates under combined loading, Mitteilungen des Instituts für Konstruktion und Entwurf; Nr. 2010-3, Universität Stuttgart, 2010

[155] Johansson, R. Maquoi, G. Sedlacek, C. Müller, D. Beg: Commentary and worked examples to EN 1993-1-5 Plated structural Elements, JRSC Researc Report, Brussels 2007

[156] EBPlate: Software zur Ermittlung von elastischen kritischen Spannungen in Platten. EBPlate steht unter www.cticm.com als kostenloser Download zur Verfügung

[157] Kuhlmann, U., Mensinger, M., Frickel, J., Pourostad, V., Ndogmo, J.: Beulfelder unter mehraxialer Beanspruchung – Nachweis nach DIN EN 1993-1-5, Abschnitt 10, Stahlbau 86 (2017)

[158] Roik, K., Hanswille, G., Kina, J.: Zur Frage des Biegedrillknickens bei Stahlverbundträgern. Stahlbau 59, Heft 11, 1990

[159] Hanswille, G., Lindner, J., Münich, D.: Zum Biegedrillknicken von Verbundträgern. Stahlbau 67, Heft 7, 1998

[160] Fischer, M., Berger, S.: Nachweis der Gesamtstabilität von Stahlverbundträgern, Projekt P252, Studiengesellschaft für Stahlanwendung e. V., 1997

[161] Lindner, J., Budassis, N.: Biegedrillknicken von kammerbetonierten Verbundträgern ohne Betongurt, Studiengesellschaft Stahlanwendung e. V. Forschungsvorhaben P363, Verlag und Vertriebsgesellschaft mbH, Düsseldorf, 2000

[162] Lindner, J., Budassis, N.: Biegedrillknicken von Verbundträgern ohne Betongurt, Stahlbau 70, Heft 2, 2001

[163] Bode, H., Becker, J., Kronenberger, H. J.: Zur nichtlinearen Berechnung von Verbundträgern mit teilweiser Verdübelung, Stahlbau 63, Heft 9, 1994

[164] Aribert, J. M.: Theoretical solutions relating to partial shear connection of steel-concrete composite beams and joints, Steel and composite structures, International conference, TU-Delft, Netherlands, 1999

[165] Aribert, J. M.: Improved evaluation of minimum degree of shear connection in composite beams, Fachtagung Verbundkonstruktionen, Neues aus Forschung Entwicklung und Normung, DFG Forschergruppe Verbundbau, Universität Kaiserslautern, 1997

[166] Perfobond-Leiste, Allgemeine bauaufsichtliche Zulassung Z 265.4-38, 2000

[167] Allgemeine bauaufsichtliche Zulassung für Verbunddübelleiste, Zulassungsnummer Z-26.4-56, DIBt, Berlin, 2013

[168] DIN EN ISO 13918: Schweißen – Bolzen und Keramikringe zum Lichtbogenschweißen, 1998

[169] DIN EN ISO 14555: Schweißen – Lichtbogenschweißen von metallischen Werkstoffen, 1998

[170] Trillmich, R., Welz, W.: Bolzenschweißen – Grundlagen und Anwendung. Verlag DVS, Meinerzhagen/Krailling, 1997

[171] Johnson, R. P., Oehlers, D. J.: The Strength of Stud Shear Connectors in Composite Beams. The Structural Engineer, Volume 65/B2, 1987

[172] Ollgaard, H. G., Slutter, R. G., Fisher, J. D.: Shear Strength of Stud Connectors in Lightweight and Normal-Weight-Concrete, AISC-Eng. Journal, 1971

[173] Oehlers, D. J.: Results on 101 Push-Specimens and Composite Beams, Research Report CE 8, University of Warwick, Department of Civil Engineering, 1981

[174] Mainstone, R., Menzies, J. B.: Shear Connectors in Steel-Concrete Composite Beams for Bridges, Part 1&2, Concrete, Vol. 1, pp. 351–358 and Vol. 38, pp. 33–103, 1967

[175] Menzies, J. B.: CP 117 and Shear Connectors in Steel-Concrete Composite Beams. The Structural Engineer, Vol. 49, pp. 137–153, 1971

[176] Roik, K., Hanswille, G.: Beitrag zur Tragfähigkeit von Kopfbolzendübeln, Stahlbau 52, Heft 10, 1983

[177] Hanswille, G., Jost, K., Schmitt, C., Trillmich, R.: Experimentelle Untersuchungen zur Tragfähigkeit von Kopfbolzendübeln mit großen Schaftdurchmessern. Stahlbau 67, Heft 7, 1998

[178] Roik, K., Hanswille, G.: Tragfähigkeit von Kopfbolzendübeln, Hintergrundbericht zu Eurocode 4. Minister für Raumordnung, Bauwesen und Städtebau, Bericht EC4/12/89, 1989

[179] Hanswille, G.: Composite Bridge Design for Small and Medium Spans, New Types of Shear Connection, ECSC – Research Report 7210-PR/113, Brüssel, 2002

[180] Hanswille, G., Porsch, M., Üstündag, C.: Versuchsbericht über die Durchführung von 77 Push-Out-Versuchen (Förderzeitraum 2002–2004), Forschungsprojekt: Modellierung von Schädigungsmechanismen zur Beurteilung der Lebensdauer von Verbundkonstruktionen aus Stahl und Beton, Institut für Konstruktiven Ingenieurbau, Heft 7, Bergische Universität Wuppertal, April 2006

[181] Breuninger, U.: Zum Tragverhalten liegender Kopfbolzendübel unter Längsschubbeanspruchung, Dissertation, Universität Stuttgart, 2000

[182] Kuhlmann, U., Breuninger, U.: Längsschubbeanspruchung bei Verbundträgern mit liegenden Kopfbolzendübeln im Hochbau. Forschungsbericht, DIBt, Az.: IV 12-5-17.7-867/98, 2002

[183] Kuhlmann, U., Kürschner, K.: Trag- und Ermüdungsverhalten liegender Kopfbolzendübel unter Quer- und Längsschub, Stahlbau, Heft 7, 2004

[184] Bode, H., Künzel, R.: Zur Verwendung von Profilblechen beim Trägerverbund. Der Metallbau im Konstruktiven Ingenieurbau, Festschrift Rolf Baehre, Karlsruhe, 1990

[185] Johnson, R. P., Huang, D.: Resistance to longitudinal shear of composite beams with profiled sheeting. Proc. Inst. Civ. Engrs., 1995

[186] Hanswille, G., Kajzar, C., Faßbender, A.: Ergänzende Regelungen für die Tragfähigkeit von Kopfbolzendübeln bei Verwendung von vorgelochten Profilblechen. Forschungsbericht 93-01, Wuppertal, 1993

[187] Roik, K., Bürkner, K. E.: Untersuchungen des Trägerverbundes unter Verwendung von Stahltrapezprofilen mit einer Höhe > 80 mm. Studiengesellschaft für Anwendungstechnik von Eisen und Stahl e. V., Projekt 40, Düsseldorf, 1980

[188] Roik, K., Bürkner, K. E.: Beitrag zur Tragfähigkeit von Kopfbolzendübeln in Verbundträgern mit Stahlprofilblechen. Bauingenieur 56, 1981

[189] Roik, K., Lungershausen, H.: Zur Tragfähigkeit von Kopfbolzendübeln in Verbundträgern mit unterbrochener Verbundfuge. Stahlbau 58, Heft 9, 1989

[190] Konrad, M.: Tragverhalten von Kopfbolzen in Verbundträgern bei senkrecht spannenden Trapezprofilblechen, Institut für Konstruktion und Entwurf, Stahl-, Holz- und Verbundbau, Universität Stuttgart, Mitteilung Nr. 2011-1, Juli 2011

[191] Nellinger, S.: On the behaviour of shear stud connections in composite beams with deep decking, Dissertation Universität Luxemburg, 2015

[192] Jenisch, F. M.: Einflüsse des profilierten Betongurtes und der Querbiegung auf das Tragverhalten von Verbundträgern, Fachbereich Architektur, Raum und Umweltplanung, Bauingenieurwesen, Universität Kaiserslautern, Dissertation 2000

[193] Johnson R. P., Yuan, H.: Models and design rules for stud shear connectors in troughs of profiled steel sheeting, Proceedings of the Institution of Civil Engineers: Structures and Buildings, 128, S. 252–263, 1998

[194] Lawson, R. M.: Shear connection in composite beams, In: Steel Construction today, S. 171–176, 1992

[195] Hicks, S., Smith A.: Stud shear connectors in composite beams that support slabs with profilded steel sheeting, Structural Engineer International, February 2014

[196] Ernst, St., Patrick, M., Bridge, R., Wheeler, A.: Reinforcement requirements for secondary composite beams incorporating trapezoidal decking, Engineering Foundation Conferences, Composite Construction V, South Africa, 2005

[197] Ernst, St., Patrik, M.: Novel device of enhaunching performance of studs in composite slabs incorporating profiled steel sheeting. Engineering Foundation Conferences, Composite Construction V, South Africa, 2005

[198] Hanswille, G., Stranghöner, N.: Leitfaden zum DIN-Fachbericht 104 Verbundbrücken, Ernst & Sohn, Berlin, 2003

[199] Sedlacek, G., Paschen, M., Hensen, W., Eisel, H., Kühn, B.: Leitfaden zum DIN-Fachbericht 103: Stahlbrücken, 2003

[200] Hanswille, G.: Zum Nachweis der Ermüdung von Verbundträgern nach Eurocode 4 Teil 1-1, Stahlbau 63, Heft 9, 1994

[201] prEN 1992-1-1, Eurocode 2: Bemessung und Konstruktion von Stahlbeton- und Spannbetontragwerken, Teil 1-1: Grundlagen und Anwendungsregeln für den Hochbau, 2003

[202] Roik, K., Hanswille, G.: Zur Dauerfestigkeit von Kopfbolzendübeln bei Verbundträgern. Bauingenieur 62, 1987

[203] Roik, K., Holtkamp, H. J.: Untersuchungen zur Dauer- und Betriebsfestigkeit von Verbundträgern mit Kopfbolzendübeln. Stahlbau 58, Heft 2, 1989

[204] Roik, K., Hanswille, G.: Limit state of fatigue for headed studs, Hintergrundbericht zu Eurocode 4, Minister für Raumordnung, Bauwesen und Städtebau, Bericht EC4/12/89, 1989

[205] Mensinger, M.: Zum Ermüdungsverhalten von Kopfbolzendübeln im Verbundbau, Diss. Universität Kaiserslautern, 1999

[206] Hiragi, H., Miyoshi, E., Kurita, A., Ugai, M., Akao, S.: Static strength of Stud shear connectors in SRC Structures, Transactions of the Japan Concrete Institute, Vol. 3, 1981

[207] Hallam, M. W.: The behaviour of stud shear connectors under repeated Loading, Research Report R281, School of Civil Engineering, University of Sydney, 1976

[208] Yamatmoto, M., Nakamura, S.: The study on shear connectors. The public Works Research Institute, Construction Ministry Japan, Vol. 5, Research Paper 9, 1962

[209] Leffer, A.: Zum Ermüdungsverhalten einbetonierter Kopfbolzendübel unter realitätsnaher Beanspruchung im Verbundbrückenbau, Dissertation, Universität Kaiserslautern, 2002

[210] Bode, H., Becker, J.: Trägerverbund unter dynamischer Belastung bei Verwendung von Profilblechen. Stahlbau 62, Heft 7, 1993

[211] Hanswille, G.: Neue Entwicklungen im Verbundbau, Deutscher Stahlbautag, Berlin, 2004

[212] Hanswille, G., Porsch, M., Üstündag, C.: Modelling of damage mechanism to describe the fatigue life of composite steel-concrete structures, 2nd International Conference Lifetime – Oriented Design Concepts, Ruhr Universität Bochum, 2004

[213] Kuhlmann, U., Kürscher, K.: Bemessungsregeln für ermüdungsbeanspruchte liegende Kopfbolzendübeln unter Längsschub im Brückenbau, Forschung Straßenbau und Straßenverkehrstechnik, Heft 857, 2002

[214] Bergmann, R.: Traglastberechnung von Verbundstützen. Techn.-wissenschaftl. Mitteilungen, Institut für Konstruktiven Ingenieurbau, Ruhr-Universität Bochum, Heft 81-2, 1981

[215] ECCS-CECM-EKS Publication No. 33: Ultimate Limit State Calculation of Sway Frames with Rigid Joints, Brüssel, 1984

[216] Hanswille, G.: Zur Bemessung von Stahlverbundstützen nach nationalen und EU-Regeln. Der Prüfingenieur, Heft 22, 2003

[217] Roik, K., Bergmann, R.: Verbundstützen, Hintergrundbericht zu Eurocode 4, Minister für Raumordnung, Bauwesen und Städtebau, Bericht EC4/6/89, 1989

[218] Sen, H. K.: Triaxial stresses in short circular concrete filled tubular steel columns. RILEM-Conference Cannes, 1972

[219] Hanswille, G., Porsch, M.: Lasteinleitung bei ausbetonierten Hohlprofil-Verbundstützen mit normal- und hochfesten Betonen, Studiengesellschaft Stahlanwendung e. V., Forschungsbericht P 487, 2003

[220] Johansson, M.: Composite Action and Confinement Effects in Tubular Steel-Concrete Columns. Department of structural Engineering, Concrete structures, Chalmers University of Technology, Göteborg, 2002

[221] CEB-Comite Euro-International du Beton, CEB-FIP Model Code 1990, Bulletin d'Information No 213/214, Lausanne, 1993

[222] Cai, S.: Ultimate Strength of Concrete filled Tube Columns, Composite Construction in Steel and Concrete, Proceedings of an Engineering Foundation Conference, Henniker, ASCE, 1987

[223] Sen, H. K.: Concrete filled tubular steel columns, Tubular Structures No. 17, Published by the Tubes Division of British Steel Corporation, 1972

[224] Hanswille, G., Porsch, M.: Lasteinleitung bei ausbetonierten Hohlprofil-Verbundstützen, Stahlbau, Heft 9, 2004

[225] Bergmann, R.: Vereinfachte Berechnung der Querschnittsinteraktionskurven für symmetrische Verbundquerschnitte. Festschrift K. Roik, Bochum, 1984

[226] Klöppel, K., Goder, W.: Traglastversuche mit ausbetonierten Stahlrohren und Aufstellung einer Bemessungsformel. Der Stahlbau, Hefte 1 und 2, 1957

[227] Chapman, J. C., Neogi, P. K.: Research on Concrete Filled Tubular Columns. Progress to October 1964, January 1965, November 1965 and April 1966. Engineering Structures Laboratories, Civil Engineering Department, Imperial College, London, 1966

[228] Furlong, R. W.: Strength of Steel Encased Concrete Beam Columns. ASCE, Journal of the Structural Division, ST 5, 1967

[229] Gardner, N. J., Jacobsen, E. R.: Structural Behaviour of Concrete Filled Steel Tubes. Proceedings, ACI, Vol. 64, No. 1, 1968

[230] Neogi, P. K., Sen, H. K., Chapman, J. C.: Concrete-Filled Tubular Steel Columns under Eccentric Loading. The Structural Engineer, Vol. 47, No. 5, 1969

[231] Knowles, R. B.: Strength of Concrete Filled Steel Tubular Columns. ASCE, Journal of the Structural Division, ST 12, December 1969

[232] Knowles, R. B.: Axial Load Design for Concrete Filled Steel Tubes. ASCE, Journal of the Structural Division, ST 10, October 1970

[233] Guiaux, P., Janss, J.: Comportement au flambent de colonnes constituées de tubes en acier remplis de béton. Rapport C.R.I.F., MT 65, Bruxelles, 1970

[234] Sen, H. K.: Concrete Filled Tubular Steel Columns. Tubular Structures 17. Published by the Tubes Division of British Steel Corporation, 1972

[235] Janss, J.: Charges ultimes des profils creux remplis de béton chargés axialement. Rapport C.R.I.F., MT 101, Bruxelles, 1974

[236] Basu, A. K.: Computation of Failure Loads of Composite Columns. Proceedings, Institution of Civil Engineering, Vol. 36, March, 1967

[237] Virdi, K. S., Dowling, P. J.: Composite Columns – Comparison of Test Results with Proposed Interaction Formula for Composite Columns in Biaxial Bending. CESLIC-Report No. CC4, Imperial College of Science and Technology, London, 1972

[238] Dowling, P. J., Janss, J., Virdi, K. S.: The design of composite steel concrete columns. II. Intern. Coll. on Stability, Introductory Report, Liège, 1977

[239] Salani, H. J., Sims, J. R.: Behavior of Mortal Filled Steel Tubes in Compression. Proceedings, ACI, Vol. 61, No. 10, October 1964

[240] Janss, J., Anslijn, R.: Le calcul des charges ultimes des colonnes metalliques enrobés de béton. Rapport C.R.I.F., MT 89, Bruxelles, 1974

[241] Piraprez, E., Janss, J.: Le calcul des charges ultimes des colonnes métalliques enrobés de béton leger. Rapport C.R.I.F., MT 100, Bruxelles, 1974

[242] Roik, K., Schwalbenhofer, K.: Experimentelle Untersuchungen zum plastischen Verhalten von Verbundstützen, Studiengesellschaft für Anwendungstechnik von Eisen und Stahl e. V. Düsseldorf, 1988

[243] Wang, Y. C.: Tests on Slender Concrete Encased Steel Section Composite Columns, Building Research Establishment, Report GD1585, Garston, Watford, 1996

[244] Roik, K., Bergmann, R., Mangerig, I.: Zur Traglast von einbetonierten Stahlprofilstützen unter Berücksichtigung des Langzeitverhaltens von Beton. Der Stahlbau 59, Heft 1, 1990

[245] Bridge, R. Q.: The Long-Term Behaviour of Composite Columns – Composite Construction in Steel and Concrete. Proceedings of an Engineering Foundation Conference, Henniker, ASCE, 1987

[246] Roik, K., Mangerig, I.: Experimentelle Untersuchungen der Tragfähigkeit von einbetonierten Stahlprofilstützen unter besonderer Berücksichtigung des Langzeitverhaltens von Beton. Bericht zu P102. Studiengesellschaft für Anwendungstechnik von Eisen und Stahl e. V., Düsseldorf, 1987

[247] Roik, K., Bode, H., Bergmann, R.: Zur Traglast von betongefüllten Hohlprofilstützen unter Berücksichtigung des Langzeitverhaltens des Betons. Der Stahlbau 51, Heft 7, 1982

[248] Ichinose, L. H., Watanabe, E., Nakai, H.: An experimentel study on creep of concrete filled steel Pipes. Journal of constructional Steel research, 57, 2001

[249] Terry, P.A., Bradford, M. A., Gilbert, R.: Creep and shrinkage of concrete in concrete filled circular steel tubes. Proceedings of the sixth International Symposium on tubular structures, 1994

[250] Hanswille, G., Bergmann, R.: Ermittlung geometrischer Ersatzimperfektionen für Verbundstützen mit hochfesten Stählen, Forschungsvorhaben P3-5-17.10-99201, Deutsches Institut für Bautechnik, Berlin, 2001

[251] Bergmann, R.: Geometrische Ersatzimperfektionen für Verbundstützen, die in Knickspannungslinie a eingestuft werden können. DIBt-Forschungsbericht 1996

[252] Lindner, J., Bergmann, R.: Zur Bemessung von Verbundstützen nach DIN 18800 Teil 5: Stahlbau 67, Heft 7, 1998

[253] Hanswille, G., Bergmann, R.: Neuere Untersuchungen zur Bemessung und Lasteinleitung von ausbetonierten Hohlprofil-Verbundstützen. Festschrift Prof. Tschemmernegg, Institut für Stahlbau, Holzbau und Mischbautechnologie, Innsbruck, 1999

[254] Roik, K., Schaumann, P.: Tragverhalten von Vollprofilstützen- Streckgrenzenverteilung an Vollprofilquerschnitten, Ruhr Universität Bochum, Institut für Konstruktiven Ingenieurbau – Lehrstuhl II (unveröffentlicht), 1980

[255] Hanswille, G., Bergmann, R., Bergmann, M.: Design of composite columns with cross-sections not covered by Eurocode 4, Steel Construction Journal 1/2017

[256] Hanswille, G., Bergmann, M., Böhling, S.: Zur Bemessung von Verbundstützen mit vollständig einbetonierten Stahlquerschnitten bei vom Eurocode 4 abweichender Betonquerschnittsgeometrie, in: Festschrift zum 60. Geburtstag von Josef Hegger, Institut für Massivbau, RWTH Aachen, Ernst & Sohn Verlag, Berlin, Oktober 2014

[257] Manual in the Stability of Steel Structures, Second International Colloquium on Stability, European Convention for construction steelwork, Tokyo, 1976, Liege, 1977, Washington, 1977

[258] Typenberechnung für das Stützensystem s + v-Hohlprofil-Verbundstützen mit Einstellprofilen aus Vollkernprofilen. Stahl- und Verbundbau GmbH, (unveröffentlicht), 2002

[259] Allgemeine bauaufsichtliche Zulassung Z-26.3-42 – Verbundstützen mit Kernprofil System Geilinger

[260] Roik, K., Bode, H.: Composite action in composite columns. Festschrift Sfintesco, Paris, 1981

[261] Roik, K., Bergmann, R.: Lasteinleitung bei Verbundstützen, Hintergrundbericht zu Eurocode 4. Minister für Raumordnung, Bauwesen und Städtebau, Bericht EC4/12, 1990

[262] Hanswille, G.: Handbuch für Bauingenieure, Abschnitt 3.5, Springer Verlag, Heidelberg, 2002

[263] Roik, K., Hanswille, G.: Untersuchungen zur Krafteinleitung bei Verbundstützen mit einbetonierten Stahlprofilen. Stahlbau 53, Heft 12, 1984

[264] Hanswille, G., Neubauer, T.: Ein neues Bemessungsmodell zur Ermittlung der übertragbaren Teilflächenpressung bei Verbundstützen mit ausbetonierten Hohlprofilen. Festschrift 60 Jahre Prof. Albrecht, TU München, 2001

[265] Bergmann, R.: Zum Einsatz von hochfestem Beton bei Stahl-Hohlprofilverbundstützen. Stahlbau 63, Heft 9, 1994

[266] Roik, K., Schwalbenhofer, K.: Untersuchung der Verbundwirkung zwischen Stahlprofil und Beton bei Stützenkonstruktionen, Studiengesellschaft für Anwendungstechnik von Eisen und Stahl e. V, Forschungsvorhaben P51, Düsseldorf, 1984

[267] Hoischen, A.: Verbundträger mit elastischer und unterbrochener Verdübelung. Bauingenieur 29, 1954

[268] Bode, H., Schanzenbach, J.: Das Tragverhalten von Verbundträgern bei Berücksichtigung der Dübelnachgiebigkeit. Der Stahlbau 58, Heft 3, 1989

[269] Sattler, K.: Ein allgemeines Berechnungsverfahren für Tragwerke mit elastischem Verbund. Veröffentlichung des Deutschen Stahlbauverbandes, Köln, 1955

[270] Heilig, R.: Theorie des elastischen Verbundes. Der Stahlbau 22, 1953

[271] Hanswille, G., Schäfer, M.: Näherungsverfahren zur praktischen Ermittlung der Verformungen von Verbundträgern unter Berücksichtigung der Nachgiebigkeit der Verdübelung, Stahlbau, Heft 11, S. 845–854, Ernst & Sohn, Berlin, 2007

[272] Bachmann, H. u. a.: Vibration problems in Structures. Birkäuser Verlag, Basel, 1995

[273] Gerasch, W.-J., Wolperding, P.: Schwingungsverhalten weit gespannter Geschossdecken in Bürogebäuden mit und ohne Schwingungsdämpfer. Bauingenieur 76, Heft 11, 2001

[274] Bachmann, H., Ammann, W.: Schwingungsprobleme bei Bauwerken, Durch Menschen induzierte Schwingungen, Internationale Vereinigung für Brückenbau und Hochbau IVBH, 1987

[275] ISO 19137: Bases for design of structures-serviceability of buildings and walkways against vibration

[276] Sedlacek, G., Heinemeyer, CH., Butz, Chr., et al.: Design of floor structures for human induced vibrations, JRC Scientific and Technical Reports, EUR 24084 EN, 2009

[277] Bode, H.: Euroverbundbau, Konstruktion und Berechnung. 2. Auflage, Werner Verlag, Neuwied, 1998

[278] Eurocode 3: Bemessung und Konstruktion von Stahlbauten – Teil 1-3: Allgemeine Regeln – Ergänzende Regeln für kaltgeformte Bauteile und Bleche; Deutsche Fassung EN 1993-1-3:2006 + AC:2009

[279] Brune, B.: Stahlbaunormen – Kommentar zu DIN EN 1993-1-3: Allgemeine Bemessungsregeln – Ergänzende Regeln für kaltgeformte Bauteile und Bleche, Stahlbau Kalender, Ernst & Sohn, 2013

[280] Sauerborn, I.: Zur Grenztragfähigkeit von durchlaufenden Verbunddecken. Dissertation Universitität Kaiserslautern, 1995

[281] Stark, J. W. B., Brekelmans, J. W. P. M.: Plastic Design of Continuous Composite Slabs. J. Construct. Steel Research 15, 1990

[282] Bode, H., Sauerborn, I: Zur Bemessung von Verbunddecken nach der Teilverbundtheorie. Stahlbau 61, Heft 8, 1992

[283] Bode, H., Minas, F., Sauerborn, I.: Partial Connection Design of Composite Slabs. IVBH, Struct. Eng. Int. 1/1996

[284] Minas, F.: Beitrag zur versuchsgestützten Bemessung von Profilblechverbunddecken mit nachgiebiger Verdübelung. Dissertation Universität Kaiserslautern, 1997

[285] Crisinel, M.: Composite slabs, Composite Steel Concrete Construction and Eurocode 4, IABSE Short Course, Brussels, 1990

[286] Design Manual for Composite Slabs, ECCS – Publication No. 87, Brussels, 1995

[287] König, G., Faust, T.: Konstruktiver Leichtbeton im Verbundbau, Stahlbau 69 Heft 7, 2000

[288] Bode, H., Kronenberger, H.-J.: Zum Einfluss teiltragfähiger verformbarer Verbundanschlüsse auf das Tragverhalten von Verbundträgern. Stahlbau 67, Heft 7, 1998

[289] Ungermann, D., Weynand, K., Jaspart, J. P., Schmidt, B.: Momententragfähige Anschlüsse ohne Steifen. Stahlbau-Kalender 2005, Kapitel 4, 2005, Ernst & Sohn, Berlin, 2005

[290] Kuhlmann, U., Rölle, L.: Ausgewählte Trägeranschlüsse im Verbundbau. Stahlbau-Kalender 2010, Ernst & Sohn, Berlin, 2010

[291] Jost, M., Odenbreit, C.: Berechnung von Stahlverbundträgern – Ein Rechenmodell zur Berücksichtigung von verformbaren teiltragfähigen Verbundanschlüssen. Stahlbau 73, Heft 7, 2004

[292] Huber, G.: Non-linear calculations of composite sections and semi-continuous joints. Ernst & Sohn, Berlin, 2000

[293] Hanswille, G., Porsch, M.: Zur Festlegung der Tragfähigkeit von Kopfbolzendübel in Vollbetonplatten in DIN 18800-5 und DIN EN 1994-1-1. Festschrift Rolf Kindmann, Ruhr-Universität Bochum, Schriftenreihe des Instituts für Konstruktiven Ingenieurbau, Heft 2007-6, Shaker Verlag, 2007

[294] Schmidt, V., Seidl, G., Hever, M., Zapfe, C.: Verbundbrücke Pöcking – Innovative VFT-Träger mit Betondübeln. Stahlbau 73, Heft 6, 2004

[295] Feldmann, M., Hechler, O., Hegger, J., Rauscher, S.: Neue Untersuchungen zum Ermüdungsverhalten von Verbundträgern aus hochfesten Werkstoffen mit Kopfbolzendübeln und Puzzleleiste. Stahlbau 76, Heft 11, 2007

[296] Kuhlmann, U., Kürschner, K.: Mechanische Verbundmittel für Verbundträger aus Stahl und Beton, Stahlbau-Kalender 2005, Kapitel 2. Ernst & Sohn, Berlin, 2005

[297] Mangerig, I., Zapfe, C., Burger, S.: Betondübel im Verbundbau, Stahlbau-Kalender 2005, Kapitel 3. Ernst & Sohn, Berlin, 2005

[298] Hanswille, G., Porsch, M., Üstündag, C.: Resistance of headed studs subjected to fatigue loading, Part I Experimental study, Part II: Analytical study. Journal of Constructional Steel Research, April 2007

[299] Hanswille, G., Porsch, M., Üstündag, C.: Neuere Untersuchungen zum Ermüdungsverhalten von Kopfbolzendübeln. Stahlbau, Heft 4, 2006

[300] Hanswille, G., Porsch, M.: Zur Ermüdungsfestigkeit von Kopfbolzendübeln. Stahlbau, Heft 3, 2009

[301] Stangenberg et al.: Lifetime-oriented structural design concepts, Hanswille, G., Porsch, M.: Kapitel 3.2.3: „Structural Testing of composite structures of steel and concrete" und Kapitel 3.3.4 „Models for the fatigue resistance of composite Structures", Springer Verlag, Berlin Heidelberg, 2009

[302] Hanswille, G., Lippes, M.: Einsatz von hochfesten Stählen und Betonen bei Hohlprofil-Verbundstützen. Stahlbau, Heft 4, 2008

[303] Grages, H., Lange, J.: Messung und Auswertung von Verbundträgerverformungen. Stahlbau 77, Heft 1, 2008

[304] Kurz, W., Hartmeyer, S.: Modell zur Querkraftbemessung von Verbunddecken mit Normal- oder Leichtbeton, Festschrift Peter Schaumann, Leibnitz Universität Hannover, Institut für Stahlbau, 2014

[305] Hartmeyer, S.: Ein Modell zur Beschreibung des Querkrafttragverhaltens von Stahlverbunddecken aus Leicht- und Normalbeton, Dissertation, TU Kaiserslautern, Sept. 2014

[306] Kurz, W., Mechtcherine, V.: Leicht Bauen mit Verbunddecken im Wohnungs- und Gewerbebau, Schlussbericht BBR Projekt, Aktenzeichen Z6 10.818.7 07.9/II2 F200719, TU Kaiserslautern und TU Dresden, 2009

[307] Odenbreit, Ch.: Zur Ermittlung der Tragfähigkeiten, der Steifigkeiten und der Schnittgrößen von Verbundträgern mit halbsteifen, teiltragfähigen Verbundanschlüssen, Dissertation, Universität Kaiserslautern, D386, 2000

[308] Ungermann, D., Puthli, R., Ummenhofer, T., Weynand, K., Preckwinkel, E.: Eurocode 3, Bemessung und Konstruktion von Stahlbauten, Band 2 Anschlüsse, Beuth und Ernst & Sohn, Berlin, 2015

[309] Rölle, L.: Das Trag- und Verformungsverhalten geschraubter Stahl- und Verbundknoten bei Vollplastischer Bemessung und in außergewöhnlichen Bemessungssituationen, Dissertation, Universität Stuttgart, Institut für Konstruktion und Entwurf, Mitteilung Nr. 2013-1, 2013

[310] Anderson, D.: European Recommendations for the Design of Composite Joints, Theorie und Praxis im Konstruktiven Ingenieurbau, Festschrift zu Ehren von Prof. Dr.-Ing. Helmut Bode, ibidem Verlag, Stuttgart, 2000

[311] Anderson, D., Aribert, J. M., Bode, H., Kronenberger, H. J.: Design Rotation Capcity of Composite Joints, Structural Engineer 78(6), 2000

[312] Kindmann, R., Kathage, K.: Experimentelle Untersuchungen zur Rotationskapazität von Verbundanschlüssen. Stahlbau 63, Heft 10, 1994

[313] Bode, H., Ramm, W., Elz, S., Kronenberger, H. J.: Composite Connections – Experimental Results. Proceedings of the IABSE Colloquium Semi-RigidStructural Connections, Istanbul, 1996

[314] Bode, H., Michaeli, W., Sedlacek, G., Müller, C.: Weiterentwicklung der Bemessungsregeln von Anschlüssen im Stahl- und Verbundbau zurVerbesserung der Wirtschaftlichkeit. Forschungsbericht P 237 / A 86, AVIF / Ratingen, 1997

[315] Anderson. D., Aribert, J. M., Bode, H., Huber, G., Jaspart, J. P., Kronenberger, H. J., Tschemmernnegg, F.: Design of Composite Joints for Buildings, ECCs Technical Committee 11, Composite Structures, First Edition, Brüssel, 1999

[316] Bode, H.: Optimale Ausnutzung von Verbund-Durchlaufträgern unter besonderer Berücksichtigung nachgiebiger, teiltragfähiger Verbindungen, Deutscher Ausschuss für Stahlbau Forschungsbericht 2/2001, Stahlbau Verlags- und Service GmbH, Düsseldorf, 2001

[317] Kathage, K.: Beitrag zur plastischen Bemessung durchlaufender Verbundträger mit Verbundanschlüssen, Ruhr Universität Bochum, Institut für Konstruktiven Ingenieurbau, Dissertation, Mitteilung Nr. 95-2, 1995

[318] Jost, M., Odenbreit, C.: Rechenbeispiel zum statischen Nachweis von Verbundträgern mit verformbaren, teiltragfähigen Verbundanschlüssen, Stahlbau 74, Heft 2, 2005

[319] Kemp, A., Nethercot, D. A.: Required and available rotations in continuous beams with semi-rigid connections, Journal of Constructional Steel Research, Vol. 57, 2001

[320] Jaspart, J. P.: Étude de la semi-rigiditée des noeuds poutre-colonne et son influence sur la résistance et la stabilitée des ossatures enacier, Dissertation, Universität Lüttich, Department MSM, Belgien, 1991

[321] Kuhlmann, U., Kürschner, K.: Ausgewählte Trägeranschlüsse im Verbundbau, Stahlbau-Kalender 2001, Ernst & Sohn, Berlin, 2001

[322] Roik, K.: Vorlesungen über Stahlbau, Wilhelm Ernst & Sohn, Berlin, 1978

[323] Jöst, E., Hanswille, G., Heddrich, R., Muess, H., Williams, D. A.: Die neue Opel – Lackiererei in Eisenach in feuerbeständiger Verbundbauweise, Der Stahlbau Heft 8, 1992

[324] Eichhorn, H., Kühn, B., Muess, H.: Der Neubau der Siemens AG Verkehrstechnik in Berlin Treptow, Der Stahlbau 65, 1996

[325] Hanswille, G.: Outstanding Composite Structures for Buildings, International Conference Composite, Construction Conventional and innovative, IVBH-CEB, Innsbruck, September 1997

[326] Lange, J., Ewald, K.: Das Düsseldorfer Stadttor – ein 19geschossiges Hochhaus in Stahlverbundbauweise, Stahlbau 67, Heft 7, 1998

[327] Pichler, G., Guggisberg, R.: Deutsches Technikmuseum Berlin-Technik der Zukunft verbindet sich mit Geschichte der Technik, Stahlbau 67, Heft 7, 1998

[328] Mues, H., Sauerborn, N.: Neues Terminal des Flughafens Hannover in Verbundbauweise, Stahlbau 67, Heft 7, 1998

[329] Ladberg, W.: Commerzbank Hochhaus Frankfurt/Main, Planung, Fertigung und Montage der Stahlkonstruktion, Stahlbau, Heft 10, 1996

[330] Culver, C.: The Moment Curvature Relation for Composite Beams, Fritz Roy Laboratory Report, No. 279.7, Pennsylvania, 1960

[331] Ansourian, P.: Beitrag zur plastischen Bemessung von Verbundträgern, Bauingenieur, 59, Jg. 1984, S. 267–272, 1984

[332] Bode, H., Fichter, W.: Zur Fließgelenktheorie bei Stahlverbundträgern mit Schnittgrößenumlagerung vom Feld zur Stütze. In: Stahlbau, Jg. 1986, H. 10, S. 299–303

[333] Bode, H., Uth, H. J.: Zur Fließgelenktheorie bei Verbundträgern. In: Festschrift Scheer zu seinem 60. Geburtstag, TH Braunschweig, 1987

[334] Ramm, W., Elz, S.: Tragverhalten und Rißbildung von Gurtplatten von Verbundträgern im Bereich negativer Momente. DAfStb-Forschungskolloqium, Kaiserslautern, 1995

[335] R. Baehre, R. Pepin 1995: Flachdecken mit Stahlträgern in Skelettbauten, Bauingenieur 70, S. 65–71, Springer Verlag, 1995

[336] Muess, H.: Interessante Tragwerkslösungen im Stahlverbundbau, Stahlbau 65, Heft 10, S. 339–355, Ernst & Sohn Verlag, 1996

[337] Bode, H., Stengel, J., Sedlacek, G., Feldmann, M., Müller, C.: Untersuchungen des Tragverhaltens bei Flachdeckensystemen (Slim-Floor Konstruktionen) mit verschiedener Ausbildung der Platte und verschiedener Lage der Stahlträger, Forschung für die Praxis P261, Studiengesellschaft Stahlanwendung e. V., Düsseldorf, 1997

[338] Feldmann, M., Müller, C., Stengel, J.: Zum Tragverhalten von Stahlflachdecken, Bauingenieur, Bd. 73, Nr. 10, Springer Verlag, 1998

[339] Lange, J.: Flachdecken in Stahlbauweise – Bemessung von Randträgern, Stahlbau 74, Heft 8, S. 580–586, Ernst & Sohn Verlag, 2005

[340] Kuhlmann, U., Rieg, A.: Mittragende Betongurtbreite niedriger Verbundträger, Forschungsbericht Nr. 3/2005, Deutscher Ausschuss für Stahlbau DASt, Düsseldorf, 2005

[341] Rieg, A.: Verformungsbezogene mittragende Betongurtbreite niedriger Verbundträger, Mitteilungen des Instituts für Konstruktion und Entwurf, Nr. 2006-2, Dissertation, Institut für Konstruktion und Entwurf, Universität Stuttgart, 2006

[342] Schäfer, M.: Zum Tragverhalten von Flachdecken mit integrierten hohlkastenförmigen Stahlprofilen, Dissertation, Institut für Konstruktiven Ingenieurbau, Heft 8, Bergische Universität Wuppertal, 2007

[343] Hauf, G.: Trag- und Verformungsverhalten von Slim-Floor Trägern unter Biegebeanspruchung, Mitteilungen des Instituts für Konstruktion und Entwurf, Nr. 2010-1, Dissertation, Institut für Konstruktion und Entwurf, Universität Stuttgart, 2010

[344] Schäfer, M., Braun, M., Hauf, G.: Flachdecken in Verbundbauweise – Bemessung und Konstruktion von Slim-Floor-Trägern, Stahlbaukalender 2018, WILEY-VCH/Ernst & Sohn Verlag, Berlin, 2018

[345] Schäfer, M., Zhang, Q.: Zur dehnungsbegrenzten Momententragfähigkeit von Flachdecken in Verbundbauweise, Stahlbau (2019), Volume 88, Heft 7, S. 653–664, Juli 2019

[346] Pajari, M.: Shear resistance of prestressed hollow core slabs on flexible support, VTT Publications 228, VTT Helsinki, 1995

[347] Pajari, M., Koukkari, H.: Shear Resistance of PHC Slabs supported on Beams. I: Tests, Journal of Structural Engineering, September 1998

[348] Pajari, M.: Shear Resistance of PHC Slabs supported on Beams. II: Analysis, Journal of Structural Engineering, September 1998

[349] Hegger, J.: Entwurf und Bemessung von Spannbeton-Fertigdecken für innovative Gebäudestrukturen, Umdruck zur Informationsveranstaltung der DW-Systembau, Rinteln, Februar 2006

[350] Fontana, M., Borgogno, W.: Brandverhalten von Slim-Floor-Verbunddecken, Stahlbau 64, Heft 6, 1995

[351] Technisches Merkblatt, Biegeweiche Auflagerung, Bundesverband Spannbeton-Fertigdecken e. V., Berlin, 2016

[352] Hanswille, G.: Ausarbeitung eines allgemeinen Rundschreibens für das BMVI zur Qualitätssicherung beim Schweißen für Kopfbolzendübel, unveröffentlicht, HRA Ingenieurgesellschaft, Bochum, 2019

[353] Hanswille, G.: Composite Bridge design for small and medium spans ECSC Contract No. 7210-PR/113 – working Item New types of shear connection, 2002

[354] European Commission – Technical Steel Research: "Generalisation of criteria for floor vibrations for industrial, office, residential and public building and gymnastic halls", RFCS Report EUR 21972 EN, ISBN 92-79-01705-5, 2006

[355] Feldmann, M., Heinemeyer, C., Völlig, B., et al.: Bemessungshilfe zum Nachweis von Deckenschwingungen, https://constructalia.arcelormittal.com/files/Vibration_DE--0e9288e7b8940cff0b57d1a365319f3b.pdf

[356] Zhang, Q., Schäfer, M., Kurz, W.: Impact of reinforcement to moment resistance of composite slabs, The 2019 World Congress on Advances in Structural Engineering and Mechanics (ASEM19), Jeju Island, Korea, September, 2019

[357] European Commission, Enterprise & Industry Directorate-General: Mandate M/466 EN – Programming mandate addressed to CEN in the field of the Structural Eurocodes, European Commission, Brussels, May 2010

Bauwerk

Praxisliteratur für den Brückenbau

Verbundbrückenbau nach Eurocode

Beispiele prüffähiger Standsicherheitsnachweise

Das Praxiswerk „Verbundbrückenbau" wurde auf Basis neuester Entwicklungen im Stahl- und Betonbau fachlich und inhaltlich aktualisiert. Die beiden Beispiele für Standsicherheitsnachweise wurden komplett überarbeitet. Dabei sind die beiden Beispiele so gestaltet, dass die **Bemessung vollständig mit Handrechnungen** nachvollzogen werden kann. In den Beispielen wird **direkt auf die Normen verwiesen**, sodass das Buch gut geeignet ist, um sich in die für Verbundbrückenbau und Standsicherheitsnachweise relevanten Normen einzuarbeiten. Es bietet Planungsingenieuren eine praktische Handreichung bei prüffähigen statischen Berechnungen nach EUROCODES, ist aber auch für Studenten eine spannende und praxisnahe Hilfe.

Die beiden Beispiele sind:
→ Überbau in Verbundbauweise mit offenem Querschnitt
→ Überbau mit einbetonierten Stahlträgern
   („Walzträger in Beton – WiB")

Verbundbrückenbau nach Eurocode
Beispiele prüffähiger Standsicherheitsnachweise
von Prof. Dr.-Ing. Th. Bauer, Prof. Dr.-Ing. M. Müller,
M. Eng. J. Leinweber, M. Eng. Th. Hensel,
M. Eng. S. Lubinski
2., vollständig überarbeitete Auflage 2019.
472 Seiten. A4. Gebunden.
98,00 EUR | ISBN 978-3-410-29074-2

Bestellen Sie unter
Telefon +49 30 2601-1331
Telefax +49 30 2601-1260
kundenservice@beuth.de

 Auch als E-Book
nur online erhältlich unter
www.beuth.de

Beuth Verlag GmbH | Am DIN-Platz | Burggrafenstraße 6 | 10787 Berlin